MATEMÁTICA

com Aplicações Tecnológicas

Blucher

DIRCEU D'ALKMIN TELLES
SEIZEN YAMASHIRO
SUZANA ABREU DE OLIVEIRA SOUZA
Organizadores

AYRTON BARBONI
WALTER PAULETTE
Autores

MATEMÁTICA

com Aplicações Tecnológicas

Geometria Analítica | **Volume 5**

Matemática com Aplicações Tecnológicas, Volume 5: Geometria analítica

Publisher Edgard Blücher
Editor Eduardo Blücher
Coordenação editorial Jonatas Eliakim
Produção editorial Lidiane Pedroso Gonçalves
Preparação de texto Ana Maria Fiorini
Diagramação Claudia Fatel Lino
Revisão de texto Maurício Katayama
Capa Leandro Cunha
Imagem da capa Roberto Barboni

Blucher

Rua Pedroso Alvarenga, 1245, 4º andar
04531-012 – São Paulo – SP – Brasil
Tel.: 55 11 3078-5366
contato@blucher.com.br
www.blucher.com.br

Segundo o Novo Acordo Ortográfico, conforme 6. ed. do *Vocabulário Ortográfico da Língua Portuguesa*, Academia Brasileira de Letras, julho de 2021.

Dados Internacionais de Catalogação na Publicação (CIP)
Angélica Ilacqua CRB-8/7057

Barboni, Ayrton

Matemática com aplicações tecnológicas: geometria analítica / Ayrton Barboni, Walter Paulette ; organização de Dirceu D'Alkmin Telles, Seizen Yamashiro, Suzana Abreu de Oliveira Souza. - São Paulo: Blucher, 2023.

474 p. (vol. 5)

Bibliografia
ISBN 978-65-5506-103-1

1. Matemática - matrizes, determinantes, sistemas lineares. Geometria analítica I. Título II. Paulette, Walter III. Telles, Dirceu D'alkmin

21-5320 CDD 516.3

Índice para catálogo sistemático:
1. Matemática - Problemas, questões, exercícios.

Dedico este trabalho aos meus familiares e,
em especial, aos meus netinhos: Ana Beatriz Munhoz Barboni,
João Pedro Ribeiro Barboni e Heloisa Ribeiro Barboni.

Ayrton

Este livro é dedicado com o mais profundo
amor à minha esposa Sueli, aos meus filhos Fernando,
Laís e Mayra e aos meus netos Pedro Henrique,
João Felipe, Eduardo Augusto, Fernanda, Ana Carolina,
Enrico e Luiza Helena.

Walter

Agradecimentos pelo apoio e incentivo

Ao Senhor Carlos Alberto Balbino pela ajuda na elaboração das figuras constantes dos vários capítulos do livro.

Ao Prof. João Fernando Cantarelli pela indicação do local e ao Eng. Roberto Barboni pela foto de capa que nos foi cedida, com vista parcial do lago da Usina Hidrelétrica de Caconde.[1]

1 A Hidrelétrica de Caconde está localizada no Rio Pardo, próxima à Serra da Mantiqueira, e foi inaugurada em 1966, pertencendo ao município de Caconde, Estado de São Paulo – Brasil.

PREFÁCIO

Os docentes Prof. Me. Ayrton Barboni e Prof. Dr. Walter Paulette, do Departamento de Ensino Geral da FATEC-SP, sob a coordenação do Prof. Dr. Dirceu D'Alkmin Telles, lançam o livro *Geometria Analítica Vetorial – Teoria e Aplicações*, destinado a alunos e professores dos cursos superiores de Tecnologia, Engenharia e Matemática.

Os autores evitam as demonstrações algébricas trabalhosas de teoremas, dando preferência a exposições geométricas ou exemplos, envolvendo situações-problema, para esclarecer os conceitos abordados.

É inovadora a visão vetorial sobre a classificação de sistemas lineares de três equações a três incógnitas apresentada no apêndice 1 do livro.

A posição relativa dos vetores envolvidos na combinação linear nos permite entender o fato de um sistema linear de equações ser: possível e determinado, possível e indeterminado ou impossível.

A FATEC-SP sente-se orgulhosa pela publicação deste volume, que certamente servirá de apoio e incentivo aos estudantes e professores, mantendo o compromisso da instituição em colaborar ativamente no avanço do ensino tecnológico do país.

Prof. Josué Souza de Gois
Diretor da FATEC-SP

RESUMO

Capítulo 1: **Matrizes**

Introduz o conceito de matriz e algumas de suas formas: matriz identidade, nula e transposta. Operações de adição, subtração, multiplicação por número real e multiplicação de duas matrizes com as respectivas propriedades. Condições e procedimentos para se obter a inversa de uma matriz.

Capítulo 2: **Determinantes**

Apresenta o conceito de determinante de uma matriz. Cálculo de determinantes pela regra de Sarrus para matrizes de ordem 3 e, também, por Laplace para matrizes de ordem maior ou igual a 2. Propriedades dos determinantes. Aplicações do teorema de Jacobi. Inversão de matrizes utilizando matriz dos cofatores.

Capítulo 3: **Sistemas de equações lineares**

Classifica sistemas lineares e os exemplifica com problemas práticos. Resolução de sistemas lineares pela regra de Cramer, pelo método de inversão de matrizes e escalonamento.

Capítulo 4: **Vetores**

Introduz o conceito de espaço vetorial. Espaço vetorial formado de segmentos de reta. Adição de vetores e suas propriedades. Multiplicação de vetor por número real e propriedades. Vetores paralelos, nulo, versor, vetores coplanares e ângulo entre dois vetores.

Capítulo 5: **Combinação e dependência Linear**

São tratados os conceitos de combinação linear de vetores e dependência linear: conjunto de vetores linearmente dependentes (LD) e conjunto de vetores linearmente independentes (LI).

Capítulo 6: **Base e sistema de referência**

Apresenta espaços vetoriais e sistemas de referência de dimensões 1, 2 e 3. Decomposição de um vetor em relação a um referencial. Operações com vetores: adição e produto de vetor por escalar. Vetores paralelos e coplanares. Bases ortonormais e as condições de ortogonalidade de vetores. Vetor escrito como combinação linear de vetores (ver Apêndice 1, classifica sistemas lineares e os correspondentes posicionamentos geométricos dos vetores). Mudança de base.

Capítulo 7: **Produto escalar**

Este capítulo estuda o produto escalar de vetores e suas propriedades. Projeção ortogonal de um vetor na direção de outro não nulo. Cossenos diretores de um vetor não nulo.

Capítulo 8: **Produto vetorial**

São apresentados o produto vetorial e suas propriedades: direção e sentido do produto vetorial de dois vetores. Interpretação geométrica (ver Apêndice 2, "Identidade de Lagrange"). Cálculo da área e altura de triângulos e paralelogramos.

Capítulo 9: **Produto misto**

Tem-se neste capítulo o produto misto de vetores e suas propriedades. Interpretação geométrica do produto misto: cálculo de volumes e alturas de prismas e tetraedros.

Capítulo 10: **Reta**

São apresentadas as equações vetoriais, paramétricas e simétricas de retas. Posição relativa entre duas retas. Intersecção, perpendicularismo e ângulo entre retas.

Capítulo 11: **Plano**

Neste capítulo apresentamos as equações vetoriais, paramétricas, geral e linear do plano. Posição relativa entre reta e plano. Intersecção entre reta e plano. Posição relativa entre planos, posição ortogonal de reta e plano. Ângulos entre planos. Intersecção de planos.

Capítulo 12: **Distância**

Distância entre dois pontos. Distância entre ponto e reta. Distância entre ponto e plano. Distância entre reta e plano. Distância entre dois planos. Distância entre duas retas.

Capítulo 13: **Seções cônicas**

Apresentamos a parábola: equações reduzidas e translação de eixos. A elipse: equações reduzidas. Equação geral da elipse. A hipérbole: equações reduzidas. Assíntotas da hipérbole. Equação geral da hipérbole. A circunferência: equação reduzida. Equação geral da circunferência. Posição relativa entre circunferência e reta. Equações gerais das cônicas: circunferência, elipse, hipérbole e parábola. Classificação das cônicas.

Apêndices

Mostramos construções práticas de parábolas, elipses e hipérboles, demonstração de propriedade de produto vetorial e, também, resolução de sistemas lineares pelo método de Cramer, envolvendo dependência linear de vetores e gráficos cartesianos das equações do sistema.

CONTEÚDO

1 MATRIZES

- Identificar e classificar matrizes.
- Contextualizar as operações com matrizes.
- Determinar a matriz inversa.

1.1 INTRODUÇÃO

Uma editora produz revistas de esportes (E), científica (C) e religiosa (R) para público adolescente e adulto. Verificou-se que a produção realizada num determinado dia foi descrita pela tabela:

Público \ Revistas	E	C	R
Adolescente	200	30	40
Adulto	300	150	80

Os dados da tabela costumam ser apresentados na forma simplificada:

$$\begin{bmatrix} 200 & 30 & 40 \\ 300 & 150 & 80 \end{bmatrix} \quad \text{ou} \quad \begin{Vmatrix} 200 & 30 & 40 \\ 300 & 150 & 80 \end{Vmatrix} \quad \text{ou} \quad \begin{pmatrix} 200 & 30 & 40 \\ 300 & 150 & 80 \end{pmatrix}$$

Essas formas de dispor os dados são conhecidas como **matriz**.

O problema apresenta uma matriz com duas linhas (público) e três colunas (revistas).

$$\begin{array}{cc} & \text{colunas} \\ & \begin{array}{ccc} 1^a & 2^a & 3^a \end{array} \\ \text{linhas} \begin{array}{c} 1^a \\ 2^a \end{array} & \begin{bmatrix} 200 & 30 & 40 \\ 300 & 150 & 80 \end{bmatrix} \end{array}$$

Outras matrizes:

Identificamos as matrizes por letras maiúsculas do alfabeto latino.

$$A=\begin{bmatrix}2 & 3 & 4 & 5\end{bmatrix} \quad B=\begin{bmatrix}2 & 3 & 4\\ 3 & 15 & 8\end{bmatrix} \quad C=\begin{bmatrix}2 & 3\\ 3 & 8\end{bmatrix} \quad D=\begin{bmatrix}2\end{bmatrix}$$

$$E=\begin{bmatrix}a & b & c\\ c & a & b\\ b & c & a\end{bmatrix} \quad F=\begin{bmatrix}2\\ 3\\ 7\\ 2\end{bmatrix} \quad G=\begin{bmatrix}1 & -2\\ 3 & 0\\ 0 & 0\end{bmatrix} \quad H=\begin{bmatrix}2 & 1\\ 3 & -2\\ 7 & 3\\ 2 & 0\end{bmatrix}$$

Os números apresentados na matriz são denominados **elementos da matriz**.

Entendemos, pela disposição dos elementos, que as matrizes têm forma retangular. Contudo, as que possuem apenas uma linha são denominadas **matriz linha**, as que possuem apenas uma coluna são denominadas **matriz coluna** e aquelas em que o número de linhas é igual ao de colunas são denominadas **matriz quadrada**.

Vê-se, nos exemplos, que A e D são matrizes linha, D e F são matrizes coluna e as matrizes C, D e E são quadradas.

1.1.1 REPRESENTAÇÃO DE MATRIZES

Uma matriz é, em geral, representada por letra maiúscula do alfabeto latino, e os seus elementos são indicados por letras minúsculas indexadas: $a_{i,j}$, sendo que i informa a linha e j a coluna de sua localização na matriz.

$$A=\begin{bmatrix} a_{11} & a_{12} & a_{13} & \cdots & a_{1j} & \cdots & a_{1m}\\ a_{21} & a_{22} & a_{23} & \cdots & a_{2j} & \cdots & a_{2m}\\ \cdots & \cdots & \cdots & \cdots & \cdots & \cdots & \cdots\\ a_{i1} & a_{i2} & a_{i3} & \cdots & a_{ij} & \cdots & a_{im}\\ \cdots & \cdots & \cdots & \cdots & \cdots & \cdots & \cdots\\ a_{n1} & a_{n2} & a_{n3} & \cdots & a_{nj} & \cdots & a_{nm} \end{bmatrix}$$

Entende-se que o elemento a_{23} está posicionado na 2ª linha e 3ª coluna da matriz A, que possui $\boldsymbol{n}$ linhas e $\boldsymbol{m}$ colunas.

Notação: $A=\left(a_{ij}\right)_{n \times m}$, com $1 \leq i \leq n$ e $1 \leq j \leq m$.

A **ordem** de uma matriz se refere ao seu número de linhas e colunas. Assim, a matriz A é de ordem $n \times m$ (lemos: ordem n por m). Diz-se, caso $m = n$, que a matriz é quadrada e de ordem n e pode ser representada por A_n.

Nota: Podemos deixar de indicar a ordem de uma matriz se não houver dúvidas sobre tal fato.

1.2 TIPOS DE MATRIZES

Apresentaremos, agora, algumas matrizes importantes para nosso estudo.

1.2.1 MATRIZ IDENTIDADE E MATRIZ NULA

Uma matriz quadrada é denominada **matriz identidade** de ordem n se possuir os elementos da **diagonal principal**: $a_{11}, a_{22}, a_{33}, \dots, a_{nn}$ todos iguais a **1** e os demais elementos iguais a zero.

Seguem algumas matrizes identidade:

$$I_2 = \begin{bmatrix} 1 & 0 \\ 0 & 1 \end{bmatrix}, \quad I_3 = \begin{bmatrix} 1 & 0 & 0 \\ 0 & 1 & 0 \\ 0 & 0 & 1 \end{bmatrix} \quad \text{e} \quad I_4 = \begin{bmatrix} 1 & 0 & 0 & 0 \\ 0 & 1 & 0 & 0 \\ 0 & 0 & 1 & 0 \\ 0 & 0 & 0 & 1 \end{bmatrix}$$

diagonal secundária *diagonal principal*

Se todos os elementos de uma matriz forem iguais a zero ela é denominada **matriz nula**. Nesse caso, não é necessário que a matriz seja quadrada.

$$\bar{0}_2 = \begin{bmatrix} 0 & 0 \\ 0 & 0 \end{bmatrix}_{2x2}, \quad \bar{0}_3 = \begin{bmatrix} 0 & 0 & 0 \\ 0 & 0 & 0 \\ 0 & 0 & 0 \end{bmatrix}_{3x3} \quad \text{e} \quad \bar{0}_{2x4} = \begin{bmatrix} 0 & 0 & 0 & 0 \\ 0 & 0 & 0 & 0 \end{bmatrix}_{2x4}$$

1.2.2 MATRIZ TRANSPOSTA

Considere as matrizes:

$$A = \begin{bmatrix} 2 & 7 \\ 3 & 15 \\ 4 & 8 \end{bmatrix}_{3\,x2} \quad \text{e} \quad B = \begin{bmatrix} 2 & 3 & 4 \\ 7 & 15 & 8 \end{bmatrix}_{2x3}$$

Vemos que os elementos da primeira coluna de A coincidem com os da primeira linha de B e, também, que os da segunda coluna de A coincidem com os da segunda linha de B e, certamente, o mesmo ocorre ao consideramos as colunas de B e linhas de A.

Nesse caso, dizemos que B é matriz transposta de A (notação: $B = A^t$) ou que A é a transposta de B (notação: $A = B^t$).

Uma matriz B é denominada transposta da matriz A se os seus elementos que ocupam as posições ($i\ j$) são iguais aos elementos de A que ocupam, respectivamente, as posições ($j\ i$), com $i \in \{1,2,3,...,n\}$ e $j \in \{1,2,3,...,m\}$.

1.3 IGUALDADE DE MATRIZES

Duas matrizes de mesma ordem são iguais se os elementos que ocupam as mesmas posições nestas matrizes forem iguais.

Exemplo 1.1:

$$A=\begin{bmatrix} a & b \\ c & d \\ e & f \end{bmatrix} \text{ e } B=\begin{bmatrix} a & b \\ c & d \\ e & f \end{bmatrix} \text{ ou } F=\begin{bmatrix} a & b & c \\ c & a & b \\ b & c & a \end{bmatrix} \text{ e } G=\begin{bmatrix} a & b & c \\ c & a & b \\ b & c & a \end{bmatrix}$$

Vemos, pelas considerações acima, que A = B e, também, que F = G.

As matrizes $R=\begin{bmatrix} 1 & 0 \\ 1 & 1 \end{bmatrix}$ e $S=\begin{bmatrix} 1 & 1 \\ 0 & 1 \end{bmatrix}$ não são iguais. Por quê?

EXERCÍCIOS DE APLICAÇÃO 1.1

1. Construa matrizes (tabelas) que apresentem as seguintes situações:
   a) As notas das avaliações em Matemática e Física do aluno João nos quatro bimestres de um determinado ano letivo foram, respectivamente, 8, 9, 7, 10 e 9, 7, 8, 9.
   b) A indústria B produz, por dia, 500 canetas com tinta na cor azul, 1.000 na preta e 300 na vermelha.
2. Indique a ordem das matrizes do exercício 1 obtidas em a) e b).
3. Quantos elementos possui uma matriz de ordem 10×10? E de ordem 12×6?
4. Quais devem ser os valores de x e y reais para que a matriz A seja igual à matriz B?

$$A=\begin{bmatrix} x+1 & 3 \\ 1 & y+2 \end{bmatrix} \qquad B=\begin{bmatrix} 3 & 3 \\ x-1 & 3 \end{bmatrix}$$

5. Determine os valores de x, y e z reais para que a matriz A seja identidade.

$$A=\begin{bmatrix} x-y-z & z-1 & x-2y \\ x-y-2z & 1 & 0 \\ y-2z & 0 & 1 \end{bmatrix}$$

6. Construa uma matriz $A=(a_{ij})_{n \times m}$ considerando que:

a) $\begin{cases} n=m=3 \\ a_{ij}=(-i)^3+2j \end{cases}$ b) $\begin{cases} n=2 \text{ e } m=3 \\ a_{ij}=i^3-j \end{cases}$ c) $\begin{cases} n=m=3 \\ a_{ij}=\begin{cases} 1 & \text{se } i=j \\ 0 & \text{se } i \neq j \end{cases} \end{cases}$

1.4 OPERAÇÕES COM MATRIZES

Apresentaremos, a seguir, algumas operações com matrizes.

1.4.1 ADIÇÃO DE MATRIZES

Considere as matrizes A e B, ambas de mesma ordem. A matriz soma A + B é obtida adicionando-se os elementos das matrizes A e B que ocupam posições correspondentes em relação às linhas e colunas.

Exemplo 1.2:

A loja Gente Feliz vende os artigos V, X, Y e Z para o público masculino (M) e feminino (F). O gerente resolveu aumentar o seu estoque com a compra dos produtos V e Y, conforme descrevem as tabelas a seguir:

$$\underset{\text{Estoque Inicial}}{\begin{array}{c} \\ M \\ F \end{array}\begin{array}{c} \begin{array}{cccc} V & X & Y & Z \end{array} \\ \begin{bmatrix} 8 & 10 & 35 & 12 \\ 12 & 20 & 54 & 28 \end{bmatrix} \end{array}} + \underset{\text{Compras}}{\begin{array}{c} \\ M \\ F \end{array}\begin{array}{c} \begin{array}{cccc} V & X & Y & Z \end{array} \\ \begin{bmatrix} 1 & 0 & 5 & 0 \\ 8 & 0 & 13 & 0 \end{bmatrix} \end{array}} = \underset{\text{Estoque Final}}{\begin{array}{c} \\ M \\ F \end{array}\begin{array}{c} \begin{array}{cccc} V & X & Y & Z \end{array} \\ \begin{bmatrix} 9 & 10 & 40 & 12 \\ 20 & 20 & 67 & 28 \end{bmatrix} \end{array}}$$

Entendemos, assim, que cada uma das posições correspondentes nas tabelas (matrizes) indicam as quantidades de um mesmo tipo de produto, e a matriz Estoque Final é a soma das matrizes Estoque Inicial e Compras.

1.4.1.1 Propriedades da adição

Consideremos as matrizes A, B e C de mesma ordem $n \times m$.

A) Comutativa: A + B = B + A

Sejam as matrizes $A = \left[a_{ij}\right]_{n \times m}$ e $B = \left[b_{ij}\right]_{n \times m}$.

Por definição, temos $A + B = \left[a_{ij}\right]_{n \times m} + \left[b_{ij}\right]_{n \times m} = \left[a_{ij} + b_{ij}\right]_{n \times m}$ (1)

E, também, que $B + A = \left[b_{ij}\right]_{n \times m} + \left[a_{ij}\right]_{n \times m} = \left[b_{ij} + a_{ij}\right]_{n \times m}$ (2)

Visto que $a_{ij} + b_{ij} = b_{ij} \quad a_{ij}$, propriedade comutativa dos números reais, segue de (1) e (2) que

$$A + B = B + A$$

Observação 1.1

Entendemos, no Exemplo 1.2, que o Estoque Final será o mesmo independentemente de adicionarmos as matrizes Compras e Estoque Inicial ou vice-versa.

B) Associativa: (A + B) + C = A + (B + C)

Suponha que, no Exemplo 1.2, o gerente resolva adquirir mais produtos e realiza uma Nova Compra.

Nova Compra

$$\begin{array}{c} \\ M \\ F \end{array}\begin{array}{c} \begin{array}{cccc} V & X & Y & Z \end{array} \\ \begin{bmatrix} 0 & 2 & 6 & 2 \\ 4 & 0 & 11 & 6 \end{bmatrix} \end{array}$$

Chamando de A a matriz do Estoque Inicial, de B a de Compras e de C a Nova Compra, veremos que a matriz do Estoque Final será a mesma, independente da ordem em que as matrizes forem adicionadas. Isto é, (A + B) + C = A + (B + C).

$$(A+B)+C = \left(\underbrace{\begin{bmatrix} 8 & 10 & 35 & 12 \\ 12 & 20 & 54 & 28 \end{bmatrix}}_{\text{Estoque Inicial}} + \underbrace{\begin{bmatrix} 1 & 0 & 5 & 0 \\ 8 & 0 & 13 & 0 \end{bmatrix}}_{\text{Compras}} \right) + \underbrace{\begin{bmatrix} 0 & 2 & 6 & 2 \\ 4 & 0 & 11 & 6 \end{bmatrix}}_{\text{Nova Compra}} =$$

$$= \left(\underbrace{\begin{bmatrix} 8+1 & 10+0 & 35+5 & 12+0 \\ 12+8 & 20+0 & 54+13 & 28+0 \end{bmatrix}}_{\text{Estoque Inicial + Compras}} \right) + \underbrace{\begin{bmatrix} 0 & 2 & 6 & 2 \\ 4 & 0 & 11 & 6 \end{bmatrix}}_{\text{Nova Compra}} = \underbrace{\begin{bmatrix} 9 & 12 & 46 & 14 \\ 24 & 20 & 78 & 34 \end{bmatrix}}_{\text{Estoque Final}}$$

$$\mathrm{A}+(\mathrm{B}+\mathrm{C})=\overset{\text{Estoque Inicial}}{\begin{bmatrix} 8 & 10 & 35 & 12 \\ 12 & 20 & 54 & 28 \end{bmatrix}}+\left(\overset{\text{Compras}}{\begin{bmatrix} 1 & 0 & 5 & 0 \\ 8 & 0 & 13 & 0 \end{bmatrix}}+\overset{\text{+ Nova Compra}}{\begin{bmatrix} 0 & 2 & 6 & 2 \\ 4 & 0 & 11 & 6 \end{bmatrix}}\right)=$$

$$=\overset{\text{Estoque Inicial}}{\begin{bmatrix} 8 & 10 & 35 & 12 \\ 12 & 20 & 54 & 28 \end{bmatrix}}+\overset{\text{Compras + Nova Compra}}{\left(\begin{bmatrix} 1+0 & 0+2 & 5+6 & 0+2 \\ 8+4 & 0+0 & 13+11 & 0+6 \end{bmatrix}\right)}=\overset{\text{Estoque Final}}{\begin{bmatrix} 9 & 12 & 46 & 14 \\ 24 & 20 & 78 & 34 \end{bmatrix}}$$

Mostremos, de modo geral, que a propriedade associativa é verdadeira:

Sejam as matrizes:

$$\mathrm{A}=\left[a_{ij}\right]_{n\times m},\quad \mathrm{B}=\left[b_{ij}\right]_{n\times m}\quad \text{e}\quad \mathrm{C}=\left[c_{ij}\right]_{n\times m}.$$

Então,

$$(\mathrm{A}+\mathrm{B})+\mathrm{C}=\left(\left[a_{ij}\right]_{n\times m}+\left[b_{ij}\right]_{n\times m}\right)+\left[c_{ij}\right]_{n\times m}=$$

$$=\left[a_{ij}+b_{ij}\right]_{n\times m}+\left[c_{ij}\right]_{n\times m}=$$

$$=\left[\left(a_{ij}+b_{ij}\right)+c_{ij}\right]_{n\times m} \tag{3}$$

E, também, que

$$\mathrm{A}+(\mathrm{B}+\mathrm{C})=\left[a_{ij}\right]_{n\times m}+\left(\left[b_{ij}\right]_{n\times m}+\left[c_{ij}\right]_{n\times m}\right)=$$

$$=\left[a_{ij}\right]_{n\times m}+\left[b_{ij}+c_{ij}\right]_{n\times m}=$$

$$=\left[a_{ij}+\left(b_{ij}+c_{ij}\right)\right]_{n\times m} \tag{4}$$

Visto que $\left(a_{ij}+b_{ij}\right)+c_{ij}=a_{ij}+\left(b_{ij}+c_{ij}\right)$, propriedade associativa dos números reais, segue de (3) e (4) que

$$(\mathrm{A}+\mathrm{B})+\mathrm{C}=\mathrm{A}+(\mathrm{B}+\mathrm{C}).$$

C) Existência do elemento neutro:

Mostremos que: $A + \overline{0} = \overline{0} + A = A$

Suponha, no exemplo da loja Gente Feliz, que a indústria responsável pelo abastecimento não tenha enviado o pedido feito pelo gerente, devido a problemas no transporte.

Considerando que os elementos da matriz $\overline{0}$ (zero produtos enviados) correspondam, respectivamente, aos elementos da matriz A, que representam as quantidades estocadas, entendemos que ambas, A e $\overline{0}$, devam ter a mesma ordem.

Estoque Inicial Pedido Enviado

$$\text{Assim, } A = \begin{bmatrix} 8 & 10 & 35 & 12 \\ 12 & 20 & 54 & 28 \end{bmatrix} \text{ e } \overline{0} = \begin{bmatrix} 0 & 0 & 0 & 0 \\ 0 & 0 & 0 & 0 \end{bmatrix}$$

Temos:

$$A + \overline{0} = \begin{bmatrix} 8 & 10 & 35 & 12 \\ 12 & 20 & 54 & 28 \end{bmatrix} + \begin{bmatrix} 0 & 0 & 0 & 0 \\ 0 & 0 & 0 & 0 \end{bmatrix} = \begin{bmatrix} 8 & 10 & 35 & 12 \\ 12 & 20 & 54 & 28 \end{bmatrix} \text{ e}$$

$$\overline{0} + A = \begin{bmatrix} 0 & 0 & 0 & 0 \\ 0 & 0 & 0 & 0 \end{bmatrix} + \begin{bmatrix} 8 & 10 & 35 & 12 \\ 12 & 20 & 54 & 28 \end{bmatrix} = \begin{bmatrix} 8 & 10 & 35 & 12 \\ 12 & 20 & 54 & 28 \end{bmatrix},$$

$$\text{portanto, } A + \overline{0} = \overline{0} + A$$

Generalizando:

Sejam as matrizes $A = \left[a_{ij}\right]_{n \times m}$ e $\overline{0} = \left[0\right]_{n \times m}$, teremos:

$$A + \overline{0} = \left[a_{ij}\right]_{n \times m} + \left[0\right]_{n \times m} = \left[a_{ij} + 0\right]_{n \times m} = \left[a_{ij}\right]_{n \times m} = A \text{ ou}$$

$$\overline{0} + A = \left[0\right]_{n \times m} + \left[a_{ij}\right]_{n \times m} = \left[0 + a_{ij}\right]_{n \times m} = \left[a_{ij}\right]_{n \times m} = A$$

Observe que $a_{ij} + 0 = a_{ij}$ e, também, que $0 + a_{ij} = a_{ij}$, pois se trata da propriedade do elemento neutro da adição de reais.

Vemos que o estoque inicial dado pela matriz A continua inalterado.

Portanto, $A + \overline{0} = \overline{0} + A = A$.

D) Elemento oposto (inverso aditivo): $A+(-A)=(-A)+A=\bar{0}$.

Imagine que a loja Gente Feliz, não tendo recebido produtos da indústria que a abastece, vendeu todo o seu estoque no dia.

Assim, as prateleiras da loja ficaram com quantidade zero de produtos, isto é, a matriz $\bar{0}$ deve representar o novo estoque.

Portanto,

$$A+(-A)=\begin{bmatrix} 8 & 10 & 35 & 12 \\ 12 & 20 & 54 & 28 \end{bmatrix}+\begin{bmatrix} -8 & -10 & -35 & -12 \\ -12 & -20 & -54 & -28 \end{bmatrix}=\begin{bmatrix} 0 & 0 & 0 & 0 \\ 0 & 0 & 0 & 0 \end{bmatrix}=\bar{0}$$

Entendemos que toda matriz A possui sua *oposta* (-A) e que a adição de duas matrizes opostas resulta sempre na matriz nula de mesma ordem que elas.

Generalizando:

Sejam as matrizes $A=\left[a_{ij}\right]_{n\,\mathrm{x}\,m}$ e sua oposta $A'=\left[-a_{ij}\right]_{n\,\mathrm{x}\,m}$.

Temos: $A+A'=\left[a_{ij}\right]_{n\,\mathrm{x}\,m}+\left[-a_{ij}\right]_{n\,\mathrm{x}\,m}=\left[a_{ij}+(-a_{ij})\right]_{n\,\mathrm{x}\,m}=\left[0\right]_{n\,\mathrm{x}\,m}=\bar{0}$.

Segue, pelo fato de a adição de matrizes ser comutativa, que:

$$A+A'=A'+A=\bar{0}.$$

1.4.2 SUBTRAÇÃO

Supondo que A seja a matriz estoque inicial da loja e B a matriz das vendas num certo dia, então a matriz (A – B) representará o novo estoque. Isto é, a matriz do novo estoque é obtida subtraindo-se os elementos da matriz das vendas efetuadas pelos correspondentes elementos da matriz do estoque inicial da loja.

Podemos entender que a matriz diferença (A – B) seja dada por A + (–B).

Generalizando:

Sendo $A=\left[a_{ij}\right]_{n\,\mathrm{x}\,m}$ e $B=\left[b_{ij}\right]_{n\,\mathrm{x}\,m}$, então

$$A-B=\left[a_{ij}\right]_{n\,\mathrm{x}\,m}-\left[b_{ij}\right]_{n\,\mathrm{x}\,m}=\left[a_{ij}\right]_{n\,\mathrm{x}\,m}+\left[-b_{ij}\right]_{n\,\mathrm{x}\,m}=\left[a_{ij}+(-b_{ij})\right]_{n\,\mathrm{x}\,m}=$$

$$=\left[a_{ij}-b_{ij}\right]_{n\,\mathrm{x}\,m}$$

Observação 1.2

A subtração de matrizes **não** possui as propriedades comutativa, associativa e elemento neutro. Entendemos que $\bar{0}$ possa ser elemento neutro apenas à direita de A, isto é, $A - \overline{0} = A$, pois, no caso da loja, vemos que é impossível retirar do estoque vazio $\overline{0}$ os elementos de uma matriz A não nula.

1.4.3 MULTIPLICAÇÃO DE MATRIZ POR NÚMERO REAL

Dobrar ou triplicar o estoque de uma loja significa dobrar ou triplicar a quantidade de cada um dos produtos comercializados pela loja. Desse modo, entendemos que multiplicar uma matriz A por um número real k é multiplicar todos os elementos desta matriz pelo número k.

Então, dados $A = \left[a_{ij}\right]_{n\times m}$ e $k \in \mathbb{R}$, teremos $k.A = k.\left[a_{ij}\right]_{n\times m} = \left[k.a_{ij}\right]_{n\times m}$.

Exemplo 1.3:

$$2.A = 2.\begin{bmatrix} 8 & 10 & 35 & 12 \\ 12 & 20 & 54 & 28 \end{bmatrix} = \begin{bmatrix} 16 & 20 & 70 & 24 \\ 24 & 40 & 108 & 56 \end{bmatrix}.$$

EXERCÍCIOS DE APLICAÇÃO 1.2

Dadas as matrizes $A = \begin{bmatrix} 2 & 0 & 1 \\ -2 & 1 & 3 \end{bmatrix}$, $B = \begin{bmatrix} -2 & 0 & 1 \\ 1 & 1 & 2 \end{bmatrix}$ e $C = \begin{bmatrix} 1 & 0 & 1 \\ 3 & 1 & 0 \end{bmatrix}$ determinar:

1. $A + B$ 2. $A - B$ 3. $A - 2B$ 4. $3A - 2B + C$

1.4.4 MULTIPLICAÇÃO DE MATRIZES

Jonas e Pedro farão uma viagem e precisam comprar: **P**aletó, **C**amisa e **G**ravata, conforme descreve a tabela **Produtos**. Eles procuram pelas marcas "Sol" e "Lua", cujos preços em reais constam da tabela **Marcas/Preços**.

Produtos

	P	C	G
Jonas	1	2	1
Pedro	2	1	3

Marcas/Preços

	"*Sol*"	"*Lua*"
P	100	110
C	50	40
G	20	20

a) Quais seriam os seus gastos em relação a cada uma das marcas?

b) Qual seria a compra mais econômica para eles?

Solução:

As respostas serão obtidas adicionando-se os produtos das possíveis compras pelos respectivos preços estabelecidos pelas marcas "Sol" e "Lua" para cada um dos amigos.

$$\begin{array}{c} \text{Produtos} \\ \begin{array}{r} \\ \text{Jonas} \\ \text{Pedro} \end{array} \begin{array}{c} \text{P} \quad \text{C} \quad \text{G} \\ \begin{bmatrix} 1 & 2 & 1 \\ 2 & 1 & 3 \end{bmatrix} \end{array} \end{array} \quad \begin{array}{c} \text{Marcas/Preços} \\ \begin{array}{cc} \text{"}Sol\text{"} & \text{"}Lua\text{"} \end{array} \\ \begin{bmatrix} 100 & 110 \\ 50 & 40 \\ 20 & 20 \end{bmatrix} \begin{array}{c} \text{P} \\ \text{C} \\ \text{G} \end{array} \end{array}$$

"Sol" "Lua"

$$\begin{bmatrix} 1.100+2.50+1.20 & 1.110+2.40+1.20 \\ 2.100+1.50+3.20 & 2.110+1.40+3.20 \end{bmatrix} \begin{array}{r} \text{Jonas}= \\ \text{Pedro}= \end{array} \begin{array}{c} \text{"}Sol\text{"} \quad \text{"}Lua\text{"} \\ \begin{bmatrix} 220 & 210 \\ 310 & 320 \end{bmatrix} \end{array}$$

Gastos pela compra dos produtos

a) Jonas gastará R$ 220,00 com produtos da marca "Sol" e R$ 210,00 com os da marca "Lua", e Pedro gastará R$ 310,00 com os da marca "Sol" e R$ 320,00 com os da marca "Lua".

b) Jonas economizará comprando produtos da marca "Lua" e Pedro da marca "Sol".

Consideremos, conforme ilustra o exemplo acima, as matrizes A e B, tal que o número de colunas de A seja igual ao número de linhas de B.

A matriz produto (A.B) é obtida multiplicando-se, ordenadamente, os elementos de cada linha de A pelos elementos correspondente em cada coluna de B e adicionando os produtos obtidos em cada uma dessas operações de linha por coluna e os posicionando em (A.B), de acordo com a indicação da linha de A e da coluna de B operadas.

Generalizando:

Cada elemento da matriz (A.B) de linha $i(L_i)$ e coluna $j(C_j)$, indicado por L_i/C_j, é obtido pela soma algébrica dos produtos dos elementos da linha i da matriz $A = \left[a_{ij}\right]_{n \times m}$ pelos correspondentes elementos da coluna j da matriz $B = \left[b_{ij}\right]_{m \times s}$.

Temos que $L_i / C_j = \sum_{r=1}^{m} a_{ir} b_{rj}$, sendo m o número de colunas de A e de linhas de B.

Observação 1.3

O exemplo mostra que o produto das matrizes só é possível se o número de colunas da primeira matriz for igual ao de linhas da segunda matriz.

$$A=\begin{bmatrix}1 & 2 & 1\\ 2 & 1 & 3\end{bmatrix}_{2x3} \quad e \quad B=\begin{bmatrix}100 & 110\\ 50 & 40\\ 20 & 20\end{bmatrix}_{3x2} \quad e \quad A.B=\begin{bmatrix}220 & 210\\ 310 & 320\end{bmatrix}_{2x2}$$

Vemos que a matriz produto A.B tem o mesmo número de linhas (*2*) da primeira matriz e o mesmo número de colunas (*2*) da segunda matriz B. No caso, 2×2.

Exemplo 1.4:

Três máquinas I, II e III de uma indústria produzem os artigos R, S, T e U nas quantidades descritas na tabela A. Sabendo-se que os custos, em real, de produção dos artigos são dados pela tabela B, determine os custos de produção em cada máquina.

Solução:

Supondo que

$$A = \begin{array}{c} \\ I \\ II \\ III \end{array}\begin{array}{c} \begin{array}{cccc} R & S & T & U \end{array} \\ \begin{bmatrix}10 & 20 & 6 & 15\\ 12 & 10 & 8 & 0\\ 15 & 9 & 3 & 5\end{bmatrix}_{3x4} \end{array} \quad e \quad B = \begin{array}{c} \text{Custo} \\ \begin{array}{c} R \\ S \\ T \\ U \end{array}\begin{bmatrix}5\\ 3\\ 1\\ 2\end{bmatrix}_{4x1} \end{array}$$

teremos:

$$A.B=\begin{bmatrix}10 & 20 & 6 & 15\\ 12 & 10 & 8 & 0\\ 15 & 9 & 3 & 5\end{bmatrix}_{3x4} . \begin{bmatrix}5\\ 3\\ 1\\ 2\end{bmatrix}_{4x1} = \begin{bmatrix}10.5+20.3+6.1+15.2\\ 12.5+10.3+8.1+0.2\\ 15.5+9.3+3.1+5.2\end{bmatrix}_{3x1} = \begin{bmatrix}146\\ 98\\ 115\end{bmatrix}_{3x1} \begin{array}{c} I \\ II \\ III \end{array}$$

O custo de produção da máquina I é R$ 146,00, da máquina II é R$ 98,00 e da máquina III é R$ 115,00.

1.4.4.1 Propriedades da multiplicação

Apresentaremos exemplos para facilitar o entendimento das propriedades, pois suas demonstrações devem ser vistas de forma generalizada e, por isso, geralmente são trabalhosas. Contudo, é mais fácil provarmos a **não** validade de uma propriedade, pois basta apresentarmos um contraexemplo de sua veracidade.

A) Não é comutativa:

O **contraexemplo** a seguir mostra que o produto de matrizes não é comutativo. Utilizaremos matrizes de ordem 2 para exemplificar o fato.

Exemplo 1.5:

Sejam as matrizes $A=\begin{bmatrix}8 & 3\\ 2 & 1\end{bmatrix}$ e $B=\begin{bmatrix}0 & 2\\ 3 & -1\end{bmatrix}$, segue que

$$A.B=\begin{bmatrix}8 & 3\\ 2 & 1\end{bmatrix}.\begin{bmatrix}0 & 2\\ 3 & -1\end{bmatrix}=\begin{bmatrix}8.0+3.3 & 8.2+3.(-1)\\ 2.0+1.3 & 2.2+1.(-1)\end{bmatrix}=\begin{bmatrix}9 & 13\\ 3 & 3\end{bmatrix} \text{ e}$$

$$B.A=\begin{bmatrix}0 & 2\\ 3 & -1\end{bmatrix}.\begin{bmatrix}8 & 3\\ 2 & 1\end{bmatrix}=\begin{bmatrix}0.8+2.2 & 0.3+2.1\\ 3.8+(-1).2 & 3.3+(-1).1\end{bmatrix}=\begin{bmatrix}4 & 2\\ 22 & 8\end{bmatrix}$$

Logo,

$$A\,.\,B \neq B\,.\,A$$

B) Associativa: (A . B) . C = A . (B . C)

Sejam as matrizes $A=\begin{bmatrix}3 & 1\\ 2 & 0\end{bmatrix}_{2x2}$, $B=\begin{bmatrix}2 & -1\\ 1 & 0\end{bmatrix}_{2x2}$ e $C=\begin{bmatrix}4 & 1 & 1\\ 2 & 0 & 4\end{bmatrix}_{2x3}$

Temos:

$$(A.B).C=\left(\begin{bmatrix}3 & 1\\ 2 & 0\end{bmatrix}_{2x2}.\begin{bmatrix}2 & -1\\ 1 & 0\end{bmatrix}_{2x2}\right).\begin{bmatrix}4 & 1 & 1\\ 2 & 0 & 4\end{bmatrix}_{2x3}=$$

$$=\left(\begin{bmatrix}3.2+1.1 & 3.(-1)+1.0\\ 2.2+0.1 & 2.(-1)+0.0\end{bmatrix}_{2x2}\right).\begin{bmatrix}4 & 1 & 1\\ 2 & 0 & 4\end{bmatrix}_{2x3}=$$

$$=\begin{bmatrix}7 & -3\\ 4 & -2\end{bmatrix}_{2x2}.\begin{bmatrix}4 & 1 & 1\\ 2 & 0 & 4\end{bmatrix}_{2x3}=$$

$$=\begin{bmatrix}7.4+(-3).2 & 7.1+(-3).0 & 7.1+(-3).4\\ 4.4+(-2).2 & 4.1+(-2).0 & 4.1+(-2).4\end{bmatrix}_{2x3}=$$

$$=\begin{bmatrix}22 & 7 & -5\\ 12 & 4 & -4\end{bmatrix}_{2x3} \qquad (5)$$

$$A.(B.C)=\begin{bmatrix}3 & 1\\ 2 & 0\end{bmatrix}_{2x2}.\left(\begin{bmatrix}2 & -1\\ 1 & 0\end{bmatrix}_{2x2}.\begin{bmatrix}4 & 1 & 1\\ 2 & 0 & 4\end{bmatrix}_{2x3}\right)=$$

$$=\begin{bmatrix}3 & 1\\ 2 & 0\end{bmatrix}_{2x2}.\left(\begin{bmatrix}2.4+(-1).2 & 2.1+(-1).0 & 2.1+(-1).4\\ 1.4+0.2 & 1.1+0.0 & 1.1+0.4\end{bmatrix}_{2x3}\right)=$$

$$=\begin{bmatrix}3 & 1\\ 2 & 0\end{bmatrix}_{2x2}.\begin{bmatrix}6 & 2 & -2\\ 4 & 1 & 1\end{bmatrix}_{2x3}=\begin{bmatrix}3.6+1.4 & 3.2+1.1 & 3.(-2)+1.1\\ 2.6+0.4 & 2.2+0.1 & 2.(-2)+0.1\end{bmatrix}_{2x3}=$$

$$=\begin{bmatrix}22 & 7 & -5\\ 12 & 4 & -4\end{bmatrix}_{2x3} \qquad (6)$$

Comparando (5) e (6), vemos que (A . B) . C = A. (B . C).

Genericamente:

Considerando $A=\left[a_{ri}\right]_{m\,x\,n}$, $B=\left[b_{is}\right]_{n\,x\,p}$ e $C=\left[c_{sj}\right]_{p\,x\,k}$, temos:

$$A.(B.C) = \left[a_{ri}\right]_{m\,x\,n}.\left(\left[b_{is}\right]_{n\,x\,p}.\left[c_{sj}\right]_{p\,x\,k}\right)$$

$$=\left[a_{ri}\right]_{m\,x\,n}.\left[\sum_{s=1}^{p} b_{is}\,c_{sj}\right]_{n\,x\,k} = \left[\sum_{i=1}^{n} a_{ri}.\sum_{s=1}^{p} b_{is}\,c_{sj}\right]_{m\,x\,k}$$

Pelas propriedades distributiva e associativa do produto de reais, segue que:

$$=\left[\sum_{i=1}^{n}.\sum_{s=1}^{p} a_{ri}\,(b_{is}\,c_{sj})\right]_{m\,x\,k} = \left[\sum_{s=1}^{p}.\sum_{i=1}^{n}(a_{ri}\,b_{is})\,c_{sj}\right]_{m\,x\,k}$$

Novamente pela propriedade distributiva de reais, tem-se:

$$=\left[\sum_{s=1}^{p}.\left(\sum_{i=1}^{n} a_{ri}\,b_{is}\right)c_{sj}\right]_{m\,x\,k} = \left[\sum_{i=1}^{n} a_{ri}\,b_{is}\right]_{m\,x\,p}.\left[c_{sj}\right]_{p\,x\,k}$$

e, pela definição de produto de matrizes, obtemos:

$$= \left(\left[a_{ri}\right]_{m \times n} \cdot \left[b_{ri}\right]_{n \times p}\right) \cdot \left[c_{sj}\right]_{p \times k} = (\mathrm{A}\,.\,\mathrm{B})\,.\,\mathrm{C}$$

C) Elemento neutro:

Se a matriz A for quadrada de ordem n, então existirá a matriz identidade I, de mesma ordem que A, sendo que a multiplicação de A por I é comutativa. Isto é, $\mathrm{A}\,.\mathrm{I} = \mathrm{I}.\,\mathrm{A} = \mathrm{A}$. Entendemos que a matriz I é elemento neutro da multiplicação.

Exemplo 1.6:

Considerando $\mathrm{A} = \begin{bmatrix} 1 & 3 & 2 \\ 1 & 4 & 1 \\ 5 & 1 & 3 \end{bmatrix}_{3x3}$ e $\mathrm{I}_3 = \begin{bmatrix} 1 & 0 & 0 \\ 0 & 1 & 0 \\ 0 & 0 & 1 \end{bmatrix}_{3x3}$, temos que:

$$\mathrm{A}.\mathrm{I}_3 = \begin{bmatrix} 1 & 3 & 2 \\ 1 & 4 & 1 \\ 5 & 1 & 3 \end{bmatrix} . \begin{bmatrix} 1 & 0 & 0 \\ 0 & 1 & 0 \\ 0 & 0 & 1 \end{bmatrix} = \begin{bmatrix} 1 & 3 & 2 \\ 1 & 4 & 1 \\ 5 & 1 & 3 \end{bmatrix} = \mathrm{A} \qquad (7)$$

$$\mathrm{I}_3.\mathrm{A} = \begin{bmatrix} 1 & 0 & 0 \\ 0 & 1 & 0 \\ 0 & 0 & 1 \end{bmatrix} . \begin{bmatrix} 1 & 3 & 2 \\ 1 & 4 & 1 \\ 5 & 1 & 3 \end{bmatrix} = \begin{bmatrix} 1 & 3 & 2 \\ 1 & 4 & 1 \\ 5 & 1 & 3 \end{bmatrix} = \mathrm{A} \qquad (8)$$

Comparando (7) e (8), segue que $\mathrm{A}\,.\mathrm{I}_3 = \mathrm{I}_3\,.\,\mathrm{A} = \mathrm{A}$.

Curiosidade:

1. Se a matriz A não for quadrada ($\mathrm{A} = \left[a_{ij}\right]_{m \times n}$, com $m \neq n$), então não existirá uma matriz identidade quadrada que, multiplicando A pela esquerda e pela direita, resulte A. Haverá, nesse caso, uma matriz identidade I_m que, multiplicando A pela esquerda, resulta A e outra I_n, distinta de I_m, que, multiplicando A pela direita, também resulta A. As ordens dessas matrizes identidades quadradas são correspondentes ao número m de linhas e n de colunas da matriz A.

Exemplo 1.7:

Considerando $A = \begin{bmatrix} 1 & 2 & 1 \\ 3 & 1 & 4 \end{bmatrix}_{2x3}$, $I_2 = \begin{bmatrix} 1 & 0 \\ 0 & 1 \end{bmatrix}_{2x2}$ e $I_3 = \begin{bmatrix} 1 & 0 & 0 \\ 0 & 1 & 0 \\ 0 & 0 & 1 \end{bmatrix}_{3x3}$, temos que:

a) $I_2 . A = \begin{bmatrix} 1 & 0 \\ 0 & 1 \end{bmatrix}_{2x2} . \begin{bmatrix} 1 & 2 & 1 \\ 3 & 1 & 4 \end{bmatrix}_{2x3} = \begin{bmatrix} 1 & 2 & 1 \\ 3 & 1 & 4 \end{bmatrix}_{2x3} = A$

b) $A . I_3 = \begin{bmatrix} 1 & 2 & 1 \\ 3 & 1 & 4 \end{bmatrix}_{2x3} \begin{bmatrix} 1 & 0 & 0 \\ 0 & 1 & 0 \\ 0 & 0 & 1 \end{bmatrix}_{3x3} = \begin{bmatrix} 1 & 2 & 1 \\ 3 & 1 & 4 \end{bmatrix}_{2x3} = A$

Vemos que as matrizes identidade à esquerda e à direita de uma matriz A (não quadrada) são distintas.

2. A multiplicação de duas matrizes quadradas de mesma ordem pode resultar na matriz nula sem que pelo menos uma delas seja nula.

Exemplo 1.8:

1. Uma das matrizes é nula:

$$\begin{bmatrix} a & b & c \\ d & e & f \\ g & h & i \end{bmatrix} . \begin{bmatrix} 0 & 0 & 0 \\ 0 & 0 & 0 \\ 0 & 0 & 0 \end{bmatrix} = \begin{bmatrix} a.0+b.0+c.0 & a.0+b.0+c.0 & a.0+b.0+c.0 \\ d.0+e.0+f.0 & d.0+e.0+f.0 & d.0+e.0+f.0 \\ g.0+h.0+i.0 & g.0+h.0+i.0 & g.0+h.0+i.0 \end{bmatrix} = \begin{bmatrix} 0 & 0 & 0 \\ 0 & 0 & 0 \\ 0 & 0 & 0 \end{bmatrix}.$$

2. Nenhuma das matrizes é nula:

$$\begin{bmatrix} 1 & 0 & 0 \\ 0 & 0 & 1 \\ 1 & 0 & 0 \end{bmatrix} . \begin{bmatrix} 0 & 0 & 0 \\ 1 & 1 & 1 \\ 0 & 0 & 0 \end{bmatrix} = \begin{bmatrix} 1.0+0.1+0.0 & 1.0+0.1+0.0 & 1.0+0.1+0.0 \\ 0.0+0.1+1.0 & 0.0+0.1+1.0 & 0.0+0.1+1.0 \\ 1.0+0.1+0.0 & 1.0+0.1+0.0 & 1.0+0.1+0.0 \end{bmatrix} = \begin{bmatrix} 0 & 0 & 0 \\ 0 & 0 & 0 \\ 0 & 0 & 0 \end{bmatrix}.$$

EXERCÍCIOS DE APLICAÇÃO 1.3

Efetue as multiplicações indicadas:

1) $\begin{bmatrix} 0 & 1 & 2 \end{bmatrix} . \begin{bmatrix} 1 \\ 2 \\ 3 \end{bmatrix}$

2) $\begin{bmatrix} 3 & 2 \\ 2 & 3 \end{bmatrix} . \begin{bmatrix} 1 & 0 \\ 0 & 1 \end{bmatrix}$

3) $\begin{bmatrix} 2 & -1 \\ 0 & -3 \end{bmatrix} . \begin{bmatrix} 3 & 2 & 1 \\ 4 & 0 & 2 \end{bmatrix}$

4) $\begin{bmatrix} 1 & 1 & 1 \\ 0 & 1 & 1 \\ 2 & 1 & 1 \end{bmatrix} . \begin{bmatrix} 1 & -1 & 1 \\ 2 & 0 & 2 \\ 3 & -1 & 1 \end{bmatrix}$

5) $\begin{bmatrix} 1 & 0 & 0 \\ 0 & 1 & 0 \\ 0 & 0 & 1 \end{bmatrix} . \begin{bmatrix} 2 & -3 & 0 \\ 1 & 2 & 1 \\ 3 & 1 & 1 \end{bmatrix}$

6) Dadas as matrizes $A = \begin{bmatrix} 3 & 4 & 5 \\ 2 & -1 & 4 \end{bmatrix}$ e $B = \begin{bmatrix} 3 & 2 & 1 \end{bmatrix}$, determine o produto $A.B^t$ (sendo B^t a matriz transposta de B).

7) Um lava-jato atende carros populares e de luxo. O carro popular necessita de 0,25 hora para lavagem externa, 0,1 hora para aspirar o pó e 0,5 hora para limpeza do teto e bancos internos. O carro de luxo necessita de 0,30 hora para lavagem externa, 0,15 hora para aspirar o pó e 0,6 hora para limpeza do teto e bancos. Supondo que em um dia foram atendidos 21 carros populares e 10 carros de luxo, apresente a solução matricial do número de horas gastas em cada tipo de serviço. Sugestão: multiplique a matriz "Tipo/serviço × hora/unidade" pela "Tipo/carro × carro/atendido".

1.4.5 INVERSÃO DE MATRIZ

Dada uma matriz $A = (a_{ij})_{n \times n}$. Chamamos B $(b_{ij})_{n \times n}$ de **matriz inversa de A** se o produto (A.B) for a matriz identidade.

Assim, $A.B = B.A = I_n$ e a notação utilizada é $B = A^{-1}$.

Exemplo 1.9:

A matriz $A = \begin{bmatrix} 2 & 1 \\ 3 & 2 \end{bmatrix}$ é inversa da matriz $B = \begin{bmatrix} 2 & -1 \\ -3 & 2 \end{bmatrix}$, pois

$$A.B = \begin{bmatrix} 2 & 1 \\ 3 & 2 \end{bmatrix} . \begin{bmatrix} 2 & -1 \\ -3 & 2 \end{bmatrix} = \begin{bmatrix} 1 & 0 \\ 0 & 1 \end{bmatrix}.$$

Observação 1.4

1. Uma matriz só é inversível se for quadrada.
2. Nem toda matriz quadrada é inversível. (Veremos no Capítulo 2, item 2.2.10, que o determinante da matriz deve ser diferente de zero para que seja inversível.)
3. A inversa de uma matriz é única.

Exemplo 1.10:

Obtenha a inversa da matriz $A = \begin{bmatrix} 3 & -5 \\ -1 & 2 \end{bmatrix}$.

Solução:

Suponhamos que a inversa de A seja a matriz $A^{-1} = \begin{bmatrix} a & b \\ c & d \end{bmatrix}$. Aplicando a definição acima, devemos ter:

$$A.A^{-1} = \begin{bmatrix} 3 & -5 \\ -1 & 2 \end{bmatrix} . \begin{bmatrix} a & b \\ c & d \end{bmatrix} = \begin{bmatrix} 1 & 0 \\ 0 & 1 \end{bmatrix}$$

Efetuando a multiplicação, segue

$$\begin{bmatrix} 3a - 5c & 3b - 5d \\ -a + 2c & -b + 2d \end{bmatrix} = \begin{bmatrix} 1 & 0 \\ 0 & 1 \end{bmatrix},$$

Estabelecendo a igualdade dos elementos das matrizes, segue que:

$$\begin{cases} 3a - 5c = 1 \\ -a + 2c = 0 \end{cases} \Rightarrow \begin{cases} a = 2 \\ c = 1 \end{cases} \quad \text{e} \quad \begin{cases} 3b - 5d = 0 \\ -b + 2d = 1 \end{cases} \Rightarrow \begin{cases} b = 5 \\ d = 3 \end{cases}$$

Portanto, a matriz inversa de A é $A^{-1} = \begin{bmatrix} 2 & 5 \\ 1 & 3 \end{bmatrix}$.

1.4.5.1 Procedimento para obter a inversa de uma matriz

Seja A uma matriz quadrada, tal que **não** possua:

a) filas cujos elementos sejam todos iguais a zero;

b) filas paralelas proporcionais; ou

c) fila que seja a soma de outras filas paralelas multiplicadas por números reais.

Mostraremos, de modo prático, um procedimento para se obter a matriz inversa: A^{-1}.

Exemplo 1.11:

$$A = \begin{bmatrix} 6 & 2 & -3 \\ 1 & -1 & 1 \\ 2 & 2 & -1 \end{bmatrix}.$$

1º) Escrever a matriz identidade de mesma ordem ao lado direito de A:

$$\begin{bmatrix} 6 & 2 & -3 \\ 1 & -1 & 1 \\ 2 & 2 & -1 \end{bmatrix} \begin{bmatrix} 1 & 0 & 0 \\ 0 & 1 & 0 \\ 0 & 0 & 1 \end{bmatrix} \begin{matrix} L_1 \\ L_2 \\ L_3 \end{matrix}$$

2º) Multiplicar a linha L_1 das matrizes justapostas por 1/6, obtendo o número 1 como primeiro elemento da primeira linha:

$$(1/6)L_1 \begin{bmatrix} 1 & 1/3 & -1/2 \\ 1 & -1 & 1 \\ 2 & 2 & -1 \end{bmatrix} \begin{bmatrix} 1/6 & 0 & 0 \\ 0 & 1 & 0 \\ 0 & 0 & 1 \end{bmatrix} \begin{matrix} L_1 \\ L_2 \\ L_3 \end{matrix}$$

3°) Multiplicar L_1 por (-1) e adicioná-la a L_2 e, também, L_1 por (-2) e adicioná-la a L_3, obtendo zero como primeiro elemento da segunda e da terceira linha:

$$\begin{matrix} \\ (-1)L_1+L_2 \\ (-2)L_1+L_3 \end{matrix}\begin{bmatrix} 1 & 1/3 & -1/2 \\ 0 & -4/3 & 3/2 \\ 0 & 4/3 & 0 \end{bmatrix}\begin{bmatrix} 1/6 & 0 & 0 \\ -1/6 & 1 & 0 \\ -1/3 & 0 & 1 \end{bmatrix}\begin{matrix} L_1 \\ L_2 \\ L_3 \end{matrix}$$

4°) Multiplicar L_2 por (-3/4), objetivando obter 1 como segundo elemento da segunda linha da primeira matriz:

$$\begin{matrix} \\ (-3/4)L_2 \\ \\ \end{matrix}\begin{bmatrix} 1 & 1/3 & -1/2 \\ 0 & 1 & -9/8 \\ 0 & 4/3 & 0 \end{bmatrix}\begin{bmatrix} 1/6 & 0 & 0 \\ 1/8 & -3/4 & 0 \\ -1/3 & 0 & 1 \end{bmatrix}\begin{matrix} L_1 \\ L_2 \\ L_3 \end{matrix}$$

5°) Multiplicar L_2 por (-1/3) e adicioná-la a L_1, obtendo zero como segundo elemento da primeira linha. Multiplicar L_2 por (-4/3) e adicioná-la a L_3, obtendo zero como segundo elemento da terceira linha:

$$\begin{matrix} (-1/3)L_2+L_1 \\ \\ (-4/3)L_2+L_3 \end{matrix}\begin{bmatrix} 1 & 0 & -1/8 \\ 0 & 1 & -9/8 \\ 0 & 0 & 3/2 \end{bmatrix}\begin{bmatrix} 1/8 & 1/4 & 0 \\ 1/8 & -3/4 & 0 \\ -1/2 & 1 & 1 \end{bmatrix}\begin{matrix} L_1 \\ L_2 \\ L_3 \end{matrix}$$

6°) Multiplicar L_3 por (2/3), objetivando obter 1 como terceiro elemento da terceira linha da primeira matriz:

$$\begin{matrix} \\ \\ (2/3)L_3 \end{matrix}\begin{bmatrix} 1 & 0 & -1/8 \\ 0 & 1 & -9/8 \\ 0 & 0 & 1 \end{bmatrix}\begin{bmatrix} 1/8 & 1/4 & 0 \\ 1/8 & -3/4 & 0 \\ -1/3 & 2/3 & 2/3 \end{bmatrix}\begin{matrix} L_1 \\ L_2 \\ L_3 \end{matrix}$$

7°) Multiplicar L_3 por (1/8) e adicioná-la a L_1, obtendo zero como terceiro elemento da primeira linha. Multiplicar L_3 por (9/8) e adicioná-la a L_2, obtendo zero como terceiro elemento da segunda linha:

$$\begin{matrix} (1/8)L_3+L_1 \\ (9/8)L_3+L_2 \\ \\ \end{matrix}\begin{bmatrix} 1 & 0 & 0 \\ 0 & 1 & 0 \\ 0 & 0 & 1 \end{bmatrix}\begin{bmatrix} 1/12 & 1/3 & 1/12 \\ -1/4 & 0 & 3/4 \\ -1/3 & 2/3 & 2/3 \end{bmatrix}\begin{matrix} L_1 \\ L_2 \\ L_3 \end{matrix}$$

A matriz à direita da identidade é a inversa de A:

$$\begin{bmatrix} 1/12 & 1/3 & 1/12 \\ -1/4 & 0 & 3/4 \\ -1/3 & 2/3 & 2/3 \end{bmatrix} = A^{-1}$$

Observação 1.5

Este procedimento pode ser utilizado para obter a inversa de matrizes quadradas de maior ordem.

EXERCÍCIOS DE APLICAÇÃO 1.4

1. A matriz $A = \begin{bmatrix} -3 & 4 \\ 4 & -5 \end{bmatrix}$ é inversa da matriz $B = \begin{bmatrix} 5 & 4 \\ 4 & 3 \end{bmatrix}$?

2. A matriz $\begin{bmatrix} 2 & 4 \\ 1 & 2 \end{bmatrix}$ possui inversa?

3. Obtenha a matriz inversa de $A = \begin{bmatrix} 1 & 0 & 1 \\ 0 & 1 & 2 \\ 0 & 1 & 0 \end{bmatrix}$.

4. Obtenha a matriz inversa de $A = \begin{bmatrix} 1 & 0 & 0 & 0 \\ 2 & 1 & 0 & 1 \\ 0 & 1 & 1 & 2 \\ 1 & 1 & 1 & 1 \end{bmatrix}$.

2 DETERMINANTES

- Conceituar determinante.
- Calcular o determinante de matriz quadrada de ordem 2 e ordem 3.
- Calcular o determinante de matriz quadrada de ordem superior a 3.

2.1 INTRODUÇÃO

Queremos associar a cada matriz quadrada um número real, que será denominado *determinante* da matriz.

Tomemos, para ilustrar nossa apresentação, uma matriz quadrada de terceira ordem.

$$A = \begin{bmatrix} a_{11} & a_{12} & a_{13} \\ a_{21} & a_{22} & a_{23} \\ a_{31} & a_{32} & a_{33} \end{bmatrix}_{3x3}$$

Consideremos:

a) Todos os produtos formados por três elementos distintos da matriz, de modo que em cada um desses produtos haja um único elemento de cada linha e de cada coluna.

Forma de estabelecer os produtos dos três elementos distintos em A:

1°) Considerar os indexadores do produto dos elementos da diagonal principal como referência e permutar apenas os seus índices referentes às colunas para se obter novos produtos:

$$a_{11} \quad a_{22} \quad a_{33}$$

Portanto, temos os produtos:

$$a_{11}\, a_{22}\, a_{33}\ ,\ a_{11}\, a_{23}\, a_{32}\ ,\ a_{12}\, a_{21}\, a_{33}\ ,\ a_{12}\, a_{23}\, a_{31}\ ,\ a_{13}\, a_{21}\, a_{32} \text{ e } a_{13}\, a_{22}\, a_{31}$$

Dizemos que os elementos dos produtos formados possuem inversões sempre que a sequência dos números das colunas não estiver em ordem numérica natural.

Veja que no produto $(a_{11}\ a_{23}\ a_{32})$ os elementos das colunas são 1, 3 e 2, e há uma só inversão (permuta índices 3 e 2), e no produto $(a_{12}\ a_{23}\ a_{31})$ os elementos das colunas são 2, 3 e 1, e há duas inversões (permutam índices 2 e 1 e, também, 3 e 1).

Diz-se que as inversões são de classes pares ou classes ímpares conforme o número de inversões seja em quantidade par ou ímpar:

Logo, $(a_{11}\ a_{23}\ a_{32})$ é de classe ímpar e $(a_{12}\ a_{23}\ a_{31})$ é de classe par.

2°) Obter as duas classes pares e ímpares de produtos com três elementos distintos em A:

Os produtos $(a_{11}\ a_{22}\ a_{33})$, $(a_{12}\ a_{23}\ a_{31})$ e $(a_{13}\ a_{21}\ a_{32})$ são de classe par e os produtos $(a_{13}\ a_{22}\ a_{31})$, $(a_{11}\ a_{23}\ a_{32})$ e $(a_{12}\ a_{21}\ a_{33})$ são de classe ímpar.

b) os produtos de classe par serão multiplicados por (+1) e os de classe ímpar por (–1).

A soma algébrica dos produtos acima formados será denominada **determinante da matriz A**.

Logo, o determinante da matriz A quadrada de terceira ordem é dado por:

$$[a_{11}a_{22}a_{33}+a_{12}a_{23}a_{31}+a_{13}a_{21}a_{32}]-[a_{13}a_{22}a_{31}+a_{11}a_{23}a_{32}+a_{12}a_{21}a_{33}]$$

Notação usual para o determinante da matriz A:

$$\det A,\ \Delta,\ |A| \text{ ou } \begin{vmatrix} a_{11} & a_{12} & a_{13} \\ a_{21} & a_{22} & a_{23} \\ a_{31} & a_{32} & a_{33} \end{vmatrix} \qquad (1)$$

Dizemos que a ordem de um determinante é igual à de sua matriz. O exemplo acima apresentado é um determinante de terceira ordem:

$$\det A = [a_{11}a_{22}a_{33}+a_{12}a_{23}a_{31}+a_{13}a_{21}a_{32}]-[a_{11}a_{23}a_{32}+a_{12}a_{21}a_{33}+a_{13}a_{22}a_{31}] \qquad (2)$$

O procedimento para se obter o determinante de uma matriz de ordem n, $n \geq 2$, é o mesmo que foi descrito acima. Os cálculos demandam muito trabalho e atenção!

Uma forma prática de se obter o determinante de uma matriz quadrada de terceira ordem é dada pela regra de **Sarrus**:

PIERRE FRÉDÉRIC SARRUS

Nascido em Saint-Affrique em 10 de março de 1798 e falecido em 20 de novembro de 1861, foi um matemático francês, membro da Académie des Sciences, em Paris. É autor de vários tratados, incluindo uma solução de equações numéricas com múltiplas incógnitas, outra com múltiplas integrais e suas condições integrantes. Ele também descobriu uma regra mnemônica para solucionar o determinante de uma matriz 3×3, chamada regra de Sarrus, um método fácil para a resolução de uma matriz 3×3.

2.1.1 REGRA DE SARRUS (VÁLIDA SOMENTE PARA DETERMINANTES DE ORDEM 2 E 3)

Procedimento para obter determinantes de ordem 3:

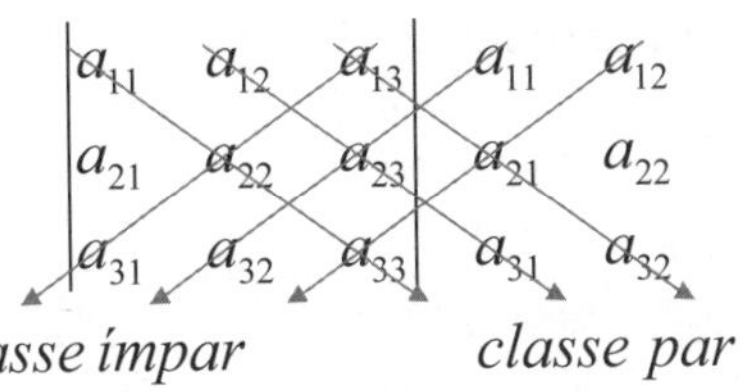

a) dispor as duas primeiras colunas do determinante (1) ao lado da terceira coluna;

b) somar os produtos dos três elementos de cada uma das transversais paralelas à diagonal principal: $[a_{11}a_{22}a_{33}+a_{12}a_{23}a_{31}+a_{13}a_{21}a_{32}]$;

c) somar os produtos dos três elementos de cada uma das transversais paralelas à diagonal secundária: $[a_{13}a_{22}a_{31}+a_{11}a_{23}a_{32}+a_{12}a_{21}a_{33}]$; e

d) subtrair o valor obtido em (c) do obtido em (b), resultando o determinante da matriz A, isto é,

$$\det A = [a_{11}a_{22}a_{33}+a_{12}a_{23}a_{31}+a_{13}a_{21}a_{32}]-[a_{13}a_{22}a_{31}+a_{11}a_{23}a_{32}+a_{12}a_{21}a_{33}]$$

Comparando este resultado com (2), vemos confirmado que o determinante da matriz A é a diferença entre a soma dos produtos de classe par e a soma dos produtos de classe ímpar.

Exemplo 2.1:

$$\det A = \begin{vmatrix} 1 & 3 & 5 \\ 0 & 4 & 3 \\ 2 & 3 & 1 \end{vmatrix} \begin{matrix} 1 & 3 \\ 0 & 4 \\ 2 & 3 \end{matrix}$$

$$- \quad - \quad - \qquad + \quad + \quad +$$

det A = [1.4.1 + 3.3.2 + 5.0.3] – [5.4.2 + 1.3.3 + 3.0.1] = 22 – 49 = – 27.

2.1.2 CÁLCULO DE UM DETERMINANTE DE ORDEM 2

Consideremos a matriz $B = \begin{bmatrix} a_{11} & a_{12} \\ a_{21} & a_{22} \end{bmatrix}_{2x2}$

Vemos que os produtos formados por dois elementos distintos da matriz, de modo que em cada um deles tenha um só elemento em cada linha e coluna, são:

$$a_{11}.a_{22} \text{ e } a_{12}.a_{21}$$

O produto ($a_{11}.a_{22}$) é de classe par e ($a_{12}.a_{21}$) é de classe ímpar.

Segue, do exposto acima, que det B = $\left(a_{11}.a_{22}\right)-\left(a_{12}.a_{21}\right)$.

Portanto, o determinante da matriz B é obtido pela diferença do produto dos elementos da diagonal principal pelo produto dos elementos da diagonal secundária.

Exemplo 2.2:

$$\det B = \begin{vmatrix} 2 & 3 \\ 1 & 6 \end{vmatrix} = 2.6 - 3.1 = 12 - 3 = 9 .$$

Observação 2.1

Se a matriz for de ordem um, o seu determinante é dado pelo único elemento:

$$C = \left[\ {}_{11} \ \right]_{1x1} \text{ e } \det C = |C| = |a_{11}| = a_{11}$$

Exemplo 2.3:

Sendo $C = \left[-3\right]_{1x1}$, então $\det C = |-3| = -3$.

Observação 2.2

O procedimento do cálculo de determinantes com ordem $n \geq 4$ será apresentado no item 2.2.8, "Teorema de Jacobi", Exemplo 2.12.

Não confundir a notação de determinante com a de módulo de número real (ver Exemplo 2.3).

2.1.3 TEOREMA DE LAPLACE (VÁLIDO PARA MATRIZES QUADRADAS DE ORDEM n, $n \geq 2$)

Vamos, inicialmente, entender os conceitos de menor complementar e de cofator de um elemento de uma matriz de ordem $n \geq 2$.

Denominamos de **menor complementar** de um elemento a_{ij} de uma matriz A, de ordem n, indicada por D_{ij}, ao determinante da matriz que se obtém eliminando a linha i e a coluna j, onde se localiza a_{ij}.

Exemplo 2.4:

Dada a matriz $A = \begin{bmatrix} a_{11} & a_{12} & a_{13} \\ a_{21} & a_{22} & a_{23} \\ a_{31} & a_{32} & a_{33} \end{bmatrix}_{3x3}$, obtenha D_{12}.

Solução:

Eliminando a linha 1 e a coluna 2 da matriz A, temos o menor complementar:

$$D_{12} = \begin{vmatrix} a_{21} & a_{23} \\ a_{31} & a_{33} \end{vmatrix} = a_{21}a_{33} - a_{23}a_{31} .$$

Denominaremos de cofator de um elemento a_{ij} de uma matriz A de ordem n, e indicamos por A^{ij}, ao número: $A^{ij} = D_{ij}$, se $(i+j)$ for par, e $A^{ij} = -D_{ij}$, se $(i+j)$ for ímpar.

Outra maneira de indicar o cofator do elemento a_{ij} é $A^{ij} = (-1)^{i+j} D_{ij}$.

Exemplo 2.5:

Dada a matriz $A = \begin{bmatrix} a_{11} & a_{12} & a_{13} \\ a_{21} & a_{22} & a_{23} \\ a_{31} & a_{32} & a_{33} \end{bmatrix}_{3x3}$, obtenha o cofator de a_{12}.

Solução:

Temos que $D_{12} = \begin{vmatrix} a_{21} & a_{23} \\ a_{31} & a_{33} \end{vmatrix} = a_{21}a_{33} - a_{23}a_{31}$.

O cofator de a_{12} é $A^{12} = (-1)^{1+2} D_{12} = (-1)^{1+2}(a_{21}a_{33} - a_{23}a_{31})$.

PIERRE SIMON MARQUIS DE LAPLACE

Nasceu em Beaumont-en-Auge em 23 de março de 1749 e faleceu em Paris em 5 de março de 1827. Foi matemático, astrônomo e físico e organizou a astronomia matemática, resumindo e ampliando o trabalho de seus predecessores nos cinco volumes do seu *Mécanique céleste* (Mecânica celeste) (1799-1825). Essa obra-prima traduziu o estudo geométrico da mecânica clássica usada por Isaac Newton para um estudo baseado em cálculo, conhecido como mecânica física. Ele também formulou a equação de Laplace. A transformada de Laplace aparece em todos os ramos da física matemática. Laplace passou a maior parte de sua vida trabalhando na astronomia matemática, que culminou em sua obra-prima sobre a prova da estabilidade dinâmica do sistema solar, com a suposição de que este consistia em um conjunto de corpos rígidos movendo-se no vácuo. Em 1812, Laplace publicou a *théorie analytique des probabilités*, um método para estimar a proporção do número de casos favoráveis, comparado ao número total de casos possíveis.

Teorema de Laplace:

O determinante de uma matriz quadrada de ordem n, $n \geq 2$, é igual à soma dos produtos dos elementos de qualquer fila (linha ou coluna) da matriz pelos respectivos cofatores.

Utilizaremos uma matriz quadrada de ordem 3 para justificar o teorema de Laplace.

$$A = \begin{bmatrix} a_{11} & a_{12} & a_{13} \\ a_{21} & a_{22} & a_{23} \\ a_{31} & a_{32} & a_{33} \end{bmatrix}_{3x3}$$

Vimos, no item 2.1.1, "Regra de Sarrus", que:

$$\det A = [a_{11}a_{22}a_{33} + a_{12}a_{23}a_{31} + a_{13}a_{21}a_{32}] - [a_{13}a_{22}a_{31} + a_{11}a_{23}a_{32} + a_{12}a_{21}a_{33}]$$

Agrupando os produtos que possuem a_{11}, os que possuem a_{12} e, finalmente, os que contêm a_{13} (elementos da primeira linha da matriz), segue que:

$$\det A = a_{11}a_{22}a_{33} - a_{11}a_{23}a_{32} - a_{12}a_{21}a_{33} + a_{12}a_{23}a_{31} + a_{13}a_{21}a_{32} + a_{13}a_{22}a_{31}$$

Evidenciando os fatores a_{11}, a_{12} e a_{13} nos produtos acima, temos:

$$\det A = a_{11}(a_{22}a_{33} - a_{23}a_{32}) - a_{12}(a_{21}a_{33} - a_{23}a_{31}) + a_{13}(a_{21}a_{32} - a_{22}a_{31})$$

Observe que os termos entre parênteses podem ser escritos na forma de determinantes de segunda ordem:

$$\det A = a_{11}\begin{vmatrix} a_{22} & a_{23} \\ a_{32} & a_{33} \end{vmatrix} - a_{12}\begin{vmatrix} a_{21} & a_{23} \\ a_{31} & a_{33} \end{vmatrix} + a_{13}\begin{vmatrix} a_{21} & a_{22} \\ a_{31} & a_{32} \end{vmatrix} \quad \text{ou, então,}$$

$$\det A = (-1)^{1+1} a_{11}\begin{vmatrix} a_{22} & a_{23} \\ a_{32} & a_{33} \end{vmatrix} + (-1)^{1+2} a_{12}\begin{vmatrix} a_{21} & a_{23} \\ a_{31} & a_{33} \end{vmatrix} + (-1)^{1+3} a_{13}\begin{vmatrix} a_{21} & a_{22} \\ a_{31} & a_{32} \end{vmatrix}.$$

Representando os correspondentes cofatores, temos:

$$\det A = a_{11}A^{11} + a_{12}A^{12} + a_{13}A^{13}.$$

Observação 2.3

Podemos, de modo análogo, agrupar os produtos que possuem termos a_{21}, a_{22} e a_{23} (elementos da segunda linha da matriz) e obter:

$$\det A = (-1)^{2+1}a_{21}\begin{vmatrix} a_{12} & a_{13} \\ a_{32} & a_{33} \end{vmatrix} + (-1)^{2+2} a_{22}\begin{vmatrix} a_{11} & a_{13} \\ a_{31} & a_{33} \end{vmatrix} + (-1)^{2+3} a_{23}\begin{vmatrix} a_{12} & a_{12} \\ a_{31} & a_{32} \end{vmatrix}$$

e, utilizando a indicação de cofatores, vê-se que:

$$\det A = a_{21}A^{21} + a_{22}A^{22} + a_{23}A^{23}.$$

Assim, o $\det A$ terá o mesmo valor não importando a fila cujos termos são multiplicados pelos respectivos cofatores e depois adicionados.

Exemplo 2.6:

1. Obtenha o determinante da matriz $A=\begin{bmatrix}1 & 3 & 5\\ 0 & 4 & 3\\ 2 & 3 & 1\end{bmatrix}$ utilizando o teorema de Laplace.

Solução:

Aplicando o teorema de Laplace para a primeira linha:

$$\det A = (-1)^{1+1}.1.\begin{vmatrix}4 & 3\\ 3 & 1\end{vmatrix} + (-1)^{1+2}.3.\begin{vmatrix}0 & 3\\ 2 & 1\end{vmatrix} + (-1)^{1+3}.5.\begin{vmatrix}0 & 4\\ 2 & 3\end{vmatrix}$$

$$\det A = (-1)^{1+1}.1.(4.1-3.3) + (-1)^{1+2}.3.(0.1-3.2) + (-1)^{1+3}.5.(0.3-4.2)$$

$$\det A = (-1)^{1+1}.1.(-5) + (-1)^{1+2}.3.(-6) + (-1)^{1+3}.5.(-8)$$

$$\det A = -5 + 18 - 40 = -27.$$

O resultado é o mesmo que foi obtido pela regra de Sarrus, no Exemplo 2.1.

2. Obtenha o determinante da matriz $A=\begin{bmatrix}1 & 3 & 5\\ 0 & 4 & 3\\ 2 & 3 & 1\end{bmatrix}$ utilizando o teorema de Laplace expandido pela primeira coluna.

Solução:

$$\det A = (-1)^{1+1}.1.\begin{vmatrix}4 & 3\\ 3 & 1\end{vmatrix} + (-1)^{2+1}.0.\begin{vmatrix}3 & 5\\ 3 & 1\end{vmatrix} + (-1)^{3+1}.2.\begin{vmatrix}3 & 5\\ 4 & 3\end{vmatrix}$$

$$\det A = (-1)^{1+1}.1.(4.1-3.3) + (-1)^{2+1}.0.(3.1-5.3) + (-1)^{3+1}.2.(3.3-5.4)$$

$$\det A = (-1)^{1+1}.1.(-5) + (-1)^{2+1}.0.(-12) + (-1)^{3+1}.2.(-11)$$

$$\det A = -5 + 0 - 22 = -27\ .$$

Os resultados dos Exemplos 2.6 (1) e 2.6 (2) são iguais, conforme deve ocorrer.

3. Obtenha o determinante da matriz $A=\begin{bmatrix}1 & 3 & 5 & 0\\0 & 4 & 3 & 2\\2 & 3 & 1 & 0\\1 & 1 & 1 & 0\end{bmatrix}$ utilizando o teorema de Laplace expandido pela quarta coluna.

Solução:

$$\det A = (-1)^{1+4}.0.\begin{vmatrix}0 & 4 & 3\\2 & 3 & 1\\1 & 1 & 1\end{vmatrix} + (-1)^{2+4}.2.\begin{vmatrix}1 & 3 & 5\\2 & 3 & 1\\1 & 1 & 1\end{vmatrix} + (-1)^{3+4}.0.\begin{vmatrix}1 & 3 & 5\\0 & 4 & 3\\1 & 1 & 1\end{vmatrix} + (-1)^{4+4}.0.\begin{vmatrix}1 & 3 & 5\\0 & 4 & 3\\2 & 3 & 1\end{vmatrix}$$

$$\det A = 0 + (-1)^{2+4}.2.[(3+3+10)-(15+1+6)] + 0 + 0$$

$$\det A = 0 + (-1)^{2+4}.2.[16-22] + 0 + 0$$

$$\det A = 2(-6) = -12.$$

Observação 2.4

A expansão de um determinante pode ser feita por qualquer de suas filas, desde que se atribua sinal positivo ou negativo ao produto de cada elemento da fila pelo seu respectivo menor complementar, conforme a posição destes elementos seja par ou ímpar.

O cálculo dos determinantes de maior ordem não é rápido, salvo em situações particulares, por exemplo, a fila adotada para a expansão tenha muitos elementos iguais a zero, como o apresentado no Exemplo 2.6(3).

Obter o valor de um determinante de ordem 5 que não possua zeros em suas filas exigirá o cálculo de vinte outros de ordem 3, pois, seguindo qualquer fila, teríamos cinco determinantes de ordem 4, e cada um deles será calculado por quatro outros de ordem 3.

2.2 PROPRIEDADES DOS DETERMINANTES

O trabalho de obter o valor dos determinantes pode ser simplificado quando se utilizam suas propriedades.

2.2.1 PROPRIEDADE 1 – MATRIZ TRANSPOSTA

O determinante de uma matriz e de sua transposta são iguais.

Uma matriz A^t é transposta da matriz quadrada A se os seus elementos nas posições $j\,i$ são iguais aos de A que estão nas posições $i\,j$, para $i, j \in \{1,2,3,...,n\}$.

Vamos observar essa propriedade a partir de matrizes de ordem 3.

Sejam as matrizes $A = \begin{bmatrix} a_{11} & a_{12} & a_{13} \\ a_{21} & a_{22} & a_{23} \\ a_{31} & a_{32} & a_{33} \end{bmatrix}$ e $A^t = \begin{bmatrix} a_{11} & a_{21} & a_{31} \\ a_{12} & a_{22} & a_{32} \\ a_{13} & a_{23} & a_{33} \end{bmatrix}$.

Desenvolvendo os determinantes das matrizes A e A^t, temos que:

$$\det A = \left[a_{11}\,a_{22}\,a_{33} + a_{12}\,a_{23}\,a_{31} + a_{13}\,a_{21}\,a_{32}\right] - \left[a_{11}\,a_{23}\,a_{32} + a_{12}\,a_{21}\,a_{33} + a_{13}\,a_{22}\,a_{31}\right] \text{ e}$$

$$\det A^t = \left[a_{11}\,a_{22}\,a_{33} + a_{12}\,a_{23}\,a_{31} + a_{13}\,a_{21}\,a_{32}\right] - \left[a_{11}\,a_{23}\,a_{32} + a_{12}\,a_{21}\,a_{33} + a_{13}\,a_{22}\,a_{31}\right]$$

portanto, det A = det A^t.

2.2.2 PROPRIEDADE 2 – TODOS OS ELEMENTOS DE UMA FILA IGUAIS A ZERO

O determinante que possui todos os elementos de uma fila iguais a zero é zero.

A expansão por Laplace, considerando a fila (linha ou coluna) com todos os elementos iguais a zero, vê-se que a soma dos produtos destes elementos pelos respectivos cofatores resulta zero.

2.2.3 PROPRIEDADE 3 – PERMUTA DE FILAS PARALELAS

Se permutarmos a posição de duas filas paralelas de um determinante, mantendo a ordem dos elementos, então ele troca de sinal e mantém o valor absoluto.

Tomemos, para melhor entendimento da propriedade, os determinantes Δ e Δ^1 de ordem 3 com a primeira e segunda colunas permutadas:

$$\Delta = \begin{vmatrix} a_{11} & a_{12} & a_{13} \\ a_{21} & a_{22} & a_{23} \\ a_{31} & a_{32} & a_{33} \end{vmatrix} \text{ e } \Delta^1 = \begin{vmatrix} a_{12} & a_{11} & a_{13} \\ a_{22} & a_{21} & a_{23} \\ a_{32} & a_{31} & a_{33} \end{vmatrix}$$

Efetuando a expansão de cada um dos determinantes por Laplace, segundo as colunas com os mesmos valores (primeira coluna de Δ e segunda de Δ^1), veremos que os produtos desses elementos pelos respectivos cofatores são iguais em valores absolutos:

$$\Delta = a_{11}\begin{vmatrix} a_{22} & a_{23} \\ a_{32} & a_{33} \end{vmatrix} - a_{21}\begin{vmatrix} a_{12} & a_{13} \\ a_{32} & a_{33} \end{vmatrix} + a_{31}\begin{vmatrix} a_{12} & a_{13} \\ a_{22} & a_{23} \end{vmatrix}$$

$$\Delta^1 = a_{11}\begin{vmatrix} a_{22} & a_{23} \\ a_{32} & a_{33} \end{vmatrix} - a_{21}\begin{vmatrix} a_{12} & a_{13} \\ a_{32} & a_{33} \end{vmatrix} + a_{31}\begin{vmatrix} a_{12} & a_{13} \\ a_{22} & a_{23} \end{vmatrix}.$$

Entretanto, as posições de a_{11}, a_{21} e a_{31} em Δ e Δ^1 ficaram trocadas, pois o que era par passou a ímpar e o que era ímpar passou a par entre elas, visto que o índice de coluna ficou aumentado de uma unidade. Assim, todos os produtos de Δ^1 ficaram com os sinais trocados em relação a Δ. E, daí,

$$\Delta = -\Delta^1$$

Observação 2.5

Generalizando o exemplo, suponha que r e s $(r < s)$ sejam a ordem de duas filas quaisquer de um determinante de ordem n e que tenham k filas intermediárias. Para que a fila de ordem s fique na posição de r, devemos realizar $(k + 1)$ trocas com as intermediárias, incluindo a fila de ordem r. E, para que a fila de ordem r se desloque para a posição de s, basta que realize apenas k permutações com as intermediárias, pois s já fora permutada com a de ordem r.

Assim, devem ocorrer $(k + 1) + k = 2k + 1$ permutações de filas paralelas, isto é, uma quantidade ímpar de trocas, daí os determinantes terem sinais contrários.

Exemplo 2.7:

Temos que $\begin{vmatrix} 0 & 1 & 5 \\ 4 & 0 & 6 \\ 2 & 3 & 1 \end{vmatrix} = 68$.

Permutando suas primeira e terceira colunas, obtemos $\begin{vmatrix} 5 & 1 & 0 \\ 6 & 0 & 4 \\ 1 & 3 & 2 \end{vmatrix} = -68$ e, permutando suas primeira e segunda colunas, teremos também $\begin{vmatrix} 1 & 0 & 5 \\ 0 & 4 & 6 \\ 3 & 2 & 1 \end{vmatrix} = -68$.

Vemos no exemplo a confirmação de que o determinante troca de sinal, mantendo o seu valor absoluto a toda permutação de filas paralelas.

Observação 2.6

Podemos deslocar qualquer elemento de um determinante para uma posição conveniente mediante trocas sucessivas de sua linha ou coluna por linhas ou colunas anteriores ou posteriores. A cada uma das trocas corresponderá uma mudança de sinal.

Vejamos: queremos que o elemento 4 do determinante $\begin{vmatrix} 1 & 0 & 5 \\ 0 & 4 & 6 \\ 3 & 2 & 1 \end{vmatrix}$ ocupe a posição de primeira linha e primeira coluna.

$$\begin{vmatrix} 1 & 0 & 5 \\ 0 & 4 & 6 \\ 3 & 2 & 1 \end{vmatrix} = (-1)\begin{vmatrix} 0 & 1 & 5 \\ 4 & 0 & 6 \\ 2 & 3 & 1 \end{vmatrix} = (-1)^2\begin{vmatrix} 4 & 0 & 6 \\ 0 & 1 & 5 \\ 2 & 3 & 1 \end{vmatrix}.$$

2.2.4 PROPRIEDADE 4 – DETERMINANTE POSSUI DUAS FILAS IGUAIS

O determinante que possui duas filas paralelas iguais é igual a zero.

Se permutarmos as filas iguais, o determinante obtido será o mesmo. Mas, pela propriedade 3, ele trocará de sinal. Assim, devemos ter: $\Delta = -\Delta$.

Portanto, $2\Delta = 0$ e, daí, $\Delta = 0$.

2.2.5 PROPRIEDADE 5 – MULTIPLICAÇÃO DE UMA FILA POR NÚMERO REAL

Multiplicando-se todos os elementos de uma fila por um número real, o determinante fica multiplicado por esse número.

Tomemos, para melhor entendimento da propriedade, o determinante Δ de ordem 3 e o número real k.

$$\Delta = \begin{vmatrix} a_{11} & a_{12} & a_{13} \\ a_{21} & a_{22} & a_{23} \\ a_{31} & a_{32} & a_{33} \end{vmatrix}$$

Aplicando Laplace segundo a primeira linha, temos:

$$\det A = a_{11}\begin{vmatrix} a_{22} & a_{23} \\ a_{32} & a_{33} \end{vmatrix} - a_{12}\begin{vmatrix} a_{21} & a_{23} \\ a_{31} & a_{33} \end{vmatrix} + a_{13}\begin{vmatrix} a_{21} & a_{22} \\ a_{31} & a_{32} \end{vmatrix} \quad (3)$$

Se multiplicarmos a primeira linha de Δ por k, teremos o determinante:

$$\Delta^1 = \begin{vmatrix} \mathrm{k}a_{11} & \mathrm{k}a_{12} & \mathrm{k}a_{13} \\ a_{21} & a_{22} & a_{23} \\ a_{31} & a_{32} & a_{33} \end{vmatrix}$$

Aplicando Laplace segundo a primeira linha, obtemos:

$$\Delta^1 = \mathrm{k}a_{11}\begin{vmatrix} a_{22} & a_{23} \\ a_{32} & a_{33} \end{vmatrix} - \mathrm{k}a_{12}\begin{vmatrix} a_{21} & a_{23} \\ a_{31} & a_{33} \end{vmatrix} + \mathrm{k}a_{13}\begin{vmatrix} a_{21} & a_{22} \\ a_{31} & a_{32} \end{vmatrix}$$

Fatorando,

$$\Delta^1 = \mathrm{k}\left(a_{11}\begin{vmatrix} a_{22} & a_{23} \\ a_{32} & a_{33} \end{vmatrix} - a_{12}\begin{vmatrix} a_{21} & a_{23} \\ a_{31} & a_{33} \end{vmatrix} + a_{13}\begin{vmatrix} a_{21} & a_{22} \\ a_{31} & a_{32} \end{vmatrix}\right) \quad (4)$$

Comparando (3) e (4), segue que: $\Delta^1 = \mathrm{k}.\Delta,\ \mathrm{k} \in \mathbb{R}$.

Observação 2.7

Podemos utilizar a propriedade 5 para simplificar cálculos.

Exemplo 2.8:

1. Obtenha o valor do determinante: $\det A = \begin{vmatrix} 15 & 20 & 45 \\ 4 & 0 & 6 \\ 2 & 3 & 1 \end{vmatrix}$

Vê-se que os elementos da primeira linha são múltiplos de 5. Se a dividirmos por 5 (ou multiplicarmos por 1/5), então o determinante ficará dividido por 5. Mas, se o multiplicarmos por 5, faremos a compensação devida, logo:

$$\det A = 5.\begin{vmatrix} 3 & 4 & 9 \\ 4 & 0 & 6 \\ 2 & 3 & 1 \end{vmatrix} = 5.(86) = 430$$

Assim, os cálculos para se obter o novo determinante estão simplificados, bastando multiplicá-lo por 5 para obter o determinante original.

2. Obtenha o valor do determinante:

$$\det A = \begin{vmatrix} 3/4 & 4/3 & 9/2 \\ 4 & 0 & 6 \\ 2 & 3 & 1 \end{vmatrix}$$

Multiplicando a primeira linha do determinante pelo MMC(4,3,2) = 12 e dividindo o determinante modificado por 12, temos:

$$\det A = \begin{vmatrix} 3/4 & 4/3 & 9/2 \\ 4 & 0 & 6 \\ 2 & 3 & 1 \end{vmatrix} = \frac{1}{12}\begin{vmatrix} 9 & 16 & 54 \\ 4 & 0 & 6 \\ 2 & 3 & 1 \end{vmatrix} = \frac{614}{12} = \frac{307}{6}$$

Assim, os cálculos são feitos com números inteiros até obter o valor do determinante.

3. Torne iguais os elementos da primeira linha do determinante (tal procedimento pode ser aplicado a qualquer fila).

$$\det A = \begin{vmatrix} 3 & 1 & 2 \\ 4 & 1 & 3 \\ 2 & 3 & 1 \end{vmatrix}$$

Obtenha o mínimo múltiplo comum dos elementos da primeira linha: MMC(3,1,2) = 6.

Multiplique a primeira coluna por 2 (divisão de 6 por 3 da primeira linha), multiplique a segunda coluna por 6 (divisão de 6 por 1 da primeira linha) e multiplique a terceira coluna por 3 (divisão de 6 por 2 da primeira linha). Faça a compensação, dividindo o novo determinante por 2, 6 e 3.

$$\det A = \frac{1}{2.6.3}\begin{vmatrix} 6 & 6 & 6 \\ 8 & 6 & 9 \\ 4 & 18 & 3 \end{vmatrix}$$

Se desejarmos que a primeira linha tenha seus elementos iguais a 1, podemos dividi-la por 6 e, para compensar, devemos multiplicar o novo determinante por 6.

$$\det A = \frac{6}{2.6.3}\begin{vmatrix} 1 & 1 & 1 \\ 8 & 6 & 9 \\ 4 & 18 & 3 \end{vmatrix}$$

2.2.6 PROPRIEDADE 6 – FILAS PROPORCIONAIS

O determinante que possuir filas proporcionais é igual a zero.

Tomemos, para melhor entendimento da propriedade, o determinante Δ de ordem 3, com a segunda coluna proporcional à primeira coluna, isto é, a segunda coluna é a primeira multiplicada por h, $h \in \mathbb{R}$.

$$\Delta = \begin{vmatrix} a_{11} & ha_{11} & a_{13} \\ a_{21} & ha_{21} & a_{23} \\ a_{31} & ha_{31} & a_{33} \end{vmatrix}$$

Aplicando a propriedade 5, temos $\Delta = h.\begin{vmatrix} a_{11} & a_{11} & a_{13} \\ a_{21} & a_{21} & a_{23} \\ a_{31} & a_{31} & a_{33} \end{vmatrix}$ e, pela propriedade 4,

segue que o determinante com filas paralelas iguais é zero.

Portanto, $\Delta = 0$.

2.2.7 PROPRIEDADE 7 – TEOREMA DA ADIÇÃO DE FILAS

Se num determinante os elementos de uma fila são somas de n parcelas, então ele pode ser transformado numa soma de n determinantes obtidos a partir do determinante dado, tomando-se, no lugar da fila composta, uma fila formada com cada uma das n parcelas, mantendo todas as demais filas.

Tomemos, para melhor entendimento da propriedade, um determinante de ordem 3, apresentando a segunda coluna decomposta em n = 3 parcelas.

Seja $\begin{vmatrix} a_{11} & r_1+s_1+t_1 & a_{13} \\ a_{21} & r_2+s_2+t_2 & a_{23} \\ a_{31} & r_3+s_3+t_3 & a_{33} \end{vmatrix}$

A propriedade afirma que:

$$\begin{vmatrix} a_{11} & r_1+s_1+t_1 & a_{13} \\ a_{21} & r_2+s_2+t_2 & a_{23} \\ a_{31} & r_3+s_3+t_3 & a_{33} \end{vmatrix} = \begin{vmatrix} a_{11} & r_1 & a_{13} \\ a_{21} & r_2 & a_{23} \\ a_{31} & r_3 & a_{33} \end{vmatrix} + \begin{vmatrix} a_{11} & s_1 & a_{13} \\ a_{21} & s_2 & a_{23} \\ a_{31} & s_3 & a_{33} \end{vmatrix} + \begin{vmatrix} a_{11} & t_1 & a_{13} \\ a_{21} & t_2 & a_{23} \\ a_{31} & t_3 & a_{33} \end{vmatrix}$$

Exemplo 2.9:

Temos que $\Delta = \begin{vmatrix} 1 & (1+2+3) & 2 \\ 2 & (2+1-1) & 1 \\ 1 & (1+2+1) & 1 \end{vmatrix} = \begin{vmatrix} 1 & (6) & 2 \\ 2 & (2) & 1 \\ 1 & (4) & 1 \end{vmatrix} = 4$ e, pelo teorema da adição de filas, vê-se que $\Delta = \begin{vmatrix} 1 & 1 & 2 \\ 2 & 2 & 1 \\ 1 & 1 & 1 \end{vmatrix} + \begin{vmatrix} 1 & 2 & 2 \\ 2 & 1 & 1 \\ 1 & 2 & 1 \end{vmatrix} + \begin{vmatrix} 1 & 3 & 2 \\ 2 & -1 & 1 \\ 1 & 1 & 1 \end{vmatrix} = 0 + 3 + 1 = 4$.

2.2.8 PROPRIEDADE 8 – TEOREMA DE JACOBI

Um determinante não se altera quando se substitui uma fila por sua soma com combinações lineares de filas paralelas, mantendo todas as demais filas.

Tomemos, para melhor entendimento da propriedade, o determinante Δ de ordem 3:

$$\Delta = \begin{vmatrix} a_{11} & a_{12} & a_{13} \\ a_{21} & a_{22} & a_{23} \\ a_{31} & a_{32} & a_{33} \end{vmatrix}$$

Substituindo a primeira coluna pela sua soma com a segunda multiplicada por r, $r \in \mathbb{R}$, temos:

$$\Delta^1 = \begin{vmatrix} a_{11}+r.a_{12} & a_{12} & a_{13} \\ a_{21}+r.a_{22} & a_{22} & a_{23} \\ a_{31}+r.a_{32} & a_{32} & a_{33} \end{vmatrix}$$

e, pelo teorema da adição de filas, segue que:

$$\Delta^1 = \begin{vmatrix} a_{11}+r.a_{12} & a_{12} & a_{13} \\ a_{21}+r.a_{22} & a_{22} & a_{23} \\ a_{31}+r.a_{32} & a_{32} & a_{33} \end{vmatrix} = \begin{vmatrix} a_{11} & a_{12} & a_{13} \\ a_{21} & a_{22} & a_{23} \\ a_{31} & a_{32} & a_{33} \end{vmatrix} + \begin{vmatrix} r.a_{12} & a_{12} & a_{13} \\ r.a_{22} & a_{22} & a_{23} \\ r.a_{32} & a_{32} & a_{33} \end{vmatrix}$$

O segundo determinante da soma possui colunas proporcionais e, pela propriedade 6, é zero. Portanto, $\Delta = \Delta^1$.

Observação 2.8

Cuidado! O determinante será zero se uma de suas filas for diretamente uma combinação linear de filas paralelas. Veja o Exemplo 2.10:

CARL GUSTAV JAKOB JACOBI

Nasceu em Potsdam em 10 de dezembro de 1804 e faleceu em Berlim em 18 de fevereiro de 1851. Jacobi foi o primeiro matemático judeu a ser nomeado professor em uma universidade alemã. Seus trabalhos abrangem as aplicações das funções elípticas à teoria dos números. Com o trabalho de equações diferenciais, começou uma nova era em Álgebra. Apresentou a teoria dos determinantes na fórmula simples, como usada atualmente. Fez substanciais contribuições para a teoria da atração de Newton-Laplace-Lagrange e muitos outros. Jacobi morreu prematuramente devido à varíola.

Exemplo 2.10:

$\begin{vmatrix} 3 & 1 & 4 \\ 4 & 1 & 5 \\ 2 & 3 & 5 \end{vmatrix} = 0$, pois a terceira coluna é combinação linear da primeira e da segunda coluna.

Justificativa: se mantivermos as colunas segunda e terceira e adicionarmos a segunda coluna multiplicada por 1 à primeira coluna, temos, pela propriedade 4, que:

$$\begin{vmatrix} 3 & 1 & 4 \\ 4 & 1 & 5 \\ 2 & 3 & 5 \end{vmatrix} = \begin{vmatrix} 3+1 & 1 & 4 \\ 4+1 & 1 & 5 \\ 2+3 & 3 & 5 \end{vmatrix} = \begin{vmatrix} 4 & 1 & 4 \\ 5 & 1 & 5 \\ 5 & 3 & 5 \end{vmatrix} = 0, \text{ apresenta filas iguais.}$$

2.2.8.1 Aplicações do teorema de Jacobi

1. O teorema nos dá a possibilidade de obter uma linha ou coluna do determinante com todos os seus elementos iguais a zero exceto um deles e, daí, o produto deste elemento com o correspondente cofator resulta no valor do determinante.

Exemplo 2.11:

Obtenha o valor do determinante $\det A = \begin{vmatrix} -3 & 1 & 2 \\ 1 & 2 & 3 \\ 2 & 3 & 1 \end{vmatrix}$.

Solução:

1°) Obtenha o mínimo múltiplo comum dos valores absolutos dos elementos da primeira linha: MMC (3,1,2) = 6.

2°) Multiplique a primeira coluna por 2 (6 dividido por 3), a segunda coluna por 6 (6 dividido por 1) e a terceira coluna por 3 (6 dividido por 2) e divida o determinante por 2, 6 e 3.

$$\det A = \frac{1}{2.6.3}\begin{vmatrix} -6 & 6 & 6 \\ 2 & 12 & 9 \\ 4 & 18 & 3 \end{vmatrix} = \frac{6}{2.6.3}\begin{vmatrix} -1 & 1 & 1 \\ 2 & 12 & 9 \\ 4 & 18 & 3 \end{vmatrix}$$

3°) Mantenha a primeira coluna e obtenha as outras duas colunas pelas suas respectivas somas termo a termo com a primeira coluna.

$$\det A = \frac{6}{2.6.3}\begin{vmatrix} -1 & 1 & 1 \\ 2 & 12 & 9 \\ 4 & 18 & 3 \end{vmatrix} = \frac{6}{2.6.3}\begin{vmatrix} -1 & 0 & 0 \\ 2 & 14 & 11 \\ 4 & 22 & 7 \end{vmatrix}$$

4°) Aplique Laplace com expansão pela primeira linha:

$$\det A = \frac{6}{2.6.3}\begin{vmatrix} -1 & 0 & 0 \\ 2 & 14 & 11 \\ 4 & 22 & 7 \end{vmatrix} = \frac{6}{2.6.3}(-1)(-1)^{1+1}\begin{vmatrix} 14 & 11 \\ 22 & 7 \end{vmatrix} = \frac{-1}{6}(-144) = 24$$

2. A principal vantagem do teorema de Jacobi é referente ao cálculo de determinantes de ordem mais elevada. O fato de transformar um determinante (sem alterar seu valor) de modo que tenha todos os elementos de uma linha ou coluna iguais a zero exceto um deles nos permite baixar, sucessivamente, as ordens até a segunda e aplicar Laplace. O exemplo acima mostra que o determinante de terceira ordem baixou para outro de segunda ordem.

Observe que a existência de 1 (ou – 1) como elemento de uma linha ou coluna torna mais simples o procedimento de se obter o restante de seus termos iguais a zero.

Exemplo 2.12:

Obtenha o valor do determinante $|A| = \begin{vmatrix} 2 & 0 & -1 & 1 \\ 1 & -1 & 0 & -2 \\ 0 & 3 & 1 & 1 \\ 1 & 2 & 3 & -1 \end{vmatrix}$

Solução:

1º) Fixar a terceira coluna (possui (-1) na primeira linha).

2º) Adicioná-la à quarta coluna e, também, adicioná-la à primeira coluna multiplicada por 2.

$$|A| = \begin{vmatrix} 2 & 0 & -1 & 1 \\ 1 & -1 & 0 & -2 \\ 0 & 3 & 1 & 1 \\ 1 & 2 & 3 & -1 \end{vmatrix} = \begin{vmatrix} 0 & 0 & -1 & 0 \\ 1 & -1 & 0 & -2 \\ 2 & 3 & 1 & 2 \\ 7 & 2 & 3 & 2 \end{vmatrix} = (-1).(-1)^{1+3} \begin{vmatrix} 1 & -1 & -2 \\ 2 & 3 & 2 \\ 7 & 2 & 2 \end{vmatrix} = -26$$

Outro modo: fixar a quarta coluna (possui 1 na primeira linha).

3º) Adicioná-la à terceira coluna e, também, adicioná-la à primeira multiplicada por –2.

$$|A| = \begin{vmatrix} 2 & 0 & -1 & 1 \\ 1 & -1 & 0 & -2 \\ 0 & 3 & 1 & 1 \\ 1 & 2 & 3 & -1 \end{vmatrix} = \begin{vmatrix} 0 & 0 & 0 & 1 \\ 5 & -1 & -2 & -2 \\ -2 & 3 & 2 & 1 \\ 3 & 2 & 2 & -1 \end{vmatrix} = (1).(-1)^{1+4} \begin{vmatrix} 5 & -1 & -2 \\ -2 & 3 & 2 \\ 3 & 2 & 2 \end{vmatrix} = -26$$

2.2.9 PROPRIEDADE 9 – PRODUTO DE MATRIZ POR SUA TRANSPOSTA DE MATRIZ DOS COFATORES

Seja A uma matriz quadrada e de ordem n. A matriz cujos elementos são os correspondentes cofatores dos elementos de A é denominada matriz dos cofatores de A.

Notação: ***cof* A**

O produto de A pela matriz transposta dos cofatores de A resulta no produto do determinante de A pela matriz identidade I_n:

$$A.(cof\ A)^T = |A|.I_n,$$

sendo $|A|$ o determinante de A e I_n a matriz identidade de ordem *n*.

Vejamos:

Vamos ilustrar a demonstração da afirmação acima com a utilização de uma matriz A quadrada de ordem 2.

$$A = \begin{bmatrix} a_{11} & a_{12} \\ a_{21} & a_{22} \end{bmatrix}_2$$

Construiremos, agora, a matriz dos fatores de A. Devemos lembrar que o conceito de cofator de um elemento de A foi exposto no item 2.1.3.

Segundo a definição, temos:

$$cof\,A = \begin{bmatrix} A^{11} & A^{12} \\ A^{21} & A^{22} \end{bmatrix}_2 = \begin{bmatrix} (-1)^{1+1} D_{11} & (-1)^{1+2} D_{12} \\ (-1)^{2+1} D_{21} & (-1)^{2+2} D_{22} \end{bmatrix}_2 = \begin{bmatrix} a_{22} & -a_{21} \\ -a_{12} & a_{11} \end{bmatrix}_2.$$

A transposta da matriz dos cofatores da matriz A é dada por:

$$(cof\,A)^T = \begin{bmatrix} a_{22} & -a_{12} \\ -a_{21} & a_{11} \end{bmatrix}_2.$$

Verificando agora a propriedade 9 para a matriz A considerada:

$$A.(cof\,A)^T = \begin{bmatrix} a_{11} & a_{12} \\ a_{21} & a_{22} \end{bmatrix}_2 . \begin{bmatrix} a_{22} & -a_{12} \\ -a_{21} & a_{11} \end{bmatrix}_2 =$$

$$= \begin{bmatrix} a_{11}a_{22} - a_{12}a_{21} & -a_{11}a_{12} + a_{12}a_{11} \\ a_{21}a_{22} - a_{22}a_{21} & -a_{21}a_{12} + a_{22}a_{11} \end{bmatrix}_2 = \begin{bmatrix} |A| & 0 \\ 0 & |A| \end{bmatrix}_2 =$$

$$= |A|. \begin{bmatrix} 1 & 0 \\ 0 & 1 \end{bmatrix}_2 = |A|.\, I_n\,.$$

2.2.10 PROPRIEDADE 10 – INVERSÃO DE MATRIZES UTILIZANDO MATRIZ DOS COFATORES

Temos, pela propriedade 9, que: $A.\,(cof\,A)^T = |A|\,.\,I_n$.

Multiplicando a sentença acima pela matriz inversa de A, obtemos:

$$(A^{-1}.A).(cof\,A)^T = |A|.(A^{-1}.I_n)\text{, isto é, }(I_n).(cof\,A)^T = |A|.A^{-1}.$$

Supondo $|A| \neq 0$, teremos: $A^{-1} = \dfrac{1}{|A|}(cof\,A)^T$.

Logo, $A^{-1} = \dfrac{1}{\det A}(cof\,A)^T$. (5)

Exemplo 2.13:

Obtenha a inversa da matriz A, sendo

$$A = \begin{bmatrix} 6 & 2 & -3 \\ 1 & -1 & 1 \\ 2 & 2 & -1 \end{bmatrix}.$$

Vamos obter, separadamente, os elementos de (5) acima:

a) $\det A = \begin{vmatrix} 6 & 2 & -3 \\ 1 & -1 & 1 \\ 2 & 2 & -1 \end{vmatrix} = -12 \neq 0$

b) $cof\ A = \begin{bmatrix} [(-1)(-1)-2.1] & -[1.(-1)-2.1] & [1.2-2.(-1)] \\ -[2.(-1)-2.(-3)] & [6.(-1)-2.(-3)] & -[6.2-2.2] \\ [2.1-(-1)(-3)] & -[6.1-1.(-3)] & [6.(-1)-1.2] \end{bmatrix} = \begin{bmatrix} -1 & 3 & 4 \\ -4 & 0 & -8 \\ -1 & -9 & -8 \end{bmatrix}$

c) $(cof\ A)^T = \begin{bmatrix} -1 & -4 & -1 \\ 3 & 0 & -9 \\ 4 & -8 & -8 \end{bmatrix}$

Aplicando (5), teremos:

$$A^{-1} = \frac{1}{\det A}(cof\,A)^T = \frac{1}{-12}\begin{bmatrix} -1 & -4 & -1 \\ 3 & 0 & -9 \\ 4 & -8 & -8 \end{bmatrix} = \begin{bmatrix} 1/12 & 1/3 & 1/12 \\ -1/4 & 0 & 3/4 \\ -1/3 & 2/3 & 2/3 \end{bmatrix}$$

Observe que o resultado encontrado para A^{-1} é o mesmo que o obtido no item 1.4.5.1.

EXERCÍCIOS DE APLICAÇÃO 2.1

1. Obtenha os determinantes das matrizes:

a) $\begin{bmatrix} \sqrt{3} & 2 \\ 1 & \sqrt{3} \end{bmatrix}$ b) $\begin{bmatrix} 2 & -1 \\ 3 & 2 \end{bmatrix}$ c) $\begin{bmatrix} 0 & 6 \\ 2 & 1 \end{bmatrix}$ d) $\begin{bmatrix} 1 & 0 & 3 \\ -2 & 1 & -1 \\ 0 & 2 & 1 \end{bmatrix}$

2. Resolva as equações no conjunto dos reais:

a) $\begin{vmatrix} 1-x & -\sqrt{3} \\ \sqrt{3} & 1+x \end{vmatrix} = 0$ b) $\begin{vmatrix} 2-x & -1 \\ 4 & 2 \end{vmatrix} = 0$ c) $\begin{vmatrix} 1 & 0 & x \\ 1 & 1 & 2 \\ 1 & x & 2 \end{vmatrix} = 0$ d) $\begin{vmatrix} 2 & 4 & 1 \\ 1 & x & 3 \\ x & 0 & 1 \end{vmatrix} = 0$

3. Justifique as igualdades a seguir, utilizando as propriedades correspondentes:

a) $\begin{vmatrix} 2 & 3 & 1 \\ 1 & 5 & 3 \\ 2 & 3 & 1 \end{vmatrix} = 0$ b) $\begin{vmatrix} 1 & 0 & 2 \\ 2 & 1 & 4 \\ 3 & 5 & 6 \end{vmatrix} = 0$ c) $\begin{vmatrix} 1 & 0 & 1 \\ 1 & 1 & 2 \\ 1 & 3 & 4 \end{vmatrix} = 0$ d) $\begin{vmatrix} 4 & 3 & 1 \\ 3 & 1 & 2 \\ 6 & -1 & 7 \end{vmatrix} = 0$

4. Torne inteiros os elementos do determinante e, em seguida, obtenha seu valor:

a) $\begin{vmatrix} 1 & 0 & 1 \\ 1/3 & 1/2 & 1/3 \\ -2 & 1 & 1 \end{vmatrix}$ b) $\begin{vmatrix} 1/2 & 1 & 0 \\ 0 & 1/3 & 0 \\ 1 & 0 & 1/4 \end{vmatrix}$ c) $\begin{vmatrix} 1 & 0 & 1 \\ 1/3 & 2 & 3 \\ -2 & 1 & 0 \end{vmatrix}$

5. Obtenha os determinantes desenvolvendo pela fila mais conveniente:

a) $\begin{vmatrix} 2 & -1 & 0 & 3 \\ 5 & 0 & -1 & 0 \\ 0 & -3 & 0 & 5 \\ 1 & 0 & 0 & 1 \end{vmatrix}$ b) $\begin{vmatrix} 2 & 1 & 1 & 1 \\ 1 & 2 & 1 & 1 \\ 1 & 1 & 2 & 1 \\ 1 & 1 & 1 & 2 \end{vmatrix}$ c) $\begin{vmatrix} 1 & 1 & 1 & 2 \\ 1 & 1 & 2 & 1 \\ 1 & 2 & 1 & 1 \\ 2 & 1 & 1 & 1 \end{vmatrix}$

6. Resolva a equação $\begin{vmatrix} 1-x & 1 & 1 \\ 1 & 1-x & 1 \\ 1 & 1 & 1-x \end{vmatrix} = 0$, $x \in \mathbb{R}$.

7. Quais valores de $x \in \mathbb{R}$ satisfazem a equação $\begin{vmatrix} x & -7 \\ 2 & 1-x \end{vmatrix} = \begin{vmatrix} 1 & 0 & 0 \\ 2 & x & -6 \\ 1 & 3 & x-5 \end{vmatrix}$?

8. Obtenha x, $x \in \mathbb{R}$, de modo que a matriz $A = \begin{bmatrix} 2 & x \\ -3 & 6 \end{bmatrix}$ tenha determinante zero.

9. Obtenha x na equação $\begin{vmatrix} 1 & 1 & 1 \\ a & x & b \\ b & b & x \end{vmatrix} = 0$, sabendo que $a, b, x \in \mathbb{R}$.

10. Resolva o sistema de duas equações e incógnitas x e y reais, dado pelos determinantes:

$$\begin{vmatrix} x & y \\ -2 & 1 \end{vmatrix} = 7 \quad \text{e} \quad \begin{vmatrix} x & \frac{y}{2} \\ 4 & 3 \end{vmatrix} = -3.$$

3 SISTEMAS DE EQUAÇÕES LINEARES

- Apresentar sistemas lineares ilustrados por situações-problema.
- Reconhecer e classificar sistemas lineares.
- Resolver sistemas lineares pela regra de Cramer, inversão de matrizes e método de escalonamento.

3.1 INTRODUÇÃO

Chama-se equação linear a toda sentença da forma:

$$a_1 x_1 + a_2 x_2 + a_3 x_3 + \dots + a_n x_n = b,$$

sendo reais as incógnitas $x_1, x_2, x_3, \dots, x_n$, os coeficientes das incógnitas $a_1, a_2, a_3, \dots, a_n$ e o termo b independente de variável.

Caso $b = 0$, a equação é denominada de **equação linear homogênea**.

Exemplo 3.1:

São equações lineares: $2x + 5y - 2z = 7$, $x - y + \sqrt{3}z = 4$ e $5x + 3y = 0$ ..., pois os expoentes das incógitas são iguais a 1.

Não são lineares: $x^4 - 2x^3 - x + 1 = 0$, $e^x - x - 3 = 0$ e $\ln(2x) + \operatorname{sen} x = 0$ ... .

Dizemos que um conjunto de equações lineares forma um sistema linear. Portanto, um sistema linear de ***m*** equações e de ***n*** incógnitas tem a forma:

$$\begin{cases} a_{11}x_1 + a_{12}x_2 + a_{13}x_3 + \dots + a_{1n}x_n = b_1 \\ a_{21}x_1 + a_{22}x_2 + a_{23}x_3 + \dots + a_{2n}x_n = b_2 \\ \dots\dots\dots\dots\dots\dots\dots\dots\dots\dots\dots\dots \\ a_{m1}x_1 + a_{m2}x_2 + a_{m3}x_3 + \dots + a_{mn}x_n = b_m \end{cases}$$

A solução de um sistema linear é uma n-upla de reais ordenados $(s_1, s_2, s_3, \dots, s_n)$ que, simultaneamente, é solução de todas as equações do sistema.

Se $b_1, b_2, b_3, \dots, b_m$ forem todos zeros, o sistema é denominado de **homogêneo**.

Queremos resolver sistemas de ***n*** equações lineares com ***n*** incógnitas e, para isto, vamos iniciar com exemplos de sistemas lineares de 2 equações e 2 incógnitas.

Considere o seguinte problema:

Pedro e Ana Beatriz foram a uma padaria tomar o café da manhã. Pedro pediu 1 xícara de café e 2 pães de queijo e Ana pediu 2 cafés e 3 pães de queijo. Pedro pagou R$ 8,00, e Ana Beatriz, R$ 13,00 pelos produtos consumidos. Qual é o preço do café e do pão de queijo cobrados pela padaria?

Solução:

Sejam as matrizes A do consumo dos produtos e X dos preços dos produtos, sendo que ***x*** é o preço do café, ***y*** do pão de queijo e B a matriz dos gastos efetuados por Pedro e Ana Beatriz:

$$A = \begin{bmatrix} 1 & 2 \\ 2 & 3 \end{bmatrix}, \quad X = \begin{bmatrix} x \\ y \end{bmatrix} \quad \text{e} \quad B = \begin{bmatrix} 8 \\ 13 \end{bmatrix}.$$

Consideremos a equação matricial $\mathbf{A \times X = B}$, isto é, o produto da matriz consumo pela matriz dos preços praticados, resultando na matriz dos gastos:

$$\begin{bmatrix} 1 & 2 \\ 2 & 3 \end{bmatrix} \times \begin{bmatrix} x \\ y \end{bmatrix} = \begin{bmatrix} 8 \\ 13 \end{bmatrix}.$$

Efetuando o produto indicado e comparando os elementos da matriz obtida com os correspondentes valores da matriz B, obtemos o sistema de equações lineares:

$$\begin{cases} 1x + 2y = 8 \\ 2x + 3y = 13 \end{cases}$$

e, daí, $x = 2$ e $y = 3$ é a solução do sistema.

O gráfico cartesiano (Figura 3.1) apresenta as retas obtidas a partir das equações do sistema:

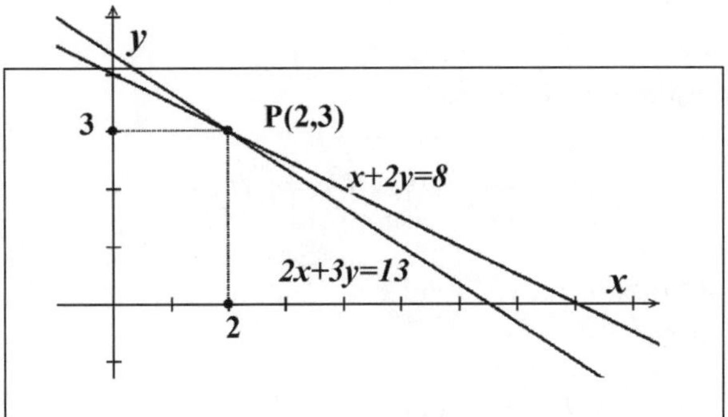

Figura 3.1

Vemos que as retas se interceptam num só ponto e, por isso, o sistema é denominado de **possível e determinado**. Se as duas retas fossem coincidentes, o sistema possuiria infinitas soluções e seria denominado de sistema **possível e indeterminado**. Se as retas fossem paralelas, não teriam ponto comum e, nesse caso, o sistema seria denominado de sistema **impossível**.

3.2 SISTEMAS DE EQUAÇÕES LINEARES

Apresentaremos procedimentos para resolver sistemas com duas equações e duas incógnitas e, também, de $\boldsymbol{n}$ equações e $\boldsymbol{n}$ incógnitas.

3.2.1 SISTEMAS LINEARES DE DUAS EQUAÇÕES E DUAS INCÓGNITAS

Considere uma equação matricial semelhante ao problema de Pedro e Ana Beatriz:

$$\begin{bmatrix} a_{11} & a_{12} \\ a_{21} & a_{22} \end{bmatrix} \times \begin{bmatrix} x \\ y \end{bmatrix} = \begin{bmatrix} b_1 \\ b_2 \end{bmatrix}.$$

A partir dela, obtemos o sistema linear de duas equações e duas incógnitas:

$$\begin{cases} a_{11}x + a_{12}y = b_1 & (1) \\ a_{21}x + a_{22}y = b_2 & (2) \end{cases}$$

Multiplicando a equação (1) por a_{22} e a equação (2) por $(-a_{12})$, segue

$$\begin{cases} a_{11}a_{22}x & + & a_{12}a_{22}y & = & b_1a_{22} \\ -a_{12}a_{21}x & - & a_{12}a_{22}y & = & -b_2a_{12} \end{cases}$$

Adicionando as equações, teremos:

$$(a_{11}a_{22} - a_{12}a_{21})\ x = a_{22}b_1 - a_{12}b_2$$

Escrevendo o coeficiente da variável $\boldsymbol{x}$ e o termo independente de variável na forma de determinante, tem-se:

$$\begin{vmatrix} a_{11} & a_{12} \\ a_{21} & a_{22} \end{vmatrix} .\ x = \begin{vmatrix} b_1 & a_{12} \\ b_2 & a_{22} \end{vmatrix}. \qquad (3)$$

E, analogamente, tem-se:

$$\begin{vmatrix} a_{11} & a_{12} \\ a_{21} & a_{22} \end{vmatrix} .\ y = \begin{vmatrix} a_{11} & b_1 \\ a_{21} & b_2 \end{vmatrix}. \qquad (4)$$

Vê-se, pelas equações (3) e (4), que os coeficientes das incógnitas $\boldsymbol{x}$ e $\boldsymbol{y}$ são determinantes iguais, de ordem 2, que será denominado **determinante do sistema**:

$$\Delta = \begin{vmatrix} a_{11} & a_{12} \\ a_{21} & a_{22} \end{vmatrix}$$

O segundo membro de (3) é o determinante Δ_x, que é diferente de Δ apenas pelo fato de sua primeira coluna ser formada pelos termos b_1 e b_2 das equações (1) e (2).

Analogamente, o segundo membro de (4) é o determinante Δ_y, diferente de Δ apenas pela segunda coluna formada pelos termos b_1 e b_2 das equações do sistema:

$$\Delta_x = \begin{vmatrix} b_1 & a_{12} \\ b_2 & a_{22} \end{vmatrix} \text{ e } \Delta_y = \begin{vmatrix} a_{11} & b_1 \\ a_{21} & b_2 \end{vmatrix}$$

Os determinantes Δ_x e Δ_y são denominados de **determinantes das incógnitas**.

Assim, as equações (3) e (4) podem ser escritas de modo simplificado por:

$$\Delta .\ x = \Delta_x \text{ e } \Delta .\ y = \Delta_y \qquad (5)$$

Exemplo 3.2:

a) Considerando o exemplo do café da manhã de Pedro e Ana, temos o sistema

$$\begin{cases} 1x + 2y = 8 \\ 2x + 3y = 13 \end{cases}$$

Utilizando as equações (5), podemos escrever:

$$\begin{vmatrix} 1 & 2 \\ 2 & 3 \end{vmatrix} . x = \begin{vmatrix} 8 & 2 \\ 13 & 3 \end{vmatrix} \text{ e } \begin{vmatrix} 1 & 2 \\ 2 & 3 \end{vmatrix} . y = \begin{vmatrix} 1 & 8 \\ 2 & 13 \end{vmatrix} .$$

Logo,

$$(1.3 - 2.2) . x = (8.3 - 2.13) \Rightarrow -1. x = -2 \Rightarrow x = 2 \text{ e}$$

$$(1.3 - 2.2) . y = (1.13 - 8.2) \Rightarrow -1. y = -3 \Rightarrow y = 3.$$

Portanto, os valores de x e y coincidem com os obtidos no Exemplo 3.1.

b) Suponha que em outra padaria Ana Beatriz tenha consumido o dobro de Pedro (2 cafés e 4 pães de queijo) e pago duas vezes mais que ele. Assim, teremos o novo sistema de equações lineares:

$$\begin{cases} 1x + 2y = 3 \\ 2x + 4y = 6 \end{cases}$$

Neste caso, $\Delta = \begin{vmatrix} 1 & 2 \\ 2 & 4 \end{vmatrix} = 0$, $\Delta_x = \begin{vmatrix} 3 & 2 \\ 6 & 4 \end{vmatrix} = 0$ e $\Delta_y = \begin{vmatrix} 1 & 3 \\ 2 & 6 \end{vmatrix} = 0$, pelas equações (5), segue: $0.x = 0$ e $0.y = 0$, daí, todo valor real de x e de y as tornam verdadeiras. Porém, nem todos os pares (x , y) são soluções do sistema. Citaremos, como exemplo, o par de reais $x = 0$ e $y = 0$, que satisfaz (5), mas não constitui solução do sistema. Verifique!

O gráfico cartesiano para esse sistema nos mostra que as retas coincidem:

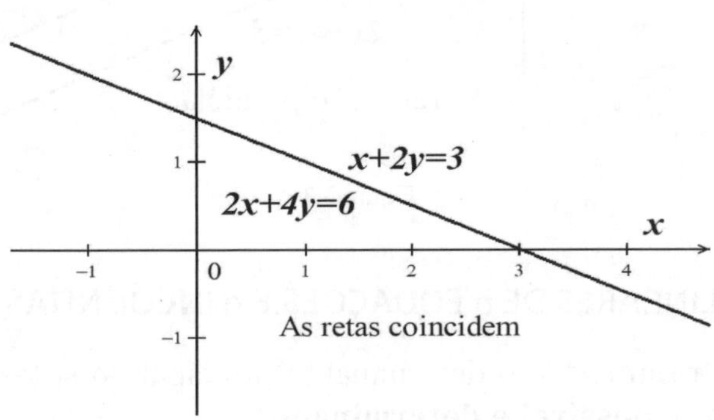

Figura 3.2

Isso nos faz entender que existe uma infinidade de pares ($\boldsymbol{x}$, $\boldsymbol{y}$) que satisfazem o sistema, visto serem comuns os pontos das retas. O sistema é **possível e indeterminado**.

c) Suponha que Ana Beatriz consuma o dobro de Pedro, conforme o Exemplo 3.2(b), e a padaria cobre apenas R$ 3,00 por pessoa atendida. Nesse caso, Ana paga no caixa o mesmo que Pedro.

Temos o sistema:

$$\begin{cases} 1x + 2y = 3 \\ 2x + 4y = 3 \end{cases}$$

Assim, $\Delta = \begin{vmatrix} 1 & 2 \\ 2 & 4 \end{vmatrix} = 0$, $\Delta_x = \begin{vmatrix} 3 & 2 \\ 3 & 4 \end{vmatrix} = 6$ e $\Delta_y = \begin{vmatrix} 1 & 3 \\ 2 & 3 \end{vmatrix} = -3$

Vemos, pelas equações (5), que: $0.x \quad 6$ e $0.y = -3$ e, neste caso, **não** existem valores reais para x ou y que as tornem verdadeiras. Isto é, não saberemos o valor de cada produto consumido.

E, pelo método de adição na resolução de sistemas, temos que:

$$\begin{cases} (-2).1x + (-2).2y = (-2).3 \\ 2x + 4y = 3 \end{cases} \Rightarrow \begin{cases} -2x - 4y = -6 \\ 2x + 4y = 3 \end{cases} \Rightarrow 0x + 0y = -3!$$

O sistema é **impossível**, e o gráfico (Figura 3.3) mostra que as retas são paralelas.

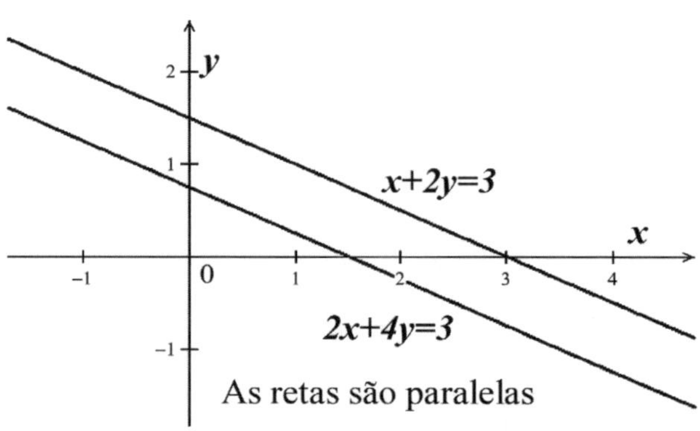

Figura 3.3

3.2.2 SISTEMAS LINEARES DE n EQUAÇÕES E n INCÓGNITAS

Teorema de Cramer: "Se o determinante principal do sistema for diferente de zero, então o sistema é **possível e determinado**".

GABRIEL CRAMER

Nasceu no dia 31 de julho de 1704 em Genebra, na Suíça, e morreu em 4 de janeiro de 1752 em Bagnols-sur-Cèze, na França. Um dos três filhos de Jean Isaac Cramer, médico, e de Anne Mallet, tinha somente 18 anos quando conseguiu seu doutorado (1722), com uma tese sobre a teoria do som.

Demonstração:

Pretendemos generalizar a obtenção de soluções de um sistema de duas equações a duas incógnitas, descrito no item 3.2.1, para um sistema de n equações a n incógnitas, com $n > 2$.

Consideremos a equação matricial:

$$\begin{cases} a_{11}x_1 + a_{12}x_2 + \ldots + a_{1n}x_n = b_1 \\ a_{21}x_1 + a_{22}x_2 + \ldots + a_{2n}x_n = b_2 \\ \ldots\ldots\ldots\ldots\ldots\ldots\ldots\ldots\ldots\ldots \\ a_{n1}x_1 + a_{n2}x_2 + \ldots + a_{nn}x_n = b_n \end{cases}$$

O determinante do sistema é dado por:

$$\Delta = \begin{vmatrix} a_{11} & a_{12} & a_{13} & \ldots & a_{1n} \\ a_{21} & a_{22} & a_{23} & \ldots & a_{2n} \\ \ldots & \ldots & \ldots & \ldots & \ldots \\ a_{n1} & a_{n2} & a_{n3} & \ldots & a_{nn} \end{vmatrix}$$

e os determinantes das incógnitas Δ_{x_1}, Δ_{x_2}, ..., x_n são obtidos a partir de Δ, quando nele se substitui cada coluna correspondentemente a uma das incógnitas x_1, x_2, ..., x_n, pela coluna dos termos constantes b_1, b_2, ..., b_n do sistema.

Como podemos obter x_1?

Se multiplicarmos a primeira coluna de Δ por x_1, o determinante todo ficará multiplicado por x_1 (item 2.2.5, "Propriedade 5", no Capítulo 2, "Determinantes"):

$$x_1 . \Delta = \begin{vmatrix} a_{11} x_1 & a_{12} & a_{13} & \ldots & a_{1n} \\ a_{21} x_1 & a_{22} & a_{23} & \ldots & a_{2n} \\ \ldots & \ldots & \ldots & \ldots & \ldots \\ a_{n1} x_1 & a_{n2} & a_{n3} & \ldots & a_{nn} \end{vmatrix}$$

O teorema de Jacobi afirma que o valor de um determinante não se altera quando se substitui uma de suas filas (linha ou coluna) pela sua soma com outras filas paralelas, podendo cada uma delas estar multiplicada por um número real, e mantidas as demais filas do determinante (item 2.2.8, “Propriedade 8”, no Capítulo 2, “Determinantes”).

Adicionaremos, segundo Jacobi, a primeira coluna de ($x_1.\Delta$) com a segunda coluna multiplicada por x_2 e a terceira multiplicada por x_3, e assim sucessivamente, até que seja adicionada a última coluna multiplicada por x_n, mantendo as demais colunas. Teremos:

$$x_1 . \Delta = \begin{vmatrix} (a_{11} x_1 + a_{12} x_2 + \ldots + a_{1n} x_n) & a_{12} & a_{13} & \ldots & a_{1n} \\ (a_{21} x_1 + a_{22} x_2 + \ldots + a_{2n} x_n) & a_{22} & a_{23} & \ldots & a_{2n} \\ \ldots & \ldots & \ldots & \ldots & \ldots \\ (a_{n1} x_1 + a_{n2} x_2 + \ldots + a_{nn} x_n) & a_{n2} & a_{n3} & \ldots & a_{nn} \end{vmatrix}$$

Vê-se, agora, que os elementos da primeira coluna do determinante ($x_1.\Delta$) são os valores independentes de variável $b_1, b_2, \ldots, b_n$ do sistema, isto é,

$$x_1 . \Delta = \begin{vmatrix} (b_1) & a_{12} & a_{13} & \ldots & a_{1n} \\ (b_2) & a_{22} & a_{23} & \ldots & a_{2n} \\ \ldots & \ldots & \ldots & \ldots & \ldots \\ (b_n) & a_{n2} & a_{n3} & \ldots & a_{nn} \end{vmatrix} = \Delta_{x_1} .$$

Procedendo analogamente, obtemos as equações:

$$x_1.\Delta = \Delta_{x_1} ,\ x_2.\Delta = \Delta_{x_2} ,\ x_3.\Delta = \Delta_{x_3} , \ldots ,\ x_n.\Delta = \Delta_{x_n} \quad (6)$$

Supondo $\Delta \neq 0$, temos a solução $x_1, x_2, x_3, \ldots, x_n$ do sistema, sendo:

$$x_1 = \frac{\Delta_{x_1}}{\Delta} ,\ x_2 = \frac{\Delta_{x_2}}{\Delta} ,\ x_3 = \frac{\Delta_{x_3}}{\Delta} , \ldots ,\ x_n = \frac{\Delta_{x_n}}{\Delta} .$$

Portanto, se $\Delta \neq 0$, então o sistema é **possível e determinado**.

Observação 3.1

Este procedimento de se obter as soluções de um sistema linear de n equações a n incógnitas é conhecido como a **regra de Cramer**.

Exemplo 3.3:

Resolver o sistema utilizando a regra de Cramer.

$$\begin{cases} 6x + 2y - 3z = 1 \\ 1x - 1y + 1z = 2 \\ 2x + 2y - 1z = 3 \end{cases}$$

Solução:

O determinante principal $\Delta = \begin{vmatrix} 6 & 2 & -3 \\ 1 & -1 & 1 \\ 2 & 2 & -1 \end{vmatrix} = -12 \neq 0$ e os das incógnitas:

$$\Delta_x = \begin{vmatrix} 1 & 2 & -3 \\ 2 & -1 & 1 \\ 3 & 2 & -1 \end{vmatrix} = -12,\ \Delta_y = \begin{vmatrix} 6 & 1 & -3 \\ 1 & 2 & 1 \\ 2 & 3 & -1 \end{vmatrix} = -24 \text{ e } \Delta_z = \begin{vmatrix} 1 & 2 & 1 \\ 2 & -1 & 2 \\ 3 & 2 & 3 \end{vmatrix} = -36.$$

Logo,

$$x = \frac{\Delta_x}{\Delta} = \frac{-12}{-12} = 1,\ y = \frac{\Delta_y}{\Delta} = \frac{-24}{-12} = 2 \text{ e } z = \frac{\Delta_z}{\Delta} = \frac{-36}{-12} = 3.$$

As equações do sistema linear são representadas por planos no sistema cartesiano, e eles se interceptam no ponto P (1,2,3):

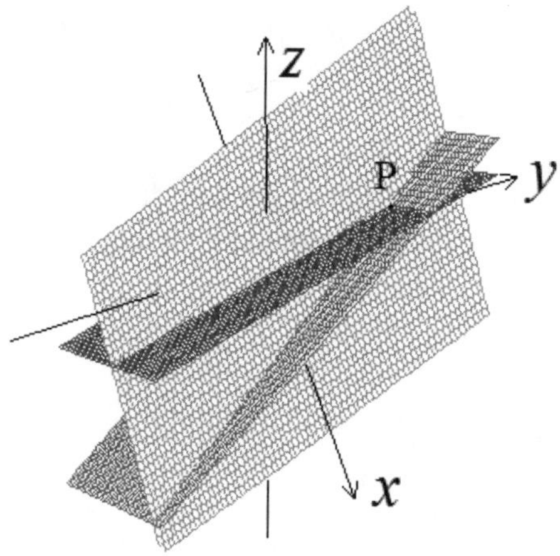

Figura 3.4

As equações (6), com $\Delta \neq 0$, nos fazem entender que existe uma só n-upla de valores $(x_1, x_2, \ldots, x_n)$ que resolve o sistema linear, como visto na Figura 3.4. O conjunto solução no exemplo é dado por $\{(1,2,3)\}$.

Pergunta: Como seria a solução de sistemas lineares sendo $\Delta = 0$ nas equações (6)?

Resposta: a regra de Cramer não contempla essa situação. Faremos simulações com sistemas de três equações e três incógnitas para respondermos a essa pergunta. Certamente, nesse caso, os sistemas serão **possíveis indeterminados** ou **impossíveis**.

3.2.3 SISTEMAS INDETERMINADOS

Considerando as equações (6), em que $\Delta = 0$ e, também, $\Delta_{x_1} = \Delta_{x_2} = \ldots = \Delta_{x_n} = 0$, teremos:

$$x_1.0 = 0,\ x_2.0 = 0,\ x_3.0 = 0, \ldots, x_n.0 = 0.$$

A primeira impressão é que x_1, x_2, ..., x_n podem, independentemente, assumir qualquer valor real e satisfazer o sistema linear. Veremos a seguir que isso não é verdade!

Diremos, neste caso, que pode existir uma quantidade infinita de n-uplas que satisfazem o sistema.

Vamos apresentar, com exemplos, casos em que se tem sistemas indeterminados:

Caso 1 – Considere o sistema linear:

$$\begin{cases} 1x + 2y + 3z = -1 \\ 2x + 4y + 6z = -2 \\ 3x + 6y + 9z = -3 \end{cases}$$

Solução:

Utilizando a regra de Cramer e obtendo o valor do determinante principal

$$\Delta = \begin{vmatrix} 1 & 2 & 3 \\ 2 & 4 & 6 \\ 3 & 6 & 9 \end{vmatrix} = 0$$

e os das incógnitas:

$$\Delta_x = \begin{vmatrix} -1 & 2 & 3 \\ -2 & 4 & 6 \\ -3 & 6 & 9 \end{vmatrix} = 0,\ \Delta \ = \begin{vmatrix} 1 & -1 & 3 \\ 2 & -2 & 6 \\ 3 & -3 & 9 \end{vmatrix} = 0 \text{ e } \Delta_z = \begin{vmatrix} 1 & 2 & -1 \\ 2 & 4 & -2 \\ 3 & 6 & -3 \end{vmatrix} = 0,$$

segue, de (6), que:

$$x.0 = 0,\ y.0 = 0 \text{ e } z.0 = 0.$$

Temos, neste exemplo, uma infinidade de valores para $\boldsymbol{x}$, $\boldsymbol{y}$ e $\boldsymbol{z}$ que satisfazem o sistema dado. Veja algumas ternas ($\boldsymbol{x}$,$\boldsymbol{y}$,$\boldsymbol{z}$) que são soluções: (2,-3,1), (-3,1,0), (0,1,-1), etc.

Observe também que $\boldsymbol{x} = 1$, $\boldsymbol{y} = 2$ e $\boldsymbol{z} = 3$ satisfazem as equações acima (6), porém, não constituem solução para o sistema de equações lineares. Verifique!

O gráfico cartesiano (Figura 3.5) mostra que os planos correspondentes às equações do sistema coincidem. Logo, apenas os pontos a eles pertencentes satisfazem o sistema. Assim, existem infinitas soluções.

Portanto, sistema é **possível e indeterminado**.

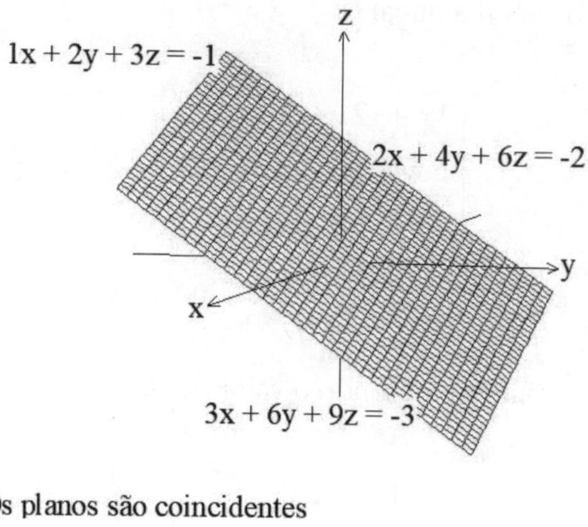

Figura 3.5

Caso 2 – Considere o sistema linear:

$$\begin{cases} 1x + 1y + 0z = 1 \\ 0x + 1y + 1z = 2 \\ 1x + 2y + 1z = 3 \end{cases}$$

Solução:

Utilizando a regra de Cramer e obtendo o valor do determinante principal

$$\Delta = \begin{vmatrix} 1 & 1 & 0 \\ 0 & 1 & 1 \\ 1 & 2 & 1 \end{vmatrix} = 0$$

e o das incógnitas:

$$\Delta_x = \begin{vmatrix} 1 & 1 & 0 \\ 2 & 1 & 1 \\ 3 & 2 & 1 \end{vmatrix} = 0,\ \Delta_y = \begin{vmatrix} 1 & 1 & 0 \\ 0 & 2 & 1 \\ 1 & 3 & 1 \end{vmatrix} = 0 \text{ e } \Delta_z = \begin{vmatrix} 1 & 1 & 1 \\ 0 & 1 & 2 \\ 1 & 2 & 3 \end{vmatrix} = 0,$$

segue, de (6), que:

$$x.0 = 0,\ y.0 = 0 \text{ e } z.0 = 0.$$

O exemplo apresenta uma infinidade de valores de x, y e z que satisfazem o sistema dado. Vejam algumas ternas (x , y , z) que são soluções: (1,0,2), (0,1,1), (2,-1,3), ...

Observe que a terna $x = 1$, $y = 2$ e $z = 3$ satisfaz as equações acima, porém, não constitui uma solução para o sistema. Verifique!

Vemos, pelo gráfico cartesiano (Figura 3.6), que os planos dados pelas relações, cujas sentenças são as equações do sistema, se interceptam segundo a reta r . Assim, apenas os pontos de r satisfazem o sistema. Portanto, o sistema é **possível e indeterminado**.

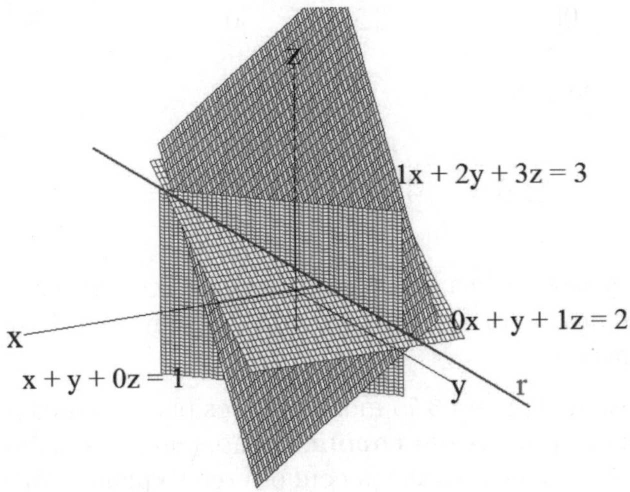

Figura 3.6

3.2.4 SISTEMAS IMPOSSÍVEIS

Considerando as equações (6), com $\Delta = 0$, e atendendo a uma das situações:

a) pelo menos um dos **determinantes das incógnitas** é diferente de zero; e

b) todos os **determinantes das incógnitas** são iguais a zero $\Delta_{x_1} = \Delta_{x_2} = ... = \Delta_{x_n} = 0$, apresentaremos, para essas situações, exemplos de sistemas impossíveis:

Possibilidade 1 – Sistema com $\Delta = 0$, e algum determinante de incógnita é diferente de zero:

$$\begin{cases} 1x + 2y + 1z = 1 \\ 2x + 4y + 2z = 1 \\ 3x + 6y + 0z = 1 \end{cases}$$

Solução:

Determinante principal $\Delta = \begin{vmatrix} 1 & 2 & 1 \\ 2 & 4 & 2 \\ 3 & 6 & 0 \end{vmatrix} = 0$ e os das incógnitas:

$$\Delta_x = \begin{vmatrix} 1 & 2 & 1 \\ 1 & 4 & 2 \\ 1 & 6 & 0 \end{vmatrix} = -4,\ \Delta_y = \begin{vmatrix} 1 & 1 & 1 \\ 2 & 1 & 2 \\ 3 & 1 & 0 \end{vmatrix} = 3 \text{ e } \Delta_z = \begin{vmatrix} 1 & 2 & 1 \\ 2 & 4 & 1 \\ 3 & 6 & 1 \end{vmatrix} = 0.$$

Logo, de (6), segue que:

$$x.0 = -4,\ y.0 = 3 \text{ e } z.0 = 0.$$

Vemos, pelas equações acima, que não existem valores reais para x e y que tornam verdadeiras as sentenças: $x.0 = -4$ e $y.0 = 3$. Logo, não existe uma terna de reais que satisfaz o sistema dado.

O gráfico cartesiano (Figura 3.7) mostra que os planos dados pelas equações do sistema **não possuem pontos em comum** (pontos nos três planos). As retas r e s são as interseções dos planos paralelos com o terceiro plano. Portanto, o sistema é **impossível**.

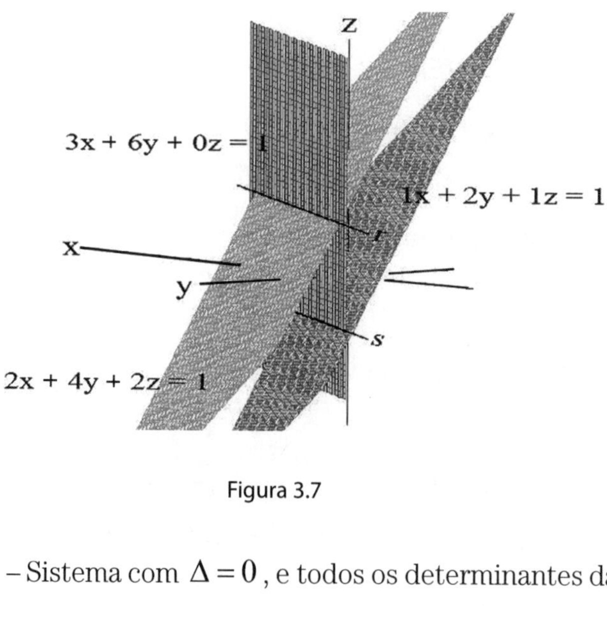

Figura 3.7

Possibilidade 2 – Sistema com $\Delta = 0$, e todos os determinantes das incógnitas são diferentes de zero:

$$\begin{cases} 1x + 0y - 1z = 1 \\ 0x + 1y - 1z = -1 \\ 1x - 1y + 0z = -1 \end{cases}$$

Solução:

Determinante principal $\Delta = \begin{vmatrix} 1 & 0 & -1 \\ 0 & 1 & -1 \\ 1 & -1 & 0 \end{vmatrix} = 0$ e os das incógnitas:

$$\Delta_x = \begin{vmatrix} 1 & 0 & -1 \\ -1 & 1 & -1 \\ -1 & -1 & 0 \end{vmatrix} = -3,\ \Delta_y = \begin{vmatrix} 1 & 1 & -1 \\ 0 & -1 & -1 \\ 1 & -1 & 0 \end{vmatrix} = -3 \text{ e } \Delta_z = \begin{vmatrix} 1 & 0 & 1 \\ 0 & 1 & -1 \\ 1 & -1 & -1 \end{vmatrix} = -3.$$

Logo, de (6), segue que:

$$x.0 = -3,\ y.0 = -3 \text{ e } z.0 = -3.$$

Vemos, nas equações acima, que não existem valores reais para x, y ou z que as tornem verdadeiras. Logo, não existe terna de reais que satisfaça o sistema dado.

O gráfico cartesiano (Figura 3.8) mostra que **os planos** dados pelas equações do sistema **não possuem pontos em comum** (um ponto nos três planos). As retas r, s e t de interseção de dois a dois dos planos são paralelas. Portanto, o sistema é **impossível**.

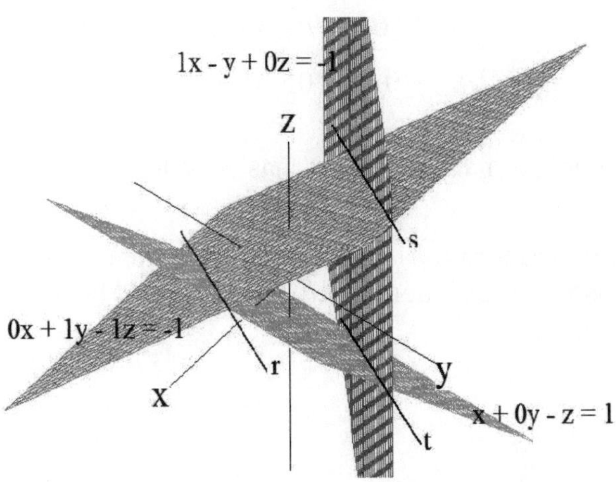

Figura 3.8

Possibilidade 3 – Sistemas com $\Delta = 0$ e todos os determinantes das incógnitas são também iguais a zero.

$$\begin{cases} 1x + 2y + 3z = 1 \\ 2x + 4y + 6z = 1 \\ 3x + 6y + 9z = 1 \end{cases}$$

Solução:

Determinante principal $\Delta = \begin{vmatrix} 1 & 2 & 3 \\ 2 & 4 & 6 \\ 3 & 6 & 9 \end{vmatrix} = 0$ e os das incógnitas:

$$\Delta_x = \begin{vmatrix} 1 & 2 & 3 \\ 1 & 4 & 6 \\ 1 & 6 & 9 \end{vmatrix} = 0, \ \Delta_y = \begin{vmatrix} 1 & 1 & 3 \\ 2 & 1 & 6 \\ 3 & 1 & 9 \end{vmatrix} = 0 \text{ e } \Delta_z = \begin{vmatrix} 1 & 2 & 1 \\ 2 & 4 & 1 \\ 3 & 6 & 1 \end{vmatrix} = 0.$$

Logo, de (6), segue que:

$$x.0 = 0, \ y.0 = 0 \text{ e } z.0 = 0$$

Embora as equações acima nos levem a acreditar que o sistema possa ser possível e indeterminado, mostraremos que, neste caso, o sistema é **impossível**.

Multiplicando a terceira equação por (-1) e, adicionando-a às demais, teremos:

$$\begin{array}{r} 1x + 2y + 3z = 1 \\ 2x + 4y + 6z = 1 \ + \\ -3x - 6y - 9z = -1 \\ \hline 0x + 0y + 0z = 1 \end{array}$$

Isto nos convence de que não existem ternas de valores ***x***, ***y*** e ***z*** que satisfaçam o sistema proposto.

O gráfico cartesiano (Figura 3.9) mostra que os planos dados pelas equações do sistema **são paralelos** e não possuem pontos em comum. Portanto, o sistema é **impossível**.

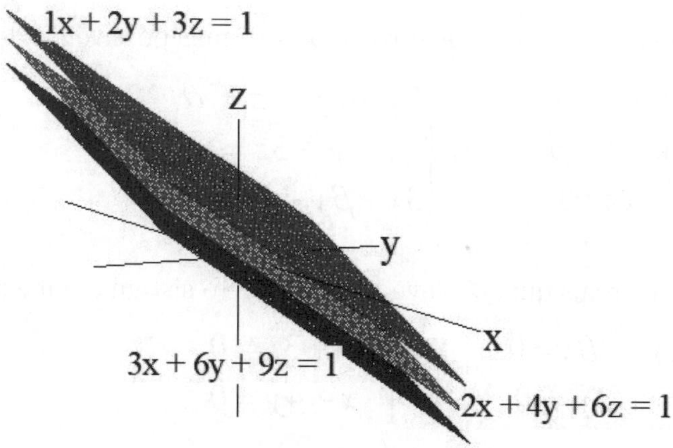

Figura 3.9

Observação 3.2

As condições $\Delta = 0$ e $\Delta_{x_1} = \Delta_{x_2} = \ldots = \Delta_{x_n} = 0$ ocorrem nos casos de sistemas possíveis indeterminados e, também, de sistemas impossíveis.

Vimos, no item 3.2.3, exemplos de sistemas possíveis e indeterminados, isto é, em que os três planos coincidem ou possuem uma reta comum e, no item 3.2.4, de sistemas impossíveis, em que os planos são paralelos ou as interseções entre eles são retas paralelas distintas.

Se os termos independentes de variável de um sistema linear forem todos iguais a zero, o sistema será denominado **sistema linear homogêneo**.

EXERCÍCIOS DE APLICAÇÃO 3.1

1. Classifique os sistemas de acordo com o número de soluções

a) $\begin{cases} x + 2y = 4 \\ -x + 3y = 1 \end{cases}$ b) $\begin{cases} 2x + 4y = 6 \\ 3x + 6y = 9 \end{cases}$ c) $\begin{cases} 2x + 4y = 3 \\ 3x + 6y = 4 \end{cases}$

2. Quais valores de α, β, k e δ reais tornam os sistemas determinados, indeterminados ou impossíveis?

a) $\begin{cases} x + \alpha y = 1 \\ x + 2y = 3 \end{cases}$ b) $\begin{cases} x + y = 1 \\ 3x + 3y = \beta + 1 \end{cases}$ c) $\begin{cases} 2x + \delta y = 3 \\ kx + \delta y = 6 \end{cases}$

3. Quais valores de α e β reais tornam os sistemas possíveis e determinados?

a) $\begin{cases} \alpha x - y + z = 3 \\ -x + y + z = \beta \\ x + y + \alpha z = 1 \end{cases}$ b) $\begin{cases} 2x - 3y + z = \alpha \\ x + y + 3z = -5 \\ 3x + \beta y + 4z = 0 \end{cases}$

4. Quais valores reais que β deve ter para que o sistema tenha solução?

a) $\begin{cases} (\beta - 1)x + \beta y = 0 \\ 4x + 3y = 0 \end{cases}$ b) $\begin{cases} x + 3y = 0 \\ x - 4y = 0 \end{cases}$

5. Verifique a posição relativa dos planos correspondentes às equações em cada um dos sistemas lineares (utilize o *software* livre Winplot para obter os planos):

a) $\begin{cases} x + y + 3z = 2 \\ 2x + 2y + z = 3 \\ x + y - 2z = 1 \end{cases}$ b) $\begin{cases} x + y + 3z = 1 \\ 2x + 2y + z = 2 \\ x + y - 2z = 3 \end{cases}$

c) $\begin{cases} x + 2y + 3z = 2 \\ x + 2y + 3z = 3 \\ x + 2y + 3z = 1 \end{cases}$ d) $\begin{cases} x + z = 1 \\ y - z = -2 \\ x - y = 3 \end{cases}$

3.2.5 RESOLUÇÃO DE SISTEMAS LINEARES POR INVERSÃO DE MATRIZ

Utilizaremos um sistema linear de três equações a três incógnitas para exemplificar o procedimento de resolução.

Exemplo 3.4:

$$\begin{cases} x - 2y + 3z = 2 \\ 3x + 2y + 3z = -4 \\ -2x + y - 1z = -3 \end{cases}$$

a) Escrever o sistema na forma matricial

$$\mathbf{A \times X = B}$$

$$\begin{bmatrix} 1 & -2 & 3 \\ 3 & 2 & 3 \\ -2 & 1 & -1 \end{bmatrix} . \begin{bmatrix} x \\ y \\ z \end{bmatrix} = \begin{bmatrix} 2 \\ -4 \\ -3 \end{bmatrix} \quad (7)$$

b) Chamar de A a matriz principal (coeficientes das incógnitas), de X a das incógnitas e de B a matriz dos termos independentes de variáveis. E, de forma simplificada, escrevemos o sistema matricial: $\mathbf{A \times X = B}$.

c) Obter A^{-1}, inversa de A (ver item 2.2.10, "Propriedade 10", no Capítulo 2, "Determinantes"):

$$\text{Aplicar } A^{-1} = \frac{1}{\det A} (cof\ A)^T \quad (8)$$

1°) Calcular o determinante de A

$$\det A = \begin{vmatrix} 1 & -2 & 3 \\ 3 & 2 & 3 \\ -2 & 1 & -1 \end{vmatrix} = 22\ (\neq 0)$$

2°) Obter a matriz dos cofatores de A

$$cof\ A = \begin{bmatrix} [(2)(-1) - 1.3] & -[3.(-1) - (-2).3] & [3.1 - (-2).2] \\ -[(-2).(-1) - 1.3] & [1.(-1) - (-2).3] & -[1.1 - (-2).(-2)] \\ [(-2).3 - 2.3] & -[1.3 - 3.3] & [1.2 - 3.(-2)] \end{bmatrix} = \begin{bmatrix} -5 & -3 & 7 \\ 1 & 5 & 3 \\ -12 & 6 & 8 \end{bmatrix}$$

3°) Obter a matriz transposta dos cofatores de A

$$(cof\ A)^T = \begin{bmatrix} -5 & 1 & -12 \\ -3 & 5 & 6 \\ 7 & 3 & 8 \end{bmatrix}$$

4º) Considerando (8), segue que:

$$A^{-1} = \frac{1}{22}\begin{bmatrix} -5 & 1 & -12 \\ -3 & 5 & 6 \\ 7 & 3 & 8 \end{bmatrix}$$

d) Obter a matriz X das incógnitas:

Multiplicar os membros de (7) por A^{-1}, isto é, $\mathbf{A^{-1}(A \times X) = A^{-1}\ B}$:

$$\frac{1}{22}\begin{bmatrix} -5 & 1 & -12 \\ -3 & 5 & 6 \\ 7 & 3 & 8 \end{bmatrix} . \underline{\begin{bmatrix} 1 & -2 & 3 \\ 3 & 2 & 3 \\ -2 & 1 & -1 \end{bmatrix} . \begin{bmatrix} x \\ y \\ z \end{bmatrix}} = \frac{1}{22}\begin{bmatrix} -5 & 1 & -12 \\ -3 & 5 & 6 \\ 7 & 3 & 8 \end{bmatrix} . \underline{\begin{bmatrix} 2 \\ -4 \\ -3 \end{bmatrix}}$$

Efetuando os produtos indicados, tem-se:

$$\begin{bmatrix} 1 & 0 & 0 \\ 0 & 1 & 0 \\ 0 & 0 & 1 \end{bmatrix} . \begin{bmatrix} x \\ y \\ z \end{bmatrix} = \frac{1}{22}\begin{bmatrix} (-5).2+1.(-4)+(-12).(-3) \\ (-3).2+5.(-4)+6.(-3) \\ 7.2+3.(-4)+8.(-3) \end{bmatrix}$$

Logo:

$$I_3 . \begin{bmatrix} x \\ y \\ z \end{bmatrix} = \frac{1}{22}\begin{bmatrix} 22 \\ -44 \\ -22 \end{bmatrix} \text{ e, daí, } X = \begin{bmatrix} x \\ y \\ z \end{bmatrix} = \begin{bmatrix} 1 \\ -2 \\ -1 \end{bmatrix}.$$

O conjunto $\{(1,-2,-1)\}$ é a única solução do sistema. Portanto, o sistema é **possível e determinado**.

Exemplo 3.5:

$$\begin{cases} x + 0y + z = 2 \\ -2x + y - z = -2 \\ x + 2y + 2z = 5 \end{cases}$$

a) Tal como no Exemplo 3.4, consideramos o sistema na forma matricial:

$$\begin{bmatrix} 1 & 0 & 1 \\ -2 & 1 & -1 \\ 1 & 2 & 2 \end{bmatrix} . \begin{bmatrix} x \\ y \\ z \end{bmatrix} = \begin{bmatrix} 2 \\ -2 \\ 5 \end{bmatrix}, \text{ sendo } \mathbf{A \, x \, X = B}$$

b) A solução X é obtida multiplicando-se os membros de $\mathbf{A \, x \, X = B}$ pela matriz A^{-1}, inversa de A:

$$X = A^{-1} . B \tag{9}$$

c) Procedimento para determinar A^{-1} (ver item 1.4.5.1, "Procedimento para obter a inversa de uma matriz", no Capítulo 1, "Matrizes"):

Temos que:

$$\det A = \begin{vmatrix} 1 & 0 & 1 \\ -2 & 1 & -1 \\ 1 & 2 & 2 \end{vmatrix} = -1 \neq 0 .$$

1º) Escrever a matriz identidade de mesma ordem que A e do seu lado direito.

$$\begin{bmatrix} 1 & 0 & 1 \\ -2 & 1 & -1 \\ 1 & 2 & 2 \end{bmatrix} \begin{bmatrix} 1 & 0 & 0 \\ 0 & 1 & 0 \\ 0 & 0 & 1 \end{bmatrix} \begin{matrix} L_1 \\ L_2 \\ L_3 \end{matrix}$$

2º) Multiplicar linha L_1 por 2 e adicionar a L_2, indicação $(2L_1 + L_2)$, obtendo $a_{21} = 0$. Multiplicar L_1 por (-1) e adicionar a L_3, indicação $(-1.L_1 + L_3)$, obtendo $a_{31} = 0$.

$$\begin{matrix} \\ 2L_1 + L_2 \\ -1.L_1 + L_3 \end{matrix} \begin{bmatrix} 1 & 0 & 1 \\ 0 & 1 & 1 \\ 0 & 2 & 1 \end{bmatrix} \begin{bmatrix} 1 & 0 & 0 \\ 2 & 1 & 0 \\ -1 & 0 & 1 \end{bmatrix}$$

3º) Multiplicar a linha L_2 por (-2) e adicioná-la a L_3, indicação ($-2.L_2+L_3$), obtendo $a_{32}=0$.

$$\begin{matrix} \\ \\ -2.L_2+L_3 \end{matrix}\begin{bmatrix} 1 & 0 & 1 \\ 0 & 1 & 1 \\ 0 & 0 & -1 \end{bmatrix}\begin{bmatrix} 1 & 0 & 0 \\ 2 & 1 & 0 \\ -5 & -2 & 1 \end{bmatrix}$$

4º) Multiplicar L_3 por (1) e adicioná-la às linhas L_1 e L_2, isto é, L_3+L_1 e L_3+L_2, obtendo $a_{13}=0$ e $a_{23}=0$:

$$\begin{matrix} L_3+L_1 \\ L_3+L_2 \\ \\ \end{matrix}\begin{bmatrix} 1 & 0 & 0 \\ 0 & 1 & 0 \\ 0 & 0 & -1 \end{bmatrix}\begin{bmatrix} -4 & -2 & 1 \\ -3 & -1 & 1 \\ -5 & -2 & 1 \end{bmatrix}$$

5º) Multiplicar L_3 por (-1):

$$\begin{matrix} \\ \\ (-1).L_3 \end{matrix}\begin{bmatrix} 1 & 0 & 0 \\ 0 & 1 & 0 \\ 0 & 0 & 1 \end{bmatrix}\begin{bmatrix} -4 & -2 & 1 \\ -3 & -1 & 1 \\ 5 & 2 & -1 \end{bmatrix},$$

efetuando o produto indicado, temos a matriz A^{-1}, inversa de A:

$$A^{-1}=\begin{bmatrix} -4 & -2 & 1 \\ -3 & -1 & 1 \\ 5 & 2 & -1 \end{bmatrix}$$

d) Substituir em (9) as matrizes X, A^{-1} e B, efetuar o produto $A^{-1}.B$:

$$X=\begin{bmatrix} x \\ y \\ z \end{bmatrix}=\begin{bmatrix} -4 & -2 & 1 \\ -3 & -1 & 1 \\ 5 & 2 & -1 \end{bmatrix}.\begin{bmatrix} 2 \\ -2 \\ 5 \end{bmatrix}=\begin{bmatrix} 1 \\ 1 \\ 1 \end{bmatrix}$$

A única solução do sistema é (1,1,1). Logo, o sistema é **possível e determinado**.

Observação 3.3

A resolução de sistemas lineares por inversão de matrizes só é possível se ocorrer $\det A \neq 0$.

A matriz A^{-1} deve ser multiplicada à esquerda de B, visto que a multiplicação de matrizes não é comutativa.

EXERCÍCIOS DE APLICAÇÃO 3.2

Resolva os sistemas lineares pelo método da inversão de matrizes:

a) $\begin{cases} x+y=3 \\ -x-y+z=-1 \\ 2x+y+z=6 \end{cases}$

b) $\begin{cases} x+y+2z=5 \\ 2x+y+3z=9 \\ 2y+z=-1 \end{cases}$

c) $\begin{cases} x+z=3 \\ 2y-z=-6 \\ x+2y-z=-5 \end{cases}$

d) $\begin{cases} x+2y+3z=2 \\ 2x+5y+7z=4 \\ 3x+7y+8z=4 \end{cases}$

e) $\begin{cases} x-y+z=1 \\ x+y-z=1 \\ x+2y+z=4 \end{cases}$

f) $\begin{cases} -x+2y-3z=6 \\ 2x-y+z=1 \\ 3x+y+2z=3 \end{cases}$

g) $\begin{cases} x-y+z=1 \\ x+2y-z=3 \\ x+2y-2z=1 \end{cases}$

h) $\begin{cases} x-z=0 \\ 5x+y+z=7 \\ 6x+y+z=8 \end{cases}$

i) $\begin{cases} x+2y+2z=1 \\ y+z=1 \\ -y-3z=-5 \end{cases}$

3.2.6 RESOLUÇÃO DE SISTEMAS LINEARES POR ESCALONAMENTO

Este método de resolução, por escalonamento, nos permitirá resolver também sistemas lineares com número de equações diferente do número de incógnitas. Ele simplifica o trabalho exaustivo da regra de Cramer para sistemas com número maior do que três equações e três incógnitas.

A proposta do escalonamento é substituir o sistema a ser resolvido por outro que seja equivalente a ele, isto é, que tenha o mesmo conjunto solução, e que possua uma forma mais simples de obter os valores das incógnitas, pois procura escrever cada equação, a partir da primeira, com um número menor de incógnitas, objetivando conseguir o valor de uma delas e, depois, o das outras.

3.2.6.1 Sistemas equivalentes

Vamos apresentar transformações elementares que permitem obter um sistema linear equivalente (mesmo conjunto solução) ao sistema dado:

T1 – Trocando-se de posição as equações de um sistema S_1 , obtém-se outro sistema S_2 equivalente a ele.

Temos que:

O sistema S_1: $\begin{cases} 1x + 2y = 8 \\ 2x + 3y = 13 \end{cases}$ é equivalente a S_2: $\begin{cases} 2x + 3y = 13 \\ 1x + 2y = 8 \end{cases}$.

Os valores de $x = 2$ e $y = 3$ são soluções comuns dos sistemas.

T2 – Multiplicando-se uma das equações do sistema S_1 por um número k, $k \in \mathbb{R}^*$, obteremos outro sistema S_2 equivalente.

Temos que:

O sistema S_1: $\begin{cases} 1x + 2y = 8 \\ 2x + 3y = 13 \end{cases}$ é equivalente a S_2: $\begin{cases} 2x + 4y = 16 \\ 2x + 3y = 13 \end{cases}$.

Os coeficientes da primeira equação de S_2 são iguais ao dobro dos valores dos coeficientes da primeira equação de S_1.

Os valores de $x = 2$ e $y = 3$ são soluções comuns dos sistemas S_1 e S_2.

T3 – Adicionando-se a uma equação do sistema S_1 o produto de outra equação desse mesmo sistema por um número k, $k \in \mathbb{R}^*$, obteremos o sistema S_2 equivalente a S_1.

Temos que:

O sistema S_1: $\begin{cases} x + y + z = 6 \\ -y + z = 1 \\ 2y + z = 7 \end{cases}$ é equivalente a S_2: $\begin{cases} x + y + z = 6 \\ -y + z = 1 \\ 3z = 9 \end{cases}$.

A terceira equação de S_2 foi obtida pela adição da terceira equação de S_1 com o produto da segunda equação de S_1 pelo número 2.

Partindo da terceira equação de S_2, vemos que valores de $x = 1$, $y = 2$ e $z = 3$ são soluções comuns aos sistemas S_1 e S_2.

3.2.6.2 Sistemas escalonados

Vemos no sistema S_2, descrito em T3, que:

a) em cada equação existe pelo menos um coeficiente diferente de zero; e

b) o número de coeficientes zeros, antes do primeiro coeficiente não zero, aumenta de equação para equação, mantida a ordem das incógnitas do sistema.

Denominaremos os sistemas com essas características de **sistemas escalonados**.

Veja alguns sistemas escalonados:

a) $\begin{cases} 1x + 2y = 8 \\ \quad\;\; 3y = 13 \end{cases}$ b) $\begin{cases} 1x + 2y + z = 8 \\ \quad\;\; 5y - 3z = 1 \end{cases}$ c) $\begin{cases} 1x + 2y + z = 8 \\ \qquad\quad -3z = 1 \end{cases}$

d) $\begin{cases} x + 2y - z + 2t = 6 \\ \qquad\quad 3z + t = 5 \\ \qquad\qquad\; t = 2 \end{cases}$ e) $\begin{cases} x + 2y - z + 2t = 6 \\ \qquad\quad 3z + t = 5 \end{cases}$

Veja alguns sistemas não escalonados:

a) $\begin{cases} 1x + 2y = 8 \\ 2x + 3y = 13 \end{cases}$ b) $\begin{cases} 1x + 2y + z = 8 \\ 5x \qquad - 3z = 1 \end{cases}$ c) $\begin{cases} x + y + z = 6 \\ \quad - y + z = 1 \\ \quad\; 2y + z = 7 \end{cases}$

3.2.6.3 Resolução de sistemas lineares por escalonamento

Apresentaremos, por meio de exemplos, o **método da triangulação de Gauss**. Vamos expor, inicialmente, um roteiro para o escalonamento de um sistema:

a) as equações do sistema devem manter em seus termos a mesma ordem para as incógnitas;

b) fixar, como primeira equação, uma que possua o coeficiente da primeira incógnita diferente de zero;

c) utilizando propriedades de sistemas equivalentes, tornar iguais a zero os coeficientes da primeira incógnita que estão nas demais equações: 2^a, 3^a, ...;

d) caso o coeficiente da segunda incógnita na segunda equação não seja zero, devemos tornar os coeficientes da segunda incógnita nas equações 3ª, 4ª, ... do sistema iguais a zero;

e) repetir o procedimento acima para os coeficientes da terceira incógnita na terceira equação, e assim sucessivamente com as demais equações, até que o sistema fique escalonado.

JOHANN CARL FRIEDRICH GAUSS

Nasceu em Braunschwick, Alemanha, em 30 de abril de 1777 e faleceu em 23 de fevereiro 1855. Foi um matemático, astrônomo e físico que contribuiu muito em diversas áreas da ciência, dentre elas a teoria dos números, estatística, análise matemática, geometria diferencial, geodésia, geofísica, eletroestática, astronomia e óptica. Gauss é universalmente reconhecido como o maior matemático do século XIX. Ao lado de Arquimedes e Isaac Newton, é conhecido como "o príncipe dos matemáticos".

Exemplo 3.6:

1. Obter a forma escalonada para o sistema:

$$\begin{cases} 2x - y + z = 3 \\ x - y + 2z = 5 \\ 3x + 2y - z = 4 \end{cases}$$

a) A ordem das incógnitas x, y, z é a mesma nas equações do sistema dado.

Utilizando T1, permutamos as duas primeiras equações para que o coeficiente da primeira equação seja igual a 1, fato que facilitará os cálculo que faremos.

$$\begin{cases} x - y + 2z = 5 & E_1 \\ 2x - y + z = 3 & E_2 \\ 3x + 2y - z = 4 & E_3 \end{cases}$$

As equações do sistema serão agora identificadas por E_1, E_2 e E_3.

b) Fixar E_1 e tornar zeros os coeficientes de x nas equações E_2 e E_3:

Multiplicar a equação E_1 por (-2) e adicioná-la a E_2

$$\begin{cases} x - y + 2z = 5 & E_1 \\ 2x - y + z = 3 & E_2 \leftarrow (-2)E_1 + E_2 \\ 3x + 2y - z = 4 & E_3 \end{cases}$$

Multiplicar a equação E_1 por (-3) e adicioná-la a E_3

$$\begin{cases} x - y + 2z = 5 & E_1 \\ 0x + 1y - 3z = -7 & E_2 \\ 3x + 2y - z = 4 & E_3 \leftarrow (-3)E_1 + E_3 \end{cases}$$

$$\text{Logo, } \begin{cases} x - y + 2z = 5 & E_1 \\ 0x + 1y - 3z = -7 & E_2 \\ 0x + 5y - 7z = -11 & E_3 \end{cases}$$

c) Fixar E_2 e tornar iguais a zero os coeficientes de y a partir da terceira equação:

$$\begin{cases} x - y + 2z = 5 & E_1 \\ \quad 1y - 3z = -7 & E_2 \\ \quad 5y - 7z = -11 & E_3 \leftarrow (-5)E_2 + E_3 \end{cases}$$

$$\begin{cases} x - y + 2z = 5 & E_1 \\ \quad 1y - 3z = -7 & E_2 \\ \quad 0y + 8z = 24 & E_3 \end{cases} \text{ ou } \begin{cases} x - y + 2z = 5 & E_1 \\ \quad 1y - 3z = -7 & E_2 \\ \quad\quad 8z = 24 & E_3 \end{cases}$$

Assim, o sistema está escalonado!

Resolvendo o sistema a partir de E_3:

1º) $z = 24/8 = 3$

2º) Substituindo $z = 3$ em E_2, segue que: $y = -7 + 3\,(3) = 2$.

3º) Substituindo $z = 3$ e $y = 2$ em E_1, teremos: $x = 5 + (2) - 2\,(3) = 1$.

Portanto, a terna (1,2,3) é solução do sistema linear inicialmente apresentado.

2. Outro procedimento para resolver um sistema linear:

$$\begin{cases} x - y + 2z = 5 & E_1 \\ 2x + y - z = 1 & E_2 \\ 3x + 2y - z = 4 & E_3 \end{cases}$$

Visto que as incógnitas permanecem inalteradas durante o escalonamento, então podemos considerar apenas a matriz dos coeficientes do sistema, conhecida como **matriz aumentada**.

Assim, $\left[\begin{array}{ccc|c} 1 & -1 & 2 & 5 \\ 2 & 1 & -1 & 1 \\ 3 & 2 & -1 & 4 \end{array}\right] \begin{array}{l} E_1 \\ E_2 \leftarrow (-2)E_1 + E_2 \\ E_3 \end{array}$, $\left[\begin{array}{ccc|c} 1 & -1 & 2 & 5 \\ 0 & 3 & -5 & -9 \\ 3 & 2 & -1 & 4 \end{array}\right] \begin{array}{l} E_1 \\ E_2 \\ E_3 \leftarrow (-3)E_1 + E_3 \end{array}$

e, também, $\left[\begin{array}{ccc|c} 1 & -1 & 2 & 5 \\ 0 & 3 & -5 & -9 \\ 0 & 5 & -7 & -11 \end{array}\right] \begin{array}{l} E_1 \\ E_2 \\ E_3 \leftarrow (-1).(5/3)E_2 + E_3 \end{array}$

Logo: $\left[\begin{array}{ccc|c} 1 & -1 & 2 & 5 \\ 0 & 3 & -5 & -9 \\ 0 & 0 & 4/3 & 4 \end{array}\right] \begin{array}{l} E_1 \\ E_2 \\ E_3 \end{array}$

Portanto, temos o sistema escalonado:

$$\begin{cases} x - y + 2z = 5 & E_1 \\ 3y - 5z = -9 & E_2 \\ (4/3)z = 4 & E_3 \end{cases}$$

Resolvendo a partir de E_3:

1º) $z = 3$

2º) Substituindo $z = 3$ em E_2, segue que: $3\,y = -9 + 5\,(3)$ e, daí, $y = 2$.

3º) Substituindo $z = 3$ e $y = 2$ em E_1, teremos: $x = 5 + (2) -2\,(3) = 1$.

Portanto, a terna (1,2,3) é solução do sistema linear apresentado.

3.2.6.4 Classificação dos sistemas lineares escalonados

Um sistema linear pode ser classificado pelo número de soluções que apresenta:

1. Se possuir apenas uma solução, o sistema será **possível e determinado**.
2. Se possuir infinitas soluções, o sistema será **possível e indeterminado**.
3. Se não possuir solução, o sistema será **impossível**.

Classificação vista a partir da apresentação de alguns sistemas lineares:

a) Os exemplos apresentados no item 3.2.6.3 são de sistemas **possíveis e determinados**, pois o conjunto solução possui um só elemento (única terna): S = {(1,2,3)}.

b) Exemplo de sistema possível e indeterminado:

$$\begin{cases} x - 2y - z = 0 & E_1 \\ 3x - y + z = 2 & E_2 \\ 2x - 4y - 2z = 0 & E_3 \end{cases}$$

Escalonar o sistema:

$$\begin{cases} x - 2y - z = 0 & E_1 \\ 3x - y + z = 2 & E_2 \leftarrow (-3)E_1 + E_2 \\ 2x - 4y - 2z = 0 & E_3 \leftarrow (-2)E_1 + E_3 \end{cases} \text{ e, também, } \begin{cases} x - 2y - z = 0 & E_1 \\ 0x + 5y + z = 2 & E_2 \\ 0x + 0y + 0z = 0 & E_3 \end{cases}$$

A equação E_3 é verdadeira para todo valor de x, y e z, pois, multiplicados por zero, resultam em zero. Se abandonarmos a equação E_3, teremos:

$$\begin{cases} x - 2y - z = 0 & E_1 \\ 5y + z = 2 & E_2 \end{cases}$$

Resolvendo o sistema a partir de E_2:

1º) $y = \dfrac{2-z}{5}$, $z \in \mathbb{R}$, e

2º) substituindo y em E_1, temos: $x = \dfrac{4+3z}{5}$.

Portanto, a terna $\left(\dfrac{4+3z}{5}, \dfrac{2-z}{5}, z\right)$ é solução do sistema para todo valor real de z, isto é, existem infinitas ternas de soluções. A incógnita z é considerada uma incógnita livre. Nesse caso, o sistema é **possível e indeterminado**.

c) Exemplo de sistema impossível:

$$\begin{cases} x - 2y + z = 2 & E_1 \\ 2x + y + z = 1 & E_2 \\ 3x - 6y + 3z = 4 & E_3 \end{cases}$$

Escalonar o sistema:

$$\begin{cases} x - 2y + z = 2 & E_1 \\ 2x + y + z = 1 & E_2 \leftarrow (-2)E_1 + E_2 \\ 3x - 6y + 3z = 4 & E_3 \leftarrow (-3)E_1 + E_3 \end{cases} \text{ e, também, } \begin{cases} x - 2y + z = 2 & E_1 \\ 5y - z = -3 & E_2 \\ 0y + 0z = -2 & E_3 \end{cases}$$

A equação E_3 não admite solução, pois nenhum número multiplicado por zero resulta igual a (-2). Portanto o sistema é **impossível**.

Observação 3.4

O sistema que apresentar o número de incógnitas maior que o número de equações **nunca** será **possível e determinado**.

Exemplo 3.7:

1º) $\begin{cases} x - 2y - z = 1 & E_1 \\ 3x - 6y - 3z = 3 & E_2 \end{cases}$

Escalonar o sistema:

$$\begin{cases} x - 2y - z = 1 & E_1 \\ 3x - 6y - 3z = 3 & E_2 \leftarrow (-3)E_1 + E_2 \end{cases} \text{ e, também, } \begin{cases} x - 2y - z = 1 & E_1 \\ 0x - 0y - 0z = 0 & E_2 \end{cases}$$

A equação E_2 é verdadeira para todo valor de $\boldsymbol{x}$, $\boldsymbol{y}$ e $\boldsymbol{z}$, pois, multiplicados por zero, resultam em zero. Se abandonarmos a equação E_2, teremos:

$$x - 2y - z = 1 \Rightarrow x = 1 + 2y + z$$

Portanto, a terna $(1 + 2y + z,\ y,\ z)$ é solução do sistema para quaisquer valores de $\boldsymbol{y}$ e $\boldsymbol{z}$. Temos, neste caso, duas incógnitas livres, e o sistema é **possível e indeterminado**.

2º) $\begin{cases} x - 2y - z = 1 & E_1 \\ 3x - 6y - 3z = 2 & E_2 \end{cases}$

Escalonar o sistema:

$\begin{cases} x - 2y - z = 1 & E_1 \\ 3x - 6y - 3z = 2 & E_2 \leftarrow (-3)E_1 + E_2 \end{cases}$ e, também, $\begin{cases} x - 2y - z = 1 & E_1 \\ 0x - 0y - 0z = -1 & E_2 \end{cases}$

A equação E_2 não admite solução, pois nenhum número multiplicado por zero resulta igual a (-1). Portanto, o sistema é **impossível**.

EXERCÍCIOS DE APLICAÇÃO 3.3

1. Resolva os sistemas lineares utilizando o método de escalonamento:

a) $\begin{cases} 3x + 2y + z = -2 \\ -2x + y - z = -3 \\ x - 2y + 3z = 2 \end{cases}$ b) $\begin{cases} x + y + 2z = 3 \\ x + 2y - z = -1 \\ 2x + 3y + z = 2 \end{cases}$ c) $\begin{cases} x + y + 2z = 3 \\ x + 2y - z = -1 \\ 2x + 3y + z = 5 \end{cases}$

2. Quais são os valores reais de k e p para que os sistemas abaixo tenham uma única solução?

a) $\begin{cases} x - z = 1 \\ kx + y + 3z = 0 \\ x + ky + 3z = 1 \end{cases}$ b) $\begin{cases} x + y + z = 1 \\ px + y - z = 1 \\ x + y + pz = 1 \end{cases}$

4 VETORES

- Conceituar vetor.
- Apresentar propriedades dos vetores.
- Definir ângulo entre vetores.

4.1 INTRODUÇÃO

O conceito de vetor é formalmente conhecido quando se estudam as Estruturas Algébricas apresentadas nos cursos de Álgebra no ensino superior.

Pretendemos, nesta oportunidade, apresentá-lo de modo prático.

Consideremos um conjunto V não vazio (podendo ser conjunto de matrizes, polinômios, números complexos, funções lineares etc.) e sobre ele definimos uma:

a) **operação interna**, denominada de adição (opera dois elementos de V e tem resultado em V) com as propriedades: associativa, comutativa, elemento neutro, elemento inverso aditivo (oposto); e uma

b) **operação externa**, denominada de multiplicação por escalar, que opera um elemento de V com outro de um conjunto K não vazio e com resultado em V (ver Exemplo 4.1(2)).

O conjunto V, munido das operações de adição e de multiplicação por escalar, terá uma estrutura algébrica de **espaço vetorial**, sendo os elementos de V denominados vetores e os elementos de K escalares.

Utilizaremos exemplos com matrizes para nos ajudar a entender o conceito de vetor.

Exemplo 4.1:

Seja V o conjunto das matrizes quadradas de ordem 2 e K o conjunto de números reais.

Sejam as matrizes $A=\begin{bmatrix} a_1 & a_2 \\ a_3 & a_4 \end{bmatrix}$, $B=\begin{bmatrix} b_1 & b_2 \\ b_3 & b_4 \end{bmatrix}$, $C=\begin{bmatrix} c_1 & c_2 \\ c_3 & c_4 \end{bmatrix}$, $\overline{0}=\begin{bmatrix} 0 & 0 \\ 0 & 0 \end{bmatrix}$, e as operações habituais de adição de matrizes (operação interna) e multiplicação do número real k por uma matriz (operação externa):

A: $A+B=\begin{bmatrix} a_1 & a_2 \\ a_3 & a_4 \end{bmatrix}+\begin{bmatrix} b_1 & b_2 \\ b_3 & b_4 \end{bmatrix}=\begin{bmatrix} a_1+b_1 & a_2+b_2 \\ a_3+b_3 & a_4+b_4 \end{bmatrix}$

M: $k.A=\begin{bmatrix} ka_1 & ka_2 \\ ka_3 & ka_4 \end{bmatrix}$, $k \in \mathbb{R}$

Apresentaremos, utilizando exemplos (sem demonstração formal), as propriedades das operações de adição de matrizes e multiplicação de uma matriz por um escalar.

1. Adição (A)

Verificando as propriedades:

Consideraremos as matrizes $A=\begin{bmatrix} 1 & 0 \\ 3 & 2 \end{bmatrix}$, $B=\begin{bmatrix} 2 & 4 \\ 0 & 1 \end{bmatrix}$ e $C=\begin{bmatrix} 0 & 5 \\ 1 & 3 \end{bmatrix}$ apenas para ilustrar as propriedades.

- A_1: Associativa $A+(B+C)=(A+B)+C$, $\forall\, A, B, C \in V$ ("$\forall$" lê-se: todo ou qualquer)

$$A+(B+C)=\begin{bmatrix} 1 & 0 \\ 3 & 2 \end{bmatrix}+\left(\begin{bmatrix} 2 & 4 \\ 0 & 1 \end{bmatrix}+\begin{bmatrix} 0 & 5 \\ 1 & 3 \end{bmatrix}\right)=\begin{bmatrix} 1 & 0 \\ 3 & 2 \end{bmatrix}+\begin{bmatrix} 2 & 9 \\ 1 & 4 \end{bmatrix}=\begin{bmatrix} 3 & 9 \\ 4 & 6 \end{bmatrix}$$

$$(A+B)+C=\left(\begin{bmatrix} 1 & 0 \\ 3 & 2 \end{bmatrix}+\begin{bmatrix} 2 & 4 \\ 0 & 1 \end{bmatrix}\right)+\begin{bmatrix} 0 & 5 \\ 1 & 3 \end{bmatrix}=\begin{bmatrix} 3 & 4 \\ 3 & 3 \end{bmatrix}+\begin{bmatrix} 0 & 5 \\ 1 & 3 \end{bmatrix}=\begin{bmatrix} 3 & 9 \\ 4 & 6 \end{bmatrix}$$

- A_2: Elemento neutro: $\overline{0} \in V$, pois $A+\overline{0}=\overline{0}+A=A$, $\forall A \in V$

$$A+\overline{0}=\begin{bmatrix} 1 & 0 \\ 3 & 2 \end{bmatrix}+\begin{bmatrix} 0 & 0 \\ 0 & 0 \end{bmatrix}=\begin{bmatrix} 1 & 0 \\ 3 & 2 \end{bmatrix}=A=\begin{bmatrix} 0 & 0 \\ 0 & 0 \end{bmatrix}+\begin{bmatrix} 1 & 0 \\ 3 & 2 \end{bmatrix}=\overline{0}+A$$

- A_3: Elemento inverso aditivo (oposto)

$\forall\, A \in V$ existe $(-A) \in V$ tal que $A+(-A)=(-A)+A=\overline{0}$

$$A+(-A)=\begin{bmatrix}1&0\\3&2\end{bmatrix}+\begin{bmatrix}-1&0\\-3&-2\end{bmatrix}=\begin{bmatrix}0&0\\0&0\end{bmatrix}=\bar{0} \text{ e } (-A)+A=\begin{bmatrix}-1&0\\-3&-2\end{bmatrix}+\begin{bmatrix}1&0\\3&2\end{bmatrix}=\begin{bmatrix}0&0\\0&0\end{bmatrix}=\bar{0}$$

- A_4: Comutativa: $A+B=B+A$, $\forall\ A, B \in V$

$$A+B=\begin{bmatrix}1&0\\3&2\end{bmatrix}+\begin{bmatrix}2&4\\0&1\end{bmatrix}=\begin{bmatrix}3&4\\3&3\end{bmatrix}=\begin{bmatrix}2&4\\0&1\end{bmatrix}+\begin{bmatrix}1&0\\3&2\end{bmatrix}=B+A$$

2. Multiplicação por escalar (M)

Verificando as propriedades:

- M_1: $\forall A \in V$ e $\alpha, \beta \in \mathbb{R}$, tem-se $\alpha.(\beta.A)=(\alpha\beta).A$

$$\alpha.(\beta.A)=\alpha.\left(\beta.\begin{bmatrix}1&0\\3&2\end{bmatrix}\right)=\alpha.\begin{bmatrix}\beta&0\\3\beta&2\beta\end{bmatrix}=\begin{bmatrix}(\alpha\beta)&0\\3(\alpha\beta)&2(\alpha\beta)\end{bmatrix}=(\alpha\beta).\begin{bmatrix}1&0\\3&2\end{bmatrix}=(\alpha\beta).A$$

- M_2: $\forall\ A \in V$ e $\alpha, \beta \in \mathbb{R}$, tem-se $(\alpha+\beta).A=\alpha.A+\beta.A$:

$$(\alpha+\beta).A=(\alpha+\beta).\begin{bmatrix}1&0\\3&2\end{bmatrix}=\begin{bmatrix}(\alpha+\beta)&0\\3(\alpha+\beta)&2(\alpha+\beta)\end{bmatrix}=\begin{bmatrix}\alpha&0\\3\alpha&2\alpha\end{bmatrix}+\begin{bmatrix}\beta&0\\3\beta&2\beta\end{bmatrix}=$$

$$=\alpha.\begin{bmatrix}1&0\\3&2\end{bmatrix}+\beta.\begin{bmatrix}1&0\\3&2\end{bmatrix}=\alpha.A+\beta A$$

- M_3: $\forall\ A, B \in V$ e $\alpha \in \mathbb{R}$, tem-se $\alpha.(A+B)=\alpha.A+\alpha.B$

$$\alpha.(A+B)=\alpha.\left(\begin{bmatrix}1&0\\3&2\end{bmatrix}+\begin{bmatrix}2&4\\0&1\end{bmatrix}\right)=\alpha.\begin{bmatrix}3&4\\3&3\end{bmatrix}=\begin{bmatrix}3\alpha&4\alpha\\3\alpha&3\alpha\end{bmatrix}$$

$$\alpha.A+\alpha B=\begin{bmatrix}\alpha&0\\3\alpha&2\alpha\end{bmatrix}+\begin{bmatrix}2\alpha&4\alpha\\0&\alpha\end{bmatrix}=\begin{bmatrix}\alpha+2\alpha&0+4\alpha\\3\alpha+0&2\alpha+\alpha\end{bmatrix}=\begin{bmatrix}3\alpha&4\alpha\\3\alpha&3\alpha\end{bmatrix}.$$

- M_4: $\forall\ A \in V$, $1.A=A$, sendo 1 o elemento unidade de $\mathbb{R}$

4.2 ESPAÇO VETORIAL

O conjunto V, munido das operações A de adição e M de multiplicação por escalar, valendo as propriedades A_1, A_2, A_3, A_4 e M_1, M_2, M_3, M_4, tem a estrutura algébrica de **espaço vetorial** sobre K (no Exemplo 4.1 - K=$\mathbb{R}$).

Portanto, o conjunto V das matrizes de ordem 2 com as operações apresentadas no exemplo acima é um **espaço vetorial** *de* V sobre ℝ. Os elementos de V são chamados **vetores**, e os números reais, de **escalares**.

Assim, as matrizes de ordem 2 de V serão denominadas vetores.

EXERCÍCIOS DE APLICAÇÃO 4.1 - FACULTATIVOS

1. Mostre que o conjunto C = $\{a + bi \,/\, a, b \in \mathbb{R}$ e $i = \sqrt{-1}\}$ dos números complexos, munido das operações:

   a) Adição: $(a+bi) + (c+di) = (a+c)+(b+d)i$

   b) Multiplicação por escalar: $\beta.(a+bi) = \beta.a + \beta.bi,\ \beta \in \mathbb{R}$ tem estrutura algébrica de espaço vetorial.

2. Mostre que o conjunto P = $\{a + b\,x \,/\, a, b$ e x reais$\}$ dos polinômios de 1º grau de variável x, munido das operações habituais de adição de polinômios e produto de polinômio por número real, tem estrutura algébrica de espaço vetorial.

3. Mostre que o conjunto dos pares ordenados de $\mathbb{R}^2$ com as operações:

   a) Adição: $(a, b) + (c, d) = (a+c, b+d)$

   b) Multiplicação por escalar: $\beta.(a, b) = (\beta.a, \beta.b)$, $\beta \in \mathbb{R}$, tem estrutura algébrica de espaço vetorial.

4.3 ESPAÇO VETORIAL FORMADO DE SEGMENTOS DE RETA

Vamos apresentar um espaço vetorial V sobre ℝ, sendo que cada elemento de V é formado por um conjunto especial de segmentos de reta.

Faremos algumas analogias utilizando o conjunto Q dos números racionais para melhor entendermos os elementos deste novo conjunto V e também as suas operações de adição e multiplicação por escalar, as quais serão definidas.

4.3.1 CONSTRUÇÃO DO CONJUNTO V

Consideremos uma reta ℓ, sendo A e B dois de seus pontos. Tomemos, então, o segmento de reta AB.

Necessitamos do elemento oposto de AB para garantir a propriedade do elemento inverso da adição a ser definida. Isso pode ser conseguido associando-se ao segmento AB um sentido de A para B, indicado por $\overrightarrow{AB}$. Diz-se que $\overrightarrow{AB}$ é *segmento orientado* de origem A e extremidade B.

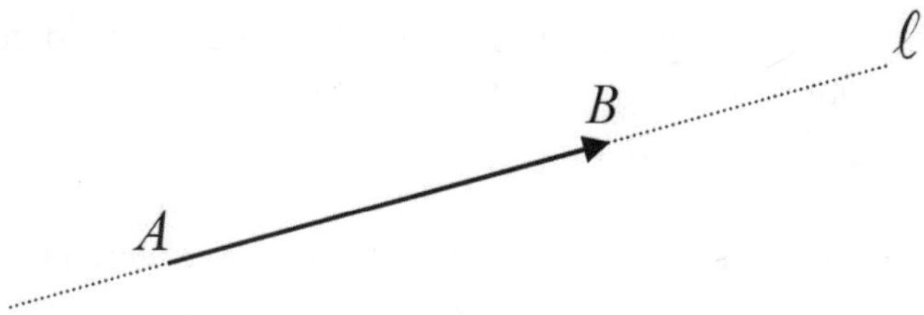

Figura 4.1

Se A não coincide com B, então $\overrightarrow{BA}$ é o segmento orientado de origem B e extremidade A e tem sentido oposto de $\overrightarrow{AB}$. Desse modo o segmento orientado $\overrightarrow{AB}$ é distinto de $\overrightarrow{BA}$. Assim, denotamos que $\overrightarrow{BA} = -\overrightarrow{AB}$.

Necessitamos também do elemento neutro para a adição.

Admitiremos, para garantir a existência da propriedade do elemento neutro, que pontos sejam considerados segmentos orientados, sendo que a origem destes segmentos coincide com a extremidade. Notação: $\overrightarrow{AA} = \overrightarrow{BB} = \ldots = \vec{0}$.

Fixada uma unidade de comprimento, pode-se associar a cada segmento orientado um número real β positivo ou zero, que é a sua medida em relação à unidade estabelecida. O número β informa o comprimento do segmento orientado. O comprimento do segmento orientado $\overrightarrow{AB}$ é indicado por $m(\overrightarrow{AB}) = \left|\overrightarrow{AB}\right| = \beta = m(-\overrightarrow{AB})$. No caso $\overrightarrow{AA}$, temos que $m(\overrightarrow{AA}) = 0$.

Vamos entender, agora, como devem ser os elementos de V.

Sejam $\overrightarrow{AB}$ e $\overrightarrow{CD}$ não nulos. Diz-se que os segmentos orientados $\overrightarrow{AB}$ e $\overrightarrow{CD}$ têm mesma direção (ou que são paralelos) se as retas AB e CD forem paralelas (inclui o caso das retas AB e CD coincidirem).

Os sentidos de dois segmentos orientados podem ser comparados somente se possuírem mesma direção.

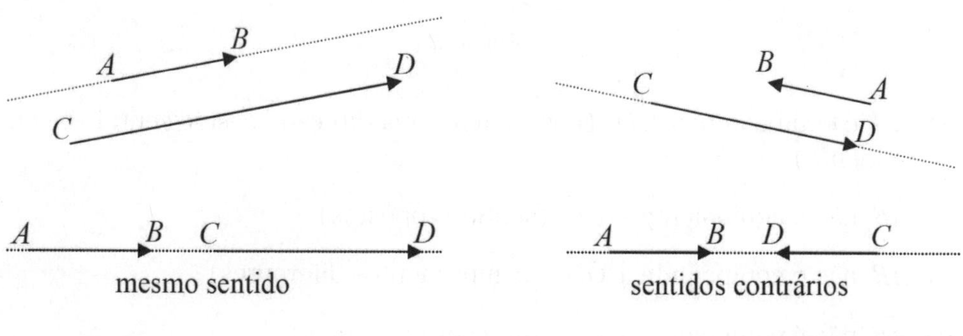

Figura 4.2

Observamos que dois segmentos orientados $\overrightarrow{AB}$ e $\overrightarrow{CD}$ coincidem se, e só se, coincidem A com C e B com D.

Definição 4.1

Consideremos todos os segmentos orientados que possuem mesma **direção**, mesmo **sentido** e mesmo **comprimento** de $\overrightarrow{AB}$ (existem infinitos deles na reta, no plano ou no espaço euclidiano). Diz-se que cada um destes segmentos é **equipolente** ao $\overrightarrow{AB}$.

O conjunto dos segmentos que são equipolentes a um dado segmento orientado constitui uma classe de equivalência.

Define-se que dois segmentos nulos são equipolentes.

Notação de segmentos equipolentes: $\overrightarrow{AB} \sim \overrightarrow{CD}$.

Observação 4.1

Podemos fazer analogia entre um conjunto de segmentos equipolentes e o conjunto de números racionais: se tomarmos, por exemplo, o número $\frac{1}{2}$, veremos infinitos outros de igual valor ($\frac{2}{4}$, $\frac{3}{6}$, $\frac{4}{8}$, ...) formando uma classe de equivalência semelhante ao que ocorre com os segmentos equipolentes a $\overrightarrow{AB}$, sendo que cada elemento pode ser entendido como representante de sua respectiva classe.

Exemplo 4.2:

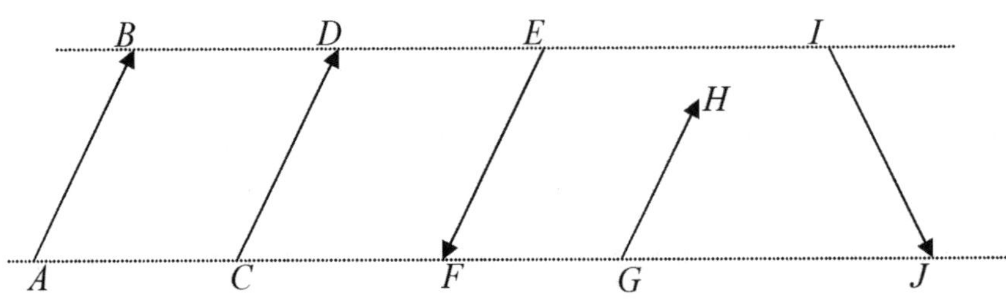

Figura 4.3

a) $\overrightarrow{AB}$ é equipolente a $\overrightarrow{CD}$. (possuem mesma direção, mesmo sentido e comprimento)

b) $\overrightarrow{AB}$ não é equipolente a $\overrightarrow{EF}$. (sentidos opostos)

c) $\overrightarrow{AB}$ não é equipolente a $\overrightarrow{GH}$. (comprimentos diferentes)

d) $\overrightarrow{AB}$ não é equipolente a $\overrightarrow{IJ}$. (direções diferentes)

Pode-se afirmar, pela equipolência, que: se $\overrightarrow{AB} \sim \overrightarrow{CD}$ e os pontos A, B, C e D não estando alinhados, então A, B, D e C, nesta ordem, são vértices consecutivos de um paralelogramo.

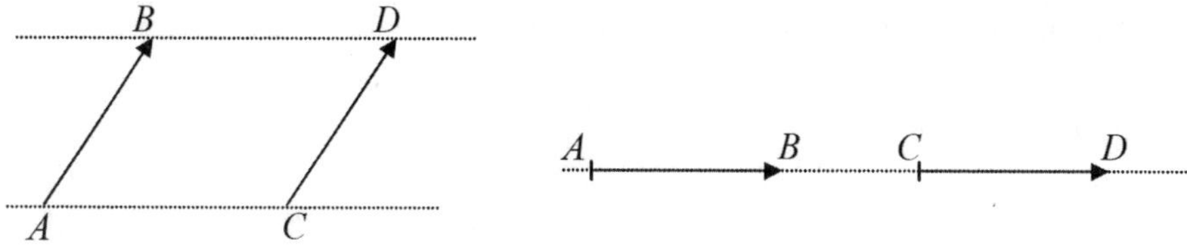

Figura 4.4

Existe uma infinidade de classes de equivalência de segmentos orientados distintas, visto que é inimaginável o número dos segmentos que diferem entre si pelo comprimento, direção ou sentido.

O conjunto V, formado por todos os segmentos orientados, pode ser visto como um conjunto de diferentes classes de equivalência de segmentos equipolentes, onde cada uma delas é representada por qualquer dos seus segmentos, conforme indicado na Figura 4.5.

Os segmentos $\overrightarrow{AB}$, $\overrightarrow{CD}$, $\overrightarrow{EF}$, $\vec{0}$, ... etc., distintos em tamanho, direção ou sentido, são representantes de classes de equivalência.

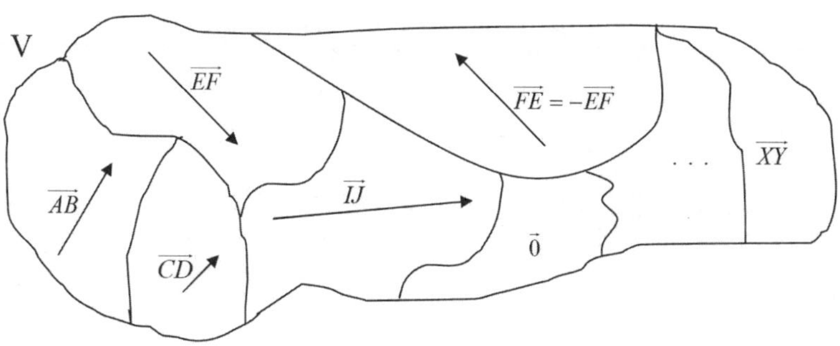

Figura 4.5

Indicamos: V = { $\overrightarrow{AB}$, $-\overrightarrow{AB}$, $\overrightarrow{CD}$, $-\overrightarrow{CD}$, $\vec{0}$, $\overrightarrow{EF}$, ... , $\overrightarrow{XY}$, ... }, entendendo que V é constituído por infinitos conjuntos de classes de equivalência de segmentos equipolentes.

Notação: as classes de equivalência de segmentos orientados são usualmente denotadas por $\overrightarrow{AB}$, $\overrightarrow{CD}$, $\overrightarrow{EF}$, $\vec{0}$, ... ou por $\vec{v}(\overrightarrow{AB})$, $\vec{v}(\overrightarrow{CD})$, $\vec{v}(\overrightarrow{EF})$, $\vec{0}$, ... ou então por $\vec{u}$, $\vec{v}$, $\vec{w}$, $\vec{0}$, ...

Analogamente, o conjunto Q dos números racionais é formado por classes de equivalência de números racionais (Figura 4.6):

$\frac{1}{2}$ é um representante da classe de equivalência $\frac{1}{2}, \frac{2}{4}, \frac{3}{6}, \frac{4}{8}, \dots$ e

$\frac{1}{3}$ é um representante da classe de equivalência $\frac{1}{3}, \frac{2}{6}, \frac{3}{9}, \frac{4}{12}, \dots$

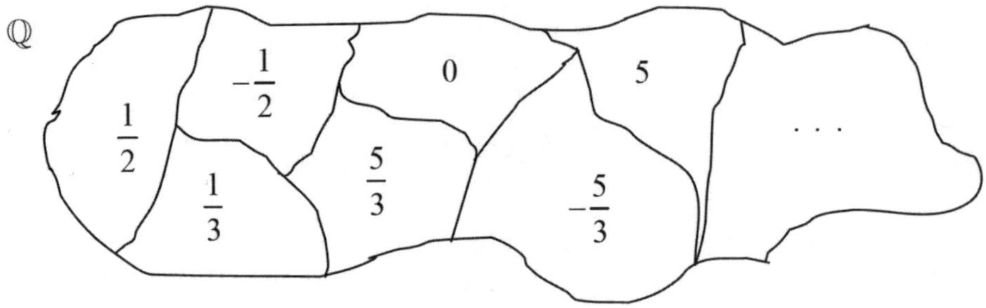

Figura 4.6

4.3.2 REPRESENTAÇÃO GEOMÉTRICA DE V

Os segmentos orientados de V poderão ser considerados sobre uma reta, ou num plano ou espaço euclidiano.

a) Segmentos orientados sobre uma reta: V_1

Figura 4.7

b) Segmentos orientados sobre um plano: V_2

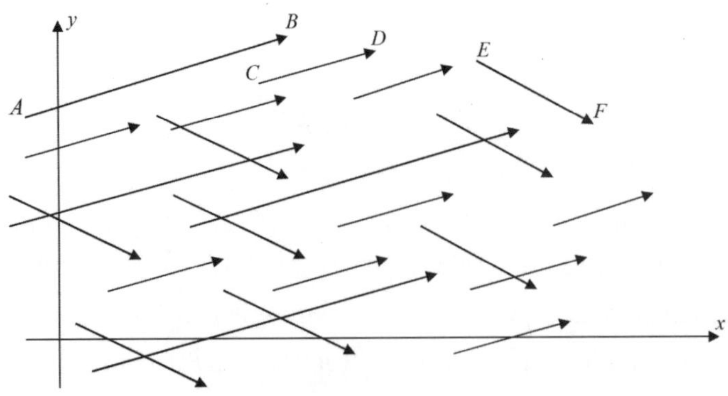

Figura 4.8

c) Segmentos orientados sobre o espaço: V_3

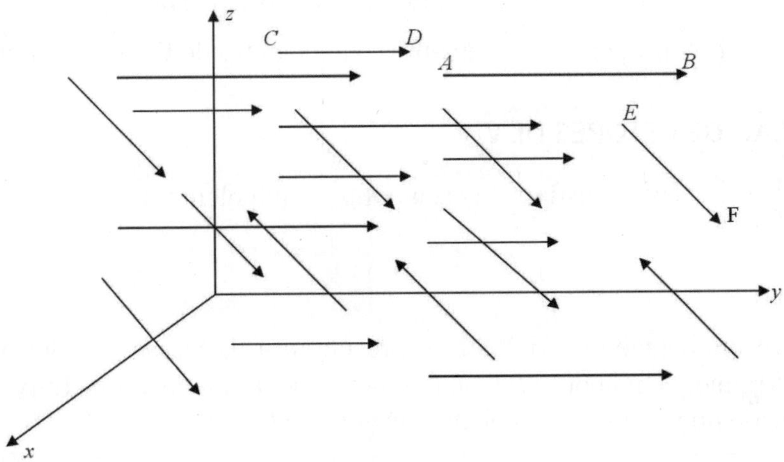

Figura 4.9

Definição 4.2

Denomina-se **módulo** (norma ou comprimento) de uma classe $\vec{v}$ ao comprimento de qualquer um de seus representantes. Indica-se o módulo de $\vec{v}$ por $|\vec{v}|$.

Se $|\vec{v}| = 1$, então a classe de $\vec{v}$ diz-se unitária (ou unidade). Se $|\vec{v}| = 0$, então a classe de $\vec{v}$ é nula.

A **direção** de uma classe $\overrightarrow{AB}$ é dada pela direção da reta que contém o segmento AB e o **sentido** da classe $\overrightarrow{AB}$ pelo sentido do segmento orientado, neste caso, de A para B.

Não é definida a direção e o sentido da classe $\vec{0}$, isto é, da classe nula.

Definição 4.3

Diz-se que as classes de $\vec{u}$ e $\vec{v}$, não nulas, têm **mesma direção** (são paralelas), indica-se por $\vec{u} \,//\, \vec{v}$, se um representante de $\vec{u}$ é paralelo a um representante de $\vec{v}$.

Se $\vec{u} \,//\, \vec{v}$, as classes de $\vec{u}$ e $\vec{v}$ têm o mesmo sentido ou sentidos contrários, conforme seus representantes possuírem mesmo sentido ou sentidos contrários.

A classe de $\overrightarrow{BA}$ é denominada **oposta** de $\overrightarrow{AB}$. É conveniente considerar que a classe nula $\vec{0}$ ($\vec{0} = \overrightarrow{AA} = \overrightarrow{BB} = ...$) é oposta de si mesma.

A notação ($-\overrightarrow{AB}$) deve indicar a classe $\overrightarrow{BA}$, oposta de $\overrightarrow{AB}$. Assim, se $u = \overrightarrow{AB}$, então a classe oposta é $-\vec{u} = -\overrightarrow{AB} = \overrightarrow{BA}$. Temos, também, que $-\vec{0} = \vec{0}$.

Estabeleceremos as operações **A** de adição e **M** de multiplicação por escalar de modo que o conjunto **V**, dos segmentos orientados, tenha as mesmas propriedades citadas no Exemplo 4.1 e, assim, seja denominado **espaço vetorial**.

Cada classe de equivalência de segmentos equipolentes de **V** será denominada **vetor**.

4.3.3 ADIÇÃO DE VETORES DE V

Sejam $\vec{u}$ e $\vec{v}$ (classes distintas de segmentos equipolentes).

Definição 4.4

Considere um segmento orientado representante da classe $\vec{u}$ com origem num ponto O e extremidade no ponto *P*. Tome um representante de $\vec{v}$ que tenha origem em *P* e extremidade num ponto *Q* do plano que contém *O* e *P*.

A classe de equivalência do segmento orientado $\overrightarrow{OQ}$ é denominada de *soma* de $\vec{u}$ e $\vec{v}$, representada por $\vec{u}+\vec{v}$.

Dados os vetores $\vec{u}$ e $\vec{v}$, tem-se:

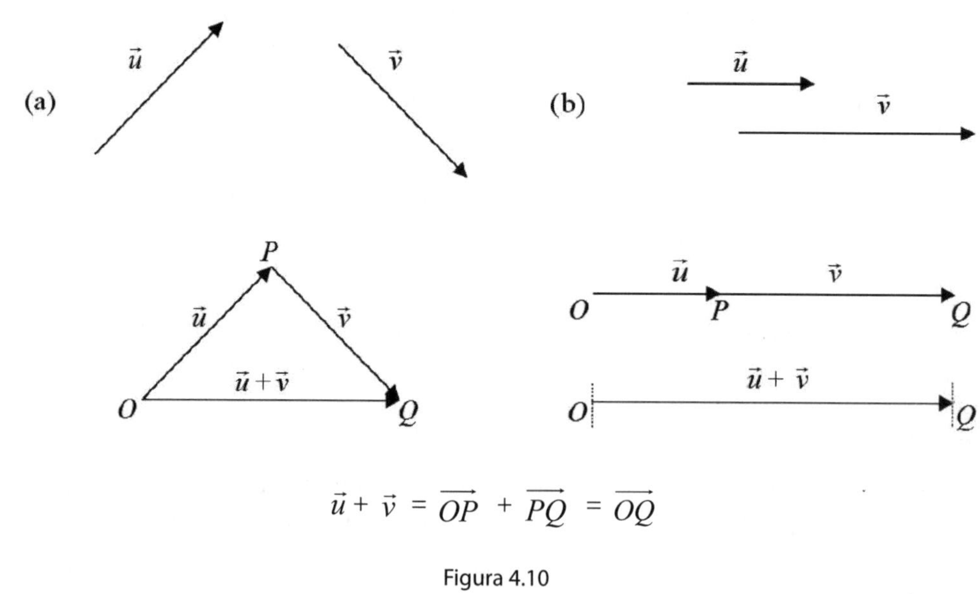

$$\vec{u}+\vec{v}=\overrightarrow{OP}+\overrightarrow{PQ}=\overrightarrow{OQ}$$

Figura 4.10

Observação 4.2

Vemos que a extremidade de $\overrightarrow{OP}$ é origem de $\overrightarrow{PQ}$ e que $(\vec{u}+\vec{v})$ é $\overrightarrow{OQ}$.

A operação de adição acima definida não depende da escolha dos representantes das classes $\vec{u}$ e $\vec{v}$. Tomando-se outro ponto O', distinto de *O*, e um representante

$\overrightarrow{O'P'}$ de $\vec{u}$ e outro representante de $\vec{v}$ com origem em P' e extremidade em Q', teremos o segmento orientado $\overrightarrow{O'Q'}$ (equipolente a $\overrightarrow{OQ}$) que também é um representante de $\vec{u}+\vec{v}$, pois os triângulos $O\ P\ Q$ e $O'P'Q'$ são congruentes.

$$\vec{u}+\vec{v}=\overrightarrow{O'P'}+\overrightarrow{P'Q'}=\overrightarrow{O'Q'}$$

Observação 4.3

A adição de classes de equivalência de segmentos equipolentes pode, por analogia, ser comparada com a adição das classes de equivalência de números racionais.

Sejam as classes: $\frac{1}{2}=\left\{\frac{1}{2},\frac{2}{4},\frac{3}{6},\ldots\right\}$ e $\frac{1}{3}=\left\{\frac{1}{3},\frac{2}{6},\frac{3}{9},\ldots\right\}$

A substituição de representantes das classes $\vec{u}$ e $\vec{v}$ para se obter a soma $(\vec{u}+\vec{v})$, a partir de um ponto O arbitrário, pode ser comparada com a substituição de $\frac{1}{2}$ e $\frac{1}{3}$ pelos representantes $\frac{3}{6}$ e $\frac{2}{6}$, com mesmo denominador, para se obter outra classe $(\frac{1}{2}+\frac{1}{3})$ de racionais.

O fato de a soma $(\vec{u}+\vec{v})$ ser obtida a partir de qualquer outro ponto O', não dependendo da escolha dos representantes de $\vec{u}$ e $\vec{v}$, é interpretada, nos racionais, pela obtenção da soma $\frac{1}{2}+\frac{1}{3}$, utilizando-se outros representantes: $\frac{6}{12}+\frac{4}{12}$, $\frac{9}{18}+\frac{6}{18}$ etc.

4.3.3.1 Propriedades da adição

Sejam as classes $\vec{u}$, $\vec{v}$, $\vec{w}$ e $\vec{0}$ de V.

- A_1: Associativa

  Quaisquer $\vec{u}$, $\vec{v}$, $\vec{w}\in$ V, tem-se $(\vec{u}+\vec{v})+\vec{w}=\vec{u}+(\vec{v}+\vec{w})$

  Tomemos $\vec{u}=\overrightarrow{AB}$, $\vec{v}=\overrightarrow{BC}$ e $\vec{w}=\overrightarrow{CD}$ elementos de V.

$$\begin{aligned}(\vec{u}+\vec{v})+\vec{w}&=(\overrightarrow{AB}+\overrightarrow{BC})+\overrightarrow{CD}\\&=\overrightarrow{AC}+\overrightarrow{CD}\\&=\overrightarrow{AD}\qquad(1)\end{aligned}\quad\textbf{e}\quad\begin{aligned}\vec{u}+(\vec{v}+\vec{w})&=\overrightarrow{AB}+(\overrightarrow{BC}+\overrightarrow{CD})\\&=\overrightarrow{AB}+\overrightarrow{BD}\\&=\overrightarrow{AD}\qquad(2)\end{aligned}$$

Comparando (1) e (2), vemos que $(\vec{u}+\vec{v})+\vec{w}=\vec{u}+(\vec{v}+\vec{w})$.

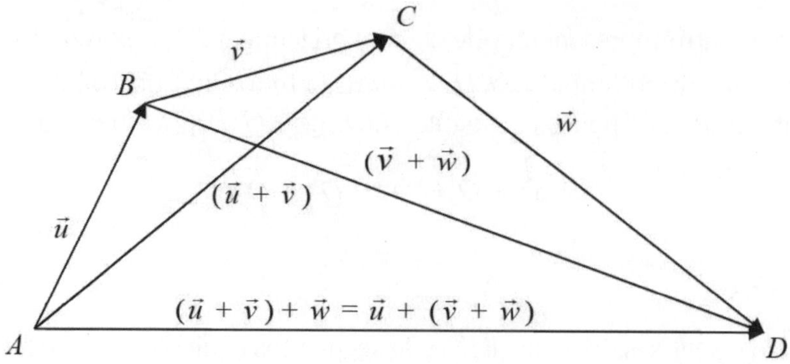

Figura 4.11

- A_2: Elemento neutro: $\vec{0}$

  Existe $\vec{0} \in V$, tal que, para todo $\vec{u} \in V$, tem-se $\vec{u} + \vec{0} = \vec{0} + \vec{u} = \vec{u}$.

  Sejam $\vec{u} = \overrightarrow{AB}$ e $\vec{0} = \overrightarrow{BB} = \overrightarrow{AA}$ elementos de V.

  $$\vec{u} + \vec{0} = \overrightarrow{AB} + \overrightarrow{BB} = \overrightarrow{AB} = \vec{u} \text{ e } \vec{0} + \vec{u} = \overrightarrow{AA} + \overrightarrow{AB} = \overrightarrow{AB} = \vec{u}.$$

  Portanto, $\vec{u} + \vec{0} = \vec{} + \vec{u} = \vec{u}$.

- A_3: Elemento inverso aditivo (oposto)

  Qualquer que seja $\vec{u} \in V$, existe $(-\vec{u}) \in V$ tal que $\vec{u} + (-\vec{u}) = (-\vec{u}) + \vec{u} = \vec{0}$.

  Sejam $\vec{u} = \overrightarrow{AB}$ e $(-\vec{u}) = -\overrightarrow{AB} = \overrightarrow{BA}$ elementos de V.

  $$\vec{u} + (-\vec{u}) = \overrightarrow{AB} + \overrightarrow{BA} = \overrightarrow{AA} = \vec{0} \text{ e } (-\vec{u}) + \vec{u} = \overrightarrow{BA} + \overrightarrow{AB} = \overrightarrow{BB} = \vec{0}.$$

  Portanto, $\vec{u} + (-\vec{u}) = (-\vec{u}) + \vec{u} = \vec{0}$.

- A_4: Comutativa

  Quaisquer que sejam $\vec{u}, \vec{v} \in V$, tem-se $\vec{u} + \vec{v} = \vec{v} + \vec{u}$.

  Sejam $\vec{u} = \overrightarrow{AB}$ e $\vec{v} = \overrightarrow{BC}$ elementos de V.

  Temos que $\vec{u} + \vec{v} = \overrightarrow{AB} + \overrightarrow{BC} = \overrightarrow{AC}$. (3)

  Seja D um ponto tal que $\overrightarrow{AB} \sim \overrightarrow{CD}$. Logo, $\vec{u} = \overrightarrow{AB} = \overrightarrow{CD}$. (Figura 4.12).

  Temos que $\vec{v} + \vec{u} = \overrightarrow{BC} + \overrightarrow{CD} = \overrightarrow{BD}$. (4)

Sendo $\overrightarrow{AB} \sim \overrightarrow{CD}$ e $\overrightarrow{AC} \sim \overrightarrow{BD}$ (lados opostos de um paralelogramo), segue de (3) e (4) que $\vec{u} + \vec{v} = \vec{v} + \vec{u}$.

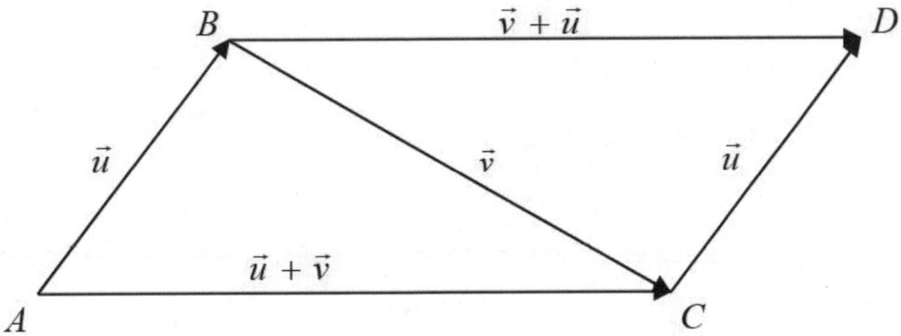

Figura 4.12

4.3.4 MULTIPLICAÇÃO DE NÚMERO REAL POR UM VETOR DE V

Serão utilizadas letras gregas minúsculas: α, β, γ, ... para representar números reais. Os números reais são aqui denominados de escalares. Indicaremos os elementos de V por $\vec{u}$, $\vec{v}$, $\vec{w}$, ...

Definição 4.5

Sejam $\vec{v} \in V$ e $\alpha \in \mathbb{R}$. A classe $(\alpha.\vec{v})$ de V denomina-se produto de α por $\vec{v}$:

a) Se $\alpha = 0$ ou $\vec{v} = \vec{0}$, então $\alpha.\vec{v} = \vec{0}$.

b) Se $\alpha \neq 0$ e $\vec{v} \neq \vec{0}$, então

1º) $\alpha.\vec{v} \,//\, \vec{v}$.

2º) $\alpha.\vec{v}$ e $\vec{v}$ têm mesmo sentido se $\alpha > 0$ e sentidos opostos se $\alpha < 0$.

3º) $|\alpha\,.\,\vec{v}| = |\alpha|\,|\vec{v}|$.

A definição acima nos permite entender que, ao multiplicarmos $\vec{v}$ (segmento orientado) por $\alpha = 3$, o segmento obtido $(3\vec{v})$ terá a mesma direção e o mesmo sentido de $\vec{v}$ e comprimento três vezes maior que o de $\vec{v}$. Mas, multiplicando-se por (-3), o segmento obtido $(-3\vec{v})$ terá a mesma direção e sentido oposto ao $\vec{v}$ e comprimento também três vezes maior que $\vec{v}$.

Esta multiplicação definida sobre V é uma operação externa, visto que opera um elemento de V com outro de $\mathbb{R}$ e resulta num elemento de V.

4.3.4.1 Propriedades da multiplicação de escalar por um vetor

Sejam os escalares $\alpha, \beta \in \mathbb{R}$ e as classes $\vec{u}$, $\vec{v} \in V$, então

- M_1: $\alpha \,.\, (\beta \,.\, \vec{v}) = (\alpha \;\; \beta) \,.\, \vec{v}$

Exemplo 4.3:

Sejam $\alpha = 2$, $\beta = 3$ e 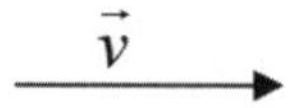

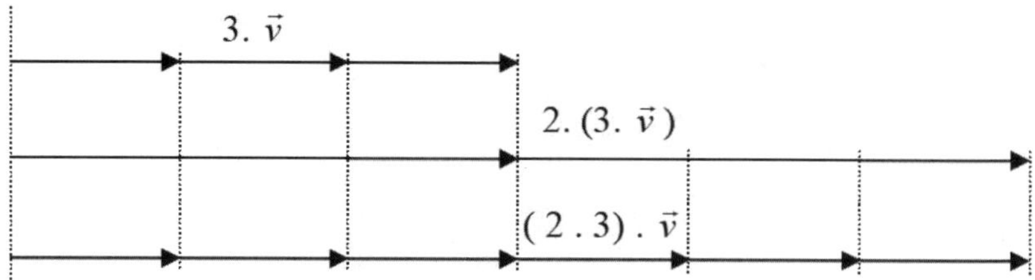

Figura 4.13

- M_2: $\;\;. (\vec{u} + \vec{v}) = \alpha \,.\, \vec{u} + \alpha \,.\, \vec{v}$

Exemplo 4.4:

Sejam $\alpha = 2$ e 

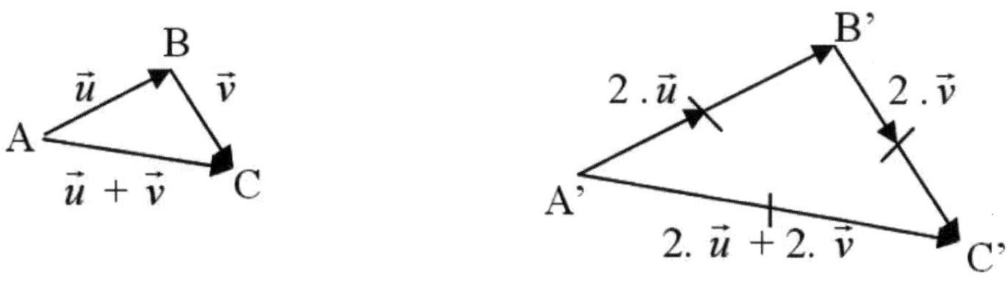

Figura 4.14

Os triângulos *ABC* e *A'B'C'* são semelhantes (lados respectivamente paralelos) e, daí, conclui-se que $2.(\vec{u} + \vec{v}) = 2.\,\vec{u} + 2.\,\vec{v}$.

- M_3: $(\alpha + \beta).\vec{u} = \alpha . \vec{u} + \beta . \vec{u}$

Exemplo 4.5:

Sejam $\alpha = 2$ e $\beta = 3$ e $\xrightarrow{\vec{u}}$

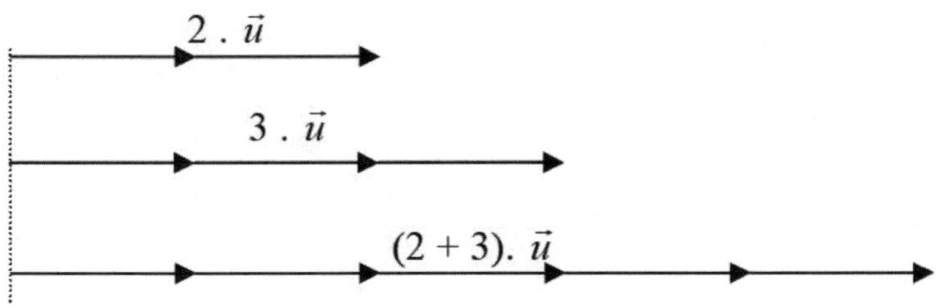

Figura 4.15

- M_4: se $\vec{u} \in V$ e $1 \in \mathbb{R}$, então $1. \vec{u} = \vec{u}$

As classes $1.\vec{u}$ e $\vec{u}$ têm o mesmo módulo, direção e sentido. São as mesmas!

Portanto, satisfeitas as propriedades, temos que (V, + , .) é mesmo um espaço vetorial sobre $\mathbb{R}$.

Definição 4.6

Cada uma das **classes de equivalência** de segmentos equipolentes de V é denominada de **vetor**.

4.4 VETOR NULO E VETOR UNITÁRIO

Retomando a Definição 4.2, vemos que o vetor $\vec{v}$ é unitário se $|\vec{v}| = 1$ ou que é vetor nulo se $|\vec{v}| = 0$.

4.5 VETORES PARALELOS

Vemos, pela Definição 4.3, que dois vetores não nulos são paralelos se possuírem mesma direção, não importando os seus sentidos.

Definição 4.7

Dois vetores não nulos $\vec{w}$ e $\vec{v}$ são paralelos se existir um número real α tal que

$$\vec{w} = \alpha . \vec{v}$$

Observação 4.4

O vetor $\vec{w}$ é chamado de múltiplo escalar de $\vec{v}$. Supondo que os vetores $\vec{w}$ e $\vec{v}$ tenham o mesmo sentido, então α é positivo, mas se estes vetores possuem sentidos opostos, então α é negativo.

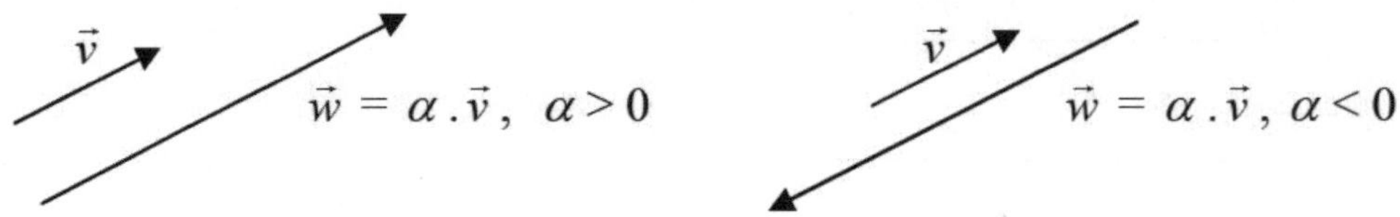

Figura 4.16

Note que $\vec{0} = 0.\vec{v}$ para todo $\vec{v} \in$ V. Logo, estendendo a definição, pode-se dizer que o vetor nulo é paralelo a todo vetor de V.

4.6 VERSOR DE UM VETOR NÃO NULO

Seja $\vec{v}$ um vetor não nulo de V.

Definição 4.8

Denomina-se versor de $\vec{v}$ o vetor unitário $\vec{u}$ com mesma direção e sentido de $\vec{v}$.

Se $\vec{u}$ é versor de $\vec{v}$, então $\vec{u}$ e $\vec{v}$ são paralelos de mesmo sentido, isto é, existe $\alpha \in \mathbb{R}_+^*$ tal que $\vec{u} = \alpha\ \vec{v}$, assim, $|\vec{u}| = |\alpha\ \vec{v}| = |\alpha|.\ |\vec{v}| = \alpha.|\vec{v}|$.

Sendo $\vec{u}$ unitário, segue que $\alpha.|\vec{v}| = 1$ e, daí, $\alpha = \dfrac{1}{|\vec{v}|}$.

Portanto, $\vec{u} = \alpha\ .\ \vec{v} = \dfrac{\vec{v}}{|\vec{v}|}$.

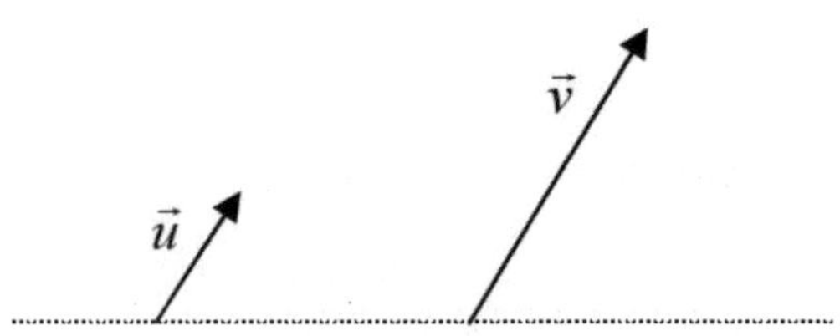

Figura 4.17

$$\text{Confirmando, } |\vec{u}| = \left|\frac{\vec{v}}{|\vec{v}|}\right| = \frac{|\vec{v}|}{|\vec{v}|} = 1.$$

4.7 VETORES COPLANARES

Consideremos um conjunto com mais de um vetor de V.

Definição 4.9

Diz-se que dois ou mais vetores são coplanares se existir um plano que contenha representantes de cada um destes vetores.

Vemos na figura 4.18, que os vetores $\vec{u}$ e $\vec{v}$ não nulos são coplanares.

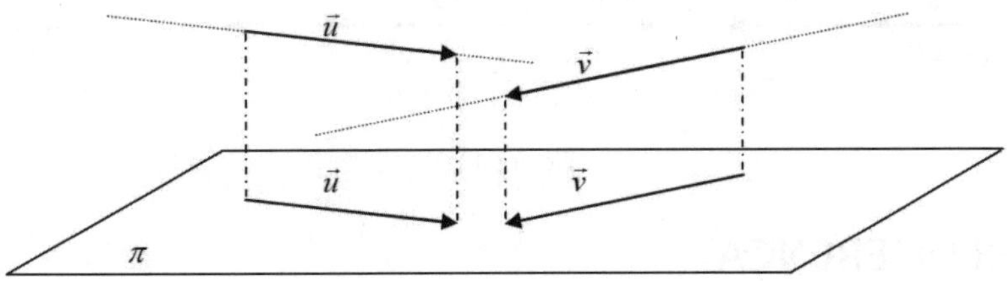

Figura 4.18

4.8 ÂNGULO ENTRE DOIS VETORES

Consideremos o fato de que dois vetores $\vec{u}$ e $\vec{v}$ não nulos são coplanares. Assim, podemos tomar seus respectivos representantes $\overrightarrow{OA}$ e $\overrightarrow{OB}$, de mesma origem, e medir o ângulo por eles formado.

Definição 4.10

Denomina-se **ângulo dos vetores** $\vec{u}$ e $\vec{v}$, não nulos, o menor dos ângulos formados pelas semirretas OA e OB.

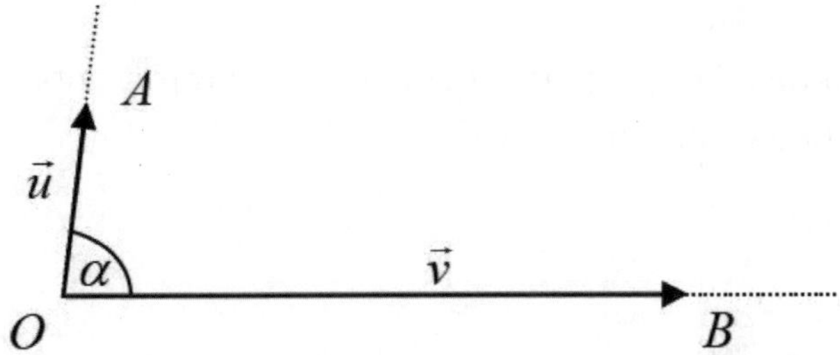

Figura 4.19

Observação 4.5

Se α é o ângulo entre $\vec{u}$ e $\vec{v}$ não nulos, $\alpha = \sphericalangle(\vec{u}, \vec{v})$, então $0^\circ \leq \alpha \leq 180^\circ$.

Se $\alpha = 0°$, então $\vec{u} // \vec{v}$ e ambos têm o mesmo sentido, e, se $\alpha = 180°$, então $\vec{u} // \vec{v}$ e possuem sentidos opostos.

Se $\alpha = 90°$, os vetores não nulos $\vec{u}$ e $\vec{v}$ são ditos ortogonais. Indicamos por $\vec{u} \perp \vec{v}$.

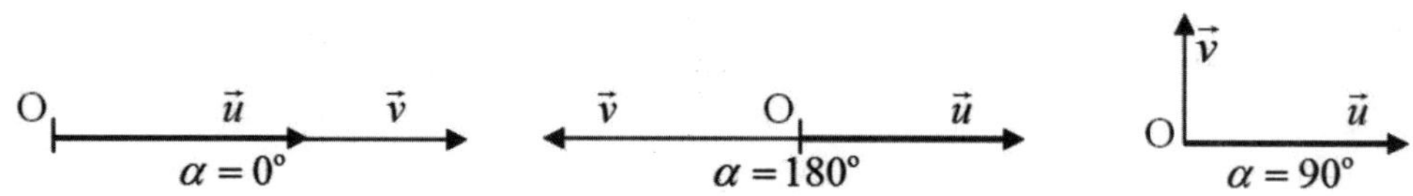

Figura 4.20

4.9 VETOR DIFERENÇA

Sejam $\vec{u}$ e $\vec{v}$ dois vetores de V.

Denomina-se **vetor diferença** dos vetores $\vec{u}$ e $\vec{v}$ do espaço vetorial V o vetor $\vec{u} - \vec{v}$ tal que $\vec{u} - \vec{v} = \vec{u} + (-\vec{v})$.

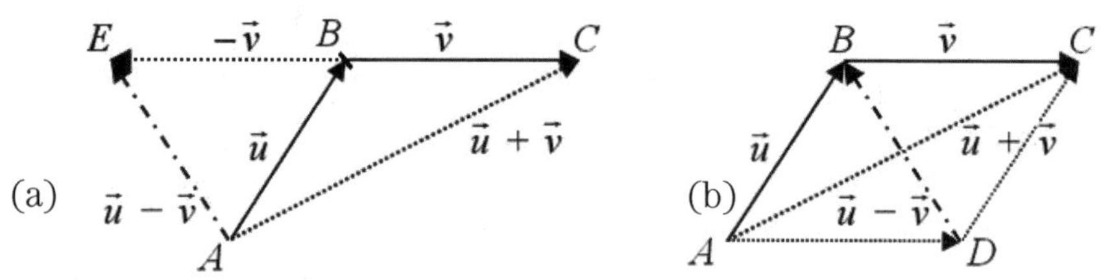

Figura 4.21

O vetor $\overrightarrow{AC}$ na diagonal do paralelogramo *ABCD* representa o vetor $\vec{u} + \vec{v}$, e o vetor $\overrightarrow{DB}$ representa o vetor diferença $\vec{u} - \vec{v}$.

Observação 4.6

O vetor $\overrightarrow{BD}$ representa na Figura 4.21 o vetor diferença $(\vec{v} - u)$. Verifique!

Exemplo 4.6:

1. Obtenha o vetor resultante da soma indicada nas Figuras 4.22(a) e (b) a seguir:

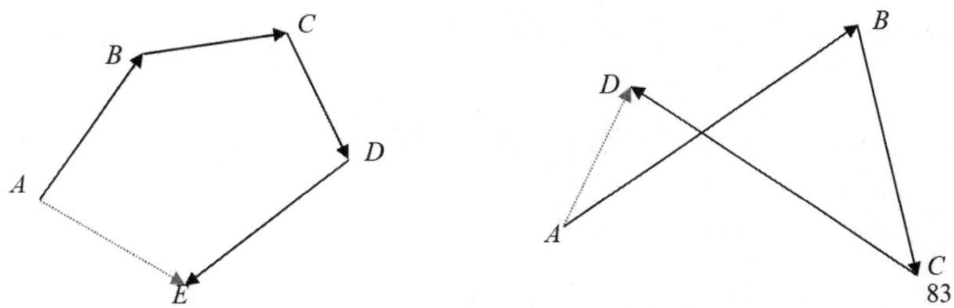

Figura 4.22

Solução:

Temos que $\overrightarrow{AB}+\overrightarrow{BC}+\overrightarrow{CD}+\overrightarrow{DE}=\overrightarrow{AE}$ e $\overrightarrow{AB}+\overrightarrow{BC}+\overrightarrow{CD}=\overrightarrow{AD}$.

A construção mostra uma sucessão de segmentos orientados de forma que a extremidade de um coincide com a origem do seguinte. O segmento que possui a origem do primeiro e a extremidade do último representa o vetor resultante. Então, na Figura 4.22(a), o vetor resultante é $\overrightarrow{AE}$ e, na Figura 4.22(b), é $\overrightarrow{AD}$.

2. Mostre que o segmento que une os pontos médios de dois lados de um triângulo é paralelo ao terceiro lado e tem comprimento igual a sua metade.

Solução:

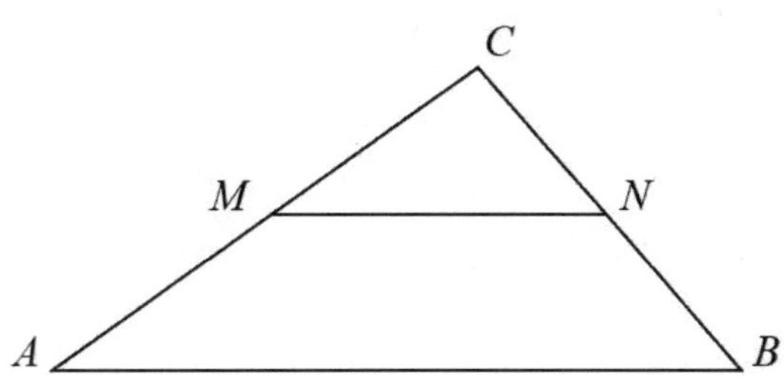

Figura 4.23

Sejam M e N os pontos médios dos lados AC e BC do triângulo ABC. O segmento orientado $\overrightarrow{MN}$ representa o vetor resultante das somas:

$$\overrightarrow{MN}=\overrightarrow{MC}+\overrightarrow{CN} \tag{5}$$

$$\overrightarrow{MN}=\overrightarrow{MA}+\overrightarrow{AB}+\overrightarrow{BN} \tag{6}$$

Adicionando-se os respectivos membros de (5) e (6), temos:

$$2\overrightarrow{MN} = \overrightarrow{MC} + \overrightarrow{MA} + \overrightarrow{AB} + \overrightarrow{CN} + \overrightarrow{BN} \qquad (7)$$

Visto serem opostos os segmentos $\overrightarrow{MC}$ e $\overrightarrow{MA}$, e também os segmentos $\overrightarrow{BN}$ e $\overrightarrow{CN}$, segue que:

$$\overrightarrow{MC} + \overrightarrow{MA} = \vec{0} \text{ e } \overrightarrow{CN} + \overrightarrow{BN} = \vec{0} \qquad (8)$$

Substituindo (8) em (7), tem-se $2\overrightarrow{MN} = \overrightarrow{AB}$. (9)

A relação (9) evidencia que $\overrightarrow{MN}$ é paralelo a $\overrightarrow{AB}$, pois $\overrightarrow{AB}$ é resultado do produto do número real 2 por $\overrightarrow{MN}$, e que o módulo de $\overrightarrow{AB}$ é o dobro de $\overrightarrow{MN}$, conforme pretendemos demonstrar.

3. Mostre que num quadrilátero qualquer os pontos médios dos seus lados são vértices de um paralelogramo.

Solução:

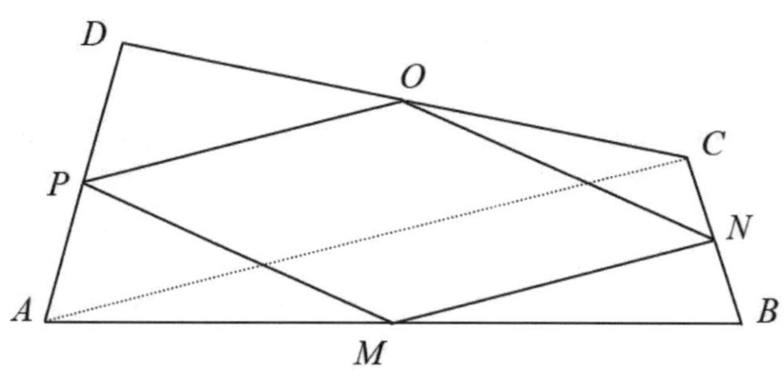

Figura 4.24

O quadrilátero *ABCD* tem *M*, *N*, *O* e *P* como pontos médios dos lados *AB*, *BC*, *CD* e *DA*, respectivamente.

Considerando a diagonal *AC* do quadrilátero *ABCD*, vemos que os segmentos orientados $\overrightarrow{MN}$ e $\overrightarrow{OP}$ são paralelos a $\overrightarrow{AC}$ (ver Exemplo 4.6(2)). Logo, $\overrightarrow{MN}$ e $\overrightarrow{PO}$ são paralelos entre si. Temos também que $\left|\overrightarrow{MN}\right| = \left|\overrightarrow{OP}\right|$, pois são iguais a metade de $\left|\overrightarrow{AC}\right|$.

Considerando a diagonal *BD* do quadrilátero *ABCD*, pelo mesmo raciocínio, temos que os segmentos $\overrightarrow{PM}$ e $\overrightarrow{ON}$ são paralelos e têm módulos iguais.

Portanto, o quadrilátero *MNOP* formado pelos pontos médios dos lados de *ABCD* tem lados opostos paralelos e, respectivamente, de mesmo comprimento; logo, é um paralelogramo.

4. Prove que as diagonais de um paralelogramo interceptam-se nos seus pontos médios.

Solução:

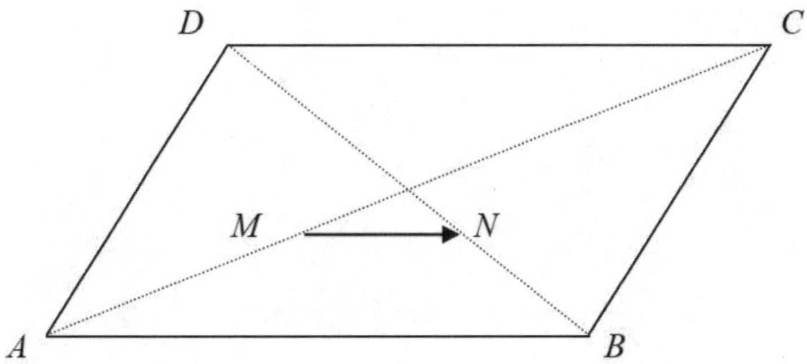

Figura 4.25

Seja $ABCD$ um paralelogramo com M sendo o ponto médio da diagonal AC e N ponto médio da diagonal BD.

O segmento orientado $\overrightarrow{MN}$ representa o vetor resultante das somas:

$$\overrightarrow{MN} = \overrightarrow{MA} + \overrightarrow{AB} + \overrightarrow{BN} \tag{10}$$

$$\overrightarrow{MN} = \overrightarrow{MC} + \overrightarrow{CD} + \overrightarrow{DN} \tag{11}$$

Adicionando-se os respectivos membros de (10) e (11), temos:

$$2\,\overrightarrow{MN} = \overrightarrow{MA} + \overrightarrow{MC} + \overrightarrow{AB} + \overrightarrow{CD} + \overrightarrow{BN} + \overrightarrow{DN} \tag{12}$$

Visto os segmentos $\overrightarrow{MA}$ e $\overrightarrow{MC}$ serem opostos e de mesmo comprimento, assim como ocorre com os segmentos $\overrightarrow{BN}$ e $\overrightarrow{DN}$ e, também, com $\overrightarrow{AB}$ e $\overrightarrow{CD}$, segue que:

$$\overrightarrow{MA} + \overrightarrow{MC} = \vec{0},\ \overrightarrow{BN} + \overrightarrow{DN} = \vec{0} \text{ e } \overrightarrow{AB} + \overrightarrow{CD} = \vec{0} \tag{13}$$

Substituindo (13) em (12), tem-se $2\,\overrightarrow{MN} = \vec{0}$.

Logo, $\overrightarrow{MN} = \vec{0}$ e, daí, $M \equiv N$.

Portanto, os pontos médios das diagonais do paralelogramo coincidem.

5. Se M e N são os pontos médios dos lados não paralelos do trapézio $ABCD$, conforme Figura 4.26, então

$$\overrightarrow{MN} = \frac{\overrightarrow{AB} + \overrightarrow{DC}}{2}$$

Solução:

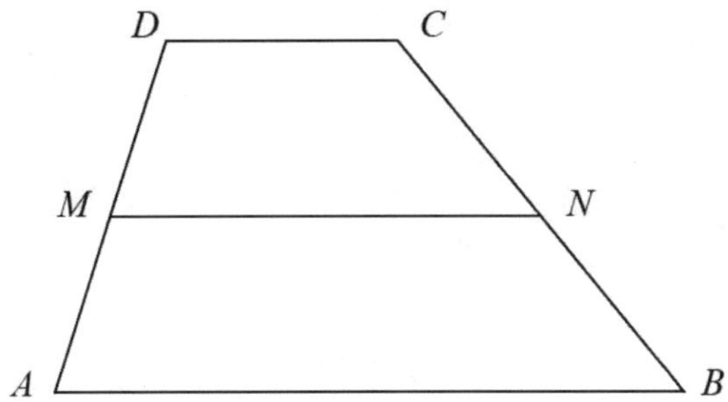

Figura 4.26

O segmento orientado $\overrightarrow{MN}$ representa o vetor resultante das somas:

$$\overrightarrow{MN} = \overrightarrow{MA} + \overrightarrow{AB} + \overrightarrow{BN} \qquad (14)$$

$$\overrightarrow{MN} = \overrightarrow{MD} + \overrightarrow{DC} + \overrightarrow{CN} \qquad (15)$$

Adicionando-se os respectivos membros de (14) e (15), temos:

$$2\overrightarrow{MN} = \overrightarrow{MA} + \overrightarrow{MD} + \overrightarrow{AB} + \overrightarrow{DC} + \overrightarrow{BN} + \overrightarrow{CN} \qquad (16)$$

Visto que os segmentos $\overrightarrow{MA}$ e $\overrightarrow{MD}$ e também os segmentos $\overrightarrow{BN}$ e $\overrightarrow{CN}$ são opostos e de mesmo comprimento, segue que:

$$\overrightarrow{MA} + \overrightarrow{MD} = \vec{0} \text{ e } \overrightarrow{BN} + \overrightarrow{CN} = \vec{0} \qquad (17)$$

Substituindo (17) em (16), tem-se $2\overrightarrow{MN} = \overrightarrow{AB} + \overrightarrow{DC}$ (18)

Segue da relação (18) que $\overrightarrow{MN} = \dfrac{\overrightarrow{AB} + \overrightarrow{DC}}{2}$.

Entende-se que o comprimento do segmento que une os pontos médios dos lados não paralelos de um trapézio é a média aritmética dos comprimentos dos seus lados paralelos.

6. M é ponto médio do lado AB do triângulo ABC. Supondo que $\vec{u} = \overrightarrow{CA}$ e $\vec{v} = \overrightarrow{CB}$, pede-se determinar o vetor $\overrightarrow{CM}$ como função dos vetores $\vec{u}$ e $\vec{v}$.

Solução:

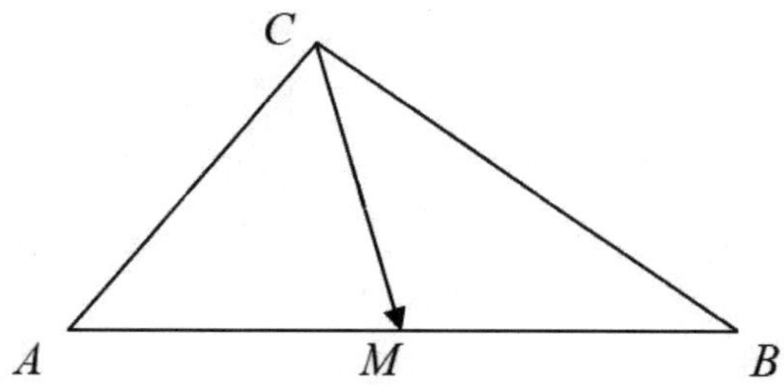

Figura 4.27

Se M é ponto médio de AB, então $\overrightarrow{AM} = \overrightarrow{MB}$. Portanto, $\overrightarrow{AM}$ é oposto de $\overrightarrow{BM}$. O segmento orientado $\overrightarrow{CM}$ representa o vetor resultante das somas:

$$\overrightarrow{CM} = \overrightarrow{CA} + \overrightarrow{AM} \tag{19}$$

$$\overrightarrow{CM} = \overrightarrow{CB} + \overrightarrow{BM} \tag{20}$$

Adicionando-se os respectivos membros de (19) e (20), temos:

$$2\overrightarrow{CM} = \overrightarrow{CA} + \overrightarrow{CB} + \overrightarrow{AM} + \overrightarrow{BM} \tag{21}$$

Visto que $\overrightarrow{AM}$ e $\overrightarrow{BM}$ são opostos e de mesmo comprimento, segue que:

$$\overrightarrow{AM} + \overrightarrow{BM} = \vec{0} \tag{22}$$

Substituindo (22) em (21), tem-se $2\overrightarrow{CM} = \overrightarrow{CA} + \overrightarrow{CB}$ (23)

Segue, da relação (23), que $\overrightarrow{CM} = \dfrac{\overrightarrow{CA} + \overrightarrow{CB}}{2}$ e, daí, $\overrightarrow{CM} = \dfrac{\vec{u} + \vec{v}}{2}$.

7. Considere o triângulo ABC. O ponto M está a 2/3 de A para B. Supondo que $\vec{u} = \overrightarrow{CA}$ e $\vec{v} = \overrightarrow{CB}$, pede-se determinar o vetor $\overrightarrow{CM}$ como função dos vetores $\vec{u}$ e $\vec{v}$.

Solução:

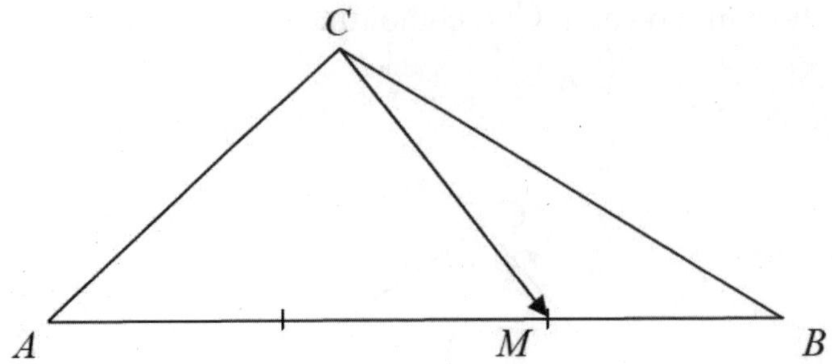

Figura 4.28

Se M está a 2/3 de A para B, então $\overrightarrow{AM} = 2.\overrightarrow{MB}$ e $\overrightarrow{BM} = \dfrac{-\overrightarrow{AM}}{2}$ (24)

O segmento orientado $\overrightarrow{CM}$ representa o vetor resultante das somas:

$$\overrightarrow{CM} = \overrightarrow{CA} + \overrightarrow{AM} \quad (25)$$

$$\overrightarrow{CM} = \overrightarrow{CB} + \overrightarrow{BM} \quad (26)$$

Adicionando-se os respectivos membros de (25) e (26), temos:

$$2\overrightarrow{CM} = \overrightarrow{CA} + \overrightarrow{CB} + \overrightarrow{AM} + \overrightarrow{BM} \quad (27)$$

Substituindo (24) em (27), tem-se $2\overrightarrow{CM} = \overrightarrow{CA} + \overrightarrow{CB} + \overrightarrow{AM} + \dfrac{-\overrightarrow{AM}}{2}$.

Logo,

$$2\overrightarrow{CM} = \overrightarrow{CA} + \overrightarrow{CB} + \frac{\overrightarrow{AM}}{2} \quad (28)$$

Temos que $\overrightarrow{AB} = \overrightarrow{AC} + \overrightarrow{CB} = -\vec{u} + \vec{v}$ e $\overrightarrow{AM} = \dfrac{2}{3}\overrightarrow{AB} = \dfrac{2}{3}(-\vec{u} + \vec{v})$ (29)

Substituindo (29) em (28), segue que $2\overrightarrow{CM} = \vec{u} + \vec{v} + \dfrac{1}{3}(-\vec{u} + \vec{v})$.

Portanto, $\overrightarrow{CM} = \dfrac{\vec{u}}{3} + \dfrac{2\vec{v}}{3}$

8. Considere o hexágono regular $ABCDEF$. Sabendo que $\overrightarrow{AB} = \vec{u}$ e $\overrightarrow{AF} = \vec{v}$, obtenha $\overrightarrow{AE}$ em função dos vetores $\vec{u}$ e $\vec{v}$.

Solução:

A Figura 4.29 nos permite entender que

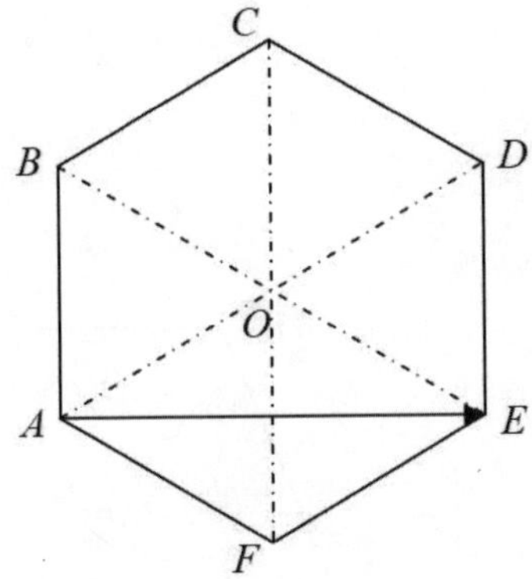

Figura 4.29

$\overrightarrow{AE} = \overrightarrow{AF} + \overrightarrow{FE}$.

Sendo $\overrightarrow{AF} = \vec{v}$ e $\overrightarrow{FE} = \overrightarrow{AO} = \overrightarrow{AF} + \overrightarrow{FO} = \vec{v} + \vec{u}$

Segue que:

$\overrightarrow{AE} = \vec{v} + (\vec{v} + \vec{u}) = 2\vec{v} + \vec{u}$

Outras formas de resolver:

1º) $\overrightarrow{AE} = \overrightarrow{AB} + \overrightarrow{BE} = \overrightarrow{AB} + 2.\overrightarrow{BO} = \overrightarrow{AB} + 2.\overrightarrow{AF} = \vec{u} + 2\vec{v}$

2º) $\overrightarrow{AE} = \overrightarrow{AD} + \overrightarrow{DE} = 2.\overrightarrow{AO} + \overrightarrow{DE} = 2.[\overrightarrow{AF} + \overrightarrow{FO}] + \overrightarrow{DE} = 2.[\vec{v} + \vec{u}] - \vec{u} = 2\vec{v} + \vec{u}$

3º) $\overrightarrow{AE} = \overrightarrow{AB} + \overrightarrow{BC} + \overrightarrow{CD} + \overrightarrow{DE}$

Tem-se que:

$$\overrightarrow{AB} = \vec{u}\ ,\ \overrightarrow{BC} = \overrightarrow{AO} = \overrightarrow{AF} + \overrightarrow{FO} = \vec{v} + \vec{u}\ ,\ \overrightarrow{CD} = \overrightarrow{AF} = \vec{v}\ ,\ \overrightarrow{DE} = -\overrightarrow{AB} = -\vec{u}$$

Portanto,

$$\overrightarrow{AE} = \vec{u} + [\vec{v} + \vec{u}] + \vec{v} + (-\vec{u}) = 2\vec{v} + \vec{u}\ .$$

9. Seja o paralelogramo $ABCD$. Considere o ponto X a 1/3 de A para D e o ponto Y tal que C está a 2/3 de D para Y. Sendo $\vec{u} = \overrightarrow{AB}$ e $\vec{v} = \overrightarrow{AD}$, escreva o vetor $\overrightarrow{XY}$ em função de $\vec{u}$ e $\vec{v}$.

Solução:

Temos que:

$$\overrightarrow{XY} = \overrightarrow{XD} + \overrightarrow{DY}$$

$$= \frac{2}{3}\overrightarrow{AD} + \frac{3}{2}\overrightarrow{DC}$$

$$= \frac{2}{3}\vec{v} + \frac{3}{2}\vec{u}$$

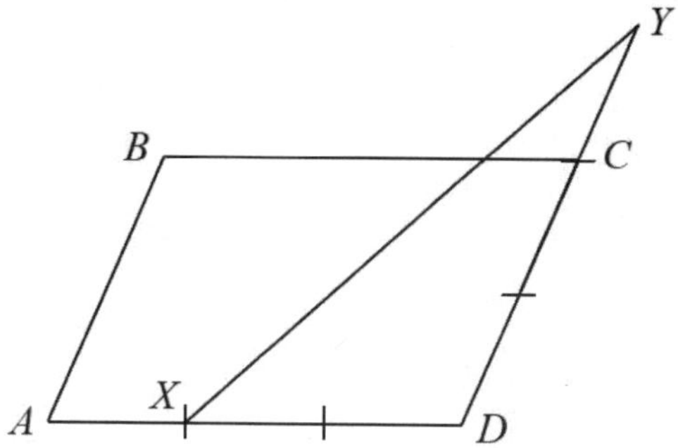

Figura 4.30

EXERCÍCIOS DE APLICAÇÃO 4.2

1. Obtenha, utilizando propriedades, o vetor resultante nos exercícios abaixo

a) $\overrightarrow{AB} + \overrightarrow{BC} + \overrightarrow{CD}$

b) $\overrightarrow{AB} - \overrightarrow{AC}$

c) $\overrightarrow{RB} + \overrightarrow{CM} - \overrightarrow{RM}$

d) $\overrightarrow{XB} - \overrightarrow{RB} - \overrightarrow{DR} - \overrightarrow{XR}$

e) $\overrightarrow{ZR} + \overrightarrow{CD} + \overrightarrow{RC} + \overrightarrow{DZ}$

f) $\overrightarrow{BD} + \overrightarrow{LC} - \overrightarrow{LD}$

g) $\overrightarrow{BD} - \overrightarrow{AD} + \overrightarrow{DB} - \overrightarrow{CA}$

2. Considerando $\vec{u} = \overrightarrow{AB}$ e $\vec{v} = \overrightarrow{AD}$ no paralelogramo $ABCD$, complete:

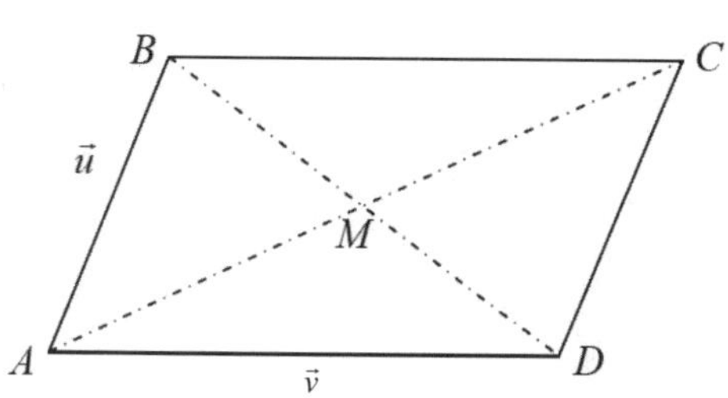

Figura 4.31

a) $\vec{u} + \vec{v} =$..........

b) $\vec{u} - \vec{v} =$..........

c) $\vec{v} + \overrightarrow{DB} =$..........

d) $\overrightarrow{AC} - \vec{u} =$..........

e) $\overrightarrow{AM} =$ ....

f) $\overrightarrow{BM} =$ ....

g) $\overrightarrow{BM} +$ .... $= \vec{v}$

h) $\overrightarrow{AD} + \overrightarrow{DC} + \overrightarrow{CB} + \overrightarrow{BA} =$..........

3. As Figuras 4.32(a) e (b) nos sugerem que o vetor $\vec{c}$ dado em função de $\vec{a}$ e $\vec{b}$, em cada caso, é:

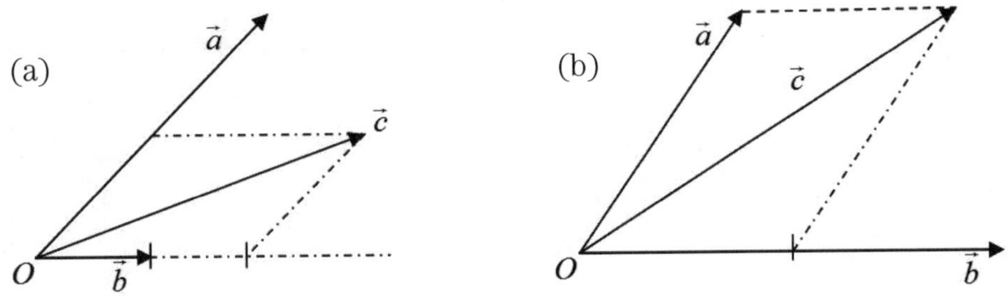

Figura 4.32

4. Seja o paralelogramo $ABCD$. Considere o ponto F tal que D é ponto médio de AF e E médio de BC. Sendo $\vec{u} = \overrightarrow{AB}$ e $\vec{v} = \overrightarrow{AD}$, obtenha $\overrightarrow{EF}$ em função dos vetores $\vec{u}$ e $\vec{v}$.

5. Sejam os pontos A, B, C e D do espaço. Considere o ponto Y a 1/4 de A para D e X tal que B está a 3/4 de C para X. Sendo $\vec{u} = \overrightarrow{AB}$, $\vec{v} = \overrightarrow{AC}$ e $\vec{w} = \overrightarrow{AD}$, obtenha o vetor $\overrightarrow{XY}$ em função de $\vec{u}$, $\vec{v}$ e $\vec{w}$.

6. Sejam os pontos A, B, C e D do espaço. Considere o ponto F tal que A é ponto médio de FB e G está a 1/4 de C para D. Sendo $\vec{u} = \overrightarrow{AB}$, $\vec{v} = \overrightarrow{CB}$ e $\vec{w}$ $\overrightarrow{CD}$, obtenha o vetor $\overrightarrow{FG}$ em função de $\vec{u}$, $\vec{v}$ e $\vec{w}$.

7. Sejam os pontos A, B, C e D do espaço. Considere X ponto médio de AB e Y tal que D está a 1/3 de Y para C. Sendo $\vec{u} = \overrightarrow{AB}$, $\vec{v} = \overrightarrow{BC}$ e $\vec{w} = \overrightarrow{DC}$, obtenha o vetor $\overrightarrow{XY}$ em função de $\vec{u}$, $\vec{v}$ e $\vec{w}$.

8. Considere os pontos A, B, C e D do espaço. Os pontos R e S tais que B é ponto médio de AR e S está a 3/4 de C para D. Sendo $\vec{u} = \overrightarrow{AB}$, $\vec{v} = \overrightarrow{AC}$ e $\vec{w} = \overrightarrow{AD}$, obtenha o vetor $\overrightarrow{RS}$ em função de $\vec{u}$, $\vec{v}$ e $\vec{w}$.

9. Considere os pontos A, B, C e D do espaço. Os pontos M e N tais que A está a 2/3 de M para C e B está a 2/3 de D para N. Sendo $\vec{u} = \overrightarrow{AB}$, $\vec{v} = \overrightarrow{BC}$ e $\vec{w} = \overrightarrow{AD}$, obtenha o vetor $\overrightarrow{MN}$ em função de $\vec{u}$, $\vec{v}$ e $\vec{w}$.

10. Num triângulo ABC tem-se que M, N e P são, respectivamente, os pontos médios dos lados AB, BC e AC. Mostre que $\overrightarrow{AN} + \overrightarrow{BP} + \overrightarrow{CM} = \vec{0}$.

11. Sejam A, B, C e D vértices consecutivos de um trapézio. Sabendo-se que M é ponto médio da diagonal AC e N ponto médio da diagonal BD, prove que $\overrightarrow{MN} = \frac{1}{2}[\overrightarrow{AB} - \overrightarrow{DC}]$.

12. Marque nas figuras abaixo a soma $\vec{u}+\vec{v}+\vec{w}$ dos vetores $\vec{u}$, $\vec{v}$ e $\vec{w}$ indicados.

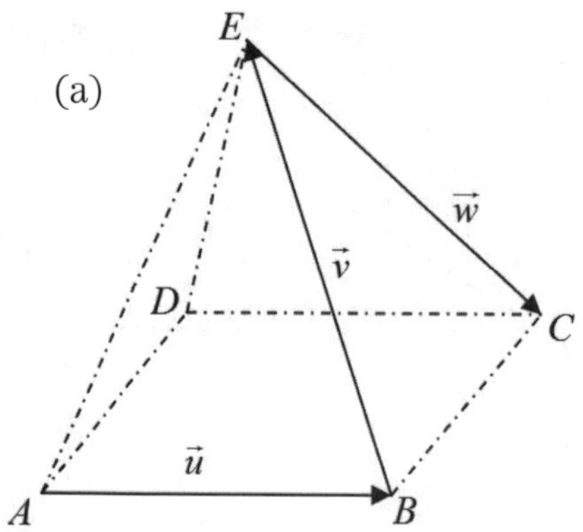

Figura 4.33

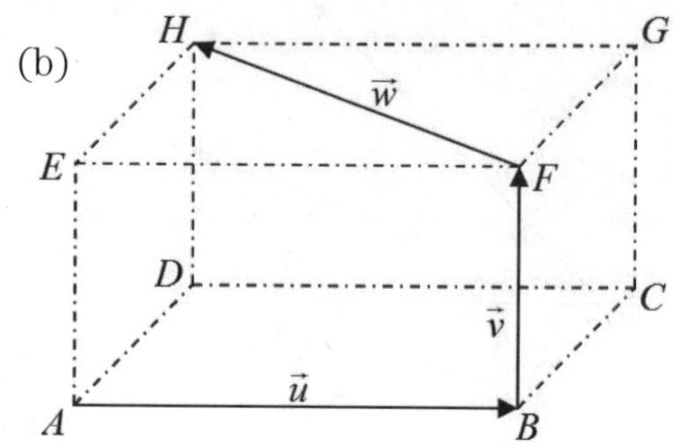

Figura 4.34

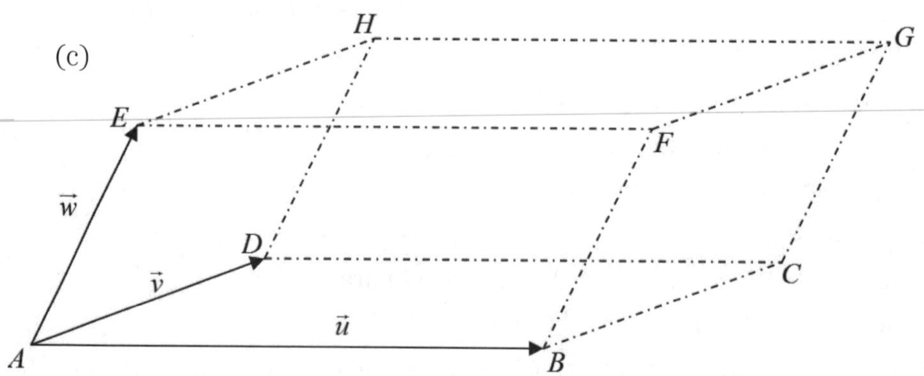

Figura 4.35

5 COMBINAÇÃO E DEPENDÊNCIA LINEAR

- Conceituar dependência linear de vetores.
- Exemplificar conjuntos de vetores linearmente dependentes e independentes.

Vimos que o espaço vetorial (V, +, .) dos segmentos orientados dispõe de duas operações, a interna, de adição e, a externa, de multiplicação por escalar. Pretendemos estudar as condições para que um vetor de V possa ser escrito a partir de outros vetores de V, relacionando-os, de modo conveniente, utilizando as operações definidas de adição e multiplicação por escalar.

5.1 COMBINAÇÃO LINEAR E DEPENDÊNCIA LINEAR DE VETORES

Acreditamos que os conceitos de combinação linear (CL) e de dependência linear serão melhor entendidos se forem apresentados a partir de dois vetores e, depois, generalizados para uma quantidade qualquer finita de vetores.

5.1.1 COMBINAÇÃO LINEAR DE VETORES

Sejam $\vec{u}$ e $\vec{v}$ dois vetores não nulos e não paralelos de V. Considerando dois números reais α_1 e α_2 quaisquer, teremos os vetores $\alpha_1\vec{u}$ e $\alpha_2\vec{v}$ que deverão ser, respectivamente, paralelos a $\vec{u}$ e $\vec{v}$.

O vetor $\alpha_1\vec{u}+\alpha_2\vec{v}$ representa todas as somas obtidas com base em $\vec{u}$ e $\vec{v}$.

Chamamos a cada vetor $\vec{w}=\alpha_1\vec{u}+\alpha_2\vec{v}$ de uma combinação linear (CL) dos vetores $\vec{u}$ e $\vec{v}$.

Exemplo 5.1:

Dados os vetores:

Tem-se:

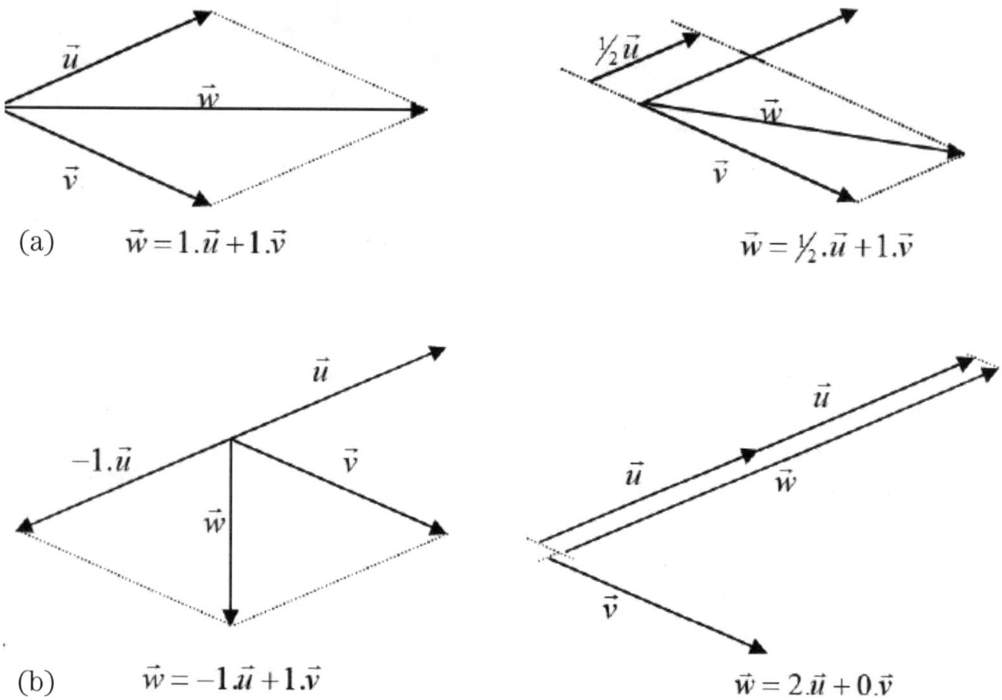

Figura 5.1

Portanto, a cada par de números reais α_1 e α_2 estará associado um vetor $\vec{w}$. Nessas condições, imagina-se uma infinidade de vetores $\vec{w}$ que são gerados por $\vec{u}$ e $\vec{v}$.

Definição 5.1. Generalizando:

Sejam $\vec{v}_1, \vec{v}_2, \vec{v}_3, \vec{v}_4, \ldots, \vec{v}_n$, (n$\geq$1), vetores distintos de um conjunto V e escalares (números reais) $\alpha_1, \alpha_2, \alpha_3, \alpha_4, \ldots, \alpha_n$, (n$\geq$1). O vetor $\vec{w}$ tal que:

$$\vec{w} = \alpha_1.\vec{v}_1 + \alpha_2.\vec{v}_2 + \alpha_3.\vec{v}_3 + \alpha_4.\vec{v}_4 + \ldots + \alpha_n.\vec{v}_n$$

é uma **combinação linear** dos vetores $\vec{v}_1$, $\vec{v}_2$, $\vec{v}_3$, $\vec{v}_4$, ... $\vec{v}_n$, com coeficientes α_1, α_2, α_3, α_4, ..., α_n.

5.1.2 DEPENDÊNCIA LINEAR

Queremos discutir $\vec{w} = \vec{0}$ como combinação linear de um conjunto finito com n vetores de V, isto é,

$$\vec{0} = \alpha_1.\vec{v}_1 + \alpha_2.\vec{v}_2 + \alpha_3.\vec{v}_3 + \alpha_4.\vec{v}_4 + ... + \alpha_n.\vec{v}_n.$$

A pergunta que se faz é: a única maneira de se obter o vetor $\vec{0}$ é tornando todos os coeficientes da soma de vetores iguais a zero?

Afirmamos que existe a possibilidade em certos casos de obtermos o resultado $\vec{0}$ sem que todos os coeficientes dos vetores sejam zero. Exemplificaremos as situações utilizando dois vetores.

a) Seja o conjunto $\{\vec{u}, \vec{v}\}$ de vetores de V, com $\vec{u}$ e $\vec{v}$ paralelos e **não** nulos.

Se $\vec{u}$ é paralelo a $\vec{v}$, então existe um número real (escalar) $k \neq 0$ tal que $\vec{v} = k.\vec{u}$. Nesse caso, o módulo de $\vec{v}$ é $|k|$ vezes o módulo de $\vec{u}$. Vê-se que $\vec{0} = -1.\vec{v} + k.\vec{u}$.

Note, no exemplo, que os coeficientes dos vetores u e $\vec{v}$ não são todos zeros.

A outra possibilidade de se escrever o vetor nulo é o caso óbvio $\vec{0} = 0.\vec{v} + 0.\vec{u}$.

b) Seja o conjunto $\{\vec{u}, \vec{v}\}$, com $\vec{u}$ e $\vec{v}$ não nulos e não paralelos.

Neste caso, a única maneira de escrever o vetor nulo é com os coeficientes de $\vec{u}$ e de $\vec{v}$ ambos iguais a zero: $\vec{0} = 0.\vec{v} + 0.\vec{u}$. Vejamos:

Imaginem a possibilidade de se obter $\vec{0} = r.\vec{u} + s.\vec{v}$, sendo:

1°) apenas um dos coeficientes r ou s igual a zero. Se, por exemplo, $r = 0$, então teríamos $\vec{0} = 0.\vec{u} + s.\vec{v}$ e, daí, $\vec{0} = s.\vec{v}$ e, assim, $\vec{v} = \vec{0}$. Esse fato contradiz a hipótese de que os vetores não seriam nulos. Isso ocorreu por termos admitido que apenas um dos coeficientes fosse igual a zero.

2°) os coeficientes r e s **não** são iguais a zero. Assim, de $\vec{0} = r.\vec{u} + s.\vec{v}$, temos que $s.\vec{v} = -r.\vec{u}$ e, daí, $\vec{v} = (-r/s).\vec{u}$, evidenciando que $\vec{u}$ e $\vec{v}$ sejam paralelos, mas isso é uma contradição, pois supomos que $\vec{u}$ não seria paralelo a $\vec{v}$. A contradição ocorreu porque admitimos que r e s eram diferentes de zero.

Logo, r e s são ambos iguais a zero.

5.1.2.1 Conjunto de vetores linearmente dependente (LD)

O exemplo (a) no item 5.1.2 mostra que certos conjuntos de vetores possuem dois modos de se escrever o vetor $\vec{0}$: com algum coeficiente não zero e, o caso óbvio, com todos os coeficientes zero. Nessas condições, o conjunto de vetores estudado é denominado de linearmente dependente (LD).

Definição 5.2:

Diz-se que o conjunto de vetores $\left\{\vec{v}_1, \vec{v}_2, \vec{v}_3, \vec{v}_4, \dots, \vec{v}_n\right\}$, $n \geq 1$, é **linearmente dependente** (LD) se existirem escalares $\alpha_1, \alpha_2, \alpha_3, \alpha_4, \dots, \alpha_n$, não todos iguais a zero, tal que:

$$\vec{0} = \alpha_1.\vec{v}_1 + \alpha_2.\vec{v}_2 + \alpha_3.\vec{v}_3 + \alpha_4.\vec{v}_4 + \dots + \alpha_n.\vec{v}_n$$

5.1.2.2 Conjunto de vetores linearmente independente (LI)

O exemplo (b) no item 5.1.2 mostrou que certos conjuntos de vetores possuem uma só maneira de se escrever o vetor $\vec{0}$: com todos os coeficientes iguais a zero. Nesse caso, o conjunto de vetores é denominado de linearmente independente (LI).

Definição 5.3:

Dado um conjunto com n vetores $\{\vec{v}_1, \vec{v}_2, \vec{v}_3, \vec{v}_4, \dots, \vec{v}_n\}$, $n \geq 1$, e escalares $\alpha_1, \alpha_2, \alpha_3, \alpha_4, \dots, \alpha_n$, diz-se que o conjunto de vetores é **linearmente independente** (LI) se

$$\vec{0} = \alpha_1.\vec{v}_1 + \alpha_2.\vec{v}_2 + \alpha_3.\vec{v}_3 + \alpha_4.\vec{v}_4 + \dots + \alpha_n.\vec{v}_n$$

somente com a possibilidade de os coeficientes serem todos iguais a zeros.

Observação 5.1

Segue, das definições 5.2 e 5.3, que:

Se um conjunto de vetores não for LD, então é LI.

Atenção! Não diga que os vetores $\vec{v}_1, \vec{v}_2, \vec{v}_3, \vec{v}_4, \dots, \vec{v}_n$ são LI ou LD, mas, **sim**, que o conjunto desses vetores é LI ou LD.

Exemplo 5.2:

1. Apresente, geometricamente, situações que permitam entender a proposição: "Um conjunto de três vetores $\{\vec{u}, \vec{v}, \vec{w}\}$, sendo $\vec{u}$, $\vec{v}$ e $\vec{w}$ não nulos e coplanares, é LD".

Solução:

a) Os três vetores coplanares possuem direções distintas

Podemos imaginar representantes ($\alpha_1 \vec{u}$) e ($\alpha_2 \vec{v}$) de cada um dos vetores $\vec{u}$ e $\vec{v}$, de modo que se obtenha o vetor $\vec{w}$, isto é, $\vec{w} = \alpha_1 \vec{u} + \alpha_2 \vec{v}$ para algum par de reais α_1 e α_2.

Dados os vetores:

Tem-se:

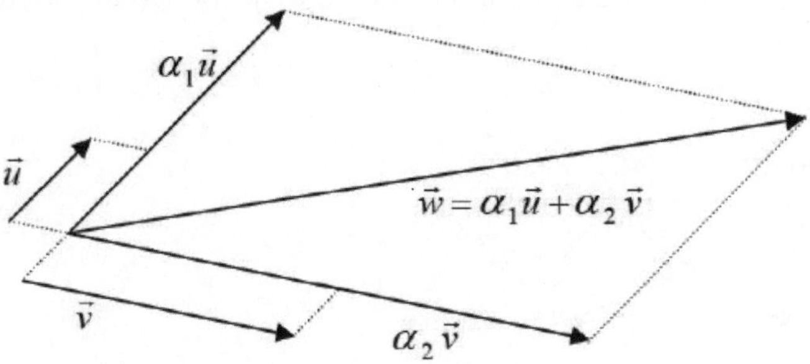

Figura 5.2

Sendo $\vec{w} = \alpha_1 \vec{u} + \alpha_2 \vec{v}$, teremos $1.\vec{w} - \alpha_1 \vec{u} - \alpha_2 \vec{v} = \vec{0}$, sendo que pelo menos um dos coeficientes da combinação linear é diferente de zero. Então, $\{\vec{u}, \vec{v}, \vec{w}\}$ é LD.

b) Apenas dois dos três vetores coplanares têm mesma direção:

1° caso: $\vec{u} \,//\, \vec{w}$

Dados os vetores:

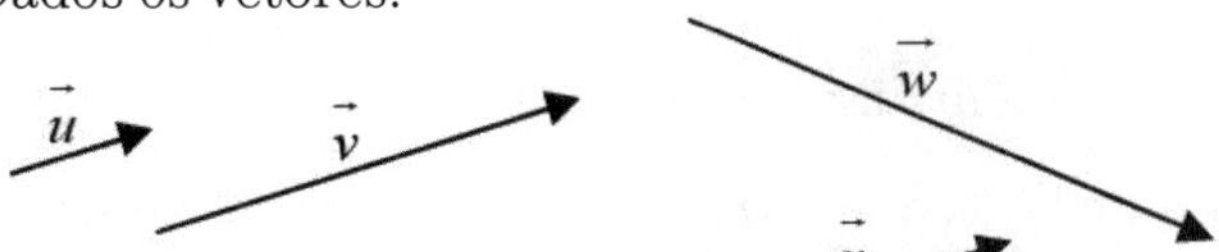

Supor $\vec{v} = \alpha.\vec{u}, \alpha \in \mathbb{R}_+^*$

Tem-se:

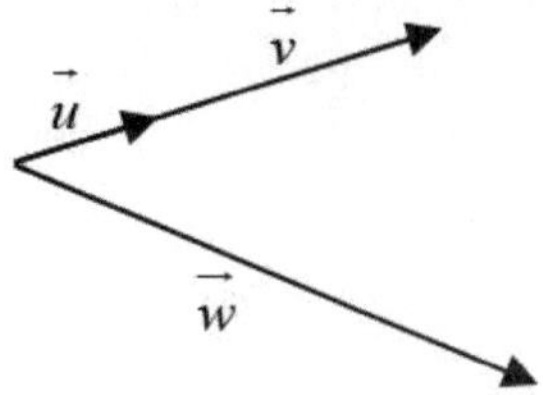

Figura 5.3(a)

Temos que $-\alpha\vec{u} + 1\vec{w} = \vec{0}$. Fazendo $-\alpha\vec{u} + 0\vec{v} + 1\vec{w} = \vec{0}$, vê-se que ao menos um dos coeficientes da combinação linear não é zero, evidenciando que $\{\vec{u}, \vec{v}, \vec{w}\}$ é LD.

Nessa situação, $\vec{w} = \alpha\,\vec{u} + 0\vec{v}$ é escrito como combinação linear de $\vec{u}$ e $\vec{v}$. Mas $\vec{v}$ não pode ser escrito como combinação linear de $\vec{u}$ e $\vec{w}$, pois não tem a direção dos vetores paralelos $\vec{u}$ e $\vec{w}$.

2º caso: $\vec{u} // \vec{v}$ (semelhante ao 1º caso)

Dados os vetores:

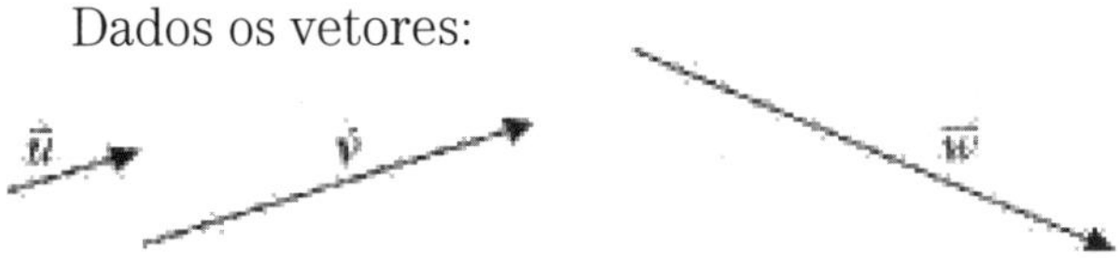

Supor $\vec{v} = \alpha\,\vec{u}, \alpha \in \mathbb{R}_+^*$

Tem-se:

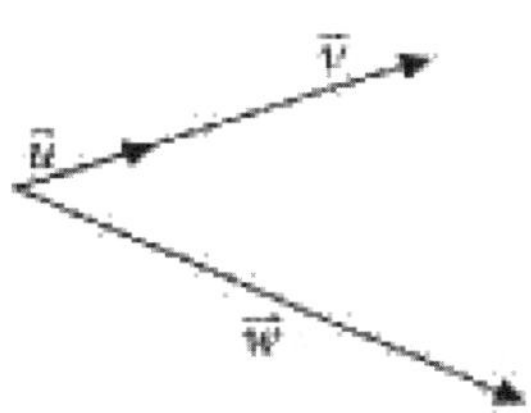

Figura 5.3(b)

Temos que $-\alpha\vec{u} + 1\vec{v} = \vec{0}$. Fazendo $-\alpha\vec{u} + 1\vec{v} + 0\vec{w} = \vec{0}$, vê-se que ao menos um dos coeficientes da combinação linear não é zero, evidenciando que $\{\vec{u}, \vec{v}, \vec{w}\}$ é LD.

Nesta situação, $\vec{w}$ não pode ser escrito como combinação linear de $\vec{u}$ e $\vec{v}$, pois não tem a direção dos vetores paralelos $\vec{u}$ e $\vec{v}$. Entretanto, tem-se que $\vec{v} = \alpha\,\vec{u} + 0\vec{w}$ ou $\vec{u} = (1/\alpha)\,\vec{v} + 0\vec{w}$, isto é, $\vec{v}$ é CL de $\vec{u}$ e $\vec{w}$ e, também, $\vec{u}$ é CL de $\vec{v}$ e $\vec{w}$.

c) Os três vetores coplanares possuem mesma direção ($\vec{u} \,//\, \vec{v} \,//\, \vec{w}$):

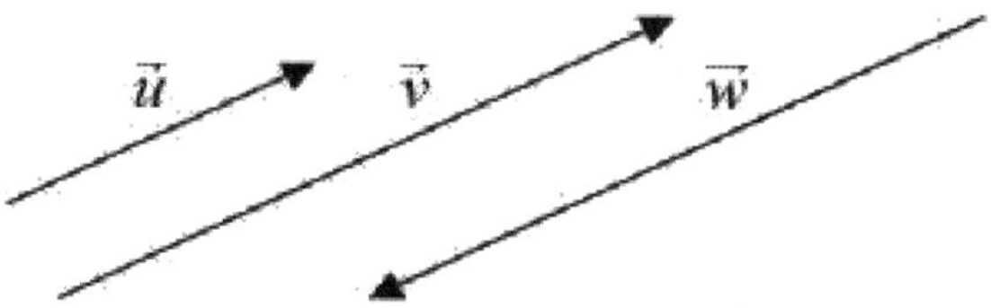

Supor $\vec{w} = -\vec{v}$ e

$\vec{v} = 2\,\vec{u}$

Figura 5.4

Assim, $\vec{w} + \vec{v} = \vec{0}$ e $-2\,\vec{u} + \vec{v} = \vec{0}$. Adicionando, membro a membro, as igualdades, teremos a combinação linear $1\vec{w} - 2\vec{u} + 2\vec{v} = \vec{0}$, em que se vê que nem todos os coeficientes são zeros.

Nesse caso, cada um dos vetores pode ser escrito como CL dos outros dois vetores de infinitos modos. Veja, por exemplo, algumas maneiras de se escrever $\vec{w}$ como combinação linear de $\vec{u}$ e $\vec{v}$: $\vec{w} = \vec{v} - 4\vec{u}$, $\vec{w} = 2\vec{v} - 6\vec{u}$, $\vec{w} = -\vec{v} + 0\vec{u}$ etc.

Todas as situações apresentadas acima mostram o vetor $\vec{0}$ escrito como combinação linear de $\vec{u}$, $\vec{v}$ e $\vec{w}$, sem que todos os coeficientes sejam zeros, indicando que $\{\vec{u}, \vec{v}, \vec{w}\}$ é LD.

Observação 5.2

É importante ressaltar ainda que $\{\vec{u}, \vec{v}, \vec{w}\}$ é LD se um destes vetores for o nulo.

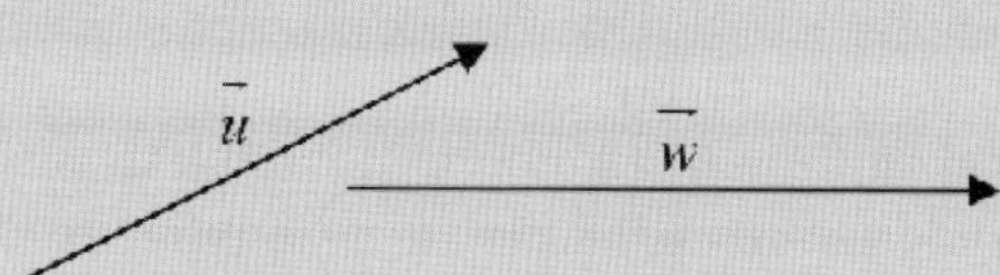

Supor $\vec{v} = \vec{0}$

Figura 5.5

Sendo, no exemplo, $\vec{v} = \vec{0}$, então podemos escrever:

$$0\vec{w} + 0\vec{u} + \alpha\vec{v} = \vec{0}, \text{ sendo } \alpha \in \mathbb{R}^*, \tag{1}$$

evidenciando que a combinação linear de $\vec{u}$, ¯ e $\vec{w}$ nos dá o vetor $\vec{0}$, sem que todos os coeficientes sejam zero (no caso, $\alpha \neq 0$).

Isso nos permite afirmar que :

Todo conjunto de vetores que possuir o vetor nulo é LD,

visto que $\vec{0}$ é resultante de uma combinação linear de vetores, em que se associa um coeficiente diferente de zero ao vetor que é nulo e coeficientes iguais a zero para os demais vetores não nulos do conjunto estudado, como o mostrado em (1).

2. Proposição: "se $\vec{u}, \vec{v}$ e $\vec{w}$ são três vetores não nulos e não coplanares, então $\{\vec{u}, \vec{v}, \vec{w}\}$ é LI".

Justificativa:

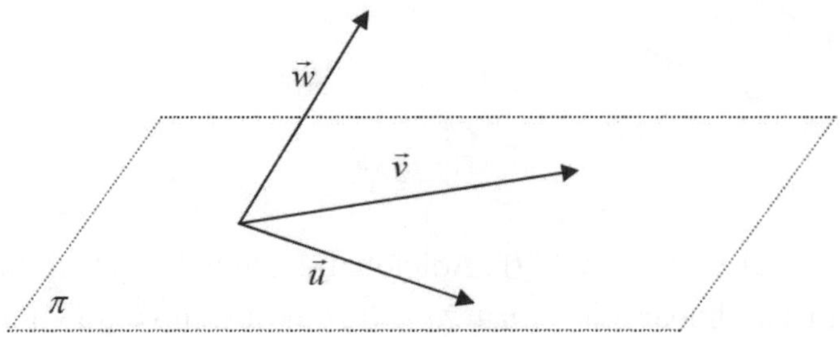

Figura 5.6

Suponhamos, por absurdo, que os vetores $\vec{u}$, $\vec{v}$ e $\vec{w}$ **não** nulos e **não** coplanares formem um conjunto LD. Assim, existem escalares α_1, α_2 e α_3 não todos iguais a zero tais que:

$$\alpha_1.\vec{w}+\alpha_2.\vec{u}+\alpha_3.\vec{v}=\vec{0}.$$

Caso α_1 seja um dos coeficientes diferente de zero, então,

$$\vec{w}=(\frac{-\alpha_2}{\alpha_1})\,\vec{u}+(\frac{-\alpha_3}{\alpha_1})\,\vec{v}.$$

A relação acima diz que $\vec{w}$ é combinação linear dos vetores $\vec{u}$ e $\vec{v}$, portanto, os três vetores devem ser coplanares, contradizendo a hipótese de que **não eram** coplanares. Tal contradição ocorreu pelo fato de termos admitido $\{\vec{u}, \vec{v}, \vec{w}\}$ LD.

Então, $\{\vec{u}, \vec{v}, \vec{w}\}$ é LI.

3. Quatro vetores do espaço (dimensão 3) formam um conjunto LD.

Justificativa:

O fato de três vetores num plano (item 1 do Exemplo 5.2) formarem um conjunto LD é análogo ao de quatro vetores no espaço formarem um conjunto LD. Isto é, podemos mostrar que, no espaço, um desses quatro vetores pode ser escrito como combinação linear dos demais.

Seja o conjunto $\{\vec{u}, \vec{v}, \vec{w}, \vec{t}\}$ formado de vetores não nulos do espaço V_3.

a) Se três vetores são coplanares, por exemplo, $\vec{u}$, $\vec{v}$ e $\vec{w}$, sendo que $\vec{w}=\alpha_1\vec{u}+\alpha_2\vec{v}$, então podemos escrever o vetor $\vec{0}$, sendo:

$$1.\vec{w}-\alpha_1\vec{u}-\alpha_2\vec{v}+0\,\vec{t}=\vec{0}, \quad (2)$$

evidenciando que pelo menos um dos coeficientes da combinação linear não é zero (veja que as Figuras 5.7(a), (b) (c) exemplificam algumas dessas situações).

Portanto, $\{\vec{u}, \vec{v}, \vec{w}, \vec{t}\}$ é LD.

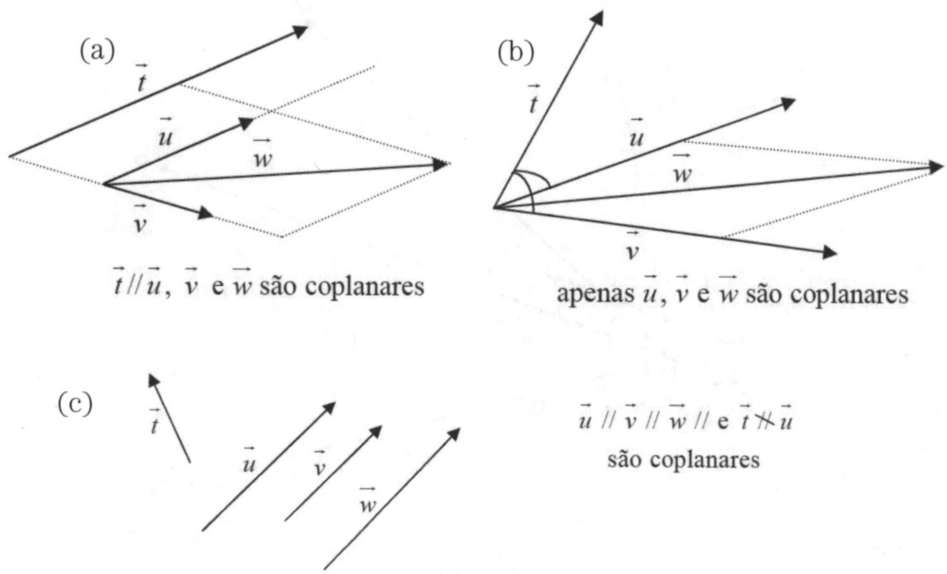

Figura 5.7

Observação 5.3

Vemos acima que $\{\vec{u}, \vec{v}, \vec{w}\}$ é LD e também que $\{\vec{u}, \vec{v}, \vec{w}, \vec{t}\}$ é LD. Entendemos do exposto que:

Se um dado conjunto de vetores possuir um subconjunto LD, então será também LD.

O vetor $\vec{t}$, na Figura 5.7(b), não é coplanar com os vetores $\vec{u}$, $\vec{v}$ e $\vec{w}$ e, por isso, não pode ser escrito como CL desses vetores. Porém, cada um dos vetores $\vec{u}$, $\vec{v}$ e $\vec{w}$ pode ser escrito como CL dos demais vetores, incluindo $\vec{t}$. Exemplo: $\vec{w} = \alpha_1\vec{u} + \alpha_2\vec{v} + 0\vec{t}$.

O vetor $\vec{t}$, na Figura 5.7(a), é coplanar com os vetores $\vec{u}$, $\vec{v}$ e $\vec{w}$ e paralelo a $\vec{u}$, mas não paralelo a $\vec{v}$ e $\vec{w}$. Nesse caso, $\vec{t}$ pode ser escrito de infinitos modos como CL dos vetores $\vec{u}$, $\vec{v}$ e $\vec{w}$. Por exemplo: $\vec{t} = \alpha\vec{u} + 0\vec{v} + 0\vec{w}$, para algum $\alpha \in \mathbb{R}^*$ ou, também, $\vec{t} = 0\vec{u} + \beta\vec{v} + \gamma\vec{w}$, em que e γ são reais etc.

O vetor $\vec{t}$, na Figura 5.7(c), não tem a direção dos vetores paralelos $\vec{u}$, $\vec{v}$ e $\vec{w}$. Logo, não se pode escrever $\vec{t}$ como CL de $\vec{v}$, $\vec{v}$ e $\vec{w}$. Porém, cada um dos vetores $\vec{u}$, $\vec{v}$ ou $\vec{w}$ pode ser escrito como CL dos demais vetores, incluindo $\vec{t}$.

Exemplo: $\vec{v} = \alpha_1\vec{u} + \alpha_2\vec{w} + 0\vec{t}$, sendo a_1 e a_2 reais.

b) O conjunto $\{\vec{u}, \vec{v}, \vec{w}, \vec{t}\}$ não possui três vetores coplanares:

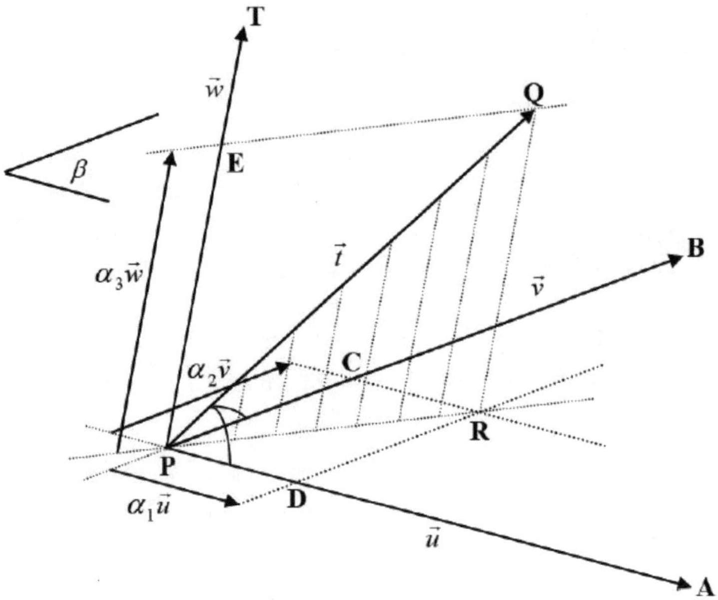

Figura 5.8

Consideremos os representantes dos quatro vetores com origem num ponto P. Temos que $\vec{u} = \overrightarrow{PA}$, $\vec{v} = \overrightarrow{PB}$, $\vec{w} = \overrightarrow{PT}$ e $\vec{t} = \overrightarrow{PQ}$.

Conduzindo pela extremidade Q do vetor $\vec{t}$ uma paralela ao vetor $\vec{w}$, obtemos o ponto R no plano PAB. Conduzindo por R paralelas aos vetores $\vec{v}$ e $\vec{u}$ obtemos D e C tais que $\overrightarrow{PD} = \alpha_1 \vec{u}$ e $\overrightarrow{PC} = \overrightarrow{DR} = \alpha_2 \vec{v}$. Conduzindo por Q o plano β paralelo a PAB, temos o ponto E tal que $\overrightarrow{PE} = \alpha_3 \vec{w}$.

Temos, por construção, que $\vec{t} = \overrightarrow{PR} + \overrightarrow{RQ}$, sendo $\overrightarrow{PR} = \overrightarrow{PD} + \overrightarrow{DR} = \alpha_1 \vec{u} + \alpha_2 \vec{v}$ e $\overrightarrow{RQ} = \alpha_3 \vec{w}$. Assim, $\vec{t} = \alpha_1 \vec{u} + \alpha_2 \vec{v} + \alpha_3 \vec{w}$, sendo $\alpha_1, \alpha_2, \alpha_3 \in \mathbb{R}$.

Então, $1.\vec{t} - \alpha_1 \vec{u} - \alpha_2 \vec{v} - \alpha_3 \vec{w} = \vec{0}$. Do fato de a combinação linear dos quatro vetores ser $\vec{0}$ e ter coeficientes não todos iguais a zero, segue que $\{\vec{u}, \vec{v}, \vec{w}, \vec{t}\}$ é LD.

4. Mostre que, se o conjunto $\{\vec{u}, \vec{v}\}$ é LI, então o conjunto $\{\vec{u}, (\vec{u}+\vec{v})\}$ é LI .

Solução:

A condição para que $\{\vec{u}, (\vec{u}+\vec{v})\}$ seja LI é que ocorra $\alpha\vec{u} + \beta(\vec{u}+\vec{v}) = \vec{0}$ somente se $\alpha = \beta = 0$.

Vejamos: $\alpha\vec{u}+\beta(\vec{u}+\vec{v})=\vec{0} \Rightarrow \alpha\vec{u}+\beta\vec{u}+\beta\vec{v}=\vec{0} \Rightarrow (\alpha+\beta)\vec{u}+\beta\vec{v}=\vec{0}$. Sendo, por hipótese, $\{\vec{u},\ \vec{v}\}$ LI, então

$$\begin{cases}\alpha+\beta=0\\ \beta=0\end{cases} \Rightarrow \alpha=\beta=0.$$

Portanto, o conjunto $\{\vec{u},\ (\vec{u}+\vec{v})\}$ é LI.

EXERCÍCIOS DE APLICAÇÃO 5.1

Prove que:

1. O conjunto $\{\vec{u},-\vec{u}\}$ é LD, $\vec{u}\neq\vec{0}$ etc.
2. Se $\{\vec{u},\ \vec{v}\}$ é LI, então o conjunto $\{\vec{u},\ \vec{v},\ (\vec{u}+\vec{v})\}$ é LD.
3. Se $\{\vec{u},\ \vec{v},\vec{w}\}$ é LI, então o conjunto $\{(\vec{u}+\vec{v}),\ (\vec{u}-\vec{v}),\ (\vec{u}+\vec{w})\}$ é LI.
4. Se A é um conjunto de vetores e $\vec{0}\in$ A, então A é LD.
5. O conjunto $\{\vec{0}\}$ é LD.
6. Se A é um conjunto de vetores e B um subconjunto LD de A, então A é LD.
7. Se $\{\vec{u},\ \vec{v},\ \vec{w}\}$ é LI, então para cada vetor $\vec{g}$ do espaço existe uma única terna de números reais α_1, α_2 e α_3 tal que $\vec{g}=\alpha_1.\vec{u}+\alpha_2.\vec{v}+\alpha_3.\vec{w}$.
8. Se $\{\vec{u},\ \vec{v}\}$ é LI, então $\{(\vec{u}+\vec{v}),\ (\vec{u}-\vec{v})\}$ é LI.
9. Se A é um conjunto LI, então todo subconjunto não vazio de vetores de A é LI.

6 BASE E SISTEMA DE REFERÊNCIA

- Conceituar base e sistema de referência de um espaço vetorial.
- Conhecer bases ortogonais.
- Exemplificar mudança de base.

6.1 INTRODUÇÃO

Vamos entender as condições para que um número mínimo de vetores de um dado espaço vetorial nos permita escrever todos os vetores desse espaço como combinação linear desses vetores e, assim, constituir um sistema de referência.

6.2 BASE E SISTEMA DE REFERÊNCIA DE UM ESPAÇO VETORIAL

Consideremos um conjunto de vetores linearmente independentes de um espaço vetorial V. Diz-se que esse conjunto de vetores constitui uma base E de V se todo vetor de V for uma combinação linear dos vetores de E.

O fato de E ser uma base de V equivale a dizer que E gera V e que a dimensão de V, indicada por dimV, é igual ao número de vetores de E.

Os conceitos acima motivam o que segue.

6.2.1 ESPAÇO VETORIAL DE DIMENSÃO 1

Suponha que V_1 seja o espaço vetorial sobre $\mathbb{R}$, cujos vetores são classes de equivalência de segmentos equipolentes considerados numa reta.

Figura 6.1(a)

Os vetores de V_1 têm a direção da reta $\boldsymbol{r}$, portanto, são paralelos.

- **Sistema de referência - V1**

Se O é um ponto fixo de $\boldsymbol{r}$ e $\vec{v} \neq \vec{0}$ um vetor que tem a direção de $\boldsymbol{r}$, torna-se possível imaginar uma correspondência biunívoca (de um para um) entre os vetores de V_1 com origem em O e os pontos de $\boldsymbol{r}$, pois a extremidade de cada representante dos vetores de V_1 estará associado a um ponto P de $\boldsymbol{r}$.

O conjunto $\{\vec{v}\}$ formará uma base E de V_1, isto é, a cada vetor $\vec{w}$ de V_1 existirá λ real tal que $\vec{w} = \lambda\vec{v}$. O valor λ será a abscissa de P em r em relação à origem O.

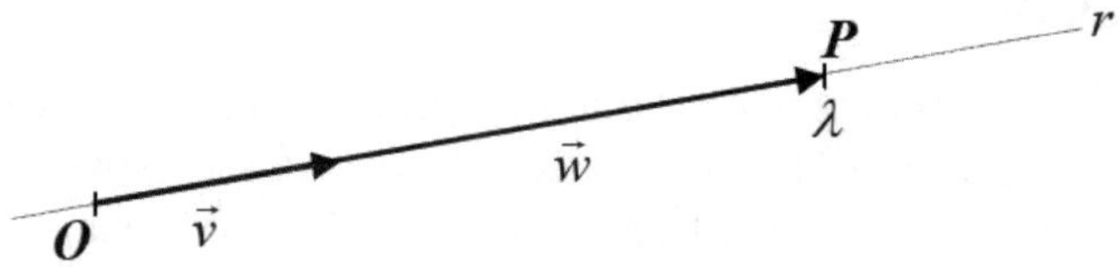

Figura 6.1(b)

A base E será denotada por E = ($\vec{v}$). Toda base de V_1 deverá possuir exatamente um vetor não nulo com direção de $\boldsymbol{r}$ e, por isso, dizemos que V_1 tem dimensão 1 (notação: $\dim V_1 = 1$). Entendemos que (O, $\vec{v}$), em que O é ponto fixo de $\boldsymbol{r}$ e $\vec{v}$ não nulo formando uma base E, constitui um referencial em V_1.

6.2.2 ESPAÇO VETORIAL DE DIMENSÃO 2

Suponha que V_2 seja o espaço vetorial sobre $\mathbb{R}$, cujos vetores são classes de equivalência de segmentos equipolentes consideradas num plano.

Imaginemos os vetores de V_2 representados num plano π.

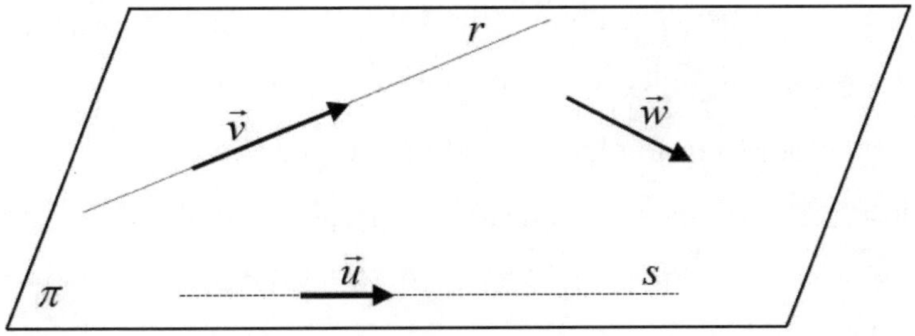

Figura 6.2

Vimos, no Exemplo (b) do item 5.1.2, que dois vetores não nulos e não paralelos formam um conjunto LI e, no caso 1 do Exemplo 5.2, que três vetores não nulos e coplanares formam um conjunto LD. Assim, se considerarmos os vetores $\vec{u}$ e $\vec{v}$ não nulos e não paralelos, então qualquer outro vetor $\vec{w}$ de V_2 é escrito como combinação linear de $\vec{u}$ e $\vec{v}$. Isto é, existem α_1, α_2 e α_3 reais não todos iguais a zero, tais que:

$$\alpha_1\vec{u}+\alpha_2\vec{v}+\alpha_3\vec{w}=\vec{0}.$$

Supondo $\alpha_3 \neq 0$, tem-se $\vec{w}=\left(\dfrac{-\alpha_1}{\alpha_3}\right)\vec{u}+\left(\dfrac{-\alpha_2}{\alpha_3}\right)\vec{v}$.

Entende-se que os vetores $\vec{u}$ e $\vec{v}$ formam um conjunto LI e constituem uma base E para V_2, e que os demais vetores de V_2 são escritos como combinação linear de $\vec{u}$ e $\vec{v}$. A base E é denotada por E = ($\vec{u}$, $\vec{v}$).

- **Sistema de referência – V2**

Observe a construção no plano π:

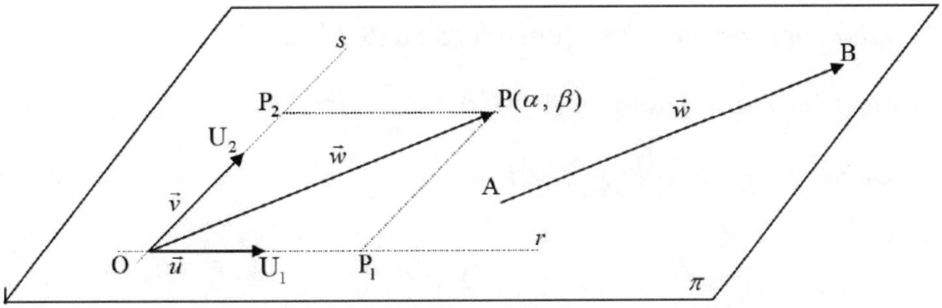

Figura 6.3

Consideremos os vetores $\vec{u} = \overrightarrow{OU_1}$ e $\vec{v} = \overrightarrow{OU_2}$, não nulos, com as respectivas direções das retas ***r*** e ***s*** não paralelas. Seja $\vec{w} = \overrightarrow{AB}$ um vetor de V_2.

Existe um único ponto P no plano π tal que $\vec{w} = \overrightarrow{AB} = \overrightarrow{OP}$.

Conduzindo por P paralelas as retas ***s*** e ***r*** têm-se os pontos P_1 em ***r*** e P_2 em ***s***. Os vetores $\overrightarrow{OP_1}$ e $\vec{u}$ são paralelos, logo, $\overrightarrow{OP_1} = \alpha\,\vec{u}$ para algum α real. Analogamente, $\overrightarrow{OP_2} = \beta\,\vec{v}$ para algum β real.

Os pontos O, P_1, P e P_2 (nesta ordem) são vértices de um paralelogramo, logo, $\overrightarrow{OP_2} = \overrightarrow{P_1P} = \beta\vec{v}$.

Temos que $\vec{w} = \overrightarrow{OP} = \overrightarrow{OP_1} + \overrightarrow{P_1P}$, assim, $\vec{w} = \overrightarrow{OP} = \alpha\vec{u} + \beta\vec{v}$. Isto mostra que todo vetor do plano é escrito como combinação linear dos vetores $\vec{u}$ e $\vec{v}$ de E. Logo, a base E = ($\vec{u}$, $\vec{v}$) gera V_2.

A Figura 6.3 sugere que, ao adotar um referencial $(O, \vec{u}, \vec{v})$ em V_2, sendo O um ponto fixo do plano e os vetores $\vec{u}$ e $\vec{v}$ (nesta ordem) formando uma base E de V_2, se estabelece uma correspondência biunívoca entre os vetores de V_2 e os pontos do plano π. Portanto, cada vetor $\vec{w} = \alpha\vec{u} + \beta\vec{v}$, $\alpha, \beta \in \mathbb{R}$, fica associado, univocamente, a um ponto P de coordenadas $(\alpha, \beta)_E$ do plano π, e podemos escrever:

$$\vec{w} = \overrightarrow{OP} = \alpha\vec{u} + \beta\vec{v} = (\alpha, \beta)_E.$$

Não havendo dúvidas quanto à base utilizada, a notação acima pode ser simplificada como $\vec{w} = (\alpha, \beta)$.

Os reais α e β são denominados, indiferentemente, de coordenadas tanto para o ponto P em relação ao referencial $(O, \vec{u}, \vec{v})$ quanto para indicar a decomposição de $\vec{w}$.

Uma base de V_2 é formada com exatamente dois vetores não nulos e não paralelos, indicando que a $\dim V_2 = 2$.

6.2.2.1 Operações com vetores V_2 em relação a $(0, \vec{u}, \vec{v})$

- **Adição:** sejam os vetores $\vec{g} = (\alpha_1, \beta_1)$ e $\vec{h} = (\alpha_2, \beta_2)$ de V_2.

Mostremos que $\vec{g} + \vec{h} = (\alpha_1 + \alpha_2, \beta_1 + \beta_2)$

$$\begin{aligned}\vec{g} + \vec{h} &= (\alpha_1, \beta_1) + (\alpha_2, \beta_2) = (\alpha_1\vec{u} + \beta_1\vec{v}) + (\alpha_2\vec{u} + \beta_2\vec{v}) = \\ &= (\alpha_1 + \alpha_2)\vec{u} + (\beta_1 + \beta_2)\vec{v} = \\ &= (\alpha_1 + \alpha_2,\ \beta_1 + \beta_2)\end{aligned}$$

- **Produto de vetor por escalar:** sejam $\vec{g}=(\alpha_1,\beta_1)$ um vetor de V_2 e $\lambda \in \mathbb{R}$.

Mostremos que $\lambda\vec{g}=(\lambda\alpha_1,\lambda\beta_1)$

$$\lambda\vec{g} \quad \lambda(\alpha_1,\beta_1) = \lambda(\alpha_1\vec{u}+\beta_1\vec{v}) = \lambda\alpha_1\vec{u}+\lambda\beta_1\vec{v} = (\lambda\alpha_1,\lambda\beta_1).$$

Observação 6.1

O vetor nulo possui suas coordenadas iguais a zero, $\vec{0}=\overrightarrow{OP}=(0,0)$, visto que a extremidade P do vetor coincide com a origem O.

Exemplo 6.1:

Dados os vetores $\vec{g}=(2,3)$ e $\vec{h}=(1,-4)$, $\lambda=7$, temos que:

a) $\vec{g}+\vec{h}=(2,3)+(1,-4)=(2+1,3+(-4))=(3,-1)$

b) $\vec{g}-\vec{h}=(2,3)-(1,-4)=(2-1,3-(-4))=(1,7)$

c) $7\vec{g}=7(2,3)=(7.2,7.3)=(14,21)$

d) $\vec{g}+\vec{0}=(2,3)+(0,0)=(2,3)=\vec{g}$

e) $\lambda\vec{0}=\lambda(0,0)=(\lambda.0,\lambda.0)=(0,0)=\vec{0}$, $\lambda\in\mathbb{R}$

6.2.3 ESPAÇO VETORIAL DE DIMENSÃO 3

Suponha que V_3 seja o espaço vetorial sobre $\mathbb{R}$, cujos vetores são as classes de equivalência de segmentos equipolentes considerados no espaço.

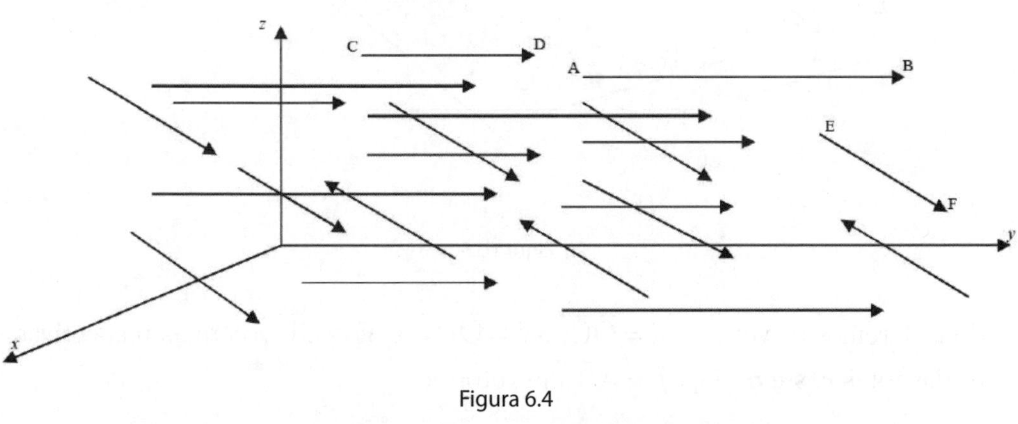

Figura 6.4

Sabemos do caso 2 do Exemplo 5.2 que um conjunto de três vetores $\{\vec{u},\vec{v},\vec{w}\}$, sendo $\vec{u}$, $\vec{v}$ e $\vec{w}$ **não** nulos e **não** coplanares, é LI e, do caso 3 do Exemplo 5.2, que quatro vetores do espaço V_3 formam um conjunto LD.

Portanto, se tomarmos o conjunto $\{\vec{u}, \vec{v}, \vec{w}\}$ LI e mais um vetor $\vec{t}$ qualquer de V_3, existirão escalares α_1, α_2, α_3 e α_4, não todos iguais a zero, tais que

$$\alpha_1\vec{u}+\alpha_2\vec{v}+\alpha_3\vec{w}+\alpha_4\vec{t}=\vec{0}.$$

Supondo $\alpha_4 \neq 0$, tem-se $\vec{t} = \left(\dfrac{-\alpha_1}{\alpha_4}\right)\vec{u}+\left(\dfrac{-\alpha_2}{\alpha_4}\right)\vec{v}+\left(\dfrac{-\alpha_3}{\alpha_4}\right)\vec{w}$.

Entende-se que os vetores $\vec{u}$, $\vec{v}$ e $\vec{w}$ constituem uma base E para V_3 e, ainda, que os demais vetores de V_3 são escritos como combinação linear de $\vec{u}$, $\vec{v}$ e $\vec{w}$. A base E é denotada por E = $(\vec{u}, \vec{v}, \vec{w})$.

- **Sistema de referência** – $\mathbf{V_3}$

Observe a construção:

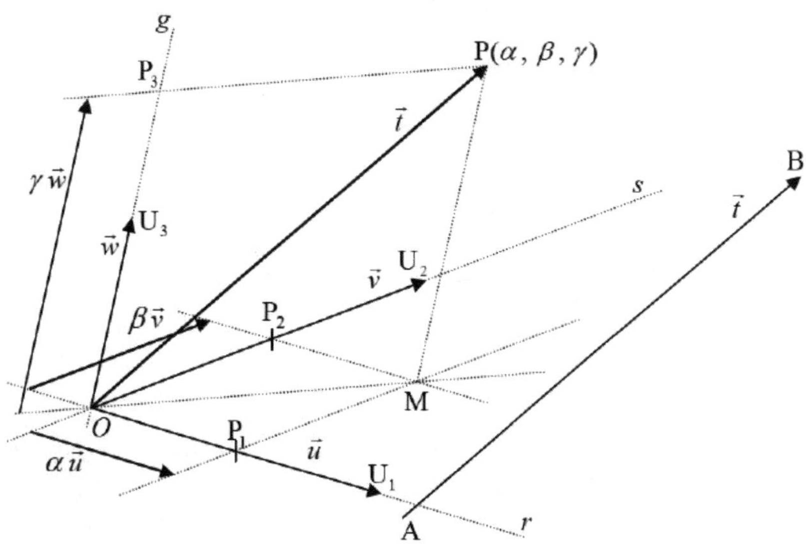

Figura 6.5

Consideremos os vetores $\vec{u}=\overrightarrow{OU_1}$, $\vec{v}=\overrightarrow{OU_2}$ e $\vec{w}=\overrightarrow{OU_3}$ com as respectivas direções das retas ***r***, ***s*** e ***g***. Seja $\vec{t}=\overrightarrow{AB}$ um vetor de V_3.

Existe um único ponto P no espaço tal que $\vec{t}=\overrightarrow{AB}=\overrightarrow{OP}$.

Conduzindo pela extremidade P do vetor $\vec{t}$ uma paralela à reta ***g***, obtemos o ponto M no plano OU_1U_2. Conduzindo por M paralelas as retas ***s*** e ***r*** obtemos P_1 em ***r*** e P_2 em

s tais que $\overrightarrow{OP_1} = \alpha\vec{u}$ e $\overrightarrow{OP_2} = \beta\vec{v}$, $\alpha,\beta \in \mathbb{R}$. Conduzindo por P um plano paralelo a OU_1U_2 temos o ponto P_3 em ***g***, tal que $\overrightarrow{OP_3} = \gamma\vec{w}$, para algum γ real.

Os pontos O, P_1, M e P_2 (nesta ordem) são vértices de um paralelogramo, logo, $\overrightarrow{OP_2} = \overrightarrow{P_1M} = \beta\vec{v}$. Os pontos O, M, P e P_3 (nesta ordem) são vértices de outro paralelogramo, logo, $\overrightarrow{MP} = \overrightarrow{OP_3} = \gamma\vec{w}$.

Temos que $\vec{t} = \overrightarrow{OP} = \overrightarrow{OP_1} + \overrightarrow{P_1M} + \overrightarrow{MP}$. Assim, $\vec{t} = \overrightarrow{OP} = \alpha\vec{u} + \beta\vec{v} + \gamma\vec{w}$.

Tudo isso nos faz entender que E = $(\vec{u}, \vec{v}, \vec{w})$ gera V_3.

A Figura 6.5 sugere que, ao adotar um referencial $(O, \vec{u}, \vec{v}, \vec{w})$ em V_3, sendo O um ponto fixo e os vetores $\vec{u}$, $\vec{v}$ e $\vec{w}$ (nesta ordem) formando uma base E de V_3, se estabelece uma correspondência biunívoca entre os vetores de V_3 e os pontos do espaço. Assim, a cada vetor $\vec{t} = \alpha\vec{u} + \beta\vec{v} + \gamma\vec{w}$, $\alpha,\beta,\gamma \in \mathbb{R}$, fica associado, univocamente, um ponto P de coordenadas $(\alpha,\beta,\gamma)_E$ do espaço. Isto é, se $(\vec{u}, \vec{v}, \vec{w})$ é base de V_3, então todo vetor $\vec{t}$ se exprime de maneira única como combinação linear de $\vec{u}$, $\vec{v}$ e $\vec{w}$.

Portanto, $\vec{t} = \alpha\vec{u} + \beta\vec{v} + \gamma\vec{w} = (\alpha,\beta,\gamma)_E$.

Não havendo dúvidas quanto à base utilizada, a notação acima pode ser simplificada: $\vec{t} = (\alpha,\beta,\gamma)$.

Os reais α, β e γ são chamados, indiferentemente, de coordenadas tanto para o ponto P em relação ao referencial $(O, \vec{u}, \vec{v}, \vec{w})$ quanto para indicar a decomposição de $\vec{w}$.

Uma base de V_3 é formada com exatamente três vetores, logo, $\dim V_3 = 3$.

6.2.3.1 Operações com vetores de V_3 em relação a $(0, \vec{u}, \vec{v}, \vec{w})$

- **Adição:** sejam os vetores $\vec{f} = (\alpha_1,\beta_1,\gamma_1)$ e $\vec{g} = (\alpha_2,\beta_2,\gamma_2)$ de V_3

Mostremos que $\vec{f} + \vec{g} = (\alpha_1+\alpha_2, \beta_1+\beta_2, \gamma_1+\gamma_2)$

$$\begin{aligned}\vec{f} + \vec{g} &= (\alpha_1,\beta_1,\gamma_1) + (\alpha_2,\beta_2,\gamma_2) = \\ &= (\alpha_1\vec{u} + \beta_1\vec{v} + \gamma_1\vec{w}) + (\alpha_2 u + \beta_2\vec{v} + \gamma_2\vec{w}) = \\ &= (\alpha_1+\alpha_2)\vec{u} + (\beta_1+\beta_2)\vec{v} + (\gamma_1+\gamma_2)\vec{w} = \\ &= (\alpha_1+\alpha_2, \beta_1+\beta_2, \gamma_1+\gamma_2)\end{aligned}$$

- **Produto de vetor por escalar:** sejam $\vec{f} = (\alpha_1,\beta_1,\gamma_1)$ um vetor de V_3 e $\lambda \in \mathbb{R}$.

Mostremos que $\lambda\vec{f} = (\lambda\alpha_1, \lambda\beta_1, \lambda\gamma_1)$

$$\lambda\vec{f} = \lambda(\alpha_1,\beta_1,\gamma_1) = \lambda(\alpha_1\vec{u} + \beta_1\vec{v} + \lambda_1\vec{w}) = \lambda\alpha_1\vec{u} + \lambda\beta_1\vec{v} + \lambda\gamma_1\vec{w} =$$

$$= (\lambda\alpha_1, \lambda\beta_1, \lambda\gamma_1)$$

- **Vetor oposto:** sejam $\vec{f}=(\alpha_1,\beta_1,\gamma_1)$ um vetor de V_3 e $-1 \in \mathbb{R}$. O vetor oposto de $\vec{f}$ é o vetor $-\vec{\ }$, tal que $-\vec{f}=-1.\vec{f}=-1.(\alpha_1,\beta_1,\gamma_1)=(-\alpha_1,-\beta_1,-\gamma_1)$.
- **Diferença de vetores:** dados $\vec{f}=(\alpha_1,\beta_1,\gamma_1)$ e $\vec{g}=(\alpha_2,\beta_2,\gamma_2)$. O vetor diferença é

$$\vec{f}-\vec{g}=(\alpha_1,\beta_1,\gamma_1)-(\alpha_2,\beta_2,\gamma_2)=(\alpha_1,\beta_1,\gamma_1)+(-\alpha_2,-\beta_2,-\gamma_2)=$$

$$=(\alpha_1-\alpha_2,\beta_1-\beta_2,\gamma_1-\gamma_2).$$

Exemplo 6.2:

Dados os vetores $\vec{f}=(2,3,-1)$ e $\vec{g}=(-1,4,3)$, $\lambda=7$, temos que:

a) $\vec{f}+\vec{g}=(2,3,-1)+(-1,4,3)=(2+(-1),3+4,(-1)+3)=(1,7,2)$

b) $7\vec{f}=7(2,3,-1)=(7.2,7.3,7.(-1))=(14,21,-7)$

c) $-\vec{g}=-(-1,4,3)=(1,-4,-3)$

d) $\vec{f}-\vec{g}=(2,3,-1)-(-1,4,3)=(2-(-1),3-4,(-1)-3)=(3,-1,-4)$

e) $3\vec{f}+2\vec{g}=3(2,3,-1)+2(-1,4,3)=(6,9,-3)+(-2,8,6)=(4,17,3)$

6.3 PROPOSIÇÕES

Fixada uma base de V_3, têm-se as proposições:

1º) Vetores paralelos: os vetores $\vec{f}=(\alpha_1,\beta_1,\gamma_1)$ e $\vec{g}=(\alpha_2,\beta_2,\gamma_2)$, não nulos e sem coordenadas iguais a zero, são paralelos se, e somente se, $\dfrac{\alpha_1}{\alpha_2}=\dfrac{\beta_1}{\beta_2}=\dfrac{\gamma_1}{\gamma_2}$.

Observação 6.2:

a) Se apenas $\alpha_2=0$ em $\vec{g}$, então deveremos ter $\alpha_1=\alpha_2=0$ e $\dfrac{\beta_1}{\beta_2}=\dfrac{\gamma_1}{\gamma_2}$ para que os vetores $\vec{f}$ e $\vec{g}$ sejam paralelos. Fato análogo ocorre se β_2 ou γ_2 for igual a zero.

b) Se duas das coordenadas de $\vec{g}$ forem iguais a zero, por exemplo, $\alpha_2=\beta_2=0$, então deveremos ter $\alpha_1=\alpha_2=0$ e $\beta_1=\beta_2=0$, $\forall \gamma_1,\gamma_2 \in \mathbb{R}^*$.

Exemplo 6.3:

Analisando os vetores que seguem:

1. Os vetores $\vec{f}=(2, 3,-1)$ e $\vec{g}=(4, 6,-2)$ são paralelos, pois $\frac{2}{4}=\frac{3}{6}=\frac{-1}{-2}$ e, nesse caso, $\vec{g}=2\vec{f}$ ou $\vec{f}=(1/2)\vec{g}$.

2. Os vetores $\vec{f}=(2, 0,-1)$ e $\vec{g}=(4, 0,-2)$ são paralelos, pois $\frac{2}{4}=\frac{-1}{-2}$. Logo, $\vec{g}=2\vec{f}$ ou $\vec{f}=(1/2)\vec{g}$.

3. Os vetores $\vec{f}=(\alpha_1, 0,0)$ e $\vec{g}=(\alpha_2, 0, 0)$ não nulos são paralelos, para quaisquer valores reais α_1 ou α_2 diferentes de zero, distintos ou não. Assim, $\vec{f}=(\alpha_1/\alpha_2)\vec{g}$ ou $\vec{g}=(\alpha_2/\alpha_1)\vec{f}$.

4. Os vetores $\vec{f}=(0, 5, 0)$ e $\vec{g}=(0, \pi, 0)$ são paralelos: $\vec{f}=(5/\pi)\vec{g}$ ou $\vec{g}=(\pi/5)\vec{f}$.

5. Determinar $k \in \mathbb{R}$ para que $\vec{f}=(6, 9, 2)$ e $\vec{g}=(4k, k^2, 8)$ sejam paralelos.

Solução:

Temos: $\frac{4k}{6}=\frac{k^2}{9}=\frac{8}{2} \Rightarrow k=6$. Logo, $\vec{g}=4\vec{f}$ ou $\vec{f}=(1/4)\vec{g}$.

6. Os vetores $\vec{f}=(0, 5, 0)$ e $\vec{g}=(0, 0,1)$ não são paralelos, pois possuem direções diferentes.

7. Os vetores $\vec{f}=(0, 0, 0)$ e $\vec{g}$ $(0, 0, 1)$ são paralelos, pois o vetor $\vec{f}$ (nulo) é paralelo a todo vetor de V_3, isto é, pela Definição 4.7, existe $\alpha \in \mathbb{R}$, $\alpha = 0$, tal que $\vec{f}=\alpha.\vec{g}$.

2ª) Vetores coplanares: Os vetores $\vec{f}=(\alpha_1,\beta_1,\gamma_1)$, $\vec{g}=(\alpha_2,\beta_2,\gamma_2)$ e $\vec{h}=(\alpha_3,\beta_3,\gamma_3)$ formam conjunto LD e são coplanares, se e somente se

$$D=\begin{vmatrix}\alpha_1 & \beta_1 & \gamma_1\\ \alpha_2 & \beta_2 & \gamma_2\\ \alpha_3 & \beta_3 & \gamma_3\end{vmatrix}=0.$$

Entendemos que o determinante será zero se apresentar linhas proporcionais (vetores paralelos) ou se uma delas for formada de zeros (vetor nulo) ou uma das linhas for combinação linear das outras. Ilustrando as afirmações acima, segue que:

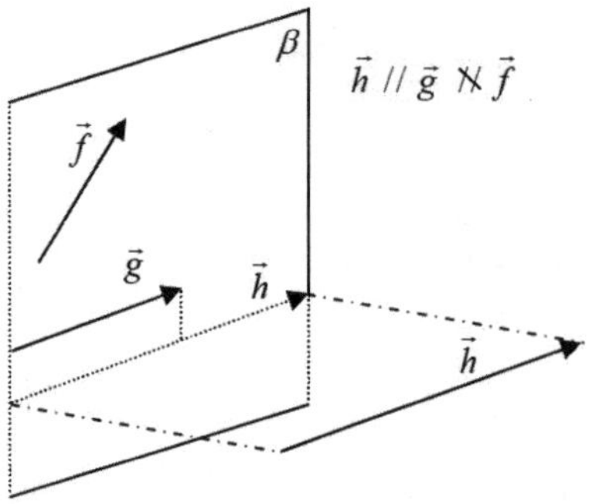

Figura 6.6

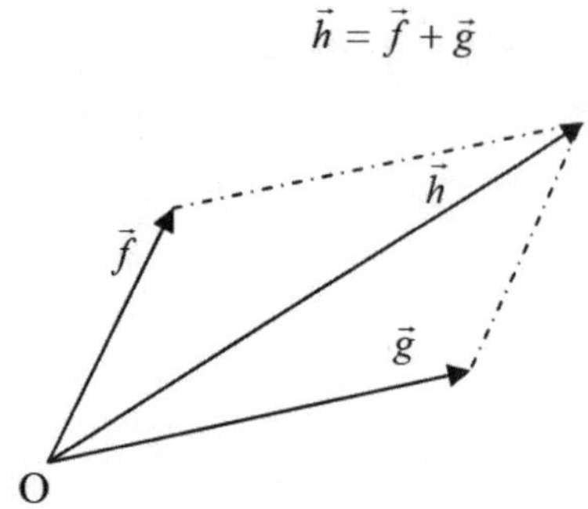

Figura 6.7

A Figura 6.6 mostra que os vetores $\vec{h}$ e $\vec{g}$ são paralelos (suas coordenadas são proporcionais), e a Figura 6.7, que $\vec{h}$ é combinação linear dos vetores $\vec{f}$ e $\vec{g}$. Em ambos os casos, teremos D = 0.

Todas as situações apresentadas na proposição 1 do Exemplo 5.2 nos levam a entender D = 0.

Entende-se também que, sendo D 0, os vetores $\vec{f}$, $\vec{g}$ e $\vec{h}$ não serão coplanares e, nesse caso, formam uma base para V_3 (proposição 2 do Exemplo 5.2).

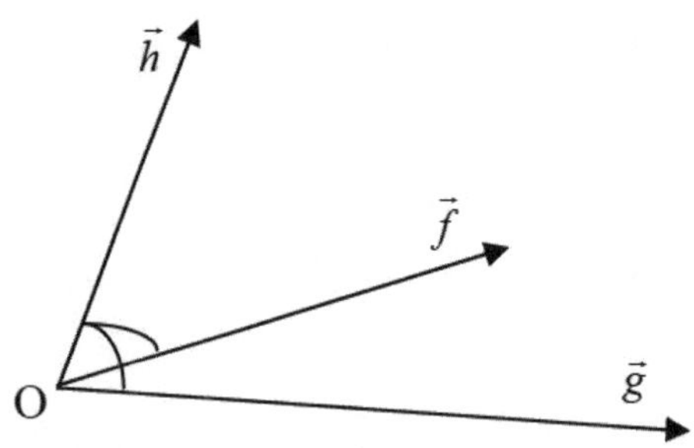

Figura 6.8

Observação 6.3

Caso D = 0, o conjunto dos vetores $\{\vec{f}, \vec{g}, \vec{h}\}$ é LD e não forma uma base de V_3.

Exemplo 6.4:

1. Verifique se $\vec{f} = (2, 3, -1)$, $\vec{g} = (4, 6, -2)$ e $\vec{h} = (4, 0, 1)$ são coplanares.

Solução:

Temos $D = \begin{vmatrix} 2 & 3 & -1 \\ 4 & 6 & -2 \\ 4 & 0 & 1 \end{vmatrix} = 0$. Logo, os vetores são coplanares.

2. Verifique se $\vec{f} = (2, 3, -1)$, $\vec{g} = (0, 6, -2)$ e $\vec{h} = (4, 0, 1)$ são coplanares.

Solução:

Temos $D = \begin{vmatrix} 2 & 3 & -1 \\ 0 & 6 & -2 \\ 4 & 0 & 1 \end{vmatrix} = -36 \ (\neq 0)$. Logo, os vetores não são coplanares. Esses vetores poderão formar uma base de V_3.

3. Determine $m \in \mathbb{R}$ de modo que $\vec{f} = (2, m, 1)$, $\vec{g} = (m, 0, 1)$ e $\vec{h} = (1, 2, 1)$ não sejam coplanares.

Solução:

Temos $D = \begin{vmatrix} 2 & m & 1 \\ m & 0 & 1 \\ 1 & 2 & 1 \end{vmatrix} = -m^2 + 3m - 4 \neq 0 \ \Rightarrow \ m \neq 1$ ou $m \neq 3$.

6.4 BASES ORTONORMAIS

Uma base de V_2 é chamada de ortonormal se os seus vetores forem unitários e ortogonais (ver Observação 4.5).

A base ortonormal é denotada por $E = (\vec{i}, \vec{j})$, em que se tem: $\vec{i} = (1, 0)$, $\vec{j} = (0, 1)$, $|\vec{i}| = 1$, $|\vec{j}| = 1$ e $\vec{i} \perp \vec{j}$.

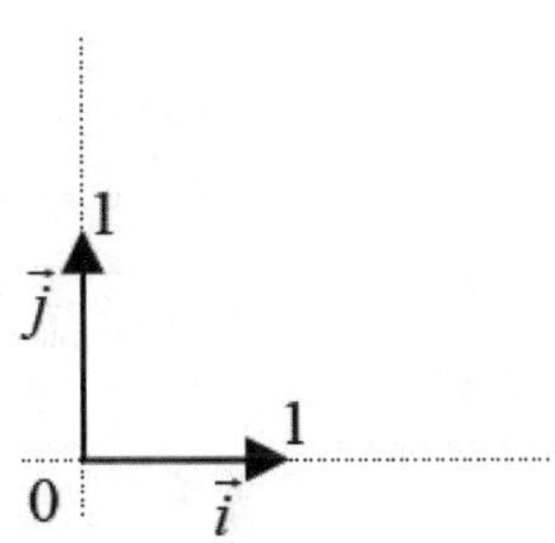

Figura 6.9

Um vetor $\vec{v}$ qualquer de V_2, em relação à base $E = (\vec{i}, \vec{j})$, é dado por $\vec{v} = a\vec{i} + b\vec{j}$ e o $|\vec{v}| = \sqrt{a^2 + b^2}$.

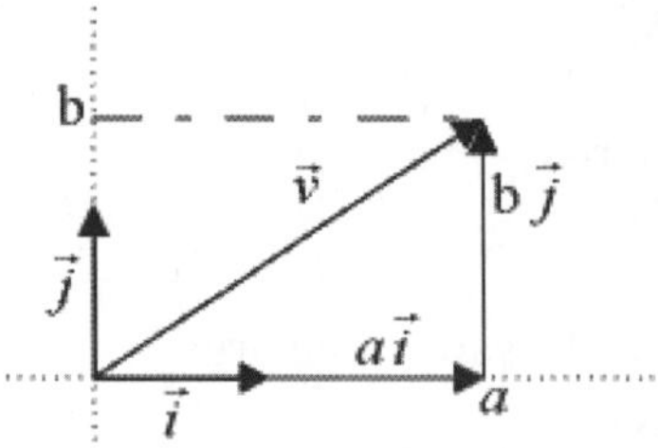

Figura 6.10

Os vetores $a\vec{i}$ e $b\vec{j}$ são ortogonais.

Utilizando Pitágoras, segue que $|\vec{v}|^2 = |a\vec{i}| + |b\vec{j}|^2$.

Daí, $|\vec{v}|^2 = |a|^2 . |\vec{i}|^2 + |b|^2 . |\vec{j}|^2$. Sendo $|\vec{i}| = 1$ e $|\vec{j}| = 1$, temos $|\vec{v}|^2 = |a|^2 + |b|^2 = a^2 + b^2$.

Portanto, $|\vec{v}| = \sqrt{a^2 + b^2}$

Uma base de V_3 é chamada de **ortonormal** se os seus vetores forem unitários e dois a dois ortogonais. A base ortonormal é denotada por E $= (\vec{i}, \vec{j}, \vec{k})$,

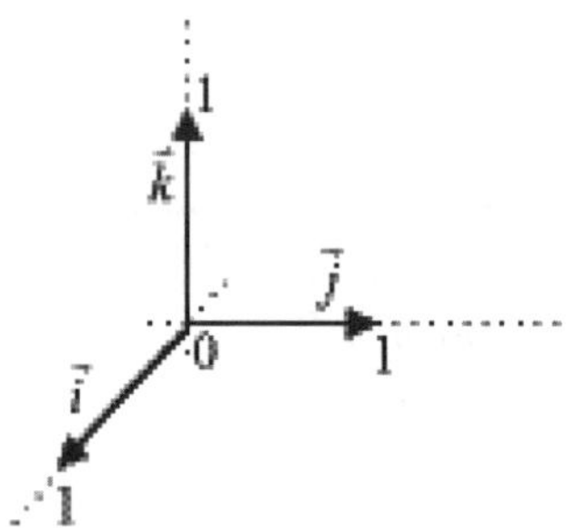

Figura 6.11

Sendo que:

$\vec{i} = (1,0,0)$, $\vec{j} = (0,1,0)$ e $\vec{k} = (0,0,1)$

$|\vec{i}| = 1$, $|\vec{j}| = 1$ e $|\vec{k}| = 1$

$\vec{i} \perp \vec{j}$, $\vec{i} \perp \vec{k}$ e $\vec{j} \perp \vec{k}$

Um vetor $\vec{v}$ qualquer de V_3, em relação à base E $= (\vec{i}, \vec{j}, \vec{k})$, é dado por $\vec{v} = a\vec{i} + b\vec{j} + ck$ e o $|\vec{v}| = \sqrt{a^2 + b^2 + c^2}$.

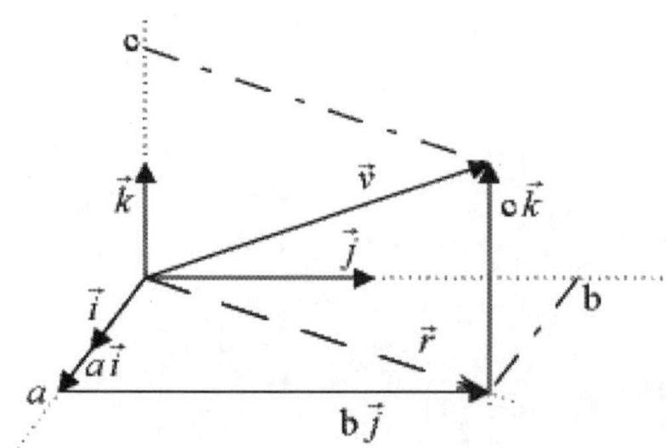

Figura 6.12

Observando a Figura 6.12, vemos que $|\vec{r}|^2 = a^2 + b^2$. Utilizando Pitágoras, tem-se $|\vec{v}|^2 = |\vec{r}|^2 + |c\vec{k}|^2$.

Daí, $|\vec{v}|^2 = |\vec{r}|^2 + |c|^2 . |\vec{k}|^2$. Visto que $|\vec{k}| = 1$, segue que $|\vec{v}|^2 = a^2 + b^2 + c^2$.

Portanto, $|\vec{v}| = \sqrt{a^2 + b^2 + c^2}$.

6.4.1 CONDIÇÃO DE ORTOGONALIDADE DE VETORES

Consideremos os vetores $\vec{u}$, $\vec{v}$ e $(\vec{u}+\vec{v})$ em relação à base ortonormal $E=(\vec{i},\vec{j},\vec{k})$.

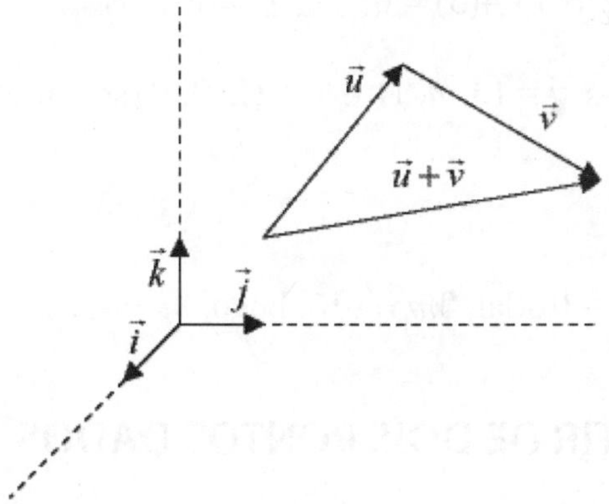

Se $\vec{u}=(u_1,u_2,u_3)$ e $\vec{v}=(v_1,v_2,v_3)$, então $\vec{u}+\vec{v}=(u_1+v_1,u_2+v_2,u_3+v_3)$.

Os quadrados dos módulos destes vetores são:

$$|\vec{u}|^2=u_1^2+u_2^2+u_3^2$$

$$|\vec{v}|^2=v_1^2+v_2^2+v_3^2 \qquad (1)$$

$$|\vec{u}+\vec{v}|^2=(u_1+v_1)^2+(u_2+v_2)^2+(u_3+v_3)^2$$

Figura 6.13

Se $\vec{u}$ e $\vec{v}$ forem ortogonais, então vale a relação de Pitágoras:

$$|\vec{u}+\vec{v}|^2=|\vec{u}|^2+|\vec{v}|^2$$

e, substituindo (1), temos

$$(u_1+v_1)^2+(u_2+v_2)^2+(u_3+v_3)^2=(u_1^2+u_2^2+u_3^2)+(v_1^2+v_2^2+v_3^2).$$

Simplificando a igualdade acima, obtemos a condição de ortogonalidade dos vetores:

$$u_1v_2+u_2v_2+u_3v_3=0$$

Os vetores $\vec{u}$ e $\vec{v}$ são ortogonais se a soma dos produtos das suas respectivas coordenadas é zero.

Exemplo 6.5:

1. Dados os vetores $\vec{u}=(5,-2,4)$ e $\vec{v}=(0,6,3)$, $\vec{w}=(3,0,2)$ em relação à base $E=(\vec{i},\vec{j},\vec{k})$, pede-se:

a) $|\vec{u}|-|\vec{v}|+|\vec{w}|$

Solução:

$$|\vec{u}|-|\vec{v}|+|\vec{w}|=\sqrt{25+4+16}-\sqrt{0+36+9}+\sqrt{9+0+4}=$$
$$=\sqrt{45}-\sqrt{45}+\sqrt{13}=\sqrt{13}$$

b) Verifique se os vetores $\vec{u}$ e $\vec{v}$ são ortogonais.

Solução:

$$\vec{u}.\vec{v} = (5,-2,4).(0,6,3) = 5(0)+(-2)(6)+4(3) = 0, \text{ daí, } \vec{u} \perp \vec{v}.$$

2. Determine $m \in \mathbb{R}$ de modo que os vetores $\vec{u} = (3, m, 1)$ e $\vec{v} = (2, 3, 9)$ sejam ortogonais.

Solução:

$$\vec{u}.\vec{v} = (3,m,1).(2,3,9) = 3(2)+m(3)+1(9) = 0, \text{ daí, } 3m = -15. \text{ Logo, } m = -5.$$

6.5 COMO OBTER UM VETOR A PARTIR DE DOIS PONTOS DADOS

Dados os pontos $A(x_A, y_A)$ e $B(x_B, y_B)$, em relação à base ortonormal $E = (\vec{i}, \vec{j})$, obtenha o vetor $\vec{v} = \overrightarrow{AB}$.

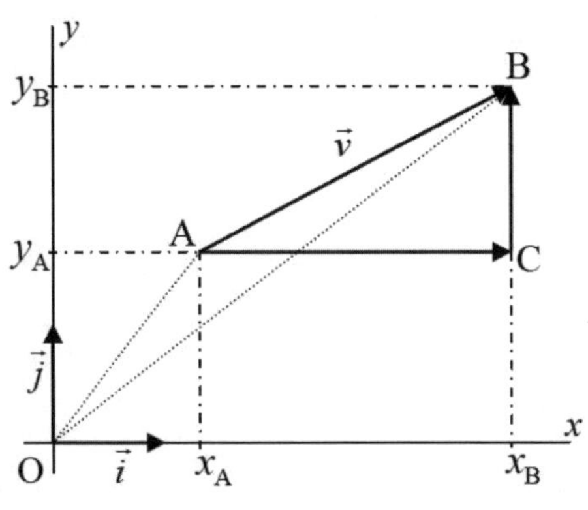

Figura 6.14

Sabemos de 6.2.2 que as coordenadas de cada ponto do plano coincidem de modo único com as componentes de um vetor com origem no centro do sistema de referência e extremidades neste ponto. Assim,

$$\overrightarrow{OA} = x_A\vec{i} + y_A\vec{j} \text{ e}$$

$$\overrightarrow{OB} = x_B\vec{i} + y_B\vec{j}$$

Sendo $\vec{v} = \overrightarrow{AB} = \overrightarrow{OB} - \overrightarrow{OA}$, segue que $\vec{v} = \overrightarrow{AB} = (x_B\vec{i} + y_B\vec{j}) - (x_A\vec{i} + y_A\vec{j})$.

Assim, $\vec{v} = \overrightarrow{AB} = (x_B - x_A)\vec{i} + (y_B - y_A)\vec{j}$

Observação 6.4

Temos, também, que $\vec{v} = \overrightarrow{AB} = \overrightarrow{AC} + \overrightarrow{CB}$ e, sendo $\overrightarrow{AC} = (x_B - x_A)\vec{i}$ e $\overrightarrow{CB} = (y_B - y_A)\vec{j}$, segue que

$$\vec{v} = \overrightarrow{AB} = (x_B - x_A)\vec{i} + (y_B - y_A)\vec{j}.$$

Dados os pontos A(x_A, y_A, z_A) e B(x_B, y_B, z_B), em relação à base ortonormal E=$(\vec{i}, \vec{j}, \vec{k})$ de V_3, obtenha o vetor $\vec{v} = \overrightarrow{AB}$.

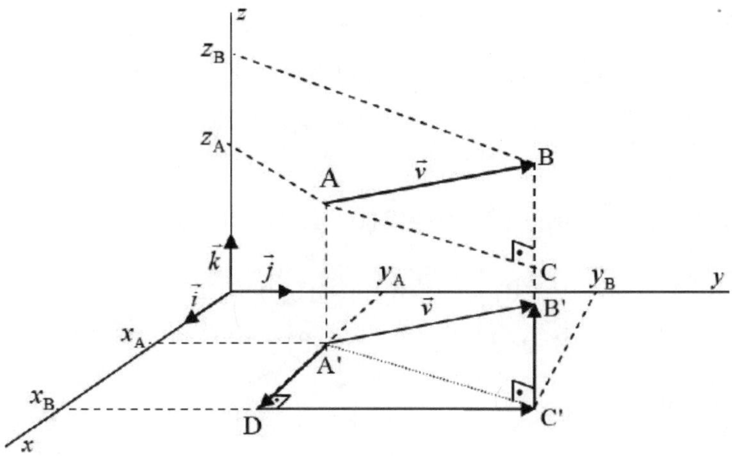

Figura 6.15

Sabemos que $\vec{v} = \overrightarrow{AB} = \overrightarrow{AC} + \overrightarrow{CB}$, sendo $\overrightarrow{AC} = \overrightarrow{A'C'} = \left(\overrightarrow{A'D} + \overrightarrow{DC'}\right)$ e $\overrightarrow{CB} = \overrightarrow{C'B'}$.

Logo, $\vec{v} = \overrightarrow{AB} = \overrightarrow{AC} + \overrightarrow{CB} = \left(\overrightarrow{A'D} + \overrightarrow{DC'}\right) + \overrightarrow{C'B'}$.

Considerando que: $\overrightarrow{A'D} = (x_B - x_A)\vec{i}$, $\overrightarrow{DC'} = (y_B - y_A)\vec{j}$ e $\overrightarrow{C'B'} = (z_B - z_A)\vec{k}$, tem-se

$$\vec{v} = \overrightarrow{AB} = (x_B - x_A)\vec{i} + (y_B - y_A)\vec{j} + (z_B - z_A)\vec{k}.$$

Observação 6.5

A expressão de $\vec{v}$ acima, exibindo os vetores da base $(\vec{i}, \vec{j}, \vec{k})$, é chamada por alguns autores de **expressão cartesiana de** $\overrightarrow{\ }$ ou **forma algébrica de** $\vec{v}$.

Exemplo 6.6:

1. Dados os pontos A(2,1,3) e B(5,3,1), em relação à base ortonormal E=$(\vec{i}, \vec{j}, \vec{k})$, obtenha o vetor $\vec{v} = \overrightarrow{AB}$.

Solução:

$$\vec{v} = \overrightarrow{AB} = (5\text{-}2)\ \vec{i} + (3\text{-}1)\ \vec{j} + (1\text{-}3)\ \vec{k} = 3\ \vec{i} + 2\ \vec{j} - 2\ \vec{k}.$$

$$\vec{v} = \overrightarrow{AB} = (3, 2, -2).$$

2. São dados os vetores $\vec{u}=(2,1,0)$, $\vec{v}=(0,-1,2)$ e $\vec{w}=(-3,0,-1)$ em relação à base $(\vec{i},\vec{j},\vec{k})$ de V_3. Pede-se:

a) $\vec{u}+\vec{v}$.

Solução: $\vec{u}+\vec{v} = (2,1,0)+(0,-1,2) = (2+0, 1+(-1), 0+2) = (2,0,2)$.

b) $\vec{u}+2\vec{v}-3\vec{w}$

Solução: $\vec{u}+2\vec{v}-3\vec{w} = (2,1,0)+2(0,-1,2) - 3(-3,0,-1) =$

$= (2,1,0) + (0,-2,4) + (9,0,3) =$

$= (2+0+9, 1-2+0, 0+4+3) = (11,-1,7)$

c) $2|\vec{u}|-\sqrt{2}|\vec{w}|$

Solução: $2|\vec{u}|-\sqrt{2}.|\vec{w}|=2\sqrt{4+1+0}-\sqrt{2}.\sqrt{9+0+1}=2\sqrt{5}-\sqrt{2}.\sqrt{10}=$

$=2\sqrt{5}-\sqrt{2}.\sqrt{2.5}=2\sqrt{5}-\sqrt{2}.\sqrt{2}\sqrt{5}=2\sqrt{5}-2\sqrt{5}=0$

3. Os vetores $\vec{u}=(2,1,0)$, $\vec{v}=(0,-1,2)$ e $\vec{w}=(-3,0,-1)$ podem formar uma base para V_3?

Solução: $D=\begin{vmatrix} 2 & 1 & 0 \\ 0 & -1 & 2 \\ -3 & 0 & -1 \end{vmatrix}=-4 \ (\neq 0)$.

Os vetores $\vec{u}$, $\vec{v}$ e $\vec{w}$ não são coplanares. Logo, podem formar uma base para V_3.

4. Determinar $m \in \mathbb{R}$ de modo que os vetores $\vec{u}=(2,0,1)$, $\vec{v}=(0,m,2)$ e $\vec{w}=(-3,0,m)$ formem uma base de V_3.

Solução:

O conjunto dos vetores formarão uma base de V_3 se for LI, isto é, $D \neq 0$.

$$D=\begin{vmatrix} 2 & 0 & 1 \\ 0 & m & 2 \\ -3 & 0 & m \end{vmatrix}=2m^2+3m\neq 0 \Rightarrow m\neq 0 \text{ ou } m\neq\frac{-3}{2}.$$

Caso $m=0$ ou $m=\frac{-3}{2}$ os vetores serão coplanares e não formarão base de V_3.

5. Determine $k \in \mathbb{R}$ de modo que os vetores $\vec{u} = (3,-1, k)$ e $\vec{v} = (2, k, -3)$, em relação à base $E = (\vec{i}, \vec{j}, \vec{k})$, sejam ortogonais.

Solução:

Os vetores $\vec{u}$ e $\vec{v}$ serão ortogonais se $\vec{u}.\vec{v} = 0$.

Logo, $\vec{u}.\vec{v} = (3)(2) + (-1)(k) + (k)(-3) = 0$ e, daí, $k = 3/2$.

Portanto, os vetores $\vec{u} = (3,-1, 3/2)$ e $\vec{v} = (2, 3/2, -3)$ são ortogonais.

6. Verifique se os vetores $\vec{u} = (6,1,-2)$ e $\vec{v} = (2,-6, 3)$, dados em relação à base $(\vec{i}, \vec{j}, \vec{k})$, são ortogonais.

Solução:

A soma dos produtos das correspondentes coordenadas de u e $\vec{v}$ é igual a zero, isto é, $\vec{u}.\vec{v}$ =(6)(2) + (1)(-6) + (-2)(3) = (12) + (-6) + (-6) = 0. Assim, $\vec{u}$ e $\vec{v}$ são ortogonais.

7. Verifique se $\vec{u} = (\frac{2}{\sqrt{182}}, \frac{-13}{\sqrt{182}}, \frac{-3}{\sqrt{182}})$, $\vec{v} = (\frac{2}{\sqrt{14}}, \frac{1}{\sqrt{14}}, \frac{-3}{\sqrt{14}})$ e $\vec{w} = (\frac{3}{\sqrt{13}}, 0, \frac{2}{\sqrt{13}})$, dados em relação à base E = $(\vec{i}, \vec{j}, \vec{k})$, formam uma base ortonormal de V_3.

Solução:

Os vetores devem ser respectivamente ortogonais:

$$\vec{u} \perp \vec{v}\text{, pois } \frac{2}{\sqrt{182}}.\frac{2}{\sqrt{14}} + \frac{-13}{\sqrt{182}}.\frac{1}{\sqrt{14}} + \frac{-3}{\sqrt{182}}.\frac{-3}{\sqrt{14}} = \frac{4-13+9}{\sqrt{182}.\sqrt{14}} = 0$$

$$\vec{u} \perp \vec{w}\text{, pois } \frac{2}{\sqrt{182}}.\frac{3}{\sqrt{13}} + \frac{-13}{\sqrt{182}}.\frac{0}{\sqrt{13}} + \frac{-3}{\sqrt{182}}.\frac{2}{\sqrt{13}} = \frac{6-0-6}{\sqrt{182}.\sqrt{14}} = 0$$

$$\vec{v} \perp \vec{w}\text{, pois } \frac{2}{\sqrt{14}}.\frac{3}{\sqrt{13}} + \frac{1}{\sqrt{14}}.\frac{0}{\sqrt{13}} + \frac{-3}{\sqrt{14}}.\frac{2}{\sqrt{13}} = \frac{6+0-6}{\sqrt{182}.\sqrt{14}} = 0$$

Os módulos dos vetores devem ser iguais a 1:

$$|\vec{u}|^2 = \left(\frac{2}{\sqrt{182}}\right)^2 + \left(\frac{-13}{\sqrt{182}}\right)^2 + \left(\frac{-3}{\sqrt{182}}\right)^2 = \frac{2^2 + (-13)^2 + (-3)^2}{182} = \frac{4+169+9}{182} = 1$$

$$|\vec{v}|^2 = \left(\frac{2}{\sqrt{14}}\right)^2 + \left(\frac{1}{\sqrt{14}}\right)^2 + \left(\frac{-3}{\sqrt{14}}\right)^2 = \frac{2^2 + 1^2 + (-3)^2}{14} = \frac{4+1+9}{14} = 1$$

$$|\vec{w}|^2 = \left(\frac{3}{\sqrt{13}}\right)^2 + (0)^2 + \left(\frac{2}{\sqrt{13}}\right)^2 = \frac{3^2 + 0^2 + (2)^2}{13} = \frac{9+0+4}{13} = 1$$

Portanto, $(\vec{u}, \vec{v}, \vec{w})$ é uma base ortonormal de V_3.

8. Escreva o vetor $\vec{t} = (1, 2, 3)$ como combinação linear dos vetores $\vec{u} = (6, 1, 2)$, $\vec{v} = (2, -1, 2)$ e $\vec{w} = (-3, 1, -1)$, dados em relação à base ortonormal E de V_3.

Solução:

O determinante formado pelas coordenadas de $\vec{u}$, $\vec{v}$ e $\vec{w}$ é diferente de zero, logo, formam uma base de V_3.

Devemos ter escalares x, y e z tais que:

x (6,1,2) + y (2, -1,2) + z (-3,1, -1) = (1,2,3). E podemos escrever:

($6x + 2y - 3z$, $1x - 1y + 1z$, $2x + 2y - 1z$) = (1,2,3).

Logo, temos o sistema linear de equações:

$$\begin{cases} 6x + 2y - 3z = 1 \\ 1x - 1y + 1z = 2 \\ 2x + 2y - 1z = 3 \end{cases} \qquad (2)$$

Este sistema foi resolvido pela **regra de Cramer**[1] (Exemplo 3.3 do Capítulo 3) e a solução para x, y e z:

$$x = \frac{\Delta x}{\Delta} = \frac{-12}{-12} = 1,\ y = \frac{\Delta y}{\Delta} = \frac{-24}{-12} = 2 \text{ e } z = \frac{\Delta z}{\Delta} = \frac{-36}{-12} = 3.$$

Portanto,

$$1\,(6,1,2) + 2\,(2,-1,2) + 3\,(-3,1,-1) = (1,2,3)$$

Assim,

$$1\,\vec{u} + 2\,\vec{v} + 3\,\vec{w} = \vec{t}$$

Observação 6.6

O sistema (2) pode ser resolvido por **inversão de matrizes**. Utilizaremos o procedimento visto no item 3.2.5, Exemplo 3.4.

1 Gabriel Cramer: veja no Apêndice 1, "Resolução de sistemas lineares": uma visão vetorial, a regra de Cramer para sistemas lineares de três equações a três incógnitas.

Resolução do sistema por inversão de matriz: $\begin{cases} 6x+2y-3z=1 \\ 1x-1y+1z=2 \\ 2x+2y-1z=3 \end{cases}$

Sendo as matrizes

$X=\begin{pmatrix} x \\ y \\ z \end{pmatrix}$ das incógnitas, $M=\begin{pmatrix} 6 & 2 & -3 \\ 1 & -1 & 1 \\ 2 & 2 & -1 \end{pmatrix}$ dos coefientes e $B=\begin{pmatrix} 1 \\ 2 \\ 3 \end{pmatrix}$ dos coeficientes independentes de variavel , temos que **X= M⁻¹.B**

Obtenção da matriz $\mathbf{M^{-1}}$ (inversa da matriz dos coeficientes):

Sabe-se que: $M^{-1}=\frac{1}{\Delta}(cof\,M)^T$ (3)

em que Δ é o valor do determinante principal e $cof\,M$ a **matriz dos cofatores**.

a) Determinante principal: $\Delta=\begin{vmatrix} 6 & 2 & -3 \\ 1 & -1 & 1 \\ 2 & 2 & -1 \end{vmatrix}=-12$. O fato de Δ ser diferente de zero indica que existirá M^{-1}.

b) A matriz $cof\,M$, chamada **matriz dos cofatores**, tem seus elementos iguais aos cofatores dos elementos correspondentes da matriz M.

Exemplificando:

- A posição onde está o 6 (primeira linha e primeira coluna) em M é substituída por $\begin{vmatrix} -1 & 1 \\ 2 & -1 \end{vmatrix}=-1$.

O determinante 2×2 foi obtido suprimindo-se a primeira linha e a primeira coluna de M. O seu sinal é mantido porque ocupa a “posição par” (número da linha + número da coluna = par).

- A posição onde está o 2 (primeira linha e segunda coluna) em M é substituída por $(-\begin{vmatrix} 1 & 1 \\ 2 & -1 \end{vmatrix}) = 3$.

Houve troca de sinal no determinante 2×2, obtido suprimindo-se a primeira linha e a segunda coluna, porque o 2 ocupa "posição ímpar" (número da linha + número da coluna = ímpar).

Procedendo assim, obtemos:

$$cof\,\mathrm{M} = \begin{pmatrix} -1 & 3 & 4 \\ -4 & 0 & -8 \\ -1 & -9 & -8 \end{pmatrix}$$

c) A matriz $(cof\,\mathrm{M})^{\mathrm{T}}$, **transposta da matriz dos cofatores**, é construída do seguinte modo: sua primeira linha é igual à primeira coluna de $cof\,\mathrm{M}$, sua segunda linha é igual à segunda coluna de $cof\,\mathrm{M}$ e a sua terceira linha é igual à terceira coluna de $cof\,\mathrm{M}$.

$$(cof\,\mathrm{M})^{\mathrm{T}} = \begin{pmatrix} -1 & -4 & -1 \\ 3 & 0 & -9 \\ 4 & -8 & -8 \end{pmatrix}$$

d) Aplicando (3), segue que

$$\mathrm{M}^{-1} = \frac{1}{\Delta}(cof\,\mathrm{M})^{\mathrm{T}} = \frac{1}{-12}\begin{pmatrix} -1 & -4 & -1 \\ 3 & 0 & -9 \\ 4 & -8 & -8 \end{pmatrix} = \begin{pmatrix} 1/12 & 1/3 & 1/12 \\ -1/4 & 0 & 3/4 \\ -1/3 & 2/3 & 2/3 \end{pmatrix}$$

Voltando ao sistema, temos:

$$\begin{pmatrix} x \\ y \\ z \end{pmatrix} = \begin{pmatrix} 6 & 2 & -3 \\ 1 & -1 & 1 \\ 2 & 2 & -1 \end{pmatrix}^{-1} \cdot \begin{pmatrix} 1 \\ 2 \\ 3 \end{pmatrix} = \begin{pmatrix} 1/12 & 1/3 & 1/12 \\ -1/4 & 0 & 3/4 \\ -1/3 & 2/3 & 2/3 \end{pmatrix} \cdot \begin{pmatrix} 1 \\ 2 \\ 3 \end{pmatrix} = \begin{pmatrix} (1/12).1 + (1/3).2 + (1/12).3 \\ (-1/4).1 + \;0\; + (3/4).3 \\ (-1/3).1 + (2/3).2 + (2/3).3 \end{pmatrix}$$

Logo,

$$\begin{pmatrix} x \\ y \\ z \end{pmatrix} = \begin{pmatrix} (1/12) + (2/3) + (3/12) \\ (-1/4) + (0) + (9/4) \\ (-1/3) + (4/3) + (6/3) \end{pmatrix} = \begin{pmatrix} 1 \\ 2 \\ 3 \end{pmatrix}$$

Assim,

$$1\,\vec{u} + 2\,\vec{v} + 3\,\vec{w} = \vec{t}$$

O resultado acima coincide com o obtido pela regra de Cramer.

EXERCÍCIOS DE APLICAÇÃO 6.1

1. Dados os vetores $\vec{i} = (1,0)$ e $\vec{j} = (0,1)$, mostre $\vec{u} = (x,y)$ como combinação linear de $\vec{i}$ e $\vec{j}$.

2. Dados os vetores $\vec{a} = (1,2)$ e $\vec{b} = (3,4)$ em relação à base ortonormal, escreva $\vec{u} = (3,6)$ como combinação linear de $\vec{a}$ e $\vec{b}$.

3. Escreva, se for possível, o vetor $\vec{u} = (6,25,9)$ como combinação linear dos vetores $\vec{a} = (1,2,0)$, $\vec{b} = (3,8,4)$ e $\vec{c} = (-1,7,1)$ em relação a uma base de V_3. Justifique o motivo caso não seja possível escrevê-lo.

4. Escreva, se for possível, o vetor $\vec{u} = (6,5,3)$ como combinação linear dos vetores $\vec{a} = (2,1,0)$, $\vec{b} = (2,8,0)$ e $\vec{c} = (-1,5,0)$ em relação a uma base de V_3. Justifique o motivo caso não seja possível escrevê-lo.

5. Escreva, se for possível, o vetor $\vec{u} = (6,5,0)$ como combinação linear dos vetores $\vec{a} = (2,1,0)$, $\vec{b} = (12,8,0)$ e $\vec{c} = (10,5,0)$ em relação a uma base de V_3. Justifique o motivo, caso não seja possível escrevê-lo.

6. Escreva, se for possível, o vetor $\vec{u} = (6,5,0)$ como combinação linear dos vetores $\vec{a} = (2,1,0)$, $\vec{b} = (4,2,0)$ e $\vec{c} = (6,3,0)$ em relação a uma base de V_3. Justifique o motivo caso não seja possível escrevê-lo.

7. Escreva, se for possível, o vetor $\vec{u} = (12,6,0)$ como combinação linear dos vetores $\vec{a} = (2,1,0)$, $\vec{b} = (4,2,0)$ e $\vec{c} = (6,3,0)$ em relação a uma base de V_3. Justifique o motivo caso não seja possível escrevê-lo.

8. Fixada uma base de V_3, tem-se os vetores $\vec{u} = (3,2,5)$, $\vec{v} = (1,2,5)$ e $\vec{w} = (5,2,5)$. Pede-se:

   a) calcular $(\vec{u} + \vec{v})$, $(\vec{u} - 2\vec{v} + \vec{w})$ e $(2\vec{u} - \vec{v} + 3\vec{w})$.

   b) determinar x e y de modo que se tenha $\vec{w} = x\,\vec{u} + y\,\vec{v}$.

9. Os vetores $\vec{u} = (1, 5, 2)$, $\vec{v} = (0, 1, 1)$ e $\vec{w}$ $(3, 13, 4)$ podem formar uma base para V_3?

10. Dados os vetores $\vec{v} = 2\vec{i} - 3\vec{j} + \vec{k}$ e $\vec{w} = 3\vec{i} - \vec{j} - 2\vec{k}$, determine:

    a) o vetor oposto de $\vec{w}$

    b) $\vec{v} + \vec{w}$

    c) $\vec{w} - \vec{v}$

    d) $4\vec{v}$

    e) $\dfrac{\vec{v}}{2} + 3\vec{w}$

11. Determine o módulo dos vetores:

a) $\vec{c} = 12\vec{i} + 5\vec{j}$

b) $\vec{u} = 3\vec{i} + 4\vec{j} - \vec{k}$

12. Sabendo que $\vec{u}$ é versor de $\vec{v}$ se $\vec{u} = \dfrac{\vec{v}}{|\vec{v}|}$, determine o versor de:

a) $\vec{v} = \vec{i} + 2\vec{j} - 2\vec{k}$

b) $\vec{v} = 2\vec{i} - \vec{j} + \vec{k}$

c) $\vec{v} = (1, 0, 0)$

13. Verifique se são ou não paralelos os vetores:

a) $\vec{u} = 2\vec{i} + \vec{j} - 4\vec{k}$ e $\vec{v} = \frac{1}{2}\vec{i} + \frac{1}{4}\vec{j} - \vec{k}$

b) $\vec{r} = (3, 0, 2)$ e $\vec{s} = (6, 0, 4)$

c) $\vec{a} = (\sqrt{3}, 2, 1)$ e $\vec{b} = (-3, -1, 0)$

14. Dados os vetores $\vec{u}$ e $\vec{v}$ em relação à base ortonormal $(\vec{i}, \vec{j}, \vec{k})$, verifique se são ortogonais:

a) $\vec{u} = 2\vec{i} + \vec{j} - 4\vec{k}$ e $\vec{v} = \vec{i} + 2\vec{j} + \vec{k}$

b) $\vec{u} = 2\vec{i} + 3\vec{j} - \vec{k}$ e $\vec{v} = 5\vec{i} + 2\vec{j} + \vec{k}$

c) $\vec{u} = 6\vec{i} - 3\vec{j} + \vec{k}$ e $\vec{v} = 3\vec{i} + 7\vec{j} + 3\vec{k}$

15. Determine as coordenadas do vetor no plano xy que forma ângulo de 30° com o eixo das abscissas, sentido positivo, e tem módulo $\sqrt{2}$.

16. Se M(9,5) é ponto médio de um segmento de reta de extremidade A(–7,2), determine, em relação ao sistema ortonormal, as coordenadas da outra extremidade.

17. Dados os pontos A(3, –1,2) e B(2,1,0) em relação à base ortonormal, determine as coordenadas do ponto P que está a 2/5 de A para B.

18. Dados os pontos A(2, 1), B(11, 0) e C(3,1) em relação à base ortonormal, determine as coordenadas do ponto D tal que $\overrightarrow{AB} = \overrightarrow{CD}$.

19. Dados os pontos R(1,0,2), S(2,1, –3) e T(0,1,2) em relação à base ortonormal, determine as coordenadas do ponto U tal que $2\overrightarrow{RS} = \frac{1}{2}\overrightarrow{TU}$.

20. Se $\vec{u} = 2\vec{i} - \vec{j}$, $\vec{v} = \vec{i} - 2\vec{j}$ e $\vec{w} = 4\vec{i} + 3\vec{j}$, escreva o vetor $\vec{w}$ como combinação linear dos vetores $\vec{u}$ e $\vec{v}$.

21. Determine m e n, sabendo que os pontos A(m,3, –1), B(6, –1,4) e C(3, –2, n), em relação à base ortonormal, estão sobre a mesma reta.

22. Dados os pontos A(0,6), B(-2,1) e C(4,2) em relação à base ortonormal, e sabendo que M é ponto médio do segmento AB e que o ponto P está a 1/4 de C para A, determine a medida do segmento MP.

23. Dados os pontos A(1,2,3), B(0,1,1) e C(1,0,1) em relação à base ortonormal, determine a medida da mediana do triângulo ABC, correspondente ao vértice A.

24. Dados os pontos A(–1,0), B(3,5) e C(2,8) em relação à base ortonormal, determine as coordenadas do ponto D tal que o quadrilátero ABCD seja um paralelogramo.

25. Dados os pontos A(3,5), B(–1,0) e C(2,8) em relação à base ortonormal, classifique o triângulo ABC quanto à medida dos seus lados.

26. Verifique se os vetores $\vec{f}_1, \vec{f}_2$ e $\vec{f}_3$ formam uma base ortonormal de V_3, sabendo que $\vec{f} = \left(\frac{4}{\sqrt{26}}, \frac{3}{\sqrt{26}}, \frac{-1}{\sqrt{26}}\right)$, $\vec{f}_2 = \left(\frac{3}{5}, \frac{-4}{5}, 0\right)$ e $\vec{f}_3 = \left(\frac{4}{5\sqrt{26}}, \frac{3}{5\sqrt{26}}, \frac{5}{\sqrt{26}}\right)$.

27. Os vetores $\vec{u} = \frac{-4}{\sqrt{21}}\vec{i} - \frac{1}{\sqrt{21}}\vec{j} + \frac{2}{\sqrt{21}}\vec{k}$, $\vec{v} = \frac{1}{\sqrt{14}}\vec{i} + \frac{2}{\sqrt{14}}\vec{j} + \frac{3}{\sqrt{14}}\vec{k}$ e $\vec{w} = \frac{2}{\sqrt{5}}\vec{j} + \frac{1}{\sqrt{5}}\vec{k}$ formam uma base ortonormal?

6.6 MUDANÇA DE BASE

Acreditamos que o conceito de mudança de base será mais bem entendido ao resolvermos o seguinte problema:

Consideremos duas bases distintas de V_3: E = $(\vec{e}_1, \vec{e}_2, \vec{e}_3)$ e F = $(\vec{f}_1, \vec{f}_2, \vec{f}_3)$.

Suponhamos que um vetor $\vec{u}$ e os vetores $\vec{f}_1$, $\vec{f}_2$ e $\vec{f}_3$ tenham suas coordenadas escritas em relação à base E, conforme ilustra o exemplo a seguir:

$$\vec{u} = 2\vec{e}_1 + 4\vec{e}_2 + \vec{e}_3 = (2, 4, 1)_E \text{ e}$$

$$\begin{cases} \vec{f}_1 = \vec{e}_1 + 2\vec{e}_2 + 0\vec{e}_3 = (1, 2, 0)_E \\ \vec{f}_2 = \vec{e}_1 + 0\vec{e}_2 + \vec{e}_3 = (1, 0, 1)_E \\ \vec{f}_3 = 2\vec{e}_1 + 0\vec{e}_2 + \vec{e}_3 = (2, 0, 1)_E \end{cases}$$

Pede-se: obtenha as coordenadas de $\vec{u}$ em relação à base F.

Solução:

Considere o vetor $\vec{u}$ escrito em relação à base F, isto é, $\vec{u} = x_F \vec{f_1} + y_F \vec{f_2} + z_F \vec{f_3}$.

Assim, teremos:

$$\vec{u} = 2\vec{e}_1 + 4\vec{e}_2 + \vec{e}_3 = x_F \vec{f_1} + y_F \vec{f_2} + z_F \vec{f_3} \quad (4)$$

Substituindo as coordenadas dos vetores da base de F, segue que

$$\begin{aligned}(2, 4, 1)_E &= x_F (1,2,0)_E + y_F (1,0,1)_E + z_F (2,0,1)_E \\ &= (x_F + y_F + 2z_F , 2x_F , y_F + z_F)_E\end{aligned}$$

Comparando as coordenadas correspondentes, estabelecemos o sistema de equações:

$$\begin{cases} x_F + y_F + 2z_F = 2 \\ 2x_F + 0y_F + 0z_F = 4 \\ 0x_F + y_F + z_F = 1 \end{cases}$$

Resolvendo o sistema, segue que $x_F = 2$, $y_F = 2$ e $z_F = -1$. Substituindo esses valores em (4), tem-se o vetor

$$\vec{u} = 2\vec{f_1} + 2\vec{f} - \vec{f_3},$$

escrito em relação à base F.

Generalizando o problema da mudança de bases:

Seja o vetor $\vec{u} = (x_E, y_E, z_E)$ dado em relação a uma base E = $(\vec{e}_1, \vec{e}_2, \vec{e}_3)$ de V_3. Consideremos, também, os vetores que compõem outra base F = $(\vec{f_1}, \vec{f_2}, \vec{f_3})$ de V_3, pelas equações:

$$\begin{cases} \vec{f_1} = a_{11}\vec{e}_1 + a_{21}\vec{e}_2 + a_{31}\vec{e}_3 \\ \vec{f_2} = a_{12}\vec{e}_1 + a_{22}\vec{e}_2 + a_{32}\vec{e}_3 \\ \vec{f_3} = a_{13}\vec{e}_1 + a_{23}\vec{e}_2 + a_{33}\vec{e}_3 \end{cases}, \quad (5)$$

Pede-se as coordenadas de $\vec{u}$ em relação a base F, isto é, obtenha $\vec{u} = (x_F, y_F, z_F)$.

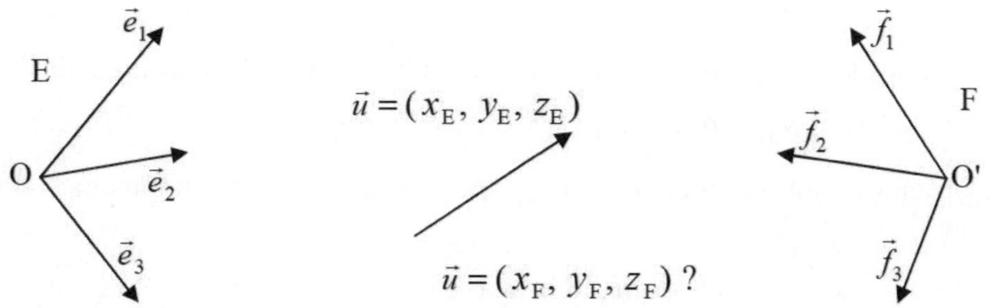

Figura 6.16

Solução:

Devemos ter $\vec{u} = (x_E, y_E, z_E) = (x_F, y_F, z_F)$.

Então, $\vec{u} = x_E\, \vec{e}_1 + y_E\, \vec{e}_2 + z_E\, \vec{e}_3 = x_F\, \vec{f}_1 + y_F\, \vec{f}_2 + z_F\, \vec{f}_3$. (6)

Substituindo os vetores $\vec{f}_1$, $\vec{f}_2$ e $\vec{f}_3$, dados em (5), na sentença (6), segue que

$$x_E\, \vec{e}_1 + y_E\, \vec{e}_2 + z_E\, \vec{e}_3 =$$
$$= x_F\, (a_{11}\vec{e}_1 + a_{21}\vec{e}_2 + a_{31}\vec{e}_3) + y_F\, (a_{12}\vec{e}_1 + a_{22}\vec{e}_2 + a_{32}\vec{e}_3) + z_F\, (a_{13}\vec{e}_1 + a_{23}\, e_2 + a_{33}\vec{e}_3)$$

Efetuando-se os produtos indicados do segundo membro da igualdade e evidenciando os vetores da base E, temos:

$$x_E\, \vec{e}_1 + y_E\, \vec{e}_2 + z_E\, \vec{e}_3 =$$
$$= (x_F\, a_{11} + y_F\, a_{12} + z_F\, a_{13})\, \vec{e}_1 + (x_F\, a_{21} + y_F\, a_{22} + z_F\, a_{23})\, \vec{e}_2 + (x_F\, a_{31} + y_F\, a_{32} + z_F\, a_{33})\, \vec{e}_3$$

Comparando os membros da igualdade acima, obtemos o sistema de equações:

$$\begin{cases} x_E = a_{11}\, x_F + a_{12}\, y_F + a_{13}\, z_F \\ y_E = a_{21} x_F + a_{22}\, y_F + a_{23}\, z_F \\ z_E = a_{31}\, x_F + a_{32}\, y_F + a_{33}\, z_F \end{cases}$$

O sistema pode ser colocado na forma matricial:

$$\begin{bmatrix} x_E \\ y_E \\ z_E \end{bmatrix}_E = \begin{bmatrix} a_{11} & a_{12} & a_{13} \\ a_{21} & a_{22} & a_{23} \\ a_{31} & a_{32} & a_{33} \end{bmatrix}_{EF} \cdot \begin{bmatrix} x_F \\ y_F \\ z_F \end{bmatrix}_F .$$

A matriz $M_{EF} = \begin{bmatrix} a_{11} & a_{12} & a_{13} \\ a_{21} & a_{22} & a_{23} \\ a_{31} & a_{32} & a_{33} \end{bmatrix}_{EF}$ é chamada de **matriz mudança da base E para F**. Observe que as coordenadas de $\vec{f}_1$, $\vec{f}_2$ e $\vec{f}_3$ são, respectivamente, os elementos das colunas da matriz M_{EF}.

A matriz das coordenadas de $\vec{u}$ na base F é obtida multiplicando-se a matriz M_{EF}^{-1} pela matriz de $\vec{u}$ na base E:

$$\begin{bmatrix} x_F \\ y_F \\ z_F \end{bmatrix}_F = M_{EF}^{-1} \begin{bmatrix} x_E \\ y_E \\ z_E \end{bmatrix}_E$$

Notação: $M_{EF}^{-1} = M_{FE}$ é a matriz mudança da base F para E.

Os exemplos resolvidos a seguir esclarecerão melhor o procedimento!

Exemplo 6.7:

1. Dados em relação a uma base $E = (\vec{e}_1, \vec{e}_2, \vec{e}\ )$ o vetor $\vec{u} = 2^{\vec{e}_1} + 3^{\vec{e}_2} - \vec{e}_3$ e os vetores

$$\begin{aligned} \vec{f}_1 &= \vec{e}_1 + 3\vec{e}_2 - \vec{e}_3 \\ \vec{f}_2 &= \vec{e}_1 + \vec{e}_2 + \vec{e}_3 \\ \vec{f}_3 &= 2\vec{e}_1 - \vec{e}_2 + 3\vec{e}_3 \end{aligned}$$

que compõem uma outra base $F = (\vec{f}_1, \vec{f}_2, \vec{f}_3)$, determine $\vec{u} = \vec{u}_F = (x_F, y_F, z_F)$.

Solução:

Temos o sistema matricial $\begin{bmatrix} 2 \\ 3 \\ -1 \end{bmatrix}_E = \begin{bmatrix} 1 & 1 & 2 \\ 3 & 1 & -1 \\ -1 & 1 & 3 \end{bmatrix}_{EF} \cdot \begin{bmatrix} x_F \\ y_F \\ z_F \end{bmatrix}_F$ e queremos a solução do sistema $\begin{bmatrix} x_F \\ y_F \\ z_F \end{bmatrix}_F = \begin{bmatrix} 1 & 1 & 2 \\ 3 & 1 & -1 \\ -1 & 1 & 3 \end{bmatrix}_{EF}^{-1} \cdot \begin{bmatrix} 2 \\ 3 \\ -1 \end{bmatrix}_E$.

Necessitamos obter a matriz $M_{EF}^{-1} = \begin{bmatrix} 1 & 1 & 2 \\ 3 & 1 & -1 \\ -1 & 1 & 3 \end{bmatrix}_{EF}^{-1} = M_{FE}$.

Procedimento de obtenção da matriz M_{FE}, ver o Capítulo 2, "Determinantes", itens 2.2.9 e 2.2.10, propriedades 9 e 10).

$M = M_{EF}$	$\Delta = \det M$	$cof\,M$	$(cof\,M)^T$	$M^{-1} = \frac{1}{\Delta}(cof\,M)^T$
$\begin{bmatrix} 1 & 1 & 2 \\ 3 & 1 & -1 \\ -1 & 1 & 3 \end{bmatrix}$	4	$\begin{bmatrix} 4 & -8 & 4 \\ -1 & 5 & -2 \\ -3 & 7 & -2 \end{bmatrix}_{EF}$	$\begin{bmatrix} 4 & -1 & -3 \\ -8 & 5 & 7 \\ 4 & -2 & -2 \end{bmatrix}_{EF}$	$\begin{bmatrix} 1 & -1/4 & -3/4 \\ -2 & 5/4 & 7/4 \\ 1 & -1/2 & -1/2 \end{bmatrix}_{FE}$

Assim, $\begin{bmatrix} x_F \\ y_F \\ z_F \end{bmatrix}_F = \begin{bmatrix} 1 & -1/4 & -3/4 \\ -2 & 5/4 & 7/4 \\ 1 & -1/2 & -1/2 \end{bmatrix}_{FE} \cdot \begin{bmatrix} 2 \\ 3 \\ -1 \end{bmatrix}_E = \begin{bmatrix} 2 \\ -2 \\ 1 \end{bmatrix}_F$.

Portanto, $\vec{u} = \vec{u}_F = 2\,\vec{f}_1 - 2\,\vec{f}_2 + \vec{f}_3$.

2. Dada uma base $E = (\vec{e}_1, \vec{e}_2, \vec{e}_3)$ de V_3 e dados os vetores $\vec{f}_1 = \vec{e}_1 + 2\vec{e}_2$, $\vec{f}_2 = \vec{e}_1 - \vec{e}_3$ e $\vec{f}_3 = \vec{e}_2 + \vec{e}_3$, pede-se:

   a) Verifique se $F = (\vec{f}_1, \vec{f}_2, \vec{f}_3)$ é também uma base de V_3.

   b) Sendo F uma base de V_3, obtenha a matriz M_{EF} de mudança de base de E para F.

   c) Sendo $\vec{v} = 2\vec{f}_1 - \vec{f}_2 + \vec{f}_3$, obtenha as coordenadas de $\vec{v}$ em relação à base E.

   d) Sendo F uma base de V_3 e $\vec{w} = 2\vec{e}_1 + \vec{e}_2 - \vec{e}_3$, obtenha $\vec{w}$ em relação à base F.

Solução:

a) Consideremos o determinante formado pelas coordenadas dos vetores $\vec{f}_1$, $\vec{f}_2$ e $\vec{f}_3$,

$$D = \begin{vmatrix} 1 & 2 & 0 \\ 1 & 0 & -1 \\ 0 & 1 & 1 \end{vmatrix} = -1.$$

O fato de ocorrer $D \neq 0$ significa que os vetores $\vec{f}_1$, $\vec{f}_2$ e $\vec{f}_3$ não são coplanares e daí formarem um conjunto LI. Portanto, $F = (\vec{f}_1, \vec{f}_2, \vec{f}_3)$ é base de V_3.

b) A matriz M_{EF} é obtida dispondo-se as coordenadas de $\vec{f}_1$, $\vec{f}_2$ e $\vec{f}_3$, respectivamente, como sendo as suas respectivas colunas.

$$M_{EF} = \begin{bmatrix} 1 & 1 & 0 \\ 2 & 0 & 1 \\ 0 & -1 & 1 \end{bmatrix}_{EF}$$

c) Temos que $\vec{v} = 2\vec{f}_1 - \vec{f}_2 + \vec{f}_3$. Substituindo os vetores $\vec{f}_1$, $\vec{f}_2$ e $\vec{f}_3$ dados na base E, obtemos: $\vec{v} = 2(\vec{e}_1 + 2\vec{e}_2) - (\vec{e}_1 - \vec{e}_3) + (\vec{e}_2 + \vec{e}_3) = \vec{e}_1 + 5\vec{e}_2 + 2\vec{e}_3$.

d) Devemos construir o sistema matricial:

$$\begin{bmatrix} x_F \\ y_F \\ z_F \end{bmatrix}_F = \mathbf{M}_{EF}^{-1} \begin{bmatrix} 2 \\ 1 \\ -1 \end{bmatrix}_E$$

Obtenção de $\mathbf{M}_{EF}^{-1}$, isto é, M_{FE}:

$M = M_{EF}$	$\Delta = \det M$	*cof* M	(*cof* M)^T	$M^{-1} = \frac{1}{\Delta}(cof\,M)^T$
$\begin{bmatrix} 1 & 1 & 0 \\ 2 & 0 & 1 \\ 0 & -1 & 1 \end{bmatrix}_{EF}$	−1	$\begin{bmatrix} 1 & -2 & -2 \\ -1 & 1 & 1 \\ 1 & -1 & -2 \end{bmatrix}_{EF}$	$\begin{bmatrix} 1 & -1 & 1 \\ -2 & 1 & -1 \\ -2 & 1 & -2 \end{bmatrix}_{EF}$	$\begin{bmatrix} -1 & 1 & -1 \\ 2 & -1 & 1 \\ 2 & -1 & 2 \end{bmatrix}_{FE}$

Assim, $\begin{bmatrix} x_F \\ y_F \\ z_F \end{bmatrix}_F = \begin{bmatrix} -1 & 1 & -1 \\ 2 & -1 & 1 \\ 2 & -1 & 2 \end{bmatrix}_{FE} \cdot \begin{bmatrix} 2 \\ 1 \\ -1 \end{bmatrix}_E = \begin{bmatrix} 0 \\ 2 \\ 1 \end{bmatrix}_F$.

Portanto, $\vec{u} = \vec{u}_F = 0\,\vec{f}_1 + 2\,\vec{f}_2 + 1\,\vec{f}_3$.

EXERCÍCIOS DE APLICAÇÃO 6.2

1. Dada uma base E = $(\vec{e}_1, \vec{e}_2, \vec{e}_3)$ de V_3 e dados os vetores $\vec{f}_1 = \vec{e}_2 + \vec{e}_3$, $\vec{f}_2 = \vec{e}_1 + \vec{\ }_3$ e $\vec{f}_3 = \vec{e}_1 + \vec{e}_2$, pede-se:

   a) Sendo $\vec{v} = 2\vec{f}_1 - 3\vec{f}_2 + \vec{f}_3$, obtenha as coordenadas de $\vec{v}$ em relação à base E.

   b) Verifique se F = $(\vec{f}_1, \vec{f}_2, \vec{f}_3)$ é também uma base de V_3.

   c) Sendo F uma base de V_3, obtenha a matriz M_{EF} de mudança de base de E para F.

   d) Sendo F uma base de V_3, obtenha a matriz M_{FE} de mudança de base de F para E.

   e) Sendo F uma base de V_3 e $\vec{w} = 2\vec{e}_1 + \vec{e}_2 - \vec{e}_3$, obtenha $\vec{w}$ em relação à base F.

2. Dada uma base E = $(\vec{e}_1, \vec{e}_2, \vec{e}_3)$ de V_3 e dados os vetores $\vec{f}_1 = \vec{e}_2 + \vec{e}_3$, $\vec{f}_2 = \vec{e}_1 - \vec{e}_3$ e $\vec{f}_3 = \vec{e}_1 - \vec{e}_2$, pede-se:

   a) Verifique se F = $(\vec{f}_1, \vec{f}_2, \vec{f}_3)$ é também uma base de V_3.

   b) Sendo F uma base de V_3, obtenha a matriz M_{EF} de mudança de base de E para F.

   c) Sendo F uma base de V_3, obtenha a matriz M_{FE} de mudança de base de F para E.

   d) Sendo F uma base de V_3 e $\vec{w} = \vec{e}_1 + 5\vec{e}_2$, obtenha $\vec{w}$ em relação à base F.

7 PRODUTO ESCALAR

- Conceituar produto escalar e apresentar propriedades.
- Obter ângulos entre vetores e projeção de um vetor na direção de outro vetor.
- Calcular altura e área de triângulos.

7.1 INTRODUÇÃO

A operação produto escalar será definida para vetores de V_3 em relação à base ortonormal E = $(\vec{i}, \vec{j}, \vec{k})$.

7.2 PRODUTO ESCALAR

Sejam os vetores $\vec{u}=(u_1,u_2,u_3)$ e $\vec{v}=(v_1,v_2,v_3)$. O **produto escalar** dos vetores $\vec{u}$ e $\vec{v}$ é o número real

$$\vec{u}\bullet\vec{v}=u_1.v_1+u_2.v_2+u_3.v_3$$

Notações: $\vec{u}\bullet\vec{v}$ ou $\vec{u}\,\mathrm{x}\,\vec{v}$ ou $<\vec{u},\vec{v}>$ ou $\vec{u}\,|\,\vec{v}$ (lê-se: produto escalar de $\vec{u}$ por $\vec{v}$).

Exemplo 7.1:

a) Se $\vec{u}=(2,1,3)$ e $\vec{v}$ $(5,3,2)$, então $\vec{u}\bullet\vec{v}=2.5+1.3+3.2=10+3+6=19$

b) Se $\vec{u}=(-2,1,4)$ e $\vec{v}=(5,-3,1)$, então $\vec{u}\bullet\vec{v}=(-2).5+1.(-3)+4.1=-9$

c) Se $\vec{i}=(1,0,0)$ e $\vec{i}=(1,0,0)$, então $\vec{i}\bullet\vec{i}=1.1+0.0+0.0=1$

d) Se $\vec{j}=(0,1,0)$ e $\vec{j}=(0,1,0)$, então $\vec{j}\bullet\vec{j}=0.0+1.1+0.0=1$

e) Se $\vec{i}=(1,0,0)$ e $\vec{j}=(0,1,0)$, então $\vec{i}\bullet\vec{j}=1.0+0.1+0.0=0$ (observe: $\vec{i}\perp\vec{j}$).

7.2.1 PROPRIEDADES DO PRODUTO ESCALAR

Sejam $\vec{u}=(u_1,u_2,u_3)$, $\vec{v}=(v_1,v_2,v_3)$ e $\vec{w}=(w_1,w_2,w_3)$ vetores de V_3 em relação à base ortonormal E = $(\vec{i},\vec{j},\vec{k})$ e $\alpha\in\mathbb{R}$.

1. Comutativa: $\vec{u}\bullet\vec{v}=\vec{v}\bullet\vec{u}$

$$\vec{u}\bullet\vec{v}=(u_1,u_2,u_3)\bullet(v_1,v_2,v_3)=u_1.v_1+u_2.v_2+u_3.v_3=v_1.u_1+v_2.u_2+v_3.u_3=\vec{v}\bullet\vec{u}$$

2. Produto de um real por produto escalar $(\alpha\vec{u})\bullet\vec{v}=\vec{u}\bullet(\alpha\vec{v})=\alpha(\vec{u}\bullet\vec{v})$

$$\begin{aligned}(\alpha\vec{u})\bullet\vec{v}&=(\alpha(u_1,u_2,u_3))\bullet(v_1,v_2,v_3)=(\alpha u_1,\alpha u_2,\alpha u_3)\bullet(v_1,v_2,v_3)\\&=\alpha u_1.v_1+\alpha u_2.v_2+\alpha u_3.v_3=\alpha\,(u_1.v_1+u_2.v_2+u_3.v_3)\\&=\alpha(\vec{u}\bullet\vec{v})\\\vec{u}\bullet(\alpha\vec{v})&=(u_1,u_2,u_3)\bullet(\alpha(v_1,v_2,v_3))=(u_1,u_2,u_3)\bullet(\alpha v_1,\alpha v_2,\alpha v_3)\\&=u_1.\alpha v_1+u_2.\alpha v_2+u_3.\alpha v_3=\alpha(u_1.v_1+u_2.v_2+u_3.v_3)=\alpha(\vec{u}\bullet\vec{v})\end{aligned}$$

3. Distributiva: $\vec{u}\bullet(\vec{v}+\vec{w})=\vec{u}\bullet\vec{v}+\vec{u}\bullet\vec{w}$

$$\begin{aligned}\vec{u}\bullet(\vec{v}+\vec{w})&=(u_1,u_2,u_3)\bullet((v_1,v_2,v_3)+((w_1,w_2,w_3))=\\&=(u_1,u_2,u_3)\bullet(v_1+w_1,v_2+w_2,v_3+w_3)=\\&=u_1(v_1+w_1)+u_2(v_2+w_2)+u_3(v_3+w_3)=\\&=u_1v_1+u_1w_1+u_2v_2+u_2w_2+u_3v_3+u_3w_3=\\&=(u_1v_1+u_2v_2+u_3v_3)+(u_1w_1+u_2w_2+u_3w_3)=\\&=\vec{u}\bullet\vec{v}+\vec{u}\bullet\vec{w}.\end{aligned}$$

4. Produto escalar de um mesmo vetor:

$$\vec{u}\bullet\vec{u}=|\vec{u}|^2 \text{ ou, equivalentemente, } |\vec{u}|=\sqrt{\vec{u}\bullet\vec{u}}$$

a) Sabemos do item 6.4, "Bases Ortonormais", que $|\vec{u}|=\sqrt{u_1^2+u_2^2+u_3^2}$ ou $|\vec{u}|^2=u_1^2+u_2^2+u_3^2$.

b) $\vec{u}\bullet\vec{u} = (u_1, u_2, u_3)\bullet(u_1, u_2, u_3) = u_1.u_1 + u_2.u_2 + u_3.u_3 = u_1^2 + u_2^2 + u_3^2$

Comparando (a) e (b), temos que $\vec{u}\bullet\vec{u} = |\vec{u}|^2$.

Observação 7.1

Vê-se que $\vec{u}\bullet\vec{u} \geq 0$. Caso $\vec{u}\bullet\vec{u} = 0$, segue que $u_1 = u_2 = u_3 = 0$.

5. Lei dos cossenos:

$\vec{u}\bullet\vec{v} = |\vec{u}|.|\vec{v}|.\cos\alpha$, supondo-se $\vec{u} \neq \vec{0}$, $\vec{v} \neq \vec{0}$ e α o ângulo entre $\vec{u}$ e $\vec{v}$.

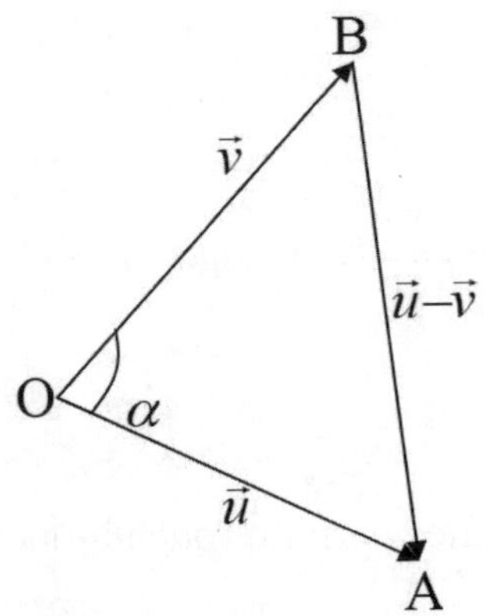

Figura 7.1

Seja $\overrightarrow{OA} = \vec{u}$, $\overrightarrow{OB} = \vec{v}$ e $\overrightarrow{BA} = \vec{u} - \vec{v}$.

Considerando a lei dos cossenos no triângulo OAB, tem-se:

$$|\vec{u} - \vec{v}|^2 = |\vec{u}|^2 + |\vec{v}|^2 - 2|\vec{u}||\vec{v}|\cos\alpha \qquad (1)$$

Aplicando as propriedades 7.2.1(4), 7.2.1(3) e 7.2.1(1) ao primeiro membro de (1), segue:

$$|\vec{u} - \vec{v}|^2 = (\vec{u} - \vec{v})\bullet(\vec{u} - \vec{v}) = \vec{u}\bullet\vec{u} - \vec{u}\bullet\vec{v} - \vec{v}\bullet\vec{u} + \vec{v}\bullet\vec{v}$$

$$|\vec{u} - \vec{v}|^2 = |\vec{u}|^2 + |\vec{v}|^2 - 2\vec{u}\bullet\vec{v} \qquad (2)$$

Comparando (1) e (2), teremos: $\vec{u}\bullet\vec{v} = |\vec{u}||\vec{v}|\cos\alpha$

Portanto, se desejarmos obter o valor $\underline{\alpha}$, em radianos ou graus, do ângulo interno do triângulo OAB em O, basta interpretar o resultado da relação:

$$\cos\alpha = \frac{\vec{u}\bullet\vec{v}}{|\vec{u}||\vec{v}|}, \text{ sendo } \vec{u} \neq \vec{0},\ \vec{v} \neq \vec{0} \qquad \text{(ver Observação 7.2)}$$

Exemplo 7.2:

1. Dados os pontos O(0,-1,2) , A($4\sqrt{3}$,3,2) e B(0,1,2), pede-se a medida do ângulo interno relativo ao vértice O do triângulo OAB.

Solução:

Sejam $\overrightarrow{OA} = \vec{u} = (4\sqrt{3}, 4, 0)$ e $\overrightarrow{OB} = \vec{v} = (0,\ 2,\ 0)$.

$$\cos\alpha = \frac{(4\sqrt{3}).0 + 4.2 + 0.0}{\sqrt{(4\sqrt{3})^2 + 4^2 + 0^2}.\sqrt{0^2 + 2^2 + 0^2}} = \frac{8}{\sqrt{64}\,.\,\sqrt{4}} = \frac{8}{8\,.\,2} = \frac{1}{2}.\ \text{Logo, } \alpha = 60^\circ.$$

2. Qual a medida do ângulo entre os vetores $\vec{u} = (0, -1,\ 3)$ e $\vec{v} = (1,\ 3,\ 1)$?

Solução:

$$\cos\alpha = \frac{0.1 + (-1).3 + 3.1}{\sqrt{0^2 + (-1)^2 + 3^2}.\sqrt{1^2 + 3^2 + 1^2}} = \frac{-3+3}{\sqrt{10}.\sqrt{11}} = \frac{0}{\sqrt{110}} = 0.\ \text{Logo, } \alpha = 90^\circ.$$

Observação 7.2

A relação $\vec{u} \bullet \vec{v} = |\vec{u}|.|\vec{u}|.\cos\alpha$, com $\vec{u} \neq \vec{0}$, $\vec{v} \neq \vec{0}$, nos permite concluir que:

a) Se $0^\circ < \alpha < 90^\circ$, então $\cos\alpha > 0$ e, daí, $\vec{u} \bullet \vec{v} > 0$.

b) Se $90^\circ < \alpha < 180^\circ$, então $\cos\alpha < 0$ e, daí, $\vec{u} \bullet \vec{v} < 0$.

c) Se $\alpha = 90^\circ$, então $\cos\alpha = 0$ e, daí, $\vec{u} \bullet \vec{v} = 0$.

d) Se $\alpha = 0^\circ$, então $\vec{u}$ e $\vec{v}$ são paralelos de mesmo sentido, $\cos\alpha = 1$ e o produto escalar $\vec{u} \bullet \vec{v} = |\vec{u}|.|\vec{v}|$ é máximo.

e) Se $\alpha = 180^\circ$, então $\vec{u}$ e $\vec{v}$ são paralelos de sentidos opostos, $\cos\alpha = -1$ e o produto escalar $\vec{u} \bullet \vec{v} = -|\vec{u}|.|\vec{v}|$ é mínimo.

É evidente que, sendo $\vec{u} = \vec{0}$ ou $\vec{v} = \vec{0}$, segue que $\vec{u} \bullet \vec{v} = 0$.

7.3 PROJEÇÃO ORTOGONAL DE UM VETOR $\vec{u}$ NA DIREÇÃO DE $\vec{v} \neq \vec{0}$

Consideremos: $\vec{u} = \overrightarrow{AB}$, $\vec{v} = \overrightarrow{AC}$ e $\alpha = \measuredangle(\vec{u}, \vec{v})$. O ponto H é a projeção ortogonal de B sobre a reta AC.

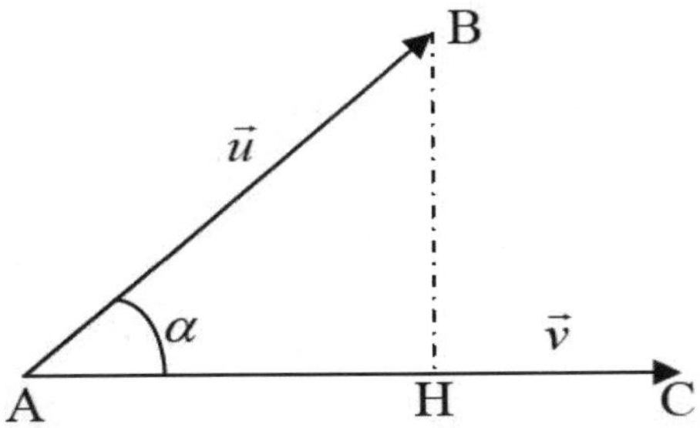

Figura 7.2

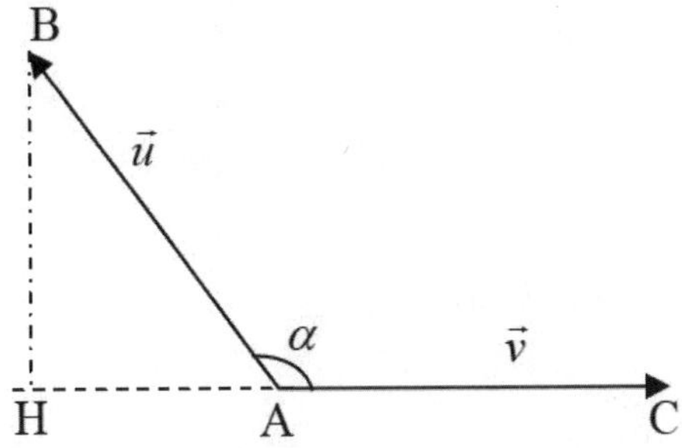

Figura 7.3

O vetor $\overrightarrow{AH}$ chama-se **projeção ortogonal** do vetor $\vec{u}$ na direção de $\vec{v}$.

Notação: $\overrightarrow{AH} = \text{proj}_{\vec{v}}\vec{u}$.

Determinação do vetor $\text{proj}_{\vec{v}}\vec{u}$**:**

Temos que $\text{proj}_{\vec{v}}\vec{u} = k\,\vec{v}$, para algum k real. (3)

Vemos, por construção, que $\vec{u} = \overrightarrow{AH} + \overrightarrow{HB}$, isto é, $\vec{u} = \text{proj}_{\vec{v}}\vec{u} + \overrightarrow{HB}$. Então, $\vec{u} = k\,\vec{v} + \overrightarrow{HB}$. (4)

Multiplicando, escalarmente, os membros de (4) pelo vetor $\vec{v}$, teremos:

$$\vec{u} \bullet \vec{v} = k\,\vec{v} \bullet \vec{v} + \overrightarrow{HB} \bullet \vec{v}$$

Sabendo-se que $\overrightarrow{HB} \perp \vec{v}$, tem-se $\overrightarrow{HB} \bullet \vec{v} = 0$. Logo,

$\vec{u} \bullet \vec{v} = k\,\vec{v} \bullet \vec{v}$, ou seja, $\vec{u} \bullet \vec{v} = k(\vec{v} \bullet \vec{v})$ (ver item 7.2.1(2))

Assim, $k = \dfrac{\vec{u} \bullet \vec{v}}{\vec{v} \bullet \vec{v}}$. (5)

Substituindo (5) em (3), obtemos $\text{proj}_{\vec{v}}\vec{u} = \dfrac{\vec{u} \bullet \vec{v}}{\vec{v} \bullet \vec{v}}\,\vec{v} = \dfrac{\vec{u} \bullet \vec{v}}{|\vec{v}|^2}\,\vec{v}$

Exemplo 7.3:

1. Dados $\vec{u} = (9{,}5, \sqrt{15})$ e $\vec{v} = (3{,}4{,}0)$ em relação à base ortonormal $E = (\vec{i}, \vec{j}, \vec{k})$, pede-se determinar:

   a) $\text{proj}_{\vec{v}}\vec{u}$

Solução:

$$\text{proj}_{\vec{v}}\vec{u} = \frac{\vec{u}\bullet\vec{v}}{\vec{v}\bullet\vec{v}}\vec{v} = \frac{(9,5,\sqrt{15})\bullet(3,4,0)}{(3,4,0)\bullet(3,4,0)}(3,4,0) = \frac{27+20}{9+16}(3,4,0) = \frac{47}{25}(3,4,0)$$

   b) $\text{proj}_{\vec{u}}\vec{v}$

Solução:

$$\text{proj}_{\vec{u}}\vec{v} = \frac{\vec{u}\bullet\vec{v}}{\vec{u}\bullet\vec{u}}\vec{u} = \frac{(3,4,0)\bullet(9,5,\sqrt{15})}{(9,5,\sqrt{15})\bullet(9,5,\sqrt{15})}(9,5,\sqrt{15}) = \frac{47}{121}(9,5,\sqrt{15})$$

2. Dados os pontos A(–1,2,1), B(2,5,1) e C(1,2,3), determine:

   a) o ângulo interno $\hat{A}$ do triângulo ABC.

Solução:

Temos os vetores $\overrightarrow{AB} = (3{,}3{,}0)$ e $\overrightarrow{AC} = (2{,}0{,}2)$ e $\hat{A} = \sphericalangle(\overrightarrow{AB}, \overrightarrow{AC})$.

$$\cos\hat{A} = \frac{\overrightarrow{AB}\bullet\overrightarrow{AC}}{|\overrightarrow{AB}|\bullet|\overrightarrow{AC}|} = \frac{(3,3,0)\bullet(2,0,2)}{\sqrt{9+9+0}.\sqrt{4+0+4}} = \frac{6}{(3\sqrt{2}).(2\sqrt{2})} = \frac{1}{2}$$. Logo, $\hat{A} = 60°$.

   b) a medida da projeção do lado AC sobre o AB.

Solução:

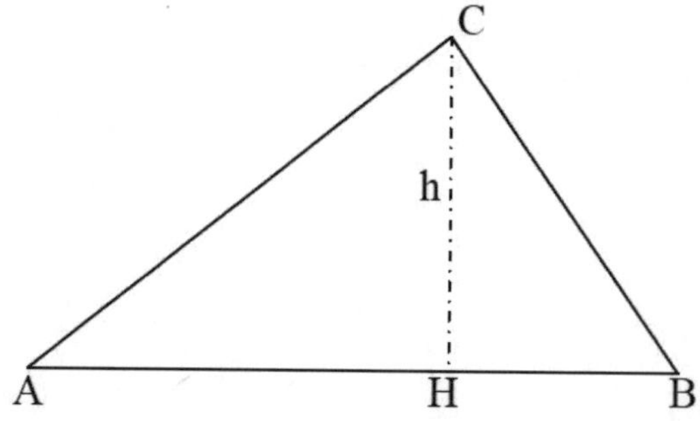

Figura 7.4

$$\overrightarrow{AH} = \text{proj}_{\overrightarrow{AB}}\overrightarrow{AC} = \frac{\overrightarrow{AB}\bullet\overrightarrow{AC}}{\overrightarrow{AB}\bullet\overrightarrow{AB}}\overrightarrow{AB} = \frac{(3,3,0)\bullet(2,0,2)}{(3,3,0)\bullet(3,3,0)}(3,3,0) = \frac{1}{3}(3,3,0) = (1,1,0).$$

Então, $\left|\overrightarrow{AH}\right| = \left|\text{proj}_{\overrightarrow{AB}}\overrightarrow{AC}\right| = \sqrt{1^2+1^2+0} = \sqrt{2}$ unidades de comprimento.

c) altura **h** do triângulo relativa à base AB.

Solução:

Temos que $\left|\overrightarrow{AH}\right| = \sqrt{2}$ e $\left|\overrightarrow{AC}\right| = \sqrt{2^2+0^2+2^2} = 2\sqrt{2}$. O triângulo AHC é retângulo. Logo, $h^2 = \left|\overrightarrow{HC}\right|^2 = \left|\overrightarrow{AC}\right|^2 - \left|\overrightarrow{AH}\right|^2 = (2\sqrt{2})^2 - (\sqrt{2})^2 = 8-2=6$.

Então, $h = \sqrt{6}$ unidades de comprimento.

d) área do triângulo ABC

Solução:

Temos que $\left|\overrightarrow{AB}\right| = \sqrt{3^2+3^2+0^2} = 3\sqrt{2}$ e $h = \sqrt{6}$.

$$\text{Área} = \frac{\left|\overrightarrow{AB}\right|h}{2} = \frac{3\sqrt{2}\sqrt{6}}{2} = \frac{3\sqrt{12}}{2} = \frac{3.2\sqrt{3}}{2} = 3\sqrt{3} \text{ unidades de área.}$$

3. Sabendo que $|\vec{u}| = 4$ e $|\vec{v}| = 3$ e que $\sphericalangle(\vec{u},\vec{v}) = 60^\circ$, pede-se o número real $\vec{u}\bullet\vec{v}$.

Solução:

Temos que $\dfrac{\vec{u}\bullet\vec{v}}{|\vec{u}|\,|\vec{v}|} = \cos 60^\circ$ e, daí, $\dfrac{\vec{u}\bullet\vec{v}}{4.3} = \dfrac{1}{2}$. Logo, $\vec{u}\bullet\vec{v} = 6$.

4. Dados os vetores $\vec{u} = 2\,\vec{i} + \vec{j} + 4\,\vec{k}$ e $\vec{v} = 3\,\vec{j} - 4\,\vec{k}$, determine o vetor $\vec{w}$ unitário tal que seja ortogonal a $\vec{u}$ e a $\vec{v}$.

Solução:

Suponhamos que $\vec{w} = (x, y, z)$ seja o vetor procurado. Então,

$$\begin{cases} |\vec{w}|^2 = 1 \\ \vec{u}\bullet\vec{w} = 0 \\ \vec{v}\bullet\vec{w} = 0 \end{cases} \Rightarrow \begin{cases} x^2+y^2+z^2 = 1 & (6) \\ 2x + y + 4z = 0 & (7) \\ 3y - 4z = 0 & (8) \end{cases}$$

Partindo de (8), temos que $z \quad \frac{3}{4}y$. Substituindo em (7), $2x+y+4(\frac{3}{4}y)=0$, segue que $2x+4y=0$ e, daí, $x=-2y$.

Substituindo x e z obtidos em função de y em (6), vem $(-2y)^2+y^2+(\frac{3}{4}y)^2=1$.

Resolvendo a equação, tem-se que $y=\pm\frac{4\sqrt{89}}{89}$.

Substituindo y nas equações de x e de z acima, obtemos:

a) para $y=\frac{4\sqrt{89}}{89} \Rightarrow x=-\frac{8\sqrt{89}}{89}$ e $z=\frac{3\sqrt{89}}{89}$

b) para $y=-\frac{4\sqrt{89}}{89} \quad x=\frac{8\sqrt{89}}{89}$ e $z=-\frac{3\sqrt{89}}{89}$

Assim, $\vec{w}=\left(-\frac{8\sqrt{89}}{89}, \frac{4\sqrt{89}}{89}, \frac{3\sqrt{89}}{89}\right)$ ou $\vec{w}=\left(\frac{8\sqrt{89}}{89}, -\frac{4\sqrt{89}}{89}, -\frac{3\sqrt{89}}{89}\right)$.

5. Mostre que: "Se o vértice de um triângulo é ponto de uma circunferência e seu lado oposto é o diâmetro, então o triângulo é retângulo".

Solução:

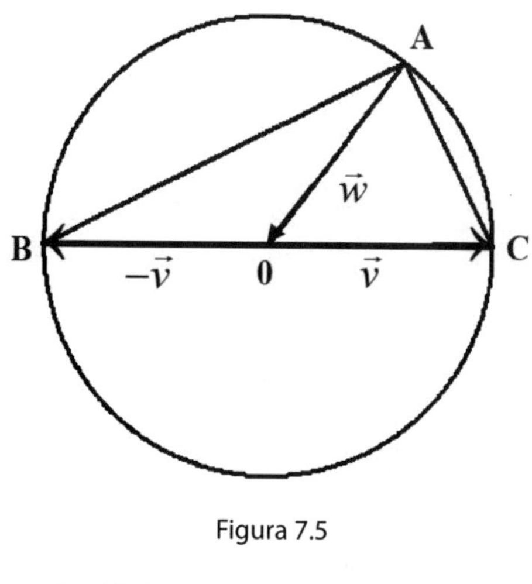

Figura 7.5

Consideremos o triângulo ABC, sendo A um ponto da circunferência e o lado BC coincidente com sua diagonal.

Se mostrarmos que os vetores $\overrightarrow{AB}$ e $\overrightarrow{AC}$ são ortogonais, teremos que o triângulo ABC é retângulo em A. E, para isto, devemos verificar se ocorre que $\overrightarrow{AB}\bullet\overrightarrow{AC}=0$.

Considerando a Figura 7.5, temos que $\overrightarrow{AB}=\vec{w}-\vec{v}$ e $\overrightarrow{AC}=\vec{w}+\vec{v}$.

Assim, $\overrightarrow{AB} \bullet \overrightarrow{AC} = (\vec{w} - \vec{v}) \bullet (\vec{w} + \vec{v}) = \vec{w} \bullet \vec{w} + \vec{w} \bullet \vec{v} - \vec{v} \bullet \vec{w} - \vec{v} \bullet \vec{v}$.

Utilizando as propriedades 7.2.1(1) e 7.2.1(4) do produto escalar, segue que:

$$\overrightarrow{AB} \bullet \overrightarrow{AC} = \vec{w} \bullet \vec{w} - \vec{v} \bullet \vec{v} = |\vec{w}|^2 - |\vec{v}|^2$$

Os módulos dos vetores $\vec{v}$ e $\vec{w}$ são iguais ao raio da circunferência, logo, $\overrightarrow{AB} \bullet \overrightarrow{AC} = 0$. Isto mostra que $\overrightarrow{AB}$ e $\overrightarrow{AC}$ são ortogonais.

Portanto, o triângulo ABC é retângulo.

7.4 COSSENOS DIRETORES DE UM VETOR $\vec{v} \neq \vec{0}$

Os cossenos diretores de um vetor $\vec{v} \neq \vec{0}$ são os cossenos dos ângulos que $\vec{v}$ forma com as respectivas direções de i , $\vec{j}$ e $\vec{k}$ da base ortonormal E = $(\vec{i}, \vec{j}, \vec{k})$.

Considerando α , β e γ os respectivos ângulos entre $\vec{v}$ = (x, y, z) e os vetores unitários $\vec{i}$, $\vec{j}$ e $\vec{k}$, tem-se:

$$|\vec{i}| = |\vec{j}| = |\vec{k}| = 1 \text{ e}$$

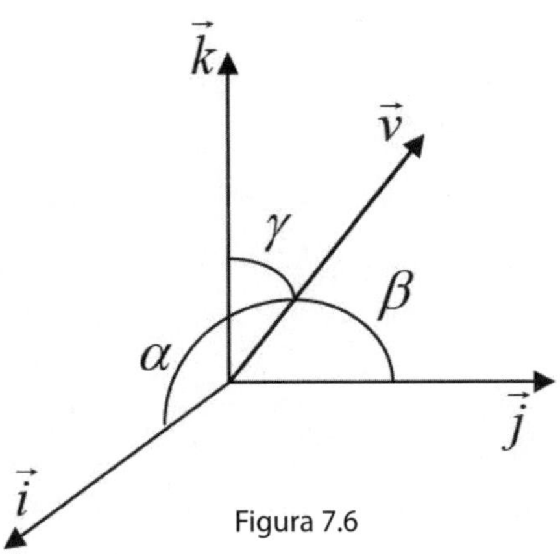

Figura 7.6

$$\cos\alpha = \frac{\vec{v} \bullet \vec{i}}{|\vec{v}||\vec{i}|} = \frac{(x,y,z) \bullet (1,0,0)}{\sqrt{x^2+y^2+z^2}} = \frac{x}{\sqrt{x^2+y^2+z^2}}$$

$$\cos\beta = \frac{\vec{v} \bullet \vec{j}}{|\vec{v}||\vec{j}|} = \frac{(x,y,z) \bullet (0,1,0)}{\sqrt{x^2+y^2+z^2}} = \frac{y}{\sqrt{x^2+y^2+z^2}}$$

$$\cos\gamma = \frac{\vec{v} \bullet \vec{k}}{|\vec{v}||\vec{k}|} = \frac{(x,y,z) \bullet (0,0,1)}{\sqrt{x^2+y^2+z^2}} = \frac{z}{\sqrt{x^2+y^2+z^2}}$$

Verifica-se que $\cos^2\alpha + \cos^2\beta + \cos^2\gamma = 1$.

Exemplo 7.4:

1. Obtenha os cossenos diretores do vetor $\vec{v}$ = (1,1,1).

Solução:

Temos que: $\vec{i}=(1,0,0)$, $\vec{j}=(0,1,0)$ e $\vec{k}=(0,0,1)$

$$\cos\alpha=\frac{\vec{v}\bullet\vec{i}}{|\vec{v}||\vec{i}|}=\frac{(1,1,1)\bullet(1,0,0)}{\sqrt{1^2+1^2+1^2}}=\frac{1}{\sqrt{3}}=\frac{\sqrt{3}}{3},$$

$$\cos\beta=\frac{\vec{v}\bullet\vec{j}}{|\vec{v}||\vec{j}|}=\frac{(1,1,1)\bullet(0,1,0)}{\sqrt{1^2+1^2+1^2}}=\frac{1}{\sqrt{3}}=\frac{\sqrt{3}}{3} \text{ e}$$

$$\cos\gamma=\frac{\vec{v}\bullet\vec{k}}{|\vec{v}||\vec{k}|}=\frac{(1,1,1)\bullet(0,0,1)}{\sqrt{1^2+1^2+1^2}}=\frac{1}{\sqrt{3}}=\frac{\sqrt{3}}{3}.$$ Portanto, $\alpha=\beta=\gamma\cong 54,74^\circ$

2. Obtenha a soma dos quadrados dos cossenos diretores do vetor $\vec{v}$ = (1,1,1).

Solução: $\cos^2\alpha+\cos^2\beta+\cos^2\gamma=\left(\frac{\sqrt{3}}{3}\right)^2+\left(\frac{\sqrt{3}}{3}\right)^2+\left(\frac{\sqrt{3}}{3}\right)^2=1$

EXERCÍCIOS DE APLICAÇÃO 7.1

Fixada a base ortonormal E = ($\vec{i}$, $\vec{j}$, $\vec{k}$), resolva os seguintes exercícios:

1. Calcule o produto escalar dos vetores:
   a) $\vec{u}$ = (1, -2, 1) e $\vec{v}$ = (3, 6, -1)
   b) $\vec{u}$ = ($\sqrt{2}$, 3, $-\sqrt{3}$) e $\vec{v}$ = ($2\sqrt{2}$, 1, $\sqrt{3}$)
2. Determine a medida do ângulo dado pela direção dos vetores:
   a) $\vec{u}=7\vec{i}$ e $\vec{v}=-5\vec{i}+5\sqrt{3}\,\vec{j}$
   b) $\vec{u}=\vec{i}-\vec{k}$ e $\vec{v}=-5\vec{k}$
3. Determine a medida da projeção do vetor $\vec{u}$ na direção do vetor $\vec{v}$:
   a) $\vec{u}=2\vec{i}-6\vec{j}+3\vec{k}$ e $\vec{v}=\vec{i}+2\vec{j}-2\vec{k}$
   b) $\vec{u}=\vec{i}-\vec{j}$ e $\vec{v}=\vec{i}+\vec{k}$
4. Verifique se os vetores dados são ou não ortogonais:
   a) $\vec{u}=2\vec{i}-4\vec{j}-5\vec{k}$ e $\vec{v}=3\vec{i}+\vec{j}$
   b) $\vec{u}=\vec{i}-6\vec{j}+\vec{k}$ e $\vec{v}=2\vec{j}+12\vec{k}$

c) $\vec{u} = \vec{j} + \vec{k}$ e $\vec{v} = \vec{i} - \vec{k}$

5. Determine a medida da projeção do vetor $\vec{v} = 2\vec{i} - 4\vec{j} - 3\vec{k}$:

   a) na direção do eixo x.

   b) na direção do eixo y.

   c) na direção do eixo z.

6. Dados os pontos A(1,2,2), B(1,2, –7) e C(4,6, –3), determine:

   a) o produto escalar de $\overrightarrow{AB}$ e $\overrightarrow{AC}$.

   b) a medida do ângulo entre $\overrightarrow{BA}$ e $\overrightarrow{AC}$.

7. Determine $\boldsymbol{m}$ real de modo que os vetores $\vec{u} = (2, -1,3)$ e $\vec{v} = (3, -1,m)$ sejam ortogonais.

8. Dados os pontos A(0,-1,2), B($4\sqrt{3}$,3,2) e C(0,1,2), determine:

   a) a medida do ângulo interno do vértice A do triângulo ABC.

   b) a medida da projeção do lado $\overrightarrow{AC}$ sobre o lado $\overrightarrow{AB}$.

   c) a altura do triângulo ABC relativa ao lado AB.

   d) a área do triângulo ABC.

9. Determine α e β reais, sabendo que o vetor $\vec{w} = (2\alpha, -5\beta, 1)$ é ortogonal aos vetores $\vec{u} = (1,1,-1)$ e $\vec{v} = (2, -1,2)$.

10. O triângulo de vértices A(1,3,–5), B(3,4,–7) e C(2,5,–3) é retângulo? Caso seja retângulo, quais são os lados perpendiculares?

11. Classifique o quadrilátero ABCD de vértices A(1,5,2), B(3,7,1), C(4,5,–1) e D(2,3,0) em um destes casos: quadrado, retângulo, losango, trapézio ou trapezoide.

12. Dados os pontos A(2,0,2), B(–1,3,–1) e C(3,–1,1), consideremos os pontos P e Q tais que Q é ponto médio do segmento BC e B está a $2/5$ de P para A. Determine a medida da projeção do vetor $\overrightarrow{PQ}$ na direção do vetor $\overrightarrow{AB}$.

13. Prove que as diagonais de um losango são perpendiculares entre si.

8 PRODUTO VETORIAL

- Definir produto vetorial e apresentar propriedades.
- Obter a direção e sentido do produto vetorial de dois vetores.
- Calcular altura e áreas de triângulos e quadriláteros.

8.1 INTRODUÇÃO

A operação produto vetorial será definida para vetores de V_3 em relação à base ortonormal positiva E = $(\vec{i}, \vec{j}, \vec{k})$.

8.2 PRODUTO VETORIAL

Sejam os vetores $\vec{u} = (u_1, u_2, u_3)$ e $\vec{v} = (v_1, v_2, v_3)$. O **produto vetorial** dos vetores $\vec{u}$ e $\vec{v}$ é o vetor

$$\vec{u} \wedge \vec{v} = \begin{vmatrix} u_2 & u_3 \\ v_2 & v_3 \end{vmatrix} \vec{i} + \begin{vmatrix} u_3 & u_1 \\ v_3 & v_1 \end{vmatrix} \vec{j} + \begin{vmatrix} u_1 & u_2 \\ v_1 & v_2 \end{vmatrix} \vec{k}.$$

Notações: $\vec{u} \wedge \vec{v}$ ou $\vec{u}$ x $\vec{v}$ (lê-se: produto vetorial de $\vec{u}$ e $\vec{v}$).

Exemplo 8.1:

Dados os vetores $\vec{u}$ = (2,0,1) e $\vec{v}$ = (3,1,2), pede $\vec{u} \wedge \vec{v}$.

Solução:

$$\vec{u} \wedge \vec{v} = \begin{vmatrix} 0 & 1 \\ 1 & 2 \end{vmatrix} \vec{i} + \begin{vmatrix} 1 & 2 \\ 2 & 3 \end{vmatrix} \vec{j} + \begin{vmatrix} 2 & 0 \\ 3 & 1 \end{vmatrix} \vec{k} = -1\vec{i} - 1\vec{j} + 2\vec{k} \text{ ou } \vec{u} \wedge \vec{v} = (-1, -1, 2).$$

Observação 8.1

Uma forma mais fácil de obter o produto vetorial $\vec{u} \wedge \vec{v}$ é imaginá-lo "como se fosse" a expansão do determinante

$$\begin{vmatrix} \vec{i} & \vec{j} & \vec{k} \\ u_1 & u_2 & u_3 \\ v_1 & v_2 & v_3 \end{vmatrix}$$

pela regra de Laplace, aplicada a sua primeira linha.

Veja a coincidência do resultado desse procedimento quando comparado com o do Exemplo 8.1 acima, no qual a definição foi aplicada:

$$\vec{u} \wedge \vec{v} = \begin{vmatrix} \vec{i} & \vec{j} & \vec{k} \\ 2 & 0 & 1 \\ 3 & 1 & 2 \end{vmatrix} = \begin{vmatrix} 0 & 1 \\ 1 & 2 \end{vmatrix} \vec{i} - \begin{vmatrix} 2 & 1 \\ 3 & 2 \end{vmatrix} \vec{j} + \begin{vmatrix} 2 & 0 \\ 3 & 1 \end{vmatrix} k = -1\vec{i} - 1\vec{j} + 2\vec{k} = (-1, -1, 2).$$

Note que a ordem dos vetores no interior do determinante simbólico para obter $\vec{u} \wedge \vec{v}$ segue a ordem da indicação do produto vetorial, primeiro $\vec{u}$ e depois $\vec{v}$.

Observe também que a mudança de ordem dos vetores no interior do determinante implica resultados distintos:

$$\vec{u} \wedge \vec{v} = \begin{vmatrix} \vec{i} & \vec{j} & \vec{k} \\ 2 & 0 & 1 \\ 3 & 1 & 2 \end{vmatrix} = (-1, -1, 2) \text{ e } \vec{v} \wedge \vec{u} = \begin{vmatrix} \vec{i} & \vec{j} & \vec{k} \\ 3 & 1 & 2 \\ 2 & 0 & 1 \end{vmatrix} = (1, 1, -2).$$

O exemplo mostra que os vetores $\vec{u} \wedge \vec{v}$ e $\vec{v} \wedge \vec{u}$ são opostos. Esse fato ocorre porque a segunda e terceira linhas dos "determinantes" estão permutadas!

Veja que os módulos dos vetores são iguais:

$$|\vec{u} \wedge \vec{v}| = \sqrt{(-1)^2 + (-1)^2 + 2^2} = \sqrt{6} \text{ e } |\vec{v} \wedge \vec{u}| = \sqrt{1^2 + 1^2 + (-2)^2} = \sqrt{6}$$

Entendemos que a igualdade do produto vetorial com a obtida pela expansão do determinante é apenas formal!

8.2.1 PROPRIEDADES DO PRODUTO VETORIAL

A correspondência estabelecida entre o produto vetorial e a expansão do determinante por Laplace, aplicado a sua primeira linha, nos permitirá memorizar as propriedades do produto vetorial, simplesmente considerando as propriedades dos determinantes, estudadas no Capítulo 2.

Sejam $\vec{u}=(u_1,u_2,u_3)$, $\vec{v}=(v_1,v_2,v_3)$ e $\vec{w}=(w_1,w_2,w_3)$ vetores de V_3 em relação à base ortonormal positiva E = $(\vec{i},\vec{j},\vec{k})$ e $\alpha \in \mathbb{R}$.

1. Não comutativa: $\vec{u}\wedge\vec{v} = -(\vec{v}\wedge\vec{u})$

$$\vec{u}\wedge\vec{v}=\begin{vmatrix}\vec{i} & \vec{j} & \vec{k}\\ u_1 & u_2 & u_3\\ v_1 & v_2 & v_3\end{vmatrix}=-\begin{vmatrix}\vec{i} & \vec{j} & \vec{k}\\ v_1 & v_2 & v_3\\ u_1 & u_2 & u_3\end{vmatrix}=-(\vec{v}\wedge\vec{u}).$$

O determinante troca o sinal quando se permutam duas de suas linhas (ver item 2.2.3).

2. Produto de um real por produto vetorial: $(\alpha\vec{u})\wedge\vec{v}=\alpha(\vec{u}\wedge\vec{v})$ ou $\vec{u}\wedge(\alpha\vec{v})=\alpha(\vec{u}\wedge\vec{v})$.

$$(\alpha\vec{u})\wedge\vec{v}=\begin{vmatrix}\vec{i} & \vec{j} & \vec{k}\\ \alpha u_1 & \alpha u_2 & \alpha u_3\\ v_1 & v_2 & v_3\end{vmatrix}=\alpha\begin{vmatrix}\vec{i} & \vec{j} & \vec{k}\\ u_1 & u_2 & u_3\\ v_1 & v_2 & v_3\end{vmatrix}=\alpha(\vec{v}\wedge\vec{u}).$$

Se multiplicarmos uma linha do determinante por um número α real, o determinante fica multiplicado por α. Isto é, o produto vetorial será multiplicado por α se apenas um dos vetores que participa da operação for multiplicado por α.

A confirmação da relação $\vec{u}\wedge(\alpha\vec{v})=\alpha(\vec{u}\wedge\vec{v})$ é análoga.

3. Distributiva: $\vec{u}\wedge(\vec{v}+\vec{w})=(\vec{u}\wedge\vec{v})+(\vec{u}\wedge\vec{w})$ ou $(\vec{u}+\vec{v})\wedge\vec{w}=(\vec{u}\wedge\vec{w})+(\vec{v}\wedge\vec{w})$.

$$\vec{u}\wedge(\vec{v}+\vec{w})=\begin{vmatrix}\vec{i} & \vec{j} & \vec{k}\\ u_1 & u_2 & u_3\\ v_1+w_1 & v_2+w_2 & v_3+w_3\end{vmatrix}=\begin{vmatrix}\vec{i} & \vec{j} & \vec{k}\\ u_1 & u_2 & u_3\\ v_1 & v_2 & v_3\end{vmatrix}+\begin{vmatrix}\vec{i} & \vec{j} & \vec{k}\\ u_1 & u_2 & u_3\\ w_1 & w_2 & w_3\end{vmatrix}=(\vec{u}\wedge\vec{v})+(\vec{u}\wedge\vec{w})$$

Se os elementos de uma linha do determinante são somas de n parcelas (cada elemento da terceira linha possui duas parcelas), o determinante pode ser decomposto numa soma de n determinantes (no caso, dois determinantes), sendo que cada um deles tem os elementos da linha correspondente formada com uma das parcelas das somas inicialmente indicadas, isto é, vale a propriedade distributiva do produto vetorial à esquerda (ou à direita) em relação à soma de vetores. Cuidado: lembre-se de que o produto vetorial não é comutativo!

O fato de que $(\vec{u}+\vec{v})\wedge\vec{w}=(\vec{u}\wedge\vec{w})+(\vec{v}\wedge\vec{w})$ tem justificativa análoga.

4. Produto vetorial de vetores não nulos e paralelos: $\vec{u} \wedge \vec{v} = \vec{0}$, sendo $\vec{u} \neq \vec{0}$, $\vec{v} \neq \vec{0}$ e $\vec{u} \mathbin{//} \vec{v}$.

Se os vetores $\vec{u}$ e $\vec{v}$ são paralelos, então existe λ real tal que $\vec{v} = \lambda \vec{u}$, isto é, $\vec{v} = (\lambda u_1, \lambda u_2, \lambda u_3)$.

$$\text{Assim, } \vec{u} \wedge \vec{v} = \begin{vmatrix} \vec{i} & \vec{j} & \vec{k} \\ u_1 & u_2 & u_3 \\ \lambda u_1 & \lambda u_2 & \lambda u_3 \end{vmatrix} = \lambda . \begin{vmatrix} \vec{i} & \vec{j} & \vec{k} \\ u_1 & u_2 & u_3 \\ u_1 & u_2 & u_3 \end{vmatrix} = \lambda . \vec{0} = \vec{0}.$$

Um determinante de linhas proporcionais é igual a zero. No caso, $\vec{u} \wedge \vec{v}$ é vetor nulo!

Note que, se um dos vetores $\vec{u}$ ou $\vec{v}$ for nulo, então $\vec{u} \wedge \vec{v} = \vec{0}$.

O determinante que possui uma linha de elementos iguais a zero é zero. Daí, entendemos que o produto vetorial é o vetor nulo.

8.2.2 DIREÇÃO E SENTIDO DO PRODUTO VETORIAL

A direção do produto vetorial $(\vec{u} \wedge \vec{v})$ **é ortogonal a ambos os vetores** $\vec{u}$ e $\vec{v}$. Esse fato pode ser confirmado mostrando-se que os produtos escalares de $(\vec{u} \wedge \vec{v})$ por $\vec{u}$ e de $(\vec{u} \wedge \vec{v})$ por $\vec{v}$ são iguais a zero.

$$\text{Se } \vec{u} = (u_1, u_2, u_3) \text{ e } \vec{v} = (v_1, v_2, v_3), \text{ então } \vec{u} \wedge \vec{v} = \begin{vmatrix} u_2 & u_3 \\ v_2 & v_3 \end{vmatrix} \vec{i} + \begin{vmatrix} u_3 & u_1 \\ v_3 & v_1 \end{vmatrix} \vec{j} + \begin{vmatrix} u_1 & u_2 \\ v_1 & v_2 \end{vmatrix} \vec{k}.$$

a) Mostremos que $(\vec{u} \wedge \vec{v}) \bullet \vec{u} = 0$

$$(\vec{u} \wedge \vec{v}) \bullet \vec{u} = \begin{vmatrix} u_2 & u_3 \\ v_2 & v_3 \end{vmatrix} . u_1 + \begin{vmatrix} u_3 & u_1 \\ v_3 & v_1 \end{vmatrix} . u_2 + \begin{vmatrix} u_1 & u_2 \\ v_1 & v_2 \end{vmatrix} . u_3 = \text{Laplace primeira linha} = \begin{vmatrix} u_1 & u_2 & u_3 \\ u_1 & u_2 & u_3 \\ v_1 & v_2 & v_3 \end{vmatrix} = 0,$$

pois a primeira e a segunda linha são iguais.

b) Mostremos que $(\vec{u} \wedge \vec{v}) \bullet \vec{v} = 0$

$$(\vec{u} \wedge \vec{v}) \bullet \vec{v} = \begin{vmatrix} u_2 & u_3 \\ v_2 & v_3 \end{vmatrix} . v_1 + \begin{vmatrix} u_3 & u_1 \\ v_3 & v_1 \end{vmatrix} . v_2 + \begin{vmatrix} u_1 & u_2 \\ v_1 & v_2 \end{vmatrix} . v_3 = \text{Laplace primeira linha} = \begin{vmatrix} v_1 & v_2 & v_3 \\ u_1 & u_2 & u_3 \\ v_1 & v_2 & v_3 \end{vmatrix} = 0,$$

pois a primeira e a terceira linha são iguais.

Fazendo uma analogia, o sentido de $(\vec{u} \wedge \vec{v})$ tem a indicação do polegar da mão esquerda, enquanto o dedo médio aponta o sentido de $\vec{u}$ e o dedo indicador aponta o sentido de $\vec{v}$.

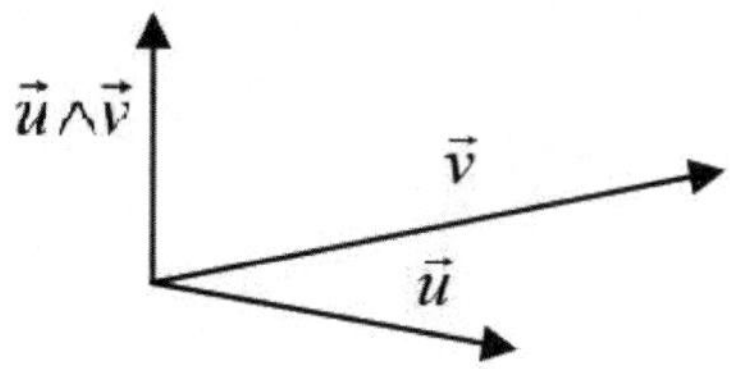

Figura 8.1

8.2.3 $|\vec{u} \wedge \vec{v}| = |\vec{u}||\vec{v}|\,\text{sen}\,\theta$ (SENDO θ O ÂNGULO FORMADO POR $\vec{u} \neq \vec{0}$ E $\vec{v} \neq \vec{0}$)

Demonstração: ver Apêndice 2.

Interpretação geométrica de $|\vec{u} \wedge \vec{v}|$**:**

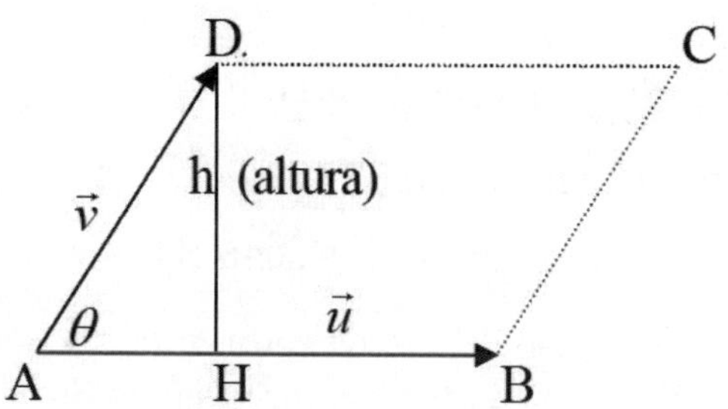

Figura 8.2

O triângulo AHD é retângulo, logo,

$$\frac{h}{|\vec{v}|} = \text{sen}\,\theta \quad \text{e, daí, } h = |\vec{v}|\,\text{sen}\,\theta \qquad (1)$$

A área do paralelogramo é $S = |\ \vec{}\ |.h$ (2)

Substituindo (1) em (2), tem-se:

$$S = |\vec{u}|.|\vec{v}|\,\text{sen}\,\theta.$$

Logo, de 8.2.3, tem-se que $S = |\vec{u} \wedge \vec{v}|$.

Os triângulos ABD e BCD têm áreas iguais, pois possuem mesma altura e as bases AB e CD são os lados opostos do paralelogramo, logo, de mesma medida.

Portanto, a área do triângulo ABD é a metade da área S do paralelogramo ABCD:

$$S_{\Delta} = \frac{|\vec{u} \wedge \vec{v}|}{2}.$$

Ambos, triângulo e paralelogramo, possuem altura $h = \dfrac{S}{|\vec{u}|} = \dfrac{|\vec{u} \wedge \vec{v}|}{|\vec{u}|}$ em relação a um mesmo lado (na Figura 8.2 é o lado AB).

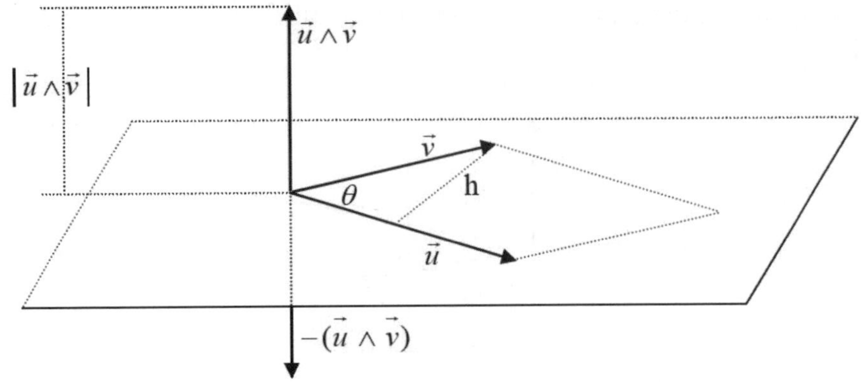

Figura 8.3

O valor $|\vec{u} \wedge \vec{v}|$ é o comprimento do vetor $\vec{u} \wedge \vec{v}$ e, numericamente, quantifica a área do paralelogramo formado a partir dos vetores $\vec{u}$ e $\vec{v}$.

Observação 8.2

É imediato, pela sentença $|\vec{u} \wedge \vec{v}| = |\vec{u}||\vec{v}| \operatorname{sen}\theta$, que, ao se alterar:

a) o comprimento de $\vec{u}$ ou de $\vec{v}$, tem-se diretamente alterado o valor $|\vec{u} \wedge \vec{v}|$.

b) a medida de θ, com valores entre 0 rad e π rad, tem-se $0 \leq \operatorname{sen}\theta \leq 1$ e:

- Se $\operatorname{sen}\theta = 0$, então $\theta = 0$ ou $\theta = \pi$. No caso $\theta = 0$, os vetores $\vec{u}$ e $\vec{v}$ são paralelos de mesmo sentido, e, no caso $\theta = \pi$, os vetores são paralelos de sentidos opostos, portanto, em ambas as situações o paralelogramo é degenerado e $S = |\vec{u} \wedge \vec{v}| = 0$.
- Se $\operatorname{sen}\theta = 1$, então $\theta = \pi/2$ e o produto $|\vec{u}||\vec{v}| \operatorname{sen}\theta$ tem valor máximo, pois $\operatorname{sen}\theta = 1$ e os vetores $\vec{u}$ e $\vec{v}$ são ortogonais. Concluímos que o paralelogramo formado é um retângulo de área $S = |\vec{u} \wedge \vec{v}| = |\vec{u}||\vec{v}|$. Esta é a maior área entre os paralelogramos que podem ser formados, mantendo-se os comprimentos dos respectivos lados e alterando apenas a medida do ângulo por eles formado.

Exemplo 8.2:

1. Efetue o produto vetorial entre os vetores da base ortonormal $E = (\vec{i}, \vec{j}, \vec{k})$.

Solução:

Temos que $\vec{\ } = (1,0,0)$, $\vec{j} = (0,1,0)$ e $\vec{k} = (0,0,1)$. Assim,

$$\vec{i} \wedge \vec{j} = (1,0,0) \wedge (0,1,0) = \begin{vmatrix} 0 & 0 \\ 1 & 0 \end{vmatrix} \vec{i} + \begin{vmatrix} 0 & 1 \\ 0 & 0 \end{vmatrix} \vec{j} + \begin{vmatrix} 1 & 0 \\ 0 & 1 \end{vmatrix} \vec{k} = 0.\vec{i} + 0.\vec{j} + 1.\vec{k} = (0,0,1) = \vec{k}$$

$$\vec{j} \wedge \vec{k} = (0,1,0) \wedge (0,0,1) = \begin{vmatrix} 1 & 0 \\ 0 & 1 \end{vmatrix} \vec{i} + \begin{vmatrix} 0 & 0 \\ 1 & 0 \end{vmatrix} \vec{j} + \begin{vmatrix} 0 & 1 \\ 0 & 0 \end{vmatrix} \vec{k} = 1\vec{i} + 0.\vec{j} + 0.\vec{k} = (1,0,0) = \vec{i}$$

$$\vec{k} \wedge \vec{i} = (0,0,1) \wedge (1,0,0) = \begin{vmatrix} 0 & 1 \\ 0 & 0 \end{vmatrix} \vec{i} + \begin{vmatrix} 1 & 0 \\ 0 & 1 \end{vmatrix} \vec{j} + \begin{vmatrix} 0 & 0 \\ 1 & 0 \end{vmatrix} \vec{k} = 0.\vec{i} + 1.\vec{j} + 0.\vec{k} = (0,1,0) = \vec{j}.$$

Vê-se que cada vetor da base E é o produto vetorial dos outros dois na ordem anti-horária indicada no ciclo.

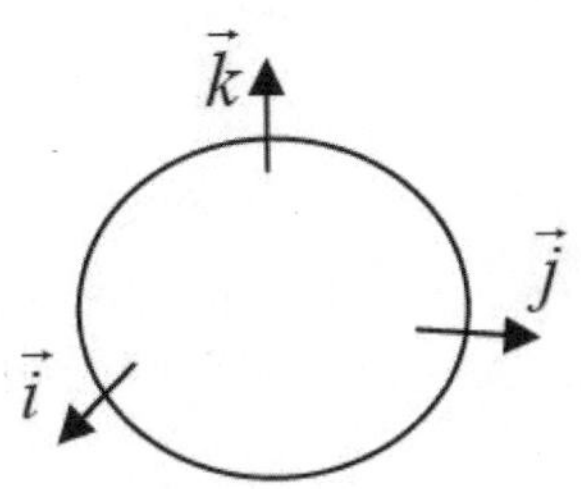

Figura 8.4

O produto vetorial de dois vetores do ciclo, em ordem horária, é oposto ao produto dos mesmos vetores da base E no sentido anti-horário, como se verifica no exemplo a seguir.

$$\vec{i} \wedge \vec{k} = (1,0,0) \wedge (0,0,1) = \begin{vmatrix} 0 & 0 \\ 0 & 1 \end{vmatrix} \vec{i} + \begin{vmatrix} 0 & 1 \\ 1 & 0 \end{vmatrix} \vec{j} + \begin{vmatrix} 1 & 0 \\ 0 & 0 \end{vmatrix} \vec{k} = 0.\vec{i} - 1.\vec{j} + 0.\vec{k} = (0,-1,0) = -\vec{j}.$$

2. Determine os vetores $(\vec{u} \wedge \vec{v})$ e $(\vec{v} \wedge \vec{u})$, dados $\vec{u} = 2\vec{i} + \vec{j} - 3\vec{k}$ e $\vec{v} = -\vec{i} + 2\vec{j}$.

Solução:

$$\vec{u} \wedge \vec{v} = \begin{vmatrix} \vec{i} & \vec{j} & \vec{k} \\ 2 & 1 & -3 \\ -1 & 2 & 0 \end{vmatrix} = \begin{vmatrix} 1 & -3 \\ 2 & 0 \end{vmatrix} \vec{i} + \begin{vmatrix} -3 & 2 \\ 0 & -1 \end{vmatrix} \vec{j} + \begin{vmatrix} 2 & 1 \\ -1 & 2 \end{vmatrix} \vec{k} = 6\vec{i} + 3\vec{j} + 5\vec{k} = (6,3,5).$$

$$\vec{v} \wedge \vec{u} = \begin{vmatrix} \vec{i} & \vec{j} & \vec{k} \\ -1 & 2 & 0 \\ 2 & 1 & -3 \end{vmatrix} = -6\vec{i} - 3\vec{j} - 5\vec{k} = -(6,3,5).$$

Temos que $(\vec{u} \wedge \vec{v})$ e $(\vec{v} \wedge \vec{u})$ são opostos e possuem o mesmo módulo. Verifique!

3. Dados os vetores $\vec{u} = \vec{i} - \vec{j}$, $\vec{v} = -\vec{j} + \vec{k}$ e $\vec{w} = \vec{i} + \vec{k}$. Pede-se:

a) $2\vec{u} \wedge (\vec{v} + \vec{w})$

Solução:

$$2.\ (1,-1,0) \wedge (1,-1,2) = (2,-2,0) \wedge (1,-1,2) = \begin{vmatrix} \vec{i} & \vec{j} & \vec{k} \\ 2 & -2 & 0 \\ 1 & -1 & 2 \end{vmatrix} = (-4,-4,0).$$

b) $\vec{u} \wedge (\vec{v} \wedge \vec{w})$

Solução:

$$(1,-1,0) \wedge \begin{vmatrix} \vec{i} & \vec{j} & \vec{k} \\ 0 & -1 & 1 \\ 1 & 0 & 1 \end{vmatrix} = (1,-1,0) \wedge (-1,1,1) = \begin{vmatrix} \vec{i} & \vec{j} & \vec{k} \\ 1 & -1 & 0 \\ -1 & 1 & 1 \end{vmatrix} = (-1,-1,0).$$

4. Dados os vetores $\vec{u} = 2\vec{i} + \vec{j} + 4\vec{k}$ e $\vec{v} = 3\vec{j} - 4\vec{k}$, determine o vetor $\vec{w}$ unitário, tal que seja ortogonal a $\vec{u}$ e a $\vec{v}$ (ver Exemplo 7.3(4)).

Solução:

O vetor $\vec{w}$ será ortogonal a $\vec{u}$ e a $\vec{v}$ se for paralelo a $\vec{u} \wedge \vec{v}$ (ver item 8.2.2).

Temos que $\vec{u} \wedge \vec{v} = \begin{vmatrix} \vec{i} & \vec{j} & \vec{k} \\ 2 & 1 & 4 \\ 0 & 3 & -4 \end{vmatrix} = (-16,8,6)$.

O vetor $\vec{w}$ será unitário se for o versor de $\vec{u} \wedge \vec{v}$ ou de seu oposto. Logo,

$$\vec{w} = \frac{\vec{u} \wedge \vec{v}}{|\vec{u} \wedge \vec{v}|} = \frac{(-16,8,6)}{\sqrt{(-16)^2+8^2+6^2}} = \left(\frac{-16}{\sqrt{356}}, \frac{8}{\sqrt{356}}, \frac{6}{\sqrt{356}}\right) = \left(\frac{-8\sqrt{89}}{89}, \frac{4\sqrt{89}}{89}, \frac{3\sqrt{89}}{89}\right) \text{ ou}$$

$$\vec{w} = \frac{-(\vec{u} \wedge \vec{v})}{|\vec{u} \wedge \vec{v}|} = \frac{-(-16,8,6)}{\sqrt{(-16)^2+8^2+6^2}} = -\left(\frac{-16}{\sqrt{356}}, \frac{8}{\sqrt{356}}, \frac{6}{\sqrt{356}}\right) = \left(\frac{8\sqrt{89}}{89}, \frac{-4\sqrt{89}}{89}, \frac{-3\sqrt{89}}{89}\right)$$

5. Obtenha o vetor de comprimento $5\sqrt{3}$ e ortogonal a $\vec{u} = (1,-1,2)$ e $\vec{v} = (2,-3,-1)$.

Solução:

O exercício 4 acima nos sugere que o vetor procurado é $\vec{w} = (\pm 5\sqrt{3}).\dfrac{\vec{u} \wedge \vec{v}}{|\vec{u} \wedge \vec{v}|}$.

Temos que $\vec{u} \wedge \vec{v} = \begin{vmatrix} \vec{i} & \vec{j} & \vec{k} \\ 1 & -1 & 2 \\ 2 & -3 & -1 \end{vmatrix} = (7, 5, -1)$ e $|\vec{u} \wedge \vec{v}| = \sqrt{7^2 + 5^2 + (-1)^2} = \sqrt{75}$.

Então, $\vec{w} = (\pm 5\sqrt{3}).\ \dfrac{(7, 5, -1)}{\sqrt{75}} = (\pm 5\sqrt{3}).\ \dfrac{(7, 5, -1)}{5\sqrt{3}} = \pm\left(7,\ 5,\ -1\right)$.

6. Obtenha a área do paralelogramo ABCD de diagonais $\overrightarrow{AC} = (6,2,-2)$ e $\overrightarrow{BD} = (2,-6,4)$.

Solução:

M é o ponto médio das diagonais (ver exemplo 4.6.(4)).

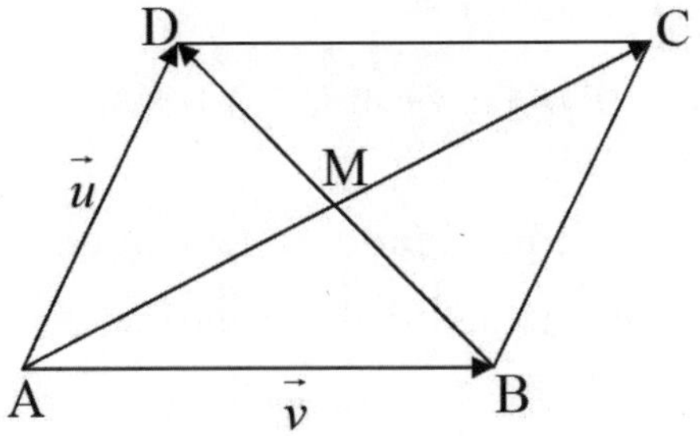

Figura 8.5

Temos que:

$\vec{u} = \dfrac{\overrightarrow{AC}}{2} + \dfrac{\overrightarrow{BD}}{2} = (3, 1, -1) + (1, -3, 2)$

$\vec{u} = (4, -2, 1)$

$\vec{v} = \dfrac{\overrightarrow{AC}}{2} - \dfrac{\overrightarrow{BD}}{2} = (3, 1, -1) - (1, -3, 2)$

$\vec{u} = (2, 4, -3)$

Então, $\vec{u} \wedge \vec{v} = \begin{vmatrix} \vec{i} & \vec{j} & \vec{k} \\ 4 & -2 & 1 \\ 2 & 4 & -3 \end{vmatrix} = (2,14,20)$.

Área do paralelogramo: $A = |\vec{u} \wedge \vec{v}| = \sqrt{2^2 + 14^2 + 20^2} = \sqrt{600} = 10\sqrt{6}$ u a.

7. Dados os pontos A(1,3,2), B(2,–1,1) e C(–1,2,3), pede-se:

a) a área do triângulo ABC.

Solução:

Sejam $\vec{u} = \overrightarrow{AB} = (1,-4,-1)$ e $\vec{v} = \overrightarrow{AC} = (-2,-1,1)$. Logo, $\vec{u} \wedge \vec{v} = \begin{vmatrix} \vec{i} & \vec{j} & \vec{k} \\ 1 & -4 & -1 \\ -2 & -1 & 1 \end{vmatrix} =$

$= (-5,1,-9)$ e $|\vec{u} \wedge \vec{v}| = \sqrt{(-5)^2 + 1^2 + (-9)^2} = \sqrt{107}$.

A área do triângulo ABC é: $S_\Delta = \frac{|\vec{u} \wedge \vec{v}|}{2} = \frac{\sqrt{107}}{2}$ unidades de área.

b) a altura do triângulo ABC relativa ao lado AB.

Solução:

Temos que $h_{AB} = \frac{S_{\text{paralelogramo}}}{|\vec{u}|} = \frac{|\vec{u} \wedge \vec{v}|}{|\vec{u}|} = \frac{\sqrt{107}}{\sqrt{1^2 + (-4)^2 + (-1)^2}} = \sqrt{\frac{107}{18}} \cong 2,44$ u c.

8. Dados $|\vec{u}| = 3$, $|\vec{v}| = 26$ e $|\vec{u} \wedge \vec{v}| = 72$, pede-se o produto escalar $\vec{u} \wedge \vec{v}$.

Solução:

Temos, de 8.2.3, que $|\vec{u} \wedge \vec{v}| = |\vec{u}||\vec{v}|\text{sen}\ \theta$, em que $\theta \measuredangle (\vec{u}, \vec{v})$.

Então, $|\vec{u} \wedge \vec{v}|^2 = |\vec{u}|^2 |\vec{v}|^2 \text{sen}^2\theta = |\vec{u}|^2 |\vec{v}|^2 (1 - \cos^2\theta) =$

$= |\vec{u}|^2 |\vec{v}|^2 - |\vec{u}|^2 |\vec{v}|^2 \cos^2\theta = |\vec{u}|^2 |\vec{v}|^2 - (\vec{u} \bullet \vec{v})^2$ (ver item 7.2.1(5)).

A relação $|\vec{u} \wedge \vec{v}|^2 = |\vec{u}|^2 |\vec{v}|^2 - (\vec{u} \bullet \vec{v})^2$ é chamada de **identidade de Lagrange**. Substituindo os dados do enunciado do exercício na identidade, segue que: $72^2 = 3^2 \,.\, 26^2 - (\vec{u} \bullet \vec{v})^2$, isto é, $(\vec{u} \bullet \vec{v})^2 = 6084 - 5184 = 900$ e, daí, $\vec{u} \bullet \vec{v} = 30$.

EXERCÍCIOS DE APLICAÇÃO 8.1

1. Considere os vetores $\vec{u} = (2,1,3)$ e $\vec{v} = (3,2,1)$.

- Obtenha os produtos:

  a) $\vec{u} \wedge \vec{v}$ b) $\vec{v} \wedge \vec{u}$ c) $(\vec{u} \wedge \vec{v}) \wedge \vec{v}$ d) $\vec{v} \wedge (\vec{v} \wedge \vec{u})$ e) $(\vec{u} \wedge \vec{v}) \wedge (\vec{v} \wedge \vec{u})$

- É verdade que os vetores:

  f) $\vec{u}, \vec{v}$ e $(\vec{u} \wedge \vec{v}) \wedge \vec{v}$ são coplanares?

  g) $\vec{u}$, $\vec{v}$ e $\vec{u} \wedge (\vec{v} \wedge \vec{u})$ são coplanares?

2. Sejam $\vec{i} = (1,0,0)$, $\vec{j} = (0,1,0)$ e $\vec{a} = (1,1,0)$.

   a) Calcule $\vec{i} \wedge \vec{j}$.

   b) Calcule $\vec{i} \wedge \vec{a}$.

   c) É verdade que se $\vec{i} \wedge \vec{j} = \vec{i} \wedge \vec{a}$, então $\vec{j} = \vec{a}$? (Isto é, vale o cancelamento?)

3. Dados os vetores $\vec{u} = (2,3,-5)$ e $\vec{u} = (-4,-6,10)$, pede-se:

   a) $\vec{u} \wedge \vec{v}$.

   b) a posição relativa dos vetores $\vec{u}$ e $\vec{v}$.

4. Mostre que se $\vec{u} \wedge \vec{v} = \vec{0}$, então $\vec{u}$ e $\vec{v}$ não nulos são paralelos.

5. Calcule a área do triângulo de vértices A(1,2,2), B(9,8, –2) e C(10,12,6).

6. Determine a área do quadrilátero ABCD, tal que A(1,1,2), B(–2,1,4), C(–3,1,2) e D(0,1,1). Observação: verifique, antes dos cálculos, se o quadrilátero é paralelogramo.

7. Determine a área do triângulo BCM, sabendo que A(1,2,2), B(–2,5,2), C(1,7,2) e que M está a 2/3 de A para B.

8. Determine a altura do triângulo ABC relativa à base BC, dados A(0,1,2), B(4,3,1) e C(1,7,3).

9. Determine a altura do triângulo ABC relativa ao vértice B, dados A(2,2,1), B(2,0,0) e C(3,2,2).

10. Obtenha a área do paralelogramo ABCD, cujas diagonais são $\overrightarrow{AC} = (3,1,-2)$ e $\overrightarrow{BD} = (1,-3,4)$.

11. Os pontos X e Y pertencem a uma reta *r*, mas Z não pertence a ela. Utilize a interpretação geométrica do produto vetorial para mostrar que a distância do ponto Z até a reta *r* é

$$\frac{\left|\overrightarrow{XY} \wedge \overrightarrow{XZ}\right|}{\left|\overrightarrow{XY}\right|}.$$

12. Calcule a distância do ponto O(0,0,0) à reta que tem os pontos I = (1,0,0), J = (0,1,0).

13. Calcule a distância do ponto O(0,0,0) à reta que possui os pontos A(0,2,0) e B(0,0,3).

14. Quais são os vetores unitários ortogonais a $(\vec{i} + \vec{j} + \vec{k})$ e a $(\vec{i} - \vec{j} - \vec{k})$?

15. Dados $\vec{u} = (-1,-1,0)$ e $\vec{v} = (-2,1,2)$, determine as coordenadas do vetor $\vec{w}$ ortogonal a $\vec{u}$ e a $\vec{v}$ e que tenha módulo 3.

16. Determine o vetor $\vec{w}$, ortogonal a $\vec{u} = (2,-1,1)$ e $\vec{v} = (3,-6,2)$ e cuja medida da sua projeção na direção de $\vec{t} = (1,0,1)$ é igual a 4.

9 PRODUTO MISTO

- Conceituar produto misto e apresentar suas propriedades.
- Calcular altura e volume de paralelepípedos, prismas e tetraedros.

9.1 INTRODUÇÃO

A operação produto misto será definida para vetores de V_3 em relação à base ortonormal positiva $E = (\vec{i}, \vec{j}, \vec{k})$.

9.2 PRODUTO MISTO

Sejam os vetores $\vec{u} = (u_1, u_2, u_3)$, $\vec{v} = (v_1, v_2, v_3)$ e $\vec{w} = (w_1, w_2, w_3)$. O **produto misto** dos vetores $\vec{u}$, $\vec{v}$ e $\vec{w}$ é o número real

$$\vec{u} \wedge \vec{v} \bullet \vec{w} = \begin{vmatrix} u_1 & u_2 & u_3 \\ v_1 & v_2 & v_3 \\ w_1 & w_2 & w_3 \end{vmatrix}.$$

Notações: $\vec{u} \wedge \vec{v} \bullet \vec{w}$ ou $[\vec{u}, \vec{v}, \vec{w}]$ (lê-se: produto misto de $\vec{u}$, $\vec{v}$ e $\vec{w}$).

Exemplo 9.1:

Dados os vetores $\vec{u} = (2,0,1)$, $\vec{v} = (3,1,2)$ e $\vec{w} = (2,3,0)$, pede-se $\vec{u} \wedge \vec{v} \bullet \vec{w}$.

Solução:

$$\vec{u} \wedge \vec{v} \bullet \vec{w} = \begin{vmatrix} 2 & 0 & 1 \\ 3 & 1 & 2 \\ 2 & 3 & 0 \end{vmatrix} = (0 + 0 + 9) - (2 + 12 + 0) = -5 .$$

Observação 9.1

a) O produto misto, indicado por $\vec{u} \wedge \vec{v} \bullet \vec{w}$, sugere que seja obtido pelo produto escalar dos vetores ($\vec{u} \wedge \vec{v}$) e $\vec{w}$. Essa percepção ganha credibilidade quando se compara o produto escalar dos vetores ($\vec{u} \wedge \vec{v}$) e $\vec{w}$ com o produto misto obtido no Exemplo 9.1:

$$\vec{u} \wedge \vec{v} = \begin{vmatrix} \vec{i} & \vec{j} & \vec{k} \\ 2 & 0 & 1 \\ 3 & 1 & 2 \end{vmatrix} = \begin{vmatrix} 0 & 1 \\ 1 & 2 \end{vmatrix} \vec{i} + \begin{vmatrix} 1 & 2 \\ 2 & 3 \end{vmatrix} \vec{j} + \begin{vmatrix} 2 & 0 \\ 3 & 1 \end{vmatrix} \vec{k} = (-1,-1,2) \text{ e } \vec{w} = (2,3,0),$$

isto é, $\vec{u} \wedge \vec{v} \bullet \vec{w} = (-1,-1,2).(2,5,0) = -5$, mesmo resultado do produto misto.

Generalizando a operação para três vetores quaisquer, verificaremos que tal pressentimento está correto. Veja que:

$$\vec{u} \wedge \vec{v} = \begin{vmatrix} u_2 & u_3 \\ v_2 & v_3 \end{vmatrix} \vec{i} + \begin{vmatrix} u_3 & u_1 \\ v_3 & v_1 \end{vmatrix} \vec{j} + \begin{vmatrix} u_1 & u_2 \\ v_1 & v_2 \end{vmatrix} \vec{k} \text{ e } \vec{w} = w_1\vec{i} + w_2\vec{j} + w_3\vec{k}.$$

Logo,

$$(\vec{u} \wedge \vec{v}) \bullet \vec{w} = \left(\begin{vmatrix} u_2 & u_3 \\ v_2 & v_3 \end{vmatrix} \vec{i} + \begin{vmatrix} u_3 & u_1 \\ v_3 & v_1 \end{vmatrix} \vec{j} + \begin{vmatrix} u_1 & u_2 \\ v_1 & v_2 \end{vmatrix} \vec{k} \right) \bullet (w_1\vec{i} + w_2\vec{j} + w_3\vec{k}) =$$

$$= \begin{vmatrix} u_2 & u_3 \\ v_2 & v_3 \end{vmatrix} w_1 + \begin{vmatrix} u_3 & u_1 \\ v_3 & v_1 \end{vmatrix} w_2 + \begin{vmatrix} u_1 & u_2 \\ v_1 & v_2 \end{vmatrix} w_3 \text{ e, pela regra de Laplace,}$$

$$= \begin{vmatrix} u_1 & u_2 & u_3 \\ v_1 & v_2 & v_3 \\ w_1 & w_2 & w_3 \end{vmatrix}.$$

b) Não é necessário utilizar parênteses para indicar o produto vetorial $\vec{u} \wedge \vec{v}$ quando se apresenta $\vec{u} \wedge \vec{v} \bullet \vec{w}$ ou $\vec{w} \bullet \vec{u} \wedge \vec{v}$, pois ele (produto vetorial) é realizado em primeiro lugar.

c) A expressão $\vec{u} \wedge (\vec{v} \bullet \vec{w})$ não representa produto misto de vetores, pois $(\vec{v} \bullet \vec{w})$ não é vetor e, nesse caso, não é possível realizar o produto indicado.

9.2.1 PROPRIEDADES DO PRODUTO MISTO

Sejam $\vec{u} = (u_1, u_2, u_3)$, $\vec{v} = (v_1, v_2, v_3)$ e $\vec{w} = (w_1, w_2, w_3)$ vetores de V_3 em relação à base ortonormal positiva E = $(\vec{i}, \vec{j}, \vec{k})$ e $\alpha \in \mathbb{R}$.

1. $[\vec{u}, \vec{v}, \vec{w}] = [\vec{v}, \vec{w}, \vec{u}] = [\vec{w}, \vec{u}, \vec{v}]$

O produto misto é um determinante, e o seu valor se mantém inalterado quando as suas linhas são permutadas em número par de vezes.

Observe que o segundo produto misto, indicado acima, tem em sua terceira linha as coordenadas do vetor $\vec{u}$ e o seu valor é igual ao do primeiro produto misto que tem as coordenadas de $\vec{u}$ na primeira linha. O terceiro produto misto tem em sua primeira linha as coordenadas de $\vec{w}$ e essas (coordenadas) aparecem na terceira linha do primeiro produto misto. Houve, nos dois casos, dupla permutação das linhas em relação ao primeiro determinante e, por isso, todos são iguais.

O determinante troca o sinal quando se permutam suas linhas em número ímpar de vezes. Assim, $[\vec{u}, \vec{v}, \vec{w}] = -[\vec{v}, \vec{u}, \vec{w}]$. Houve permutação da primeira linha com a segunda, portanto, uma só mudança de posição. As coordenadas de $\vec{u}$ passaram para a segunda linha do determinante.

O exposto acima nos permite entender que:

$$[\vec{v}, \vec{u}, \vec{w}] = [\vec{u}, \vec{w}, \vec{v}] = [\vec{w}, \vec{v}, \vec{u}]$$

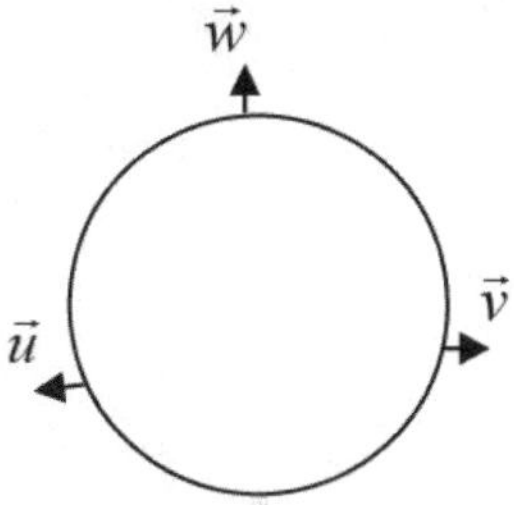

Figura 9.1

Observação 9.2

O ciclo nos ajuda a memorizar os produtos mistos de mesmo valor. Basta considerar os produtos que têm os seus vetores seguindo a ordem horária ou a anti-horária. Os produtos mistos de vetores em ordem horária têm sinais contrários aos produtos mistos dos mesmos vetores em ordem anti-horária.

Uma consequência dessa propriedade é que: $(\vec{u} \wedge \vec{v}) \bullet \vec{w} = \vec{w} \bullet (\vec{u} \wedge \vec{v})$, visto que o produto vetorial é realizado em primeiro lugar e, depois, o produto escalar que é comutativo. Temos, também, que $(\vec{u} \wedge \vec{v}) \bullet \vec{w} = -(\vec{v} \wedge \vec{u}) \bullet \vec{w}$.

2. $[\alpha.\vec{u}, \vec{v}, \vec{w}] = \alpha [\vec{u}, \vec{v}, \vec{w}]$

A propriedade é provada utilizando-se o fato:

"Um determinante fica multiplicado por α real
se apenas uma de suas linhas for multiplicada por α."

3. $\left[\vec{u}+\vec{t},\vec{v},\vec{w}\right] = \left[\vec{u},\vec{v},\vec{w}\right] + \left[\vec{t},\vec{v},\vec{w}\right]$

Temos que $\left[\vec{u}+\vec{t},\vec{v},\vec{w}\right] = (\vec{u}+\vec{t})\wedge\vec{v} \bullet \vec{w}$.

Aplicando-se a propriedade distributiva do produto vetorial (ver caso 3 do item 8.2.1), segue que:

$$\left[\vec{u}+\vec{t},\vec{v},\vec{w}\right] = (\vec{u}\wedge\vec{v}+\vec{t}\wedge\vec{v})\bullet\vec{w}.$$

Utilizando o fato de o produto escalar ser distributivo, temos:

$$\left[\vec{u}+\vec{t},\vec{v},\vec{w}\right] = \vec{u}\wedge\vec{v} \bullet \vec{w}+\vec{t}\wedge\vec{v} \bullet \vec{w}$$

$$\left[\vec{u}+\vec{t},\vec{v},\vec{w}\right] = \left[\vec{u},\vec{v},\vec{w}\right] + \left[\vec{t},\vec{v},\vec{w}\right].$$

9.2.2 INTERPRETAÇÃO GEOMÉTRICA DO PRODUTO MISTO

Consideremos três vetores não nulos e não coplanares $\vec{u}$, $\vec{v}$ e $\vec{w}$ (conjunto LI).

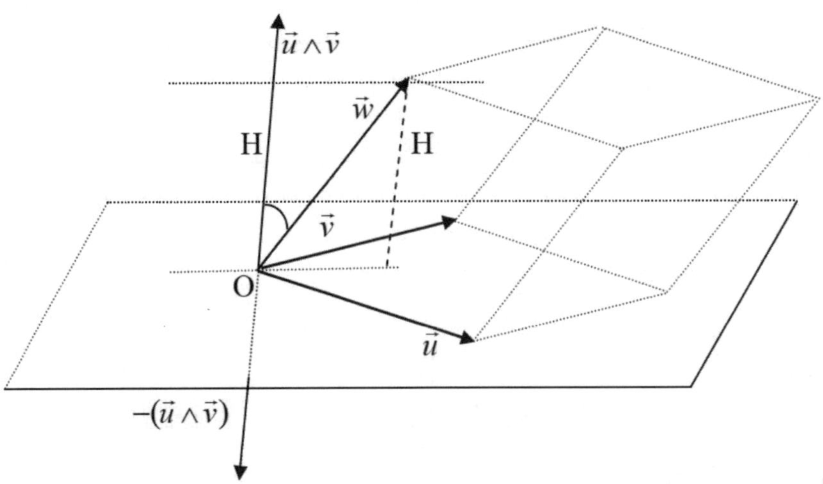

Figura 9.2

A figura mostra um paralelepípedo construído a partir dos vetores dados.

Qual é o volume desse paralelepípedo?

O volume de um paralelepípedo (Figura 9.2) é dado pelo produto da área A da base pela altura H relativa a ela (base).

Se $\vec{u}$ e $\vec{v}$ são os vetores da base do paralelogramo, ambos com origem num ponto O, então sua área é $A = \left|\vec{u}\wedge\vec{v}\right|$. A altura H do paralelepípedo, distância entre as bases, é a medida da projeção de $\vec{w}$ na direção de ($\vec{u}\wedge\vec{v}$) (ver item 7.3):

$$H = \left|\text{proj}_{\vec{u}\wedge\vec{v}}\vec{w}\right| = \left|\frac{(\vec{u}\wedge\vec{v})\bullet\vec{w}}{(\vec{u}\wedge\vec{v}).(\vec{u}\wedge\vec{v})}(\vec{u}\wedge\vec{v})\right| = \frac{|(\vec{u}\wedge\vec{v})\bullet\vec{w}|}{|\vec{u}\wedge\vec{v}|^2}|\vec{u}\wedge\vec{v}| = \frac{|(\vec{u}\wedge\vec{v})\bullet\vec{w}|}{|\vec{u}\wedge\vec{v}|} \text{ ou}$$

$$H = \frac{\left|[\vec{u},\vec{v},\vec{w}]\right|}{|\vec{u}\wedge\vec{v}|}.$$

Então, $V = A \,.\, H = |\vec{u}\wedge\vec{v}| \,.\, \dfrac{|\vec{u}\wedge\vec{v}\bullet\vec{w}|}{|\vec{u}\bullet\vec{v}|} = |\vec{u}\wedge\vec{v}\bullet\vec{w}|$ ou $V = \left|[\vec{u},\vec{v},\vec{w}]\right|$.

O volume de um paralelepípedo determinado pelos vetores $\vec{u}$, $\vec{v}$ e $\vec{w}$, a partir de um ponto O, é igual ao valor absoluto do produto misto dos três vetores.

O volume de um prisma de base triangular (Figura 9.3) determinado pelos vetores $\vec{u}$, $\vec{v}$ e $\vec{w}$ é a metade do volume do paralelepípedo determinado pelos mesmos vetores. Daí,

$$V_P = \frac{|\vec{u}\wedge\vec{v}\bullet\vec{w}|}{2}$$

e

$$H_P = \frac{|\vec{u}\wedge\vec{v}\bullet\vec{w}|}{|\vec{u}\wedge\vec{v}|}$$

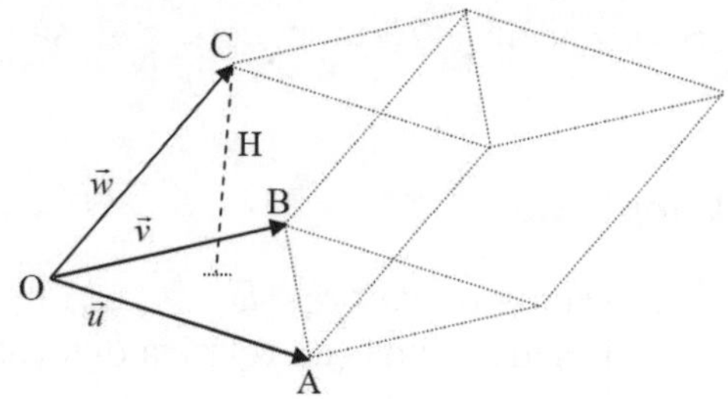

Figura 9.3

em relação à base indicada na figura.

O volume de uma pirâmide triangular determinado pelos vetores $\vec{u}$, $\vec{v}$ e $\vec{w}$ é $1/3$ do volume do prisma de base triangular e, portanto, $1/6$ do volume do paralelepípedo determinado pelos mesmos vetores. Daí,

$$V_T = \frac{|\vec{u}\wedge\vec{v}\bullet\vec{w}|}{6}$$

e

$$H_T = \frac{|\vec{u}\wedge\vec{v}\bullet\vec{w}|}{|\vec{u}\wedge\vec{v}|}$$

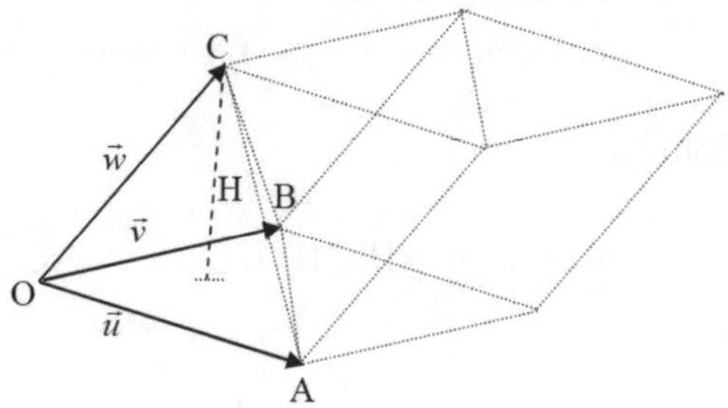

Figura 9.4

em relação à base indicada na figura.

Observação 9.3

As alturas do tetraedro podem ter medidas diferentes, dependendo da base de vetores que for escolhida.

$H_1 = \dfrac{|\vec{u} \wedge \vec{v} \bullet \vec{w}|}{|\vec{u} \wedge \vec{v}|}$ se a base é formada com $\vec{u}$ e $\vec{v}$.

$H_2 = \dfrac{|\vec{u} \wedge \vec{v} \bullet \vec{w}|}{|\vec{u} \wedge \vec{w}|}$ se a base é formada com $\vec{u}$ e $\vec{w}$.

$H_3 = \dfrac{|\vec{u} \wedge \vec{v} \bullet \vec{w}|}{|\vec{v} \wedge \vec{w}|}$ se a base é formada com $\vec{v}$ e $\vec{w}$.

$H_4 = \dfrac{|\vec{u} \wedge \vec{v} \bullet \vec{w}|}{|(\vec{v} - \vec{u}) \wedge (\vec{w} - \vec{u})|}$ se a base é formada com $\overrightarrow{AB} = (\vec{v} - \vec{u})$ e $\overrightarrow{AC} = (\vec{w} - \vec{u})$.

Se $\vec{u} \wedge \vec{v} \bullet \vec{w} = 0$, então $\vec{u}$, $\vec{v}$ e $\vec{w}$ são coplanares e, daí, $V = |\vec{u} \wedge \vec{v} \bullet \vec{w}| = 0$.

Exemplo 9.2:

1. Dados os vetores $\vec{u} = (2,1,1)$, $\vec{v} = (0,2,-1)$ e $\vec{w} = (2,3,0)$, pede-se $\vec{u} \wedge \vec{v} \bullet \vec{w}$. Discuta a posição relativa dos vetores.

Solução:

$$\vec{u} \wedge \vec{v} \bullet \vec{w} = \begin{vmatrix} 2 & 1 & 1 \\ 0 & 2 & -1 \\ 2 & 3 & 0 \end{vmatrix} = 0.$$ Os vetores $\vec{u}$, $\vec{v}$ e $\vec{w}$ são coplanares, sendo $\vec{w} = \vec{u} + \vec{v}$.

2. Dados os pontos A(1,2,0), B(1,3,1), C(3,1,2) e D(0,2,3), determine o volume do paralelepípedo que tem arestas $\overline{AB}$, $\overline{AC}$ e $\overline{AD}$.

Solução:

Temos: $\vec{u} = \overrightarrow{AB} = (0,1,1)$, $\vec{v} = \overrightarrow{AC} = (2,-1,2)$ e $\vec{w} = \overrightarrow{AD} = (-1,0,3)$.

$$\vec{u} \wedge \vec{v} \bullet \vec{w} = \begin{vmatrix} 0 & 1 & 1 \\ 2 & -1 & 2 \\ -1 & 0 & 3 \end{vmatrix} = -9.$$ Os vetores não são coplanares, pois $\vec{u} \wedge \vec{v} \bullet \vec{w} \neq 0$.

Portanto, $V = |\vec{u} \wedge \vec{v} \bullet \vec{w}| = |-9| = 9$ uv (unidades de volume).

3. Os pontos A(2,1,5), B(3,–1,3), C(0,2,4) e D(1,–3,2) são vértices de um tetraedro. Determine:

   a) O volume do tetraedro ABCD.

Solução:

Temos: $\vec{u} = \overrightarrow{AB} = (1,-2,-2)$, $\vec{v} = \overrightarrow{AC} = (-2,1,-1)$ e $\vec{w} = \overrightarrow{AD} = (-1,-4,-3)$.

$$\vec{u} \wedge \vec{v} \bullet \vec{w} = \begin{vmatrix} 1 & -2 & -2 \\ -2 & 1 & -1 \\ -1 & -4 & -3 \end{vmatrix} = -15. \text{ Portanto, } V_T = \frac{|\vec{u} \wedge \vec{v} \bullet \vec{w}|}{6} = \frac{|-15|}{6} = \frac{15}{6} \text{ uv.}$$

b) A altura do tetraedro ABCD relativa à base ABC.

Solução:

$$\vec{u} \wedge \vec{v} = \begin{vmatrix} \vec{i} & \vec{j} & \vec{k} \\ 1 & -2 & -2 \\ -2 & 1 & -1 \end{vmatrix} = (4,5,-3) \text{ e, daí, } |\vec{u} \wedge \vec{v}| = \sqrt{4^2 + 5^2 + (-3)^2} = 5\sqrt{2}.$$

Portanto, $H_{T_1} = \frac{|\vec{u} \wedge \vec{v} \bullet \vec{w}|}{|\vec{u} \wedge \vec{v}|} = \frac{|-15|}{5\sqrt{2}} = \frac{3\sqrt{2}}{2}$ **uc** (unidades de comprimento).

c) A altura do tetraedro ABCD relativa à base ABD.

Solução:

$$\vec{u} \wedge \vec{v} = \begin{vmatrix} \vec{i} & \vec{j} & \vec{k} \\ 1 & -2 & -2 \\ -1 & -4 & -3 \end{vmatrix} = (-2,5,-6) \text{ e, daí, } |\vec{u} \wedge \vec{v}| = \sqrt{(-2)^2 + 5^2 + (-6)^2} = \sqrt{65}.$$

Portanto, $H_{T_2} = \frac{|\vec{u} \wedge \vec{v} \bullet \vec{w}|}{|\vec{u} \wedge \vec{w}|} = \frac{|-15|}{\sqrt{65}} = \frac{15}{\sqrt{65}} = \frac{3\sqrt{65}}{13}$ uc.

d) A altura do tetraedro ABCD relativa à base BCD.

Solução:

Temos que $\overrightarrow{BC} = \vec{v} - \vec{u} = (-3, 3, 1)$ e $\overrightarrow{BD} = \vec{w} - \vec{u} = (-2, -2, -1)$.

$$\overrightarrow{BC} \wedge \overrightarrow{BD} = \begin{vmatrix} \vec{i} & \vec{j} & \vec{k} \\ -3 & 3 & 1 \\ -2 & -2 & -1 \end{vmatrix} = (-1,-5,12) \text{ e, daí, } \left|\overrightarrow{BC} \wedge \overrightarrow{BD}\right| = \sqrt{(-1)^2+(-5)^2+12^2} = \sqrt{170}.$$

$$\text{Portanto, } H_{T_3} = \frac{\left|\vec{u} \wedge \vec{v} \bullet \vec{w}\right|}{\left|\overrightarrow{BC} \wedge \overrightarrow{BD}\right|} = \frac{|-15|}{\sqrt{170}} = \frac{15}{\sqrt{170}} = \frac{15\sqrt{170}}{170} = \frac{3\sqrt{170}}{34} \text{ uc.}$$

Fica confirmado, no exemplo, que as alturas relativas a cada uma das bases podem ter valores diferentes nesse tetraedro.

4. Os pontos X, Y e Z são distintos não colineares e estão no plano π, e o ponto A não pertence a π. Utilize a interpretação geométrica do produto misto para mostrar que a distância do ponto A ao plano π é igual a

$$d_{A,\pi} = \frac{\left|(\overrightarrow{XY} \wedge \overrightarrow{XZ}) \bullet \overrightarrow{XA}\right|}{\left|\overrightarrow{XY} \wedge \overrightarrow{XZ}\right|}.$$

Solução:

Considerar o ponto fixo X em π e tomar os vetores $\overrightarrow{XY}$, $\overrightarrow{XZ}$ e $\overrightarrow{XA}$. Queremos calcular a altura H (distância de A até π: $d_{A,\pi}$) do paralelepípedo que tem os pontos X, Y e Z em sua base.

A área da base do paralelepípedo é $A_{base} = \left|\overrightarrow{XY} \wedge \overrightarrow{XZ}\right|$.

O volume do paralelepípedo é $V_{Paralelepipedo} = \left|(\overrightarrow{XY} \wedge \overrightarrow{XZ}) \bullet \overrightarrow{XA}\right|$.

Altura do paralelepípedo $d_{A,} = H = \dfrac{V_{Paralelepipedo}}{A_{base}} = \dfrac{\left|(\overrightarrow{XY} \wedge \overrightarrow{XZ}) \bullet \overrightarrow{XA}\right|}{\left|\overrightarrow{XY} \wedge \overrightarrow{XZ}\right|}$.

5. Calcule a distância de A(0,0,0) ao plano que tem os pontos (1,0,0), (0,1,0) e (0,0,1).

Solução:

Consideremos o plano π contendo o conjunto dos pontos X(1,0,0), Y(0,1,0) e Z(0,0,1). O ponto X é fixo em π. O ponto A(0,0,0) não pertence a π. Tomemos os vetores $\overrightarrow{XY} = (-1,1,0)$ e $\overrightarrow{XZ} = (-1,0,1)$ e $\overrightarrow{XA} = (-1,0,0)$. Queremos calcular a altura (distância de A até π) do paralelepípedo que tem os pontos X, Y e Z em sua base. Vamos utilizar, para isso, a sentença obtida na questão 4 do Exemplo 9.2. Temos que:

$$\overrightarrow{XY} \wedge \overrightarrow{XZ} = \begin{vmatrix} \vec{i} & \vec{j} & \vec{k} \\ -1 & 1 & 0 \\ -1 & 0 & 1 \end{vmatrix} = (1,1,1) \text{ e } (\overrightarrow{XY} \wedge \overrightarrow{XZ}) \bullet \overrightarrow{XA} = -1.$$

A área da base do paralelepípedo é $A_{base} = \left|\overrightarrow{XY} \wedge \overrightarrow{XZ}\right| = \sqrt{1^2+1^2+1^2} = \sqrt{3}$ ua.

a) O volume do paralelepípedo é $V_{Paralelepípedo} = \left|(\overrightarrow{XY} \wedge \overrightarrow{XZ}) \bullet \overrightarrow{XA}\right| = |-1| = 1$ uv.

Altura do paralelepípedo $d_{A,\pi} = H = \dfrac{V_{Paralelepípedo}}{A_{base}} = \dfrac{\left|(\overrightarrow{XY} \wedge \overrightarrow{XZ}) \bullet \overrightarrow{XA}\right|}{\left|\overrightarrow{XY} \wedge \overrightarrow{XZ}\right|} = \dfrac{1}{\sqrt{3}} = \dfrac{\sqrt{3}}{3}$ uc.

6. Supondo que $\vec{u} \neq \vec{0}$, mostre que esta sentença é verdadeira:
"Se $\vec{u} \bullet \vec{v} = \vec{u} \bullet \vec{w}$ e $\vec{u} \wedge \vec{v} = \vec{u} \wedge \vec{w}$, então $\vec{v} = \vec{w}$".

Solução:

Temos, por hipótese, que $\vec{u} \neq \vec{0}$ e:

1º) $\vec{u} \bullet \vec{v} = \vec{u} \bullet \vec{w}$, logo, $\vec{u} \bullet \vec{v} - \vec{u} \bullet \vec{w} = 0$ e, daí, $\vec{u} \bullet (\vec{v} - \vec{w}) = 0$.

Assim, $\vec{u} \perp (\vec{v} - \vec{w})$ (1)

2º) $\vec{u} \wedge \vec{v} = \vec{u} \wedge \vec{w}$, logo, $\vec{u} \wedge \vec{v} - \vec{u} \wedge \vec{w} = \vec{0}$, daí, $\vec{u} \wedge (\vec{v} - \vec{w}) = \vec{0}$.

Assim, $\vec{u} \,//\, (\vec{v} - \vec{w})$ (2)

Comparando (1) e (2), verificamos que $(\vec{v} - \vec{w})$ é ortogonal e, também, paralelo a $\vec{u}$. Nessas condições, entende-se que $(\vec{v} - \vec{w}) = \vec{0}$ e, daí, segue que $\vec{v} = \vec{w}$.

7. Apresente uma interpretação geométrica que justifique a conclusão do exercício acima.

Solução:

Temos do exercício acima que $\vec{u} \perp (\vec{v} - \vec{w})$ e, também, que $\vec{u} \wedge \vec{v} = \vec{u} \wedge \vec{w}$. Esta última relação nos informa que os vetores $(\vec{u} \wedge \vec{v})$ e $(\vec{u} \wedge \vec{w})$ têm mesma direção e sentido, logo, os vetores $\vec{u}$, $\vec{v}$ e $\vec{w}$ são coplanares. Segue, também, da última igualdade que $|\vec{u} \wedge \vec{v}| = |\vec{u} \wedge \vec{w}|$ e, daí, as áreas dos paralelogramos formados a partir dos vetores $\vec{u}$ e $\vec{v}$ e dos vetores $\vec{u}$ e w são iguais.

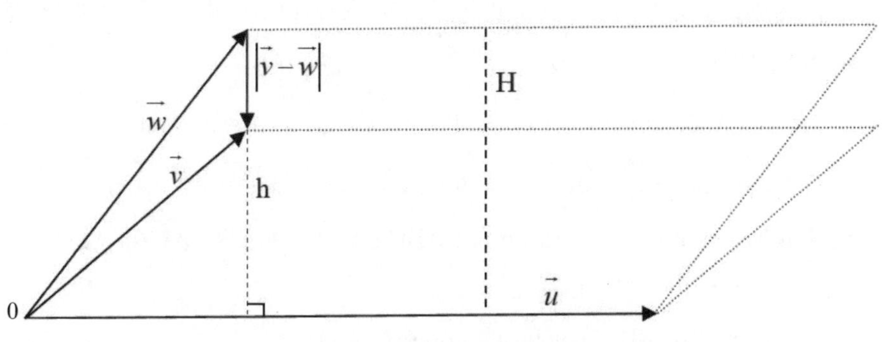

Figura 9.5

Os paralelogramos possuem mesma base medindo $|\vec{u}|$ e alturas H e h, respectivamente, em que $H = h + |\vec{v} \quad \vec{w}|$. O fato de as áreas e as bases serem iguais impõe que H = h.

Portanto, $|\vec{v} - \vec{w}| = 0$ e, daí, $\vec{v} - \vec{w} = \vec{0}$. Então, segue que $\vec{v} = \vec{w}$.

EXERCÍCIOS DE APLICAÇÃO 9.1

Resolva em relação à base ortonormal positiva $E = (\vec{i}, \vec{j}, \vec{k})$ as seguintes questões:

1. Determine o produto misto dos vetores $\vec{u}$, $\vec{v}$ e $\vec{w}$:

   a) $\vec{u} = (1, -1, 4)$ $\vec{v} = (2, 1, 2)$ $\vec{w} = (0,-2,3)$;

   b) $\vec{u} = (4, -2, 3)$ $\vec{v} = (5, 0, 1)$ $\vec{w} = (-8,4,-6)$;

   c) $\vec{u} = (-5, 1, 2)$ $\vec{v} = (2, 1, 0)$ $\vec{w} = (3,1,1)$.

2. Verifique se os pontos A(3,–1,2), B(1,0,1), C(2,1,3) e D(5,2,7) são coplanares

3. Determine o volume do paralelepípedo que tem as arestas $\overline{AB}$, $\overline{AC}$ e $\overline{AD}$, sendo A(3,–1,2), B(1,1,1), C(2,1,3), D(2,3,5).

4. Determine o volume do prisma triangular de base ABC e D um vértice da base oposta, sendo $\overline{AB}$, $\overline{AC}$ e $\overline{AD}$ suas arestas. Dados: A(2,1,0), B(1,3,1), C(1,0,1), D(3,1,0).

5. Determine o volume do tetraedro de vértices A(0,0,1), B(3,–1,2), C(1,1,1), D(3,1,0).

6. Determine o volume do tetraedro de vértices A(0,2,1), B(1,0,1), C(1,1,2), D(0,3,2).

7. Dados os pontos A(0,0,1), B(–1,3,1), C(0,1,1), D(2,1,–1), determine a altura do:

   a) paralelepípedo que tem as arestas $\overline{AB}$, $\overline{AC}$ e $\overline{AD}$, relativa ao vértice D;

   b) tetraedro ABCD, relativa à base ABC.

8. Dados os pontos A(0,2,1), B(1,0,1), C(1,1,2), D(3,2,1), determine:

   a) o volume do paralelepípedo que tem as arestas $\overline{AB}$, $\overline{AC}$ e $\overline{AD}$;

   b) volume do prisma de base triangular ABC e arestas $\overline{AB}$, $\overline{AC}$ e $\overline{AD}$;

   c) volume do tetraedro ABCD;

   d) altura do tetraedro ABCD, relativa ao vértice D.

9. Calcule a distância de O(0,0,0) ao plano que tem os pontos (1,0,0), (0,2,0) e (0,0,3).

10. Utilizando coordenadas, mostre que $\vec{u} \cdot (\vec{v} \wedge \vec{w}) = (\vec{u} \wedge \vec{v}) \cdot \vec{w}$, em que $\vec{u}$, $\vec{v}$ e $\vec{w}$ são vetores não nulos em relação à base E = $(\vec{i}, \vec{j}, \vec{k})$.

11. Considere os pontos O(0,0,0), I(1,0,0), J(0,1,0) e K(0,0,1). Calcule:

    a) as distâncias entre O e I, O e J e O e K;

    b) as áreas das faces do tetraedro OIJK;

    c) o volume do tetraedro determinado pelos pontos OIJK.

d) Verifique se $A^2_{\Delta IJK} = A^2_{\Delta OIJ} + A^2_{\Delta OJK} + A^2_{\Delta OKJ}$.

10 RETA

- Apresentar as formas vetorial, paramétrica e simétrica das retas.
- Discutir a posição relativa entre duas retas: intersecção, perpendicularismo e ângulos entre elas.

10.1 INTRODUÇÃO

Consideremos em V_3 o sistema de referência $(O, \vec{i}, \vec{j}, \vec{k})$, sendo E = $(\vec{i}, \vec{j}, \vec{k})$ a base ortonormal positiva e O(0,0,0) a origem.

Apresentaremos três tipos de equações de retas: vetorial, paramétrica e simétrica.

10.2 EQUAÇÃO VETORIAL DA RETA

Podemos associar cada ponto P(x, y, z) do espaço a um vetor cujo representante tem origem em O e extremidade no ponto P, indicado por $\overrightarrow{OP} = x\vec{i} + y\vec{j} + z\vec{k}$ ou, também, por $\overrightarrow{OP} = (x, y, z)$.

Sabemos que por dois pontos A e B distintos, existe uma só reta r que "passa" por eles. Os pontos A e B definem a direção da reta.

Uma equação da reta é obtida quando se conhecem as coordenadas de dois pontos fixos distintos ou, então, as coordenadas de um ponto fixo e a sua direção. A direção de uma reta é dada pela direção de um vetor $\vec{v} \neq \vec{0}$ paralelo a ela.

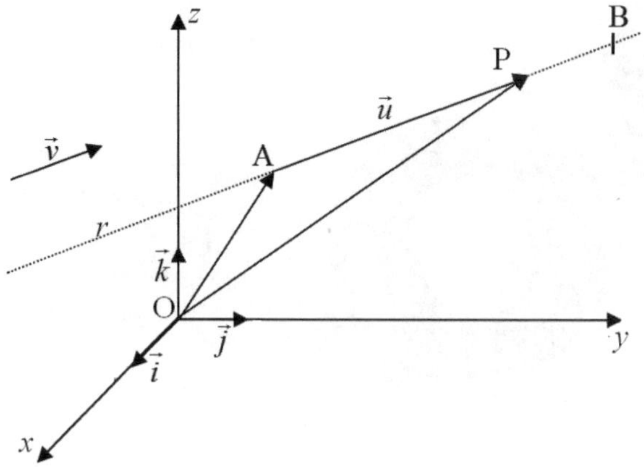

Figura 10.1

Seja A o ponto fixo de uma reta r e P um ponto qualquer de r. O vetor $\overrightarrow{OP}$ é a soma dos vetores $\overrightarrow{OA}$ e $\vec{u} = \overrightarrow{AP}$. Isto é,

$$\overrightarrow{OP} = \overrightarrow{OA} + \vec{u}.$$

O sentido e o comprimento de $\vec{u}$ variam conforme a localização de P em r.

Se $\vec{v}$ tem a direção de r, então $\vec{v} // \vec{u}$. Assim, existe λ real tal que $\vec{u} = \lambda\,\vec{v}$, que, substituído na sentença acima, resulta em:

$$\overrightarrow{OP} = \overrightarrow{OA} + \lambda\,\vec{v},\ \lambda \in \mathbb{R},$$

denominada **equação vetorial** da reta r.

Vemos, pela equação vetorial, que a cada valor do parâmetro λ corresponde um só ponto P de r.

Sendo $\overrightarrow{OP} = (x, y, z)$, $\overrightarrow{OA} = (x_A, y_A, z_A)$ e $\vec{v} = (a, b, c) \neq \vec{0}$, então a equação vetorial de r é descrita por

$$r: (x, y, z) = (x_A, y_A, z_A) + \lambda\,(a, b, c),\ \lambda \in \mathbb{R}. \quad (1)$$

Observação 10.1

Se forem dados dois pontos distintos da reta r: $A(x_A, y_A, z_A)$ e $B(x_B, y_B, z_B)$, podemos tomar o vetor $\vec{v}$ como $\vec{v} = \overrightarrow{AB} = (x_B - x_A,\ y_B - y_A,\ z_B - z_A)$, visto que a equação da reta não depende do módulo ou sentido de $\vec{v}$ e que λ percorre os valores em $\mathbb{R}$.

Exemplo 10.1:

Obtenha a equação vetorial da reta r, conhecendo-se os seus pontos A(2,1,0) e B(5,0,1).

Solução:

Temos que $\vec{v} = \overrightarrow{AB} = (3,-1,1)$. Utilizando o ponto fixo A, segue de (1) que

$$r\colon\ (x, y, z) = (2,1,0) + \lambda\,(3,-1,1),\ \lambda \in \mathbb{R}.$$

10.3 EQUAÇÕES PARAMÉTRICAS DA RETA

Partindo da equação vetorial (1), temos que:

$$r\colon\ (x, y, z) = (x_A + \lambda a,\ y_A + \lambda b,\ z_A + \lambda c),$$

Estabelecendo a igualdade das respectivas coordenadas, teremos as equações:

$$r\colon \begin{cases} x = x_A + \lambda a \\ y = y_A + \lambda b\ ,\ \lambda \in \mathbb{R}, \\ z = z_A + \lambda c \end{cases} \qquad (2)$$

denominadas de **equações paramétricas** de r.

Exemplo 10.2:

Partindo da solução do Exemplo 10.1 , dê as equações paramétricas da reta r.

Solução:

$$r\colon \begin{cases} \quad = 2 + 3\lambda \\ \quad = 1 - 1\lambda\ ,\ \lambda \in \mathbb{R}. \\ \quad = 0 + 1\lambda \end{cases}$$

10.4 EQUAÇÃO SIMÉTRICA DA RETA

Suponha conhecidos apenas o ponto A e o vetor $\vec{v}$ de r . A Figura 10.1 mostra que $\vec{u} = \overrightarrow{OP} - \overrightarrow{OA} = (x, y, z) - (x_A, y_A, z_A)$ e, daí, $\vec{u} = (x - x_A, y - y_A, z - z_A)$. O vetor $\vec{u}$ é paralelo ao vetor direção da reta $\vec{v} = (a, b, c)$. Se a, b e c não forem zeros, as razões entre as componentes de $\vec{u}$ e $\vec{v}$ são tais que:

$$r: \frac{x-x_A}{a}=\frac{y-y_A}{b}=\frac{z-z_A}{c}, \quad a, b, c \in \mathbb{R}^* \tag{3}$$

A forma (3) é denominada de **equação simétrica** de r.

Exemplo 10.3:

Obtenha a equação simétrica da reta r com direção $\vec{v}$ = (3,–1,1), sabendo que o ponto A(2,1,0) pertence a r.

Solução:

Consideremos P(x, y, z) um ponto qualquer da reta r. Então, $\vec{u}=(x-2, y-1, z-0)$ é paralelo a $\vec{v}=(3,-1,1)$. Assim,

$$r: \frac{x-2}{3}=\frac{y-1}{-1}=\frac{z}{1}$$

Observação 10.2

Se, por acaso, apenas a componente a for igual a zero, então a equação simétrica da reta é descrita por:

$$r: \frac{y-y_A}{b}=\frac{z-z_A}{c}, x=x_A.$$

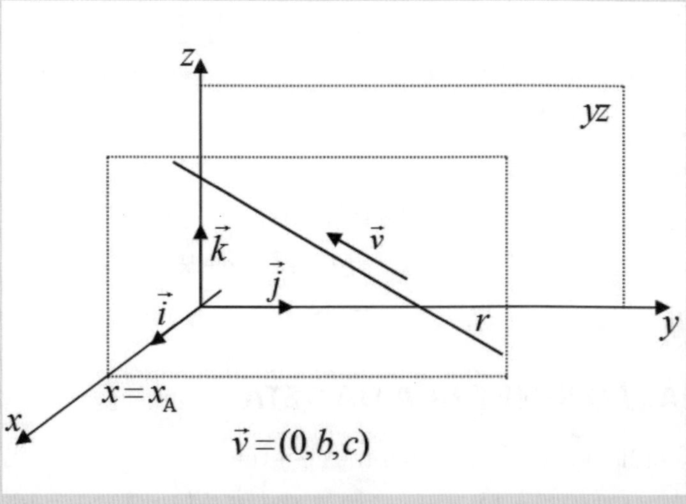

Figura 10.2

Vê-se, neste caso, que r está contida no plano $x=x_A$, paralelo ao plano yz.

Analogamente:

Se apenas a componente $b = 0$, então a reta r estará contida no plano $y = y_A$, paralelo ao plano xz, isto é, $r: \dfrac{x - x_A}{a} = \dfrac{z - z_A}{c}$, $y = y_A$, sendo $\vec{v} = (a, 0, c)$.

Se apenas a componente $c = 0$, a reta r estará contida no plano $z = z_A$ que é paralelo ao plano xy e $r: \dfrac{x - x_A}{a} = \dfrac{y - y_A}{c}$, $z = z_A$, sendo $\vec{v} = (a, b, 0)$.

Outras possibilidades:

Se $a = b = 0$, a equação simétrica da reta deve ser descrita por $r: x = x_A$, $y = y_A$ e, nesse caso, a reta é paralela ao eixo z. O vetor direção de r é $\vec{v} = (0, 0, c)$, $c \in \mathbb{R}^*$.

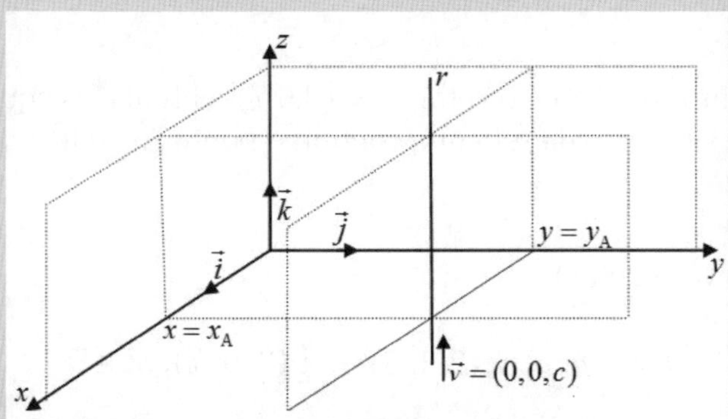

Figura 10.3(a)

A reta $r: x = x_A$, $z = z_A$ tem vetor direção $\vec{v} = (0, b, 0)$ e é paralela ao eixo y, $b \in \mathbb{R}^*$.

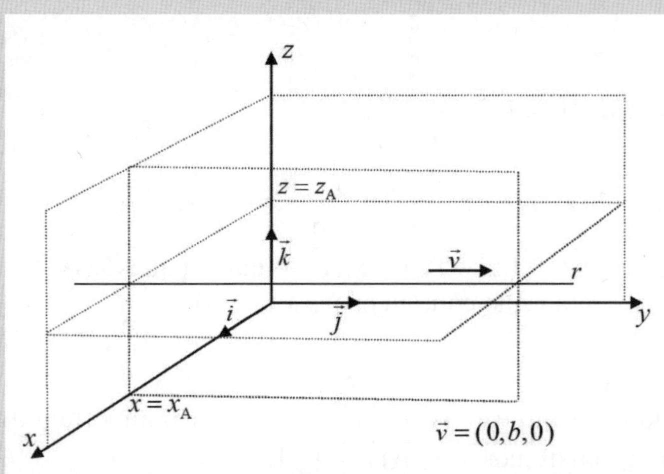

Figura 10.3(b)

A reta $r: y = y_A, z = z_A$ tem vetor direção $\vec{v} = (a, 0, 0)$ e é paralela ao eixo x, $a \in \mathbb{R}^*$.

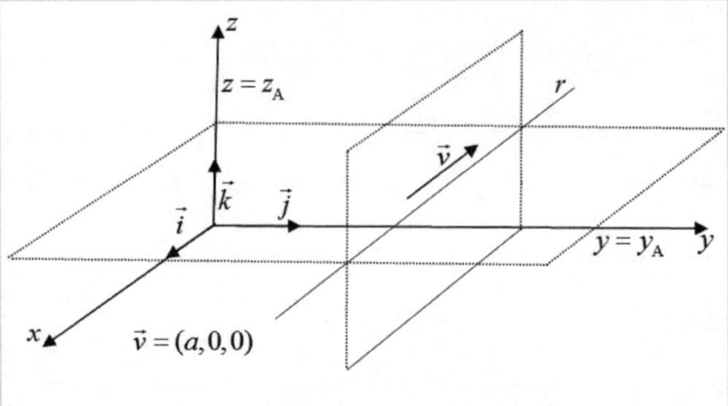

Figura 10.3(c)

Exemplo 10.4:

1. Dados o ponto A(2,1,3) e o vetor $\vec{v}$ = (3,6,7), obtenha as equações vetorial, paramétrica e simétrica da reta que contém o ponto A e tem a direção de $\vec{v}$.

Solução:

a) Equação vetorial (1):

$$r: (x, y, z) = (2, 1, 3) + \lambda\,(3, 6, 7),\ \lambda \in \mathbb{R}.$$

b) Equações paramétricas (2):

$$r: \begin{cases} x = 2 + 3\lambda \\ y = 1 + 6\lambda \\ z = 3 + 7\lambda \end{cases},\ \lambda \in \mathbb{R}.$$

c) Equação simétrica (3):

$$r: \frac{x-2}{3} = \frac{y-1}{6} = \frac{z-3}{7}.$$

2. Dados os pontos A(3,1,2) e B(4,0,3), obtenha as equações vetorial, paramétricas e simétrica da reta r que contém os ponto A e B.

Solução:

Precisamos do vetor direção da reta r. Visto que não importam o módulo e nem o sentido desse vetor, tomaremos $\vec{v} = \overrightarrow{AB} = (1,-1,1)$.

Considerando o ponto fixo A, segue que:

a) Equação vetorial (1):

$$r: (x, y, z) = (3, 1, 2) + \lambda\,(1, -1, 1),\ \lambda \in \mathbb{R}.$$

b) Equações paramétricas (2):

$$r: \begin{cases} x = 3 + \lambda \\ y = 1 - \lambda \\ z = 2 + \lambda \end{cases}, \ \lambda \in \mathbb{R}.$$

c) Equação simétrica (3):

$$r: \frac{x-3}{1} = \frac{y-1}{1} = \frac{z-2}{1}.$$

3. O sistema $\begin{cases} y = 2x - 3 \\ z = -x + 2 \end{cases}$ representa a equação de uma reta. Escreva-a na forma simétrica.

Solução:

Obtenha x em cada uma das equações do sistema dado: $x = \frac{y+3}{2}$ e $x = \frac{z-2}{-1}$.

Identificando as sentenças obtidas, temos $\frac{x}{1} = \frac{y+3}{2} = \frac{z-2}{-1}$.

Vemos, neste caso, que $A(0,-3,\ 2)$ é ponto da reta e $\vec{v} = (1,\ 2,-1)$ a sua direção.

4. Uma reta **r** é dada pela sentença $2x = 2y = 3z$. Escrevê-la na forma simétrica.

Solução:

Devemos tornar os coeficientes das incógnitas da sentença dada iguais a 1.

Assim $\mathbf{r}: \frac{x}{1/2} = \frac{y}{1/2} = \frac{z}{1/3}$. Ou, de outro modo, multiplicando-a por $1/6$, teremos que $\mathbf{r}$: $\frac{x}{3} = \frac{y}{3} = \frac{z}{2}$.

EXERCÍCIOS DE APLICAÇÃO 10.1

1. Obtenha uma equação simétrica da reta r, sabendo que seus pontos A e B são:

a) A(1,–2,5) e B(1,3,2)

b) A(0,1,2) e B(–1,1,2)

2. Obtenha as equações paramétricas da reta r, sabendo que o ponto A pertence a r e que r tem a direção de $\vec{v}$:

a) A(1,–2,5) e $\vec{v}$ = (2,1,–3)

b) A(0,2,0) e $\vec{v}$ = (1,–1,0)

3. Obtenha uma equação simétrica da reta s, sabendo que o ponto A pertence a s e que s é paralela à reta r:

a) A(0,1,2) e $r: \dfrac{x-1}{2}=\dfrac{y+3}{-1}=\dfrac{z+4}{1}$

b) A(–5,4,1) e $r: \dfrac{x-1}{-1}=\dfrac{z-1}{2}$, $y=-1$

4. Obtenha a equação vetorial da reta t, tal que o ponto P(–1,0,2) pertence a t e que t é ortogonal às retas $r: \dfrac{x-1}{2}=\dfrac{z}{-1}$, $y=1$ e $s: \dfrac{x}{1}=\dfrac{y-1}{2}=\dfrac{z}{-2}$.

5. Dada a equação vetorial r: $(x,y,z) = (1,-1,2) + \lambda\,(2,-3,4)$, $\lambda \in \mathbb{R}$, obtenha as equações paramétricas e simétrica de r.

6. Determine, no sistema referência $(O, \vec{i}, \vec{j}, \vec{k})$, a posição das retas de equações:

a) $x=1, \dfrac{y+1}{-3}=\dfrac{z-2}{4}$.

b) $y=2, \dfrac{x-3}{3}=\dfrac{z}{2}$.

c) $z=-3, \dfrac{x}{2}=\dfrac{y-1}{2}$.

d) $x=-3, y=2$.

e) $x=0, z=4$.

f) $y=-2, z=2$.

7. Dê uma equação da reta r, sabendo que $P(1,2,0) \in r$ e que r é paralela à reta s: $(x,y,z) = (3,2,1)+\lambda(3,5,2)$, $\lambda \in \mathbb{R}$.

8. Determine a equação vetorial da reta que intercepta o eixo x no ponto de abscissa a ($a > 0$) e o eixo y no ponto de ordenada b ($b > 0$).

9. Determine uma equação simétrica da reta que possui O(0,0,0) e A(1,1/2,1/3).

10. Dê as equações das retas que coincidem, respectivamente, com os eixos x, y e z do sistema de referência.

11. Verifique se o ponto A(2,1,–3) pertence à reta $\dfrac{x-2}{2}=\dfrac{y-1}{1/2}=\dfrac{z+3}{-4}$.

12. Verifique se o ponto B(1,8,3) pertence à reta $x = -2+3t$, $y = 4+t$ e $z = 10-8t$.

13. Determine o ponto da reta r: $\dfrac{x+2}{-1}=\dfrac{y-1}{2}=\dfrac{z}{3}$ que tem abscissa (–3).

14. Obtenha um vetor que tem a direção da reta r: $\dfrac{2x-1}{3}=\dfrac{3y+2}{2}=\dfrac{5z-2}{3}$.

10.5 POSIÇÃO RELATIVA ENTRE DUAS RETAS

As retas $r: X = A + \lambda\vec{u}$, $\lambda \in \mathbb{R}$ e $s: X = B + \delta\vec{v}$, $\delta \in \mathbb{R}$ podem ser paralelas, concorrentes ou reversas. Se forem paralelas ou concorrentes serão coplanares, pois existe um plano que as contém. Se forem reversas, não serão coplanares. Note que $A \in r$ e $B \in s$.

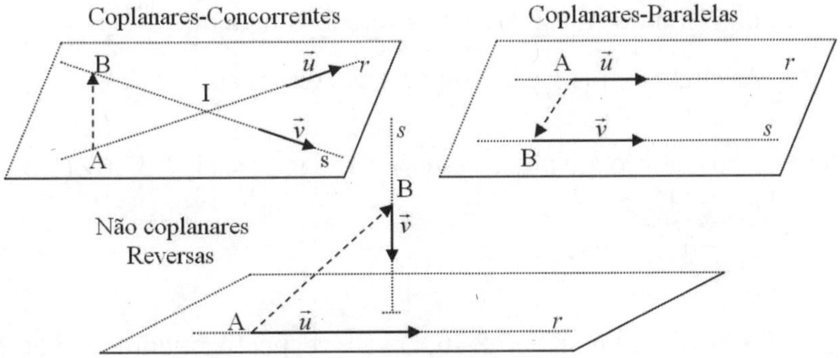

Figura 10.4

10.5.1 CRITÉRIO PARA DETERMINAR SE AS RETAS SÃO CONCORRENTES, PARALELAS OU REVERSAS

Construa o **determinante** com as coordenadas dos vetores $\vec{u}$, $\vec{v}$ e $\overrightarrow{AB}$ (produto misto).

1º) Se **det**$(u, \vec{v}, \overrightarrow{AB}) = 0$, então as retas r e s são coplanares:

a) $\vec{u}$ **paralelo** $\vec{v}$, tem-se que as retas r e s são paralelas.

- Caso $A \in r$ e $A \in s$, segue que $r \equiv s$ (coincidem).
- Caso $A \in r$ e $A \notin s$, segue que $r // s$ (distintas).

b) $\vec{u}$ **não paralelo** $\vec{v}$, tem-se que as retas r e s são concorrentes num ponto.

2º) Se **det**$(\vec{u}, \vec{v}, \overrightarrow{AB}) \neq 0$, então as retas r e s não são coplanares. São reversas.

Exemplo 10.5:

1. Verifique a posição relativa das retas $r: (x, y, z) = (1,2,3) + \lambda(1,3,-2)$, $\lambda \in \mathbb{R}$ e $s: \dfrac{x-1}{-2} = \dfrac{y}{-6} = \dfrac{z+1}{4}$.

Solução:

Temos que $\vec{u}$ = (1,3,-2) e $\vec{v}$ = (–2,–6,4) são, respectivamente, os vetores direção das retas r e s. O vetor $\overrightarrow{AB}$ = (0,–2,–4) é obtido a partir dos pontos A(1,2,3) de r e B(1,0,–1) de s.

Assim, $\det(\vec{u},\vec{v},\overrightarrow{AB}) = \begin{vmatrix} 1 & 3 & -2 \\ -2 & -6 & 4 \\ 0 & -2 & -4 \end{vmatrix} = 0$. Logo, as retas são coplanares.

Os vetores $\vec{u}$ e $\vec{v}$ são paralelos, pois as suas coordenadas são proporcionais: $\frac{1}{-2} = \frac{3}{-6} = \frac{-2}{4}$. Substituindo $A(1,2,3) \in r$ na reta s, vemos que $\frac{(1)-1}{-2} \neq \frac{(2)}{-6} \neq \frac{(3)+1}{4}$ e, portanto, $A \notin s$. Assim, as retas r e s são paralelas distintas.

2. Verifique a posição relativa das retas $r: (x,y,z) = (1,2,3) + \lambda(1,3,-2)$, $\lambda \in \mathbb{R}$ e $s: \frac{x+1}{-2} = \frac{y+4}{-6} = \frac{z-7}{4}$.

Solução:

Temos que $\vec{u} = (1,3,-2)$ e $\vec{v} = (-2,-6,4)$ são, respectivamente, os vetores direção das retas r e s. O vetor $\overrightarrow{AB} = (-2,-6,4)$ é obtido a partir dos pontos A(1,2,3) de r e B(–1,–4,7) de s.

Assim, $\det(\vec{u},\vec{v},\overrightarrow{AB}) = \begin{vmatrix} 1 & 3 & -2 \\ -2 & -6 & 4 \\ -2 & -6 & 4 \end{vmatrix} = 0$. Logo, as retas são coplanares.

Os vetores $\vec{u}$ e $\vec{v}$ são paralelos, pois as suas coordenadas são proporcionais. Substituindo $A(1,2,3) \in r$ na reta s, vemos que $\frac{(1)+1}{-2} = \frac{(2)+4}{-6} = \frac{(3)-7}{4}$ e, portanto, $A \in s$. Assim, as retas r e s são paralelas coincidentes.

3. Verifique a posição relativa das retas $r: (x,y,z) = (2,1,1) + \lambda(1,3,-2)$, $\lambda \in \mathbb{R}$ e $s: \frac{x-1}{1} = \frac{y+2}{-6} = \frac{z-3}{4}$.

Solução:

Temos que $\vec{u} = (1,3,-2)$ e $\vec{v} = (1,-6,4)$ são, respectivamente, os vetores direção das retas r e s. O vetor $\overrightarrow{AB} = (-1,-3,2)$ é obtido a partir dos pontos A(2,1,1) de r e B(1,–2, 3) de s.

Assim, $\det(\vec{u},\vec{v},\overrightarrow{AB}) = \begin{vmatrix} 1 & 3 & -2 \\ 1 & -6 & 4 \\ -1 & -3 & 2 \end{vmatrix} = 0$. Logo, as retas são coplanares. Os vetores $\vec{u}$ e $\vec{v}$ **não são paralelos**, pois as suas coordenadas não são proporcionais: $\frac{1}{1} \neq \frac{3}{-6} = \frac{2}{4}$. Então, as retas r e s são concorrentes.

Nota: Veremos, no item 10.6, "Intersecção de Retas", um procedimento para se obter o ponto de intersecção.

4. Verifique a posição relativa das retas $r: (x,y,z) = (2,1,1) + \lambda(1,3,-2)$, $\lambda \in \mathbb{R}$ e $s: \dfrac{x-2}{1} = \dfrac{y-2}{3} = \dfrac{z-3}{4}$.

Solução:

Temos que $\vec{u}$ = (1,3,-2) e $\vec{v}$ = (1,3,4) são, respectivamente, os vetores direção das retas r e s. O vetor $\overrightarrow{AB}$ = (0,1,2) é obtido a partir dos pontos A(2,1,1) de r e B(2,2,3) de s.

Assim, $\det(\vec{u}, \vec{v}, \overrightarrow{AB}) = \begin{vmatrix} 1 & 3 & -2 \\ 1 & 3 & 4 \\ 0 & 1 & 2 \end{vmatrix} = -6$. Logo, as retas não são coplanares.

Neste caso, são reversas.

5. Verifique a posição relativa das retas r: $\begin{cases} y = 3x - 1 \\ z = -2x + 4 \end{cases}$ e s: $\begin{cases} y = x - 3 \\ z = -2x + 3 \end{cases}$.

Vamos escrevê-las na forma simétrica:

Temos que $r: x = \dfrac{y+1}{3}$ e $x = \dfrac{z-4}{-2}$ e $s: x = y + 3$ e $x = \dfrac{z-3}{-2}$ e, daí, obtemos

$$r: \frac{x}{1} = \frac{y+1}{3} = \frac{z-4}{-2} \text{ e } s: \frac{x}{1} = \frac{y+3}{1} = \frac{z-3}{-2}.$$

Os vetores $\vec{u}$ = (1,3,–2) e $\vec{v}$ =(1,1,–2) não são paralelos e possuem, respectivamente, as direções das retas r e s. O vetor $\overrightarrow{AB}$ = (0,–2,–1) é obtido a partir dos pontos A(0,–1,4) de r e $B(0,-3,3)$ de s.

Assim, $\det(\vec{u}, \vec{v}, \overrightarrow{AB}) = \begin{vmatrix} 1 & 3 & -2 \\ 1 & 1 & -2 \\ 0 & -2 & -1 \end{vmatrix} = 2 \; (\neq 0)$. Logo, as retas não são coplanares.

Neste caso, são reversas.

10.6 INTERSECÇÃO DE RETAS

Dadas duas retas $r: X = A + \lambda\vec{u}$, $\lambda \in \mathbb{R}$ e $s: X = B + \delta\vec{v}$, $\delta \in \mathbb{R}$. Se verificarmos que $\det(\vec{u}, \vec{v}, \overrightarrow{AB}) = 0$ e que $\vec{u}$ e $\vec{v}$ não são vetores paralelos, segue que as retas são coplanares concorrentes.

Mostraremos, por meio do Exemplo 10.6, os procedimentos para se obter o ponto I de intersecção das retas r e s.

Exemplo 10.6:

1. Obtenha o ponto de intersecção das retas $r:\ (x,y,z)=(2,1,1)+\lambda(1,3,-2)$, $\lambda \in \mathbb{R}$ e $s:\ \dfrac{x-1}{1}=\dfrac{y+2}{-6}=\dfrac{z-3}{4}$.

Solução:

Utilizaremos o seguinte procedimento:

a) Verificar a posição relativa das retas dadas. Elas são concorrentes (caso 3 do Exemplo 10.5).

b) Escrever as retas em suas respectivas equações paramétricas:

$$r:\begin{cases} x=2+\lambda \\ y=1+3\lambda \ ,\ \lambda\in\mathbb{R} \\ z=1-2\lambda \end{cases} \quad \text{e} \quad s:\begin{cases} x=\ 1\ +\delta \\ y=-2-6\delta \ ,\ \delta\in\mathbb{R} \\ z=\ 3\ +4\delta \end{cases}$$

c) Construir um sistema de duas equações nas incógnitas λ e δ, identificando-se x, y ou z estabelecidas nas equações paramétricas acima:

$$\begin{cases} 2+\lambda\ =\ 1\ +\delta \\ 1+3\lambda=-2-6\delta \\ 1-2\lambda=\ 3\ +4\delta \end{cases} \Rightarrow \begin{cases} 2+\lambda\ =\ 1\ +\delta \\ 1+3\lambda=-2-6\delta \end{cases} \Rightarrow \begin{cases} \lambda-\ \delta\ =-1 \\ \lambda+2\delta=-1 \end{cases} \Rightarrow \lambda=-1 \text{ e } \delta=0.$$

d) Verificar se os valores encontrados satisfazem também a terceira equação:

$$1-2(-1)=3+4(0) \text{ (Verdade)}$$

e) Substituir $\lambda=-1$ nas equações paramétricas de r (ou $\delta=0$ nas equações de s) para obter o ponto de interseção:

$$r:\begin{cases} x=2+\lambda \\ y=1+3\lambda \ ,\ \lambda\in\mathbb{R}, \\ z=1-2\lambda \end{cases} \Rightarrow r:\begin{cases} x=2+(-1)\ =1 \\ y=1+3(-1)=-2 \\ z=1-2(-1)=3 \end{cases} \Rightarrow \text{I}(1,-2,3).$$

O ponto de intersecção das retas r e s é I(1, –2, 3).

2. Obtenha o ponto de intersecção das retas $r:\ (x,y,z)=(0,2,1)+\lambda(1,0,2)$, $\lambda\in\mathbb{R}$ e $s:\ (x,y,z)=(0,1,0)+\lambda(3,0,0)$, $\lambda\in\mathbb{R}$.

Solução:

Temos que $\vec{u}$ = (1,0,2) e $\vec{v}$ = (3,0,0) são, respectivamente, os vetores direção das retas não paralelas r e s. O vetor $\overrightarrow{AB}$ = (0,–1,–1) é obtido a partir dos pontos A(0,2,1) de r e B(0,1,0) de s.

Assim, $\det(\vec{u}, \vec{v}, \overrightarrow{AB}) = \begin{vmatrix} 1 & 0 & 2 \\ 3 & 0 & 0 \\ 0 & -1 & -1 \end{vmatrix} = -6$. As retas são reversas. Portanto, elas não se interceptam.

10.7 PERPENDICULARISMO ENTRE RETAS

Dadas duas retas $r: X = A + \lambda\vec{u}, \lambda \in \mathbb{R}$ e $s: X = B + \delta\vec{v}, \delta \in \mathbb{R}$. Se $\vec{u} \cdot \vec{v} = 0$, então as retas r e s serão **ortogonais**:

a) se **det**$(\vec{u}, \vec{v}, \overrightarrow{AB}) = 0$, então as retas são concorrentes (coplanares); e

b) se **det**$(\vec{u}, \vec{v}, \overrightarrow{AB}) \neq 0$, então as retas são reversas (não coplanares).

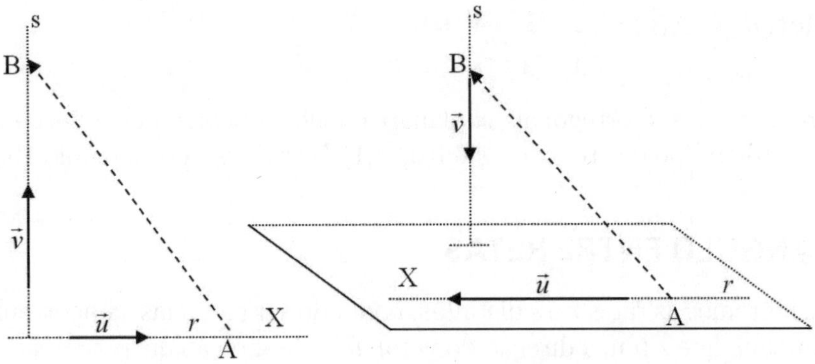

Figura 10.5

Exemplo 10.7:

1. Dadas as retas $r: \dfrac{x-1}{1} = \dfrac{y+2}{-6} = \dfrac{z-3}{4}$ e $s: \dfrac{x}{2} = \dfrac{y+2}{3} = \dfrac{z-1}{4}$, verifique se elas são ortogonais reversas.

Solução:

Temos que $\vec{u} = (1,-6,4)$ e $\vec{v} = (2,3,4)$ são os vetores direção das retas r e s, respectivamente. A(1,–2,3) é ponto de r e B(0,–2,1) é ponto de s. Assim, $\overrightarrow{AB} = (-1,0,-2)$.

Veja que:

a) $\vec{u} \cdot \vec{v} = (1).2 + (-6).3 + (4).4 = 0$, logo, as retas r e s são ortogonais.

b) **det**$(\vec{u}, \vec{v}, \overrightarrow{AB}) = \begin{vmatrix} 1 & -6 & 4 \\ 2 & 3 & 4 \\ -1 & 0 & -2 \end{vmatrix} = 6\ (\neq 0)$.

As retas r e s são ortogonais reversas.

2. Dadas as retas $r: \dfrac{x+1}{1} = \dfrac{y+1}{-6} = \dfrac{z+3}{4}$ e $s: \dfrac{x-2}{2} = \dfrac{y+4}{3} = \dfrac{z-5}{4}$, verifique se elas são ortogonais reversas.

Solução:

Temos que $\vec{u} = (1, -6, 4)$ e $\vec{v} = (2, 3, 4)$ são os vetores direção das retas r e s, respectivamente. A(–1,–1,–3) é ponto de r e B(2,–4, 5) é ponto de s. Assim, $\overrightarrow{AB} = (3,-3,8)$.

Note que:

a) $\vec{u} \bullet \vec{v} = (1).2 + (-6).3 + (4).4 = 0$, logo, as retas r e s são ortogonais.

b) $\mathbf{det}(\vec{u}, \vec{v}, \overrightarrow{AB}) = \begin{vmatrix} 1 & -6 & 4 \\ 2 & 3 & 4 \\ 3 & -3 & 8 \end{vmatrix} = 0.$

As retas r e s são ortogonais coplanares, logo, concorrentes e perpendiculares. O ponto de intersecção das retas r e s é I(0,–7,1) (ver caso 1 do Exemplo 10.6).

10.8 ÂNGULO ENTRE RETAS

Consideremos as retas r e s distintas, podendo ser paralelas, concorrentes ou reversas, e também, que r tem a direção do vetor $\vec{u}$ e s a direção de $\vec{v}$.

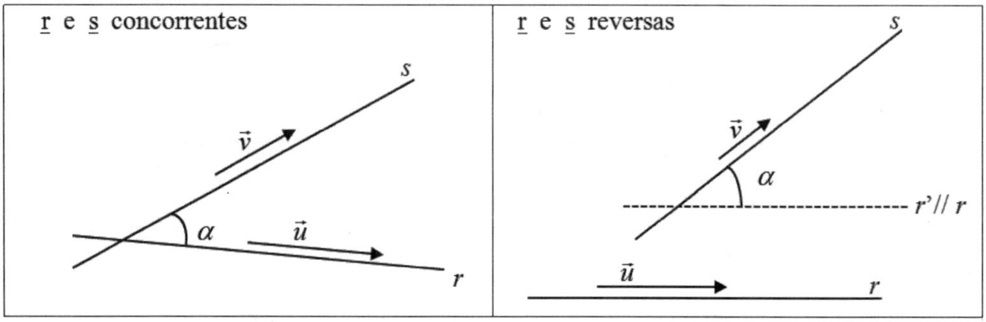

Figura 10.6 Figura 10.7

Chama-se ângulo das retas r e s ao menor ângulo entre os vetores $\vec{u}$ e $\vec{v}$.

Se α é o ângulo entre as retas r e s, então

$$\cos \alpha = \frac{|\vec{u} \cdot \vec{v}|}{|\vec{u}| \cdot |\vec{v}|}, \quad 0 \le \alpha \le \frac{\pi}{2} \tag{4}$$

Observação 10.3

O produto escalar escrito em módulo no numerador da sentença (4) é positivo e garante que $0^0 \leq \alpha \leq 90^0$ (Ver Observação 7.2). O ângulo $(180^0 - \alpha)$ é suplementar de α nas retas dadas.

Exemplo 10.8:

1. Obtenha o ângulo entre as retas $r: x-1=y-1,\ z=0$ e $s: x=\lambda,\ y=\lambda,\ z=\sqrt{2}\,\lambda$.

Solução:

Temos que $\vec{u} = (1,1,0)$ e $\vec{v} = (1,1,\sqrt{2})$ são os vetores direção das retas r e s, respectivamente. A(1,1,0) é ponto de r e B(0,0, 0) é ponto de s. Assim, $\overrightarrow{AB} = (-1,-1,0)$.

Veja que:

a) $\vec{u}$ e $\vec{v}$ não tem coordenadas proporcionais, logo as retas r e s não são paralelas.

b) $\det(\vec{u}, \vec{v}, \overrightarrow{AB}) = \begin{vmatrix} 1 & 1 & 0 \\ 1 & 1 & \sqrt{2} \\ -1 & -1 & 0 \end{vmatrix} = 0$ e, daí, as retas r e s são coplanares.

Logo, as retas r e s são concorrentes e o ângulo entre elas é obtido pela sentença (4) acima:

$$\cos\alpha = \frac{|\vec{u} \cdot \vec{v}|}{|\vec{u}|.|\vec{v}|} = \frac{|(1,1,0).(1,1,\sqrt{2})|}{\sqrt{1^2+1^2}.\sqrt{1^2+1^2+(\sqrt{2})^2}} = \frac{|2|}{\sqrt{2}.\sqrt{4}} = \frac{1}{\sqrt{2}} = \frac{\sqrt{2}}{2},\ \text{daí, } \alpha \text{ é } 45^\circ.$$

2. Obtenha o ângulo entre as retas $r: x=1,\ y=2-\lambda,\ z=3$ e $s: x=2,\ y=\delta,\ z=3+\sqrt{3}\,\delta,\ \lambda, \delta \in \mathbb{R}$.

Solução:

Temos que $\vec{u} = (0,-1,0)$ e $\vec{v} = (0,1,\sqrt{3})$ são os vetores direção das retas r e s, respectivamente. A(1,2,3) é ponto de r e B(2,0,3) é ponto de s. Assim, $\overrightarrow{AB} = (1,-2, 0)$.

Veja que:

a) $\vec{u}$ e $\vec{v}$ não têm coordenadas proporcionais, logo as retas r e s não são paralelas.

b) $\det(\overrightarrow{AB}, \vec{u}, \vec{v}) = \begin{vmatrix} 1 & -2 & 0 \\ 0 & -1 & 0 \\ 0 & 1 & \sqrt{3} \end{vmatrix} = -\sqrt{3} \neq 0$ e, daí, as retas r e s são reversas.

Concluímos, de a) e b), que as retas r e s não são coplanares e que o menor ângulo formado pelas suas direções é dado pela sentença (4) acima:

$$\cos\alpha = \frac{|\vec{u}\,.\,\vec{v}|}{|\vec{u}|.|\vec{v}|} = \frac{|(0,-1,0).(0,1,\sqrt{3})|}{\sqrt{(-1)^2}.\sqrt{1^2+(\sqrt{3})^2}} = \frac{|-1|}{\sqrt{1}.\sqrt{4}} = \frac{1}{2}\text{, dai, } \alpha = 60 \quad \text{ou } \alpha = \frac{\pi}{3}\text{ rd.}$$

3. Obter o cosseno do menor ângulo formado pelas retas $r: \dfrac{x-1}{2} = \dfrac{2y-1}{3} = \dfrac{z+2}{3}$ e $s: (x,y,z) = (1,0,3) + \lambda(2,0,3),\ \lambda \in \mathbb{R}$.

Solução:

Vamos escrever a equação de r de modo que os coeficientes das variáveis sejam todos iguais a 1. Assim, $r: \dfrac{x-1}{2} = \dfrac{y-1/2}{3/2} = \dfrac{z+2}{3}$.

Temos que $\vec{u}$ = (2,3/2,3) e $\vec{v}$ = (2,0,3) são os vetores direção das retas r e s, respectivamente, A(1,1/2,–2) é ponto de r e B(1,0,3) é ponto de s. Assim, $\overrightarrow{AB}$ =(0,–1/2,5).

Veja que:

a) $\vec{}$ e $\vec{v}$ não têm coordenadas proporcionais, logo as retas r e s não são paralelas.

b) $\det(\overrightarrow{AB}, \vec{u}, \vec{v}) = \begin{vmatrix} 0 & -1/2 & 5 \\ 2 & 3/2 & 3 \\ 2 & 0 & 3 \end{vmatrix} = -15 \neq 0$ e, daí, as retas r e s são reversas.

Assim, as retas r e s não são coplanares. O cosseno do menor ângulo formado pelas suas direções é dado pela sentença (4):

$$\cos\alpha = \frac{|\vec{u}\,.\,\vec{v}|}{|\vec{u}|.|\vec{v}|} = \frac{|(2,3/2,3).(2,0,3)|}{\sqrt{4+(9/4)+9}.\sqrt{4+9}} = \frac{|12|}{\sqrt{(16+9+36)/4}.\sqrt{12}} = \frac{12}{(\sqrt{61}/2).2\sqrt{3}} = \frac{4\sqrt{183}}{61}$$

EXERCÍCIOS DE APLICAÇÃO 10.2

1. Verifique a posição relativa entre a reta r: (x,y,z) = (1,2,3) + λ (2,1,3), $\lambda \in \mathbb{R}$, e

a) s: (x,y,z) = (–1,4,1) + δ (4,2,6), $\delta \in \mathbb{R}$

b) s: (x,y,z) = (–1,4,1) + δ (2,0,1), $\delta \in \mathbb{R}$

c) s: (x,y,z) = (3,3,6) + δ (2,0,1), $\delta \in \mathbb{R}$

d) s: (x,y,z) = (3,3,6) + (0,–3,1), $\delta \in \mathbb{R}$

2. Sabendo que r contém os pontos A(–3, –5, 2) e B(–1, 1, –2) e s contém os pontos C(9,12,3) e D(4,2,13), qual a posição relativa dessas retas?

3. As retas r, s e t são concorrentes num ponto. Obter uma equação da reta t, sabendo que P(2,2,–3) pertence à reta t e que $r: \frac{x-2}{1} = \frac{y-1}{1} = \frac{z-3}{2}$ e $s: x=1,\ y=0$.

4. As retas s, r e t são concorrentes num ponto. Obter uma equação da reta t, sabendo que t é ortogonal às retas $r: \frac{y-2}{3} = \frac{z}{2},\ x=1$ e $s: x=1,\ z=0$.

5. Dadas retas $r:\ x=1-\lambda,\ y=2-\lambda,\ z=2\lambda$ e
$s:\ x=2+2\delta,\ y=-\delta,\ z=3-\delta,\ \lambda,\ \delta \in \mathbb{R}$.

   a) Verifique a posição relativa das retas r e s.

   b) Obtenha uma equação da reta ortogonal a elas e que contenha o ponto A(1,2,0) de r.

6. Determine, se houver, o ponto de intersecção das retas:

   a) r: $(x,y,z) = (1,2,3) + \lambda\,(2,1,3),\ \lambda \in \mathbb{R}$, e
   s: $(x,y,z) = (3,3,6) + \delta\,(2,0,1),\ \delta \in \mathbb{R}$.

   b) r: $(x,y,z) = (1,2,3) + \lambda\,(2,1,3),\ \lambda \in \mathbb{R}$, e
   s: $(x,y,z) = (3,3,6) + \delta\,(0,-3,1),\ \delta \in \mathbb{R}$.

   c) r: $(x,y,z) = (2,1,3) + \lambda\,(1,3,1),\ \lambda \in \mathbb{R}$, e
   s: $(x,y,z) = (3,4,4) + \delta\,(3,-1,0),\ \delta \in \mathbb{R}$.

7. Determine o ângulo entre as retas:

   a) $r:\ x=1-\lambda, y=2-\lambda, z=2\lambda$ e
   $s:\ x=2+2\delta, y=-\delta, z=3-\delta,\ \lambda,\ \delta \in \mathbb{R}$.

   b) r: $(x,y,z) = (1,2,3) + \lambda\,(2,1,3),\ \lambda \in, \mathbb{R}$, e
   s: $(x,y,z) = (3,3,6) + \delta\,(0,-3,1),\ \delta \in \mathbb{R}$.

   c) r: $(x,y,z) = (2,1,3) + \lambda\,(1,3,1),\ \lambda \in \mathbb{R}$, e
   s: $(x,y,z) = (3,4,4) + \delta\,(2,6,3),\ \delta \in \mathbb{R}$.

   d) $r:\ x=1-\sqrt{2}\,\lambda,\ y=\lambda,\ z=2-3\lambda$ e $s:\ x=2,\ y=7,\ \lambda,\ \delta \in \mathbb{R}$.

8. Obtenha a equação simétrica da reta t dada por:

   a) $\begin{cases} y = 2x-3 \\ z = -x+2 \end{cases}$

   b) $\begin{cases} y = x \\ z = -3x+1 \end{cases}$

   c) $2x = 2y-1 = 3z-2$

9. Obtenha uma equação da reta t perpendicular comum às retas reversas:

$$r\colon\ (x,y,z) = (-1, 0, 1) + \lambda\,(2,1,0),\quad \lambda \in \mathbb{R} \quad \text{e}$$

$$s\colon\ (x,y,z) = (1,2,2) + \gamma\,(1,0,2),\quad \gamma \in \mathbb{R}$$

10. Obtenha uma equação da reta s que possui o ponto A(1,2,–3) e é perpendicular à reta

$$r\colon\ (x,y,z) = (1,1,0) + \lambda\,(1,1,-1),\ \lambda \in \mathbb{R}$$

11 PLANO

- Apresentar as equações vetorial, paramétrica e geral dos planos.
- Discutir a posição relativa entre retas e planos e suas possíveis intersecções.
- Obter a projeção ortogonal de uma reta em um plano.

11.1 INTRODUÇÃO

Consideremos em V_3 o sistema de referência $(O, \vec{i}, \vec{j}, \vec{k})$, sendo $E = (\vec{i}, \vec{j}, \vec{k})$ a base ortonormal positiva e $O(0,0,0)$ a origem.

Apresentaremos as equações do plano: equação vetorial, equações paramétricas, equação geral e linear do plano.

11.2 EQUAÇÃO VETORIAL DO PLANO

Sabe-se que existe um só plano que contém um conjunto de três pontos distintos A, B e C, não pertencentes a uma mesma reta. Entendemos que os três pontos determinam a posição do plano no espaço euclidiano.

Um plano β é identificado, de modo único, se forem conhecidos A, um de seus pontos, e dois vetores $\vec{u}$ e $\vec{v}$ não nulos e não paralelos entre si, mas paralelos ao plano β. Veja representantes $\vec{u}$ e $\vec{v}$ do plano β na Figura 11.1.

Os vetores $\vec{u}$ e $\vec{v}$ indicam uma família de planos paralelos a eles, e o ponto A define qual deles é o plano β. O comprimento e o sentido desses vetores são irrelevantes.

Os pontos A, B e C, distintos e não colineares, também definem o plano que os contém, de modo análogo ao de um ponto e dois vetores não nulos e não paralelos, pois se podem considerar o ponto A e os vetores $\vec{\ } = \overrightarrow{AB}$ e $\vec{v} = \overrightarrow{AC}$.

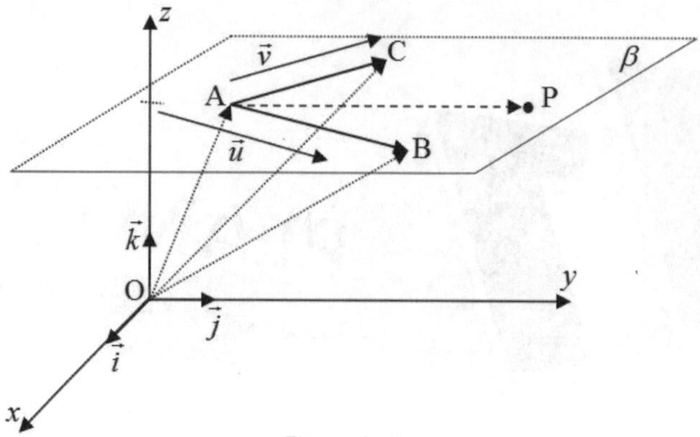

Figura 11.1

Temos, na Figura 11.1, os pontos $A(x_A, y_A, z_A)$, $B(x_B, y_B, z_B)$ e $C(x_C, y_C, z_C)$, não colineares e $P(x,y,z)$ um ponto qualquer do plano β.

Os vetores $\vec{u} = \overrightarrow{AB} = (x_B - x_A, y_B - y_A, z_B - z_A) = (u_1, u_2, u_3)$ e $\vec{v} = \overrightarrow{AC} = (x_C - x_A, y_C - y_A, z_C - z_A) = (v_1, v_2, v_3)$ dão a orientação de β.

Vemos que: $\overrightarrow{OP} = \overrightarrow{OA} + \overrightarrow{AP}$.

Sabemos que a cada posição de P existem λ e γ reais tais que $\overrightarrow{AP} = \lambda\,\vec{u} + \gamma\,\vec{v}$.

Portanto, tem-se:

$$\beta: \overrightarrow{OP} = \overrightarrow{OA} + \lambda\,\vec{u} + \gamma\,\vec{v} \tag{1}$$

Essa equação denomina-se **equação vetorial do plano** β.

Vemos, pela equação vetorial, que a cada par de valores dos parâmetros λ e γ corresponde um só ponto P de β.

Sendo $\overrightarrow{OP} = (x,y,z)$, $\overrightarrow{OA} = (x_A, y_A, z_A)$, $\vec{u} = (u_1, u_2, u_3)$ e $\vec{v} = (v_1, v_2, v_3)$, então a equação vetorial é dada por:

$$\beta: (x,y,z) = (x_A, y_A, z_A) + \lambda\,(u_1, u_2, u_3) + \gamma\,(v_1, v_2, v_3),\ \lambda, \gamma \in \mathbb{R}. \tag{2}$$

Exemplo 11.1:

1. Obtenha a equação vetorial do plano β, sabendo-se que A(2,1,0) pertence a β e que β tem a orientação dos vetores $\vec{u} = (2, 1, 3)$ e $\vec{v} = (4, 3, 1)$.

Solução:

Os vetores $\vec{u}$ e $\vec{v}$ são não nulos (os seus módulos são diferentes de zero) e não paralelos (as correspondentes coordenadas não são proporcionais). Utilizando o ponto A fixo de β, segue de (2), que:

$$\beta: (x,y,z) = (2,1,0) + \lambda\,(2,1,3) + \gamma\,(4,3,1),\ \lambda, \gamma \in \mathbb{R}.$$

2. Obtenha a equação vetorial do plano β, conhecendo-se os seus pontos A(2,1,0) e B(5,0,1) e C(3,2,5).

Solução:

Tomemos $\vec{u} = \overrightarrow{AB} = (3,-1,1)$ e $\vec{v} = \overrightarrow{AC} = (1,1,5)$ que não são nulos ou paralelos. Utilizando o ponto fixo A, segue de (2) que:

$$\beta: (x, y, z) = (2, 1, 0) + \lambda\,(3, -1, 1) + \gamma\,(1, 1, 5),\ \lambda,\ \gamma \in \mathbb{R}.$$

11.3 EQUAÇÕES PARAMÉTRICAS DO PLANO

Partindo da equação vetorial do plano

$$\beta: (x,y,z) = (x_A, y_A, z_A) + \lambda\,(u_1, u_2, u_3) + \gamma\,(v_1, v_2, v_3),\ \lambda,\ \gamma \in \mathbb{R},$$

temos que:

$$\beta: (x,y,z) = (x_A + \lambda u_1 + \gamma v_1,\ y_A + \lambda u_2 + \gamma v_2,\ z_A + \lambda u_3 + \gamma v_3),\ \lambda,\ \gamma \in \mathbb{R}.$$

Estabelecendo a igualdade das respectivas coordenadas, obtêm-se as equações:

$$\beta: \begin{cases} x = x_A + \lambda u_1 + \gamma v_1 \\ y = y_A + \lambda u_2 + \gamma v_2 \\ z = z_A + \lambda u_3 + \gamma v_3 \end{cases},\ \lambda, \gamma \in \mathbb{R}$$

Essas equações denominam-se **equações paramétricas** de β.

Exemplo 11.2:

As equações paramétricas dos planos apresentados no Exemplo 11.1 são:

1. $$\beta: \begin{cases} x = 2 + 2\lambda + 4\gamma \\ y = 1 + \lambda + 3\gamma \\ z = 0 + 3\lambda + \gamma \end{cases},\ \lambda, \gamma \in \mathbb{R}$$

2. $$\beta: \begin{cases} x = 2 + 3\lambda + \gamma \\ y = 1 - \lambda + \gamma \\ z = 0 + \lambda + 5\gamma \end{cases},\ \lambda, \gamma \in \mathbb{R}$$

11.4 EQUAÇÃO GERAL E LINEAR DO PLANO

Vemos na Figura 11.1 os vetores $\vec{u} = (u_1, u_2, u_3) \neq \vec{0}$ e $\vec{v} = (v_1, v_2, v_3) \neq \vec{0}$, não paralelos, o ponto fixo $A(x_A, y_A, z_A)$ e um ponto qualquer $P(x,y,z)$ do plano β, sendo o vetor genérico $\overrightarrow{AP} = (x - x_A,\ y - y_A,\ z - z_A)$.

Os vetores $\overrightarrow{AP}$, $\vec{u}$ e $\vec{v}$ são coplanares e, neste caso, o **det**($\overrightarrow{AP}, \vec{u}, \vec{v}$) = 0.

Então, $\begin{vmatrix} x-x_A & y-y_A & z-z_A \\ u_1 & u_2 & u_3 \\ v_1 & v_2 & v_3 \end{vmatrix} = 0$ é uma equação do plano β. (3)

Desenvolvendo o determinante por Laplace, seguindo pela primeira linha, tem-se:

$$\beta: \quad \begin{vmatrix} u_2 & u_3 \\ v_2 & v_3 \end{vmatrix}(x-x_A) + \begin{vmatrix} u_3 & u_1 \\ v_3 & v_1 \end{vmatrix}(y-y_A) + \begin{vmatrix} u_1 & u_2 \\ v_1 & v_2 \end{vmatrix}(z-z_A) = 0.$$

Considerando a, b e c os valores dos respectivos determinantes de segunda ordem, temos:

$$\beta: \ a(x-x_A)+b(y-y_A)+c(z-z_A)=0, \qquad (4)$$

denominada **equação geral do plano**.

Efetuando as operações indicadas em (4), tem-se

$$\beta: \ ax+by+cz+d=0, \text{ com } d=-(ax_A+by_A+cz_A). \qquad (5)$$

A equação (5) é denominada de **equação linear** em x, y e z do plano.

Exemplo 11.3:

Obter as equações geral e linear do plano apresentado no Exemplo 11.1(1).

Solução:

Temos que A(2,1,0) é ponto fixo e P(x,y,z) um ponto qualquer do plano β. Os vetores $\vec{u}=(2,1,3)$ e $\vec{v}=(4,3,1)$ dão a orientação de β.

Logo, $\overrightarrow{AP} = (x-2,\ y-1,\ z-0)$, $\vec{u}=(2,1,3)$ e $\vec{v}=(4,3,1)$ são vetores de β, daí,

$$\beta: \begin{vmatrix} x-2 & y-1 & z \\ 2 & 1 & 3 \\ 4 & 3 & 1 \end{vmatrix} = 0$$

Desenvolvendo o determinante por Laplace, obtemos a equação geral do plano:

$$\beta: \ -8(x-2)+10(y-1)+2z=0.$$

Efetuando as operações indicadas, teremos a equação linear do plano:

$\beta: \ -8x+10y+2z+6=0$ ou, simplificando, $\beta: \ 4x-5y-z-3=0$.

Observação 11.1

1. O produto vetorial $\vec{u} \wedge \vec{v}$ é vetor ortogonal aos vetores $\vec{u}$ e $\vec{v}$, logo, ortogonal ao plano β e, por isso, chamado de **vetor normal ao plano**:

$$\vec{\eta} = \vec{u} \wedge \vec{v} = \begin{vmatrix} \vec{i} & \vec{j} & \vec{k} \\ u_1 & u_2 & u_3 \\ v_1 & v_2 & v_3 \end{vmatrix} = a\vec{i} + b\vec{j} + c\vec{k}.$$

As componentes do vetor $\vec{\eta}$ nas direções $\vec{i}$, $\vec{j}$ e $\vec{k}$ coincidem, respectivamente, com os coeficientes em x, y e z da equação linear do plano apresentada em (5).

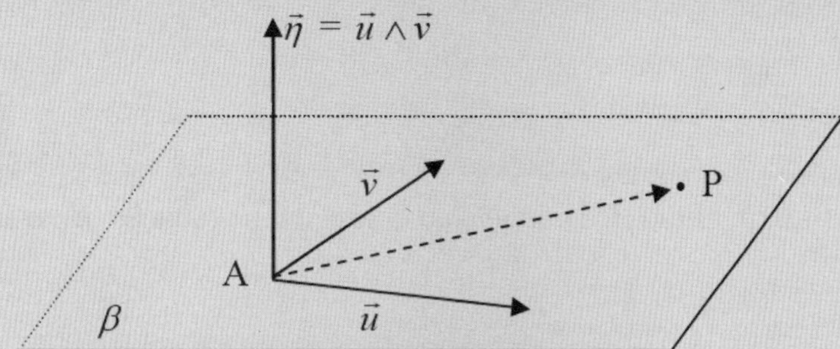

Figura 11.2

2. O vetor $\vec{\eta} = a\vec{i} + b\vec{j} + c\vec{k}$ é ortogonal a todo vetor de β, isto é, $\vec{\eta} \perp \overrightarrow{AP}$, sendo A e P pontos de β.

Assim, o produto escalar de $\vec{\eta} = (a,b,c)$ por $\overrightarrow{AP} = (x - x_A,\ y - y_A,\ z - z_A)$ é zero:

$$\vec{\eta} \bullet \overrightarrow{AP} = a(x - x_A) + b(y - y_A) + c(z - z_A) = 0 \qquad (6)$$

O segundo termo da igualdade obtida em (6) é a equação geral do plano β.

3. A reta normal ao plano β por A é N: $(x,y,z) = (x_A, y_A, z_A) + \lambda(a,b,c)$, $\lambda \in \mathbb{R}$.

Exemplo 11.4:

Determinar a reta normal ao plano β: $4x - 5y - z - 3 = 0$ pelo ponto A(2,1,0).

Solução:

Vemos que A pertence a β, pois $4(2) - 5(1) - (0) - 3 = 0$. A direção normal ao plano é dada por $\vec{\eta} = (4, -5, -1)$, cujas coordenadas são, respectivamente, os coeficientes das incógnitas x, y e z da equação linear de β.

Assim, N: $(x, y, z) = (2,1,0) + \lambda(4, -5, -1)$, $\lambda \in \mathbb{R}$

11.5 FORMAS PARTICULARES DA EQUAÇÃO DO PLANO

Consideremos os casos:

a) Se $\vec{\eta} = (0,b,c)$, então β é paralelo ao eixo x e tem equação $\beta : by + cz + d = 0$.

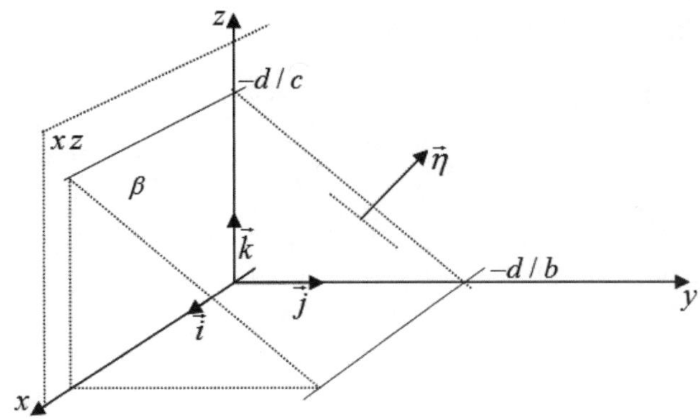

Figura 11.3

b) Se $\vec{\eta} = (a,0,c)$, então β é paralelo ao eixo y e tem equação $\beta : ax + cz + d = 0$.

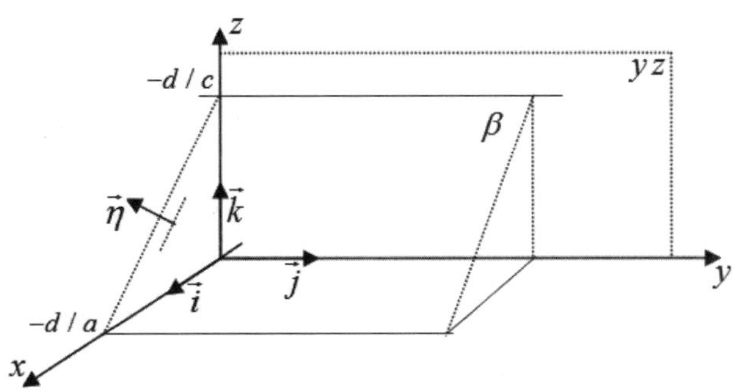

Figura 11.4

c) Se $\vec{\eta} = (a,b,0)$, então β é paralelo ao eixo z e tem equação $\beta : ax + by + d = 0$.

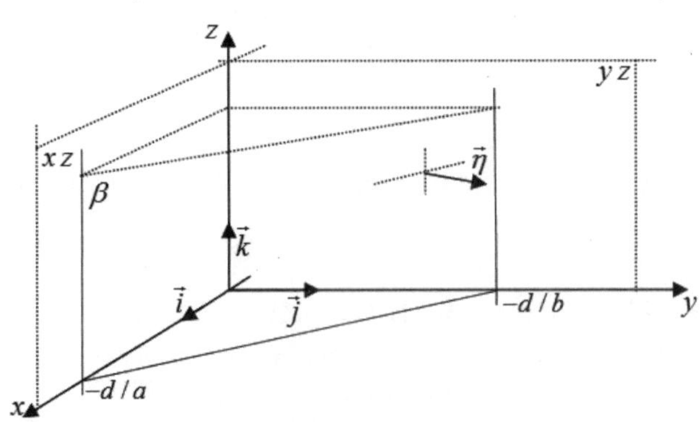

Figura 11.5

d) Se $\vec{\eta} = (0,0,c)$, então β é paralelo ao plano xy e tem equação $\beta: cz + d = 0$.

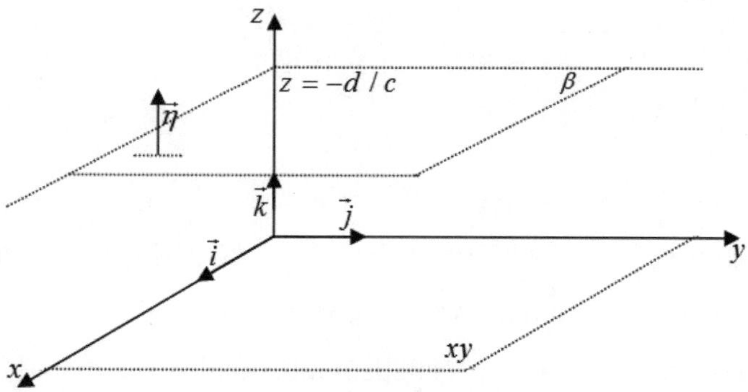

Figura 11.6

e) Se $\vec{\eta} = (a,0,0)$, então β é paralelo ao plano yz e tem equação $\beta: ax + d = 0$.

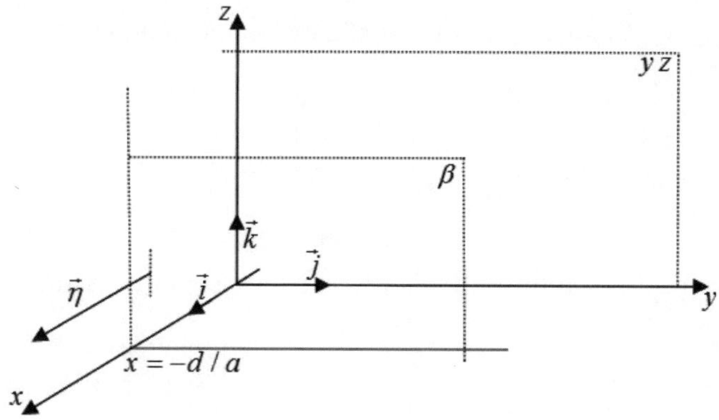

Figura 11.7

f) Se $\vec{\eta} = (0,b,0)$, então β é paralelo ao plano xz e tem equação $\beta: by + d = 0$.

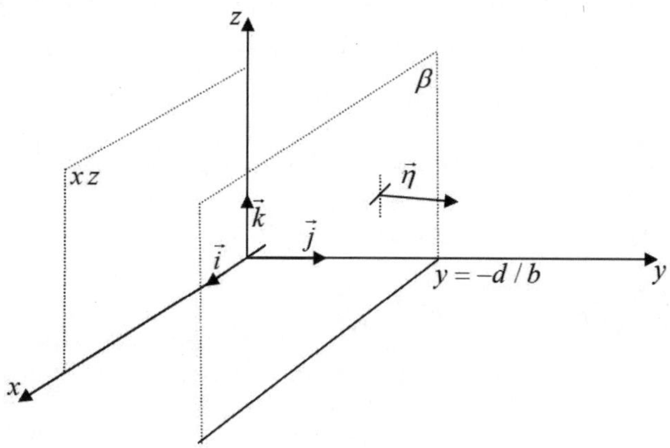

Figura 11.8

Observação 11.2

Se d = 0, então a origem O(0,0,0) do sistema de referência pertence ao plano β de equação $ax+by+cz=0$.

Exemplo 11.5:

1. Dados os pontos A(1,–2,3), B(2,2,1) e C(3,0,2), pede-se uma equação:

   a) linear do plano β que possui os pontos dados;

   b) vetorial do plano β que possui os pontos dados; e

   c) da reta N, normal ao plano que contém A,B e C, sabendo-se que A pertence a ela.

Solução:

a) Consideremos P(x,y,z) um ponto qualquer de β. Os vetores $\overrightarrow{AP} = (x-1, y+2, z-3)$, $\overrightarrow{AB} = (1,4,-2)$ e $\overrightarrow{AC} = (2,2,-1)$ são coplanares. Logo, a equação de β é:

$$\begin{vmatrix} x-1 & y+2 & z-3 \\ 1 & 4 & -2 \\ 2 & 2 & -1 \end{vmatrix} = 0$$

Desenvolvendo o determinante por Laplace seguindo pela primeira linha, temos a equação linear:

$$\beta: -3y-6z+12=0 \text{ ou } \beta: y+2z-4=0.$$

b) Os vetores $\vec{u} = \overrightarrow{AB} = (1,4,-2)$ e $\vec{v} = \overrightarrow{AC} = (2,2,-1)$ não são nulos ou paralelos, logo, por (2), β: $(x,y,z) = (1,-2,3) + \lambda\,(1,4,-2) + \gamma\,(2,2,-1)$, $\lambda, \gamma \in \mathbb{R}$.

c) A reta N deverá ter a direção do vetor $\vec{\eta} = \overrightarrow{AB} \wedge \overrightarrow{AC} = (0,-3,-6)$, que é normal ao plano β e contém o ponto A(1,–2,3). Portanto, as suas equações são:

- vetorial: N: $(x,y,z) = (1,-2,3) + \lambda(0,-3,-6)$, $\lambda \in \mathbb{R}$;
- paramétricas: N: $x=1$, $y=-2-3\lambda$ e $z=3-6\lambda$, $\lambda \in \mathbb{R}$;
- simétrica: N: $x=1, \dfrac{y+2}{-3} = \dfrac{z-3}{-6}$.

2. Dados o ponto A(1,–2,3) e $\vec{\eta} = (1,3,6)$, pede-se uma equação:

   a) linear do plano β que possui A e tem a orientação ortogonal ao $\vec{\eta}$;

   b) da reta N, normal ao plano β, sabendo-se que A pertence a ela.

Solução:

a) Consideremos $P(x,y,z)$ um ponto qualquer de β. Então, $\overrightarrow{AP} = (x-1, y+2, z-3)$ é um vetor qualquer do plano β. O problema pede que $\vec{\eta} = (1,3,6)$ seja ortogonal a β, isto é, que $\vec{\eta}$ seja ortogonal a $\overrightarrow{AP}$. A equação do plano é obtida fazendo $\vec{\eta} \bullet \overrightarrow{AP} = 0$. Assim,

$$\beta: 1(x-1) + 3(y+2) + 6(z-3) = 0 \quad \text{ou} \quad \beta: x+3y+6z-13=0.$$

b) A reta N possui o ponto A(1,–2,3) e tem a direção de $\vec{\eta} = (1,3,6)$. Logo:

- vetorial: N: $(x, y, z) = (1, -2, 3) + \lambda(1, 3, 6),\ \lambda \in \mathbb{R}$;
- paramétricas: N: $x = 1 + \lambda$, $y = -2 + 3\lambda$ e $z = 3 + 6\lambda$, $\lambda \in \mathbb{R}$; e
- simétrica: N: $\dfrac{x-1}{1} = \dfrac{y+2}{3} = \dfrac{z-3}{6}$.

EXERCÍCIOS DE APLICAÇÃO 11.1

1. Dados os pontos A(1,3,2), B(2,0,1) e C(1,–1,3), pede-se uma equação:

   a) do plano que contém o conjunto dos pontos A, B e C; e

   b) da reta normal ao plano ABC pelo ponto A.

2. Dados o ponto A(2,0,1) e $\vec{\eta} = (3,1,2)$, pede-se uma equação:

   a) do plano que contém A e tem orientação ortogonal a $\vec{\eta}$.

   b) da reta normal ao plano em A.

3. Determinar uma equação do plano β, sabendo-se que:

   a) A(1,0,–2) pertence ao plano que tem vetor normal $\vec{v} = 2\vec{i} + 3\vec{j} - 5\vec{k}$.

   b) B(–3,4,-2) pertence ao plano que é perpendicular à reta de equação $\dfrac{x-2}{4} = \dfrac{y+3}{3} = \dfrac{z+2}{1}$.

   c) C(2,-1,3) pertence ao plano que é paralelo ao plano de equação $2x-3y+2z+7=0$.

   d) Contém a reta de equação $x = 2,\ \dfrac{y-2}{-2} = \dfrac{z-3}{-1}$ e é paralelo ao plano de equação $x + 3y - 6z + 1 = 0$.

   e) Os pontos A(1,2,3), B(–2,4,–1) e C(0,1,3) pertencem a ele.

4. Determine uma equação da reta que possui o ponto M(0,1,5) e é perpendicular ao plano $6x-2y+4z-4=0$.

5. Escreva uma equação do plano α, sabendo-se que o ponto A(1,2,3) pertence a α e que α é normal (ortogonal) à direção do vetor $\vec{u} = 3\vec{i} + \vec{j} + 2\vec{k}$.

6. Escreva uma equação do plano β, sabendo-se que A(–1,7,2) pertence a β que é normal à reta r: $x = 0$, $y = -3$.

7. Escreva uma equação do plano β que contém o conjunto dos pontos A, B e C, onde

   a) A(2,1,0), B(3,1,1) e C(1,1,2).

   b) A(0,0,1), B(–1,2,1) e C(1,–1,0).

8. Escrever uma equação do plano β, sabendo-se que o ponto P pertence a β e que β contém a reta r, sendo

   a) $r: \frac{x+1}{1} = \frac{y-2}{-1} = \frac{z-2}{3}$ e P(2,1,1).

   b) $r: x = 1,\ z = -1$ e P(-3,2,2).

9. Escreva uma equação do plano π, sabendo-se que o ponto P pertence a π e que π é normal ao plano α e paralelo à reta r, sendo:

   a) P(3,2,–1), $\alpha: 3x - 2y = 3$ e $r: \frac{x-1}{3} = \frac{z+1}{2},\ y = 5$.

   b) P(2,2,–1), $\alpha: x + y - z = 0$ e $r: \frac{x-1}{4} = \frac{z+1}{1},\ y = 2$.

10. Escreva uma equação do plano β, sabendo que o ponto A pertence a β e que β é paralelo às retas r e s, em que

    a) A(–6,0,1), $r: \frac{x}{-1} = \frac{y-1}{1} = \frac{z-1}{2}$ e $s: \frac{x-1}{1} = \frac{z-1}{1},\ y = 1$.

    b) A(–1,0,0), $r: x = 1, y = 2$ e $s: \frac{x-1}{2} = \frac{y+2}{-5} = \frac{z-3}{4}$.

11. Escreva uma equação do plano π, sabendo-se que o ponto A pertence a e que π é ortogonal aos planos α e β, sendo

    a) A(3, –1, 4), $\alpha: x - y - z = 0$ e $\beta: 2x - y = 5$.

    b) A(2, –1, –1), $\alpha: z = 6$ e $\beta: x = 4$.

12. Determine uma equação da reta que possui o ponto P(1,2,10), está contida no plano de equação $3x - z + 7 = 0$ e é paralela ao plano de equação $2x - 6z + 1 = 0$.

13. Escreva uma equação do plano que contém os pontos A(2,1,–1) e B(0,3,–2) e é paralelo à reta $r: \frac{x}{1} = \frac{y}{-1} = \frac{z}{1}$.

14. Escreva uma equação da reta s, sabendo-se que o ponto A pertence a s e que s é paralela ao plano π e ortogonal à reta r, em que

a) A(2, –3, 1), $\pi: 2x - 3z = 1$ e $r: \dfrac{x-1}{-1} = \dfrac{z-2}{4}, y = 2$.

b) A(2, –1, 1), $\pi: 2x - y + 3z = -3$ e $r: \dfrac{y+2}{3} = \dfrac{z+1}{4}, x = 4$.

15. Escreva uma equação da reta s, sabendo que o ponto P pertence a s e que s é paralela aos planos α e β, onde

a) P(2,0,– 4), $\alpha: x + y + 3z = 2$ e $\beta: x - 2y = 4$.

b) P(6,0,–1), $\alpha: z = 4$ e $\beta: x + 2y - z - 1 = 0$.

16. Quais são os pontos que distam dos pontos (a, a, a) e $(-a, -a, -a)$, $\alpha \in \mathbb{R}_+^*$?

17. Dê uma equação do plano que intercepta o eixo x no ponto a, e eixo y no ponto b e o eixo z no ponto c, sendo a, b e c positivos. Faça um esboço do gráfico.

18. Dê as equações paramétricas das retas que formam as intersecções do plano $\pi: x + y + z - 1 = 0$ com os planos $x = 0$, $y = 0$ e $z = 0$. Interprete geometricamente o resultado.

11.6 POSIÇÃO RELATIVA ENTRE RETA E PLANO

Sejam a reta $r: (x,y,z) = A + \lambda \vec{u}, \lambda \in \mathbb{R}$, o plano $\beta: ax + by + cz + d = 0$ e o vetor $\vec{\eta} = (a,b,c)$ normal a β.

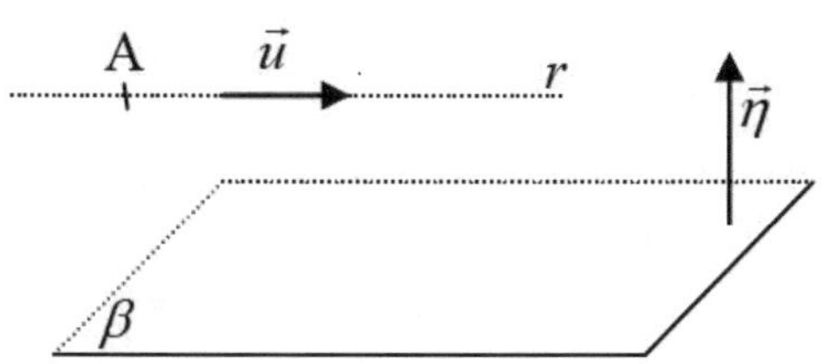

Figura 11.9

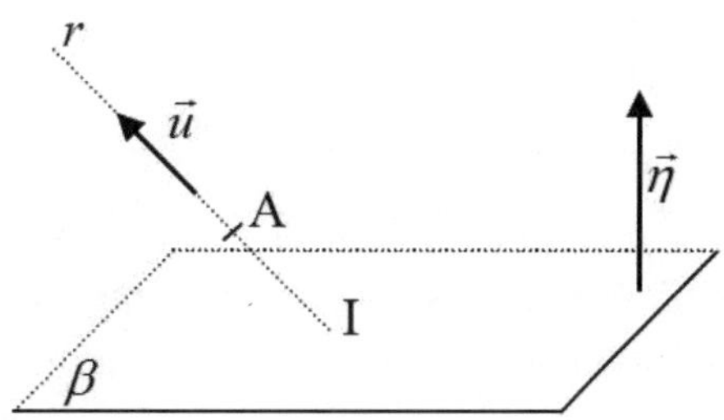

Figura 11.10

Se $\vec{u} \bullet \vec{\eta} = 0$, então r é paralela a β (Figura 11.9):

a) $A \in \beta \Rightarrow r$ está contida em β.

b) $A \notin \beta \Rightarrow r$ é paralela a β e não esta contida em β.

Se $\vec{u} \bullet \vec{\eta} \neq 0$, então r intercepta β (Figura 11.10):

c) $\vec{u} \,//\, \vec{\eta} \Rightarrow r$ é perpendicular a β.

d) $\vec{u} \not\parallel \vec{\eta} \Rightarrow r$ não é perpendicular a β.

Exemplo 11.6:

Diga qual é a posição relativa entre r e β nos casos a seguir:

1. r: $(x,y,z) = (1,3,2) + \lambda\,(0,1,-2), \lambda \in \mathbb{R}$ e $\beta: 5x + 2y + z - 13 = 0$.

Solução:

Temos que A(1,3,2), $\vec{u} = (0,1,-2)$ e $\vec{\eta} = (5,2,1)$.

Vemos que $\vec{u} \bullet \vec{\eta} = (0,1,-2)\cdot(5,2,1) = 0$ e, daí, r é paralela ou está contida em β. Temos que A $\in \beta$, pois $5(1)+2(3)+(2)-13 = 0$, logo, r está contida em β.

2. r: $(x,y,z) = (1,3,0) + \lambda\,(0,1,-2), \lambda \in \mathbb{R}$ e $\beta: 5x + 2y + z - 13 = 0$.

Solução:

Temos que A(1,3,0), $\vec{u} = (0,1,-2)$ e $\vec{\eta} = (5,2,1)$.

Vemos que $\vec{u} \bullet \vec{\eta} = (0,1,-2) \bullet (5,2,1) = 0$ e, daí, r é paralela ou está contida em β. Temos que A $\notin \beta$, pois $5(1)+2(3)+(0)-13 = -2$, logo, r é paralela a β.

3. r: $(x,y,z) = (1,3,0) + \lambda\,(10,4,2), \lambda \in \mathbb{R}$ e $\beta: 5x + 2y + z - 13 = 0$.

Solução:

Temos que A(1,3,0), $\vec{u} = (10,4,2)$ e $\vec{\eta} = (5,2,1)$.

Vemos que $\vec{u} \bullet \vec{\eta} = (10,4,2) \bullet (5,2,1) = 60 \neq 0$ e, daí, r intercepta o plano β. Temos que $\vec{u} \parallel \vec{\eta}$, pois suas coordenadas são proporcionais ($\vec{u} = 2\vec{\eta}$), logo, r é perpendicular a β.

4. r: $(x,y,z) = (1,3,0) + \lambda\,(-1,4,2), \lambda \in \mathbb{R}$ e $\beta: 5x + 2y + z - 13 = 0$.

Solução:

Temos que A(1,3,0), $\vec{u} = (-1,4,2)$ e $\vec{\eta} = (5,2,1)$.

Vemos que $\vec{u} \bullet \vec{\eta} = (-1,4,2) \bullet (5,2,1) = 5$ e, daí, r intercepta o plano β. Temos que $\vec{u} \nparallel \vec{\eta}$, pois suas coordenadas não são proporcionais, logo, r intercepta β, mas não perpendicularmente.

11.7 INTERSECÇÃO ENTRE RETA E PLANO

Sejam a reta r: $(x,y,z) = A + \lambda\,\vec{u}, \lambda \in \mathbb{R}$, o plano $\beta: ax + by + cz + d = 0$ e o vetor $\vec{\eta} = (a,b,c)$ normal a β.

Procedimento para se obter o ponto I de interseção entre reta e plano:

a) verificar se $\vec{u} \bullet \vec{\eta} \neq 0$, sendo $\vec{u}$ um vetor de reta e $\vec{\eta}$ normal ao plano;

b) escrever a equação da reta na forma paramétrica e do plano na forma linear;

c) substituir os valores de x, y e z da reta na forma linear do plano;

d) resolver a equação formada com as referidas substituições: obtendo λ;

e) substituir λ obtido na forma paramétrica da reta e, daí, encontrar as coordenadas do ponto I de interseção de r e β.

Exemplo 11.7:

Obtenha a interseção da reta r: $(x,y,z) = (1,3,0) + \lambda\,(10,4,2), \lambda \in \mathbb{R}$ com o plano $\beta:\ 5x+2y+z-13=0$.

Solução:

a) Considerando que $\vec{u} = (10,4,2)$ é vetor de r e $\vec{\eta} = (5,2,1)$ normal a β, temos que: $\vec{\ } \bullet \vec{\eta} = (10,4,2)\bullet(5,2,1) = 60 \neq 0$. Logo, r intercepta β.

Temos que $\vec{u} \,//\, \vec{\eta}$, pois $\vec{u} = 2\vec{\eta}$, daí, r é perpendicular a β.

b) A forma paramétrica de r é: $x = 1 + 10\lambda$, $y = 3 + 4\lambda$ e $z = 2\lambda$, $\lambda \in \mathbb{R}$, e a forma linear do plano é β: $5x + 2y + z - 13 = 0$.

c) Substituir x, y e z de r em β: $5(1 + 10\lambda) + 2(3 + 4\lambda) + (2\lambda) - 13 = 0$.

d) Resolver a equação acima obtida: $\lambda = 1/30$.

e) Substituir $\lambda = 1/30$ na equação paramétrica da reta:

$$x = 1 + 10(1/30) = 1 + 1/3 = 4/3$$
$$y = 3 + 4(1/30) = 3 + 2/15 = 47/15$$
$$z = 2(1/30) = 1/15$$

Temos o ponto I (3/4, 47/15, 1/15).

11.8 POSIÇÃO RELATIVA ENTRE PLANO E PLANO

Sejam os planos $\alpha:\ a_1x+b_1y+c_1z+d_1=0$ e $\beta:\ a_2x+b_2y+c_2z+d_2=0$.

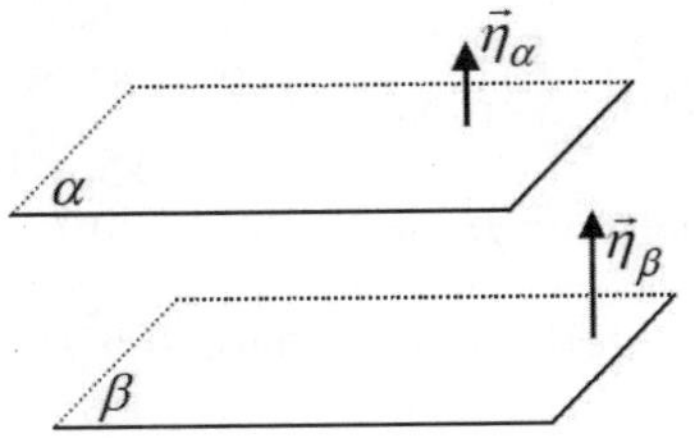

Figura 11.11

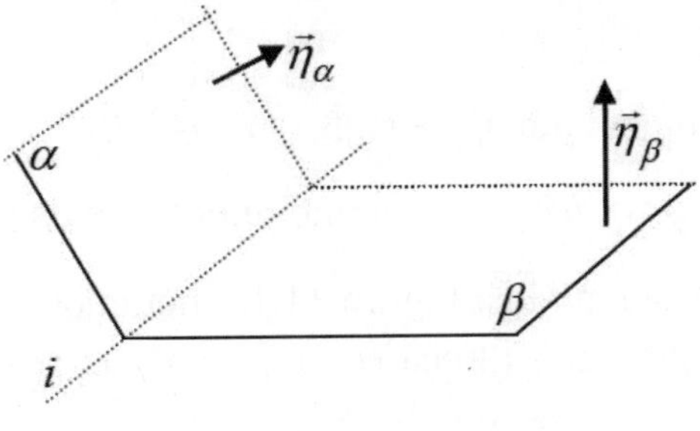

Figura 11.12

Se $\vec{\eta}_\alpha \,//\, \vec{\eta}_\beta$, então os planos α e β são paralelos (Figura 11.11).

a) $A \in \alpha$ e $A \in \beta$, segue que α e β coincidem.

b) $A \in \alpha$ e $A \notin \beta$, segue que α e β são paralelos e não coincidem.

Se $\vec{\eta}_\alpha \not\parallel \vec{\eta}_\beta$, os planos são concorrentes, sendo a reta $i = \alpha \cap \beta$ (Figura 11.12).

Exemplo 11.8:

1. São dados os planos α: $2x + 6y - 4z + 4 = 0$ e β: $-5x - 15y + 10z + 3 = 0$.
   a) Os planos são concorrentes?
   b) Caso sejam concorrentes, encontre a reta i de interseção.

Solução:

Temos que $\vec{\eta}_\alpha = (2,6,-4)$ e $\vec{\eta}_\beta = (-5,-15,10)$. Vemos que $\dfrac{2}{-5} = \dfrac{6}{-15} = \dfrac{-4}{10}$, logo, $\vec{\eta}_\alpha // \vec{\eta}_\beta$, e, daí, os planos α e β são paralelos ou coincidentes.

Verificar se α e β coincidem (possuem pelo menos um ponto comum):

1º) Vamos escolher um ponto de α: atribuindo valores para x e para y na forma da equação de α, obteremos um valor para z. Isto é, assumindo $x = 2$ e $y = 0$, temos que $2(2) + 6(0) - 4z + 4 = 0$, e, daí, $z = 2$. Assim, $A(2,0,2)$ pertence a α.

2º) Substituindo $A(2,0,2)$ em β, teremos: $-5(2) - 15(0) + 10(2) + 3 = 13 \neq 0$ (não verificou a sentença de β), logo, os planos não coincidem.

Respondendo à questão:

a) A interseção dos planos é vazia, logo, os planos são paralelos distintos.

b) Não há reta de interseção dos planos, pois não são concorrentes.

2. São dados os planos α: $2x + 6y - 4z + 4 = 0$ e β: $5x + 15y + 10z + 3 = 0$.
   a) Os planos se interceptam?
   b) Caso sejam concorrentes, encontre a reta i de interseção.

Solução:

a) Temos que $\vec{\eta}_\alpha = (2,6,-4)$ e $\vec{\eta}_\beta = (5,15,10)$. Vemos que $\dfrac{2}{5} = \dfrac{6}{15} \neq \dfrac{-4}{10}$, logo, $\vec{\eta}_\alpha \not\parallel \vec{\eta}_\beta$, e, daí, concluímos que os planos α e β se interceptam.

b) Observando a Figura 11.12, notamos que i tem direção ortogonal a $\vec{\eta}_\alpha$ e a $\vec{\eta}_\beta$, logo, tem a direção de $(\vec{\eta}_\alpha \wedge \vec{\eta}_\beta)$.

$$\vec{\eta}_\alpha \wedge \vec{\eta}_\beta = \begin{vmatrix} \vec{i} & \vec{j} & \vec{k} \\ 2 & 6 & -4 \\ 5 & 15 & 10 \end{vmatrix} = (120, -40, 0)$$

Precisamos, agora, obter um ponto A de i. Fazendo, por exemplo, $y = 0$ nas equações de α e β, teremos o sistema linear:

$$\begin{cases} 2x - 4z = -4 \\ 5x + 10z = -3 \end{cases}$$

Resolvendo, teremos $\begin{cases} x = -13/10 \\ z = 7/20 \end{cases}$, daí, o ponto A(–13/10,0,7/20) pertence a i.

A interseção dos planos é i: $(x, y, z) = (\frac{-13}{10}, 0, \frac{7}{20}) + \lambda\,(120, -40, 0),\ \lambda \in \mathbb{R}$.

Observação 11.3

O estudo da posição relativa dos planos $\alpha: a_1x + b_1y + c_1z + d_1 = 0$ e $\beta: a_2x + b_2y + c_2z + d_2 = 0$, quando se tem $\vec{\ }\ //\ \vec{\eta}_\beta$, nos permite entender que:

1º) Se ocorrer $\frac{a_1}{a_2} = \frac{b_1}{b_2} = \frac{c_1}{c_2} = \frac{d_1}{d_2}$, com os coeficientes todos diferentes de zero, os planos α e β são coincidentes. Se um dos coeficientes for zero e o coeficiente correspondente da outra equação também for zero o raciocínio continua válido.

2º) Se ocorrer $\frac{a_1}{a_2} = \frac{b_1}{b_2} = \frac{c_1}{c_2} \neq \frac{d_1}{d_2}$, com os coeficientes todos diferentes de zero ou mesmo ocorrendo valor zero para os correspondentes coeficientes de alguma das vaiáveis (não todas) nas equações, os planos α e β serão paralelos e não coincidentes (caso 1 do Exemplo 11.8).

11.9 PROJEÇÃO ORTOGONAL DE UMA RETA NUM PLANO

Sejam r: $(x,y,z) = A + \lambda\,\vec{u}, \lambda \in \mathbb{R}$ e β: $ax + by + cz + d = 0$, $\vec{\eta} = (a,b,c)$.

A reta r', indicada na Figura 11.13, é a projeção ortogonal de r em β.

Vejamos, no exemplo 11.9, um modo de se obter a reta r'.

Exemplo 11.9:

Dados r: $(x,y,z) = (1,3,0) + \lambda\,(-1,4,2), \lambda \in \mathbb{R}$ e β: $5x + 2y + z - 13 = 0$, pede-se a reta r', projeção ortogonal de r em β.

Solução:

Adotaremos o seguinte procedimento. Temos que A(1,3,0), $\vec{u} = (-1,4,2)$ e $\vec{\eta} = (5,2,1)$.

a) Vemos que $\vec{u} \bullet \vec{\eta} = (-1,4,2) \bullet (5,2,1) = 5$ e $\vec{u} \not\parallel \vec{\eta}$, pois suas coordenadas não são proporcionais, logo, r intercepta β, mas não perpendicularmente.

b) Determinar o ponto I = $r \cap \beta$:

Considerar r na forma paramétrica $r: \begin{cases} x = 1 - \lambda \\ y = 3 + 4\lambda, \ \lambda \in \mathbb{R} \\ z = 0 + 2\lambda \end{cases}$

e substituir as variáveis em β: $5(1-\lambda) + 2(3+4\lambda) + (2\lambda) - 13 = 0$.

Segue que $\lambda = 2/5$, que substituído em r tem-se: I = (3/5, 23/5, 4/5).

c) Obter a reta s com direção normal a β e contendo um ponto $A \in r$ (com $A \neq I$):

Temos que s: $(x, y, z) = A + \alpha \vec{\eta}$, $\alpha \in \mathbb{R}$.

$$s: (x, y, z) = (1, 3, 0) + \alpha (5, 2, 1), \ \alpha \in \mathbb{R}.$$

d) Obter A' = $s \cap \beta$:

Considerar s na forma paramétrica $s: \begin{cases} x = 1 + 5\alpha \\ y = 3 + 2\alpha, \ \alpha \in \mathbb{R} \\ z = 0 + \alpha \end{cases}$

e substituir as variáveis em β: $5(1+5\alpha)+2(3+2\alpha)+(0+\alpha)-13=0$.

Segue que $\alpha = 1/15$, que, substituído em s, leva a: A' = (20/15, 47/15, 1/15).

e) Obter r' pelos pontos I e A':

Temos que r': $(x,y,z) = I + \delta . \overrightarrow{IA'}$, $\delta \in \mathbb{R}$. Conhecidos os pontos I = (3/5, 23/5, 4/5) e $\overrightarrow{IA'}$ = (11/15, –22/15, –11/15), segue que:

$$r': (x,y,z) = (3/5, 23/5, 4/5) + \delta (11/15, -22/15, -11/15), \ \delta \in \mathbb{R}; \text{ ou}$$

$$r': (x,y,z) = (3/5, 23/5, 4/5) + \sigma (1, -2, -1), \ \sigma \in \mathbb{R}, \text{ sendo } \sigma = \frac{11}{15}\delta.$$

Observação 11.4

Procedimento a ser adotado se a reta r for paralela a β:

a) obter pontos A e B distintos em r;

b) construir as retas s e s' normais a β, tais que $A \in s$ e $B \in s'$;

c) obter $A' = s \cap \beta$ e $B' = s' \cap \beta$; e

d) construir a reta r' pelos pontos A' e B'.

EXERCÍCIOS DE APLICAÇÃO 11.2

1. Obtenha, se houver, a interseção da reta r: $(x,y,z) = (1,3,2) + \lambda\,(1,-2,0)$, $\lambda \in \mathbb{R}$, com o plano $\beta: 2x - 4y - 2 = 0$.

2. Dados a reta r: $(x,y,z) = (1,3,2) + \lambda\,(1,-2,0)$, $\lambda \in \mathbb{R}$, e o plano $\beta: 2x - 4y = 0$, obtenha:

   a) a posição relativa entre r e β;

   b) se houver, obter a interseção de r e β.

3. Define-se ângulo θ entre reta r e plano β como o complementar do menor ângulo ($\bar{\theta}$) que a reta forma com a normal ao plano.

   Seja r' a projeção de r em β. Assim,

$$\operatorname{sen}\theta = \cos\bar{\theta} = \frac{|\vec{\eta}_\beta \cdot \vec{u}|}{|\vec{\eta}_\beta|\,|\vec{u}|}.$$

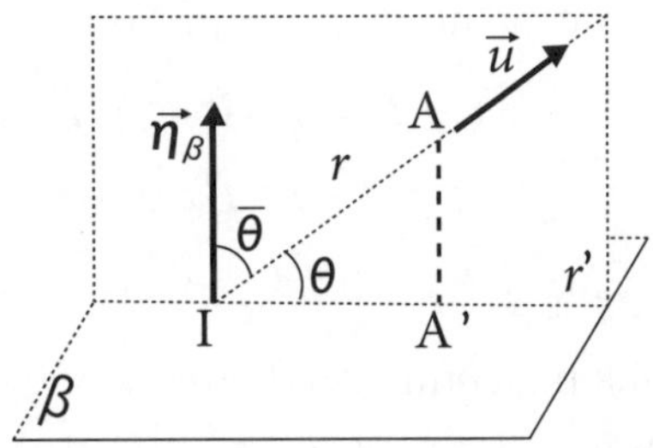

Figura 11.13

   Pede-se o ângulo entre a reta r e o plano β:

   a) r: $(x,y,z) = (1,3,0) + \lambda\,(0,2,2)$, $\lambda \in \mathbb{R}$ e $\beta: z - 3 = 0$.

   b) r: $(x,y,z) = (1,3,0) + \lambda\,(3,0,\sqrt{3})$, $\lambda \in \mathbb{R}$ e $\beta: z = 2$.

   c) r: $(x,y,z) = (2,1,3) + \lambda\,(2,1,2)$, $\lambda \in \mathbb{R}$ e $\beta: x - y + z + 3 = 0$.

4. Define-se o ângulo entre dois planos α e β não paralelos como o menor ângulo formado pelas direções normais dos planos, isto é, entre $\vec{\eta}_\alpha$ e $\vec{\eta}_\beta$.

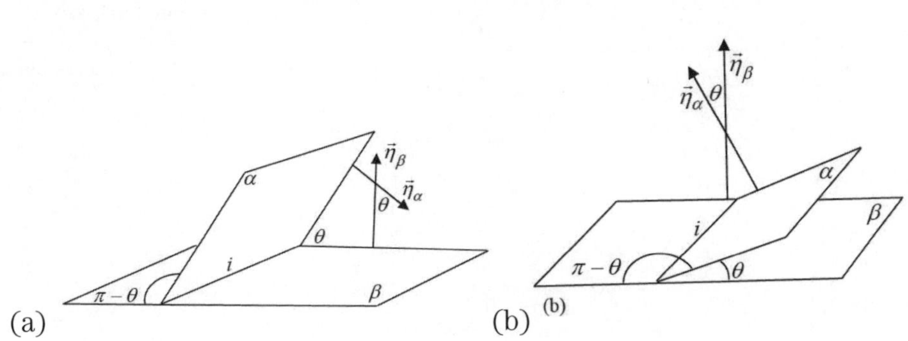

Figura 11.14

Pede-se o ângulo entre os planos:

a) α: $2x + 6y - 4z + 4 = 0$ e β: $-4x - 12y + 8z + 3 = 0$.

b) α: $2\sqrt{3}x + 6y - 4z + 4 = 0$ e β: $12/5\,y + z + 3 = 0$.

5. Qual é a posição relativa entre os planos $x + y + z + 1 = 0$ e $x + y + z - 1 = 0$?

6. Qual é a posição relativa entre o plano que possui os pontos A(1,0,0), B(0,1,0) e C(0,0,1) com o plano que tem os pontos D(1,0,0), E(0,–1,0) e F(0,0,1)? Caso exista, dê a interseção dos planos.

7. Dê equações dos planos coordenados xy, xz e yz. Dê equações dos eixos coordenados x e y.

8. Qual é a interseção dos planos $y = x$ e $y = -x$?

9. Determine, se houver, a reta i de intersecção dos planos

a) $\alpha: 2x+3y-2z+1=0$ e $\beta: x-y+2z-4=0$.

b) $\alpha: x-y+z=3$ e $\beta: x+y+2z-1=0$.

c) $\alpha: 2x-y+z-5=0$ e $\beta: 6x-3y+3z-1=0$.

10. Obtenha uma equação da reta s que possui o ponto A (1, 2, – 3) e é perpendicular à reta $r: (x,y,z) = (1,1,0) + \lambda\,(1,1,-1)$, $\lambda \in \mathbb{R}$.

11. Obtenha uma equação da reta t que possui o ponto P (1,1,2) e intercepta cada uma das retas $r: (x,y,z) = (-1, 0, 1) + \lambda\,(2,1,0)$, $\lambda \in \mathbb{R}$ e $s: (x,y,z) = (1,2,2) + \lambda\,(1,0,2)$, $\lambda \in \mathbb{R}$.

12. Determine uma equação da reta r que possui o ponto A(5,–2,5), é paralela ao plano $\alpha: x+y+2z-1=0$ e intercepta a reta s: $x = 2y = 3z$.

12 DISTÂNCIA

- Calcular distâncias entre pontos, ponto e reta e ponto e plano.
- Calcular distância entre reta e plano, plano e plano e reta e reta.

Consideremos em V_3 o sistema de referência $(O,\vec{i},\vec{j},\vec{k})$, sendo $E = (\vec{i},\vec{j},\vec{k})$ a base ortonormal positiva e O(0,0,0) a origem.

12.1 DISTÂNCIA ENTRE DOIS PONTOS

A distância entre dois pontos $A(x_A, y_A, z_A)$ e $B(x_B, y_B, z_B)$ de V_3 é dada pelo módulo do vetor $\overrightarrow{AB}$ e indicada por d(A,B) (ver Capítulo 6, “Base e sistema de referência”, item 6.4, “Bases ortonormais”).

Temos que $\overrightarrow{AB} = (x_B - x_A,\ y_B - y_A,\ z_B - z_A)$.

Então, $d(A,B) = \sqrt{(x_B - x_A)^2 + (y_B - y_A)^2 + (z_B - z_A)^2}$ (1)

Exemplo 12.1:

Obtenha a distância entre os pontos A(1,3,5) e B(2,3,2).

Solução:

Temos que $\overrightarrow{AB} = (2\text{-}1)\vec{i} + (3\text{-}3)\vec{j} + (2\text{-}5)\vec{k}$.

Então, $d(A,B) = \sqrt{(2-1)^2 + (3-3)^2 + (2-5)^2} = \sqrt{1+0+9} = \sqrt{10}$.

12.2 DISTÂNCIA ENTRE PONTO E RETA

Dados um ponto $P(x_0, y_0, z_0)$ e uma reta $r: (x, y, z) = (x_A, y_A, z_A) + \lambda(u_1, u_2, v_3)$, $\lambda \in \mathbb{R}$, queremos obter a distância de P a r, que será denotada por d(P,r). Entendemos que a distância procurada é a menor medida dos segmentos de reta com origem em P e extremidade num ponto de r.

Tomemos um ponto $A(x_A, y_A, z_A)$ da reta r que tem direção $\vec{u} = (u_1, u_2, u_3)$.

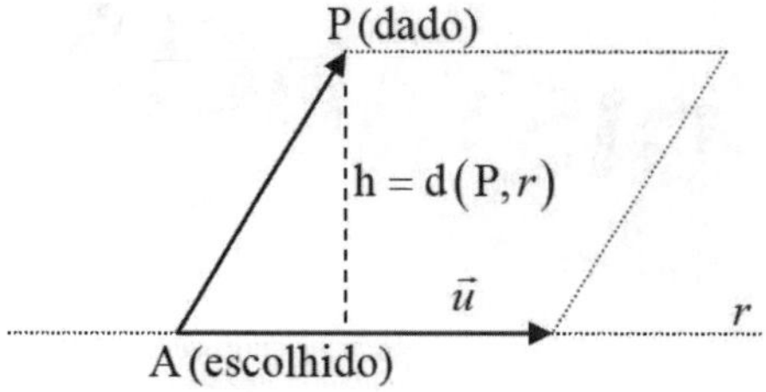

A d(P,r) é igual à altura h do paralelogramo imaginário de base igual a $|\vec{u}|$, construído a partir do ponto A escolhido em r

Figura 12.1

Sabemos que a área do paralelogramo (Figura 12.1) é dada pelo produto da base $|\vec{u}|$ pela altura h e também é dada pelo módulo do produto vetorial $|\overrightarrow{AP} \wedge \vec{u}|$, visto no Capítulo 8, "Produto vetorial", item 8.2.3.

Assim, $h.|\vec{u}| = |\overrightarrow{AP} \wedge \vec{u}|$, isto é, $d(P,r) = h = \dfrac{|\overrightarrow{AP} \wedge \vec{u}|}{|\vec{u}|}$ (2)

Exemplo 12.2:

Obtenha a distância do ponto P(2,3,1) à reta r: $(x,y,z) = (1,2,3) + \lambda\,(3,2,0), \lambda \in \mathbb{R}$.

Solução:

Vamos escolher um ponto qualquer da reta r, por exemplo A(1,2,3), e construir o vetor $\overrightarrow{AP}$. Então, $\overrightarrow{AP} = (1,1,-2)$ e $\vec{u} = (3,2,0)$ é o vetor direção da reta.

Temos que $\overrightarrow{AP} \wedge \vec{u} = \begin{vmatrix} \vec{i} & \vec{j} & \vec{k} \\ 1 & 1 & -2 \\ 3 & 2 & 0 \end{vmatrix} = (4, -6, -1)$ e $|\overrightarrow{AP} \wedge \vec{u}| = \sqrt{16+36+1} = \sqrt{53}$ e,

também, que $\vec{u} = (3, 2, 0)$ e $|\vec{u}| = \sqrt{9+4+0} = \sqrt{13}$.

Portanto, pela relação (2), segue que $h = d(P,r) = \dfrac{|\overrightarrow{AP} \wedge \vec{u}|}{|\vec{u}|} = \dfrac{\sqrt{53}}{\sqrt{13}} = \sqrt{\dfrac{53}{13}}$.

12.3 DISTÂNCIA ENTRE PONTO E PLANO

Dados um ponto $P(x_0, y_0, z_0)$ e um plano $\beta: ax + by + cz + d = 0$ na forma linear, queremos obter a distância de P a β, que será denotada por d(P, β). A distância procurada é a menor medida dos segmentos de reta de origem em P e extremidade em β.

Seja $A(x_A, y_A, z_A)$ um ponto escolhido ao acaso em β e o vetor $\vec{\eta} = (a, b, c)$ normal a β.

Atribuindo valores para duas das variáveis na equação do plano β, por exemplo: $x = x_A$ e $y = y_A$, obteremos z_A. Assim, $A(x_A, y_A, z_A) \in \beta$, isto é, $a.x_A + b.y_A + c.z_A + d = 0$.

Temos, também, que $\overrightarrow{AP} = (x_0 - x_A,\ y_0 - y_A,\ z_0 - z_A)$.

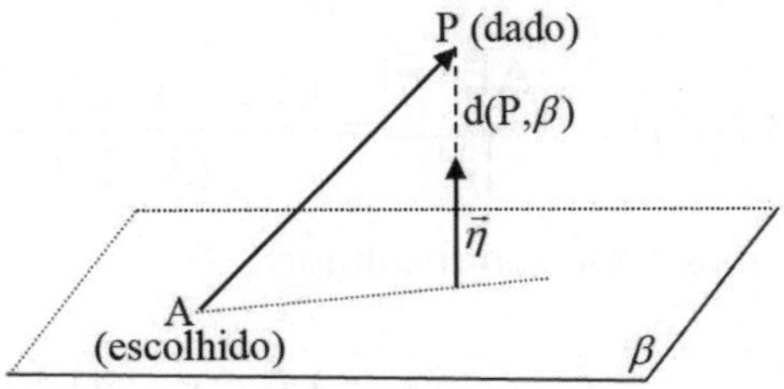

Figura 12.2

A distância de P ao plano β é igual ao módulo da projeção de $\overrightarrow{AP}$ na direção de η (ver Capítulo 7, "Produto escalar", item 7.3, "Projeção ortogonal de um vetor $\vec{u}$ na direção de $\vec{v} \neq \vec{0}$"). Portanto,

$$d(P, \beta) = \left|\text{proj}_{\vec{\eta}}\overrightarrow{AP}\right| = \left|\frac{\overrightarrow{AP} \bullet \vec{\eta}}{\vec{\eta} \bullet \vec{\eta}}\,\vec{\eta}\right| = \left|\frac{\overrightarrow{AP} \bullet \vec{\eta}}{\vec{\eta} \bullet \vec{\eta}}\right| |\vec{\eta}| = \frac{\left|\overrightarrow{AP} \bullet \vec{\eta}\right|}{|\vec{\eta}|.|\vec{\eta}|} |\vec{\eta}| = \frac{\left|\overrightarrow{AP} \bullet \vec{\eta}\right|}{|\vec{\eta}|}. \quad (3)$$

Substituindo as componentes dos vetores $\overrightarrow{AP}$ e $\vec{\eta}$ em (3), segue que:

$$d(P, \beta) = \frac{\left|(x_0 - x_A,\ y_0 - y_A,\ z_0 - z_A) \bullet (a, b, c)\right|}{\sqrt{a^2 + b^2 + c^2}} =$$

$$= \frac{\left|(x_0 - x_A)a + (y_0 - y_A)b + (z_0 - z_A)c\right|}{\sqrt{a^2 + b^2 + c^2}} =$$

$$= \frac{\left|x_0\,a + y_0\,b + z_0\,c - (x_A\,a + y_A\,b + z_A\,c)\right|}{\sqrt{a^2 + b^2 + c^2}}.$$

Entendendo que $d = -(x_A\,a + y_A\,b + z_A\,c)$, temos:

$$d(P, \beta) = \frac{\left|x_0\,a + y_0\,b + z_0\,c + d\right|}{\sqrt{a^2 + b^2 + c^2}}. \quad (4)$$

Exemplo 12.3:

Obtenha a distância do ponto P(2,3,1) ao plano β : $3x - 2y + z - 5 = 0$.

Solução:

Vamos obter um ponto A em β : assumindo que, por exemplo, $x = 1$ e $y = 0$ e os substituindo na equação do plano, temos que $3(1) - 2(0) + z - 5 = 0$, e daí, $z = 2$. Assim, o ponto A(1,0,2) foi escolhido em β e, com ele, construir o vetor $\overrightarrow{AP} = (1,3,-1)$.

Sabemos que $\vec{\eta} = (3,-2,1)$ é ortogonal a β.

Aplicando (3), teremos $d(P,\beta) = \dfrac{|\overrightarrow{AP} \bullet \vec{\eta}|}{|\vec{\eta}|} = \dfrac{|(1,3,-1).(3,-2,1)|}{(3,-2,1)} = \dfrac{|-4|}{\sqrt{14}} = \dfrac{2\sqrt{14}}{7}$ uc.

Aplicando (4), obteremos o mesmo resultado:

$$d(P,\beta) = \frac{|x_0 a + y_0 b + z_0 c + d|}{\sqrt{a^2+b^2+c^2}} = \frac{|2.(3)+3.(-2)+1.(1)-5|}{\sqrt{3^2+(-2)^2+1^2}} = \frac{|-4|}{\sqrt{14}} = \frac{2\sqrt{14}}{7} \text{ uc.}$$

12.4 DISTÂNCIA ENTRE RETA E PLANO

Dados uma reta $r:(x,y,z)=(x_A,y_A,z_A)+\lambda(u_1,u_2,v_3)$, $\lambda \in \mathbb{R}$ e um plano $\beta: ax+by+cz+d=0$ + na forma linear, queremos obter a distância de r ao , que será denotada por $d(r,\beta)$. Procuramos a menor medida dos segmentos de reta com origem em r e extremidade em β.

Temos dois casos a considerar:

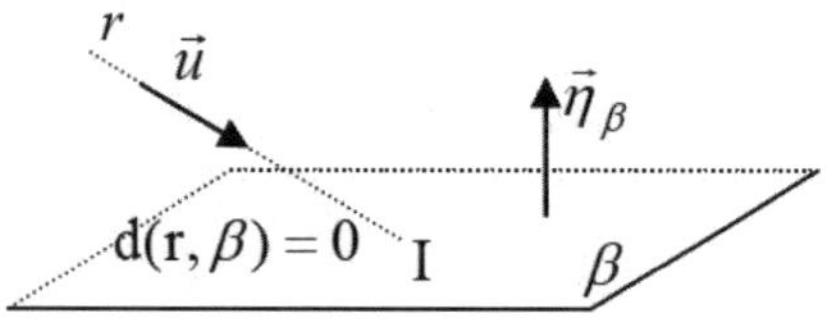

Figura 12.3

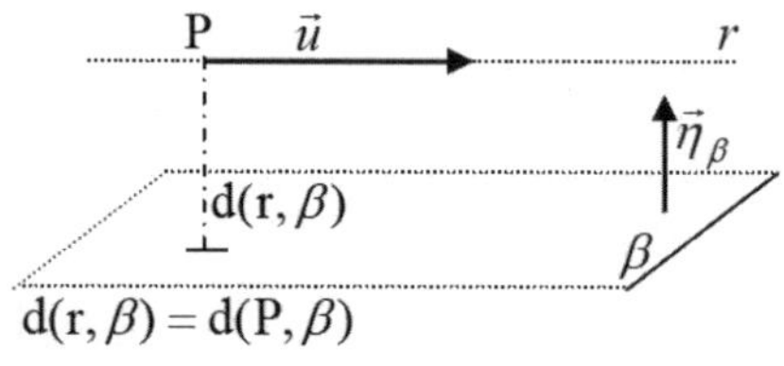

Figura 12.4

a) A reta não é paralela ao plano β (tem-se que: $\vec{u} \bullet \vec{\eta}_\beta \neq 0$). Portanto, a reta intercepta o plano e, assim, $d(r,\beta) = 0$.

b) A reta é paralela ao plano β (tem-se que: $\vec{u} \bullet \vec{\eta}_\beta = 0$). Nesta situação, a distância de r ao plano β é a mesma que se obtém tomando qualquer um de seus pontos até β (ver item 12.3, "Distância entre ponto e plano"). Então, basta escolher um ponto $P(x_0,y_0,z_0)$ de r e obter $d(P,\beta)$. Assim,

$$d(r,\beta) = d(P,\beta) = \frac{|x_0 a + y_0 b + z_0 c + d|}{\sqrt{a^2+b^2+c^2}}. \qquad (5)$$

Exemplo 12.4:

Obtenha a distância da reta $r:\ (x,y,z)=(1,2,3)+\lambda(3,1,0),\ \lambda\in\mathbb{R}$ ao plano $\beta:\ x-3y+2z-5=0$ escrito na forma linear.

Solução:

O vetor $\vec{u}$ = (3,1,0) tem a direção da reta e o vetor $\vec{\eta}$ = (1,–3,2) normal a β.

Vemos que $\vec{u}$ é ortogonal a $\vec{\eta}$, pois $\vec{u} \bullet \vec{\eta}$ = (3, 1, 0) • (1,–3,2) = 0, e, daí, entendemos que r é paralela do plano β. Temos que a distância de r ao plano β é a mesma que se obtém de qualquer um de seus pontos ao plano. Considerando o ponto P(1,2,3) de r e a equação de β na forma linear, pela relação (5), temos que

$$d(r,\beta) = d(P,\ \ ) = \frac{|x_0 a+y_0 b+z_0 c+d|}{\sqrt{a^2+b^2+c^2}} = \frac{|1.(1)+2.(-3)+3.(2)-5|}{\sqrt{1^2+(-3)^2+2^2}} = \frac{4\sqrt{14}}{14}\ \text{uc.}$$

12.5 DISTÂNCIA ENTRE DOIS PLANOS

Dados os planos $\alpha:\ a_1x+b_1y+c_1z+d_1=0$ e $\beta:\ ax+by+cz+d=0$ na forma linear. Queremos obter a distância de α a β (medida do menor segmento de reta com origem em α e extremidade em β), que será denotada por d(α, β).

Temos dois casos a considerar:

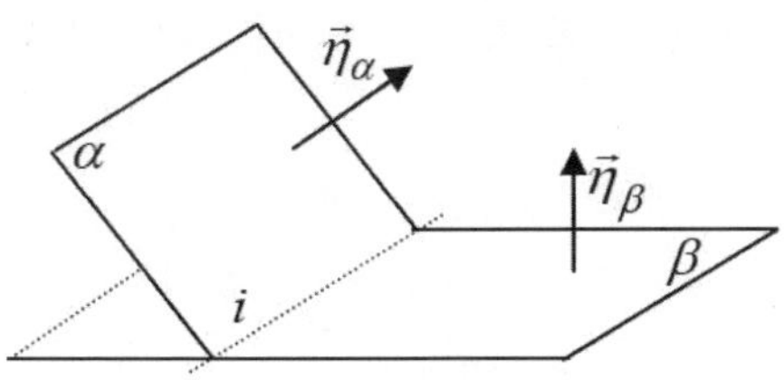

Figura 12.5

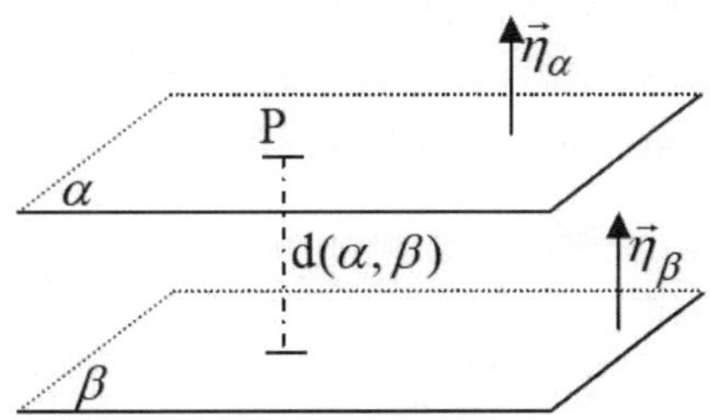

Figura 12.6

a) O plano não é paralelo ao plano β (tem-se que: $\vec{\eta}_\alpha \wedge \vec{\eta}_\beta \neq \vec{0}$). Portanto, os planos se interceptam e, assim, d(α, β) = 0.

b) O plano α é paralelo ao plano β (tem-se que: $\vec{\eta}_\alpha \wedge \vec{\eta}_\beta = \vec{0}$). Nesta situação, a distância do plano α ao β é a mesma considerada por qualquer de seus pontos até β (ver item 12.3, "Distância entre ponto e plano"). Então, basta escolher um ponto $P(x_0,y_0,z_0)$ de α e obter d(P, β). Assim,

$$d(\alpha,\beta) = d(P,\beta) = \frac{|x_0 a+y_0 b+z_0 c+d|}{\sqrt{a^2+b^2+c^2}}. \qquad (6)$$

Exemplo 12.5:

Obtenha a distância entre os planos α : $3x + 2y + 2z - 6 = 0$ e β : $6x + 4y + 4z = 0$.

Solução:

Temos, pelas equações dos planos, que os vetores $\vec{\eta}_\alpha = (3,2,2)$ e $\vec{\eta}_\beta = (6,4,4)$ são normais aos planos α e β, respectivamente.

Vemos que $\vec{\eta}_\alpha // \vec{\eta}_\beta$, pois as suas coordenadas correspondentes são proporcionais ou, de outro modo, que $\vec{u} \wedge \vec{\eta} = \vec{0}$ e, daí, conclui-se que os planos α e β são paralelos.

Vamos escolher um ponto P em α : assumindo que, por exemplo, $x = 0$ e $y = 0$ e os substituindo na equação de α, temos que $3(0) - 2(0) + 2z - 6 = 0$, e daí, $z = 3$. Assim, o ponto P(0,0,3) foi escolhido em α.

Aplicando (6), teremos:

$$d(\alpha, \beta) = d(P, \beta) = \frac{|x_0 a + y_0 b + z_0 c + d|}{\sqrt{a^2 + b^2 + c^2}} = \frac{|0.(6) + 0.(4) + 3.(4)|}{\sqrt{6^2 + 4^2 + 4^2}} = \frac{6\sqrt{17}}{17} \text{ uc.}$$

12.6 DISTÂNCIA ENTRE DUAS RETAS

Consideremos, na forma vetorial, as retas $r: (x, y, z) = (x_A, y_A, z_A) + \lambda(u_1, u_2, v_3)$, $\lambda \in \mathbb{R}$, e $s: (x, y, z) = (x_0, y_0, z_0) + \gamma(v_1, v_2, v_3)$, $\gamma \in \mathbb{R}$. Queremos obter a distância de r a s, que será denotada por d(r,s).

Temos três casos a considerar:

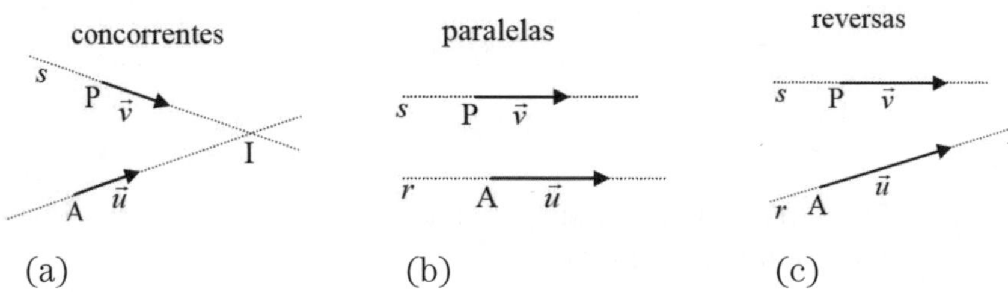

Figura 12.7

a) As retas r e s são concorrentes num ponto I. Se isto ocorre, então a distância entre elas é zero: $d(r,s) = 0$.

b) A reta r é paralela à reta s (vê-se que $\vec{u} // \vec{v}$). Se isto ocorre, então a distância entre as retas r e s é a mesma que se tem entre qualquer ponto P de s até r, isto é, $d(r,s) = d(P,r)$.

Conhecidos os pontos $A(x_A, y_A, z_A) \in r$ e $P(x_0, y_0, z_0) \in s$ e o vetor $\vec{u} = (u_1, u_2, u_3)$ de r, podemos utilizar a relação (2) para obter a distância pretendida.

Então,

$$d(r, s) = d(P, r) = \frac{|\overrightarrow{PA} \wedge \vec{u}|}{|\vec{u}|}. \tag{7}$$

Exemplo 12.6:

Obtenha a distância entre as retas $r: (x, y, z) = (2,1,3) + t_1(1,3,1),\ t_1 \in \mathbb{R}$, e $s: (x, y, z) = (0,3,1) + t_2(2,6,2),\ t_2 \in \mathbb{R}$.

Solução:

Temos, pela equação de r, que A(2,1,3) e $\vec{u}$ = (1,3,1) e, pela equação de s, que P(0,3,1) e $\vec{v}$ = (2,6,2). O vetor $\overrightarrow{AP}$ = (–2,2,–2) tem origem num ponto A de r e extremidade num ponto P de s.

Vemos que $\det(\overrightarrow{AP}, \vec{u}, \vec{v}) = \begin{vmatrix} -2 & 2 & -2 \\ 1 & 3 & 1 \\ 2 & 6 & 2 \end{vmatrix} = 0$, significando que as retas são coplanares e os vetores $\vec{u}$ e $\vec{v}$ são paralelos, pois suas coordenadas são proporcionais, logo, as retas r e s são paralelas. Assim, a distância entre elas é igual à distância de qualquer ponto de uma das retas a outra reta.

Aplicaremos a relação (2) para obtermos a distância entre r e s:

$$\overrightarrow{AP} \wedge \vec{u} = \begin{vmatrix} \vec{i} & \vec{j} & \vec{k} \\ -2 & 2 & 2 \\ 1 & 3 & 1 \end{vmatrix} = (-4, 4, -8) \text{ e } |\overrightarrow{AP} \wedge \vec{u}| = \sqrt{16+16+64} = \sqrt{96} \text{ e}$$

$$\vec{u} = (1, 3, 1) \text{ e } |\vec{u}| = \sqrt{1^2 + 3^2 + 1^2} = \sqrt{11}$$

Portanto, $d(r, s) = d(P, r) = \dfrac{|\overrightarrow{AP} \wedge \vec{u}|}{|\vec{u}|} = \dfrac{\sqrt{96}}{\sqrt{11}} = \sqrt{\dfrac{96}{11}}$ uc.

Observação 12.1

As retas são paralelas e não coincidentes, pois d(r,s) ≠ 0.

c) As retas r e s são reversas. Se os vetores $\vec{u}$ e $\vec{v}$ não forem paralelos e o vetor $\overrightarrow{AP}$, com sua origem num ponto A de s e extremidade num ponto P de r, ocorrer $\det(\overrightarrow{AP}, \vec{u}, \vec{v}) \neq 0$, então as retas r e s são reversas.

Neste caso, devemos utilizar o seguinte **procedimento** para obter $d(r,s)$:

- construir o plano $\beta: ax+by+cz+d=0$ paralelo a r, contendo s, (Figura 12.8);
- escolher um ponto P de r e construir o vetor $\overrightarrow{AP}$ e
- obter a distância de P a β (relação (6)).

Portanto, o problema da distância entre retas reversas se reduz à distância entre ponto e plano.

Sendo $P(x_0, y_0, z_0) \in r$ e $\vec{\eta}_\beta = (a,b,c)$ normal a β, teremos:

$$d(r, s) = d(r, \beta) = d(P, \beta) = \frac{|x_0 a + y_0 b + z_0 c + d|}{\sqrt{a^2+b^2+c^2}}. \quad (7)$$

Exemplo 12.7:

Obtenha a distância entre as retas e $r: (x,y,z) = (0,3,1) + t_1(3,-1,0),\ t_1 \in \mathbb{R}$ e $s: (x,y,z) = (2,1,3) + t_2(1,3,1),\ t_2 \in \mathbb{R}$.

Solução:

Temos, pela equação de s, que A(2,1,3) e $\vec{v} = (1,3,1)$ e, pela equação de r, que P(0,3,1) e $\vec{u} = (3,-1,0)$. O vetor $\overrightarrow{AP} = (-2,2,-2)$ tem origem num ponto de s e extremidade num ponto de r.

$$\text{Vemos que } \det(\overrightarrow{AP}, \vec{u}, \vec{v}) = \begin{vmatrix} -2 & 2 & -2 \\ 3 & -1 & 0 \\ 1 & 3 & 1 \end{vmatrix} = -24 \neq 0, \text{ logo, as retas são reversas.}$$

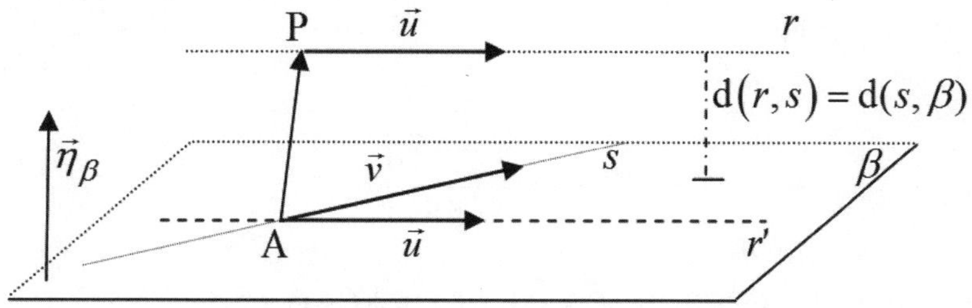

Figura 12.8

Obter uma equação de $\beta: ax+by+cz+d=0$ paralelo a r e contendo s:

Consideremos uma reta r', $r' // r$, por $A(2,1,3) \in s$. A reta r' tem a direção de $\vec{u}$:

$$r': (x,y,z) = (2,1,3) + \lambda\,(3,-1,0),\ \lambda \in \mathbb{R}$$

O plano β é definido pelo ponto $A(2,1,3) \in s$ e pelas direções das retas r' e s, isto é, pelas direções dos vetores $\vec{u}$ e $\vec{v}$.

Assim, $\beta: \begin{vmatrix} x-2 & y-1 & z-3 \\ 3 & -1 & 0 \\ 1 & 3 & 1 \end{vmatrix} = 0$ ou, na forma linear, $\beta: 1x+3y-10z+25=0$.

Escolher o ponto $P(0,3,1)$ de r e construir o vetor $\overrightarrow{AP} = (-2,2,-2)$.

Obter a distância de P a β (relação (6)).

Temos que $d(r,s) = d(r,\beta) = d(P,\beta) = \dfrac{|1(0)+3(3)-10(1)+25|}{\sqrt{1^2+3^2+(-10)^2}} = \dfrac{12\sqrt{110}}{55}$ uc.

Outro modo:

A Figura 12.8 nos mostra que as retas r e s são reversas e que o vetor $\vec{\eta}_\beta$ tem a direção ortogonal em relação aos vetores $\vec{u}$ e $\vec{v}$ de r e s, respectivamente.

Assim, podemos considerar:

$$\vec{\eta}_\beta = \vec{u} \wedge \vec{v} = \begin{vmatrix} \vec{i} & \vec{j} & \vec{k} \\ 1 & 3 & 1 \\ 3 & -1 & 0 \end{vmatrix} = (1,3,-10).$$

Sendo $P(0,3,1)$ um ponto de r e $A(2,1,3)$ ponto de s, entendemos que a medida da projeção do vetor $\overrightarrow{AP} = (-2, 2, -2)$ na direção de $\vec{\eta}_\beta$ nos dará a distância procurada entre as retas.

$$d(r,s) = \left|\text{proj}_{\vec{\eta}_\beta} \overrightarrow{AP}\right| = \left|\frac{\overrightarrow{AP}.\vec{\eta}_\beta}{\vec{\eta}_\beta.\vec{\eta}_\beta}\vec{\eta}_\beta\right| = \frac{\left|\overrightarrow{AP}.\vec{\eta}_\beta\right|}{\left|\vec{\eta}_\beta\right|} = \frac{|(-2)(1)+(2)(3)+(-2)(-10)|}{\sqrt{1^2+3^2+(-10)^2}}.$$

$$d(r,s) = \frac{12\sqrt{110}}{55}\text{uc.}$$

EXERCÍCIOS DE APLICAÇÃO 12.1

1. Determine a distância entre os pontos
   a) A(2,1,3) e B(5,1,4)
   b) A(–2,1,0) e B(2,–3,1)

2. Determine a distância entre o ponto P e a reta r.
   a) P(2,1,–3) e r: $(x,y,z) = (1,0,1) + \lambda\,(2,1,3), \lambda \in \mathbb{R}$.
   b) P(1,2,0) e r: $(x,y,z) = (2,3,1) + \lambda\,(5,0,-1), \lambda \in \mathbb{R}$.
   c) P(2,–1,3) e r: $\dfrac{x-1}{1} = \dfrac{y+6}{2}$, $z = 6$.
   d) P(0,0,0) e r: $x = 1$, $y = 4$.

3. Determine a distância entre o ponto P e plano β.
   a) P(1,3,1) e $\beta : 2x - y + z - 2 = 0$.
   b) P(0,1,1) e $\beta : 3x - z = 0$.
   c) P(2,1,5) e $\beta : 2x - 6y + 4z = 1$.
   d) P(3,–1,4) e $\beta : 6x - 2y + 2z = 4$.

4. Determine a distância entre a reta r e o plano β.
   a) r: $(x,y,z) = (1,1,0) + \lambda\,(3,1,1), \lambda \in \mathbb{R}$, e $\beta : 3x - 2y + z - 1 = 0$.
   b) r: $(x,y,z) = (1,2,3) + \lambda\,(5,0,2), \lambda \in \mathbb{R}$, e $\beta : -2x + 3y + 5z + 1 = 0$.

5. Determine a distância entre os planos α e β.
   a) $\alpha : 2x + 3y - z + 2 = 0$ e $\beta : 2x + 3y - z + 4 = 0$.
   b) $\alpha : x - 2y + z + 3 = 0$ e $\beta : 3x - 6y + 3z - 2 = 0$.
   c) $\alpha : x - 2y - 2z - 14 = 0$ e $\beta : x - 2y - 2z + 7 = 0$.

6. Determine a distância entre as retas:
   a) $\begin{cases} r: (x,y,z) = (1,2,1) + \lambda_1(1,1,1)\ ,\ \lambda_1 \in \mathbb{R} \\ s: (x,y,z) = (2,1,0) + \lambda_2(1,1,1)\ ,\ \lambda_2 \in \mathbb{R}. \end{cases}$

b) $r: (x,y,z)=(1,2,-1)+\lambda_1(4,-2,6)$, $\lambda_1 \in \mathbb{R}$ e $s: \dfrac{x-1}{2}=\dfrac{y}{-1}=\dfrac{z+2}{3}$.

c) $r: \dfrac{x-1}{1}=\dfrac{z-3}{2}$, $y=-1$ e $s: x=2,\ y-1=\dfrac{z}{4}$.

d) $\begin{cases} r: (x,y,z)=(3,0,-2)+\lambda_1(0,1,4),\ \lambda_1 \in \mathbb{R} \\ s: (x,y,z)=(4,-1,1)+\lambda_2(2,1,0),\ \lambda_2 \in \mathbb{R} \end{cases}$.

e) $r: \dfrac{x}{1}=\dfrac{y}{2}=\dfrac{z}{2}$ e $s: \dfrac{x}{-6}=\dfrac{y-3}{1}=\dfrac{z+6}{1}$.

f) $r: \dfrac{x-1}{3}=\dfrac{y}{4}=\dfrac{z}{5}$ e $s: \dfrac{x-1}{2}=\dfrac{y-1}{3}=\dfrac{z-3}{-1}$.

7. Quais são os planos paralelos ao plano $x + y + z = 0$ que distam 1 desse plano?

8. Dados o plano $\beta : x - 2y + z - 3 = 0$ e a reta r: $\dfrac{x}{1}=\dfrac{y-1}{1}=\dfrac{z-2}{1}$, determine o lugar geométrico dos pontos do plano β que distam $\dfrac{\sqrt{10}}{2}$ da reta r.

13 SEÇÕES CÔNICAS

- Reconhecer as superfícies cônicas.
- Identificar as cônicas: elipse, hipérbole, parábola e circunferência.
- Obter as equações das cônicas.

13.1 INTRODUÇÃO

Consideremos duas retas distintas e e g, concorrentes num ponto V e não perpendiculares. Se girarmos g em torno de e, teremos uma superfície de forma cônica com duas partes, que se estendem infinitamente em ambas as direções de e a partir de V.

Chamaremos a superfície formada de cone de duas folhas.

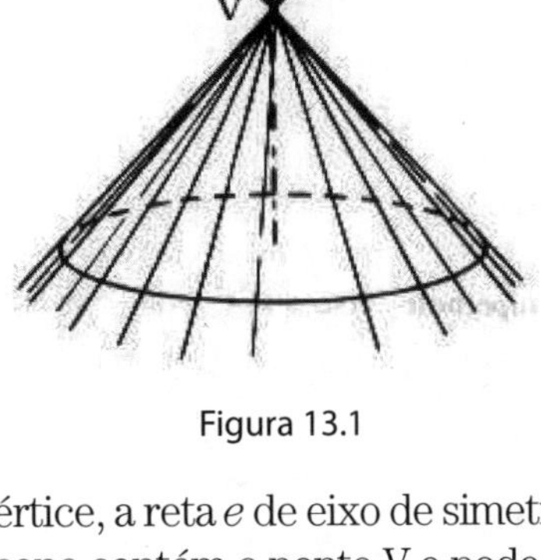

Figura 13.1

O ponto V é chamado de vértice, a reta e de eixo de simetria e a reta g de geratriz do cone. Entendemos que toda reta do cone contém o ponto V e pode ser considerada uma geratriz.

Uma secção cônica ou, simplesmente, cônica é uma curva obtida pela interseção de um plano com o cone de duas folhas.

Se o plano π que intercepta o cone **não** contém V, então teremos:

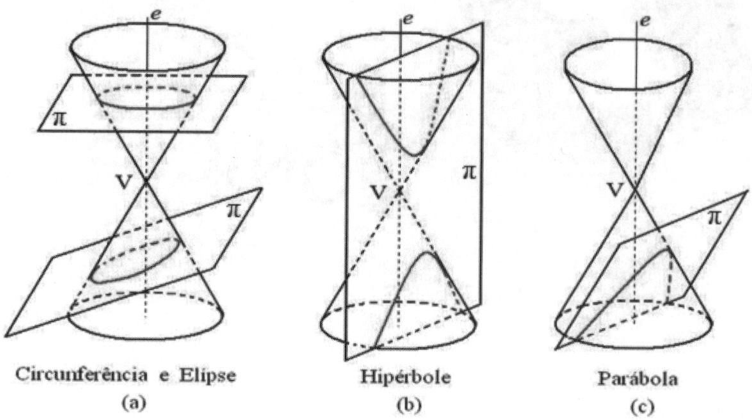

Figura 13.2

- **Elipse**, se π não for paralelo a qualquer das geratrizes e interceptar apenas uma das folhas do cone (Figura 13.2(a)). Caso π seja perpendicular a *e*, teremos uma circunferência.
- **Hipérbole**, se π for paralelo a duas geratrizes e, neste caso, interceptar as duas folhas do cone, conforme ilustra a Figura 13.2(b).
- **Parábola,** se π for paralelo a uma só das geratrizes (Figura 13.2(c)).

A hipérbole, tal como o cone de duas folhas, possui dois ramos e deve ser entendida como uma só curva.

Se o plano π que intercepta o cone contém V, teremos, correspondentemente aos casos a), b) e c) da Figura 13.2, cônicas degeneradas: um ponto, duas retas concorrentes em V e uma só reta contendo V, conforme ilustra a Figura 13.3.

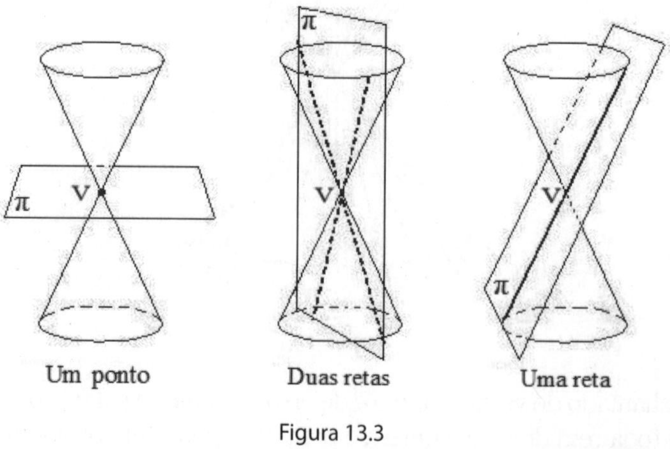

Figura 13.3

As secções cônicas estão presentes em estudos de astronomia, arquitetura, indústrias, balística etc.

Podemos citar, como exemplo de cônicas, as órbitas elípticas dos planetas do nosso Sistema Solar, arcos de forma parabólica em alguns portais e viadutos, o modelo hiperbólico do sistema LORAN que, utilizando pulsos sincronizados transmitidos por estações suficientemente distantes, orientam a navegação aérea, marítima, etc.

Definiremos as cônicas como sendo o lugar geométrico dos pontos de um plano satisfazendo propriedades geométricas as quais são caracterizadas por:

13.2 PARÁBOLA

Sejam dados um ponto F e uma reta d num plano, de modo que F não pertença à reta d. Chama-se **parábola** o conjunto dos pontos do plano que são equidistantes de d e F. O ponto F chama-se foco e d a diretriz da parábola.

Dizemos que um ponto P está na parábola se, e somente se, a distância de P a F é a mesma de P a d. **Notação:** d(P, F) = d(P, d).

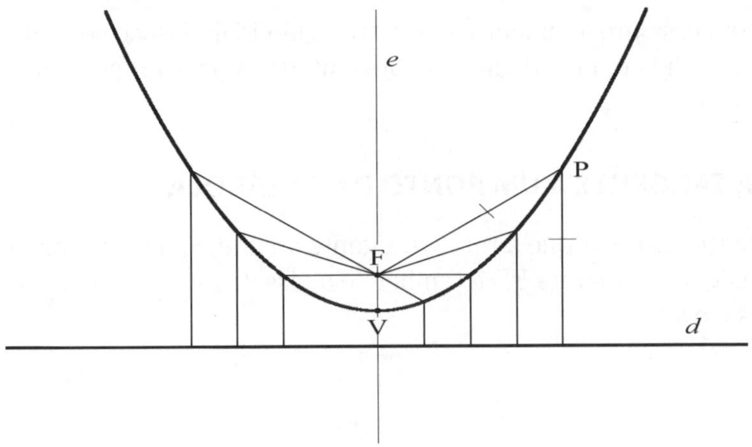

Figura 13.4

A Figura 13.4 nos faz entender que os pontos do gráfico da parábola são simétricos em relação à reta e que é perpendicular a diretriz d contendo o foco F. A reta e é denominada de **eixo de simetria** da parábola e o ponto V, intersecção da parábola com e é o **vértice da parábola**.

É natural que, neste instante, façamos a seguinte pergunta: conhecidos a reta d e o ponto F, não pertencente a ela, como poderemos obter um ponto P da parábola?

Vamos responder a essa pergunta fazendo a seguinte construção:[1]

- escolher, arbitrariamente, um ponto D em d;

[1] Para a construção prática, ver Apêndice 3.

- traçar a reta r perpendicular à reta d pelo ponto D;
- traçar a mediatriz t do segmento de reta FD;
- P é o ponto de intersecção da mediatriz t com a reta r.

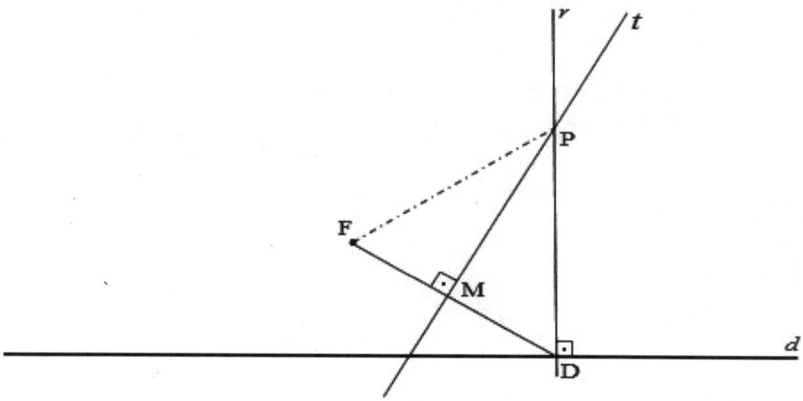

Figura 13.5

Temos, com esse procedimento, que o triângulo FDP é isósceles com os lados FP e DP de mesma medida e, pela definição apresentada, o ponto P pertence à parábola de foco F e diretriz d.

13.2.1 RETA TANGENTE A UM PONTO DA PARÁBOLA

É importante observar que a reta t, tangente ao gráfico da parábola num ponto P, é mediatriz do segmento de reta FD e também é a bissetriz do ângulo oposto a FD formado pelas retas r e s.

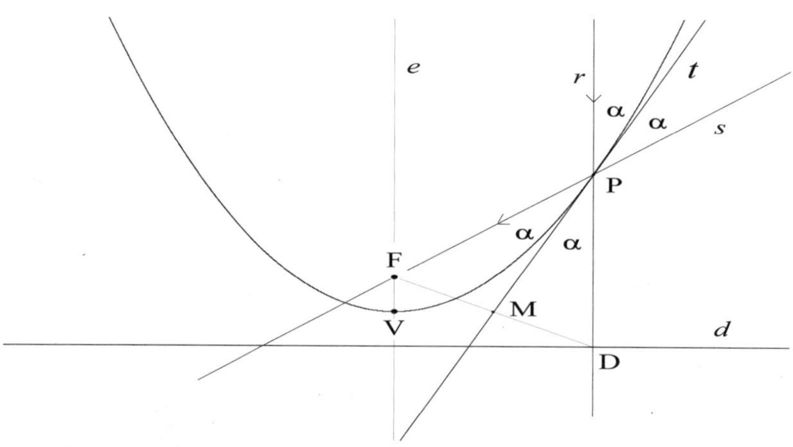

Figura 13.6

O fato descrito sobre a reta t é importante para entendermos algumas das aplicações que envolvem a forma geométrica de uma parábola.

Exemplo 13.1 – Aplicações:

1. Se considerarmos uma superfície parabólica espelhada (espelho curvado) na parte côncava, veremos que um feixe de luz, paralelo ao eixo e, incidindo num ponto P da superfície, refletirá na direção do foco F. Este fato também ocorre ao contrário: o feixe de luz partindo de F e incidindo em P refletirá paralelamente ao eixo e. Isso se justifica porque a medida $\underline{\alpha}$ dos ângulos de incidência e de reflexão da luz em P é a mesma em relação à reta t, que é tangente à parábola em P, conforme ilustram as Figuras 13.6 e 13.7.

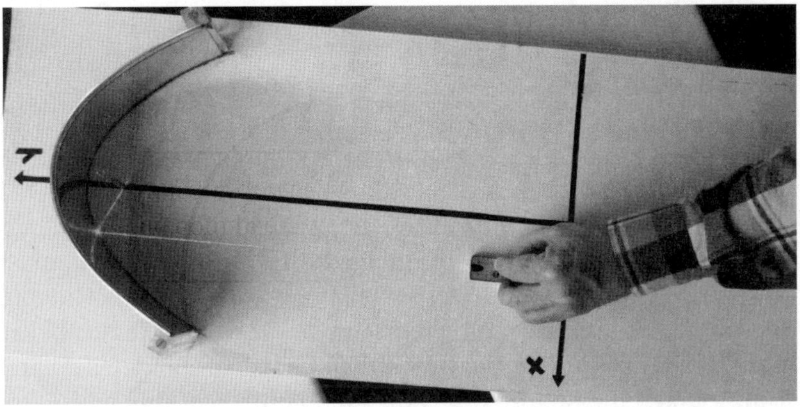

Figura 13.7

2. Se a superfície espelhada for a interna de um paraboloide (exemplo: farol de automóvel), vemos que a luz da lâmpada, colocada no seu foco, reflete paralelamente ao eixo do paraboloide. Entendemos que o referido eixo e foco são os mesmos para todas as parábolas obtidas pela intersecção do paraboloide com os planos contendo o seu eixo de simetria.

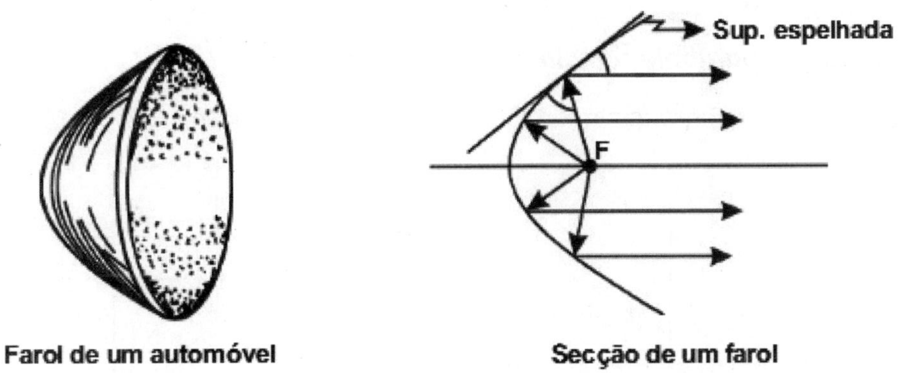

Figura 13.8

3. Uma antena parabólica (paraboloide) recebe os sinais emitidos de um satélite e os reflete para um receptor colocado no foco e, daí, são transmitidos para a TV.

Figura 13.9

4. Na Estação Ciências, em Lindoia (SP), e também no Museu de Ciências e Tecnologia da Pontifícia Universidade Católica do Rio Grande do Sul, existem experimentos envolvendo as chamadas parábolas acústicas. O experimento é formado por dois paraboloides distantes (50 m) um do outro e alinhados pelos seus eixos. Uma pessoa com ouvido junto ao foco de um dos paraboloides é capaz de entender o que alguém lhe diz próximo ao foco do outro paraboloide.
5. As lareiras construídas com a forma de superfícies parabólicas (chapas curvadas em forma de parábola) permitem que a fumaça da lenha queimada junto ao foco suba para o chaminé e, com eficiência, dirigem o calor para o interior das salas.

13.2.2 EQUAÇÕES REDUZIDAS DA PARÁBOLA

Consideremos um sistema cartesiano ortogonal de eixos x e y e, nele, uma parábola de vértice V(0,0) e eixo e coincidente com um dos eixos x ou y.

13.2.2.1 Eixo da parábola coincidente com o eixo y

Seja P(x,y) um ponto qualquer da parábola de foco F e diretriz d.

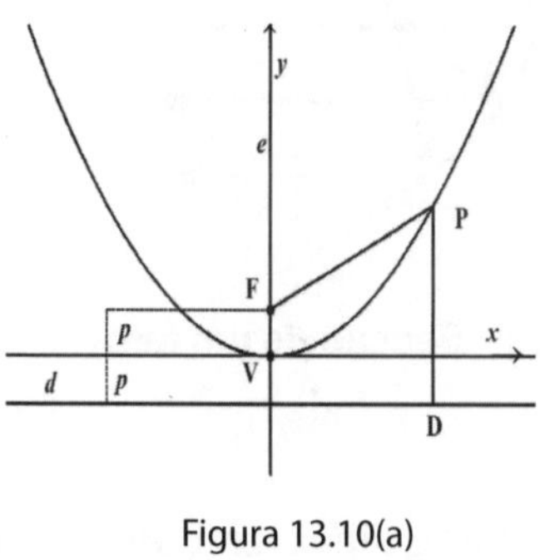

Figura 13.10(a)

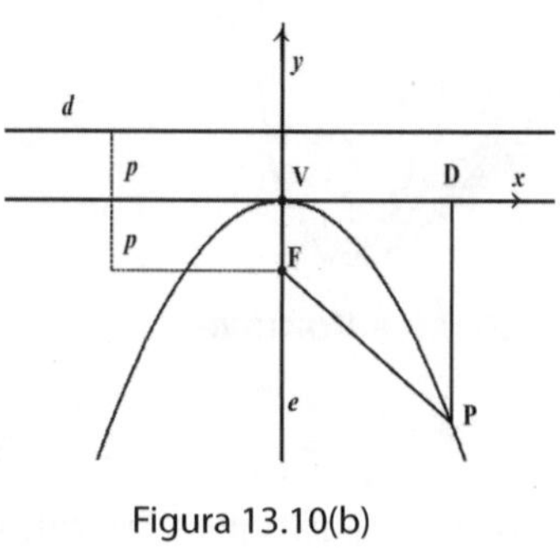

Figura 13.10(b)

Temos, na Figura 13.10(a), que a equação da diretriz é d: $y = -p$, sendo $p \in \mathbb{R}_+^*$, o foco F(0, p) está no semieixo positivo y, D(x,$-p$) $\in d$ e P(x,y) um ponto da parábola.

Tem-se, pela definição de parábola, que d(P,F) = d(P,D) e, daí,

$$\sqrt{(x-0)^2+(y-p)^2} = \sqrt{(x-x)^2+(y+p)^2}.$$

Elevando ao quadrado os membros da igualdade acima, obtemos:

$$x^2+(y-p)^2=(y+p)^2.$$

Efetuando as operações indicadas, tem-se que $x^2=4py$.

A equação reduzida da parábola, com foco no semieixo positivo y e concavidade voltada para cima (sentido positivo do eixo y), é:

$$y=\frac{1}{4p}x^2. \qquad (1)$$

Analogamente, na Figura 13.10(b), vemos uma parábola com concavidade voltada para baixo (sentido oposto ao positivo do eixo y), foco F(0,-p) no semieixo negativo de y, diretriz **d: y = p**, $p \in \mathbb{R}_+^*$ e sua equação reduzida:

$$y=\frac{-1}{4p}x^2 \qquad (2)$$

Exemplo 13.2:

1. Dadas as parábolas de equações:

   a) $y=2x^2$ b) $y=-6x^2$

determine as coordenadas do foco F, a equação da diretriz d e a distância do foco a diretriz.

Solução:

a) Vemos, pela equação $y=2x^2$, que $y \geq 0$, logo, a parábola tem vértice V(0,0) e concavidade voltada para cima, conforme mostra a Figura 13.10(a).

   Assim, pela equação (1), $y=\frac{1}{4p}x^2=2x^2$ e, daí, $p=\frac{1}{8}$.

   Portanto, F(0, $\frac{1}{8}$) e $d: y=-\frac{1}{8}$

   A distância de F a diretriz d é d (F, d) = 2 p = 2 ($\frac{1}{8}$) = $\frac{1}{4}uc$.

b) Vemos pela equação $y=-6x^2$ que $y \leq 0$, logo, a parábola tem vértice V(0,0) e concavidade voltada para baixo.

Assim, pela equação (2), $y=\frac{-1}{4p}x^2=-6x^2$ e, daí, $p=\frac{1}{24}$.

Portanto, $F(0, \frac{-1}{24})$ e $d: y = \frac{1}{24}$

A distância de F a diretriz d é $d(F, d) = 2p = 2\left(\frac{1}{24}\right) = \frac{1}{12}uc.$

2. Dada uma parábola que tem vértice V(0,0), foco no semieixo negativo dos y e $d(F,d) = 10$, determine as coordenadas do foco, a equação de sua diretriz e a equação reduzida desta parábola.

Solução:

Temos que $d(F,d) = 2p = 10$. Logo, $p = 5$.

O foco da parábola é $F(0, -p)$, isto é, $F(0, -5)$ e sua diretriz $d: y = 5$.

A equação reduzida da parábola: $y = \frac{-1}{4p}x^2 = \frac{-1}{4(5)}x^2 = \frac{-1}{20}x^2$

EXERCÍCIOS DE APLICAÇÃO 13.1

Obtenha as coordenadas do foco e a equação da diretriz das parábolas indicadas abaixo e, também, a distância do foco à diretriz em cada caso.

1. $y = x^2$
2. $y = -x^2$
3. $y = \frac{9x^2}{4}$
4. $y = \frac{-9x^2}{4}$
5. $y = 3x^2$

13.2.2.2 Eixo da parábola coincidente com o eixo x

Seja $P(x,y)$ um ponto qualquer da parábola de foco F e diretriz d.

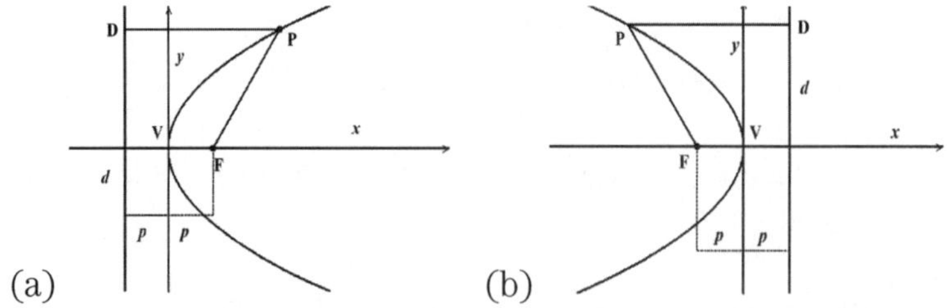

Figura 13.11

Temos, na Figura 13.11(a), que a equação da diretriz é d: $x = -p$, sendo $p \in \mathbb{R}_{+}^{*}$, o foco $F(p,0)$ está no semieixo positivo de x, $D(-p,y) \in d$ e $P(x,y)$ ponto da parábola.

Tem-se, pela definição de parábola, que d(P,F) = d(P,D) e, daí,

$$\sqrt{(x-p)^2+(y-0)^2}=\sqrt{(x+p)^2+(y-y)^2}\quad.$$

Elevando ambos os membros da igualdade ao quadrado, obtemos:

$$(x-p)^2+y^2=(x+p)^2.$$

Efetuando as operações indicadas, segue que $y^2=4px$.

A equação reduzida da parábola, com foco no semieixo positivo x e concavidade voltada para o sentido positivo do eixo x, é:

$$x=\frac{1}{4p}y^2 \tag{3}$$

Analogamente, na Figura 13.11(b) vemos uma parábola com concavidade oposta ao sentido positivo do eixo x, foco $F(-p,0)$ no semieixo negativo x, diretriz d: $x = p$, $p \in \mathbb{R}_{+}^{*}$ e sua equação reduzida:

$$x=\frac{-1}{4p}y^2 \tag{4}$$

Exemplo 13.3:

1. Dadas as parábolas de equações:

a) $x=\dfrac{y^2}{8}$ b) $x=-\dfrac{3}{4}y^2$

determine as coordenadas do foco F, a equação da diretriz d e a distância do foco a diretriz.

Solução:

a) Vemos, pela equação $x=\dfrac{y^2}{8}$, que $x \geq 0$, logo, a parábola de vértice V(0,0) tem concavidade voltada para o sentido positivo do eixo x e foco $F(p, 0)$, conforme mostra a Figura.13.11(a).

Assim, pela equação (3), $x=\dfrac{1}{4p}y^2=\dfrac{1}{8}y^2$ e, daí, $\dfrac{1}{4p}=\dfrac{1}{8}$. Logo, $p=2$.

Portanto, $F(2,0)$ e $d: x=-2$

Temos que d (F, d) = 2 p = 2 (2) = 4 uc.

b) Vemos, pela equação $x=-\frac{3}{4}y^2$, que $x \leq 0$ e, daí, que a parábola de vértice V(0,0) tem concavidade voltada para o sentido oposto ao positivo do eixo x e seu foco é F($-p$, 0), conforme mostra a Figura 13.11(b).

Assim, pela equação (4), $x=-\frac{1}{4p}y^2=-\frac{3}{4}y^2$, isto é, $\frac{-1}{4p}=\frac{-3}{4}$. Logo, $p=\frac{1}{3}$.

Portanto, F$(\frac{-1}{3},0)$ e $d: y=\frac{1}{3}$.

Temos que d (F,d) = 2 p = 2 $(\frac{1}{3}) = \frac{2}{3}uc$.

2. Dada uma parábola que tem vértice V(0,0), foco no semieixo positivo x e d(F,d) = 18, pedem-se as coordenadas do foco, a equação de sua diretriz e a equação reduzida desta parábola.

Solução:

Temos que d (F, d) = 2 p = 18. Logo, p = 9.

O foco da parábola é F(p,0), isto é, F(9,0) e sua diretriz d: $x = -9$.

A equação reduzida da parábola é: $x=\frac{1}{4p}y^2=\frac{1}{4(9)}y^2=\frac{1}{36}y^2$.

EXERCÍCIOS DE APLICAÇÃO 13.2

Obtenha as coordenadas do foco, a equação da diretriz das parábolas indicadas abaixo e, também, a distância do foco à diretriz em cada uma.

1. $x=4y^2$
2. $x=-2y^2$
3. $x=\frac{y^2}{4}$
4. $x=\frac{-5y^2}{4}$
5. $x=y^2$

13.2.3 TRANSLAÇÃO DE EIXOS

Consideremos um ponto O'(m,n) no sistema cartesiano ortogonal de origem O(0,0) e eixos x e y, tal que O'≠ O. Vamos introduzir um novo sistema cartesiano com origem em O' e eixos X' e Y', respectivamente, paralelos a x e y com mesma unidade de medida.

Todo ponto P do plano estará representado por um par de coordenadas em cada sistema cartesiano estabelecido.

Queremos obter a relação existente entre os pares de coordenadas de P descritos em cada sistema. A Figura 13.12 facilitará este trabalho!

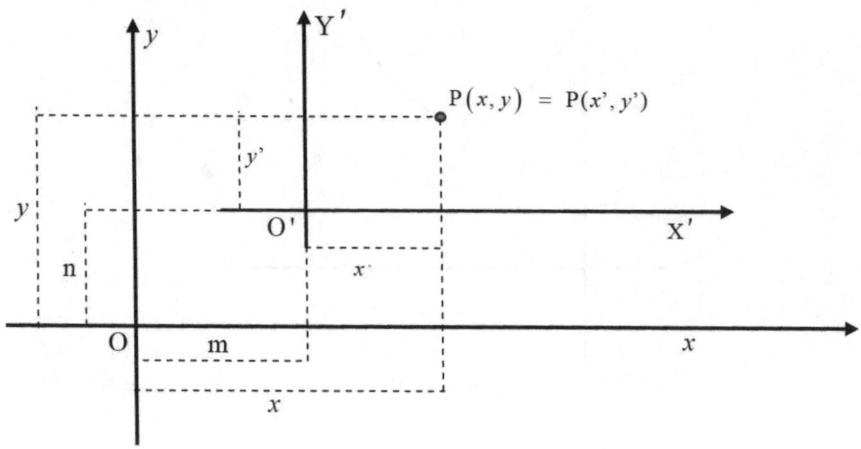

Figura 13.12

Vemos, pela Figura 13.12, que a relação entre as coordenadas de P é dada por:

$$x = \mathrm{m} + x' \quad \text{e} \quad y = \mathrm{n} + y' \qquad \text{ou} \qquad x' = x - \mathrm{m} \quad \text{e} \quad y' = y - \mathrm{n} \tag{5}$$

denominadas **fórmulas de translação**.

13.2.3.1 Equações de parábolas

Vamos considerar parábolas com vértices V(m,n) ≠ (0,0) e eixos de simetria paralelos (apenas) aos eixos y ou x do sistema cartesiano ortogonal.

Imaginemos o sistema cartesiano ortogonal de eixos X' e Y', com mesma unidade dos eixos x e y, e com origem no ponto O'(m,n).

Suponhamos que uma parábola tenha seu vértice em (m,n) e eixo de simetria coincidente com o eixo Y', como ilustra a Figura 13.13.

Certamente, a equação reduzida da parábola nesse sistema cartesiano será:

$$(x')^2 = 4\,p\,y',\ p \in \mathbb{R}_+^*, \text{ como visto em (1)} \tag{6}$$

Observação 13.1

Se a parábola possuir vértice em V(m,n) e concavidade oposta ao sentido positivo do eixo y, então a equação reduzida será:

$$(x')^2 = -4\,p\,y',\; p \in \mathbb{R}_+^* \qquad (7)$$

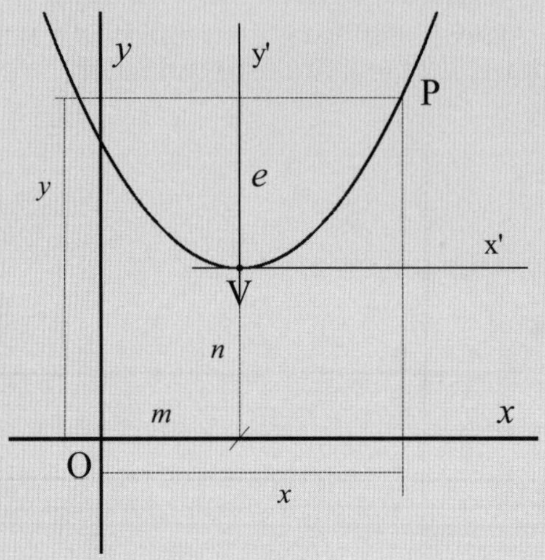

Figura 13.13

Aplicando as fórmulas de translação (5) na sentença (6) e (7), segue que:

$$(x-\mathrm{m})^2 = 4p(y-\mathrm{n}) \quad \text{ou} \quad (y-\mathrm{n}) = \frac{1}{4p}(x-\mathrm{m})^2 \quad \text{e} \qquad (8)$$

$$(x-\mathrm{m})^2 = -4p(y-\mathrm{n}) \quad \text{ou} \quad (y-\mathrm{n}) = \frac{-1}{4p}(x-\mathrm{m})^2 \qquad (9)$$

Efetuando as operações indicadas em (8) e (9), respectivamente, temos:

$$y = \left(\frac{1}{4p}\right)x^2 - \left(\frac{\mathrm{m}}{2p}\right)x + \left(\frac{\mathrm{m}^2 + 4p\mathrm{n}}{4p}\right) \qquad (10)$$

$$y = \left(\frac{-1}{4p}\right)x^2 + \left(\frac{\mathrm{m}}{2p}\right)x - \left(\frac{\mathrm{m}^2 - 4p\mathrm{n}}{4p}\right) \qquad (11)$$

As formas das sentenças (10) e (11) são apresentadas nos estudos das funções quadráticas em livros de matemática do ensino fundamental e médio.

Observação 13.2

Caso o eixo de simetria da parábola de vértice V(m,n) seja coincidente com o eixo X', então suas equações reduzidas serão:

$$(y')^2 = 4\,p\,x' \quad \text{ou} \quad (y')^2 = -\,4\,p\,x', \quad p \in \mathbb{R}_+^*, \tag{12}$$

conforme sua concavidade esteja voltada no sentido positivo do eixo X' ou não.

Aplicando as fórmulas de translação, segue que:

$$(y-\mathrm{n})^2 = 4p(x-\mathrm{m}) \quad \text{ou} \quad (y-\mathrm{n})^2 = -4p(x-\mathrm{m}), \quad p \in \mathbb{R}_+^*. \tag{13}$$

Exemplo 13.4:

1. Dados o vértice V(2,3) e a diretriz d: $y = 1$ de uma parábola em relação ao sistema cartesiano ortogonal de eixos x e y, pedem-se:

   a) o foco;

   b) uma equação da parábola.

Solução:

a) A ordenada do vértice da parábola é n = 3, portanto, maior que as ordenadas dos pontos da diretriz (todos iguais a 1). Conclui-se, daí, que a parábola tem sua concavidade voltada para cima.

Sabemos que p = d(V, d), logo, p = (3) – (1) = 2 (diferença de ordenadas).

O foco e o vértice pertencem ao eixo e: $x = 2$, então ambos possuem a mesma abscissa m = 2. A ordenada do foco é p = 2 unidades maior que a do vértice: F(2,3+2) = F(2,5).

b) Vamos obter a equação reduzida da parábola em relação ao sistema cartesiano ortogonal de eixos X' e Y', com origem em V(2,3) e, respectivamente, paralelos a x e y, com as mesmas unidades de medida e, depois, utilizando as fórmulas de translação, teremos a equação transladada da parábola de variáveis x e y.

Temos, pela sentença (6), que $(x')^2 = 4\,p\,y'$, $p \in \mathbb{R}_+^*$. Assim, $(x')^2 = 4(2)\,y'$, isto é, $y' = \frac{1}{8}(x')^2$.

Utilizando (8), temos a equação transladada $(y-3) = \frac{1}{8}(x-2)^2$.

Efetuando as operações indicadas, segue que $y = \frac{1}{8}(x^2 - 4x + 28)$.

2. Dados o vértice V(3,4) e o foco F(3,2) de uma parábola em relação ao sistema cartesiano ortogonal de eixos x e y, pedem-se:

   a) a equação da diretriz;

   b) uma equação da parábola.

Solução:

a) A ordenada do vértice da parábola é n = 4, maior que a ordenada 2 do foco.

Conclui-se, daí, que a parábola tem sua concavidade voltada para baixo.

Sabemos que p = d(V, F), logo, p = (4) – (2) = 2 (diferença de ordenadas). As ordenadas dos pontos da diretriz são $2p$ maiores que a do foco (ou p maiores que a do vértice, isto é, 4 + 2 = 6).

Logo, a equação da diretriz é d: $y = 6$.

b) Temos, pela Observação 13.1, que $(x')^2 = -4\,p\,y'$. Logo, $(x')^2 = -4\,(2)\,y'$ ou, de outro modo, $y' = \frac{-1}{8}(x')^2$.

Utilizando (5), temos a equação transladada $(y-4) = \frac{1}{8}(x-3)^2$.

Efetuando as operações indicadas, segue que $y = \frac{-1}{8}(x^2 - 6x - 23)$.

3. Dada a equação da parábola $y = \frac{-1}{8}x^2 + \frac{3}{4}x + \frac{23}{8}$, pedem-se:

   a) o vértice;

   b) o foco;

   c) a diretriz.

Solução:

Queremos, nesta questão, seguir o caminho oposto ao apresentado no Exemplo 13.4(2), isto é, obter a equação transladada da parábola e, daí, encontrar o vértice, o foco e a equação da diretriz da parábola.

Vamos escrever a equação dada na forma $y = \frac{-1}{8}\left[x^2 - 6x - 23\right]$ e, utilizando a técnica de "completar quadrado" no termo entre colchetes, obtemos:

$$y = \frac{-1}{8}\left[x^2 - 6x + 9 - 9 - 23\right] \quad \text{ou} \quad y = \frac{-1}{8}\left[(x-3)^2 - 32\right]$$

Aplicando a propriedade distributiva na equação acima, temos: $y = \frac{-1}{8}(x-3)^2 + 4$. Adicionando (-4) aos seus membros, obtemos a equação transladada $(y-4) = \frac{-1}{8}(x-3)^2$.

a) A equação obtida corresponde à sentença (9). Ela nos mostra que V(3,4) e, também, que $\frac{-1}{4p}=\frac{-1}{8}$, isto é, $p=2$.

b) O fato de o coeficiente do termo de segundo grau da equação dada ser negativo indica que a concavidade da parábola está voltada para baixo e que o foco e o vértice têm a mesma abscissa, pois pertencem ao eixo e: $x = 3$. Logo, o foco tem abscissa m = 3 e sua ordenada é menor $p = 2$ unidades do que a ordenada do vértice. Assim, F(3,2).

c) As ordenadas dos pontos da diretriz são $2p$ maiores que a do foco (ou p maiores que a do vértice). Logo, a equação da diretriz é d: $y = 6$.

Observação 13.3

O procedimento de "completar quadrados" em $y=ax^2+bx+c$ para se obter a equação transladada da parábola demanda certa imaginação. Podemos apresentar duas outras possibilidades para se obter a equação transladada.

1º) Utilizando as relações (10) ou (11):

Identificando $y=ax^2+bx+c$ com as sentenças (10) ou (11), conforme $a>0$ ou $a<0$, poderemos obter m, n e p e, com esses valores, determinar o vértice V(m,n), o foco F(m, n ± p), a equação da diretriz $d: y=n\mp p$, conforme a concavidade da parábola esteja voltada para cima ou para baixo, e, também, conseguir as relações (8) ou (9) pretendidas.

Utilizaremos a sentença do Exemplo 13.4(3) para comparar o resultado.

Obter a equação transladada para $y=\frac{-1}{8}x^2+\frac{3}{4}x+\frac{23}{8}$.

Solução:

Temos que $a<0$, logo, a sentença dada corresponde a (11):

$$y=\left(\frac{-1}{4p}\right)x^2+\left(\frac{m}{2p}\right)x-\left(\frac{m^2-4pn}{4p}\right)$$

Comparando os respectivos coeficientes, segue que:

- $\frac{-1}{4p}=\frac{-1}{8}$, e $p = 2$.
- $\frac{\text{m}}{2p}=\frac{3}{4}$. Substituindo $p = 2$, segue que $\frac{\text{m}}{4}=\frac{3}{4}$ e m = 3.

- $-\dfrac{m^2-4pn}{4p}=\dfrac{23}{8}$. Substituindo $p=2$ e m = 3, segue que n = 4.

Portanto, pela sentença (9), temos $(y-4)=\dfrac{-1}{8}(x-3)^2$.

Observe que, se m = 3, n = 4 e $p=2$, então V(3,4), F(3,2) e d: $y=6$.

2º) Utilizando a forma canônica da função quadrática:

$$y=ax^2+bx+c=a\left[\left(x+\frac{b}{2a}\right)^2-\frac{b^2-4ac}{4a^2}\right],\ a\neq 0$$

Utilizaremos a sentença do Exemplo 13.4(3) para confirmar o resultado.

Obter a equação transladada para $y=\dfrac{-1}{8}x^2+\dfrac{3}{4}x+\dfrac{23}{8}$.

Solução:

Temos que $a=\dfrac{-1}{8}$, $b=\dfrac{3}{4}$ e $c=\dfrac{23}{8}$. Substituindo-os na forma canônica:

$$y=\frac{-1}{8}\left[\left(x+\frac{3/4}{2(-1/8)}\right)^2-\frac{(3/4)^2-4(-1/8)(23/8)}{4(-1/8)^2}\right]$$

- Efetuando as operações indicadas: $y=\dfrac{-1}{8}\left[(x-3)^2-32\right]$
- Aplicando a propriedade distributiva: $y=\dfrac{-1}{8}(x-3)^2+4$
- $y-4=\dfrac{-1}{8}(x-3)$ é a equação procurada.

Podemos, a partir dessa equação, tal como ocorreu nos itens a), b) e c) do Exemplo 13.4(3), obter m, n e p, e determinar que V(3,4), F(3,2) e d: $y=6$.

EXERCÍCIOS DE APLICAÇÃO 13.3

1. Dados V(3,2) e d: y = 5, pede-se obter o foco e a equação da parábola.
2. Dados V(3,5) e F(3,7), pede-se obter a equação da parábola e sua diretriz.
3. Dados F(2,4) e d: y = 6, pede-se obter a equação da parábola e seu vértice.
4. Dados F(4,1) e d: y = −2, pede-se obter a equação da parábola e seu vértice.
5. Obtenha V, F e d, dado que $y=2x^2-3x+6$.

13.3 ELIPSE

Dados dois pontos F_1 e F_2 num plano, tais que a distância entre eles é $2c$, isto é, $d(F_1, F_2) = 2c$, sendo $c \in \mathbb{R}^*_+$, chama-se **elipse** o conjunto dos pontos P do plano cuja soma das distâncias aos pontos F_1 e F_2 é valor constante igual a $2a$, $a \in \mathbb{R}^*_+$, sendo $2a$ $2c$.

Os pontos F_1 e F_2 são chamados de focos da elipse, e $2c$ é a distância focal.

Dizemos que um ponto P está na elipse se, e somente se, a soma das distâncias de P a F_1 e de P a F_2 for igual a $2a$. **Notação:** $d(P,F_1) + d(P,F_2) = 2a$.

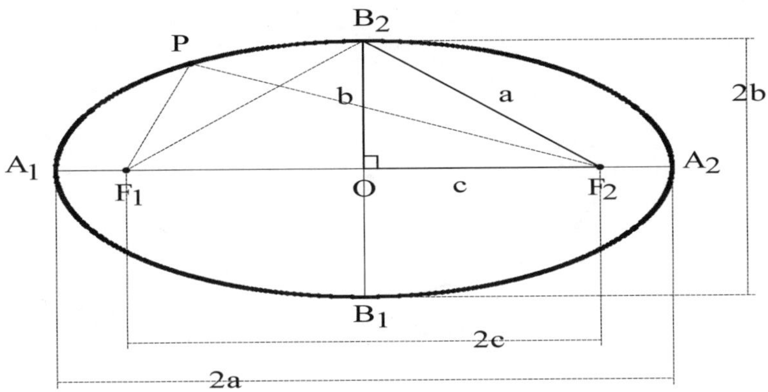

Figura 13.14

A Figura 13.14 nos faz entender que a elipse é uma curva simétrica em relação à reta que contém os focos F_1 e F_2 e, também, em relação à reta que contém B_1 e B_2 (mediatriz do segmento de reta F_1F_2).

Se imaginarmos um ponto P da elipse na posição B_2, então veremos que a relação $d(P,F_1) + d(P,F_2) = 2a$ se torna evidente.

Elementos da elipse:

- F_1 e F_2 são os **focos da elipse**;
- A_1 e A_2 são os **vértices da elipse**;
- o segmento de reta A_1A_2 é chamado de **eixo maior da elipse**;
- o segmento de reta B_1B_2 é chamado de **eixo menor da elipse**;
- O é o **centro da elipse**; e
- a razão c/a é denominada de excentricidade da elipse: $e = \frac{c}{a}$.

A Figura 13.14 nos mostra que: $d(F_1,F_2) = 2c$, $d(A_1,A_2) = 2a$ e $d(B_1,B_2) = 2b$, com $b \leq a$, $b \in \mathbb{R}^*_+$, e que o triângulo $B_2O\,F_2$ é retângulo em O, sendo $a^2 = b^2 + c^2$.

Visto que a e c são positivos e $c < a$, segue que a excentricidade e < 1 para a elipse. A Figura 13.14 nos permite entender que a forma das elipses de mesmo a e focos cada vez mais próximos, com valor c diminuindo, tende à de uma circunferência e excentricidade zero.

13.3.1 RETA TANGENTE A UM PONTO DA ELIPSE

A Figura 13.15 apresenta a reta t, tangente à elipse num ponto P. Os ângulos α e β formados por t e, respectivamente, pelas direções de PF_1 e PF_2, possuem mesma medida independentemente da posição de P.

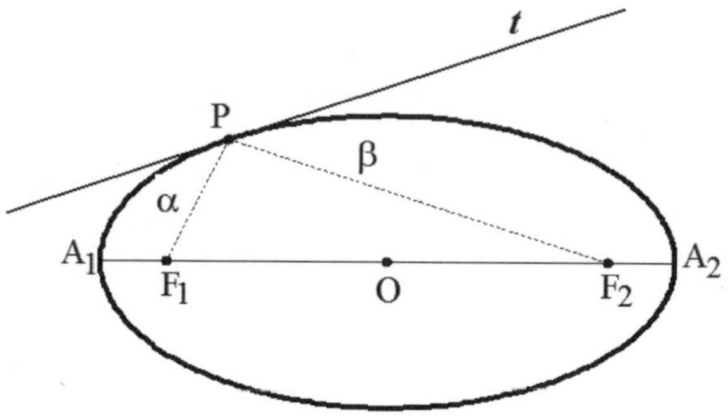

Figura 13.15(a)

A propriedade citada da reta t é importante para entendermos a construção[2] da elipse e algumas das aplicações que envolvem a sua forma geométrica.

Exemplo 13.5 – Aplicações:

1. Se considerarmos uma superfície elíptica espelhada na sua parte interna, veremos que um feixe de luz, partindo de um de seus focos e incidindo num ponto P da elipse, refletirá na direção do outro foco. Isso se justifica devido ao fato de os ângulos de incidência β e de reflexão α da luz em P serem iguais em relação à reta t, tangente à elipse em P, conforme mostram as Figura 13.15(a) e Figura 13.15(b).

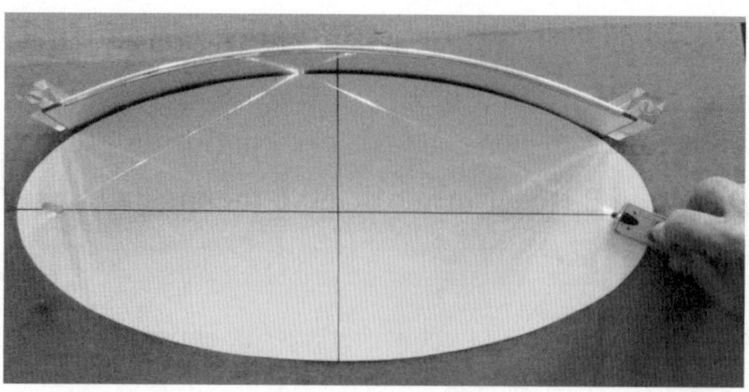

Figura 13.15(b)

[2] Para a construção prática, ver Apêndice 4.

2. Várias salas do prédio do Capitólio, em Washington, capital dos Estados Unidos, e na catedral de St. Paul, em Londres, na Inglarerra, possuem tetos com seções tranversais elípticas. Quando alguém fala junto a um dos focos, as suas palavras são refletidas pelo teto elíptico e outra pessoa, estando junto ao outro foco, a entende. Essas salas são conhecidas como **galerias dos sussuros**.
3. Segundo a primeira lei de Johannes Kepler (1571-1630), "um planeta em torno do Sol descreve uma elipse em que o Sol ocupa um dos focos".

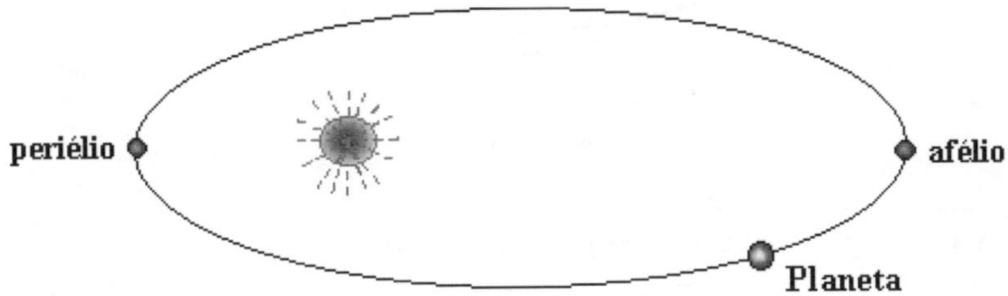

Figura 13.16

Chama-se **periélio** o ponto de maior aproximação do planeta ao Sol. A Terra, nesse ponto, está aproximadamente a 147,5 milhões de km do Sol, o que ocorre no mês de janeiro de cada ano.

Chama-se **afélio** o ponto de maior separação do planeta ao Sol. A Terra está aproximadamente a 152,6 milhões de km do Sol, o que ocorre no mês de julho de cada ano.

É um erro imaginar que a nossa aproximação do Sol em janeiro torna os dias mais quentes do que em julho, visto que o Sol está mais distante de nós. A influência maior no clima advém da inclinação do eixo de rotação da Terra – em julho, é inverno no hemisfério sul e verão no hemisfério norte.

13.3.2 EQUAÇÕES REDUZIDAS DA ELIPSE

Consideremos um sistema cartesiano ortogonal de eixos x e y e, nele, uma elipse de centro O(0,0) e focos coincidentes com um dos eixos x ou y.

13.3.2.1 Elipse com focos sobre o eixo x

Seja $P(x,y)$ um ponto qualquer da elipse de focos $F_1(-c,0)$ e $F_2(c,0)$. Devemos ter $d(P,F_1) + d(P,F_2) = 2a$, $a \in \mathbb{R}^*_+$ e $c \in \mathbb{R}^*_+$, com $a > c$.

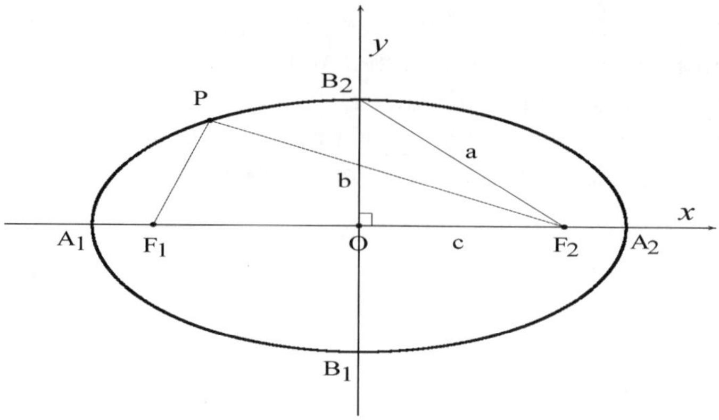

Figura 13.17

Logo, $\sqrt{(x+c)^2+y^2}+\sqrt{(x-c)^2+y^2}=2a$ ou, de outro modo, $\sqrt{(x+c)^2+y^2}=2a-\sqrt{(x-c)^2+y^2}$.

Elevando ambos os membros ao quadrado:

$$(x+c)^2+y^2=4a^2-4a\sqrt{(x-c)^2+y^2}+(x-c)^2+y^2.$$

Simplificando, tem-se: $a\sqrt{(x-c)^2+y^2}=a^2-cx$.

Elevando novamente ao quadrado e lembrando que $a^2=b^2+c^2$, com b < a, $b\in\mathbb{R}_+^*$, segue que:

$$b^2x^2+a^2y^2=a^2b^2$$

Dividindo a equação acima por a^2b^2, teremos:

$$\frac{x^2}{a^2}+\frac{y^2}{b^2}=1 \qquad (14)$$

Essa equação é chamada de **equação reduzida da elipse** com foco no eixo x.

13.3.2.2 Elipse com focos sobre o eixo y

Seja $P(x,y)$ um ponto qualquer da elipse de focos $F_1(0,-c)$ e $F_2(0,c)$. Devemos ter $d(P,F_1)+d(P,F_2)=2a$, $a\in\mathbb{R}_+^*$ e $c\in\mathbb{R}_+^*$, com a > c.

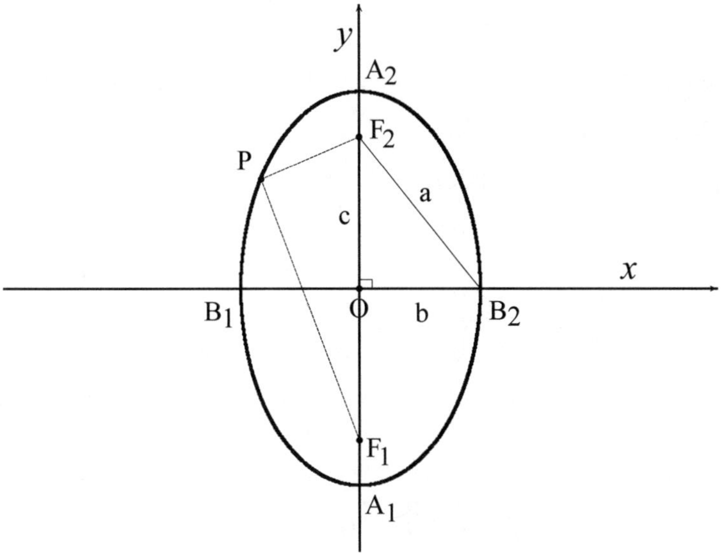

Figura 13.18

Procedendo analogamente, obtemos:

$$\frac{x^2}{b^2}+\frac{y^2}{a^2}=1 \tag{15}$$

Essa equação é denominada de **equação reduzida da elipse** com foco no eixo y.

Observação 13.4

Estabelecemos que 2a é o comprimento do eixo maior da elipse e 2b o comprimento do eixo menor, logo $a^2 > b^2$. Assim, dada uma equação reduzida com denominadores numéricos, podemos saber se a elipse possui os focos sobre o eixo x ou sobre o eixo y apenas identificando o maior valor que divide x^2 ou y^2.

Examinemos o caso da sentença: $\frac{x^2}{5}+\frac{y^2}{9}=1$

Vemos que 9 é o divisor de y^2 e seu valor é maior que o divisor 5 de x^2, portanto, a elipse possui focos sobre o eixo y e eixo maior A_1A_2 de medida 2a = 6.

O fato de as sentenças (14) e (15) não se alterarem ao substituir x por $(-x)$ ou y por (y) confirma o fato de que a elipse é simétrica em relação aos eixos x e y.

Exemplo 13.6:

1. Dada a equação da elipse na forma $3x^2 + 5y^2 = 30$, pedem-se:
   a) a equação reduzida da elipse;
   b) comprimento do eixo maior;
   c) comprimento do eixo menor;
   d) focos.

Solução:

a) Dividindo a equação dada por 30, temos a equação reduzida

$$\frac{x^2}{10} + \frac{y^2}{6} = 1$$

Neste caso, $a^2 = 10$ e $b^2 = 6$, assim, $a = \sqrt{10}$ e $b = \sqrt{6}$.

b) m (A_1A_2) = 2 a = $2\sqrt{10}$.

c) m (B_1B_2) = 2 b = $2\sqrt{6}$.

d) O fato de 10 ser o divisor de x^2 e maior que o divisor 6 de y^2, segue que os focos $F_1(-c,0)$ e $F_2(c,0)$ estão sobre o eixo x.

Considerando que $a^2 = b^2 + c^2$, temos $c^2 = 10 - 6 = 4$, logo, c = 2. Assim,

$$F_1(-2,0) \text{ e } F_2(2,0).$$

2. Dada a equação da elipse na forma $7x^2 + 2y^2 = 1$, pedem-se:
   a) a equação reduzida da elipse;
   b) comprimento do eixo maior;
   c) comprimento do eixo menor;
   d) focos.

Solução:

a) Necessitamos colocar a equação dada na forma de (14) ou (15), daí,

$$\frac{x^2}{1/7} + \frac{y^2}{1/2} = 1$$

Utilizamos os inversos dos coeficientes das incógnitas pelo fato de o segundo membro ser igual a 1.

Neste caso, $a^2 = \dfrac{1}{2}$ e $b^2 = \dfrac{1}{7}$, assim, $a = \sqrt{1/2}$ e $b = \sqrt{1/7}$.

b) m $(A_1A_2) = 2\,a = 2\sqrt{1/2}$.

c) m $(B_1B_2) = 2\,b = 2\sqrt{1/7}$.

d) O fato de 1/2 ser o divisor de y^2 e maior que o divisor 1/7 de x^2, sugere que os focos $F_1\,(0,-c)$ e $F_2\,(0,c)$ estão sobre o eixo y.

Considerando que $a^2 = b^2 + c^2$, temos $c^2 = 1/2 - 1/7 = 5/14$, logo, $c = \sqrt{5/14}$. Assim, $F_1\,(0,-\sqrt{5/14})$ e $F_2\,(0,\sqrt{5/14})$.

3. Dê uma equação da elipse de focos $F_1\,(-3,0)$ e $F_2\,(3,0)$ e eixo menor 8.

Solução:

Sabemos, pelas coordenadas dos focos, que c = 3 e que o eixo menor da elipse mede 2b = 8, isto é, b = 4 e pertence ao eixo y (ver relação 14).

Considerando que $a^2 = b^2 + c^2$, temos $a^2 = 4^2 + 3^2 = 25$, logo, $a = 5$.

$$\frac{x^2}{25} + \frac{y^2}{16} = 1$$

13.3.3 EQUAÇÃO GERAL DA ELIPSE

Sejam as elipses com centro em O'(m,n) ≠ (0,0) e eixos maior e menor paralelos aos eixos dos x e y do sistema cartesiano ortogonal.

Tomemos outro sistema cartesiano de eixos x' e y', com mesma unidade dos eixos x e y e origem em O'(m, n).

Uma elipse com centro em O' e eixos maior e menor, respectivamente, de comprimentos 2a e 2b, com a > b, tem sua equação na forma:

a) $\dfrac{(x')^2}{a^2} + \dfrac{(y')^2}{b^2} = 1$, se os seus focos pertencerem ao eixo x'.

b) $\dfrac{(x')^2}{b^2} + \dfrac{(y')^2}{a^2} = 1$, se os seus focos pertencerem ao eixo y'.

Utilizando as fórmulas de translação, descritas em 13.2.3(5), segue que:

$$\frac{(x-\mathrm{m})^2}{\mathrm{a}^2}+\frac{(y-\mathrm{n})^2}{\mathrm{b}^2}=1 \quad \text{ou} \quad \frac{(x-\mathrm{m})^2}{\mathrm{b}^2}+\frac{(y-\mathrm{n})^2}{\mathrm{a}^2}=1 \qquad (16)$$

Exemplo 13.7:

Obtenha uma equação da elipse que tem centro em (3,2), focos (0,2) e (6,2) e eixo menor com medida 8 unidades.

Solução:

Se o centro da elipse é O(3,2), então m = 3 e n = 2.

O fato de as ordenadas dos focos serem iguais a 2 implica que o eixo maior é paralelo ao eixo x. A diferença das abscissas dos focos é 2c = 6 – 0 = 6, logo, $\mathrm{c}=3$.

Sendo a medida do eixo menor 2b = 8, então b = 4.

Considerando que $\mathrm{a}^2=\mathrm{b}^2+\mathrm{c}^2$, temos $\mathrm{a}^2=4^2+3^2$ e, daí, a = 5.

Assim,

$$\frac{(x-3)^2}{5^2}+\frac{(y-2)^2}{4^2}=1.$$

EXERCÍCIOS DE APLICAÇÃO 13.4

1. Escreva a equação reduzida da elipse cujos focos são $F_1(0,-3)$ e $F_2(0,3)$ e cuja excentricidade é e = 0,6.
2. Dada a equação da elipse $\frac{(x-5)^2}{100}+\frac{(y+3)^2}{64}=1$, determine os focos, os vértices e a excentricidade.
3. Dada a equação da elipse $9x^2+25y^2=225$, determine os focos, os vértices e a excentricidade.

13.4 HIPÉRBOLE

Dados dois pontos F_1 e F_2 num plano, tais que a distância entre eles é 2c, isto é, $d(F_1, F_2) = 2c$, $\mathrm{c}\in\mathbb{R}^*_+$, chama-se **hipérbole** o conjunto dos pontos P do plano cujo valor absoluto das diferenças das distâncias dos pontos P a F_1 e P a F_2 é um valor constante igual a $2\mathrm{a}$, sendo que 2a < 2c, $\mathrm{a}\in\mathbb{R}^*_+$.

Os pontos F_1 e F_2 são chamados de focos da hipérbole e 2c é a distância focal.

Dizemos que um ponto P está na hipérbole se, e somente se, $|d(P,F_1)-d(P,F_2)|=2a$.

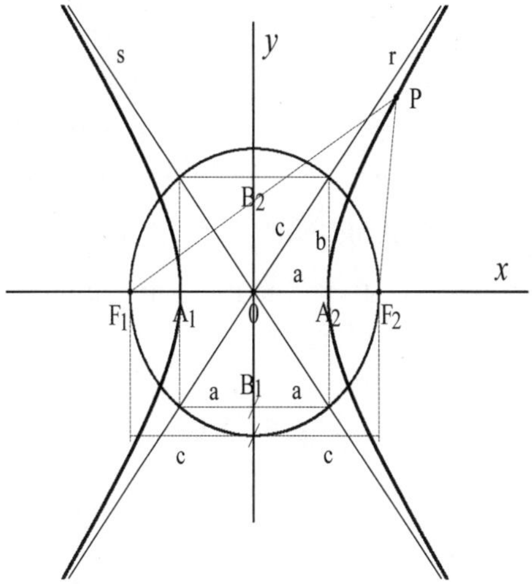

Figura 13.19

A Figura 13.19 nos faz entender que a hipérbole é uma curva simétrica em relação à reta que contém os focos F_1 e F_2 e, também, em relação à mediatriz do segmento de reta F_1F_2, contendo o ponto O.

Os pontos A_1 e A_2 pertencem à hipérbole, e a distância entre eles é 2a.

Podemos confirmar que A_1 e A_2 são pontos da hipérbole, pois, se imaginarmos o ponto P da hipérbole na posição A_2, então veremos que $d(A_2, F_1) - d(A_2, F_2) = 2a$, já que $(a + c) - (c - a) = 2a$, fato que também ocorre com $-[d(A_2, F_2) - d(A_2, F_1)] = 2a$.

Analogamente, se o ponto P estiver na posição A_1, então veremos que se tem $d(A_1, F_2) - d(A_1, F_1) = 2a$, pois, $(a + c) - (c - a) = 2a$, fato que também se observa com $-[d(A_1, F_1) - d(A_1, F_2)] = 2a$.

Portanto, os pontos A_1 e A_2 pertencem à hipérbole, pois os pontos P que os representam verificam a sentença que define a hipérbole:

$$\pm\left[d(P,F_1)-d(P,F_2)\right]=2a\text{, } a\in\mathbb{R}_+^*.$$

Elementos da hipérbole:

- F_1 e F_2 são os **focos da hipérbole**;
- A_1 e A_2 são os **vértices da hipérbole**;
- o segmento de reta A_1A_2 é chamado de **eixo transverso** e $d(A_1 A_2) = 2a$;
- o segmento de reta B_1B_2 é chamado de **eixo conjugado** e $d(B_1B_2) = 2b$;
- O é o **centro da hipérbole**;
- as retas *r* e *s* são assíntotas; e

- a razão $\frac{c}{a}$ é denominada de excentricidade da hipérbole: $e = \frac{c}{a}$.

A Figura 13.19 mostra uma circunferência de centro O e diâmetro 2c. Vê-se um retângulo inscrito na circunferência, com lados paralelos ao eixo transverso A_1A_2, medindo 2a e, também, lados paralelos ao eixo conjugado B_1B_2, medindo 2b.

As assíntotas r e s contêm as diagonais do retângulo.

Vê-se um triângulo no interior do referido retângulo, com as medidas a e b dos catetos e c da hipotenusa. Assim,

$$c^2 = a^2 + b^2.$$

Visto que **a** e **c** são positivos e $a < c$, segue que a excentricidade $e > 1$ para a hipérbole. A Figura 13.26 nos permite entender que hipérboles de mesmo c e vértices mais próximos, com valor a diminuindo, mostram as curvas de ramos mais "abertos".

13.4.1 RETA TANGENTE A UM PONTO DA HIPÉRBOLE

A Figura 13.20 apresenta a reta t tangente à hipérbole num ponto P. Os ângulos α_1 e α_2, formados por t e, respectivamente, pelas direções de PF_2 e PF_1, possuem a mesma medida independentemente da posição de P no ramo apresentado. O mesmo raciocínio é verdadeiro para o outro ramo da hipérbole.

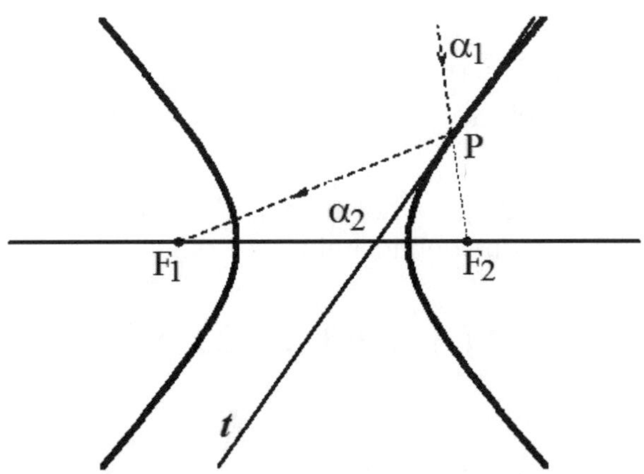

Figura 13.20

A propriedade citada da reta t é importante para entendermos a construção[3] da hipérbole e algumas das aplicações que envolvem a sua forma geométrica.

[3] Para a construção prática, ver Apêndice 5.

Exemplo 13.8 – Aplicação:

1. Se um dos ramos da hipérbole for uma superfície espelhada, lado não côncavo, veremos que todo feixe de luz, incidindo sobre ela num ponto P e na direção do seu foco, será refletido na direção do outro foco, conforme o indicado na Figura 13.20, em que a medida α_1 do ângulo de incidência é igual a α_2 de reflexão em relação à reta t, tangente à superfície em P.

2. Diagrama do telescópio de Cassegrain (1629-1693):

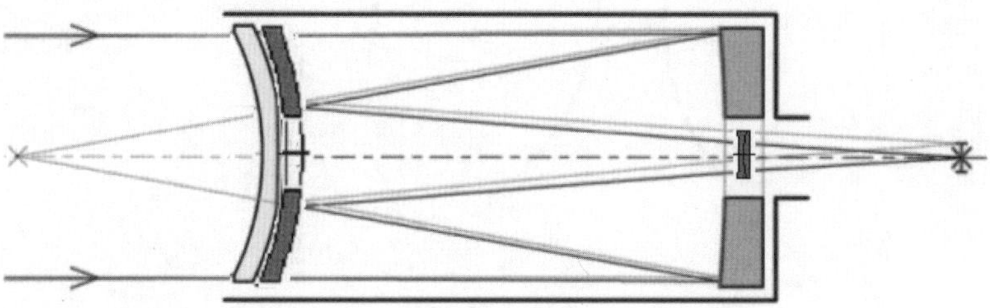

Figura 13.21

O feixe de luz, que entra no tubo do telescópio paralelamente ao seu eixo, é refletido por um espelho parabólico em direção ao seu foco, porém o espelho hiperbólico, com foco coincidente com o parabólico, reflete novamente o feixe de luz para o foco do outro ramo da hipérbole (que não aparece fisicamente nos telescópios), passando por um orifício no centro do espelho parabólico e, atravessando uma lente ocular para ajustes, chega aos olhos do observador.

3. O sistema LORAN (letras iniciais de **LO**ng **RA**nge **N**avigation) é composto por estações terrestres, uma principal e pelo menos duas secundárias, que emitem pulsos radioelétricos coordenados de baixa frequência (100kHz), permitindo que aviões ou embarcações se localizem sem necessidade de marcos visíveis, mas considerando o intervalo de tempo entre os sinais emitidos pelas estações.

Consideremos, como exemplo, três estações terrestres: F_1, principal, F_2 e F_3, secundárias, distantes e localizadas segundo os vértices de um triângulo e, também, P como a posição de um navegante.

Se T_1 é o tempo que leva para o sinal emitido por F_1 chegar até P e T_2 o tempo que leva para o sinal emitido por F_2 para chegar até P, e a velocidade *c* das ondas de rádio no ar é aproximadamente constante (300.000 km/s), então

$$|PF_1 - PF_2| = |cT_1 - cT_2| = c|T_1 - T_2| = c\Delta t.$$

Embora não se possa avaliar T_1 ou T_2, o receptor da embarcação pode medir com precisão a diferença de tempo Δt dos sinais recebidos de F_1 e F_2.

Desse modo, cada par de estações (entre as três) nos dará uma hipérbole, na qual P pertence a um de seus ramos. A posição P da embarcação é localizada pela interseção das três hipérboles indicadas pelos ramos 1, 2 e 3, correspondentes aos focos F_1 e F_2, F_2 e F_3, F_1 e F_3, conforme ilustra a Figura 13.22.

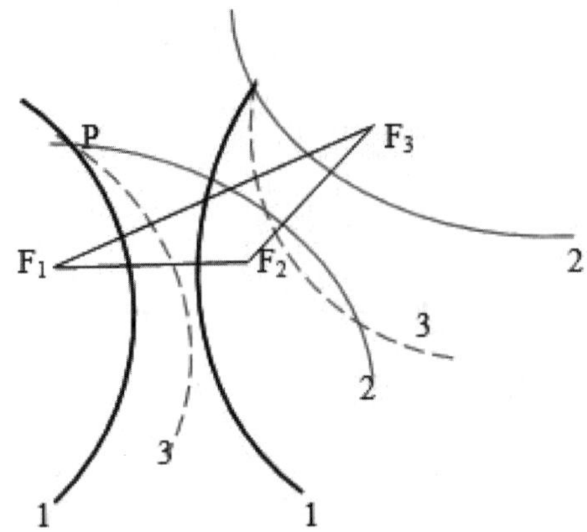

Figura 13.22

Esse sistema hiperbólico de orientação da navegação aérea e marítima que opera em baixa frequência e altas potências de transmissão (mais de 1.500 kw em algumas estações) foi, originalmente, concebido pelo engenheio norte-americano W. J. O'Brien em 1937. Os equipamentos do sistema LORAN têm sido aperfeiçoados ao longo dos anos, permitindo melhor sintonia entre estações, precisão nas previsões de propagação das ondas e qualidade dos receptores.

O alcance da área de cobertura pode chegar a 2.000 km, dependendo da potência da estação transmissora e da sensibilidade e nível de ruído do receptor utilizado. Alguns desses receptores executam leituras automática e apresentam as linhas (curvas de hipéboles) que definem a posição do navio de forma digital.

4. O sistema GPS (**G**lobal **P**ositioning **S**ystem) de posicionamento por satélites artificiais fornece a posição de um receptor móvel terrestre com precisão quase absoluta e, também, permite encontrar caminhos para determinados lugares, saber a velocidade, direção de deslocamentos e informações horárias em qualquer lugar na Terra, independente de condições atmosféricas, desde que o aparelho se encontre no campo de visão de três ou mais satélites GPS, como as estações do sistema LORAN.

Sabe-se que existem 24 satélites GPS orbitando o nosso planeta numa altitude de aproximadamente a 20.200 km, a uma velocidade de 11.265 km/h, emitindo sinais com frequência de 1.175,42 MHz para uso civil e distribuídos igualmente em 6 planos orbitais inclinados de 55° em relação à linha do equador, permitindo que quatro desses satélites sejam vistos em qualquer ponto da superfície terrestre a qualquer hora.

13.4.2 EQUAÇÕES REDUZIDAS DA HIPÉRBOLE

Consideremos um sistema cartesiano ortogonal de eixos x e y e, nele, uma hipérbole (de centro O(0,0) e focos coincidentes com um dos eixos x ou y).

13.4.2.1 Hipérbole com focos sobre o eixo x

Seja $P(x,y)$ um ponto qualquer da hipérbole de focos $F_1(-c,0)$ e $F_2(c,0)$. Devemos ter $|d(P,F_1)-d(P,F_2)|=2a$, $a \in \mathbb{R}_+^*$.

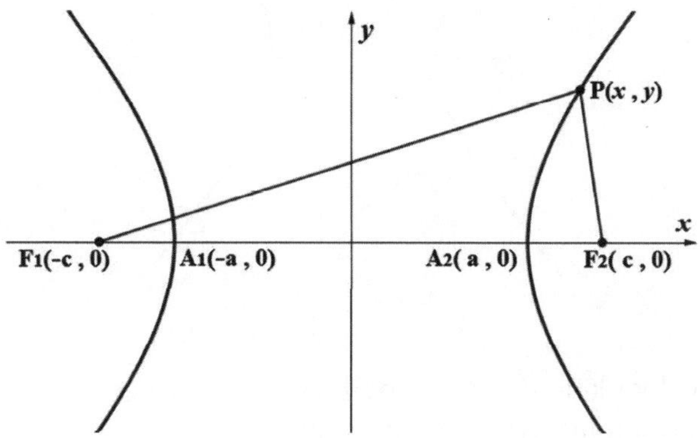

Figura 13.23

Logo, $\left|\sqrt{(x+c)^2+(y-0)^2}-\sqrt{(x-c)^2+(y-0)^2}\right|=2a$ ou, de outro modo, $\sqrt{(x+c)^2+(y-0)^2}=\pm\, 2a+\sqrt{(x-c)^2+(y-0)^2}$.

Elevando ambos os membros ao quadrado, segue:

$$(x+c)^2+y^2=4a^2\pm 4a\sqrt{(x-c)^2+y^2}+(x-c)^2+y^2$$

Simplificando, tem-se: $cx-a^2=\pm\, a\sqrt{(x-c)^2+y^2}$.

Elevando novamente ao quadrado e lembrando que $c^2-a^2=b^2$, com $b<c$, $b \in \mathbb{R}_+^*$, segue que: $b^2x^2-a^2y^2=a^2b^2$.

Dividindo a equação acima por a^2b^2, temos:

$$\frac{x^2}{a^2}-\frac{y^2}{b^2}=1 \qquad (17)$$

Esta equação é denominada **equação reduzida da hipérbole** com focos no eixo x.

Exemplo 13.9 – Sistema LORAN:

Duas torres de observação estão distantes 4 km uma da outra e registram o som da explosão de um artefato. A torre A recebeu o som 4 segundos antes que a torre B. Determine o lugar provável P onde ocorreu a explosão.

Solução:

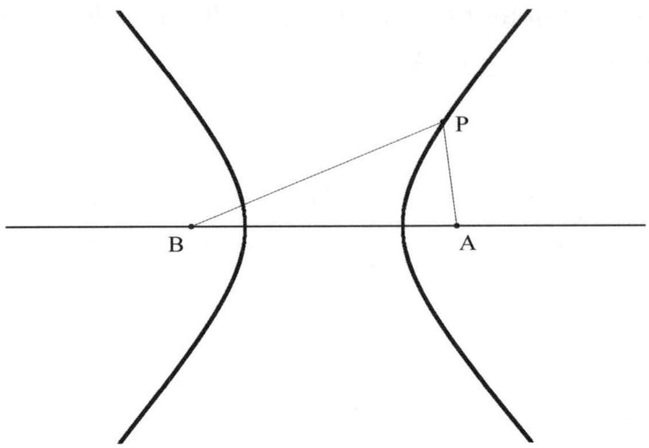

Figura 13.24

Sabemos que a velocidade do som é 340,29 m/s (metros por segundo) e que B registrou a explosão 4 s (segundos) mais tarde que A.

A diferença das distâncias do ponto P, onde ocorreu a explosão, às torres A e B é de d(P,B) – d(P,A) = 4.(340,29) = 1.361,16 m.

Entendemos, pela situação descrita, que o lugar geométrico dos pontos do plano que estão 1.361,16 m mais próximos de A do que de B pertence ao ramo da hipérbole

$$\frac{x^2}{a^2} - \frac{y^2}{b^2} = 1,$$

sendo que o eixo x do sistema cartesiano coincide com o da reta que contém as torres e possui sentido positivo de B para A, e o eixo y é perpendicular ao eixo x pelo ponto médio do segmento de reta com extremidades nas torres.

Assim, d(P,B) – d(P,A) = 2 a = 1.361,16 m, isto é, a = 680,58 m.

A distância entre as torres é 2c = 4.000 m e, daí, c = 2.000 m.

Considerando que $c^2 = a^2 + b^2$, teremos (ver Figura 13.19)

$$b^2 = (2000)^2 - (680,58)^2 = 3\ 536\ 810,87.$$

Portanto, a explosão ocorreu em algum lugar do ramo da hipérbole de equação

$$\frac{x^2}{463\ 189,13} - \frac{y^2}{3\ 536\ 810,87} = 1.$$

A determinação do local da explosão dependerá de mais informações. Por exemplo, saber se uma terceira torre C de observação (cujas distâncias às torres A e B sejam conhecidas) também tem registro da diferença de tempo do som que recebeu (da referida explosão) em relação a cada uma das demais torres.

Assim, poderíamos obter as equações de novas hipérboles e, pela interseção delas, obter a localização de P (ver caso 3 do Exemplo 13.8).

13.4.2.2 Hipérbole com focos sobre o eixo y

Seja P(x,y) um ponto qualquer da elipse de focos F_1(0,–c) e F_2(0,c). Devemos ter $\left|d(P,F_1)-d(P,F_2)\right|=2a$, $a \in \mathbb{R}_+^*$.

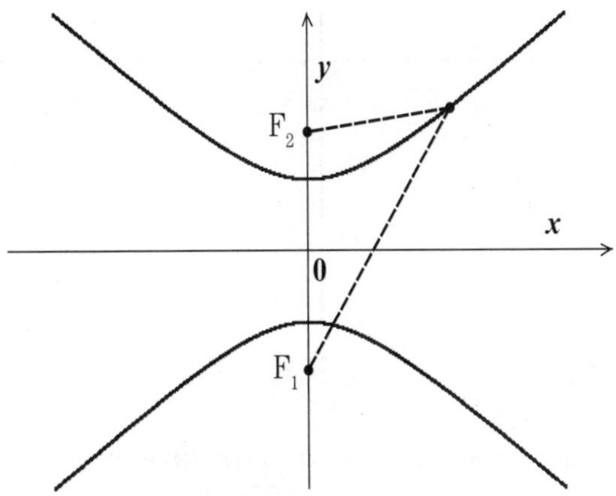

Figura 13.25

Procedendo de modo análogo ao caso dos focos sobre o eixo x, obtemos:

$$\frac{y^2}{a^2}-\frac{x^2}{b^2}=1 \qquad (18)$$

A equação é denominada **equação reduzida da hipérbole** com focos no eixo y.

Observação 13.5

Comparando as equações (17) e (18), vemos que houve uma permuta entre x e y.

É importante notar que a hipérbole de equação $\frac{x^2}{3^2}-\frac{y^2}{4^2}=1$, com a = 3 e b = 4, tem seus focos sobre o eixo x e, também, no exemplo da hipérbole de equação

$\frac{x^2}{4^2}-\frac{y^2}{3^2}=1$, com a = 4 e b = 3, os focos estão sobre o mesmo eixo x. Isso mostra que é possível hipérboles de equação (17) apresentarem a < b ou a > b e manterem seus focos sobre um mesmo eixo. As hipérboles dos exemplos acima possuem os mesmos focos F(–5,0) e F(5,0) sobre o eixo x.

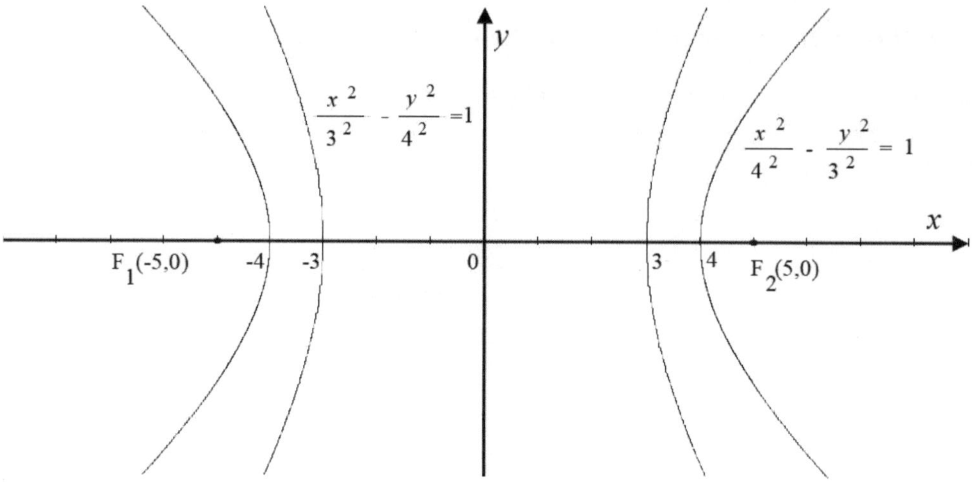

Figura 13.26

Caso a = b, a hipérbole será chamada de **equilátera** e o retângulo inscrito na circunferência de raio c (Figura 13.27) é um quadrado.

Exemplo 13.10:

1. Sabendo que a equação da hipérbole é $\frac{y^2}{9}-\frac{x^2}{4}=1$, pedem-se:

   a) as coordenadas do centro, dos vértices e dos focos da hipérbole;

   b) excentricidade da hipérbole.

Solução

a) Temos pela equação (18) que o eixo transverso é paralelo ao eixo y, sendo que $a^2=9$ e $b^2=4$, logo, $a=3$ e $b=2$. Sabendo que $c^2=a^2+b^2$, tem-se $c=\sqrt{13}$.

b) O centro da hipérbole é dado por C(0,0), os vértices A_1 (0,–3) e A_2 (0,3) e os focos $F_1(0,-\sqrt{13})$ e $F_2(0,\sqrt{13})$.

A excentricidade é $e=c/a=\sqrt{13}/3$.

2. Obtenha uma equação da hipérbole com o foco $F_2\,(0,5)$, vértice $A_2\,(0,3)$ e centro na origem do sistema cartesiano.

Solução:

Vemos de 13.4.2.2 que c = 5 e a = 3. Sendo $b^2 = c^2 - a^2$, segue que b = 4. Portanto,

$$\frac{y^2}{a^2} - \frac{x^2}{b^2} = 1 \quad \text{ou} \quad \frac{y^2}{3^2} \quad \frac{x^2}{4^2} \quad 1.$$

13.4.3 ASSÍNTOTAS DA HIPÉRBOLE

Consideremos o gráfico cartesiano da hipérbole dada por $\frac{x^2}{a^2} - \frac{y^2}{b^2} = 1$ ou, de outro modo, $y = \pm\frac{b}{a}\sqrt{x^2 - a^2}$

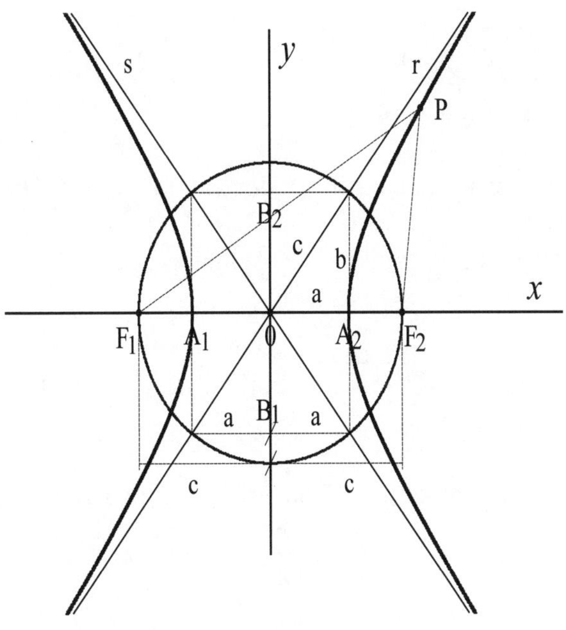

Figura 13.27

Vemos, na Figura 13.27, que o retângulo inscrito na circunferência de raio c, com medida de seus lados iguais às do eixo transverso A_1A_2 e do eixo conjugado B_1B_2, nos permite entender que os coeficientes angulares das retas r e s são, respectivamente, b/a e –b/a.

Podemos mostrar que as retas r: $y = \frac{b}{a}x$ e s: $y = \frac{-b}{a}x$ são assíntotas da hipérbole, isto é, os ramos da hipérbole se aproximam indefinidamente das retas à medida que os valores de x se afastam dos vértices A_1 e A_2 em seus domínios.

Ilustrando:

Vemos, primeiramente, que a parte do ramo da hipérbole no primeiro quadrante do sistema cartesiano é descrita pela equação $y = f(x) = \frac{b}{a}\sqrt{x^2 - a^2}$.

Se $\lim\limits_{x \to +\infty}\left[f(x) - \frac{b}{a}x\right] = 0$, então $r: y = \frac{b}{a}x$ é assíntota do gráfico de $y = f(x) = \frac{b}{a}\sqrt{x^2 - a^2}$ e, consequentemente, da hipérbole.

Prova: temos que

$$\lim_{x \to +\infty}\left[f(x) - \frac{b}{a}x\right] = \lim_{x \to +\infty}\left[\frac{b}{a}\sqrt{x^2 - a^2} - \frac{b}{a}x\right] = \frac{b}{a}.\lim_{x \to +\infty}\left[\sqrt{x^2 - a^2} - x\right] =$$

$$= \frac{b}{a}.\lim_{x \to +\infty}\frac{(\sqrt{x^2 - a^2} - x).(\sqrt{x^2 - a^2} + x)}{(\sqrt{x^2 - a^2} + x)} = \frac{b}{a}.\lim_{x \to +\infty}\frac{-a^2}{(\sqrt{x^2 - a^2} + x)} = 0.$$

Portanto, $r: y = \frac{b}{a}x$ é uma assíntota do gráfico de $y = f(x) = \frac{b}{a}\sqrt{x^2 - a^2}$.

Analogamente, vemos que $r: y = \frac{b}{a}x$ é uma assíntota do gráfico de:

$$y = -f(x) = -\frac{b}{a}\sqrt{x^2 - a^2}\text{, pois } \lim_{x \to +\infty}\left[(-f(x)) - \frac{b}{a}x\right] = 0.$$

Utilizando o mesmo raciocínio acima, mostraremos que $s: y = \frac{-b}{a}x$ também é assíntota da hipérbole de equação $y = \pm\frac{b}{a}\sqrt{x^2 - a^2}$.

Observação 13.6

As assintotas de uma hipérbole equilátera (a = b) são retas perpendiculares, e o retângulo auxiliar desta hipérbole é um quadrado.

Exemplo 13.11:

1. Escreva uma equação da hipérbole cujos focos são dados por $F_1(-5,0)$ e $F_2(5,0)$ e cuja assíntota é $y = \frac{4}{3}x$.

Solução:

Sabemos dos focos que c = 5 e $\dfrac{b}{a}=\dfrac{4}{3}$. Temos, da hipérbole, que $a^2+b^2=c^2$. Substituindo nesta igualdade $b=\dfrac{4a}{3}$ e c = 5, segue que $a^2+\left(\dfrac{4a}{3}\right)^2=25$ e, daí, $a^2=9$. Logo, $b=\dfrac{4(3)}{3}=4$ ou $b^2=16$.

A hipérbole, com focos sobre o eixo x, tem equação $\dfrac{x^2}{a^2}-\dfrac{y^2}{b^2}=1$. Portanto:

$$\frac{x^2}{9}-\frac{y^2}{16}=1.$$

2. Sabendo que a excentricidade da hipérbole é $e=\dfrac{c}{a}>1$ e que seus vértices são $A_1(-2, 0)$ e $A_2(2, 0)$ e $e=\dfrac{3}{2}$, determine uma equação da hipérbole.

Solução:

Temos que $\dfrac{c}{a}=\dfrac{3}{2}$, logo, $c=\dfrac{3a}{2}$. Sendo a = 2, obtemos c = 3. Considerando que para a hipérbole tem-se $a^2+b^2=c^2$, segue que $b^2=5$.

A hipérbole, com focos sobre o eixo x, tem equação $\dfrac{x^2}{a^2}-\dfrac{y^2}{b^2}=1$.

Portanto, $\dfrac{x^2}{4}-\dfrac{y^2}{5}=1$.

3. Conhecendo a equação da hipérbole $\dfrac{x^2}{9}-\dfrac{y^2}{16}=1$, determine os seus focos e a excentricidade.

Solução:

Sendo a equação da hipérbole $\dfrac{x^2}{a^2}-\dfrac{y^2}{b^2}=1$, segue que $a^2=9$ e $b^2=16$, isto é, $a=3$ e $b=4$. Sabendo que $a^2+b^2=c^2$, temos que $c=5$.

Portanto, $F_1(-5,0)$ e $F_2(5,0)$ e a excentricidade $e=\dfrac{c}{a}=\dfrac{5}{3}$.

13.4.4 EQUAÇÃO GERAL DA HIPÉRBOLE

Vamos considerar hipérboles com centro em O'(m, n) ≠ (0, 0) e eixos transverso e conjugado paralelos aos eixo dos x e y do sistema cartesiano ortogonal.

Tomemos outro sistema cartesiano de eixos x' e y', com mesma unidade dos eixos x e y, e origem em O'(m, n).

Uma hipérbole com centro em O' e eixo transverso de comprimento 2a, paralelo ao eixo x, tem sua equação na forma:

$$\frac{(x')^2}{a^2} - \frac{(y')^2}{b^2} = 1. \tag{19}$$

Uma hipérbole com centro em O' e eixo conjugado de comprimentos 2b, paralelo ao eixo y, tem sua equação na forma:

$$\frac{(y')^2}{a^2} - \frac{(x')^2}{b^2} = 1. \tag{20}$$

Utilizando as fórmulas de translação, descritas, no item 13.2.3, em (19) e (20), segue que:

$$\frac{(x-m)^2}{a^2} - \frac{(y-n)^2}{b^2} = 1 \text{ ou } \frac{(y-n)^2}{a^2} - \frac{(x-m)^2}{b^2} = 1 \tag{21}$$

EXERCÍCIOS DE APLICAÇÃO 13.5

1. Sabendo que a equação da hipérbole é $\frac{(y+2)^2}{9} - \frac{(x-1)^2}{4} = 1$, pedem-se:
   a) as coordenadas do centro, dos vértices e dos focos da hipérbole;
   b) excentricidade da hipérbole.
2. Sabendo que a equação da hipérbole é $\frac{(x+2)^2}{9} - \frac{(y-1)^2}{4} = 1$, pedem-se:
   a) as coordenadas do centro, dos vértices e dos focos da hipérbole;
   b) excentricidade da hipérbole.
3. Sabendo que uma hipérbole tem focos $F_1(10,3)$ e $F_2(0,3)$ e vértice $A_1(8,3)$, pedem-se:
   a) a equação reduzida da hipérbole; e
   b) a excentricidade da hipérbole.

13.5 CIRCUNFERÊNCIA

Chama-se **circunferência** o lugar geométrico dos pontos de um plano equidistantes de um ponto fixo dado no mesmo plano.

O ponto C fixo é chamado de centro da circunferência, e a medida R de um segmento de reta com origem em C e extremidade num ponto P da circuferência é denominado de raio.

13.5.1 EQUAÇÃO REDUZIDA DA CIRCUNFERÊNCIA

Seja a circunferência de centro C(m, n) e raio R no sistema cartesiano ortogonal. Um ponto $P(x,y)$ pertence à circunferência somente se $|\overrightarrow{CP}| = R$.

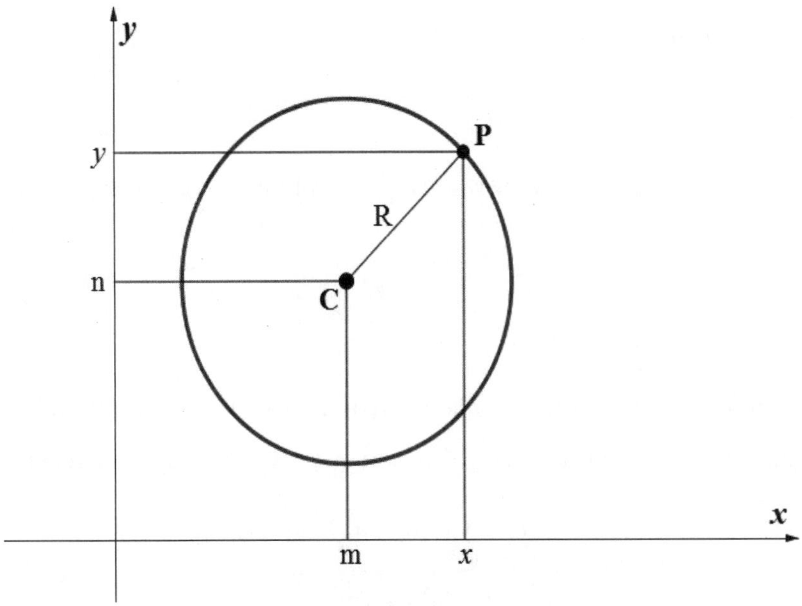

Figura 13.28

Assim,

$$|\overrightarrow{CP}| = \sqrt{(x-m)^2+(y-n)^2} = R$$

Elevando os membros da equação ao quadrado, obtemos:

$$(x-m)^2+(y-n)^2 = R^2 \qquad (22)$$

Esta equação é denominada **equação reduzida da circunferência**.

Caso o centro da circunferência coincida com a origem do sistema cartesiano, temos que C(0,0) e sua equação é dada por:

$$x^2+y^2 = R^2$$

13.5.2 EQUAÇÃO GERAL DA CIRCUNFERÊNCIA

Desenvolvendo (22) e colocando R^2 no primeiro membro, temos:

$$x^2 + y^2 - 2\text{m}x - 2\text{n}y + (\text{m}^2 + \text{n}^2 - \text{R}^2) = 0.$$

Estabelecendo D = – 2m, E = – 2n e F = $\text{m}^2 + \text{n}^2 - \text{R}^2$, segue:

$$x^2 + y^2 + \text{D}x + \text{E}y + \text{F} = 0, \qquad (23)$$

denominada **equação geral da circunferência**.

Exemplo 13.12:

1. Uma circunferência tem centro C(1,–2) e raio R = 3. Pede-se sua equação:
   a) Reduzida.
   b) Geral.

Solução:

a) Utilizando (22), temos a equação reduzida $(x-1)^2 + (y+2)^2 = 3^2$.

b) A equação geral é obtida desenvolvendo os produtos indicados na equação acima:

$$x^2 - 2x + 1 + y^2 + 4y + 4 = 9 \text{ ou}$$

$$x^2 + y^2 - 2x + 4y - 5 = 0.$$

2. Dada a equação geral da circunferência, $x^2 + y^2 + 2x - 6y + 6 = 0$, pede-se a sua equação reduzida.

Solução:

1º) Agrupar os termos de mesma variável:

$$(x^2 + 2x + \underline{...}) + (y^2 - 6y + \underline{...}) + 6 = 0$$

2º) Adicionar a ambos os membros números reais para obtermos trinômios quadrados perfeitos, respectivamente nas variáveis x e y:

$$(x^2 + 2x + 1) + (y^2 - 6y + 9) + 6 = 0 + 1 + 9$$

3º) Escrever os trinômios na forma fatorada:

$$(x+1)^2 + (y-3)^2 + 6 = 10$$

4º) Isolando o termo independente no segundo membro, temos a equação reduzida:

$$(x+1)^2+(y-3)^2=2^2$$

Vê-se, nessa equação, que C(–1, 3) e R = 2.

3. Dada a equação geral da circunferência, $x^2+y^2-x-4y-19/4=0$, pede-se a sua equação reduzida.

Solução:

1º) Agrupar os termos de mesma variável:

$$(x^2-x+\underline{...})+(y^2-4y+\underline{...})-19/4=0$$

2º) Adicionar a ambos os membros números reais para obtermos trinômios quadrados perfeitos, respectivamente nas variáveis x e y:

$$(x^2-2\frac{1}{2}x+\frac{1}{4})+(y^2-2.2y+4)-19/4=0+\frac{1}{4}+4$$

3º) Escrever os trinômios na forma fatorada:

$$(x-\frac{1}{2})^2+(y-2)^2-19/4=17/4$$

4º) Isolando o termo independente no segundo membro, temos a equação reduzida:

$$(x-\frac{1}{2})^2+(y-2)^2=17/4+19/4 \quad \text{ou} \quad (x-\frac{1}{2})^2+(y-2)^2=3^2$$

Vê-se, nessa equação, que $C(\frac{1}{2},2)$ e R = 3.

13.5.3 DISCUSSÃO SOBRE A EQUAÇÃO GERAL DA CIRCUNFERÊNCIA

Queremos verificar se toda equação da forma $x^2+y^2+\mathrm{D}x+\mathrm{E}y+\mathrm{F}=0$ representa uma circunferência.

Vamos, para isto, escrever a equação (23) na forma reduzida:

$$(x^2+\mathrm{D}x+\underline{...})+(y^2+\mathrm{E}y+\underline{...})=-\mathrm{F}$$

$$(x^2+\mathrm{D}x+\frac{\mathrm{D}^2}{4})+(y^2+\mathrm{E}y+\frac{\mathrm{E}^2}{4})=\frac{\mathrm{D}^2}{4}+\frac{\mathrm{E}^2}{4}-\mathrm{F}$$

$$(x+\frac{D}{2})^2+(y+\frac{E}{2})^2=\frac{D^2}{4}+\frac{E^2}{4}-F \qquad (24)$$

Identificando (24) e (22), vemos que:

$$C\left(\frac{-D}{2},\frac{-E}{2}\right) \quad \text{e} \quad R^2=\frac{D^2}{4}+\frac{E^2}{4}-F$$

Logo:

$$R=\frac{1}{2}\sqrt{D^2+E^2-4F}$$

Discussão sobre o valor de R:

1º) Se $D^2+E^2-4F>0$, então R > 0 é real e a equação (23) representa uma circunferência.

2º) Se $D^2+E^2-4F=0$, então R = 0 e a equação (23) representa um ponto.

3º) Se $D^2+E^2-4F<0$, então R não é real e a equação (23) não representa uma circunferência no sistema cartesiano.

Exemplo 13.13:

1. Obtenha o raio e as coordenadas do centro da circunferência de equação

$$4x^2+4y^2-8x-4y-11=0$$

Solução:

Dividindo os termos da equação dada por 4, temos:

$$x^2+y^2-2x-y-11/4=0$$

Comparando com a equação (23): D = – 2, E = – 1 e F = – 11/4.

Portanto, $C\left(\frac{-D}{2},\frac{-E}{2}\right)=\left(\frac{-(-2)}{2},\frac{-(-1)}{2}\right)=(1,\ 1/2)$ e

$$R=\frac{1}{2}\sqrt{D^2+E^2-4F}=\frac{1}{2}\sqrt{(-2)^2+(-1)^2-4(-11/4)}=2$$

A equação reduzida da circunferência é:

$$(x-1)^2 + (y-1/2)^2 = 2^2$$

2. Obtenha o raio e as coordenadas do centro da circunferência de equação

$$x^2 + y^2 - 4x - 6y + 13 = 0$$

Solução:

Comparando a equação dada com a equação (23), segue que

$$D = -4,\ E = -6 \text{ e } F = 13.$$

Portanto, $C\left(\dfrac{-D}{2},\dfrac{-E}{2}\right) = \left(\dfrac{-(-4)}{2},\dfrac{-(-6)}{2}\right) = (2,3)$ e

$$R = \frac{1}{2}\sqrt{D^2 + E^2 - 4F} = \frac{1}{2}\sqrt{(-4)^2 + (-6)^2 - 4(13)} = 0$$

A equação dada não é de uma circunferência, e sim do ponto C(2,3).

13.5.4 POSIÇÃO RELATIVA ENTRE UMA CIRCUNFERÊNCIA E UMA RETA

Dada uma circunferência de centro C(m,n) e raio R e uma reta s, entendemos que existem três posições relativas entre a circunferência e a reta.

1. A reta e a circunferência não possuem ponto comum

Neste caso, a reta é exterior à circunferência e a distância de C até s é maior que o raio R.

$$d_{Cs} > R$$

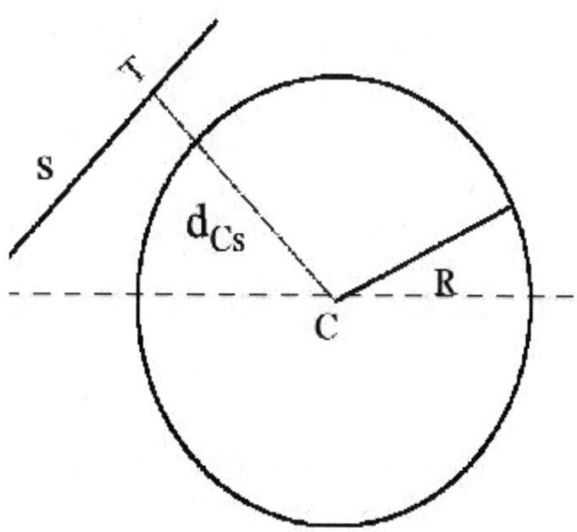

Figura 13.29(a)

2. A reta e a circunferência possuem um único ponto comum

Diremos que a reta s e a circunferência são tangentes e que a distância de C a s é igual ao do raio R.

$$d_{Cs} = R$$

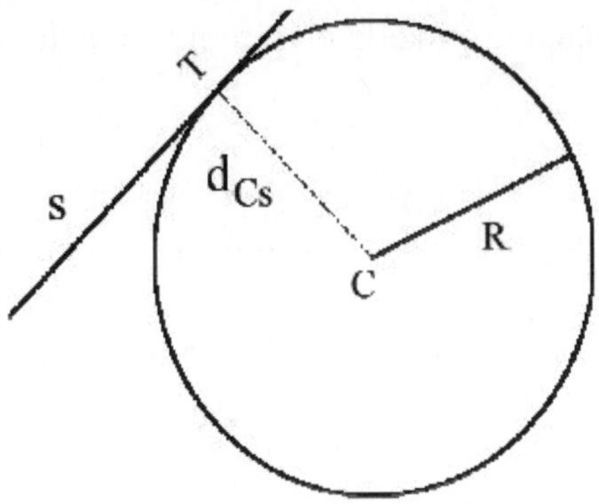

Figura 13.29(b)

3. A reta e a circunferência possuem dois pontos comuns

Diremos que a reta s e a circunferência são secantes e que a distância de C a s é menor que o raio R.

$$d_{Cs} < R$$

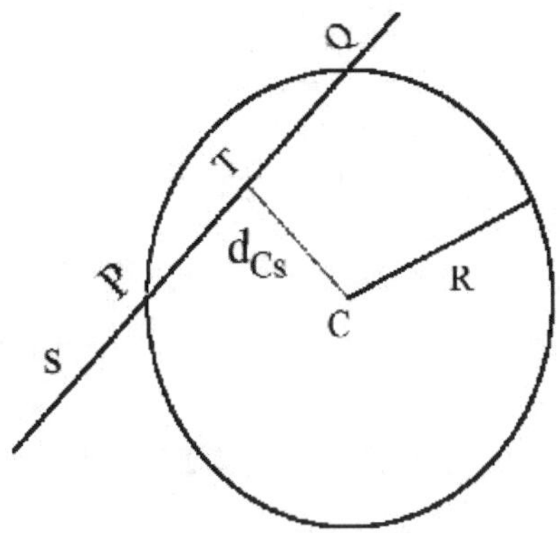

Figura 13.29(c)

Observação 13.7

O segmento de reta CT nos exemplos é perpendicular à reta s em T.

Exemplo 13.14:

1. Dadas a circunferência $(x-1)^2+(y+3)^2=1$ e a reta s: $x - y + 2 = 0$, obtenha a posição relativa entre a reta e a circunferência.

Solução:

Utilizaremos 12.2 – distância entre ponto e reta do Capítulo 12, "Distância", para resolver a questão proposta. Veja que:

a) A circunferência e a reta dada estão contidas no plano xy do espaço dim3.

b) As coordenadas do centro da circunferência são C(1,–3,0) e seu raio R = 1.

Pretendemos obter a distância do centro C à reta s: $x - y + 2 = 0$.

Atribuindo-se $x = 0$ e $x = 1$ na equação de s, teremos os seus pontos A(0,2,0) e B(1,3,0). O vetor $\vec{u} = \overrightarrow{AB} = (1,1,0)$ tem a direção de s.

Logo, $s:(x,y,z) = (0,2,0) + \lambda(1,1,0)$, $\lambda \in \mathbb{R}$.

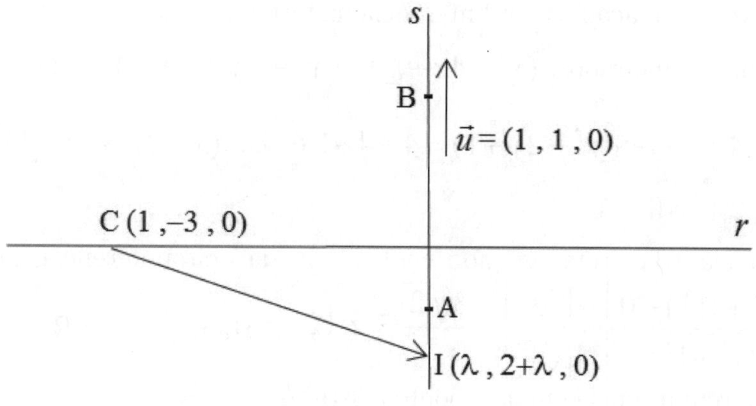

Figura 13.30

c) Suponha que C seja o ponto de uma reta r perpendicular a s.

Temos que $I(\lambda,\ 2+\lambda,\ 0)$ é um ponto genérico de s. Se I for a interseção das retas r e s, então o vetor $\overrightarrow{CI} = (\lambda - 1, \lambda + 5, 0)$ é ortogonal a $\vec{u} = (1,1,0)$.

Assim, $\overrightarrow{CI} \cdot \vec{u} = \lambda - 1 + \lambda + 5 = 0 \Rightarrow \lambda = -2$. Neste caso, I(–2,0,0) e $\overrightarrow{CI} = (-3,\ 3,0)$.

Portanto, a distância de C a s é dada por $\left|\overrightarrow{CI}\right| = \sqrt{(-3)^2 + 3^2 + 0^2} = 3\sqrt{2}$.

Outro modo de obter a distância de ponto a reta:

Prova-se que a distância entre a reta $s : a\,x + b\,y + c = 0$ e o centro C(m,n) da circunferência é dada pela fórmula:

$$d_{Cs} = \left| \frac{a(\text{m}) + b(\text{n}) + c}{\sqrt{a^2 + b^2}} \right|$$

Portanto, $d_{Cs} = \left| \dfrac{1(1) - 1(-3) + 2}{\sqrt{1^2 + (-1)^2}} \right| = \left| \dfrac{6}{\sqrt{2}} \right| = 3\sqrt{2}$.

Visto que R = 1 e $d_{Cs} = 3\sqrt{2}$, então $d_{Cs} > \text{R}$. Logo, a reta s é extena à circunferência.

2. Dadas a circunferência $x^2 + y^2 - 4x - 2y - 4 = 0$ e a reta $s : x + y = 0$, obtenha:

   a) a posição relativa entre a reta e a circunferência;

   b) os pontos comuns da reta com a circunferência, caso existam.

Solução:

a) Escrever a equação da circunferência na forma reduzida.

Completando quadrados: $(x^2 - 4x + \underline{...}) + (y^2 - 2y + \underline{...}) = 4$, segue que

$$(x^2 - 4x + 4) + (y^2 - 2y + 1) = 4 + 4 + 1 \text{ e, daí, } (x-2)^2 + (y-1)^2 = 9.$$

Logo, C(2,1) e R = 3.

A distância da reta s ao centro C da circunferência é dada por $d_{Cs} = \left|\dfrac{1(2)+1(1)-0}{\sqrt{1^2+1^2}}\right| = \left|\dfrac{3}{\sqrt{2}}\right| = \dfrac{3\sqrt{2}}{2} \cong 2{,}12$. Portanto, $d_{Cs} < R$ e, daí, a reta s intercepta a circunferência em dois pontos distintos.

b) Interseção da reta com a circunferência:

Temos pela equação de *s* que $y = -x$. Substituindo o valor de y na equação reduzida $(x-2)^2 + (y-1)^2 = 9$, segue que

$$(x-2)^2 + (-x-1)^2 = 9 \text{ e, daí, } x^2 - x - 2 = 0.$$

Resolvendo a equação do segundo grau, tem-se: $x = 2$ e $x = -1$.

Substituindo os valores de x na equação de s, teremos, respectivamente, $y = -2$ e $y = 1$. Assim, os pontos P(2,–2) e Q(–1,1) são os pontos de interseção da reta com a circunferência.

3. Determine a equação reduzida da circunferência de centro (2,3) e tangente à reta $5x + 12y - 20 = 0$.

Solução:

Se a reta dada for tangente à circunferência, deveremos ter $d_{Cs} = R$. Utilizando a fórmula da distância de ponto a reta, segue que:

$$d_{Cs} = \left|\frac{5(2)+12(3)-20}{\sqrt{5^2+12^2}}\right| = \left|\frac{26}{\sqrt{169}}\right| = \frac{26}{13} = 2 = R$$

Substituindo R = 2 e C(2,3) na equação reduzida da circunferência (22), teremos a equação procurada:

$$(x-2)^2+(y-3)^2=2^2$$

4. Determine uma equação da reta s tangente à circunferência $(x-2)^2+(y-5)^2=5$ no ponto P(1,3).

Solução:

Verificar, primeiramente, se P(1,3) pertence à circunferência dada:

Substituindo as coordenadas de P na equação da circunferência, segue que a relação $((1)-2)^2+((3)-5)^2=5$ é verdadeira. Logo, P pertence a ela!

Vemos, pela equação da circunferência que C(2,5) é o centro e $R=\sqrt{5}$ o seu raio.

Obter uma equação da reta r que contém os pontos C(2,5) e P(1,3):

$r:\dfrac{x-3}{x-1}=\dfrac{5-3}{2-1}$ e, daí, $r: y=2x+1$ (coeficiente angular de $r: m_r=2$)

Vamos obter a equação da reta s, perpendicular à reta r no ponto P(1,3):

O produto dos coeficientes angulares das retas *r* e *s* deve ser igual a (–1) para que elas sejam perpendiculares, isto é, $m_r.m_s=-1$, assim, $m_s=-1/2$.

A equação afim de *s* é dada por: y = –1/2 x + b. Substituindo as coordenadas de P, segue que 3 = –1/2 (1) + b e, daí, b = 7/2.

Logo, a equação de *s* é dada por ***s* : *y* = –1/2 *x* + 7/2**.

EXERCÍCIOS DE APLICAÇÃO 13.6

1. Determine uma equação da circunferência que contém os pontos A(0,2), B(2,0) e C(–2,0).
2. Determine uma equação da circunferência que contém os pontos A(2,–2), B(2,6) e C(8,–2).
3. Obtenha uma equação da circunferência conhecendo-se o centro C(0,2) e o raio r = 3.
4. Obtenha o centro e o raio da circunferência dada pela sentença

$$x^2+y^2-10x+12y+25=0$$

5. Determine os pontos de interseção da circunferência $x^2+y^2=5$ e a reta $x+y=3$.
6. Verifique se a reta $y-2=0$ é tangente à circunferência $x^2+y^2-4x-2y+4=0$.

7. Verifique se a reta $x+4=0$ intercepta a circunferência $x^2+y^2+2x-4y-4=0$.
8. Determine k, $k\in\mathbb{R}$, para que a reta $y=kx-6$ seja tangente à circunferência $x^2+y^2=4$.

13.6 EQUAÇÕES GERAIS DAS CÔNICAS

Estudaremos as condições para que uma equação do 2º grau de coeficientes reais e de variáveis x e y reais,

$$\mathrm{A}x^2+\mathrm{B}y^2+\mathrm{C}xy+\mathrm{D}x+\mathrm{E}y+\mathrm{F}=0, \quad (25)$$

identifique uma das cônicas: **circunferência**, **elipse**, **hipérbole** ou **parábola**, cujos eixos (exceto a cirunferência) sejam paralelos aos eixos x e y do sistema cartesiano ortogonal.

13.6.1 CIRCUNFERÊNCIA

Vimos que uma circunferência de centro C(m,n) e raio R tem como equação:

$$(x-\mathrm{m})^2+(y-\mathrm{n})^2=\mathrm{R}^2 \text{ ou } x^2+y^2-2\mathrm{m}x-2\mathrm{n}y+\mathrm{m}^2+\mathrm{n}^2-\mathrm{R}^2=0 \quad (26)$$

Vamos obter as condições que os coeficientes A, B, C, D, E e F devem assumir para que a equação (25) represente uma circunferência.

Sendo $\mathrm{A}\neq 0$, escrevemos (25) como

$$x^2+\frac{\mathrm{B}}{\mathrm{A}}y^2+\frac{\mathrm{C}}{\mathrm{A}}xy+\frac{\mathrm{D}}{\mathrm{A}}x+\frac{\mathrm{E}}{\mathrm{A}}y+\frac{\mathrm{F}}{\mathrm{A}}=0, \quad (27)$$

e, comparando os coeficientes das variáveis de (26) e (27), segue que:

- $\frac{\mathrm{B}}{\mathrm{A}}=1 \Rightarrow \mathrm{A}=\mathrm{B}\neq 0$
- $\frac{\mathrm{C}}{\mathrm{A}}=0 \Rightarrow \mathrm{C}=0$
- $\frac{\mathrm{D}}{\mathrm{A}}=-2\mathrm{m} \Rightarrow \mathrm{m}=\frac{-\mathrm{D}}{2\mathrm{A}}$
- $\frac{\mathrm{E}}{\mathrm{A}}=-2\mathrm{n} \Rightarrow \mathrm{n}=\frac{-\mathrm{E}}{2\mathrm{A}}$
- $\frac{\mathrm{F}}{\mathrm{A}}=\mathrm{m}^2+\mathrm{n}^2-\mathrm{R}^2 \Rightarrow \mathrm{R}^2=\mathrm{m}^2+\mathrm{n}^2-\frac{\mathrm{F}}{\mathrm{A}}$

Portanto: $R^2 = \left(\frac{-D}{2A}\right)^2 + \left(\frac{-E}{2A}\right)^2 - \frac{F}{A} = \frac{D^2 + E^2 - 4AF}{4A^2}$.

Considerando o fato de que o raio é positivo, temos que $D^2 + E^2 - 4AF > 0$. Assim, como condições para que (25) seja a equação de uma circunferência, deverá ocorrer:

$$A = B \neq 0,\ C = 0 \ \text{ e } \ D^2 + E^2 - 4AF > 0$$

Isto é, os coeficientes A de x^2 e B de y^2 devem ser iguais e C = 0 para não existir o termo em xy na equação (25).

Se $A = B = 1$, então as coordenadas do centro e do raio são dados por:

$$m = \frac{-D}{2},\ n = \frac{-E}{2} \text{ e } R = \sqrt{\frac{D^2 + E^2 - 4AF}{4A^2}} = \sqrt{m^2 + n^2 - F}$$

Exemplo 13.15:

1. Qual das equações representa uma circunferência?

a) $x^2 + 4y^2 - 5x - 8y - 2 = 0$

Solução:

Os coeficientes A = 1 e B = 4 dos termos x^2 e y^2, não são iguais, logo a equação não representa uma circunferência.

b) $x^2 + y^2 + 2xy - 5x - 8y - 2 = 0$

Solução:

A equação não representa uma circunferência visto que o coeficiente do termo com as incónitas xy não é zero.

c) $2x^2 + 2y^2 + 4x + 5y + 10 = 0$

Solução:

Embora os coeficientes A de x^2 e B de y^2 sejam iguais, vemos que ocorre $D^2 + E^2 - 4AF = 4^2 + 5^2 - 4(2)(10) = -39\ (< 0)$, logo, a equação não representa uma circunferência.

d) $x^2 + y^2 - 2x + 4y + 5 = 0$

Solução:

Temos que os coeficientes A de x^2 e B de y^2 são iguais, porém vemos que $D^2 + E^2 - 4AF = (-2)^2 + 4^2 - 4(1)(5) = 0$, logo, a equação representa apenas um ponto.

e) $x^2 + y^2 - 4x - 6y + 9 = 0$

Solução:

Temos, neste caso, que os coeficientes A = B = 1, C = 0 e $D^2+E^2-4AF=$ $=(-4)^2+(-6)^2-4.1.9=16>0$, logo, a equação representa uma circunferência.

Queremos obter as coordenadas do centro e o raio dessa circunferência.

Sabemos que:

$$x^2+y^2-2mx-2ny+m^2+n^2-R^2=0. \qquad (26)$$

Comparando (26) com a equação dada acima, obtemos:

$$\begin{cases} -2m=-4 \\ -2n\ =-6 \\ R^2\ =m^2+n^2-F \end{cases} \Rightarrow \begin{cases} m=2 \\ n\ =3 \\ R=\sqrt{2^2+3^2-9}=2 \end{cases}$$, daí, C (2,3) e R = 2.

Outro modo:

Comparando (25) com a equação dada, temos que: A = B = 1, C = 0, D = – 4, E = – 6 e F = 9.

Utilizando as relações obtidas a partir de (26) e (27), segue que

$$m=\frac{-D}{2}=\frac{-(-4)}{2}=2\ ,\ n=\frac{-E}{2}=\frac{-(-6)}{2}=3 \text{ e}$$
$$R=\sqrt{m^2+n^2-F}=\sqrt{2^2+3^2-9}=2$$

Portanto, C (2,3) e R = 2.

f) $4x^2+4y^2-8x+16y-16=0$

Solução:

Simplificando os termos da equação, temos: $x^2+y^2-2x+4y-4=0$.

Utilizando as relações obtidas a partir de (26) e (27), segue que

$$m=\frac{-D}{2}=\frac{-(-2)}{2}=1\ ,\ n=\frac{-E}{2}=\frac{-(4)}{2}=-2 \text{ e}$$
$$R=\sqrt{m^2+n^2-F}=\sqrt{1+4-(-4)}=3$$

Portanto, a circunferência tem centro C (1,–2) e raio R = 3.

2. Determine K e Q reais para que a equação $Kx^2+y^2-4x-6y+Q=0$ seja a de uma circunferência.

Solução:

O valor de K deverá ser igual a 1, visto que na equação da circunferência A = B. Portanto, A = B = K = 1.

Utilizando as relações obtidas a partir de (26) e (27), segue que

$$m=\frac{-D}{2}=\frac{-(-4)}{2}=2\ ,\quad n=\frac{-E}{2}=\frac{-(-6)}{2}=3 \text{ e, também,}$$

$$R^2=D^2+E^2-4AF=(-4)^2+(-6)^2-4.1.Q>0 \Rightarrow R^2=13-Q>0\,.$$

Assim, para que a equação represente uma circunferência, devemos ter:

$$K=1 \text{ e } Q<13\,.$$

13.6.2 ELIPSE

Vejamos, agora, as condições para que a equação

$$A\,x^2+B\,y^2+C\,xy+D\,x+E\,y+F=0, \tag{25}$$

de coeficientes reais e de variáveis x e y reais, represente uma elipse de eixos paralelos aos eixos x e y do sistema cartesiano ortogonal.

Consideremos a equação da elipse cujo eixo maior é paralelo ao eixo x cartesiano:

$$\frac{(x-m)^2}{a^2}+\frac{(y-n)^2}{b^2}=1 \text{ (Ver 13.3.3 “Equação Geral da Elipse”)}$$

Efetuando as operações indicadas, obtemos a equação:

$$b^2x^2+a^2y^2-2b^2m\,x-2\,a^2n\,y+b^2m^2+a^2n^2-a^2b^2=0 \tag{28}$$

Comparando as equações (28) e (25), segue que:

$$A=b^2,\ B=a^2,\ C=0,\ D=-2b^2m,\ E=-2a^2n \text{ e } F=b^2m^2+a^2n^2-a^2b^2\,.$$

Observação 13.8

Vê-se que os coeficientes A e B da equação (25) devem ser ambos positivos e de valores diferentes, visto que os comprimentos a e b dos semieixos maior e menor da elipse são desiguais .

Portanto, a equação (25) tem a forma: $\mathrm{A}x^2+\mathrm{B}y^2+\mathrm{D}x+\mathrm{E}y+\mathrm{F}=0$, sendo que $\mathrm{A.B}>0$ e $\mathrm{A}\neq\mathrm{B}$, com C = 0.

Pretendemos escrevê-la na forma geral. Temos que:

$$\mathrm{A}x^2+\mathrm{D}x+\underline{...}+\mathrm{B}y^2+\mathrm{E}y+\underline{...}=-\mathrm{F}$$

e, completando os quadrados, segue:

$$\mathrm{A}x^2+\mathrm{D}x+(\frac{\mathrm{D}^2}{4\mathrm{A}})+\mathrm{B}y^2+\mathrm{E}y+(\frac{\mathrm{E}^2}{4\mathrm{B}})=-\mathrm{F}+(\frac{\mathrm{D}^2}{4\mathrm{A}})+(\frac{\mathrm{E}^2}{4\mathrm{B}})$$

$$\mathrm{A}\left(x^2+\frac{\mathrm{D}}{\mathrm{A}}x+\frac{\mathrm{D}^2}{4\mathrm{A}^2}\right)x^2+\mathrm{B}\left(y^2+\frac{\mathrm{E}}{\mathrm{B}}y+\frac{\mathrm{E}^2}{4\mathrm{B}^2}\right)y^2=-\mathrm{F}+(\frac{\mathrm{D}^2}{4\mathrm{A}})+(\frac{\mathrm{E}^2}{4\mathrm{B}})$$

$$\mathrm{A}\left(x+\frac{\mathrm{D}}{2\mathrm{A}}\right)^2+\mathrm{B}\left(y+\frac{\mathrm{E}}{2\mathrm{B}}\right)^2=\frac{\mathrm{D}^2\mathrm{B}+\mathrm{E}^2\mathrm{A}-4\mathrm{ABF}}{4\mathrm{AB}} \qquad (29)$$

O fato de o primeiro membro de (29) ser positivo ou igual a zero (caso $x=-\frac{\mathrm{D}}{2\mathrm{A}}$ e $y=-\frac{\mathrm{E}}{2\mathrm{B}}$) implica que $(\mathrm{D}^2\mathrm{B}+\mathrm{E}^2\mathrm{A}-4\mathrm{ABF})\geq 0$:

a) Sendo $(\mathrm{D}^2\mathrm{B}+\mathrm{E}^2\mathrm{A}-4\mathrm{ABF})>0$, a equação representará uma elipse.

b) Sendo $(\mathrm{D}^2\mathrm{B}+\mathrm{E}^2\mathrm{A}-4\mathrm{ABF})=0$, a equação representará o ponto $\left(-\frac{\mathrm{D}}{2\mathrm{A}},-\frac{\mathrm{E}}{2\mathrm{B}}\right)$.

Exemplo 13.16:

1. Obtenha uma equação da elipse que tem centro C(2,3), semieixo maior a = 4 e semieixo menor b = 3.

Solução:

Consideremos a equação da elipse $\frac{(x-\mathrm{m})^2}{\mathrm{a}^2}+\frac{(y-\mathrm{n})^2}{\mathrm{b}^2}=1$.

O semieixo maior é paralelo ao eixo x, visto que a sua medida a = 4 é maior que b = 3 do outro semieixo.

Temos que

$$\frac{(x-2)^2}{4^2}+\frac{(y-3)^2}{3^2}=1 \quad \text{ou} \quad 9x^2+16y^2-36x-96y+36=0$$

Nota: Podemos verificar neste exemplo as informações teóricas apresentadas acima!

Vemos que: A = 9, B = 16, D = – 36, E = – 96 e F = 36.

Assim,

$$a=\sqrt{B}=\sqrt{16}=4, \quad b=\sqrt{A}=\sqrt{9}=3, \quad m=\frac{-D}{2A}=\frac{-(-36)}{18}=2,$$

$$n=\frac{-E}{2B}=\frac{-(-96)}{32}=3 \quad \text{e} \quad (D^2B+E^2A-4ABF)=82\,944 \ (>0).$$

Portanto, o fato de que $A>0$, $B>0$, sendo $A\neq B$, e $(D^2B+E^2A-4ABF)>0$, indica que a equação é de uma elipse.

2. Verifique se a equação $x^2+4y^2-6x+8y+9=0$ é de uma elipse

Solução:

Temos A = 1, B = 4, D = – 6, E = 8 e F = 9.

Vemos que A e B são positivos e de valores diferentes, logo a equação não pode ser a de uma circunferência. Será a de uma elipse?

Essa pergunta será respondida positivamente se, além de A e B serem positivos e diferentes, também verificarmos que ocorre $(D^2B+E^2A-4ABF)>0$.

Assim, $D^2B+E^2A-4ABF=(-6)^2.4+8^2.1-4.1.4.9=64>0$.

Portanto, não resta dúvida, a equação é de uma **elipse**.

Vamos escrevê-la de outra forma, utilizando o método de completar quadrados:

a) $x^2-6x+\underline{...}+4y^2+8y+\underline{...}=-9$

d) $x^2-6x+(9)+4y^2+8y+(4)=-9+(9)+(4)$

c) $(x-3)^2+4(y+1)^2=(4)$

d) $\dfrac{(x-3)^2}{4}+\dfrac{(y+1)^2}{1}=1$

Logo, a elipse tem centro C(3,–1), semieixo maior (a = 2) paralelo ao eixo cartesiano x e semieixo menor (b = 1) paralelo ao eixo cartesiano y.

13.6.3 HIPÉRBOLE

Vejamos, agora, as condições para que a equação

$$A\,x^2 + B\,y^2 + C\,xy + D\,x + E\,y + F = 0, \tag{25}$$

de coeficientes reais e de variáveis x e y reais, represente uma hipérbole de eixos paralelos aos eixos x e y do sistema cartesiano ortogonal.

Consideremos a equação da hipérbole cujo eixo transverso é paralelo ao eixo x cartesiano:

$$\frac{(x-m)^2}{a^2} - \frac{(y-n)^2}{b^2} = 1$$

Efetuando as operações indicadas, obtemos a equação:

$$b^2x^2 - a^2y^2 - 2b^2mx + 2a^2ny + b^2m^2 - a^2n^2 - a^2b^2 = 0 \tag{30}$$

Comparando as equações (30) e (25), segue que:

$$A = b^2,\ B = -a^2,\ C = 0,\ D = -2b^2m,\ \ E = 2a^2n \quad \text{e} \quad F = b^2m^2 - a^2n^2 - a^2b^2.$$

Observação 13.9

Vê-se que os coeficientes A e B de (25) não são iguais a zero e possuem sinais opostos.

Portanto, a equação (25) tem a forma: $A\,x^2 + B\,y^2 + D\,x + E\,y + F = 0$, sendo, na hipérbole acima considerada, $A > 0$ e $B < 0$ (sinais opostos) e com C = 0. Temos que:

$$A\,x^2 + D\,x + \underline{...} + B\,y^2 + E\,y + \underline{...} = -F, \text{ completando os quadrados:}$$

$$A\,x^2 + D\,x + \left(\frac{D^2}{4A}\right) + B\,y^2 + E\,y + \left(\frac{E^2}{4B}\right) = -F + \left(\frac{D^2}{4A}\right) + \left(\frac{E^2}{4B}\right)$$

$$A\left(x^2 + \frac{D}{A}x + \frac{D^2}{4A^2}\right)x^2 + B\left(y^2 + \frac{E}{B}y + \frac{E^2}{4B^2}\right)y^2 = -F + \frac{D^2}{4A} + \frac{E^2}{4B}$$

$$A\left(x + \frac{D}{2A}\right)^2 + B\left(y + \frac{E}{2B}\right)^2 = \frac{D^2B + E^2A - 4ABF}{4AB} \tag{31}$$

Vê-se de (31) que o centro da hipérbole é $C(m,n)=C\left(\frac{-D}{2A},\frac{-E}{2B}\right)$. O fato de A e B possuírem sinais diferentes, o primeiro membro de (31) poderá ser positivo, negativo ou zero. Logo, o mesmo ocorre com o seu segundo membro.

Considerando:

a) $D^2B+E^2A-4ABF<0$, teremos a hipérbole $\frac{(x-m)^2}{a^2}-\frac{(y-n)^2}{b^2}=1$ com o eixo transverso paralelo ao eixo cartesiano x.

b) $D^2B+E^2A-4ABF>0$, teremos a hipérbole $\frac{(y-n)^2}{a^2}-\frac{(x-m)^2}{b^2}=1$ com o eixo transverso paralelo ao eixo cartesiano y.

c) $D^2B+E^2A-4ABF=0$, teremos a equação $A(x-m)^2+B(y-n)^2=0$.

Podemos escrevê-la na forma $(x-m)^2-\left(\sqrt{-B/A}.(y-n)\right)^2=0$. Fatorando a diferença de quadrados:

$$\left[(x-m)-\left(\sqrt{-B/A}.(y-n)\right)\right].\left[(x-m)+\left(\sqrt{-B/A}.(y-n)\right)\right]=0,$$

teremos as equações de duas retas que se interceptam em (m, n):

$$r:(x-m)-\sqrt{-B/A}.(y-n)=0 \quad \text{e} \quad s:(x-m)+\sqrt{-B/A}.(y-n)=0.$$

Exemplo 13.17:

1. Verifique se a equação $4x^2-9y^2-24x+36y-36=0$ é de uma hipérbole.

Solução:

Temos A = 4, B = – 9, D = – 24, E = 36 e F = – 36.

Vemos que os coeficientes A de x^2 e B de y^2 possuem sinais contrários (AB< 0), logo, a equação não pode ser de uma circunferência, pois A e B deveriam ser iguais e, também, não pode ser de uma elipse, visto que os coeficientes A e B deveriam ser diferentes e de mesmo sinal.

Observando que:

$$D^2B+E^2A-4ABF=(-24)^2(-9)+36^2.4-4.4(-9)(-36)=-5\,184<0,$$

vemos que se trata de uma hipérbole com eixo transverso paralelo ao eixo cartesiano x.

Obtendo a equação dessa hipérbole, utilizando o método de completar quadrados:

- $4x^2 - 24x + \underline{...} - 9y^2 + 36y + \underline{...} = 36$
- $4x^2 - 24x + (36) - 9y^2 + 36y - (36) = 36 + (36) - (36)$
- $4(x^2 - 6x + 9) - 9(y^2 - 4y + 4) = 36$
- $4(x-3)^2 - 9(y-2)^2 = 36$
- $\dfrac{(x-3)^2}{9} - \dfrac{(y-2)^2}{4} = 1$

Logo, a hipérbole tem centro C(3,2), semieixo maior (a = 3) paralelo ao eixo cartesiano x e semieixo menor (b = 2) paralelo ao eixo cartesiano y.

2. Verifique se a equação $4x^2 - 25y^2 - 8x + 50y - 121 = 0$ é de uma hipérbole.

Solução:

Temos A = 4, B = −25, D = −8, E = 50 e F = −121.

Vemos que os coeficientes A de x^2 e B de y^2 possuem sinais contrários (AB < 0), logo, a equação não pode ser de uma circunferência, pois A e B deveriam ser iguais e, também, não pode ser de uma elipse, visto que os coeficientes A e B deveriam possuir valores diferentes e de mesmo sinal.

Observando que:

$$D^2B + E^2A - 4ABF = (-8)^2(-25) + 50^2.4 - 4.4.(-25)(-121) = -40\ 000 < 0$$,

vemos que se trata de uma hipérbole com eixo transverso paralelo ao eixo cartesiano x.

Obtendo a equação dessa hipérbole, utilizando o método de completar quadrados:

- $4x^2 - 8x + \underline{...} - 25y + 50y - \underline{...} = 121$
- $4x^2 - 8x + (4) - 25y^2 + 50y - (25) = 121 + (4) - (25)$
- $4(x^2 - 2x + 1) - 25\,(y^2 - 2y + 1) = 100$
- $4(x - 3)^2 - 25\,(y - 2)^2 = 100$
- $\dfrac{(x-3)^2}{25} - \dfrac{(y-2)^2}{4} = 1$

Logo, a hipérbole tem centro C(3,2), semieixo maior, a = 5, paralelo ao eixo cartesiano x e semieixo menor, b = 2, paralelo ao eixo cartesiano y.

13.6.4 PARÁBOLA

Utilizaremos os mesmos procedimentos adotados para a circunferência, elipse e hipérbole ao verificar as condições para que a equação

$$\mathrm{A}x^2+\mathrm{B}y^2+\mathrm{C}xy+\mathrm{D}x+\mathrm{E}y+\mathrm{F}=0, \tag{25}$$

represente uma parábola de eixo paralelo a um dos eixos do sistema cartesiano ortogonal.

Consideremos a equação da parábola cujo eixo de simetria é paralelo ao eixo cartesiano x e tenha sua concavidade voltada para o sentido positivo.

$$(y-\mathrm{n})^2=4p(x-\mathrm{m}),\ p\in\mathbb{R}_+^*$$

Efetuando as operações indicadas, obtemos a equação:

$$y^2-4px-2ny+n^2+4pm=0 \tag{32}$$

Comparando as equações (32) e (25), segue que:

$$\mathrm{A}=0,\ \mathrm{B}=1,\ \mathrm{C}=0,\ \mathrm{D}=-4p,\ \mathrm{E}=-2n \ \text{ e } \ \mathrm{F}=n^2+4pm.$$

Portanto, a equação (25) tem a forma: $y^2+\mathrm{D}x+\mathrm{E}y+\mathrm{F}=0$ e $\mathrm{D}\neq 0$. Temos que:

$$y^2+\mathrm{E}y+\underline{\ldots}=-\mathrm{D}x-\mathrm{F}+\underline{\ldots}$$

$$y^2+\mathrm{E}y+\frac{\mathrm{E}^2}{4}=-\mathrm{D}x-\mathrm{F}+\frac{\mathrm{E}^2}{4}$$

$$\left(y+\frac{\mathrm{E}}{2}\right)^2=-\mathrm{D}\left(x-\frac{\mathrm{E}^2-4\mathrm{F}}{4\mathrm{D}}\right) \tag{33}$$

Vê-se em (33) que o vértice da parábola é $\mathrm{V(m,n)}=\mathrm{V}\left(\frac{\mathrm{E}^2-4\mathrm{F}}{4\mathrm{D}},\frac{-\mathrm{E}}{2}\right)$ e $p=\frac{-\mathrm{D}}{4}$.

Observação 13.10

Analogamente, a sentença $x^2+\mathrm{D}x+\mathrm{E}y+\mathrm{F}=0$ e $\mathrm{E}\neq 0$ representa uma parábola com eixo de simetria paralelo ao eixo catesiano y e concavidade voltada para o sentido positivo de y que é equivalente a

$$\left(x+\frac{\mathrm{D}}{2}\right)^2=-\mathrm{E}\left(y-\frac{\mathrm{D}^2-4\mathrm{F}}{4\mathrm{E}}\right),$$

sendo $\mathrm{V(m,n)}=\mathrm{V}\left(\frac{-\mathrm{D}}{2},\frac{\mathrm{D}^2-4\mathrm{F}}{4\mathrm{E}}\right)$ e $p=\frac{-\mathrm{E}}{4}$.

Exemplo 13.18:

1. Verifique se a equação $y^2 - 4x - 4y + 16 = 0$ representa uma parábola.

Solução:

Visto que o coeficiente A de x^2 na equação dada é igual a zero, segue que ela não pode ser de uma circunferência, nerm de uma elipse, nem de uma hipérbole.

Vamos mostrar que é de uma parábola cujo eixo de simetria é paralelo ao eixo x do sistema cartesiano ortogonal e concavidade no sentido positivo do eixo x.

Temos: $y^2 - 4y = 4x - 16$ ou $y^2 - 4y + 4 = 4x - 16 + 4$ ou $(y-2)^2 = 4x - 12$ e, daí, $(y-2)^2 = 4(1).(x-3)$.

Entendemos da equação acima que: $p = 1$, V(3, 2), F(3+1, 2) e d: $x = 2$.

2. Verifique se a equação $y^2 - 8x - 6y + 17 = 0$ representa uma parábola.

Solução:

Visto que o coeficiente A de x^2 na equação dada é igual a zero, segue que ela não pode ser de uma circunferência, nerm de uma elipse, nem de uma hipérbole.

Vamos mostrar que é de uma parábola cujo eixo de simetria é paralelo ao eixo x do sistema cartesiano ortogonal e concavidade no sentido positivo do eixo x.

Temos: $y^2 - 6y = 8x - 17$ ou $y^2 - 6y + 9 = 8x - 17 + 9$. Fatorando, segue que $(y-3)^2 = 8x - 8$ e, daí, $(y-3)^2 = 4(2).(x-1)$.

Entendemos da equação acima que: $p = 2$, V(1, 3), F(1+2, 3) e d: $x = -1$.

3. Verifique se a equação $x^2 - 10x - 6y + 37 = 0$ representa uma parábola.

Solução:

Visto que o coeficiente B de y^2 na equação dada é igual a zero, segue que ela não pode ser de uma circunferência, nem de uma elipse, nem de uma hipérbole.

Vamos mostrar que é de uma parábola cujo eixo de simetria é paralelo ao eixo y do sistema cartesiano ortogonal e concavidade no sentido positivo do eixo y.

Temos: $x^2 - 10x = 6y - 37$ ou $x^2 - 10x + 25 = 6y - 37 + 25$. Fatorando, segue que $(x-5)^2 = 6y - 12$ e, daí, $(x-5)^2 = 4(1{,}5).(y-2)$.

Entendemos da equação acima que: $p = 1{,}5$, V(5, 2), F(5, 2+1,5) e d: $y = 0{,}5$.

13.6.5 RETAS

Vejamos quando a equação $\mathrm{A}x^2 + \mathrm{B}y^2 + \mathrm{C}xy + \mathrm{D}x + \mathrm{E}y + \mathrm{F} = 0$, (25) pode representar uma dupla de retas.

Sejam as retas dadas por: $(a\,x+b\,y+c).(a_1+b_1\,y+c_1)=0$. Efetuando o produto indicado, obtemos

$$a\,a_1x^2+b\,b_1y^2+(a\,b_1+b\,a_1)xy+(a\,c_1+a_1c)x+(b\,c_1+c\,b_1)y+c\,c_1=0$$

Comparando-a com (25), temos:

$A=a\,a_1$, $B=b\,b_1$, $C=a\,b_1+b\,a_1$, $D=a\,c_1+a_1c$, $E=b\,c_1+c\,b_1$ e $F=c\,c_1$

Observação 13.11

Notamos a existência do termo xy que não ocorre nas equações da circunferência, elipse, hipérbole e parábola, cujos eixos são paralelos aos eixos x ou y do sistema cartesiano.

Exemplo 13.19:

1. Verifique se a equação $x^2-xy-2y^2=0$ é de uma cônica.

Solução:

A equação possui o termo xy, portanto, a equação não representa circunferência, elipse, hipérbole ou parábola.

Vamos mostrar que representa duas retas.

A equação $x^2-xy-2y^2=0$ pode ser escrita na forma $x^2-2xy+xy-2y^2=0$ e, daí, $x(x-2y)+y(x-2y)=0$ ou $(x+y).(x-2y)=0$.

Assim, $r_1: x+y=0$ **ou** $r_2: x-2y=0$ são retas concorrentes em P(0,0).

2. Verifique se a equação $4x^2+y^2-4xy+6x-3y+2=0$ representa uma cônica.

Solução:

A equação possui o termo xy, portanto, a equação não representa circunferência, elipse, hipérbole ou parábola.

Vamos mostrar que representa duas retas paralelas.

Substituindo na forma da equação ($-4xy$) por ($-2xy$ $-2xy$), $6x$ por ($4x$ + $2x$) e ($-3y$) por ($-2y$ $-y$), temos:

$$4x^2-\overline{2xy}+\underline{4x}-\overline{2xy}+y^2-\overline{\overline{2y}}+\underline{2x}-\overline{\overline{y}}+2=0 \text{ e, daí,}$$

$$(4x^2-2xy+4x)-(2yx-y^2+2y)+(2x-y+2)=0$$

$$2x(2x-y+2)-y(2x-y+2)+(2x-y+2)=0$$

$$(2x-y+2).[2x-y+1]=0$$

Assim, $r_1 : 2x - y + 2 = 0$ ou $r_2 : 2x - y + 1 = 0$ são retas paralelas, pois possuem o mesmo coeficiente angular e termos independentes de variável distintos.

13.6.6 CLASSIFICAÇÃO DAS CÔNICAS

Faremos aqui um resumo do exposto sobre as equações da forma

$$Ax^2 + By^2 + Dx + Ey + F = 0$$

que representam circunferência e elipse, hipérbole e parábola, cujos eixos são paralelos aos eixos x ou y do sistema cartesiano.

1. Circunferência: Se $A = B \neq 0$ e $D^2 + E^2 - 4AF > 0.$
2. Elipse: Se $A.B > 0$, com $A \neq B$, e $(D^2B + E^2A - 4ABF) > 0.$
   - Se $(D^2B + E^2A - 4ABF) = 0$, a equação representará o ponto $\left(-\frac{D}{2A}, -\frac{E}{2B}\right)$.
3. Hipérbole: Se $A.B < 0$ e $D^2B + E^2A - 4ABF \neq 0$
   - Se $(D^2B + E^2A - 4ABF) < 0$, eixo transverso paralelo ao eixo x.
   - Se $(D^2B + E^2A - 4ABF) > 0$, eixo transverso paralelo ao eixo y.
   - Se $(D^2B + E^2A - 4ABF) = 0$, duas retas concorrentes em (m,n).
4. Parábola:
   - Se $y^2 + Dx + Ey + F = 0$ e $D \neq 0$, eixo de simetria é paralelo ao eixo x.
   - Se $x^2 + Dx + Ey + F = 0$ e $E \neq 0$, eixo de simetria é paralelo ao eixo y.

EXERCÍCIOS DE APLICAÇÃO 13.7

1. Verifique se as equações dadas representam uma circunferência, elipse, hipérbole, parábola ou duas retas e dar as coordenadas do centro, vértices ou focos existentes.

   a) $x^2 + 9y^2 - 6x - 18y + 9 = 0$

   b) $x^2 - 4y^2 - 6x + 16y - 11 = 0$

   c) $x^2 + y^2 - 6x + 2y + 6 = 0$

   d) $3x^2 + y^2 - 4xy + x - y = 0$

   e) $4x^2 - 9y^2 - 16x - 20 = 0$

2. Verifique se as equações dadas representam uma elipse

   a) $4x^2+9y^2-8x-36y+4=0$

   b) $25x^2+16y^2-150x-128y+181=0$

   c) $x^2+9y^2-4x-54y+76=0$

3. Verifique se a equação $x^2-4y^2-10x+32y-43=0$ representa uma hipérbole.

4. Verifique se as equações dadas representam uma parábola.

   a) $y^2-6x-2y+1=0$

   b) $x^2-4x+8y+4=0$

5. Verifique se a equação $2x^2-y^2+xy+x+y=0$ representa uma cônica.

RESPOSTAS DOS EXERCÍCIOS DE APLICAÇÃO

CAPÍTULO 1

EXERCÍCIOS DE APLICAÇÃO 1.1

1.

a)

	1º bimestre	2º bimestre	3º bimestre	3º bimestre
Matemática	8	9	7	10
Física	9	7	8	9

b)

	Azul	Preta	Vermelha
Canetas	500	1.000	300

2. a) 2x4; b) 1x3;

   Outra possibilidade é obter novas tabelas com linhas e colunas permutadas, assim, a) 4x2; e b) 3x1.

3. a)100; b) 72.

4. $x = 2$ e $y = 1$.

5. $x = 4$, $y = 2$ e $z = 1$.

6. a) $A = \begin{bmatrix} 1 & 3 & 5 \\ -6 & -4 & -2 \\ -25 & -23 & -21 \end{bmatrix}$; b) $A = \begin{bmatrix} 0 & -1 & -2 \\ 7 & 6 & 5 \end{bmatrix}$; c) $A = \begin{bmatrix} 1 & 0 & 0 \\ 0 & 1 & 0 \\ 0 & 0 & 1 \end{bmatrix}$.

EXERCÍCIOS DE APLICAÇÃO 1.2

1. $\begin{bmatrix} 0 & 0 & 2 \\ -1 & 2 & 5 \end{bmatrix}$.

2. $\begin{bmatrix} 4 & 0 & 0 \\ -3 & 0 & 1 \end{bmatrix}$.

3. $\begin{bmatrix} 6 & 0 & -1 \\ -4 & -1 & -1 \end{bmatrix}$.

4. $\begin{bmatrix} 11 & 0 & 2 \\ -5 & 2 & 5 \end{bmatrix}$.

EXERCÍCIOS DE APLICAÇÃO 1.3

1. $[8]_{1x1}$.

2. $\begin{bmatrix} 3 & 2 \\ 2 & 3 \end{bmatrix}$.

3. $\begin{bmatrix} 2 & 4 & 0 \\ -12 & 0 & -6 \end{bmatrix}$.

4. $\begin{bmatrix} 6 & -2 & 4 \\ 5 & -1 & 3 \\ 7 & -3 & 5 \end{bmatrix}$.

5. $\begin{bmatrix} 2 & -3 & 0 \\ 1 & 2 & 1 \\ 3 & 1 & 1 \end{bmatrix}$.

6. $\begin{bmatrix} 22 \\ 8 \end{bmatrix}$.

7. $\begin{bmatrix} 8,25h \\ 3,6h \\ 16,5h \end{bmatrix}\begin{matrix} \text{-Lavagem} \\ \text{-Aspirar} \\ \text{-Limpeza} \end{matrix}.$

EXERCÍCIOS DE APLICAÇÃO 1.4

1. Sim.
2. Não, pois tem filas proporcionais.
3. $A^{-1} = \begin{bmatrix} 1 & -1/2 & 1/2 \\ 0 & 0 & 1 \\ 0 & 1/2 & -1/2 \end{bmatrix}.$
4. $A^{-1} = \begin{bmatrix} 1 & 0 & 0 & 0 \\ -3 & 1 & -1 & 1 \\ 1 & -1 & 0 & 1 \\ 1 & 0 & 1 & -1 \end{bmatrix}.$

CAPÍTULO 2

EXERCÍCIOS DE APLICAÇÃO 2.1

1. a) 1; b) 7; c) –12; d) –9.
2. a) V = {2, –2}; b) V = {4}; c) V = {1, 2}; d) $V = \left\{7 - 3\sqrt{5}, 7 + 3\sqrt{5}\right\}$.
3. a) As linhas L_1 e L_3 são iguais e, pelo item 2.2.4, propriedade 4, o determinante é zero.

   b) As colunas C_1 e C_3 são proporcionais e, pelo item 2.2.6, propriedade 6, o determinante é zero.

   c) A coluna $C_3 = C_1 + C_2$ e, pelo teorema de Jacobi e item 2.2.4, propriedade 4, o determinante é zero.

   d) A coluna $C_1 = C_2 + C_3$ e, análogo ao exercício c acima, o determinante é zero.
4. a) $\frac{3}{2}$; b) $\frac{1}{24}$; c) $\frac{4}{3}$.

5. a) –2; b) 5; c) 5.

6. V = {0, 3}.

7. V = {1, 2}.

8. V = {–4}.

9. $V = \{a, b\}$.

10. $V = \{(1,3)\}$.

CAPÍTULO 3

EXERCÍCIOS DE APLICAÇÃO 3.1

1. a) Possível e determinado.

   b) Possível e indeterminado.

   c) Sistema impossível.

2. a) Se $\alpha = 2$, o sistema é impossível e, se $\alpha \neq 2$, é possível e determinado.

   b) Se $\beta = 2$, o sistema é indeterminado. Se β 2, o sistema é impossível.

   c) Se $k \neq 2$ e $\gamma \neq 0$, o sistema é possível e determinado. Se $k = 2$ e $\forall \gamma \in \mathbb{R}$ ou $k \neq 4$ e $\gamma = 0$, o sistema é impossível. Se $k = 4$ e $\gamma = 0$, o sistema é indeterminado.

3. a) Se $\alpha \neq 3$ ou $\alpha \neq -1$ o sistema é possível e determinado. Se $\alpha = -1$ o sistema é impossível para todo $\beta \in \mathbb{R}$. Se $\alpha = 3$ e $\beta = -1$ o sistema é possível e indeterminado.

   b) Se $\beta \neq -2$, o sistema é possível e determinado, $\forall \alpha \in \mathbb{R}$. Se $\beta = -2$ e $\alpha = 5$, sistema é possível e indeterminado. Se $\beta = -2$ e $\alpha \neq 5$, o sistema é impossível.

4. a) Se $\beta \neq -3$, o sistema é possível e determinado. Se $\beta = -3$, o sistema é possível e indeterminado.

   b) Se $\beta \neq 0$ o sistema será possível e determinado. Se $\beta = 0$, o sistema é possível e indeterminado.

5. a) Sistema possível e indeterminado. Planos concorrentes numa reta que contém os pontos $A(0, \frac{7}{5}, \frac{1}{5})$ e $B(1, \frac{2}{5}, \frac{1}{5})$.

   b) Sistema impossível. Planos se interceptam formando duas retas paralelas.

   c) Sistema impossível. Planos paralelos distintos.

   d) Sistema possível determinado. A interseção dos planos é $(1, -2, 0)$.

EXERCÍCIOS DE APLICAÇÃO 3.2

a) $S=\{(1,2,2)\}$; b) $S=\{(1,-2,3)\}$; c) $S=\{(1,-2,2)\}$;
d) $S=\{(1,-1,1)\}$; e) $S=\{(1,1,1)\}$; f) $S=\{(2,1,-2)\}$;
g) $S=\{(1,2,2)\}$; h) $S=\{(1,1,1)\}$; i) $S=\{(-1,-1,2)\}$.

EXERCÍCIOS DE APLICAÇÃO 3.3

1. a) $S=\{(1,-2,-1)\}$.
   b) $S=\{(-5z+7,3z-4,z)\}$ sistema possível e indeterminado.
   c) Sistema impossível.
2. a) $k \neq -4$ e $k \neq 1$; b) $p \neq 1$.

CAPÍTULO 4

EXERCÍCIOS DE APLICAÇÃO 4.1

O estudante poderá fazer download da resolução destes exercícios no site da editora Blucher: https://www.blucher.com.br/.

EXERCÍCIOS DE APLICAÇÃO 4.2

1. a) $\overrightarrow{AD}$; b) $\overrightarrow{CB}$; c) $\overrightarrow{CB}$; d) $\overrightarrow{RD}$;
   e) $\vec{0}$; f) $\overrightarrow{BC}$; g) $\overrightarrow{DC}$.
2. a) $\overrightarrow{AC}$; b) $\overrightarrow{DB}$; c) $\vec{u}$; d) $\vec{v}$;
   e) $(\vec{u}+\vec{v})/2$; f) $(\vec{v}-\vec{u})/2$; g) $\overrightarrow{MC}$; h) $\vec{0}$
3. a) $\vec{c}=2\vec{b}+\frac{1}{2}\vec{a}$; b) $\vec{c}=\frac{1}{2}\vec{b}+\vec{a}$.
4. $\overrightarrow{EF}=\frac{3}{2}\vec{v}-\vec{u}$.
5. $\overrightarrow{XY}=\frac{-4}{3}\vec{u}+\frac{1}{3}\vec{v}+\frac{1}{4}\vec{w}$.
6. $\overrightarrow{FG}=2\vec{u}-\vec{v}+\frac{1}{4}\vec{w}$.
7. $\overrightarrow{XY}=\frac{1}{2}\vec{u}+\vec{v}-\frac{3}{2}\vec{w}$.

8. $\overrightarrow{RS} = -2\vec{u} + \frac{1}{4}\vec{v} + \frac{3}{4}\vec{w}$.

9. $\overrightarrow{MN} = \frac{7}{2}\vec{u} + 2\vec{v} - \frac{1}{2}\vec{w}$.

10. $\vec{0}$.

11. $\overrightarrow{MN} = \frac{1}{2}(\overrightarrow{AB} - \overrightarrow{DC})$.

12. a) $\overrightarrow{AC}$; b) $\overrightarrow{AH}$; c) $\overrightarrow{AG}$.

CAPÍTULO 5

EXERCÍCIOS DE APLICAÇÃO 5.1

O estudante poderá fazer download da resolução destes exercícios no site da editora Blucher: www.blucher.com.br.

CAPÍTULO 6

EXERCÍCIOS DE APLICAÇÃO 6.1

1. $\vec{u} = \alpha(1,0) + \beta(0,1) = \alpha\vec{i} + \beta\vec{j}$.

2. $\vec{\ } = 3\vec{a} + 0\vec{b}$.

3. $\vec{u} = 1\vec{a} + 2\vec{b} + 1\vec{c}$.

4. Não é possível, o vetor $\vec{u}$ não é coplanar com $\vec{a}$, $\vec{b}$ e $\vec{c}$.

5. Existem infinitas soluções. Exemplos: $\vec{u} = -3\vec{a} + \vec{b} + 0\vec{c}$ e $\vec{u} = 0\vec{a} + \vec{b} - 3\vec{c}/5$.

6. Não é possível: $\vec{a} // \vec{b} // \vec{c}$ e $\vec{u}$ não paralelo a eles.

7. Existem infinitas soluções. Exemplos: $\vec{u} = 0.\vec{a} + 0.\vec{b} + 2.\vec{c}$ e $\vec{u} = 1.\vec{a} + 1.\vec{b} + 1.\vec{c}$.

8. a) $(4,4,10)$, $(6,0,0)$ e $(20,8,20)$; b) $\vec{w} = 2.\vec{u} - 1.\vec{v}$.

9. Não, eles são coplanares.

10. a) $(-3,1,2)$; b) $(5,-4,-1)$; c) $(1,2,-3)$;
d) $(8,-12,4)$; e) $(10,-9/2,-11/2)$.

11. a) 13; b) $\sqrt{26}$.

12. a) $\frac{1}{3}\vec{i}+\frac{2}{3}\vec{j}-\frac{2}{3}\vec{k}$; b) $\frac{2}{\sqrt{6}}\vec{i}-\frac{1}{\sqrt{6}}\vec{j}+\frac{1}{\sqrt{6}}\vec{k}$; c) $\vec{u}=\vec{v}=1\vec{i}$.

13. a) $\vec{u}\,//\,\vec{v}$; b) $\vec{r}\,//\,\vec{s}$; c) $\vec{a} \not\parallel \vec{b}$.

14. a) Sim. b) Não. c) Sim.

15. $\left(\frac{\sqrt{6}}{2},\frac{\sqrt{2}}{2}\right)$ e $\left(\frac{\sqrt{6}}{2},\frac{-\sqrt{2}}{2}\right)$.

16. (25, 8).

17. P(13/5, –1/5, 6/5).

18. D(12, 0).

19. U(4,5, -18).

20. $\vec{w}=\frac{11}{3}\vec{u}-\frac{10}{3}\vec{v}$.

21. m = 18 e n = 21/4.

22. $\sqrt{65}/2$.

23. $\sqrt{26}/2$.

24. (–2,3).

25. Escaleno.

26. Formam base ortonormal.

27. Não forma base ortonormal.

EXERCÍCIOS DE APLICAÇÃO 6.2

1. a) $\vec{v}=-2\vec{e}_1+3\vec{e}_2-\vec{e}_3$; b) $\Delta=2\neq 0$, F é base de V_3; c) $M_{EF}=\begin{bmatrix}0 & 1 & 1\\ 1 & 0 & 1\\ 1 & 1 & 0\end{bmatrix}$;
d) $\begin{bmatrix}-1/2 & 1/2 & 1/2\\ 1/2 & -1/2 & 1/2\\ 1/2 & 1/2 & -1/2\end{bmatrix}_{FE}$; e) $\vec{w}=-\vec{f}_1+2\vec{f}_3$.

2. a) $\Delta = -2 \neq 0$, F é base de V_3; b) $M_{EF} = \begin{bmatrix} 0 & 1 & 1 \\ 1 & 0 & -1 \\ 1 & -1 & 0 \end{bmatrix}$;

c) $\begin{bmatrix} 1/2 & 1/2 & 1/2 \\ 1/2 & 1/2 & -1/2 \\ 1/2 & -1/2 & 1/2 \end{bmatrix}_{FE}$; d) $\vec{w} = 3\vec{f}_1 + 3\vec{f}_2 - 2\vec{f}_3$.

CAPÍTULO 7

EXERCÍCIOS DE APLICAÇÃO 7.1

1. a) -10; b) 4.
2. a) 120º; b) 45º.
3. a) 16/3; b) $\sqrt{2}/2$.
4. a) Não. b) Sim. c) Não.
5. a) 2; b) 4; c) 3.
6. a) 45; b) 135º.
7. -7/3.
8. a) 60º; b) 1; c) $\sqrt{3}$; d) $4\sqrt{3}$.
9. $\alpha = -1/6$ e $\beta = -4/15$.
10. Sim, AB e AC.
11. Quadrado.
12. $11\sqrt{3}/3$.
13. O estudante poderá fazer download da resolução destes exercícios no site da editora Blucher: www.blucher.com.br.

CAPÍTULO 8

EXERCÍCIOS DE APLICAÇÃO 8.1

1. a) (–5, 7,1); b) (5, –7, –1); c) (5,8, –31); d) (5,8, –31);
   e) $\vec{0}$; f) sim; g) sim.

2. a) $\vec{i} \wedge \vec{j} = (0,0,1)$; b) $\vec{i} \wedge \vec{a} = (0,0,1)$; c) não.
3. a) $\vec{0}$; b) paralelos.
4. O estudante poderá fazer download da resolução deste exercício no site da editora Blucher: www.blucher.com.br.
5. $\approx 48,47$ ua.
6. 6 ua.
7. 5/2 ua.
8. $\sqrt{573/29}$ uc.
9. $3\sqrt{2}/2$ ua.
10. $15\sqrt{3}$ ua.
11. O estudante poderá fazer download da resolução deste exercício no site da editora Bluche: www.bluche.com.br.
12. $\sqrt{2}/2$ uc.
13. $6\sqrt{13}/13$ uc.
14. $\pm\left(0, \frac{\sqrt{2}}{2}, \frac{\sqrt{2}}{2}\right)$.
15. $\frac{\pm 3(-2,2,-3)}{\sqrt{17}}$.
16. $\vec{w} = \pm\left(\frac{16\sqrt{2}}{5}, \frac{-4\sqrt{2}}{5}, \frac{-36\sqrt{2}}{5}\right)$.

CAPÍTULO 9

EXERCÍCIOS DE APLICAÇÃO 9.1

1. a) -3; b) 0; c) -9.
2. São coplanares.
3. 2 uv.
4. 3/2 uv.
5. 1 uv.
6. 0 uv (pontos num plano).
7. a) 1/2 uc; b) 1/2 uc.
8. a) 6 uv ; b) 3 uv ; c) 1 uv ; d) $\sqrt{6}$ uc.
9. 6/7 uc.

10. O estudante poderá fazer download da resolução deste exercício no site da editora Blucher: www.blucher.com.br.

11. a) 1uc, 1uc e 1uc; b) $A_{OIJ} = \frac{1}{2}$ ua, $A_{OIK} = \frac{1}{2}$ ua, $A_{OJK} = \frac{1}{2}$ ua e $A_{IJK} = \frac{\sqrt{3}}{2}$ ua ;
c) $VT_{OIJK} = \frac{1}{6}$ uv; d) verdadeiro.

CAPÍTULO 10

EXERCÍCIOS DE APLICAÇÃO 10.1

1. a) $r: \frac{y+2}{5} = \frac{z-5}{-3},\ x = 1$;
   b) $r: y = 1,\ z = 2$.

2. a) r: $x = 1 + 2\lambda,\ y = -2 + 1\lambda,\ z = 5 + (-3)\lambda,\ \lambda \in \mathbb{R}$;
   b) r: $x = 1\lambda,\ y = 2 - \lambda,\ \ = 0, \lambda \in \mathbb{R}$.

3. a) $s: \frac{x-0}{2} = \frac{y-1}{-1} = \frac{z-2}{1}$;
   b) $s: \frac{x+5}{-1} = \frac{z-1}{2},\ y = 4$.

4. $t: (x, y, z) = (-1, 0, 2) + \lambda(2, 3, 4)\ ,\ \lambda \in \mathbb{R}$.

5. $r: x = 1 + 2\lambda,\ y = -1 + (-3)\lambda,\ z = 2 + 4\lambda,\ \lambda \in \mathbb{R}$ e $r: \frac{x-1}{2} = \frac{y+1}{-3} = \frac{z-2}{4}$.

6. a) reta contida no plano $x = 1$, paralelo ao plano yz;
   b) reta contida no plano $y = 2$, paralelo ao plano xz;
   c) reta contida no plano $z = -3$, paralelo ao plano xy;
   d) paralela ao eixo z;
   e) paralela ao eixo y;
   f) paralela ao eixo x.

7. $r: (x, y, z) = (1, 2, 0) + \lambda(3, 5, 2)\ ,\ \lambda \in \mathbb{R}$.

8. $(x, y, z) = (a, 0, 0) + \lambda(-a, b, 0)\ ,\ \lambda \in \mathbb{R}$.

9. $\frac{x-0}{1} = \frac{y-0}{1/2} = \frac{z-0}{1/3}$.

10. eixo x: $(x, y, z) = (0, 0, 0) + \lambda(1, 0, 0)\ ,\ \lambda \in \mathbb{R}$,
    eixo y: $(x, y, z) = (0, 0, 0) + \lambda(0, 1, 0), \lambda \in \mathbb{R}$
    e o eixo z: $(x, y, z) = (0, 0, 0) + \lambda(0, 0, 1)\ ,\ \lambda \in \mathbb{R}$.

11. Pertence à reta.

12. B não pertence à reta.

13. (–3, 3, 3).

14. $\vec{u} = (3/2, 2/3, 3/5)$.

EXERCÍCIOS DE APLICAÇÃO 10.2

1. a) r e s são paralelas;

   b) r e s são reversas;

   c) r e s são concorrentes;

   d) r e s são perpendiculares.

2. r e s são reversas.

3. $t:(x,y,z)=(1,0,1)+\lambda(1,2,-4)$, $\lambda \in \mathbb{R}$.

4. $t:(x,y,z)=(1,2,0)+\lambda(2,0,0)$, $\lambda \in \mathbb{R}$.

5. a) reversas; b) $t:(x,y,z)=(1,2,0)+\gamma(3,3,3)$, $\gamma \in \mathbb{R}$.

6. a) I(3,3,6); b) I(3,3,6); c) I(3,4,4).

7. a) 60° ou π/3 rd; b) 90° ou π/2 rd;

   c) 0° ou 0 rd; d) 30° ou π/6 rd.

8. a) $t:\dfrac{x}{1}=\dfrac{y+3}{2}=\dfrac{z-2}{-1}$; b) $t:\dfrac{x}{1}=\dfrac{y}{1}=\dfrac{z-1}{-3}$; c) $t:\dfrac{x}{1/2}=\dfrac{y-1/2}{1/2}=\dfrac{z-2/3}{1/3}$.

9. $t:(x,y,z)=\left(\dfrac{23}{21},\dfrac{22}{21},1\right)+\psi\left(\dfrac{-10}{21},\dfrac{20}{21},\dfrac{5}{21}\right)$, $\psi \in \mathbb{R}$.

10. $t:(x,y,z)=\left(\dfrac{7}{3},\dfrac{7}{3},\dfrac{-4}{3}\right)+\gamma\left(\dfrac{4}{3},\dfrac{1}{3},\dfrac{5}{3}\right)$, $\gamma \in \mathbb{R}$.

CAPÍTULO 11

EXERCÍCIOS DE APLICAÇÃO 11.1

1. a) $\beta: 7x+y+4z-18=0$; b) $t:(x,y,z)=(1,3,2)+\lambda(7,1,4)$, $\lambda \in \mathbb{R}$.

2. a) $\beta: 3x+y+2z-8=0$; b) $(x,y,z)=(2,0,1)+\gamma(3,1,2)$, $\gamma \in \mathbb{R}$.

3. a) $\beta: 2x+3y-5z-12=0$; b) $\beta: 4x+3y+z+2=0$;

c) $\beta: 2x-3y+2z-13=0$; d) $\beta: x+3y-6z+10=0$;

e) $\beta: -4x+4y+5z-19=0$.

4. $r: \dfrac{x}{6}=\dfrac{y-1}{-2}=\dfrac{z-5}{4}$.

5. $\alpha: 3x+y+2z-11=0$.

6. $\beta: z-2=0$.

7. a) $y = 1$; b) $\beta: 2x+y+z-1=0$.

8. a) $\beta: 2x+5y+z-10=0$; b) $\beta: 3x+4z+1=0$.

9. a) $\beta: 2x+3y+3z-9=0$; b) $\pi: x+3y+4z-4=0$.

10. a) $\beta: x+3y-z+7=0$; b) $\beta: 5x+2y+5=0$.

11. a) $\pi: x+2y-z+3=0$; b) $\pi: y+1=0$.

12. r: $x = 1$, $y=2-6\lambda$, $z = 10$.

13. $\alpha: x+y-3=0$.

14. a) $s: x=2,\ y=-3+5t,\ z=1$;

b) $s: (x,y,z)=(2,-1,1)+t(13,8,-6)$, $t \in \mathbb{R}$.

15. a) $s: (x,y,z)=(2,0,-4)+t(6,3,-3)$, $t \in \mathbb{R}$;

b) $s: (x,y,z)=(6,0,-1)+t(-2,1,0)$, $t \in \mathbb{R}$.

16. $\beta: x+y+z=0$.

17. $\pi: bc\,x+ac\,y+ab\,z-abc=0$.

18. $r: \dfrac{x-1}{-1}=\dfrac{y}{1}$, $z=0$; $s: \dfrac{y-1}{-1}=\dfrac{z}{1}$, $x=0$ e $t: \dfrac{x-1}{-1}=\dfrac{z}{1}$, $y=0$.

EXERCÍCIOS DE APLICAÇÃO 11.2

1. I(11/5, 3/5, 2).

2. a) r é ortogonal a β; b) I(2, 1, 2).

3. a) 45°; b) 30°; c) $arcsen\ (\sqrt{3}/3)$.

4. a) 0°; b) 60°.

5. Paralelos.

6. Concorrentes, sendo i: $(x, y, z) = (1,0,0) + \lambda\ (2,0,-2), \lambda \in \mathbb{R}$.

7. Planos: $z = 0$, $y = 0$, $x = 0$ e eixos: $y = 0$ e $x = 0$.

8. Eixo z.

9. a) $(x, y, z) = (1, 0, 3/2) + \lambda(4, -6, -5)$, $\lambda \in \mathbb{R}$;

   b) $(x, y, z) = (2, -1, 0) + \lambda(-3, -1, 2)$, $\lambda \in \mathbb{R}$;

   c) Não existe i, pois $\alpha // \beta$ e $\alpha \cap \beta = \phi$.

10. s: $(x, y, z) = (1,2,-3) + \psi\ (4/3,1/3,5/3), \psi \in \mathbb{R}$.

11. t : $(x, y, z) = (1,1,2) + \psi\ (2,1,4), \psi \in \mathbb{R}$.

12. r : $(x, y, z) = (5, -2, 5) + \psi\ (1, 5, -3)$, $\psi \in \mathbb{R}$.

CAPÍTULO 12

EXERCÍCIOS DE APLICAÇÃO 12.1

1. a) $\sqrt{10}$ uc; b) $\sqrt{33}$ uc.

2. a) $\sqrt{171/14}$ uc; b) $\sqrt{31/13}$ uc; c) $\sqrt{54/5}$ uc; d) $\sqrt{17}$ uc.

3. a) $\sqrt{6}/3$ uc; b) $\sqrt{10}/10$ uc; c) $17\sqrt{14}/28$ uc; d) $12\sqrt{11}/11$ uc.

4. a) 0 uc; b) $10\sqrt{38}/19$ uc.

5. a) $\sqrt{14}/7$ uc; b) $11\sqrt{6}/18$ uc; c) 7 uc.

6. a) $2\sqrt{6}/3$ uc; b) $\sqrt{69}/14$ uc; c) $13\sqrt{21}/21$ uc; d) $9\sqrt{21}/21$ uc;

   e) $9\sqrt{2}/2$ uc; f) $16\sqrt{531}/531$ uc.

7. $\beta_1 : x + y + z + \sqrt{3} = 0$ e $\beta_2 : x + y + z - \sqrt{3} = 0$.

8. $r_1 : (x, y, z) = \left(\dfrac{1-\sqrt{2}}{2}, 0, \dfrac{5+\sqrt{2}}{2} \right) + \lambda_1(1,1,1)$, $\lambda_1 \in \mathbb{R}$ e

   $r_2 : (x, y, z) = \left(\dfrac{1+\sqrt{2}}{2}, 0, \dfrac{5-\sqrt{2}}{2} \right) + \lambda_2(1,1,1)$, $\lambda_2 \in \mathbb{R}$.

CAPÍTULO 13

EXERCÍCIOS DE APLICAÇÃO 13.1

1. F(0, ¼) , d: $y=-1/4$ e d(F,d) = $\frac{1}{2}$uc.

2. F(0, -¼) , d: $y=1/4$ e d(F,d) = $\frac{1}{2}$uc.

3. F(0, 1/9) , d: $y=-1/9$ e d(F,d) = $\frac{2}{9}$uc.

4. F(0, -1/9) , d: $y=1/9$ e d(F,d) = $\frac{2}{9}$uc.

5. F(0, 1/12) , d: $y=-1/12$ e d(F,d) = $\frac{1}{6}$uc.

EXERCÍCIOS DE APLICAÇÃO 13.2

1. F(1/16, 0) , d: $x=-1/16$ e d(F,d) = $\frac{1}{8}$uc.

2. F(-1/8, 0) , d: $x=1/8$ e d(F,d) = $\frac{1}{4}$uc.

3. F(1, 0) , d: $x=-1$ e d(F,d) = 2uc.

4. F(-1/5, 0) , d: $x=1/5$ e d(F,d) = $\frac{2}{5}$uc.

5. F(1/4, 0) , d: $x=-1/4$ e d(F,d) = $\frac{1}{2}$uc.

EXERCÍCIOS DE APLICAÇÃO 13.3

1. $F(3,-1)$ e $(x-3)^2=-12(y-2)$.

2. d: $y=3$ e $(x-3)^2=8(y-5)$.

3. V(2,5) e $(x-2)^2=-4(y-5)$.

4. V(4, -1/2) e $(x-4)^2=6(y+1/2)$.

5. V(3/4 , 39/8) , $F\left(\frac{3}{4}, 5\right)$ e $d: y=\frac{19}{4}$.

EXERCÍCIOS DE APLICAÇÃO 13.4

1. $\frac{x^2}{25}+\frac{y^2}{16}=1$.
2. $F_1(-6, 0)$ e $F_2(6, 0)$, $A_1(-10, 0)$ e $A_2(10, 0)$ e $e=0,6$.
3. $F_1(-4, 0)$ e $F_2(4, 0)$, $A_1(-5, 0)$ e $A_2(5, 0)$ e $e=0,8$.

EXERCÍCIOS DE APLICAÇÃO 13.5

1. a) $F_1(1, -2-\sqrt{13})$ e $F_2(1, -2+\sqrt{13})$, $A_1(1, -5)$ e $A_2(1, 1)$, $C(1, -2)$; b) $e=\sqrt{13}/3$.
2. a) $F_1(-2-\sqrt{13}, 1)$ e $F_2(-2+\sqrt{13}, 1)$, $A_1(-5, 1)$ e $A_2(1, 1)$, $C(-2,1)$; b) $e=\sqrt{13}/3$.
3. a) $\frac{(x-5)^2}{3^2}-\frac{(y-3)^2}{4^2}=1$; b) $e=5/3$.

EXERCÍCIOS DE APLICAÇÃO 13.6

1. $x^2+y^2=4$.
2. $(x-5)^2+(y-2)^2=25$.
3. $x^2 + y^2 + -4y - 5 = 0$.
4. $C(5, -6)$ e raio $r = 6$.
5. $A(1, 2)$ e $B(2, 1)$.
6. $A(2,2)$ é o ponto de tangência.
7. Intercepta no ponto $A(-4, 2)$.
8. $k=\pm 2\sqrt{2}$.

EXERCÍCIOS DE APLICAÇÃO 13.7

1. a) Elipse: $C(3, 1)$, $F_1(3-2\sqrt{2},1)$ e $F_2(3+2\sqrt{2},1)$, $A_1(0,1)$ e $A_2(6,1)$ e $F_1F_2=4\sqrt{2}$.

   b) Hipérbole: $C(3, 2)$, $F_1(3-\sqrt{5},2)$ e $F_2(3+\sqrt{5},2)$, $A_1(1,2)$ e $A_2(5,2)$ e $F_1F_2=2\sqrt{5}$.

   c) Circunferência: $C(3, -1)$ e raio $r = 2$.

   d) Retas: $r_1 : x - y = 0$ e $r_2 : 3x - y + 1 = 0$ concorrente em $P(-1/2,-1/2)$.

   e) Hipérbole: $C(2,0)$, $F_1(2-\sqrt{13},0)$ e $F_2(2+\sqrt{13},0)$, $A_1(-1,0)$ e $A_2(5,0)$ e $F_1F_2=2\sqrt{13}$.
2. a) Elipse. b) Elipse. c) Elipse.
3. Hipérbole.

4. a) Parábola. b) Parábola.
5. Retas: $r_1 : x + y = 0$ e $r_2 : 2x - y + 1 = 0$ concorrente em $\mathbf{P(-1/3, 1/3)}$.

BIBLIOGRAFIA

1. BOULOS, P.; CAMARGO, I. *Geometria analítica: um tratamento vetorial*. 3. ed. São Paulo: Pearson, 2004.

2. CAROLI, A.; CALLIOLI, C. A.; FEITOSA, M. O. *Matrizes, vetores, geometria analítica*. 2. ed. São Paulo: LPM, 1965.

3. GONÇALVES, A. T. C. *Notas de aulas de vetores*. São Paulo: Fatec-SP, 1996. Notas de aula.

4. LEITE, O. R. V. *Geometria analítica espacial*. 3. ed. São Paulo: Loyola, 1991.

5. LORETO JUNIOR, A. P.; COSTA LORETO, A. C. *Vetores e geometria analítica: teoria e exercícios*. 4. ed. São Paulo: LCTE, 2014.

6. REIS, G. L.; SILVA, V. V. *Geometria analítica*. 2. ed. Rio de Janeiro: LTC, 2005.

7. STEINBRUCH, A.; WINTERLE, P. *Geometria analítica*. 2. ed. São Paulo: MacGraw-Hill, 1987.

8. WATANABE, R.; MELLO, D. A. *Vetores e uma iniciação à geometria analítica*. 2. ed. São Paulo: Livraria da Física, 2011.

9. WATANABE, R.; MACHADO, T. C. *Vetores e geometria analítica*. 7. ed. São Paulo: Gráfica Palas Athena, 1999.

10. WINTERLE, P. *Vetores e geometria analítica*. 2. ed. São Paulo: Pearson, 2014.

APÊNDICE 1

RESOLUÇÃO DE SISTEMAS LINEARES: UMA VISÃO VETORIAL

O problema que se apresenta é o de escrever o vetor $\vec{t}=(t_1,t_2,t_3)$ como combinação linear dos vetores $\vec{u}=(u_1,u_2,u_3)$, $\vec{v}=(v_1,v_2,v_3)$ e $\vec{w}=(w_1,w_2,w_3)$ em relação à base ortonormal $\mathrm{E}=(\vec{i},\vec{j},\vec{k})$.

Consideremos os números reais x, y e z que estabelecem a combinação linear solicitada: $x.\vec{u}+y.\vec{v}+z.\vec{w}=\vec{t}$.

Assim, $x.(u_1,u_2,u_3)+y.(v_1,v_2,v_3)+z.(w_1,w_2,w_3)=(t_1,t_2,t_3)$ e, daí, o sistema linear:

$$\begin{aligned} u_1x+v_1y+w_1z&=t_1\\ u_2x+v_2y+w_2z&=t_2\\ u_3x+v_3y+w_3z&=t_3 \end{aligned} \qquad \text{(S)}$$

Queremos obter (caso existam) os valores das incógnitas x, y e z que satisfaçam o sistema (S). Utilizaremos o **método de Cramer** na resolução do sistema.

Consideremos os determinantes:

- $\Delta=\begin{vmatrix} u_1 & v_1 & w_1\\ u_2 & v_2 & w_2\\ u_3 & v_3 & w_3 \end{vmatrix}$, chamado de **determinante principal**, é formado pelos coeficientes das incógnitas x, y e z do sistema; e

- $\Delta_x = \begin{vmatrix} t_1 & v_1 & w_1 \\ t_2 & v_2 & w_2 \\ t_3 & v_3 & w_3 \end{vmatrix}$, $\Delta_y = \begin{vmatrix} u_1 & t_1 & w_1 \\ u_2 & t_2 & w_2 \\ u_3 & t_3 & w_3 \end{vmatrix}$ e $\Delta_z = \begin{vmatrix} u_1 & v_1 & t_1 \\ u_2 & v_2 & t_2 \\ u_3 & v_3 & t_3 \end{vmatrix}$, chamados de **determinantes das incógnitas**, nos quais as colunas correspondentes a x, y e z são, respectivamente, substituídas pela coluna dos termos independentes de variável do sistema (S) (coordenadas do vetor $\vec{t}$).

Observação:

a) Os determinantes são formados pelas coordenadas dos vetores $\vec{u}$, $\vec{v}$, $\vec{w}$ e $\vec{t}$.

b) Se o valor de um dos determinantes for igual a **zero,** então os vetores envolvidos são coplanares. Caso **não seja zero**, os vetores envolvidos não são coplanares.

Vamos entender a classificação de (S) nos casos: possível e determinado, possível e indeterminado e impossível, pela **posição relativa** dos vetores $\vec{u}, \vec{v}, \vec{w}$ e $\vec{t}$ envolvidos em suas equações.

1°) Sistema linear possível e determinado

A **regra de Cramer**, segundo textos didáticos, diz que o sistema será determinado (possui uma só solução) se $\Delta \neq 0$ e Δ_x, Δ_y e Δ_z assumirem valores reais quaisquer. Os valores de x, y e z são dados pelas equações:

$$x.\Delta = \Delta_x,\ y.\Delta = \Delta_y \text{ e } z.\Delta = \Delta_z \text{ ou } x = \frac{\Delta_x}{\Delta},\ y = \frac{\Delta_y}{\Delta} \text{ e } z = \frac{\Delta_z}{\Delta} \qquad (1)$$

Assim, teremos $x.\vec{u} + y.\vec{v} + z.\vec{w} = t$.

Exemplo 1

$\vec{t} = (1,2,3)$, $\vec{u} = (6,1,2)$, $\vec{v} = (2,-1,2)$ e $\vec{w} = (-3,1,-1)$

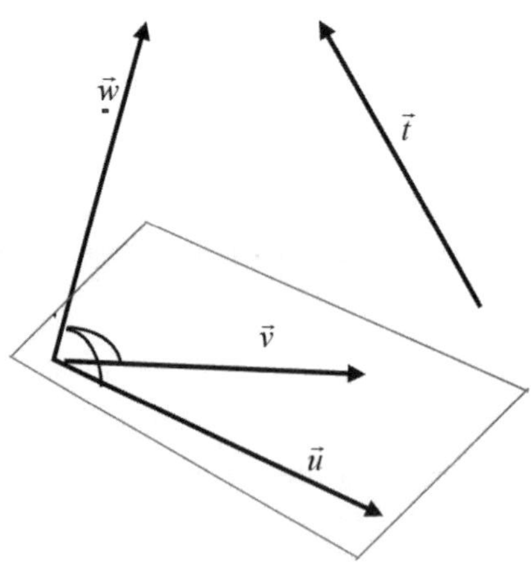

Figura Ap1.1

Temos o sistema linear (S):

$$\begin{aligned} 6x + 2y - 3z &= 1 \\ 1x - 1y + 1z &= 2 \\ 2x + 2y - 1z &= 3 \end{aligned}$$

sendo que $\Delta = -12 \neq 0$ e $\Delta_x = -12$, $\Delta_y = -24$ e $\Delta_z = -36$

Logo, $x = \dfrac{\Delta_x}{\Delta} = \dfrac{-12}{-12} = 1$, $y = \dfrac{\Delta_y}{\Delta} = \dfrac{-24}{-12} = 2$ e $z = \dfrac{\Delta_z}{\Delta} = \dfrac{-36}{-12} = 3$

A combinação linear de $\vec{t}$ em relação aos vetores $\vec{u}, \vec{v}$ e $\vec{w}$ é escrita de modo único como $\vec{t} = \vec{u} + 2\vec{v} + 3\vec{w}$.

Veja na Figura 3.4 do Capítulo 3 que o ponto P(1,2,3) é solução do sistema linear.

Nota 1: Se $\Delta \neq 0$ e $\vec{t}$ fosse paralelo, por exemplo, apenas ao vetor $\vec{u}$, então $\Delta_x \quad 0$ e $\Delta_y = \Delta_z = 0$, pois, nesse caso, Δ_y e Δ_z teriam, respectivamente, colunas proporcionais à de variável x. Assim, teríamos a terna (k,0,0), $k \in \mathbb{R}^*$, como solução.

Do mesmo modo, se $\vec{t}$ fosse paralelo a $\vec{v}$, teríamos $\Delta_y \neq 0$ e $\Delta_x = \Delta_z = 0$, sendo (0,k,0), $k \in \mathbb{R}^*$, a solução prevista, ou, se $\vec{t}$ fosse paralelo a $\vec{w}$, então $\Delta_z \neq 0$ e $\Delta_x = \Delta_y = 0$ e a solução seria da forma (0, 0, k), $k \in \mathbb{R}^*$.

2º) Sistema linear possível e indeterminado (extensão à regra de Cramer)

O sistema (S) será possível e indeterminado (tem mais de uma solução) se os vetores $\vec{u}$, $\vec{v}$, $\vec{w}$ e $\vec{t}$ forem coplanares, ou seja, $\Delta = 0$, e também ocorrem as condições especiais $\Delta_x = \Delta_y = \Delta_z = 0$. Neste caso, é possível também que o sistema não tenha solução (ver o Exemplo 5 a seguir).

Utilizando as sentenças (1) apresentadas pela regra de Cramer para resolver sistemas lineares, observamos que:

$$x.0 = 0, \; y.0 = 0 \text{ e } z.0 = 0 \tag{2}$$

e, assim, entendemos que todos os valores reais atribuídos a x, y e z satisfazem as sentenças acima. Portanto, é possível existir uma infinidade de ternas (x,y,z) que resolvem o sistema linear. Não esquecer que a regra de Cramer é demonstrada para $\Delta \neq 0$ (ver item 3.2.2 do Capítulo 3).

Alguns livros utilizam a notação:

$$x = \frac{\Delta_x}{\Delta} = \frac{0}{0}, \; y = \frac{\Delta_y}{\Delta} = \frac{0}{0} \text{ e } z = \frac{\Delta_z}{\Delta} = \frac{0}{0}.$$

O símbolo $\frac{0}{0}$ sugere apenas a possibilidade de existir mais de uma terna (x, y, z) de reais que satisfaça o sistema linear proposto.

Nota 2: Apresentaremos no **Exemplo 5** uma exceção a esta expectativa de que o sistema deve possuir mais de uma terna de solução quando ocorrer $\Delta = 0$ e $\Delta_x = \Delta_y = \Delta_z = 0$.

Exemplo 2

$$\vec{t} = (1,2,3),\ \vec{u} = (1,0,1),\ \vec{v} = (1,1,2) \text{ e } \vec{w} = (0,1,1)$$

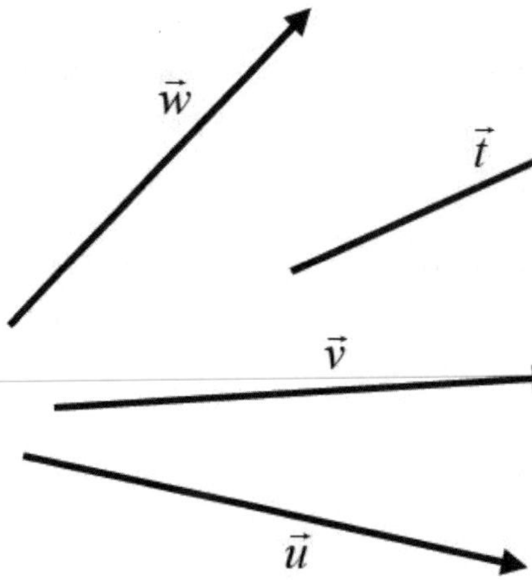

Figura Ap1.2

Os vetores $\vec{u}, \vec{v}, \vec{w}$ e $\vec{t}$ são coplanares e dois a dois **não** paralelos (não têm coordenadas proporcionais). Temos o sistema linear (S):

$$\begin{aligned} 1x + 1y + 0z &= 1 \quad (1) \\ 0x + 1y + 1z &= 2 \quad (2) \\ 1x + 2y + 1z &= 3 \quad (3) \end{aligned}$$

Vemos, no exemplo, que $\Delta = 0$ e $\Delta_x = \Delta_y = \Delta_z = 0$.

Os determinantes são todos iguais a zero, visto que os vetores são coplanares. Assim: $x.0 = 0$, $y.0 = 0$ e $z.0 = 0$.

Neste exemplo é confirmada a expectativa de que existe mais de uma terna de valores reais x, y e z que satisfaz ao sistema linear, isto é, ele é possível e indeterminado:

a) Assumindo $x = 2$ nas equações (1) e (3), veremos que, juntamente com ele, os valores $y = -1$ e $z = 3$, satisfazem ao sistema.

b) Fato idêntico ocorre para $x = 3$, $y = -2$ e $z = 4$ e, também, para muitas outras possibilidades.

Então, podemos escrever: $\vec{t} = 2\vec{u} - 1\vec{v} + 3\vec{w}$, $\vec{t} = 3\vec{u} - 2\vec{v} + 4\vec{w}$, $\vec{t} = \vec{v} + \vec{w}$ etc.

A Figura 3.6 do Capítulo 3 mostra que os pontos da reta $r: \dfrac{x-2}{1} = \dfrac{y+1}{-1} = \dfrac{z-3}{1}$ são soluções do sistema linear.

Nota 3: As equações (2) do sistema podem induzir à falsa ideia de que toda terna (x, y, z) de reais satisfaz ao sistema dado. Veja, no exemplo, que a terna (1,0,3) não é solução desse sistema, pois não pertence à reta ***r***.

Exemplo 3

$$\vec{t} = (1, 2, 3),\ \vec{u} = (1, 0, 1),\ \vec{v} = (2, 0, 2) \text{ e } \vec{w} = (0, 1, 1)$$

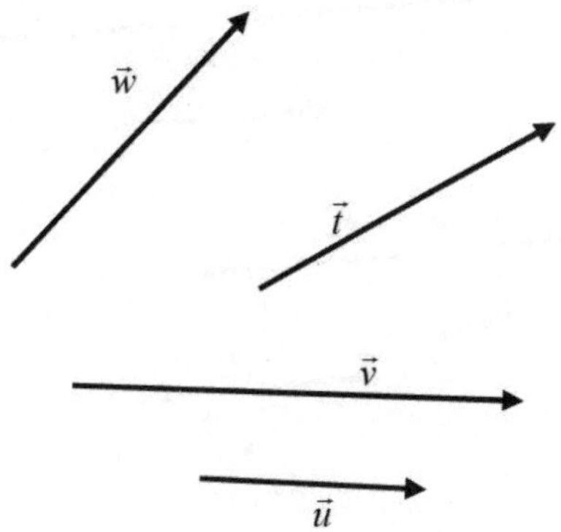

Figura Ap1.3

Os vetores $\vec{u}, \vec{v}, \vec{w}$ e $\vec{t}$ são coplanares, sendo apenas os vetores $\vec{u}$ e $\vec{v}$ paralelos (possuem coordenadas proporcionais). Temos o sistema linear (S):

$$\begin{aligned} 1x + 2y + 0z &= 1 \quad (1) \\ 0x + 0y + 1z &= 2 \quad (2) \\ 1x + 2y + 1z &= 3 \quad (3) \end{aligned}$$

com $\Delta = 0$ e $\Delta_x = \Delta_y = \Delta_z = 0$.

Vemos, novamente, que existe mais de uma terna de números reais x, y e z que satisfaz ao sistema:

Assumindo $z = 2$ na equação (2), teremos, juntamente com ele, os valores $x = -1$ e $y = 1$, que satisfazem ao sistema. O mesmo fato ocorre para a terna $z = 2$, $x = 1$ e $y = 0$ e, também, para muitas outras ternas.

Assim, $\vec{t} = -1\vec{u} + 1\vec{v} + 2\vec{w}$, $\vec{t} = 1\vec{u} + 0\vec{v} + 2\vec{w}$, $\vec{t} = 0\vec{u} + (1/2)\vec{v} + 2\vec{w}$, etc.

Logo, o sistema é possível e indeterminado.

Nota 4: O vetor $\vec{t}$, neste caso, pode ser escrito como combinação linear de $\vec{u}$, $\vec{v}$ e $\vec{w}$ ou só de $\vec{u}$ e $\vec{w}$ ou de $\vec{v}$ e $\vec{w}$, porém, não pode ser escrito somente com $\vec{u}$ e $\vec{v}$, pois $\vec{t}$ não é paralelo a eles, conforme ilustra a Figura Ap1.3.

Analogamente ao ocorrido no Exemplo 2, os pontos da reta $r: \frac{x+1}{2} = \frac{y-1}{-1}, z = 2$ são as soluções do sistema linear.

Exemplo 4

$$\vec{t} = (-1,-2,-3),\ \vec{u} = (1,2,3),\ \vec{v} = (2,4,6) \text{ e } \vec{w} = (3,6,9)$$

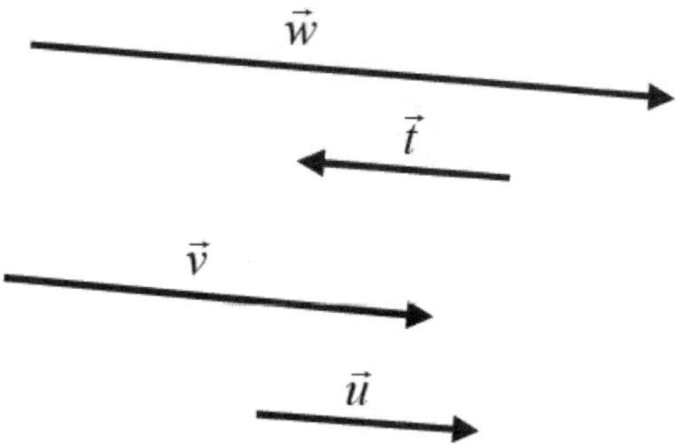

Figura Ap1.4

Os vetores $\vec{u}$, $\vec{v}$, $\vec{w}$ e $\vec{t}$ são paralelos (possuem coordenadas proporcionais). Temos o sistema linear (S):

$$\begin{aligned} 1x + 2y + 3z &= -1 \\ 2x + 4y + 6z &= -2 \\ 3x + 6y + 9z &= -3 \end{aligned}$$

com $\Delta = 0$ e $\Delta_x = \Delta_y = \Delta_z = 0$.

Os determinantes iguais a zero confirmam que os vetores são coplanares.

Mostraremos a seguir que existe mais de uma terna de números reais x, y e z que satisfaz ao sistema.

Assumindo $y = 0$ e $z = 0$ nas equações, vemos que, juntamente com eles, o valor $x = -1$, satisfaz ao sistema. Fato idêntico ocorre para $x = 0$, $y = 0$ e $z = -1/3$ e, também, para muitas outras possibilidades:

$$\vec{t} = -1\vec{u},\ \vec{t} = (-1/3)\vec{w},\ \vec{t} = (-1/2)\vec{v},\ \vec{t} = 1\vec{v} - 1\vec{w},\ \vec{t} = 1\vec{u} + 2\vec{v} - 2\vec{w}, \text{ etc.}$$

Portanto, o sistema é possível e indeterminado.

Nota 5: O vetor $\vec{t}$, conforme apresentamos na Figura Ap1.4, pode ser escrito como combinação linear dos três vetores $\vec{u}$, $\vec{v}$ e $\vec{w}$, ou por dois deles, ou por apenas um deles.

Veja que os coeficientes das incógnitas nas equações do sistema são proporcionais entre si (coordenadas de $\vec{u}$, $\vec{v}$ e $\vec{w}$) e, também, são proporcionais aos termos independentes de variável (coordenadas de $\vec{t}$).

A Figura 3.5 do Capítulo 3 mostra que os planos correspondentes às equações do sistema coincidem; logo, apenas os seus pontos são soluções.

3º) Sistema linear impossível (extensão da regra de Cramer)

O sistema linear será impossível (não possuirá solução) se $\Delta = 0$ ($\vec{u}$, $\vec{v}$ e $\vec{w}$ coplanares) e, também, se ocorrer uma das seguintes possibilidades:

a) $\Delta = 0$ e $\Delta_x = \Delta_y = \Delta_z = 0$, em que os coeficientes das variáveis (coordenadas de $\vec{u}$, $\vec{v}$ e $\vec{w}$) são proporcionais entre si e os termos independentes de variável (coordenadas de $\vec{t}$) **não** são proporcionais aos das variáveis.

Exemplo 5

$$\vec{t} = (1,1,1),\ \vec{u} = (1,2,3),\ \vec{v} = (2,4,6) \text{ e } \vec{w} = (3,6,9)$$

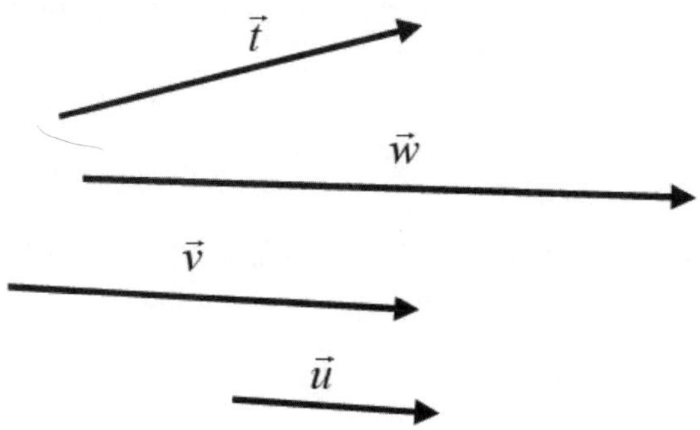

Figura Ap1.5

Os vetores $\vec{u}$, $\vec{v}$ e $\vec{w}$ são paralelos. O vetor $\vec{t}$ é coplanar a $\vec{u}$, $\vec{v}$ e $\vec{w}$, mas não é paralelo a eles. Temos o sistema linear (S):

$$\begin{aligned} 1x + 2y + 3z &= 1 \quad (1) \\ 2x + 4y + 6z &= 1 \quad (2) \\ 3x + 6y + 9z &= 1 \quad (3) \end{aligned}$$

com $\Delta = 0$ e $\Delta_x = \Delta_y = \Delta_z = 0$.

O fato de os determinantes serem iguais a zero confirma que os vetores são coplanares. E, neste caso, teremos as equações do sistema: $x.0 = 0$, $y.0 = 0$ e $z.0 = 0$.

Tal como ocorreu nos exemplos 2, 3 e 4, pressupõe-se que o sistema possua muitas ternas de soluções. Mas veremos que, neste exemplo, isto não é verdadeiro...

Se multiplicarmos a equação (3) por (–1) e a adicionarmos às equações (1) e (2), teremos $0x + 0y + 0z = 1$, isto é, **0 = 1**. Este fato indica que o sistema **não tem solução**.

A Figura 3.9 do Capítulo 3 mostra que os planos, correspondentes às equações do sistema, são paralelos. Os planos não possuem ponto comum.

Portanto, diferentemente do ocorrido nos exemplos 2, 3 e 4, temos que, neste caso, o sistema **não é possível**!

Embora se verifique que $\Delta = \Delta_x = \Delta_y = \Delta_z = 0$, o sistema apresentado é **impossível**, isto é, **não possui solução**!

Nota 6: Vemos que o símbolo $\frac{0}{0}$ **nada significa** quanto ao número de ternas (x, y, z) que satisfazem ao sistema linear, pois, neste exemplo, o vetor $\vec{t}$ **não pode ser escrito** como combinação linear dos vetores paralelos $\vec{u}, \vec{v}$ e $\vec{w}$, pois possui direção diferente da deles.

b) $\Delta = 0$ e $\Delta_x \neq 0$, $\Delta_y \neq 0$ ou $\Delta_z \neq 0$ (pelo menos um dos determinantes das incógnitas é diferente de zero).

Exemplo 6

$$\vec{t} = (1, 1, 1),\ \vec{u} = (1, 2, 3),\ \vec{v} = (2, 4, 6) \text{ e } \vec{w} = (1, 2, 0)$$

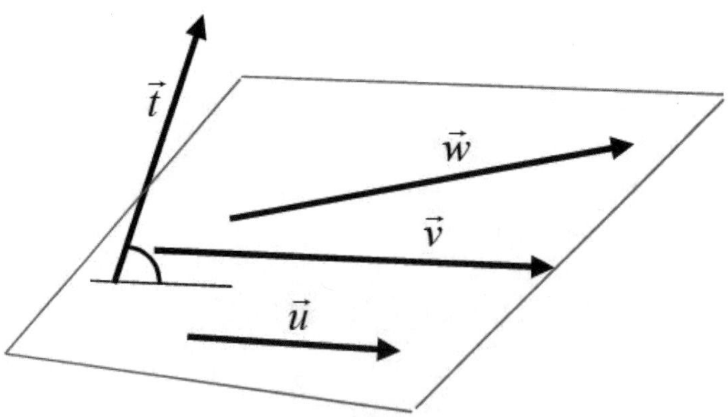

Figura Ap1.6

Os vetores $\vec{u}, \vec{v}$ e $\vec{w}$ são coplanares, nem todos são paralelos e $\vec{t}$ **não é** coplanar a eles. Temos o sistema linear (S):

$$\begin{aligned} 1x + 2y + 1z &= 1 \quad (1) \\ 2x + 4y + 2z &= 1 \quad (2) \\ 3x + 6y + 0z &= 1 \quad (3) \end{aligned}$$

com $\Delta = 0$ e $\Delta_x = -4 \neq 0$, $\Delta_y = 3 \neq 0$ e $\Delta_z = 0$.

Assim, as equações do sistema são dadas por: $0.x = -4$, $0.y = 3$ e $0.z = 0$.

Vemos que não existem valores de x ou de y que satisfaçam as equações do sistema. Neste caso, não teremos uma terna (x,y,z) de reais que o torne verdadeiro.

Partindo de (3), $y = \dfrac{1-3x}{6}$, e substituindo nas equações (1) e (2), tem-se que

$$\begin{cases} x + \dfrac{2(1-3x)}{6} + z = 1 \\ 2x + \dfrac{4(1-3x)}{6} + 2z = 1 \end{cases} \Rightarrow z = 2/3 \text{ e } z = 1/6$$ (**impossível**..., **z** assume valores distintos)

O sistema linear deveria nos conduzir a um só valor para z, logo, este sistema **não tem** solução. O sistema é **impossível**!

Vemos na Figura 3.7 do Capítulo 3 que os planos obtidos pelas equações do sistema **não** possuem ponto comum.

Não se pode escrever o vetor $\vec{t}$ como combinação linear dos vetores $\vec{u}, \vec{v}$ e $\vec{w}$.

Exemplo 7

$$\vec{t} = (1,-1,-1),\ \vec{u} = (1, 0, 1),\ \vec{v} = (0, 1, -1) \text{ e } \vec{w} = (-1,-1, 0)$$

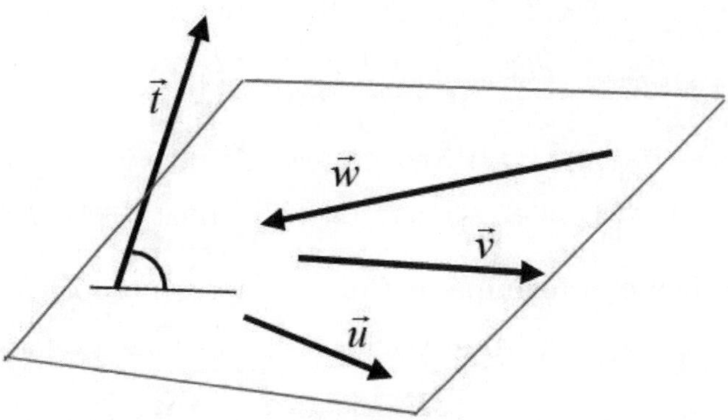

Figura Ap1.7

Os vetores $\vec{u}, \vec{v}$ e $\vec{w}$ são coplanares e não são paralelos e $\vec{t}$ **não é** coplanar a eles. Temos o sistema linear (S):

$$\begin{aligned} 1x + 0y - 1z &= 1 \quad (1) \\ 0x + 1y - 1z &= -1 \quad (2) \\ 1x - 1y + 0z &= -1 \quad (3) \end{aligned}$$

com $\Delta = 0$ e $\Delta_x = \Delta_y = \Delta_z = -3 \neq 0$.

Assim, as equações do sistema são $x.0 = -3$, $y.0 = -3$ e $z.0 = -3$. Portanto, não existem valores de x, y ou z que as satisfaçam. Nesse caso, nenhuma terna (x, y, z) de reais torna o sistema verdadeiro:

Partindo de (3), $y = x + 1$, e substituindo-o nas equações (1) e (2), tem-se que:

$$\begin{cases} x - z = 1 \\ x - z = -2 \end{cases} \Rightarrow 1 = -2 \text{ e esta sentença é falsa.}$$

Portanto, o sistema **não tem** solução. O sistema é **impossível**!

A Figura 3.8 do Capítulo 3 mostra que os planos dados pelas equações do sistema não possuem ponto comum.

O vetor $\vec{t}$ não pode ser escrito como combinação linear dos vetores $\vec{u}, \vec{v}$ e $\vec{w}$.

Resumo

Resolução de sistemas lineares utilizando determinantes[1]

Consideremos o sistema linear:

$$\begin{aligned} u_1 x + v_1 y + w_1 z &= t_1 \\ u_2 x + v_2 y + w_2 z &= t_2 \\ u_3 x + v_3 y + w_3 z &= t_3 \end{aligned}$$

Vemos nele que $\vec{t} = (t_1, t_2, t_3)$ é combinação linear dos vetores $\vec{u} = (u_1, u_2, u_3)$, $\vec{v} = (v_1, v_2, v_3)$ e $\vec{w} = (w_1, w_2, w_3)$ na base ortonormal $E = (\vec{i}, \vec{j}, \vec{k})$.

1. Sistema possível e determinado: Cramer – apresenta solução única.

Vê-se, neste caso, que $\Delta \neq 0$ e Δx, Δy ou Δz assumem valores reais.

Solução do sistema linear: $x = \dfrac{\Delta x}{\Delta}$, $y = \dfrac{\Delta y}{\Delta}$ e $z = \dfrac{\Delta z}{\Delta}$ (Figura 3.4)

[1] Observar a posição relativa dos planos definidos pelas equações do sistema linear – Capítulo 3.

2. Sistema possível e indeterminado: apresenta infinitas soluções.

Vê-se, neste caso, que os determinantes $\Delta = \Delta x = \Delta y = \Delta z = 0$ (Figuras 3.5 e 3.6 do Capítulo 3).

Não considerar o caso em que os coeficientes das incógnitas nas equações do sistema sejam proporcionais entre si (coordenadas dos vetores paralelos $\vec{u}$, $\vec{v}$ e $\vec{w}$) e os termos independentes de variável (coordenadas de $\vec{t}$) não são proporcionais aos coeficientes das variáveis (Figura 3.9).

3. Sistema impossível: não apresenta solução. Casos:

a) $\Delta = \Delta x = \Delta y = \Delta z = 0$ e **apresenta** os coeficientes das variáveis proporcionais entre si (coordenadas dos vetores paralelos $\vec{u}$, $\vec{v}$ e $\vec{w}$) e **não** são proporcionais aos termos independentes de variável (coordenadas de $\vec{t}$) (Figura 3.9); e

b) $\Delta = 0$ e, pelo menos um dos determinantes, Δx , Δy ou Δz, seja diferente de zero. Os vetores $\vec{u}, \vec{v}$ e $\vec{w}$ são coplanares e nem todos são paralelos entre si, e $\vec{t}$ **não é** coplanar a eles (Figuras 3.7 e 3.8).

APÊNDICE 2

Mostre que $|\vec{u} \wedge \vec{v}| = |\vec{u}|.|\vec{v}|\operatorname{sen}\alpha$, em que $\vec{u} \neq \vec{0}$, $\vec{v} \neq \vec{0}$ e α é o ângulo entre $\vec{u}$ e $\vec{v}$.

Prova:

Temos, em 7.2.1, "Propriedades do produto escalar" (5. Lei dos cossenos), que $\vec{u}.\vec{v} = |\vec{u}|.|\vec{v}|.\cos\alpha$ e, daí, $(\vec{u}.\vec{v})^2 = |\vec{u}|^2.|\vec{v}|^2\cos^2\alpha$. Substituindo $(\cos^2\alpha)$ por $(1-\operatorname{sen}^2\alpha)$, segue que:

$$(\vec{u}.\vec{v})^2 = |\vec{u}|^2.|\vec{v}|^2(1-\operatorname{sen}^2\alpha) \text{ ou } (\vec{u}.\vec{v})^2 = |\vec{u}|^2|\vec{v}|^2 - |\vec{u}|^2|\vec{v}|^2\operatorname{sen}^2\alpha \qquad (1)$$

A sentença (1) é equivalente a $|\vec{u}|^2|\vec{v}|^2\operatorname{sen}^2\alpha = |\vec{u}|^2|\vec{v}|^2 - (\vec{u}.\vec{v})^2$ (2)

Podemos verificar que o segundo membro de (2) é igual a $|\vec{u} \wedge \vec{v}|^2$, isto é,

$|\vec{u} \wedge \vec{v}|^2 = |\vec{u}|^2|\vec{v}|^2 - (\vec{u}.\vec{v})^2$, relação conhecida como **identidade de Lagrange**.

Conferindo a identidade de Lagrange:

Sendo $\vec{u} = (u_1, u_2, u_3)$ e $\vec{v} = (v_1, v_2, v_3)$ em relação à base $(\vec{i}, \vec{j}, \vec{k})$, temos:

a) $|\vec{u} \wedge \vec{v}|^2 = \begin{vmatrix} u_2 & u_3 \\ v_2 & v_3 \end{vmatrix}^2 + \begin{vmatrix} u_3 & u_1 \\ v_3 & v_1 \end{vmatrix}^2 + \begin{vmatrix} u_1 & u_2 \\ v_1 & v_2 \end{vmatrix}^2 = (u_2v_3 - v_2u_3)^2 + (u_3v_1 - v_3u_1)^2 + (u_1v_2 - v_1u_2)^2$

b) $|\vec{u}|^2|\vec{v}|^2 - (\vec{u}.\vec{v})^2 = (u_1^2 + u_2^2 + u_3^2).(v_1^2 + v_2^2 + v_3^2) - (u_1v_1 + u_2v_2 + u_3v_3)^2$

Efetuando as operações indicadas no segundo membro de (b), reduzindo os termos semelhantes e agrupando as parcelas que formam os trinômios quadrados perfeitos, teremos o segundo membro de (a):

$$|\vec{u}|^2 |\vec{v}|^2 - (\vec{u}.\vec{v})^2 = (u_2v_3 - v_2u_3)^2 + (u_3v_1 - v_3u_1)^2 + (u_1v_2 - v_1u_2)^2$$

Portanto, segue que a identidade de Lagrange é verdadeira:

$$|\vec{u} \wedge \vec{v}|^2 = |\vec{u}|^2 |\vec{v}|^2 - (\vec{u}.\vec{v})^2$$

Substituindo o segundo membro de (2) pelo correspondente $|\vec{u} \wedge \vec{v}|^2$, temos

$$|\vec{u} \wedge \vec{v}|^2 = |\vec{u}|^2 |\vec{v}|^2 \operatorname{sen}^2\alpha . \qquad (3)$$

Sabemos que $\operatorname{sen}\alpha \geq 0$, $0 \leq \alpha \leq \pi$ (α é o ângulo entre os vetores $\vec{u}$ e $\vec{v}$) e, também, que $|\vec{u}|$ e $|\vec{v}|$ são ambos positivos, então, de (3), segue:

$$|\vec{u} \wedge \vec{v}| = |\vec{u}|.|\vec{v}| \operatorname{sen}\alpha .$$

APÊNDICE 3

Queremos obter, de modo prático, o gráfico de uma parábola, conhecidos a sua diretriz d e foco F.

Utilizaremos, para a construção do gráfico, um suporte de madeira, uma folha de papel, uma régua, um esquadro, um prego, um pedaço de barbante e um lápis.

A folha de papel com a diretriz (reta) d e foco F marcados é colocada sobre o suporte de madeira, sendo fixados o prego no foco e a régua ao longo da diretriz.

Um dos catetos do esquadro deverá deslizar sobre diretriz junto à régua.

Uma das pontas do barbante é presa no vértice oposto ao do cateto que desliza sobre a diretriz. O barbante deve ter o comprimento do cateto que não deslizará.

A ponta livre do barbante deverá ser fixada no foco F.

O lápis, tocando a folha e mantendo o barbante esticado junto ao cateto, desenhará a parábola, enquanto o outro cateto deslizará ao longo da régua.

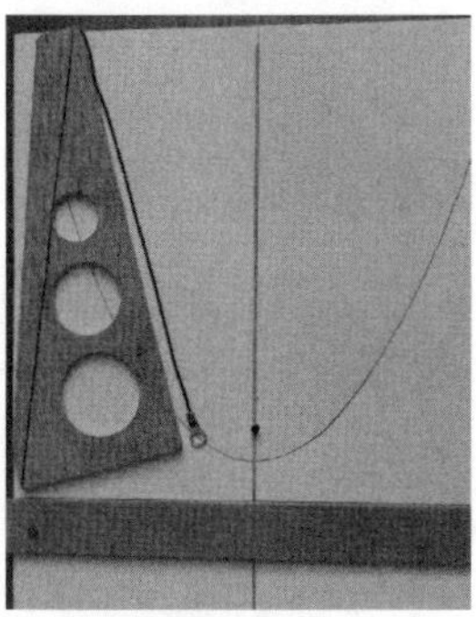

Figura Ap3.1

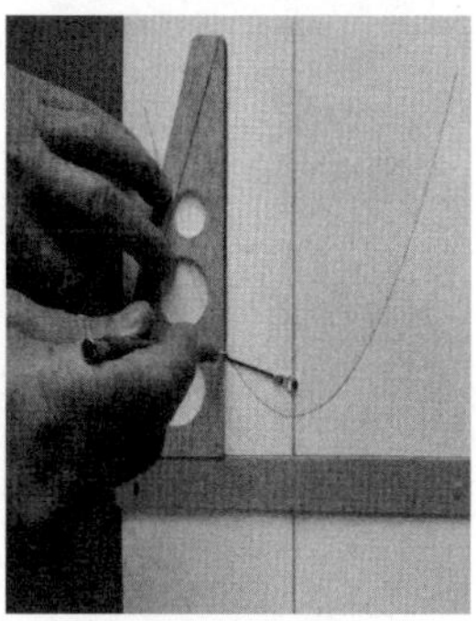

Figura Ap3.2

APÊNDICE 4

Queremos construir, de modo prático, o gráfico de uma elipse, conhecidas as posições de seus focos F_1 e F_2.

Utilizaremos, para a construção do gráfico, um suporte de madeira, uma folha de papel, dois pregos, um pedaço de barbante e um lápis.

A folha de papel com os focos marcados é colocada sobre o suporte de madeira, e os pregos são fixados sobre a posição dos focos F_1 e F_2.

As pontas do barbante são amarradas nos pregos. O comprimento do barbante deve ser maior que a distância entre os pregos.

A ponta do lápis, deslizando ao longo do barbante mantido esticado, marcará uma elipse sobre a folha de papel.

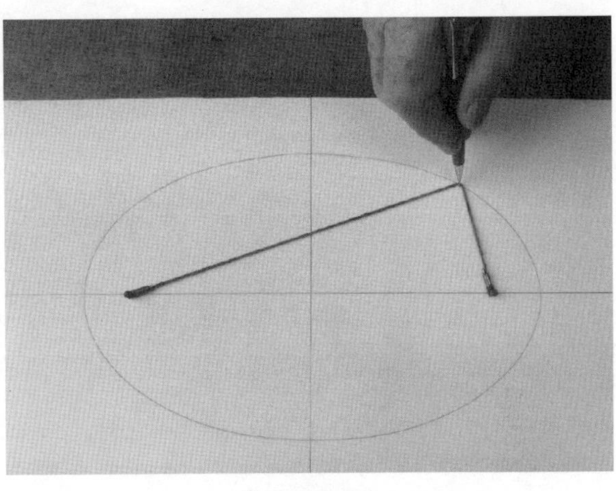

Figura Ap4.1

APÊNDICE 5

Queremos construir, de modo prático, o gráfico de uma hipérbole, conhecidas as posições de seus focos F_1 e F_2.

Utilizaremos, para a construção do gráfico, um suporte de madeira, uma folha de papel, dois pregos, uma haste rígida, um pedaço de barbante e um lápis.

O comprimento do barbante deverá ser menor que o da haste.

A folha de papel com os focos marcados é colocada sobre o suporte de madeira e os pregos fixados sobre eles.

Uma das extremidades da haste é fixada num dos focos e pode girar em torno dele. A extremidade da haste, que se encontra livre, tem uma ponta do barbante preso a ela.

A segunda ponta do barbante é posicionada junto ao prego no outro foco.

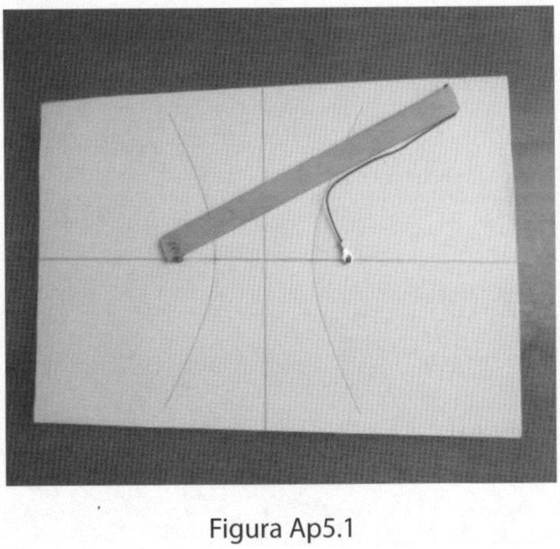

Figura Ap5.1

Figura Ap5.2

O lápis, deslizando ao longo da haste e mantendo o barbante esticado, marcará um dos ramos da hipérbole sobre o papel.

O ramo oposto da hipérbole é obtido de modo semelhante, com a articulação da haste no segundo foco.

BIOGRAFIAS

Georg Ferdinand Ludwig Philipp Cantor nasceu em São Petersburgo, na Rússia, em 3 de março de 1845 e faleceu em Halle, em 6 de janeiro de 1918. Doutorou-se em 1867 e foi docente na Universidade de Halle de 1869 até 1905. Começou seu trabalho em teoria dos conjuntos em 1874 e teoria do infinito, que são assuntos que aparecem em quase todos os ramos da matemática. Conhecido por ter elaborado a moderna teoria dos conjuntos, foi a partir dessa teoria que chegou ao conceito de número transfinito, incluindo as classes numéricas dos cardinais e ordinais e estabelecendo a diferença entre esses dois conceitos, que colocam novos problemas quando se referem a conjuntos infinitos.

John Venn nasceu em 4 de agosto de 1834 e faleceu em 4 de abril de 1923. Lógico inglês, empregou num artigo sobre o sistema lógico de Boole diagramas para representar a união e a intersecção de conjuntos em 1876. Por exemplo, Venn representou três círculos R, S, e T como objectos típicos de um conjunto U. As intersecções desses círculos e seus complementos dividem U em oito regiões disjuntas.

René Descartes, nascido na cidade de Touraine, na França, em 31 de março de 1596 e falecido na Holanda em 11 de fevereiro de 1650, foi o criador do sistema cartesiano. O livro que o consagrou intitula-se *La Géométrie* e foi publicado em 1637. Foi nele que Descartes desenvolveu o plano chamado cartesiano, introduzindo as coordenadas na geometria e abrindo aos matemáticos a possibilidade de resolver problemas algébricos graficamente. É em sua homenagem que o plano de coordenadas retangulares denomina-se plano cartesiano.

Johann Carl Friedrich Gauss nasceu em Braunschwick, Alemanha, em 30 de abril de 1777 e faleceu em 23 de fevereiro de 1855. Foi um matemático, astrônomo e físico alemão que contribuiu muito para diversas áreas da ciência, entre elas teoria dos números, estatística, análise matemática, geometria diferencial, geodésia, geofísica, eletroestática, astronomia e óptica. Gauss é universalmente reconhecido como o maior matemático do século XIX. Ao lado de Arquimedes e Isaac Newton, é conhecido com "o príncipe dos matemáticos".

John Napier nasceu em Edimburgo, na Escócia, em 1550 e faleceu em 1617. É o inventor dos logaritmos, tendo publicado em 1614 *Mirifici logarithmorum canonis descriptio (Descrição da maravilhosa lei dos logaritmos)*. A palavra "logaritmo" significa número da razão, pois junta as palavras gregas *logos* (razão) e *aritmos* (número). Nessa época houve grande desenvolvimento do comércio marítimo e, para facilitar os cálculos matemáticos, foram criadas as tábuas de logaritmos. Hoje, porém, com as calculadoras portáteis, as tábuas de logaritmos caíram em desuso.

Blaise Pascal nasceu em Clermont-Ferrand em 19 junho de 1623 e faleceu em Paris em 19 de agosto de 1662. Era filho de Étienne Pascal, professor de matemática. O talento precoce para as ciências físicas levou a família a Paris, onde ele se consagrou ao estudo da matemática. Acompanha o pai quando este foi transferido para Rouen e lá realizou as primeiras pesquisas no campo da física. Suas experiências sobre sons resultaram em um pequeno tratado (1634). No ano seguinte chegou à dedução de 32 proposições de geometria estabelecidas por Euclides. Em 1640, publicou *Essay pour les coniques*, obra na qual está formulado o célebre teorema de Pascal. Blaise Pascal contribuiu decisivamente para a criação de dois novos ramos da matemática: a geometria projetiva e a teoria das probabilidades.

Jean le Rond d'Alembert nasceu em Paris em 16 de novembro de 1717 e faleceu em Paris em 29 de outubro de 1783. Filósofo, matemático e físico, D'Alembert estudou teologia no Collège des Quatre-Nations e formou-se em Direito (1735-1738), mas só depois descobriu a sua vocação para a matemática e a física. Tornou-se famoso graças ao seu trabalho sobre cálculo integral, entrando para a Academia de Ciências em 1741, aos 24 anos de idade. Dois anos mais tarde publicou *O tratado da dinâmica*. Durante sua vida, D'Alembert participou ativamente das duas academias, contribuindo com diversas descobertas. Seus principais feitos se deram no campo da astronomia e da matemática, com estudos de equações com derivadas parciais e seu uso na física. Também provou que todas as equações polinomiais a uma variável de grau n têm exatamente n soluções.

Pierre Simon Marquis de Laplace nasceu em Beaumont-en--Auge, em 23 de março de 1749, e faleceu em Paris, em 5 de março de 1827. Foi matemático, astrônomo e físico e organizou a astronomia matemática, resumindo e ampliando o trabalho de seus predecessores nos cinco volumes do seu *Mécanique céleste (Mecânica celeste)* (1799-1825). Essa obra-prima traduziu o estudo geométrico da mecânica clássica usada por Isaac Newton para um estudo baseado em cálculo, conhecido como mecânica física. Ele também formulou a equação de Laplace. A transformada de Laplace aparece em todos os ramos da física matemática. Laplace passou a maior parte de sua vida trabalhando na astronomia matemática que culminou em sua obra-prima sobre a prova da estabilidade dinâmica do sistema solar, com a suposição de que ele consistia em um conjunto de corpos rígidos movendo-se no vácuo. Em 1812, Laplace publicou seu *Théorie analytique des probabilités*, um método para a estimativa da proporção do número de casos favoráveis, comparado ao número total de casos possíveis.

Carl Gustav Jakob Jacobi nasceu em Potsdam em 10 de dezembro de 1804 e faleceu em Berlim em 18 de fevereiro de 1851. Jacobi foi o primeiro matemático judeu a ser nomeado professor em uma universidade alemã. Seus trabalhos abrangem as aplicações das funções elípticas à teoria dos números. Com o trabalho de equações diferenciais, começou uma nova era na álgebra. Apresentou a teoria dos determinantes na fórmula simples como usada atualmente. Fez substanciais contribuições para a teoria da atração de Newton-Laplace-Lagrange e muitos outros. Jacobi morreu prematuramente devido à varíola.

Fonte:

Gabriel Cramer nasceu no dia 31 de julho de 1704 em Genebra, Suíça, e morreu em 4 de janeiro de 1752 em Bagnols-sur-Cèze, na França. Um dos três filhos de Jean Isaac Cramer, médico, Genebra, e de Anne Mallet, foi educado em Genebra e tinha somente 18 anos quando conseguiu seu doutorado (1722) com uma tese sobre a teoria do som.

RESOLUÇÕES DOS EXERCÍCIOS DE APLICAÇÃO

CAPÍTULO 1

EXERCÍCIOS DE APLICAÇÃO 1.1

1. a) As notas das avaliações em Matemática e Física do aluno João nos quatro bimestres de um determinado ano letivo foram, respectivamente, 8, 9, 7, 10 e 9, 7, 8, 9.

	1º bimestre	2º bimestre	3º bimestre	3º bimestre
Matemática	8	9	7	10
Física	9	7	8	9

A indústria B produz, por dia, 500 canetas com tinta na cor azul, 1.000 na preta e 300 na vermelha.

	Azul	Preta	Vermelha
Canetas	500	1.000	300

2. a) 2×4; b) 1×3 (outra possibilidade é obter novas tabelas com as linhas e colunas permutadas, assim, a) 4x2 e b) 3x1).

3. a)100; b) 72, basta obter o produto do número de linhas pelo número de colunas.

4. Duas matrizes serão iguais se os elementos correspondentes forem iguais, assim:

$$\begin{bmatrix} x+1 & 3 \\ 1 & y+2 \end{bmatrix} = \begin{bmatrix} 3 & 3 \\ x-1 & 3 \end{bmatrix} \Rightarrow \begin{cases} x+1=3 \\ y+2=3 \\ 1=x-1 \end{cases} \Rightarrow \begin{cases} x=2 \\ y=1 \end{cases}$$

5. Devemos estabelecer a igualdade:

$$\begin{bmatrix} x-y-z & z-1 & x-2y \\ x-y-2z & 1 & 0 \\ y-2z & 0 & 1 \end{bmatrix} = \begin{bmatrix} 1 & 0 & 0 \\ 0 & 1 & 0 \\ 0 & 0 & 1 \end{bmatrix} \Rightarrow \begin{cases} x-y-z=1 & (1) \\ x-y-2z=0 & (2) \\ y-2z=0 & (3) \\ z-1=0 & (4) \\ x-2y=0 & (5) \end{cases}$$

De (4), $z = 1$. Substituindo em (3), tem-se: $y = 2$. Substituindo $y = 2$ em (5), segue que: $x = 4$.

Devemos verificar, com estes valores, se as equações (1) e (2) são verdadeiras. Temos em (1) que $(4)-(2)-(1)=1$ e, em (2), que $(4)-(2)-2(1)=0$, portanto, ambas verdadeiras.

6. a) Devemos ter a matriz $A = \begin{bmatrix} a_{11} & a_{12} & a_{13} \\ a_{21} & a_{22} & a_{23} \\ a_{31} & a_{32} & a_{33} \end{bmatrix}$ e obter seus elementos utilizando a definição: $a_{ij} = (-i)^3 + 2j$.

Assim, $a_{11} = (-1)^3 + 2.1 = 1$, $a_{12} = (-1)^3 + 2.2 = 3$, $a_{13} = (-1)^3 + 2.3 = 5$, $a_{21} = (-2)^3 + 2.1 = -6$, $a_{22} = (-2)^3 + 2.2 = -4$, $a_{23} = (-2)^3 + 2.3 = -2$, $a_{31} = (-3)^3 + 2.1 = -25$, $a_{32} = (-3)^3 + 2.2 = -23$ e $a_{33} = (-3)^3 + 2.3 = -21$.

Logo, $A = \begin{bmatrix} 1 & 3 & 5 \\ -6 & -4 & -2 \\ -25 & -23 & -21 \end{bmatrix}$

b) Devemos ter a matriz $A = \begin{bmatrix} a_{11} & a_{12} & a_{13} \\ a_{21} & a_{22} & a_{23} \end{bmatrix}$ e obter seus elementos utilizando a definição: $a_{ij} = (i)^3 - j$.

Assim, $a_{11} = (1)^3 - 1 = 0$, $a_{12} = (1)^3 - 2 = -1$, $a_{13} = (1)^3 - 3 = -2$, $a_{21} = (2)^3 - 1 = 7$, $a_{22} = (2)^3 - 2 = 6$, $a_{23} = (2)^3 - 3 = 5$.

Logo, A = $\begin{bmatrix} 0 & -1 & -2 \\ 7 & 6 & 5 \end{bmatrix}$.

c) Devemos ter a matriz A = $\begin{bmatrix} a_{11} & a_{12} & a_{13} \\ a_{21} & a_{22} & a_{23} \\ a_{31} & a_{32} & a_{33} \end{bmatrix}$ e obter seus elementos utilizando a definição: $a_{ij} = \begin{cases} 1 & \text{se } i = j \\ 0 & \text{se } i \neq j \end{cases}$.

Assim, $a_{11} = 1$, $a_{12} = 0$, $a_{13} = 0$, $a_{21} = 0$, $a_{22} = 1$, $a_{23} = 0$, $a_{31} = 0$, $a_{32} = 0$ e $a_{33} = 1$.

Logo, A = $\begin{bmatrix} 1 & 0 & 0 \\ 0 & 1 & 0 \\ 0 & 0 & 1 \end{bmatrix}$.

EXERCÍCIOS DE APLICAÇÃO 1.2

1. $A + B = \begin{bmatrix} 2 & 0 & 1 \\ -2 & 1 & 3 \end{bmatrix} + \begin{bmatrix} -2 & 0 & 1 \\ 1 & 1 & 2 \end{bmatrix} = \begin{bmatrix} 0 & 0 & 2 \\ -1 & 2 & 5 \end{bmatrix}$

2. $A - B = \begin{bmatrix} 2 & 0 & 1 \\ -2 & 1 & 3 \end{bmatrix} - \begin{bmatrix} -2 & 0 & 1 \\ 1 & 1 & 2 \end{bmatrix} = \begin{bmatrix} 4 & 0 & 0 \\ -3 & 0 & 1 \end{bmatrix}$

3. $A - 2B = \begin{bmatrix} 2 & 0 & 1 \\ -2 & 1 & 3 \end{bmatrix} - 2\begin{bmatrix} -2 & 0 & 1 \\ 1 & 1 & 2 \end{bmatrix} = \begin{bmatrix} 2 & 0 & 1 \\ -2 & 1 & 3 \end{bmatrix} + \begin{bmatrix} 4 & 0 & -2 \\ -2 & -2 & -4 \end{bmatrix} =$

$$= \begin{bmatrix} 6 & 0 & -1 \\ -4 & -1 & -1 \end{bmatrix}$$

4. $3A - 2B + C = 3\begin{bmatrix} 2 & 0 & 1 \\ -2 & 1 & 3 \end{bmatrix} - 2\begin{bmatrix} -2 & 0 & 1 \\ 1 & 1 & 2 \end{bmatrix} + \begin{bmatrix} 1 & 0 & 1 \\ 3 & 1 & 0 \end{bmatrix} =$

$$= \begin{bmatrix} 6 & 0 & 3 \\ -6 & 3 & 9 \end{bmatrix} + \begin{bmatrix} 4 & 0 & -2 \\ -2 & -2 & -4 \end{bmatrix} + \begin{bmatrix} 1 & 0 & 1 \\ 3 & 1 & 0 \end{bmatrix} = \begin{bmatrix} 11 & 0 & 2 \\ -5 & 2 & 5 \end{bmatrix}$$

EXERCÍCIOS DE APLICAÇÃO 1.3

1. $$\begin{bmatrix} 0 & 1 & 2 \end{bmatrix}_{1x3} \cdot \begin{bmatrix} 1 \\ 2 \\ 3 \end{bmatrix}_{3x1} = \begin{bmatrix} 0.1+1.2+2.3 \end{bmatrix}_{1x1} = \begin{bmatrix} 8 \end{bmatrix}_{1x1}$$

2. $$\begin{bmatrix} 3 & 2 \\ 2 & 3 \end{bmatrix} \cdot \begin{bmatrix} 1 & 0 \\ 0 & 1 \end{bmatrix} = \begin{bmatrix} 3.1+2.0 & 3.0+2.1 \\ 2.1+3.0 & 2.0+3.1 \end{bmatrix} = \begin{bmatrix} 3 & 2 \\ 2 & 3 \end{bmatrix}$$

3. $$\begin{bmatrix} 2 & -1 \\ 0 & -3 \end{bmatrix} \cdot \begin{bmatrix} 3 & 2 & 1 \\ 4 & 0 & 2 \end{bmatrix} = \begin{bmatrix} 6-4 & 4+0 & 2-2 \\ 0-12 & 0 & 0-6 \end{bmatrix} = \begin{bmatrix} 2 & 4 & 0 \\ -12 & 0 & -6 \end{bmatrix}$$

4. $$\begin{bmatrix} 1 & 1 & 1 \\ 0 & 1 & 1 \\ 2 & 1 & 1 \end{bmatrix} \cdot \begin{bmatrix} 1 & -1 & 1 \\ 2 & 0 & 2 \\ 3 & -1 & 1 \end{bmatrix} = \begin{bmatrix} 1+2+3 & -1-1 & 1+2+1 \\ 2+3 & 0+0-1 & 2+1 \\ 2+2+3 & -2-1 & 2+2+1 \end{bmatrix} = \begin{bmatrix} 6 & -2 & 4 \\ 5 & -1 & 3 \\ 7 & -3 & 5 \end{bmatrix}$$

5. $$\begin{bmatrix} 1 & 0 & 0 \\ 0 & 1 & 0 \\ 0 & 0 & 1 \end{bmatrix} \cdot \begin{bmatrix} 2 & -3 & 0 \\ 1 & 2 & 1 \\ 3 & 1 & 1 \end{bmatrix} = \begin{bmatrix} 2 & -3 & 0 \\ 1 & 2 & 1 \\ 3 & 1 & 1 \end{bmatrix}$$

6. $$A.B^t = \begin{bmatrix} 3 & 4 & 5 \\ 2 & -1 & 4 \end{bmatrix} \cdot \begin{bmatrix} 3 \\ 2 \\ 1 \end{bmatrix} = \begin{bmatrix} 9+8+5 \\ 6-2+4 \end{bmatrix} = \begin{bmatrix} 22 \\ 8 \end{bmatrix}$$

7.

Lava-jato A		
	Horas/unidade de serviço	
Tipo de serviço	Carro popular	Carro luxo
Lavagem externa	0,25	0,30
Aspiração	0,10	0,15
Limpeza interna	0,50	0,60

Lava-jato B	
Movimento diário	
Tipo/carro	Carro/atendido
Popular	21
Luxo	10

O número de horas gastas por dia em cada tipo de serviço é dado pelo produto das matrizes A e B:

$$A.B = \begin{bmatrix} 0,25 & 0,30 \\ 0,10 & 0,15 \\ 0,50 & 0,60 \end{bmatrix} \cdot \begin{bmatrix} 21 \\ 10 \end{bmatrix} = \begin{bmatrix} (0,25).21+(0,30).10 \\ (0,10).21+(0,15).10 \\ (0,50).21+(0,60).10 \end{bmatrix} = \begin{bmatrix} 8,25h \\ 3,6h \\ 16,5h \end{bmatrix} \begin{matrix} \text{Lavagem} \\ \text{Aspirar} \\ \text{Limpeza} \end{matrix}$$

EXERCÍCIOS DE APLICAÇÃO 1.4

1. Se a matriz A é inversa de B, então A.B = I_2.

Efetuando o produto $A.B = \begin{bmatrix} -3 & 4 \\ 4 & -5 \end{bmatrix} . \begin{bmatrix} 5 & 4 \\ 4 & 3 \end{bmatrix} = \begin{bmatrix} 1 & 0 \\ 0 & 1 \end{bmatrix} = I_2$. Logo, a matriz A é inversa de B. Resposta: Sim.

2. Uma matriz A tem inversa só se det(A) $\neq$ 0. Vemos que $\begin{vmatrix} 2 & 4 \\ 1 & 2 \end{vmatrix} = 4 - 4 = 0$.

Logo, a matriz dada não possui inversa, pois possui filas proporcionais.

3. $$\begin{bmatrix} 1 & 0 & 1 \\ 0 & 1 & 2 \\ 0 & 1 & 0 \end{bmatrix} . \begin{bmatrix} 1 & 0 & 0 \\ 0 & 1 & 0 \\ 0 & 0 & 1 \end{bmatrix} -L_2 + L_3 \quad \Rightarrow$$

$$\begin{bmatrix} 1 & 0 & 1 \\ 0 & 1 & 2 \\ 0 & 0 & -2 \end{bmatrix} . \begin{bmatrix} 1 & 0 & 0 \\ 0 & 1 & 0 \\ 0 & -1 & 1 \end{bmatrix} L_3/(-2) \quad \Rightarrow$$

$$\begin{bmatrix} 1 & 0 & 1 \\ 0 & 1 & 2 \\ 0 & 0 & 1 \end{bmatrix} . \begin{bmatrix} 1 & 0 & 0 \\ 0 & 1 & 0 \\ 0 & 1/2 & -1/2 \end{bmatrix} -2L_3 + L_2 \Rightarrow$$

$$\begin{bmatrix} 1 & 0 & 1 \\ 0 & 1 & 0 \\ 0 & 0 & 1 \end{bmatrix} . \begin{bmatrix} 1 & 0 & 0 \\ 0 & 0 & 1 \\ 0 & 1/2 & -1/2 \end{bmatrix} -L_3 + L_1 \quad \Rightarrow$$

$$\begin{bmatrix} 1 & 0 & 0 \\ 0 & 1 & 0 \\ 0 & 0 & 1 \end{bmatrix} . \begin{bmatrix} 1 & -1/2 & 1/2 \\ 0 & 0 & 1 \\ 0 & 1/2 & -1/2 \end{bmatrix}.$$

Logo, $A^{-1} = \begin{bmatrix} 1 & -1/2 & 1/2 \\ 0 & 0 & 1 \\ 0 & 1/2 & -1/2 \end{bmatrix}$.

Confirmação:

$$A.A^{-1} = \begin{bmatrix} 1 & 0 & 1 \\ 0 & 1 & 2 \\ 0 & 1 & 0 \end{bmatrix} . \begin{bmatrix} 1 & -1/2 & 1/2 \\ 0 & 0 & 1 \\ 0 & 1/2 & -1/2 \end{bmatrix} = \begin{bmatrix} 1 & 0 & 0 \\ 0 & 1 & 0 \\ 0 & 0 & 1 \end{bmatrix} = I_3.$$

4. $$\begin{bmatrix} 1 & 0 & 0 & 0 \\ 2 & 1 & 0 & 1 \\ 0 & 1 & 1 & 2 \\ 1 & 1 & 1 & 1 \end{bmatrix} . \begin{bmatrix} 1 & 0 & 0 & 0 \\ 0 & 1 & 0 & 0 \\ 0 & 0 & 1 & 0 \\ 0 & 0 & 0 & 1 \end{bmatrix} \begin{matrix} \\ -2L_1 + L_2 \\ \\ -L_1 + L_4 \end{matrix} \Rightarrow$$

$$\begin{bmatrix} 1 & 0 & 0 & 0 \\ 0 & 1 & 0 & 1 \\ 0 & 1 & 1 & 2 \\ 0 & 1 & 1 & 1 \end{bmatrix} . \begin{bmatrix} 1 & 0 & 0 & 0 \\ -2 & 1 & 0 & 0 \\ 0 & 0 & 1 & 0 \\ -1 & 0 & 0 & 1 \end{bmatrix} \begin{matrix} \\ \\ -L_2 + L_3 \\ -L_2 + L_4 \end{matrix} \Rightarrow$$

$$\begin{bmatrix} 1 & 0 & 0 & 0 \\ 0 & 1 & 0 & 1 \\ 0 & 0 & 1 & 1 \\ 0 & 0 & 1 & 0 \end{bmatrix} . \begin{bmatrix} 1 & 0 & 0 & 0 \\ -2 & 1 & 0 & 0 \\ 2 & -1 & 1 & 0 \\ 1 & -1 & 0 & 1 \end{bmatrix} \begin{matrix} \\ \\ \\ -L_3 + L_4 \end{matrix} \Rightarrow$$

$$\begin{bmatrix} 1 & 0 & 0 & 0 \\ 0 & 1 & 0 & 1 \\ 0 & 0 & 1 & 1 \\ 0 & 0 & 0 & -1 \end{bmatrix} . \begin{bmatrix} 1 & 0 & 0 & 0 \\ -2 & 1 & 0 & 0 \\ 1 & -1 & 1 & 0 \\ -1 & 0 & -1 & 1 \end{bmatrix} \begin{matrix} \\ \\ \\ -L_4 \end{matrix} \Rightarrow$$

$$\begin{bmatrix} 1 & 0 & 0 & 0 \\ 0 & 1 & 0 & 1 \\ 0 & 0 & 1 & 1 \\ 0 & 0 & 0 & 1 \end{bmatrix} . \begin{bmatrix} 1 & 0 & 0 & 0 \\ -2 & 1 & 0 & 0 \\ 2 & -1 & 1 & 0 \\ 1 & 0 & 1 & -1 \end{bmatrix} \begin{matrix} \\ -L_4 + L_2 \\ -L_4 + L_3 \\ \\ \end{matrix} \Rightarrow$$

$$\begin{bmatrix} 1 & 0 & 0 & 0 \\ 0 & 1 & 0 & 0 \\ 0 & 0 & 1 & 0 \\ 0 & 0 & 0 & 1 \end{bmatrix} . \begin{bmatrix} 1 & 0 & 0 & 0 \\ -3 & 1 & -1 & 1 \\ 1 & -1 & 0 & 1 \\ 1 & 0 & 1 & -1 \end{bmatrix}$$

Confirmando:

$$A.A^{-1} = \begin{bmatrix} 1 & 0 & 0 & 0 \\ 2 & 1 & 0 & 1 \\ 0 & 1 & 1 & 2 \\ 1 & 1 & 1 & 1 \end{bmatrix} . \begin{bmatrix} 1 & 0 & 0 & 0 \\ -3 & 1 & -1 & 1 \\ 1 & -1 & 0 & 1 \\ 1 & 0 & 1 & -1 \end{bmatrix} = \begin{bmatrix} 1 & 0 & 0 & 0 \\ 0 & 1 & 0 & 0 \\ 0 & 0 & 1 & 0 \\ 0 & 0 & 0 & 1 \end{bmatrix} = I_4$$

CAPÍTULO 2

EXERCÍCIOS DE APLICAÇÃO 2.1

1. a) $\det\begin{bmatrix}\sqrt{3} & 2\\ 1 & \sqrt{3}\end{bmatrix} = \begin{vmatrix}\sqrt{3} & 2\\ 1 & \sqrt{3}\end{vmatrix} = (\sqrt{3})^2 - 1.2 = 3 - 2 = 1$

b) $\det\begin{bmatrix}2 & -1\\ 3 & 2\end{bmatrix} = \begin{vmatrix}2 & -1\\ 3 & 2\end{vmatrix} = 2.2 - 3(-1) = 7$

c) $\det\begin{bmatrix}0 & 6\\ 2 & 1\end{bmatrix} = \begin{vmatrix}0 & 6\\ 2 & 1\end{vmatrix} = 0.1 - 2.6 = -12$

d) $\det\begin{bmatrix}1 & 0 & 3\\ -2 & 1 & -1\\ 0 & 2 & 1\end{bmatrix} = \begin{vmatrix}1 & 0 & 3\\ -2 & 1 & -1\\ 0 & 2 & 1\end{vmatrix}\begin{matrix}1 & 0\\ -2 & 1\\ 0 & 2\end{matrix} = (1+0-12) - (0-2+0) = -9$

2. a) $\begin{vmatrix}1-x & -\sqrt{3}\\ \sqrt{3} & 1+x\end{vmatrix} = 0 \Rightarrow (1-x)\,(1+x) + 3 = 0 \Rightarrow x^2 = 4 \Rightarrow V = \{2, -2\}$

b) $\begin{vmatrix}2-x & -1\\ 4 & 2\end{vmatrix} = 0 \Rightarrow 2\,(2-x) - (-1)(4) = 0 \Rightarrow -2\,x = -8 \Rightarrow V = \{4\}$

c) $\begin{vmatrix}1 & 0 & x\\ 1 & 1 & 2\\ 1 & x & 2\end{vmatrix} = 0 \Rightarrow 2 + x^2 - x - 2x = 0 \Rightarrow x^2 - 3x + 2 = 0 \Rightarrow V = \{1, 2\}$

d) $\begin{vmatrix}2 & 4 & 1\\ 1 & x & 3\\ x & 0 & 1\end{vmatrix} = 0 \Rightarrow x^2 - 14x + 4 = 0 \Rightarrow V = \{7 - 3\sqrt{5},\ \ 7 + 3\sqrt{5}\}$

3. a) $\begin{vmatrix} 2 & 3 & 1 \\ 1 & 5 & 3 \\ 2 & 3 & 1 \end{vmatrix} = 0$. As linhas L_1 e L_3 são iguais e, por 2.2.4. propriedade 4, o determinante é zero.

b) $\begin{vmatrix} 1 & 0 & 2 \\ 2 & 1 & 4 \\ 3 & 5 & 6 \end{vmatrix} = 0$. As colunas C_1 e C_3 são proporcionais e, por 2.2.6. propriedade 6, o determinante é zero.

c) $\begin{vmatrix} 1 & 0 & 1 \\ 1 & 1 & 2 \\ 1 & 3 & 4 \end{vmatrix} = 0$. A coluna $C_3 = C_1 + C_2$, isto é, $\begin{vmatrix} 1 & 0 & 1+0 \\ 1 & 1 & 1+1 \\ 1 & 3 & 1+3 \end{vmatrix}$. Pela observação

2.8, Jacobi: $\begin{vmatrix} 1 & 0 & 1+0 \\ 1 & 1 & 1+1 \\ 1 & 3 & 1+3 \end{vmatrix} = \begin{vmatrix} 1 & 0 & 1 \\ 1 & 1 & 1 \\ 1 & 3 & 1 \end{vmatrix} + \begin{vmatrix} 1 & 0 & 0 \\ 1 & 1 & 1 \\ 1 & 3 & 3 \end{vmatrix} = 0$ tendo em vista que os determinantes parcelas tem colunas iguais, logo, por 2.2.4, propriedade 4, eles são iguais a zero.

d) $\begin{vmatrix} 4 & 3 & 1 \\ 3 & 1 & 2 \\ 6 & -1 & 7 \end{vmatrix} = 0$. A coluna $C_1 = C_2 + C_3$. Analoagamente ao exercício c) acima, temos que o determinante é zero.

4. a) $\begin{vmatrix} 1 & 0 & 1 \\ 1/3 & 1/2 & 1/3 \\ -2 & 1 & 1 \end{vmatrix} = \frac{1}{6}\begin{vmatrix} 1 & 0 & 1 \\ 2 & 3 & 2 \\ -2 & 1 & 1 \end{vmatrix} = \frac{1}{6}[3+2+6-2] = \frac{3}{2}$

b) $\begin{vmatrix} 1/2 & 1 & 0 \\ 0 & 1/3 & 0 \\ 1 & 0 & 1/4 \end{vmatrix} = \begin{vmatrix} 1/2 & 2/2 & 0 \\ 0 & 1/3 & 0 \\ 4/4 & 0 & 1/4 \end{vmatrix} = (\frac{1}{2}.\frac{1}{3}.\frac{1}{4}).\begin{vmatrix} 1 & 2 & 0 \\ 0 & 1 & 0 \\ 4 & 0 & 1 \end{vmatrix} =$

$= (\frac{1}{2}.\frac{1}{3}.\frac{1}{4}).1.\begin{vmatrix} 1 & 2 \\ 0 & 1 \end{vmatrix} = \frac{1}{24}$

c) $\begin{vmatrix} 1 & 0 & 1 \\ 1/3 & 2 & 3 \\ -2 & 1 & 0 \end{vmatrix} = \begin{vmatrix} 1 & 0 & 1 \\ 1/3 & 6/3 & 9/3 \\ -2 & 1 & 0 \end{vmatrix} = \frac{1}{3}\begin{vmatrix} 1 & 0 & 1 \\ 1 & 6 & 9 \\ -2 & 1 & 0 \end{vmatrix} = \frac{1}{3}[1+12-9] = \frac{4}{3}$

5. a) Seja $\det A = \begin{vmatrix} 2 & -1 & 0 & 3 \\ 5 & 0 & -1 & 0 \\ 0 & -3 & 0 & 5 \\ 1 & 0 & 0 & 1 \end{vmatrix}$

Utilizar o teorema de Laplace expandido pela terceira coluna. O elemento diferente de zero está na segunda linha e terceira coluna:

$$\det A = (-1)^{2+3}.(-1).\begin{vmatrix} 2 & -1 & 3 \\ 0 & -3 & 5 \\ 1 & 0 & 1 \end{vmatrix} = (1).\begin{vmatrix} 2 & -1 & 3 \\ 0 & -3 & 5 \\ 1 & 0 & 1 \end{vmatrix} = -2$$

b) Seja $\det B = \begin{vmatrix} 2 & 1 & 1 & 1 \\ 1 & 2 & 1 & 1 \\ 1 & 1 & 2 & 1 \\ 1 & 1 & 1 & 2 \end{vmatrix}$

Fixar a quarta linha e promover operações convenientes para tornar zeros os três primeiros elementos da 1ª coluna (teorema de Jacobi)

$$\det B = \begin{vmatrix} 2 & 1 & 1 & 1 \\ 1 & 2 & 1 & 1 \\ 1 & 1 & 2 & 1 \\ 1 & 1 & 1 & 2 \end{vmatrix} \begin{matrix} (-2)L_4 + L_1 \\ (-1)L_4 + L_2 \\ (-1)L_4 + L_3 \\ \end{matrix} = \begin{vmatrix} 0 & -1 & -1 & -3 \\ 0 & 1 & 0 & -1 \\ 0 & 0 & 1 & -1 \\ 1 & 1 & 1 & 2 \end{vmatrix}$$

Utilizar o teorema de Laplace expandido pela primeira coluna. O elemento diferente de zero está na quarta linha e primeira coluna:

$$\det B = (-1)^{4+1}.(1).\begin{vmatrix} -1 & -1 & -3 \\ 1 & 0 & -1 \\ 0 & 1 & -1 \end{vmatrix} = (-1).\begin{vmatrix} -1 & -1 & -3 \\ 1 & 0 & -1 \\ 0 & 1 & -1 \end{vmatrix} = 5$$

c) Seja $\det C = \begin{vmatrix} 1 & 1 & 1 & 2 \\ 1 & 1 & 2 & 1 \\ 1 & 2 & 1 & 1 \\ 2 & 1 & 1 & 1 \end{vmatrix}$

Fixar a primeira linha e promover operações convenientes para tornar zeros os elementos da primeira coluna a partir do segundo (teorema de Jacobi).

$$\det B = \begin{vmatrix} 1 & 1 & 1 & 2 \\ 1 & 1 & 2 & 1 \\ 1 & 2 & 1 & 1 \\ 2 & 1 & 1 & 1 \end{vmatrix} \begin{matrix} \\ (-1)L_1 + L_2 \\ (-1)L_1 + L_3 \\ (-2)L_1 + L_4 \end{matrix} = \begin{vmatrix} 1 & 1 & 1 & 2 \\ 0 & 0 & 1 & -1 \\ 0 & 1 & 0 & -1 \\ 0 & -1 & -1 & -3 \end{vmatrix}$$

Utilizar o teorema de Laplace expandido pela primeira coluna. O elemento diferente de zero está na primeira linha e primeira coluna:

$$\det B = (-1)^{1+1}.(1).\begin{vmatrix} 0 & 1 & -1 \\ 1 & 0 & -1 \\ -1 & -1 & -3 \end{vmatrix} = (1).\begin{vmatrix} 0 & 1 & -1 \\ 1 & 0 & -1 \\ -1 & -1 & -3 \end{vmatrix} = 5$$

6. Utilizar o teorema de Laplace expandido pela primeira linha do determinante:

$$(1-x)\begin{vmatrix} 1-x & 1 \\ 1 & 1-x \end{vmatrix} - \begin{vmatrix} 1 & 1 \\ 1 & 1-x \end{vmatrix} + 1.\begin{vmatrix} 1 & 1-x \\ 1 & 1 \end{vmatrix} = 0.$$

Resolvendo os determinantes de segunda ordem, segue que

$$(1-x)\left[(1-x)^2 - 1\right] - \left[1-x-1\right] + \left[1-1+x\right] = 0$$

$$3x^2 - x^3 = 0 \quad \Rightarrow \quad x^2(3-x) = 0 \quad \Rightarrow \quad V = \{0, 3\}$$

7. Temos que $x(1-x)+14 = 1.\begin{vmatrix} x & -6 \\ 3 & x-5 \end{vmatrix} \Rightarrow x - x^2 + 14 = x(x-5)+18$ e, daí, $2x^2 - 6x + 4 = 0 \quad \Rightarrow \quad V = \{1, 2\}$.

8. Temos que $\det A = \begin{vmatrix} 2 & x \\ -3 & 6 \end{vmatrix} = 0 \Rightarrow \det A = 12 + 3x = 0 \Rightarrow x = -4 \Rightarrow V = \{-4\}$

9. Expandindo o determinante pela primeira linha, temos:

$$1.\begin{vmatrix} x & b \\ b & x \end{vmatrix} - 1.\begin{vmatrix} a & b \\ b & x \end{vmatrix} + 1.\begin{vmatrix} a & x \\ b & b \end{vmatrix} = 0 \Rightarrow x^2 - b^2 - (ax - b^2) + ab - bx = 0 \text{ e, daí,}$$

$$x^2 - (a+b)x + ab = 0 \Rightarrow V = \{a, b\}$$

10. Temos, das equações dadas, que: $x + 2y = 7$ e $3x - 4y/2 = -3$. Logo,

$\begin{cases} x+2y=7 \\ 3x-2y=-3 \end{cases}$. Adicionando as equações: $4x = 4$ e, daí, $x = 1$. Substituindo $x = 1$ na primeira equação do sistema, obtemos $y = 3$. Portanto, $V = \{(1,3)\}$.

CAPÍTULO 3

EXERCÍCIOS DE APLICAÇÃO 3.1

Observação: Utilizaremos as relações dadas em **3.2.1, "Sistemas lineares de duas equações e duas incógnitas"** (5), e **3.2.2, "Sistemas lineares de *n* equações e *n* incógnitas"** (6), na resolução dos exercícios.

1. a) Temos que: $\Delta = \begin{vmatrix} 1 & 2 \\ -1 & 3 \end{vmatrix} = 5$, $\Delta_x = \begin{vmatrix} 4 & 2 \\ 1 & 3 \end{vmatrix} = 10$ e $\Delta_y = \begin{vmatrix} 1 & 4 \\ -1 & 1 \end{vmatrix} = 5$. E, pela relação (5), segue que $x = \dfrac{\Delta_x}{\Delta} = \dfrac{10}{5} = 2$ e $y = \dfrac{\Delta_y}{\Delta} = \dfrac{5}{5} = 1$. Neste caso, o sistema é possível e determinado, isto é, possui uma só solução V = {(2,1)}. O gráfico cartesiano, tendo em vista as equações do sistema, são retas concorrentes.

   Note que as razões entre os coeficientes correspondentes às variáveis e termos independentes nas equações do sistema não são proporcionais: $\dfrac{1}{-1} \neq \dfrac{2}{3} \neq \dfrac{4}{1}$.

   b) Temos que: $\Delta = \begin{vmatrix} 2 & 4 \\ 3 & 6 \end{vmatrix} = 0$, $\Delta_x = \begin{vmatrix} 3 & 4 \\ 4 & 6 \end{vmatrix} = 0$ e $\Delta_y = \begin{vmatrix} 2 & 6 \\ 3 & 9 \end{vmatrix} = 0$. Segue de (5) que $.0 = 0$ e $y.0 = 0$. Neste caso, o sistema possui uma infinidade de

   pares de soluções: (3,0), (0,3/2), (1,1), ... e, assim, o sistema é possível e indeterminado. O gráfico cartesiano, tendo em vista as equações do sistema, são retas coincidentes.

   Note que as razões entre os coeficientes correspondentes das equações do sistema são proporcionais: $\dfrac{2}{3} = \dfrac{4}{6} = \dfrac{6}{9}$.

c) Temos que: $\Delta = \begin{vmatrix} 2 & 4 \\ 3 & 6 \end{vmatrix} = 0$, $\Delta_x = \begin{vmatrix} 3 & 4 \\ 4 & 6 \end{vmatrix} = 2$ e $\Delta_y = \begin{vmatrix} 2 & 3 \\ 3 & 4 \end{vmatrix} = -1$. Segue de (5) que $x.0 = 2$ e $y.0 = -1$. Neste caso, o sistema não possui solução, visto

que não é possível obter x ou y que, multiplicados por zero, resultem em número diferente de zero.

Portanto, o sistema é impossível. O gráfico cartesiano, tendo em vista as equações do sistema, é formado por retas paralelas.

Note que os coeficientes das incógnitas são proporcionais entre si, mas não são proporcionais aos termos independentes de variável $\frac{2}{3} = \frac{4}{6} \neq \frac{3}{4}$.

2. a) $\begin{cases} x + \alpha y = 1 \\ x + 2y = 3 \end{cases}$

Se $\alpha = 2$, o sistema é impossível, pois o determinante principal é zero e os das incógnitas diferente de zero. Se $\alpha \neq 2$, o determinante principal é diferente de zero e o sistema é possível e determinado.

b) $\begin{cases} x + y = 1 \\ 3x + 3y = \beta + 1 \end{cases}$

Se $\beta = 2$, o sistema é indeterminado, pois o determinante principal e o das incógnitas são iguais a zero. Se $\beta \neq 2$, o sistema é impossível, pois o determinante principal é zero e os das incógnitas diferentes de zero.

c) $\begin{cases} 2x + \gamma y = 3 \\ \text{k}.x + \gamma y = 6 \end{cases}$

Se $\text{k} = 2$ e $\forall \gamma \in \mathbb{R}$ ou $\text{k} \neq 4$ e $\gamma = 0$ o sistema é impossível (mesmo fato descrito em 2(a) com $\alpha = 2$). Se $\text{k} \neq 2$ e $\gamma \neq 0$, o sistema é possível e determinado (o determinante principal é diferente de zero). Se $\text{k} = 4$ e $\gamma = 0$, o sistema é indeterminado.

3. a) $\begin{cases} \alpha x - y + z = 3 \\ -x + y + z = \beta \\ x + y + \alpha z = 1 \end{cases}$.

Temos que $\Delta = \begin{vmatrix} \alpha & -1 & 1 \\ -1 & 1 & 1 \\ 1 & 1 & \alpha \end{vmatrix} = \alpha^2 - 2\alpha - 3 = 0 \Rightarrow \alpha = 3$ ou $\alpha = -1$.

1º) Consideremos α = 3:

Temos que Δ = 0 e sendo $\Delta_x = \Delta_y = \Delta_z = 0$, obtemos $\beta = -1$.

Assim, α = 3 e $\beta = -1$ o sistema é indeterminado. Os valores dos termos independentes de variável coincidem com os correspondentes coeficientes da variável x.

Os pontos que satisfazem as equações do sistema são tais que $\dfrac{x-1}{-1} = \dfrac{y}{-2} = \dfrac{z}{1}$.

2º) Consideremos α = –1:

Temos que Δ = 0 e, neste caso, $\Delta_x = \Delta_y = 0$ e $\Delta_z = -8$, $\forall \beta \in \mathbb{R}$. Assim, o sistema é impossível.

3º) Se α ≠ 3 ou α ≠ –1o sistema é possível e determinado , pois (simbolo de delta diferente) 0.

b) $\begin{cases} 2x - 3y + z = \alpha \\ x + y + 3z = -5 \\ 3x + \beta y + 4z = 0 \end{cases}$

Temos que $\Delta = \begin{vmatrix} 2 & -3 & 1 \\ 1 & 1 & 3 \\ 3 & \beta & 4 \end{vmatrix} = -5\beta - 10 = 0 \Rightarrow \beta = -2$.

Se $\beta \neq -2$, o sistema é possível e determinado $\forall \alpha \in \mathbb{R}$.

Se $\beta = -2$ e α ≠ 5 o sistema é impossível, pois $\Delta = 0,\ \Delta_x \neq 0,\ \Delta_y \neq 0$ e $\Delta_z \neq 0$.

Se $\beta = -2$ e α = 5, teremos $\Delta = \Delta_x = \Delta_y = \Delta_z = 0$. Os coeficientes das incógnitas não são proporcionais entre si e também aos correspondentes termos independentes de variável (ver Apêndice 1, Exemplo 2). Sistema possível e indeterminado.

4. a) $\begin{cases} (\beta - 1)x + \beta y = 0 \\ 4x + 3y = 0 \end{cases}$. O sistema terá única solução se ocorrer $\Delta \neq 0$. Assim,

$\Delta = \begin{vmatrix} \beta - 1 & \beta \\ 4 & 3 \end{vmatrix} = 3(\beta - 1) - 4\beta \neq 0 \Rightarrow \beta \neq -3$ e o sistema é possível e determinado.

Caso $\beta = -3$ o sistema será possível e indeterminado.

b) $\begin{cases} \beta x + 3y = 0 \\ \beta x - 4y = 0 \end{cases}$. Analogamente, temos que:

$\Delta = \begin{vmatrix} & 3 \\ \beta & -4 \end{vmatrix} = -4\beta - 3\beta = -7\beta \neq 0 \Rightarrow \beta \neq 0$ e o sistema será possível e determinado. Se $\beta = 0$ temos $\Delta = \Delta_x = \Delta_y = 0$ e o sistema é possível e indeterminado.

5. a) $\begin{cases} x + y + 3z = 2 \\ 2x + 2y + z = 3 \\ x + y - 2z = 1 \end{cases}$. Temos que $\Delta = \begin{vmatrix} 1 & 1 & 3 \\ 2 & 2 & 1 \\ 1 & 1 & -2 \end{vmatrix} = 0$ e, também, que $\Delta_x = \Delta_y = \Delta_z = 0$. E o sistema é possível e indeterminado. A interseção dos três planos é uma reta que contém os pontos A(0,7/5,1/5) e B(1,2/5,1/5).

b) $\begin{cases} x + y + 3z = 1 \\ 2x + 2y + z = 2 \\ x + y - 2z = 3 \end{cases}$. Temos que $\Delta = \begin{vmatrix} 1 & 1 & 3 \\ 2 & 2 & 1 \\ 1 & 1 & -2 \end{vmatrix} = 0$ e, também, que $\Delta_x = -10$, $\Delta_y = 10$ e $\Delta_z = 0$. Sistema impossível.

c) $\begin{cases} x + 2y + 3z = 2 \\ x + 2y + 3z = 3 \\ x + 2y + 3z = 1 \end{cases}$. Temos que $\Delta = \begin{vmatrix} 1 & 2 & 3 \\ 1 & 2 & 3 \\ 1 & 2 & 3 \end{vmatrix} = 0$ e, também, que $\Delta_x = \Delta_y = \Delta_z = 0$. Os coeficientes das incógnitas são proporcionais entre si, mas não proporcionais aos termos independentes de variável. Os planos são paralelos distintos. Sistema impossível.

d) $\begin{cases} x + z = 1 \\ y - 3z = -2 \\ x - y = 3 \end{cases}$. Temos que $\Delta = \begin{vmatrix} 1 & 0 & 1 \\ 0 & 1 & -3 \\ 1 & -1 & 0 \end{vmatrix} = -4$ e, também, que $\Delta_x = -4$ e $\Delta_y = 8$ e $\Delta_z =$ O. Logo, o sistema é possível e determinado. Os planos se interceptam no ponto $(1, -2, 0)$.

EXERCÍCIOS DE APLICAÇÃO 3.2

a) Temos que: $\begin{bmatrix} 1 & 1 & 0 \\ -1 & -1 & 1 \\ 2 & 1 & 1 \end{bmatrix} \begin{bmatrix} x \\ y \\ z \end{bmatrix} = \begin{bmatrix} 3 \\ -1 \\ 6 \end{bmatrix}$, isto é, A . X = B.

Inverter a matriz principal: $A = \begin{bmatrix} 1 & 1 & 0 \\ -1 & -1 & 1 \\ 2 & 1 & 1 \end{bmatrix}$:

$$\left[\begin{array}{ccc|ccc} 1 & 1 & 0 & 1 & 0 & 0 \\ -1 & -1 & 1 & 0 & 1 & 0 \\ 2 & 1 & 1 & 0 & 0 & 1 \end{array}\right] \begin{matrix} \\ L_1 + L_2 \\ -2L_1 + L_2 \end{matrix} \Rightarrow \left[\begin{array}{ccc|ccc} 1 & 1 & 0 & 1 & 0 & 0 \\ 0 & 0 & 1 & 1 & 1 & 0 \\ 0 & -1 & 1 & -2 & 0 & 1 \end{array}\right] \begin{matrix} L_3 + L_1 \\ L_2 + L_3 \\ \\ \end{matrix} \Rightarrow$$

$$\left[\begin{array}{ccc|ccc} 1 & 0 & 1 & -1 & 0 & 1 \\ 0 & -1 & 2 & -1 & 1 & 1 \\ 0 & -1 & 1 & -2 & 0 & 1 \end{array}\right] \begin{matrix} \\ \\ -L_2 + L_3 \end{matrix} \Rightarrow \left[\begin{array}{ccc|ccc} 1 & 0 & 1 & -1 & 0 & 1 \\ 0 & -1 & 2 & -1 & 1 & 1 \\ 0 & 0 & -1 & -1 & -1 & 0 \end{array}\right] \begin{matrix} L_3 + L_1 \\ 2L_3 + L_2 \\ \\ \end{matrix} \Rightarrow$$

$$\left[\begin{array}{ccc|ccc} 1 & 0 & 0 & -2 & -1 & 1 \\ 0 & -1 & 0 & -3 & -1 & 1 \\ 0 & 0 & -1 & -1 & -1 & 0 \end{array}\right] \begin{matrix} \\ -L_2 \\ -L_3 \end{matrix} \Rightarrow \left[\begin{array}{ccc|ccc} 1 & 0 & 0 & -2 & -1 & 1 \\ 0 & 1 & 0 & 3 & 1 & -1 \\ 0 & 0 & 1 & 1 & 1 & 0 \end{array}\right]$$

Logo, $A^{-1} = \begin{bmatrix} -2 & -1 & 1 \\ 3 & 1 & -1 \\ 1 & 1 & 0 \end{bmatrix}$

Assim, $A.A^{-1} = I$ e $X = A^{-1}.B$.

$$\begin{bmatrix} x \\ y \\ z \end{bmatrix} = \begin{bmatrix} -2 & -1 & 1 \\ 3 & 1 & -1 \\ 1 & 1 & 0 \end{bmatrix} \begin{bmatrix} 3 \\ -1 \\ 6 \end{bmatrix} = \begin{bmatrix} -6+1+6 \\ 9-1-6 \\ 3-1 \end{bmatrix} = \begin{bmatrix} 1 \\ 2 \\ 2 \end{bmatrix}$$

Solução do sistema $S = \{(1,2,2)\}$

b) Temos que: $\begin{bmatrix} 1 & 1 & 2 \\ 2 & 1 & 3 \\ 0 & 2 & 1 \end{bmatrix}\begin{bmatrix} x \\ y \\ z \end{bmatrix} = \begin{bmatrix} 5 \\ 9 \\ -1 \end{bmatrix}$, isto é, A . X = B.

Inverter a matriz principal: $A = \begin{bmatrix} 1 & 1 & 2 \\ 2 & 1 & 3 \\ 0 & 2 & 1 \end{bmatrix}$:

$$\left[\begin{array}{ccc|ccc} 1 & 1 & 2 & 1 & 0 & 0 \\ 2 & 1 & 3 & 0 & 1 & 0 \\ 0 & 2 & 1 & 0 & 0 & 1 \end{array}\right] -2L_1 + L_2 \Rightarrow \left[\begin{array}{ccc|ccc} 1 & 1 & 2 & 1 & 0 & 0 \\ 0 & -1 & -1 & -2 & 1 & 0 \\ 0 & 2 & 1 & 0 & 0 & 1 \end{array}\right] 2L_2 + L_3 \Rightarrow$$

$$\left[\begin{array}{ccc|ccc} 1 & 1 & 2 & 1 & 0 & 0 \\ 0 & -1 & -1 & -2 & 1 & 0 \\ 0 & 0 & -1 & -4 & 2 & 1 \end{array}\right] L_2 + L_1 \Rightarrow \left[\begin{array}{ccc|ccc} 1 & 0 & 1 & -1 & 1 & 0 \\ 0 & -1 & -1 & -2 & 1 & 0 \\ 0 & 0 & -1 & -4 & 2 & 1 \end{array}\right] \begin{array}{l} L_3 + L_1 \\ -L_3 + L_2 \end{array} \Rightarrow$$

$$\left[\begin{array}{ccc|ccc} 1 & 0 & 0 & -5 & 3 & 1 \\ 0 & -1 & 0 & 2 & -1 & -1 \\ 0 & 0 & -1 & -4 & 2 & 1 \end{array}\right] \begin{array}{l} \\ -L_2 \\ -L_3 \end{array} \Rightarrow \left[\begin{array}{ccc|ccc} 1 & 0 & 0 & -5 & 3 & 1 \\ 0 & 1 & 0 & -2 & 1 & 1 \\ 0 & 0 & 1 & 4 & -2 & -1 \end{array}\right]$$

Logo, $A^{-1} = \begin{bmatrix} -5 & 3 & 1 \\ -2 & 1 & 1 \\ 4 & -2 & -1 \end{bmatrix}$

Assim, $A.A^{-1} = I$ e $X = A^{-1}.B$.

$$\begin{bmatrix} x \\ y \\ z \end{bmatrix} = \begin{bmatrix} -5 & 3 & 1 \\ -2 & 1 & 1 \\ 4 & -2 & -1 \end{bmatrix}\begin{bmatrix} 5 \\ 9 \\ -1 \end{bmatrix} = \begin{bmatrix} -25+27-1 \\ -10+9-1 \\ 20-18+1 \end{bmatrix} = \begin{bmatrix} 1 \\ -2 \\ 3 \end{bmatrix}$$

Solução do sistema $S = \{(1, -2, 3)\}$

c) Temos que: $\begin{bmatrix} 1 & 0 & 1 \\ 0 & 2 & -1 \\ 1 & 2 & -1 \end{bmatrix}\begin{bmatrix} x \\ y \\ z \end{bmatrix} = \begin{bmatrix} 3 \\ -6 \\ -5 \end{bmatrix}$, isto é, A . X = B.

Inverter a matriz principal: $A = \begin{bmatrix} 1 & 0 & 1 \\ 0 & 2 & -1 \\ 1 & 2 & -1 \end{bmatrix}$:

$$\left[\begin{array}{ccc|ccc} 1 & 0 & 1 & 1 & 0 & 0 \\ 0 & 2 & -1 & 0 & 1 & 0 \\ 1 & 2 & -1 & 0 & 0 & 1 \end{array}\right]\begin{matrix} \\ \\ -L_1+L_3 \end{matrix} \Rightarrow \left[\begin{array}{ccc|ccc} 1 & 0 & 1 & 1 & 0 & 0 \\ 0 & 2 & -1 & 0 & 1 & 0 \\ 0 & 2 & -2 & -1 & 0 & 1 \end{array}\right]\begin{matrix} \\ \\ -L_2+L_3 \end{matrix} \Rightarrow$$

$$\left[\begin{array}{ccc|ccc} 1 & 0 & 1 & 1 & 0 & 0 \\ 0 & 2 & -1 & 0 & 1 & 0 \\ 0 & 0 & -1 & -1 & -1 & 1 \end{array}\right]\begin{matrix} L_3+L_1 \\ -L_3+L_2 \\ \\ \end{matrix} \Rightarrow \left[\begin{array}{ccc|ccc} 1 & 0 & 0 & 0 & -1 & 1 \\ 0 & 2 & 0 & 1 & 2 & -1 \\ 0 & 0 & -1 & -1 & -1 & 1 \end{array}\right]\begin{matrix} \\ L_2/2 \\ \\ \end{matrix} \Rightarrow$$

$$\left[\begin{array}{ccc|ccc} 1 & 0 & 0 & 0 & -1 & 1 \\ 0 & 1 & 0 & 1/2 & 1 & -1/2 \\ 0 & 0 & -1 & -1 & -1 & 1 \end{array}\right]\begin{matrix} \\ \\ -L_3 \end{matrix} \Rightarrow \left[\begin{array}{ccc|ccc} 1 & 0 & 0 & 0 & -1 & 1 \\ 0 & 1 & 0 & 1/2 & 1 & -1/2 \\ 0 & 0 & 1 & 1 & 1 & -1 \end{array}\right]$$

Logo, $A^{-1} = \begin{bmatrix} 0 & -1 & 1 \\ 1/2 & 1 & -1/2 \\ 1 & 1 & -1 \end{bmatrix}$

Assim, $A.A^{-1} = I$ e $X = A^{-1}.B$.

$$\begin{bmatrix} x \\ y \\ z \end{bmatrix} = \begin{bmatrix} 0 & -1 & 1 \\ 1/2 & 1 & -1/2 \\ 1 & 1 & -1 \end{bmatrix}\begin{bmatrix} 3 \\ -6 \\ -5 \end{bmatrix} = \begin{bmatrix} 6-5 \\ 3/2-6+5/2 \\ 3-6+5 \end{bmatrix} = \begin{bmatrix} 1 \\ -2 \\ 2 \end{bmatrix}$$

Solução do sistema $S = \{(1, -2, 2)\}$

d) Temos que: $\begin{bmatrix} 1 & 2 & 3 \\ 2 & 5 & 7 \\ 3 & 7 & 8 \end{bmatrix} \begin{bmatrix} x \\ y \\ z \end{bmatrix} = \begin{bmatrix} 2 \\ 4 \\ 4 \end{bmatrix}$, isto é, A . X = B.

Inverter a matriz principal: $A = \begin{bmatrix} 1 & 2 & 3 \\ 2 & 5 & 7 \\ 3 & 7 & 8 \end{bmatrix}$:

$$\left[\begin{array}{ccc|ccc} 1 & 2 & 3 & 1 & 0 & 0 \\ 2 & 5 & 7 & 0 & 1 & 0 \\ 3 & 7 & 8 & 0 & 0 & 1 \end{array}\right] \begin{matrix} \\ -2L_1 + L_2 \\ -3L_1 + L_3 \end{matrix} \Rightarrow \left[\begin{array}{ccc|ccc} 1 & 2 & 3 & 1 & 0 & 0 \\ 0 & 1 & 1 & -2 & 1 & 0 \\ 0 & 1 & -1 & -3 & 0 & 1 \end{array}\right] \begin{matrix} \\ \\ -L_2 + L_3 \end{matrix} \Rightarrow$$

$$\left[\begin{array}{ccc|ccc} 1 & 2 & 3 & 1 & 0 & 0 \\ 0 & 1 & 1 & -2 & 1 & 0 \\ 0 & 0 & -2 & -1 & -1 & 1 \end{array}\right] \begin{matrix} -2L_2 + L_1 \\ \\ \\ \end{matrix} \Rightarrow \left[\begin{array}{ccc|ccc} 1 & 0 & 1 & 5 & -2 & 0 \\ 0 & 1 & 1 & -2 & 1 & 0 \\ 0 & 0 & -2 & -1 & -1 & 1 \end{array}\right] \begin{matrix} \\ \\ L_3/2 \end{matrix} \Rightarrow$$

$$\left[\begin{array}{ccc|ccc} 1 & 0 & 1 & 5 & -2 & 0 \\ 0 & 1 & 1 & -2 & 1 & 0 \\ 0 & 0 & -1 & -1/2 & -1/2 & 1/2 \end{array}\right] \begin{matrix} L_3+L_1 \\ L_3+L_2 \\ \\ \end{matrix} \Rightarrow \left[\begin{array}{ccc|ccc} 1 & 0 & 0 & 9/2 & -5/2 & 1/2 \\ 0 & 1 & 0 & -5/2 & 1/2 & 1/2 \\ 0 & 0 & -1 & -1/2 & -1/2 & 1/2 \end{array}\right] \begin{matrix} \\ \\ -L_3 \end{matrix} \Rightarrow$$

$$\left[\begin{array}{ccc|ccc} 1 & 0 & 0 & 9/2 & -5/2 & 1/2 \\ 0 & 1 & 0 & -5/2 & 1/2 & 1/2 \\ 0 & 0 & 1 & 1/2 & 1/2 & -1/2 \end{array}\right].$$

Logo, $A^{-1} = \dfrac{1}{2} \begin{bmatrix} 9 & -5 & 1 \\ -5 & 1 & 1 \\ 1 & 1 & -1 \end{bmatrix}$.

Assim, $A.A^{-1} = I$ e $X = A^{-1}.B$.

$$\begin{bmatrix} x \\ y \\ z \end{bmatrix} = \frac{1}{2} \begin{bmatrix} 9 & -5 & 1 \\ -5 & 1 & 1 \\ 1 & 1 & -1 \end{bmatrix} \begin{bmatrix} 2 \\ 4 \\ 4 \end{bmatrix} = \frac{1}{2} \begin{bmatrix} 18-20+4 \\ -10+4+4 \\ 2+4-4 \end{bmatrix} = \frac{1}{2} \begin{bmatrix} 2 \\ -2 \\ 2 \end{bmatrix} = \begin{bmatrix} 1 \\ -1 \\ 1 \end{bmatrix}$$

Solução do sistema $S = \{(1, -1, 1)\}$

e) Temos que: $\begin{bmatrix} 1 & -1 & 1 \\ 1 & 1 & -1 \\ 1 & 2 & 1 \end{bmatrix}\begin{bmatrix} x \\ y \\ z \end{bmatrix} = \begin{bmatrix} 1 \\ 1 \\ 4 \end{bmatrix}$, isto é, A . X = B.

Inverter a matriz principal: $A = \begin{bmatrix} 1 & -1 & 1 \\ 1 & 1 & -1 \\ 1 & 2 & 1 \end{bmatrix}$:

$$\left[\begin{array}{ccc|ccc} 1 & -1 & 1 & 1 & 0 & 0 \\ 1 & 1 & -1 & 0 & 1 & 0 \\ 1 & 2 & 1 & 0 & 0 & 1 \end{array}\right] \begin{array}{l} \\ -L_1 + L_2 \\ -L_1 + L_3 \end{array} \Rightarrow \left[\begin{array}{ccc|ccc} 1 & -1 & 1 & 1 & 0 & 0 \\ 0 & 2 & -2 & -1 & 1 & 0 \\ 0 & 3 & 0 & -1 & 0 & 1 \end{array}\right] \begin{array}{l} L_2 + 2L_1 \\ \\ -3L_2 + 2L_3 \end{array} \Rightarrow$$

$$\left[\begin{array}{ccc|ccc} 2 & 0 & 0 & 1 & 1 & 0 \\ 0 & 2 & -2 & -1 & 1 & 0 \\ 0 & 0 & 6 & 1 & -3 & 2 \end{array}\right] L_3 + 3L_2 \Rightarrow \left[\begin{array}{ccc|ccc} 2 & 0 & 0 & 1 & 1 & 0 \\ 0 & 6 & 0 & -2 & 0 & 2 \\ 0 & 0 & 6 & 1 & -3 & 2 \end{array}\right] \begin{array}{l} L_1/2 \\ L_2/6 \\ L_3/6 \end{array} \Rightarrow$$

$$\left[\begin{array}{ccc|ccc} 1 & 0 & 0 & 1/2 & 1/2 & 0 \\ 0 & 1 & 0 & -2/6 & 0/6 & 2/6 \\ 0 & 0 & 1 & 1/6 & -3/6 & 2/6 \end{array}\right] \Rightarrow \left[\begin{array}{ccc|ccc} 1 & 0 & 0 & 3/6 & 3/6 & 0/6 \\ 0 & 1 & 0 & -2/6 & 0/6 & 2/6 \\ 0 & 0 & 1 & 1/6 & -3/6 & 2/6 \end{array}\right]$$

Logo, $A^{-1} = \frac{1}{6}\begin{bmatrix} 3 & 3 & 0 \\ -2 & 0 & 2 \\ 1 & -3 & 2 \end{bmatrix}$

Assim, $A.A^{-1} = I$ e $X = A^{-1}.B$.

$$\begin{bmatrix} x \\ y \\ z \end{bmatrix} = \frac{1}{6}\begin{bmatrix} 3 & 3 & 0 \\ -2 & 0 & 2 \\ 1 & -3 & 2 \end{bmatrix}\begin{bmatrix} 1 \\ 1 \\ 4 \end{bmatrix} = \frac{1}{6}\begin{bmatrix} 6 \\ -2+8 \\ 1-3+8 \end{bmatrix} = \frac{1}{6}\begin{bmatrix} 6 \\ 6 \\ 6 \end{bmatrix} = \begin{bmatrix} 1 \\ 1 \\ 1 \end{bmatrix}$$

Solução do sistema $S = \{(1,1,1)\}$

f) Temos que: $\begin{bmatrix} -1 & 2 & -3 \\ 2 & -1 & 1 \\ 3 & 1 & 2 \end{bmatrix}\begin{bmatrix} x \\ y \\ z \end{bmatrix} = \begin{bmatrix} 6 \\ 1 \\ 3 \end{bmatrix}$, isto é, A . X = B.

Inverter a matriz principal: $A = \begin{bmatrix} -1 & 2 & -3 \\ 2 & -1 & 1 \\ 3 & 1 & 2 \end{bmatrix}$:

$$\left[\begin{array}{ccc|ccc} -1 & 2 & -3 & 1 & 0 & 0 \\ 2 & -1 & 1 & 0 & 1 & 0 \\ 3 & 1 & 2 & 0 & 0 & 1 \end{array}\right] \begin{matrix} \\ 2L_1 + L_2 \\ 3L_1 + L_3 \end{matrix} \Rightarrow \left[\begin{array}{ccc|ccc} -1 & 2 & -3 & 1 & 0 & 0 \\ 0 & 3 & -5 & 2 & 1 & 0 \\ 0 & 7 & -7 & 3 & 0 & 1 \end{array}\right] \begin{matrix} -2L_2 + 3L_1 \\ \\ (-7L_2+3L_3)/14 \end{matrix} \Rightarrow$$

$$\left[\begin{array}{ccc|ccc} -3 & 0 & 1 & -1 & -2 & 0 \\ 0 & 3 & -5 & 2 & 1 & 0 \\ 0 & 0 & 1 & -5/14 & -7/14 & 3/14 \end{array}\right] \begin{matrix} L_3 - L_1 \\ 5L_3 + L_2 \\ \\ \end{matrix} \Rightarrow \left[\begin{array}{ccc|ccc} 3 & 0 & 0 & 9/14 & 21/14 & 3/14 \\ 0 & 3 & 0 & 3/14 & -21/14 & 15/14 \\ 0 & 0 & 1 & -5/14 & -7/14 & 3/14 \end{array}\right] \begin{matrix} L_1/3 \\ L_2/3 \\ \\ \end{matrix} \Rightarrow$$

$$\left[\begin{array}{ccc|ccc} 1 & 0 & 0 & 3/14 & 7/14 & 1/14 \\ 0 & 1 & 0 & 1/14 & -7/14 & 5/14 \\ 0 & 0 & 1 & -5/14 & -7/14 & 3/14 \end{array}\right]$$

Logo, $A^{-1} = \frac{1}{14}\begin{bmatrix} 3 & 7 & 1 \\ 1 & -7 & 5 \\ -5 & -7 & 3 \end{bmatrix}$

Assim, $A.A^{-1} = I$ e $X = A^{-1}.B$.

$$\begin{bmatrix} x \\ y \\ z \end{bmatrix} = \frac{1}{14}\begin{bmatrix} 3 & 7 & 1 \\ 1 & -7 & 5 \\ -5 & -7 & 3 \end{bmatrix}\begin{bmatrix} 6 \\ 1 \\ 3 \end{bmatrix} = \frac{1}{14}\begin{bmatrix} 18+7+3 \\ 6-7+15 \\ -30-7+9 \end{bmatrix} = \frac{1}{14}\begin{bmatrix} 28 \\ 14 \\ -28 \end{bmatrix} = \begin{bmatrix} 2 \\ 1 \\ -2 \end{bmatrix}$$

Solução do sistema $S = \{(2,\ 1, -2)\}$

g) Temos que: $\begin{bmatrix} 1 & 1 & 1 \\ 1 & 2 & -1 \\ 1 & 2 & -2 \end{bmatrix}\begin{bmatrix} x \\ y \\ z \end{bmatrix} = \begin{bmatrix} 1 \\ 3 \\ 1 \end{bmatrix}$, isto é, A . X = B.

Inverter a matriz principal: $A = \begin{bmatrix} 1 & -1 & 1 \\ 1 & 2 & -1 \\ 1 & 2 & -2 \end{bmatrix}$:

$$\left[\begin{array}{ccc|ccc} 1 & -1 & 1 & 1 & 0 & 0 \\ 1 & 2 & -1 & 0 & 1 & 0 \\ 1 & 2 & -2 & 0 & 0 & 1 \end{array}\right] \begin{array}{l} \\ -L_1 + L_2 \\ -L_1 + L_3 \end{array} \Rightarrow \left[\begin{array}{ccc|ccc} 1 & -1 & 1 & 1 & 0 & 0 \\ 0 & 3 & -2 & -1 & 1 & 0 \\ 0 & 3 & -3 & -1 & 0 & 1 \end{array}\right] \begin{array}{l} \\ \\ -(-L_2 + L_3) \end{array} \Rightarrow$$

$$\left[\begin{array}{ccc|ccc} 1 & -1 & 1 & 1 & 0 & 0 \\ 0 & 3 & -2 & -1 & 1 & 0 \\ 0 & 0 & 1 & 0 & 1 & -1 \end{array}\right] \begin{array}{l} -L_3 + L_1 \\ 2L_3 + L_2 \\ \\ \end{array} \Rightarrow$$

$$\left[\begin{array}{ccc|ccc} 1 & -1 & 0 & 1 & -1 & 1 \\ 0 & 3 & 0 & -1 & 3 & -2 \\ 0 & 0 & 1 & 0 & 1 & -1 \end{array}\right] \begin{array}{l} L_2 + 3L_1 \\ \\ \\ \end{array} \Rightarrow$$

$$\left[\begin{array}{ccc|ccc} 3 & 0 & 0 & 2 & 0 & 1 \\ 0 & 3 & 0 & -1 & 3 & -2 \\ 0 & 0 & 1 & 0 & 1 & -1 \end{array}\right] \begin{array}{l} L_1/3 \\ L_2/3 \\ \\ \end{array} \Rightarrow \left[\begin{array}{ccc|ccc} 1 & 0 & 0 & 2/3 & 0 & 1/3 \\ 0 & 1 & 0 & -1/3 & 1 & -2/3 \\ 0 & 0 & 1 & 0 & 1 & -1 \end{array}\right]$$

Logo, $A^{-1} = \begin{bmatrix} 2/3 & 0 & 1/3 \\ -1/3 & 1 & -2/3 \\ 0 & 1 & -1 \end{bmatrix}$

Assim, $A . A^{-1} = I$ e $X = A^{-1} . B$.

$$\begin{bmatrix} x \\ y \\ z \end{bmatrix} = \begin{bmatrix} 2/3 & 0 & 1/3 \\ -1/3 & 1 & -2/3 \\ 0 & 1 & -1 \end{bmatrix} \begin{bmatrix} 1 \\ 3 \\ 1 \end{bmatrix} = \begin{bmatrix} 2/3 + 0 + 1/3 \\ -1/3 + 3 - 2/3 \\ 0 + 3 - 1 \end{bmatrix} = \begin{bmatrix} 1 \\ 2 \\ 2 \end{bmatrix}$$

Solução do sistema $S = \{(1, 2, 2)\}$

h) Temos que: $\begin{bmatrix} 1 & 0 & -1 \\ 5 & 1 & 1 \\ 6 & 1 & 1 \end{bmatrix} \begin{bmatrix} x \\ y \\ z \end{bmatrix} = \begin{bmatrix} 0 \\ 7 \\ 8 \end{bmatrix}$, isto é, A . X = B.

Inverter a matriz principal: $A = \begin{bmatrix} 1 & 0 & -1 \\ 5 & 1 & 1 \\ 6 & 1 & 1 \end{bmatrix}$:

$$\left[\begin{array}{ccc|ccc} 1 & 0 & -1 & 1 & 0 & 0 \\ 5 & 1 & 1 & 0 & 1 & 0 \\ 6 & 1 & 1 & 0 & 0 & 1 \end{array}\right] \begin{matrix} \\ -5L_1 + L_2 \\ -6L_1 + L_3 \end{matrix} \Rightarrow \left[\begin{array}{ccc|ccc} 1 & 0 & -1 & 1 & 0 & 0 \\ 0 & 1 & 6 & -5 & 1 & 0 \\ 0 & 1 & 7 & -6 & 0 & 1 \end{array}\right] \begin{matrix} \\ \\ -L_2 + L_3 \end{matrix} \Rightarrow$$

$$\left[\begin{array}{ccc|ccc} 1 & 0 & -1 & 1 & 0 & 0 \\ 0 & 1 & 6 & -5 & 1 & 0 \\ 0 & 0 & 1 & -1 & -1 & 1 \end{array}\right] \begin{matrix} L_3 + L_1 \\ -6L_3 + L_2 \\ \\ \end{matrix} \Rightarrow \left[\begin{array}{ccc|ccc} 1 & 0 & 0 & 1 & -1 & 1 \\ 0 & 1 & 0 & 1 & 7 & -6 \\ 0 & 0 & 1 & -1 & -1 & 1 \end{array}\right]$$

Logo, $A^{-1} = \begin{bmatrix} 1 & -1 & 1 \\ 1 & 7 & -6 \\ -1 & -1 & 1 \end{bmatrix}$

Assim, $A.A^{-1} = I$ e $X = A^{-1}.B$.

$$\begin{bmatrix} x \\ y \\ z \end{bmatrix} = \begin{bmatrix} 1 & -1 & 1 \\ 1 & 7 & -6 \\ -1 & -1 & 1 \end{bmatrix} \begin{bmatrix} 0 \\ 7 \\ 8 \end{bmatrix} = \begin{bmatrix} 0-7+8 \\ 0+49-48 \\ 0-7+8 \end{bmatrix} = \begin{bmatrix} 1 \\ 1 \\ 1 \end{bmatrix}$$

Solução do sistema $S = \{(1,1,1)\}$

i) Temos que: $\begin{bmatrix} 1 & 2 & 2 \\ 0 & 1 & 1 \\ 0 & -1 & -3 \end{bmatrix} \begin{bmatrix} x \\ y \\ z \end{bmatrix} = \begin{bmatrix} 1 \\ 1 \\ -5 \end{bmatrix}$, isto é, $A.X = B$.

Inverter a matriz principal: $A = \begin{bmatrix} 1 & 2 & 2 \\ 0 & 1 & 1 \\ 0 & -1 & -3 \end{bmatrix}$:

$$\left[\begin{array}{ccc|ccc} 1 & 2 & 2 & 1 & 0 & 0 \\ 0 & 1 & 1 & 0 & 1 & 0 \\ 0 & -1 & -3 & 0 & 0 & 1 \end{array}\right] \begin{matrix} \\ \\ L_2 + L_3 \end{matrix} \Rightarrow \left[\begin{array}{ccc|ccc} 1 & 2 & 2 & 1 & 0 & 0 \\ 0 & 1 & 1 & 0 & 1 & 0 \\ 0 & 0 & -2 & 0 & 1 & 1 \end{array}\right] \begin{matrix} -2L_2 + L_1 \\ \\ \\ \end{matrix} \Rightarrow$$

$$\left[\begin{array}{ccc|ccc} 1 & 0 & 0 & 1 & -2 & 0 \\ 0 & 1 & 1 & 0 & 1 & 0 \\ 0 & 0 & -2 & 0 & 1 & 1 \end{array}\right] L_3 + 2L_2 \Rightarrow \left[\begin{array}{ccc|ccc} 1 & 0 & 0 & 1 & -2 & 0 \\ 0 & 2 & 0 & 0 & 3 & 1 \\ 0 & 0 & -2 & 0 & 1 & 1 \end{array}\right] \begin{array}{l} \\ L_2/2 \Rightarrow \\ -L_3/2 \end{array}$$

$$\left[\begin{array}{ccc|ccc} 1 & 0 & 0 & 1 & -2 & 0 \\ 0 & 1 & 0 & 0 & 3/2 & 1/2 \\ 0 & 0 & 1 & 0 & -1/2 & -1/2 \end{array}\right]$$

Logo, $A^{-1} = \begin{bmatrix} 1 & -2 & 0 \\ 0 & 3/2 & 1/2 \\ 0 & -1/2 & -1/2 \end{bmatrix}$

Assim, $A.A^{-1} = I$ e $X = A^{-1}.B$.

$$\begin{bmatrix} x \\ y \\ z \end{bmatrix} = \begin{bmatrix} 1 & -2 & 0 \\ 0 & 3/2 & 1/2 \\ 0 & -1/2 & -1/2 \end{bmatrix} \begin{bmatrix} 1 \\ 1 \\ -5 \end{bmatrix} = \begin{bmatrix} 1-2+0 \\ 0+3/2-5/2 \\ 0-1/2+5/2 \end{bmatrix} = \begin{bmatrix} -1 \\ -1 \\ 2 \end{bmatrix}$$

Solução do sistema $S = \{(-1, -1, 2)\}$

EXERCÍCIOS DE APLICAÇÃO 3.3

1. a) Facilitaremos as operações transferindo a equação da linha L_3 para a posição da linha L_1, assim, as incógnitas nas equações ficam numa mesma ordem e o coeficiente da primeira equação será igual a 1.

$$\left[\begin{array}{ccc|c} 1 & -2 & 3 & 2 \\ 3 & 2 & 1 & -2 \\ -2 & 1 & -1 & -3 \end{array}\right] \begin{array}{l} \\ -3L_1 + L_2 \\ 2L_1 + L_3 \end{array} \Rightarrow \left[\begin{array}{ccc|c} 1 & -2 & 3 & 2 \\ 0 & 8 & -8 & -8 \\ 0 & -3 & 5 & 1 \end{array}\right] L_2/8 \Rightarrow$$

$$\left[\begin{array}{ccc|c} 1 & -2 & 3 & 2 \\ 0 & 1 & -1 & -1 \\ 0 & -3 & 5 & 1 \end{array}\right] 3L_2 + L_3 \Rightarrow \left[\begin{array}{ccc|c} 1 & -2 & 3 & 2 \\ 0 & 1 & -1 & -1 \\ 0 & 0 & 2 & -2 \end{array}\right]$$

Vemos, deste modo, o sistema escalonado: $\begin{cases} x-2y+3z=2 \\ y-z=-1 \\ 2z=-2 \end{cases}$

Resolvendo o sistema obtido, temos que: $z=-1$, $y=-2$ e $x=1$.

Portanto, $S=\{(1,-2,-1)\}$

b) As incógnitas nas equações do sistema ficam numa mesma ordem e o coeficiente da primeira equação é igual a 1.

$$\left[\begin{array}{ccc|c} 1 & 1 & 2 & 3 \\ 1 & 2 & -1 & -1 \\ 2 & 3 & 1 & 2 \end{array}\right] \begin{array}{l} \\ -L_1+L_2 \\ -2L_1+L_3 \end{array} \Rightarrow \left[\begin{array}{ccc|c} 1 & 1 & 2 & 3 \\ 0 & 1 & -3 & -4 \\ 0 & 1 & -3 & -4 \end{array}\right] \begin{array}{l} \\ \\ -L_2+L_3 \end{array} \Rightarrow \left[\begin{array}{ccc|c} 1 & 1 & 2 & 3 \\ 0 & 1 & -3 & -4 \\ 0 & 0 & 0 & 0 \end{array}\right]$$

Vemos, deste modo, o sistema escalonado: $\begin{cases} x+y+2z=3 \\ y-3z=-4 \\ 0z=0 \end{cases}$

Temos que a incógnita z pode assumir qualquer valor real, $y=3z-4$ e substituindo na 1ª equação, $x=-5z+7$.

A solução do sistema é dada pela terna S = $\{(-5z+7,\ 3z-4,\ z)\}$, logo, é indeterminado.

c) As incógnitas nas equações do sistema ficam numa mesma ordem e o coeficiente da primeira equação é igual a 1.

$$\left[\begin{array}{ccc|c} 1 & 1 & 2 & 3 \\ 1 & 2 & -1 & -1 \\ 2 & 3 & 1 & 5 \end{array}\right] \begin{array}{l} \\ -L_1+L_2 \\ -2L_1+L_3 \end{array} \Rightarrow \left[\begin{array}{ccc|c} 1 & 1 & 2 & 3 \\ 0 & 1 & -3 & -4 \\ 0 & 1 & -3 & -1 \end{array}\right] \begin{array}{l} \\ \\ -L_2+L_3 \end{array} \Rightarrow \left[\begin{array}{ccc|c} 1 & 1 & 2 & 3 \\ 0 & 1 & -3 & -4 \\ 0 & 0 & 0 & 3 \end{array}\right]$$

Vemos, deste modo, o sistema escalonado: $\begin{cases} x+y+2z=3 & E_1 \\ y-3z=-4 & E_2 \\ 0z=3 & E_3 \end{cases}$

Não existe valor de z que satisfaça a equação E_3, pois nenhum número multiplicado por zero é 3. O sistema é impossível.

2. a) **k** real para que se tenha uma só solução do sistema.

O determinante principal do sistema é: $A = \begin{vmatrix} 1 & 0 & -1 \\ k & 1 & 3 \\ 1 & k & 3 \end{vmatrix}$

O sistema terá uma só solução se $\det(A) \neq 0$. Assim,

$$\det A = 3 - k^2 + 1 - 3k \neq 0 \text{ e, daí, } k \neq 1 \text{ e } k \neq -4.$$

Utilizando escalonamento de sistemas lineares:

$$\begin{cases} x + 0y - z = 1 & E_1 \\ kx + y + 3z = 0 & \leftarrow E_2 - kE_1 \\ x + ky + 3z = 1 & \leftarrow E_3 - E_1 \end{cases} \Rightarrow \begin{cases} x + 0y - z = 1 & \\ y + (3+k)z = -k & \\ ky + 4z = 0 & \leftarrow E_3 - kE_2 \end{cases} \Rightarrow$$

$$\begin{cases} x + 0y - z = 1 \\ y + (3+k)z = -k \\ (-k^2 - 3k + 4)z = k^2 \end{cases}. \text{ Assim, } z \ \frac{k^2}{k^2 + 3k - 4}, \text{ se } k \neq 1 \text{ e } k \neq -4.$$

Substituindo z em E_2 teremos $y = \dfrac{4k}{k^2 + 3k - 4}$.

Substituindo y e z em E_1, segue que $x = \dfrac{3k - 4}{k^2 + 3k - 4}$.

Portanto, se $k \neq 1$ e $k \neq -4$, o sistema linear é possível e determinado e sua solução é

$$S = \left\{ \left(\frac{3k-4}{k^2+3k-4}, \frac{4k}{k^2+3k-4}, \frac{-k^2}{k^2+3k-4} \right) \right\}.$$

b) **p** real para que o sistema seja possível e determinado.

O determinante principal do sistema é: $A = \begin{vmatrix} 1 & 1 & 1 \\ p & 1 & -1 \\ 1 & 1 & p \end{vmatrix}$

Uma condição para que o sistema tenha uma só solução é que det(A) ≠ 0:

$$\det(A) = p^2 - 2p + 1 \neq 0 \;\Rightarrow\; p \neq 1.$$

Utilizando escalonamento de sistemas lineares:

$$\begin{cases} x + y + z = 1 & E_1 \\ px + y - z = 1 & \leftarrow E_2 - pE_1 \\ x + y + pz = 1 & \leftarrow E_3 - E_1 \end{cases} \Rightarrow \begin{cases} x + y + z = 1 \\ (1-p)y + (-1-p)z = 1 - p \\ (p-1)z = 0 \end{cases}$$

A equação E_3 admitirá único valor para z se ocorrer $p \neq 1$. Neste caso, $z = 0$. Substituindo $z = 0$ em E_2, teremos $y = 1$. Substituindo estes valores em E_1, obteremos $x = 0$.

Portanto, sendo $p \neq 1$, o sistema é possível e determinado e S = {(0, 1, 0)} é sua única solução.

CAPÍTULO 4

EXERCÍCIOS DE APLICAÇÃO 4.1

Não faremos a demonstração formal necessária para mostrar a estrutura de espaço vetorial nos exercícios propostos. Apresentaremos apenas exemplos numéricos que possibilitem o entendimento do referido conceito.

1. Mostre que o conjunto C = $\{z = a + bi \;/\; a \in \mathbb{R} \text{ e } b \in \mathbb{R} \text{ e } i = \sqrt{-1}\}$ dos **números complexos** munidos das operações de adição e multiplicação por escalar tem estrutura algébrica de espaço vetorial.

Exemplos de complexos: $z = 2 + 3i$, $a = 2$ e $b = 3$

$z = 3\sqrt{2}\,i$, $a = 0$ e $b = 3\sqrt{2}$

$z = 1$, $a = 1$ e $b = 0$. Outro modo: z = 1 = 1 + 0 i.

$z = 0$, $a = 0$ e $b = 0$. Também: z = 0 = 0 + 0 i.

Notação: $a = \text{Re}(z)$ é a parte real e $b = \text{Im}(z)$ é a parte imaginária de $z = a + bi$.

A unidade imaginária i tem a propriedade $i^2 = -1$.

Observação: Os números complexos $z = a + bi$ e $w = c + di$ são iguais se $a = c$ e $b = d$.

Utiliza-se em alguns textos didáticos a letra j para designar a unidade imaginária i.

Operações: Sejam $z_1 = a_1 + b_1 i$, $z_2 = a_2 + b_2 i$ e $z_3 = a_3 + b_3 i$ números de C.

Adição A: $z_1 + z_2 = (a_1 + a_2) + (b_1 + b_2)i$.

Multiplicação por escalar M: $c.\,z_1 = c.\,a_1 + c.\,b_1 i, \quad c \in \mathbb{R}$.

Adição (+):

A_1: Associativa: $\forall z_1, z_2, z_3 \in C,\ (z_1 + z_2) + z_3 = z_1 + (z_2 + z_3)$

Exemplo numérico: $z_1 = 2 + 3i$, $z_2 = -1 + 4i$ e $z_3 = 3 - 5i$

$$\begin{aligned}(z_1 + z_2) + z_3 &= z_1 + (z_2 + z_3)\\ [(2-1) + (3+4)i] + (3-5i) &= 2 + 3i + [(-1+3) + (4-5)i]\\ [1+7i] + (3-5i) &= 2 + 3i + [2 - 1i]\\ (1+3) + (7-5)i &= (2+2) + (3-1)i\\ 4 + 2i &= 4 + 2i\end{aligned}$$

A_2: Comutativa: $\forall z_1, z_2 \in C,\ z_1 + z_2 = z_2 + z_1$.

Exemplo numérico: $z_1 = 2 + 3i$ e $z_2 = -1 + 4i$

$$\begin{aligned}z_1 + z_2 &= z_2 + z_1\\ (2+3i) + (-1+4i) &= (-1+4i) + (2+3i)\\ (2-1) + (3+4)i &= (-1+2) + (4+3)i\\ 1 + 7i &= 1 + 7i\end{aligned}$$

A_3: Elemento Neutro: $\forall z \in C,\ \exists 0 \in C /\ z + 0 = 0 + z = z$.

Exemplo numérico: $z_1 = 2 + 3i$ e $0 = 0 + 0i$ (**0** é o elemento **neutro**)

$$\begin{aligned}z_1 + 0 &= 0 + z_1\\ (2+3i) + (0+0i) &= (0+0i) + (2+3i)\\ (2+0) + (3+0)i &= (0+2) + (0+3)i\\ 2 + 3i &= 2 + 3i\end{aligned}$$

A_4: Elemento oposto (inverso aditivo): $\forall z \in C,\ \exists (-z) \in C /\ z + (-z) = 0$.

Exemplo numérico: $z = 2 + 3i$ e $-z = -2 - 3i$ ($-z$ é elemento **oposto** de z)

$$\begin{aligned}z + (-z) &= 0\\ (2+3i) + (-2-3i) &= 0 + 0i\end{aligned}$$

$$(2-2)+(3-3)i = 0+0i$$
$$0+0i = 0+0i$$

Multiplicação (.):

M_1: $\forall z \in C$ e $\alpha, \beta \in \mathbb{R}$, $\alpha.(\beta.z) = (\alpha.\beta).z$

Exemplo numérico: $z = 2+3i$, $\alpha = 2$ e $\beta = 3$

$$\alpha.(\beta.z) = (\alpha.\beta).z$$
$$2.[3.(2+3i)] = 6.(2+3i)$$
$$2.[6+9i] = (6.2+6.3i)$$
$$[2.6+2.9i] = (6.2+6.3i)$$
$$12+18i = 12+18i$$

M_2: $\forall z \in C$ e $\alpha, \beta \in \mathbb{R}$, $(\alpha+\beta).z = \alpha.z + \beta.z$.

Exemplo numérico: $z \quad 2 \quad 3i$, $\alpha = 2$ e $\beta = 3$

$$(\alpha+\beta).z = \alpha.z + \beta.z$$
$$(2+3).(2+3i) = 2.(2+3i) + 3.(2+3i)$$
$$5.(2+3)i = (2.2+2.3i)+(3.2+3.3i)$$
$$(5.2+5.3i) = (4+6i)+(6+9i)$$
$$10+15i = 10+15i$$

M_3: $\forall z_1, z_2 \in C$ e $\alpha \in \mathbb{R}$, $\alpha.(z_1+z_2) = \alpha.z_1 + \alpha.z_2$.

Exemplo numérico: $z_1 = 2+3i$ e $z_1 = 1+5i$ e $\alpha = 2$

$$\alpha.(z_1+z_2) = \alpha.z_1 + \alpha.z_2$$
$$2.[(2+3i)+(1+5i)] = 2.(2+3i)+2.(1+5i)$$
$$2.[3+8i] = (2.2+2.3i)+(2.1+2.5i)$$
$$[2.3+2.8i] = (4+6i)+(2+10i)$$
$$6+16i = 6+16i$$

M_4: $\forall z \in C, \exists 1 \in \mathbb{R}$, $1.z = z$.

Exemplo numérico: $z_1 = 2+3i$ e $1 = 1+0i$ (1 é neutro multiplicativo)

$$1.z = z$$
$$1.(2+3i) = 2+3i$$

$$(1.2+1.3i) = 2+3i$$

O conjunto C, com as operações de adição e multiplicação por escalar, é um espaço vetorial e cada número complexo pode ser chamado de vetor.

2. Mostre que o conjunto P = {a + b x / a, b e x reais} é chamado de conjunto dos polinômios do 1° grau na variável x. Munido das operações de adição e multiplicação por escalar tem estrutura algébrica de espaço vetorial.

Operações: Sejam $p_1 = a_1 + b_1 x$, $p_2 = a_2 + b_2 x$ e $p_3 = a_3 + b_3 x$ números de C.

Adição A: $p_1 + p_2 = (a_1 + a_2) + (b_1 + b_2)x$

Multiplicação por escalar M: $c.p_1 = c.a_1 + c.b_1 x, \quad c \in \mathbb{R}$.

Adição (+):

A_1: Associativa: $\forall p_1, p_2, p_3 \in P, \ (p_1 + p_2) + p_3 = p_1 + (p_2 + p_3)$

Exemplo numérico: $p_1 = 2 + 3x$, $p_2 = -1 + 4x$ e $p_3 = 3 - 5x$

$$(p_1 + p_2) + p_3 = p_1 + (p_2 + p_3)$$

$$\begin{aligned}
[(2-1)+(3+4)x]+(3-5x) &= 2+3x+[(-1+3)+(4-5)x] \\
[1+7x]+(3-5x) &= 2+3x+[2-1x] \\
(1+3)+(7-5)x &= (2+2)+(3-1)x \\
4+2x &= 4+2x
\end{aligned}$$

A_2: Comutativa: $\forall p_1, p_2 \in P, \ p_1 + p_2 = p_2 + p_1$.

Exemplo numérico: $p_1 = 2 + 3x$ e $p_2 = -1 + 4x$

$$p_1 + p_2 = p_2 + p_1$$

$$\begin{aligned}
(2+3x)+(-1+4x) &= (-1+4x)+(2+3x) \\
(2-1)+(3+4)x &= (-1+2)+(4+3)x \\
1+7x &= 1+7x
\end{aligned}$$

A_3: Elemento neutro: $\forall p \in P, \exists 0 \in C / \ p + 0 = 0 + p = p$.

Exemplo numérico: $p_1 = 2 + 3x$ e $0 = 0 + 0x$ (**0** é o elemento **neutro**)

$$\begin{aligned}
p_1 + 0 &= 0 + p_1 \\
(2+3x)+(0+0x) &= (0+0x)+(2+3x) \\
(2+0)+(3+0)x &= (0+2)+(0+3)x \\
2+3x &= 2+3x
\end{aligned}$$

A_4: Elemento oposto (inverso aditivo): $\forall p \in P, \exists(-p) \in P \,/\, p + (-p) = 0$.

Exemplo numérico: $p = 2 + 3x$ e $-p = -2 - 3x$ ($-p$ é elemento **oposto** de p)

$$\begin{aligned} p + (-p) &= 0 \\ (2 + 3x) + (-2 - 3x) &= 0 + 0x \\ (2 - 2) + (3 - 3)x &= 0 + 0x \\ 0 + 0x &= 0 + 0x \end{aligned}$$

Multiplicação (.):

M_1: $\forall p \in P$ e $\alpha, \beta \in \mathbb{R}$, $\alpha.(\beta.p) = (\alpha.\beta).p$

Exemplo numérico: $z = 2 + 3x$, $\alpha = 2$ e $\beta = 3$

$$\begin{aligned} \alpha.(\beta.p) &= (\alpha.\beta).p \\ 2.[3.(2 + 3x)] &= (2.3).(2 + 3x) \\ 2.\,[6 + 9x] &= 6.(2 + 3x) \\ [2.6 + 2.9x] &= (6.2 + 6.3x) \\ 12 + 18x &= 12 + 18x \end{aligned}$$

M_2: $\forall p \in P$ e $\alpha, \beta \in \mathbb{R}$, $(\alpha + \beta).p = \alpha.p + \beta.p$.

Exemplo numérico: $p = 2 + 3x$, $\alpha = 2$ e $\beta = 3$

$$\begin{aligned} (\alpha + \beta).p &= \alpha.p + \beta.p \\ (2 + 3).(2 + 3x) &= 2.(2 + 3x) + 3.(2 + 3x) \\ 5.(2 + 3)x &= (2.2 + 2.3x) + (3.2 + 3.3x) \\ (5.\,2 + 5\,.\,3x) &= (4 + 6x) + (6 + 9x) \\ 10 + 15x &= 10 + 15x \end{aligned}$$

M_3: $\forall p_1, p_2 \in P$ e $\alpha \in \mathbb{R}$, $\alpha.(p_1 + p_2) = \alpha.p_1 + \alpha.p_2$.

Exemplo numérico: $p = 2 + 3x$ e $p_2 = 1 + 5x$ e $\alpha = 2$

$$\begin{aligned} \alpha.(p_1 + p_2) &= \alpha.p_1 + \alpha.p_2 \\ 2.[(2 + 3x) + (1 + 5x)] &= 2.(2 + 3x) + 2.(1 + 5x) \\ 2.[3 + 8x] &= (2.2 + 2.3x) + (2.1 + 2.5x) \\ [2.3 + 2.8x] &= (4 + 6x) + (2 + 10x) \\ 6 + 16x &= 6 + 16x \end{aligned}$$

M_4: $\forall p \in P, \exists 1 \in \mathbb{R}$, $1.p = p$.

Exemplo numérico: $p = 2 + 3x$ e $1 = 1 + 0x$ (1 é neutro multiplicativo)

$$1.p = p$$
$$1.(2 + 3x) = 2 + 3x$$
$$(1.\,2 + 1.\,3x) = 2 + 3x$$

O conjunto P, com as operações de adição e multiplicação por escalar, é um espaço vetorial e cada polinômio pode ser chamado de vetor.

3. Mostre que o conjunto P dos pares ordenados do $\mathbb{R}^2$ com as operações de adição e produto por escalar tem estrutura algébrica de espaço vetorial.

Operações: Sejam $p_1 = (a_1, b_1)$, $p_2 = (a_2, b_2)$ e $p_3 = (a_3, b_3)$ de $\mathbb{R}^2$.

Adição A: $p_1 + p_2 = (a_1 + a_2\,,\, b_1 + b_2)$

Multiplicação por escalar M: $c.\,p_1 = (c.\,a_1\,,\, c.\,b_1),\quad c \in \mathbb{R}$.

Adição (+):

A_1: Associativa: $\forall p_1, p_2, p_3 \in P,\ (p_1 + p_2) + p_3 = p_1 + (p_2 + p_3)$

Exemplo numérico: $p_1 = (2,3)$, $p_2 = (-1,4)$ e $p_3 = (3\,,-5)$

$$(p_1 + p_2) + p_3 = p_1 + (p_2 + p_3)$$
$$[(2,3) + (-1,4)] + (3\,,-5) = (2,3) + [(-1,\,4) + (3\,,-5)]$$
$$[(2-1\,,\,3+4)] + (3\,,-5) = (2,3) + [(-1+3\,,\,4-5)]$$
$$(1\,,\,7) + (3\,,-5) = (2,\,3) + (2\,,-1)$$
$$(4\,,\,2) = (4\,,\,2)$$

A_2: Comutativa: $\forall p_1, p_2 \in P,\ \ p_1 + p_2 = p_2 + p_1$.

Exemplo numérico: $p_1 = (2,3)$ e $p_2 = (-1,4)$

$$p_1 + p_2 = p_2 + p_1$$
$$(2,\,3) + (-1,\,4) = (-1,\,4) + (2,\,3)$$
$$(2-1\,,\,3+4) = (-1+2\,,\,4+3)$$
$$(1\,,\,7) = (1\,,7)$$

A_3: Elemento neutro: $\forall p \in P,\ \exists 0 \in P /\ p + 0 = 0 + p = p$.

Exemplo numérico: $p_1 = (2\,,\,3)$ e $0 = (0\,,\,0)$ (0 é o elemento **neutro**)

$$\begin{aligned} p_1 + 0 &= 0 + p_1 \\ (2\,,3) + (0\,,0) &= (0\,,0) + (2\,,3) \\ (2+0\,,3+0) &= (0+2\,,0+3) \\ (2\,,3) &= (2\,,3) \end{aligned}$$

A_4: Elemento oposto (inverso aditivo): $\forall p \in P, \exists(-p) \in P /\ p + (-p) = 0$.

Exemplo numérico: $p=(2\,,\ 3)$ e $-p=(-2\,,-3)$ ($-p$ é **oposto** de p)

$$\begin{aligned} p + (-p) &= 0 \\ (2,\,3) + (-2\,,-3) &= (0\,,0) \\ (2-2\,,3-3) &= (0\,,0) \\ (0\,,0) &= (0\,,0) \end{aligned}$$

Multiplicação (.):

M_1: $\forall p \in P$ e $\alpha, \beta \in \mathbb{R}$, $\alpha.(\beta.p) = (\alpha.\beta).p$

Exemplo numérico: $p=(2\,,3)$, $\alpha=2$ e $\beta=3$

$$\begin{aligned} \alpha.(\beta.p) &= (\alpha.\beta).p \\ 2.[3.(2\,,3)] &= (2.3)\,.\,(2\,,3) \\ 2.\,[(6\,,9)] &= 6\,.\,(2\,,3) \\ (2.6\,,2.9) &= (6.2\,,6.3) \\ (12\,,18) &= (12,18) \end{aligned}$$

M_2: $\forall p \in P$ e $\alpha, \beta \in \mathbb{R}$, $(\alpha+\beta).p = \alpha.p + \beta.p$.

Exemplo numérico: $p=(2\,,3)$, $\alpha=2$ e $\beta=3$

$$\begin{aligned} (\alpha+\beta).p &= \alpha.p + \beta.p \\ (2+3).(2\,,3) &= 2.(2\,,3) + 3.(2\,,3) \\ 5.(2\,,3) &= (2.2\,,2.3) + (3.2,3.3) \\ (5.2\,,5.3) &= (4\,,6) + (6\,,9) \\ (10\,,15) &= (10\,,15) \end{aligned}$$

M_3: $\forall p_1, p_2 \in P$ e $\alpha \in \mathbb{R}$, $\alpha.(p_1 + p_2) = \alpha.p_1 + \alpha.p_2$.

Exemplo numérico: $p_1=(2,3)$ e $p_2=(1\,,5)$ e $\alpha=2$

$$\alpha.(p_1 + p_2) = \alpha.p_1 + \alpha.p_2$$

$$2.[(2,3)+(1,5)] = 2.(2,3)+2.(1,5)$$
$$2.[(3,8)] = (2.2, 2.3)+(2.1, 2.5)$$
$$(2.3, 2.8) = (4,6)+(2,10)$$
$$(6,16) = (6,16)$$

M_4: $\forall p \in P, \exists 1 \in \mathbb{R}, \quad 1.p = p$.

Exemplo numérico: $p=(2, 3)$ e $1=(1, 0)$ (1 é neutro multiplicativo)

$$1.p = p$$
$$1.(2, 3) = (2, 3)$$
$$(1.2, 1.3) = (2, 3)$$

O conjunto P, com as operações de adição e multiplicação por escalar, é um espaço vetorial e cada par ordenado de $\mathbb{R}^2$ pode ser chamado de vetor.

EXERCÍCIOS DE APLICAÇÃO 4.2

1. a) $\overrightarrow{AB}+\overrightarrow{BC}+\overrightarrow{CD} = \overrightarrow{AC}+\overrightarrow{CD} = \overrightarrow{AD}$

   b) $\overrightarrow{AB}-\overrightarrow{AC} = \overrightarrow{AB}+\overrightarrow{CA} = \overrightarrow{CA}+\overrightarrow{AB} = \overrightarrow{CB}$

   c) $\overrightarrow{RB}+\overrightarrow{CM}-\overrightarrow{RM} = \overrightarrow{RB}+\overrightarrow{CM}+\overrightarrow{MR} = \overrightarrow{RB}+\overrightarrow{CR} = \overrightarrow{CR}+\overrightarrow{RB} = \overrightarrow{CB}$

   d) $\overrightarrow{XB}-\overrightarrow{RB}-\overrightarrow{DR}-\overrightarrow{XR} = \overrightarrow{XB}+\overrightarrow{BR}+\overrightarrow{RD}+\overrightarrow{RX} = \overrightarrow{XR}+\overrightarrow{RD}+\overrightarrow{RX} =$
   $= \overrightarrow{XR}+\overrightarrow{RX}+\overrightarrow{RD} = \vec{0}+\overrightarrow{RD} = \overrightarrow{RD}$

   e) $\overrightarrow{ZR}+\overrightarrow{CD}+\overrightarrow{RC}+\overrightarrow{DZ} = \overrightarrow{ZR}+\overrightarrow{RC}+\overrightarrow{CD}+\overrightarrow{DZ} = \overrightarrow{ZC}+\overrightarrow{CZ} = \overrightarrow{ZZ} = \vec{0}$

   f) $\overrightarrow{BD}+\overrightarrow{LC}-\overrightarrow{LD} = \overrightarrow{BD}+\overrightarrow{LC}+\overrightarrow{DL} = \overrightarrow{BD}+\overrightarrow{DL}+\overrightarrow{LC} = \overrightarrow{BL}+\overrightarrow{LC} = \overrightarrow{BC}$.

   g) $\overrightarrow{BD}-\overrightarrow{AD}+\overrightarrow{DB}-\overrightarrow{CA} = \overrightarrow{BD}+\overrightarrow{DA}+\overrightarrow{DB}+\overrightarrow{AC} = \overrightarrow{BA}+\overrightarrow{DB}+\overrightarrow{AC} =$
   $= \overrightarrow{BA}+\overrightarrow{AC}+\overrightarrow{DB} = \overrightarrow{BC}+\overrightarrow{DB} = \overrightarrow{DB}+\overrightarrow{BC} = \overrightarrow{DC}$

2. a) $\vec{u}+\vec{v} = \overrightarrow{AC}$

   b) $\vec{u}-\vec{v} = \overrightarrow{AB}-\overrightarrow{AD} = \overrightarrow{AB}+\overrightarrow{DA} = \overrightarrow{DA}+\overrightarrow{AB} = \overrightarrow{DB}$

   c) $\vec{v}+\overrightarrow{DB} = \overrightarrow{AD}+\overrightarrow{DB} = \overrightarrow{AB} = \vec{u}$

   d) $\overrightarrow{AC}-\vec{u} = \overrightarrow{AC}-\overrightarrow{AB} = \overrightarrow{AC}+\overrightarrow{BA} = \overrightarrow{BA}+\overrightarrow{AC} = \overrightarrow{BC} = \overrightarrow{AD} = \vec{v}$

   e) $\overrightarrow{AM} = (\vec{u}+\vec{v})/2$

   f) $\overrightarrow{BM} = (\vec{v}-\vec{u})/2$

   g) $\overrightarrow{BM}+\overrightarrow{X} = \vec{v} \quad \Rightarrow \quad \overrightarrow{X} = \vec{v}-\overrightarrow{BM} = \overrightarrow{BC}-\overrightarrow{BM} = \overrightarrow{BC}+\overrightarrow{MB} = \overrightarrow{MB}+\overrightarrow{BC} = \overrightarrow{MC}$

   h) $\overrightarrow{AD}+\overrightarrow{DC}+\overrightarrow{CB}+\overrightarrow{BA} = \overrightarrow{AC}+\overrightarrow{CA} = \overrightarrow{AA} = \vec{0}$

3. a) $\vec{c}=2\vec{b}+\frac{1}{2}\vec{a}$ b) $\vec{c}=\frac{1}{2}\vec{b}+\vec{a}$

4.

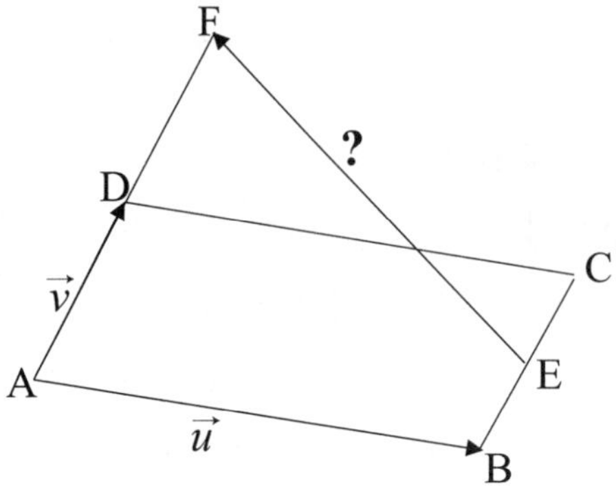

Figura R4.1

$$\overrightarrow{EF}=\overrightarrow{EB}+\overrightarrow{BA}+\overrightarrow{AF}=\frac{-1}{2}\vec{v}-\vec{u}+2\vec{v}=\frac{3}{2}\vec{v}-\vec{u}$$

5.

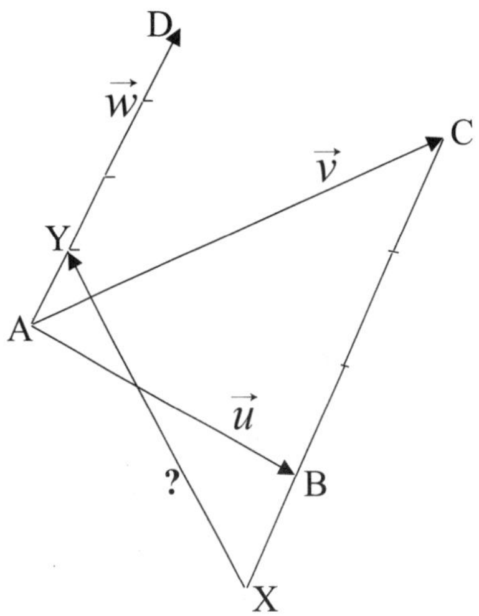

Figura R4.2

$$\overrightarrow{XY}=\overrightarrow{XB}+\overrightarrow{BA}+\overrightarrow{AY}$$

Temos: $\vec{u}+\overrightarrow{BC}=\vec{v}$ e, daí,

$$\overrightarrow{BC}=\vec{v}-\vec{u}$$

$$\overrightarrow{XY}=\frac{1}{3}\overrightarrow{BC}-\vec{u}+\frac{1}{4}\vec{w}$$

$$\overrightarrow{XY}=\frac{1}{3}(\vec{v}-\vec{u})-\vec{u}+\frac{1}{4}\vec{w}$$

$$\overrightarrow{XY}=\frac{1}{3}\vec{v}-\frac{1}{3}\vec{u}-\vec{u}+\frac{1}{4}\vec{w}$$

$$\overrightarrow{XY}=\frac{-4}{3}\vec{u}+\frac{1}{3}\vec{v}+\frac{1}{4}\vec{w}$$

6.

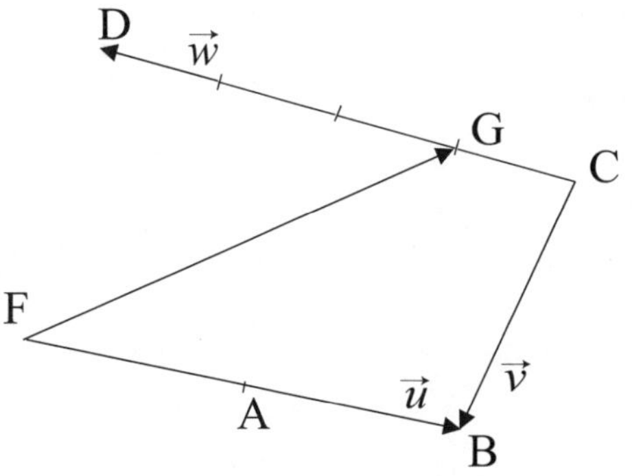

Figura R4.3

$$\overrightarrow{FG} = \overrightarrow{FB} + \overrightarrow{BC} + \overrightarrow{CG}$$

$$\overrightarrow{FG} = 2\,\vec{u} - \vec{v} + \frac{1}{4}\vec{w}$$

7.

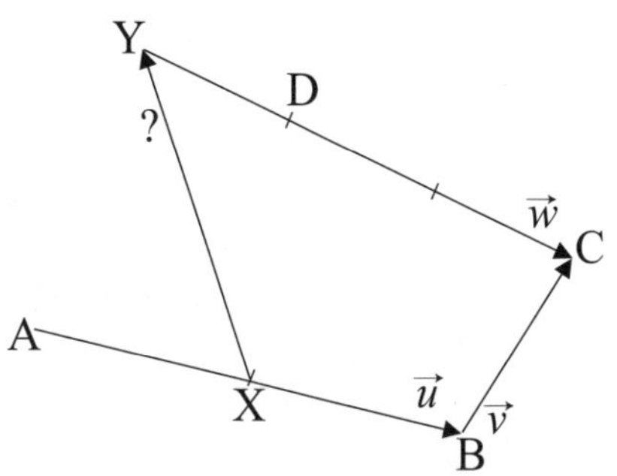

Figura R4.4

$$\overrightarrow{XY} = \overrightarrow{XB} + \overrightarrow{BC} + \overrightarrow{CY}$$

$$\overrightarrow{XY} = \frac{1}{2}\,\vec{u} + \vec{v} - \vec{w} - \frac{1}{2}\vec{w}$$

$$\overrightarrow{XY} = \frac{1}{2}\,\vec{u} + \vec{v} - \frac{3}{2}\vec{w}$$

8.

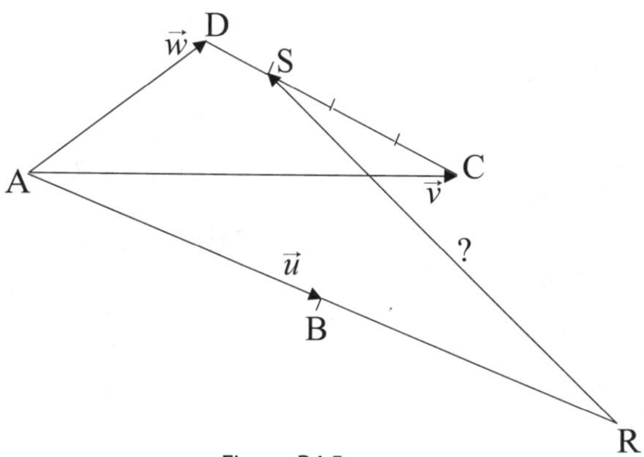

Figura R4.5

$$\overrightarrow{RS} = \overrightarrow{RA} + \overrightarrow{AD} + \overrightarrow{DS}$$

Temos:

$$\vec{w} + \overrightarrow{DC} = \vec{v}$$

$$\overrightarrow{DC} = \vec{v} - \vec{w}$$

$$\overrightarrow{DS} = \frac{1}{4}\,\overrightarrow{DC}$$

$$\overrightarrow{RS} = -2\,\vec{u} + \vec{w} + \frac{1}{4}\left(\vec{v} - \vec{w}\right)$$

$$\overrightarrow{RS} = -2\,\vec{u} + \frac{1}{4}\vec{v} + \frac{3}{4}\vec{w}$$

9.

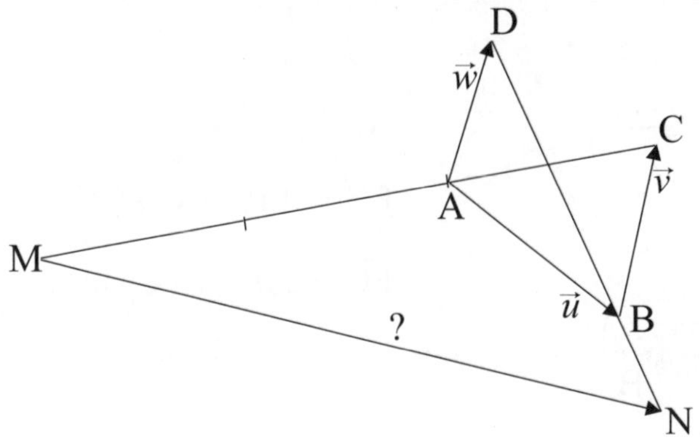

Temos: $\overrightarrow{AC} = \overrightarrow{AB} + \overrightarrow{BC} = \left(\vec{u} + \vec{v}\right)$ e $\overrightarrow{DB} = \overrightarrow{DA} + \overrightarrow{AB} = \left(-\vec{w} + \vec{u}\right)$

Daí, $\overrightarrow{MA} = 2\,\overrightarrow{AC} = 2\left(\vec{u} + \vec{v}\right)$ e $\overrightarrow{BN} = \frac{1}{2}\,\overrightarrow{DB} = \frac{1}{2}\left(-\vec{w} + \vec{u}\right)$

Assim, $\overrightarrow{MN} = \overrightarrow{MA} + \overrightarrow{AB} + \overrightarrow{BN} = 2\left(\vec{u} + \vec{v}\right) + \vec{u} + \frac{1}{2}\left(-\vec{w} + \vec{u}\right)$

$$\overrightarrow{MN} = \frac{7}{2}\vec{u} + 2\,\vec{v} - \frac{1}{2}\vec{w}$$

10.

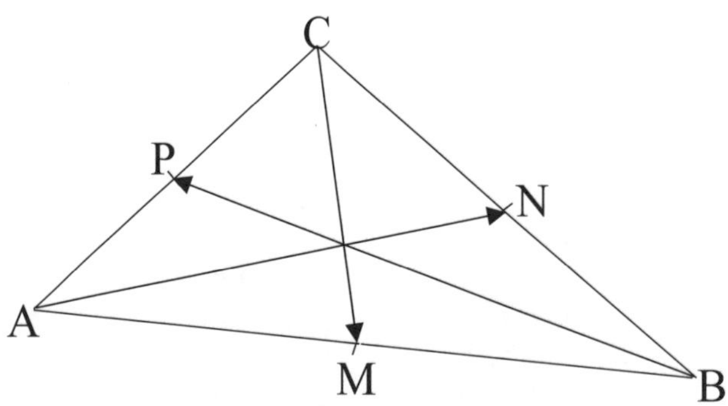

Figura R4.7

Temos:

$\overrightarrow{AN} = \overrightarrow{AB} + \overrightarrow{BN}$

$\overrightarrow{BP} = \overrightarrow{BC} + \overrightarrow{CP}$

$\overrightarrow{CM} = \overrightarrow{CA} + \overrightarrow{AM}$

Adicionando-se membro a membro as igualdades acima, tem-se:

$$\overrightarrow{AN} + \overrightarrow{BP} + \overrightarrow{CM} = \overrightarrow{AB} + \overrightarrow{BC} + \overrightarrow{CA} + \overrightarrow{BN} + \overrightarrow{CP} + \overrightarrow{AM} \qquad \text{(I)}$$

Sabe-se que $\overrightarrow{BN} = \frac{1}{2}\,\overrightarrow{BC}$, $\overrightarrow{CP} = \frac{1}{2}\,\overrightarrow{CA}$ e $\overrightarrow{AM} = \frac{1}{2}\,\overrightarrow{AB}$. (II)

Substituindo (II) em (I), segue que:

$$\overrightarrow{AN} + \overrightarrow{BP} + \overrightarrow{CM} = \overrightarrow{AB} + \overrightarrow{BC} + \overrightarrow{CA} + \frac{1}{2}\overrightarrow{BC} + \frac{1}{2}\overrightarrow{CA} + \frac{1}{2}\overrightarrow{AB}$$

$$= \overrightarrow{AB} + \overrightarrow{BC} + \overrightarrow{CA} + \frac{1}{2}\left(\overrightarrow{BC} + \overrightarrow{CA} + \overrightarrow{AB}\right)$$

$$= \overrightarrow{AC} + \overrightarrow{CA} + \frac{1}{2}\left(\overrightarrow{BA} + \overrightarrow{AB}\right)$$

$$= \overrightarrow{AA} + \frac{1}{2}\left(\overrightarrow{BB}\right)$$

$$= \vec{0} + \frac{1}{2}\left(\vec{0}\right) = \vec{0}$$

11.

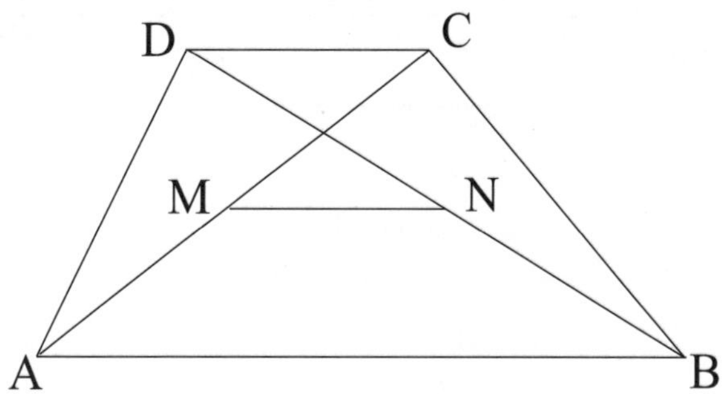

Figura R4.8

Temos que:

$$\overrightarrow{MN} = \overrightarrow{MA} + \overrightarrow{AB} + \overrightarrow{BN}$$

$$\overrightarrow{MN} = \overrightarrow{MC} + \overrightarrow{CD} + \overrightarrow{DN}$$

Adicionando-se membro a membro as igualdades acima e considerando-se que $\overrightarrow{MA} = -\overrightarrow{MC}$ e $\overrightarrow{BN} = -\overrightarrow{DN}$, segue que:

$$2.\overrightarrow{MN} = \overrightarrow{AB} + \overrightarrow{CD}$$

$$\overrightarrow{MN} = \frac{1}{2}\left(\overrightarrow{AB} - \overrightarrow{DC}\right)$$

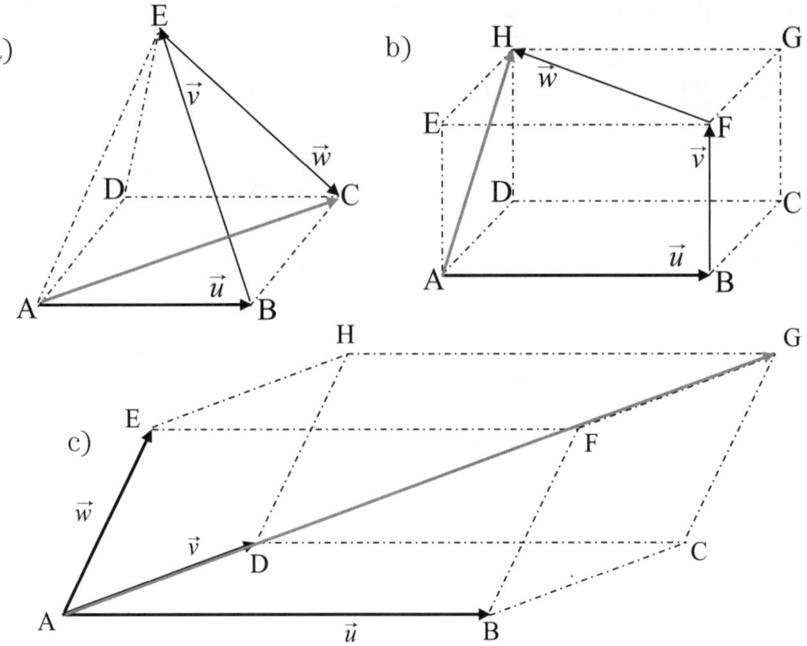

Figura R4.35

CAPÍTULO 5

EXERCÍCIOS DE APLICAÇÃO 5.1

1. O conjunto $\{\vec{u}, -\vec{u}\}$ é LD, $\vec{u} \neq \vec{0}$.

   Sejam α e β reais tais que $\alpha.\vec{u} + \beta(-\vec{u}) = \vec{0}$ e, daí, $(\alpha - \beta).\vec{u} = \vec{0}$. Sendo $\vec{u} \neq 0$ teremos que $(\alpha - \beta) = 0$.

   Assim, $\alpha = \beta$ para uma infinidade de valores tais que $\alpha = \beta \neq 0$.

   Portanto, existem escalares não todos iguais a zero com $\alpha.\vec{u} + \beta(-\vec{u}) = \vec{0}$, e isto nos permite entender que $\{\vec{u}, -\vec{u}\}$ é LD .

2. Se $\{\vec{u}, \vec{v}\}$ é LI, então o conjunto $\{\vec{u}, \vec{v}, (\vec{u} + \vec{v})\}$ é LD.

   Sejam α , β e γ reais tais que $\alpha\vec{u} + \beta\vec{v} + \gamma(\vec{u} + \vec{v}) = \vec{0}$ e, daí, obtemos:

   $$(\alpha + \gamma)\vec{u} + (\beta + \gamma)\vec{v} = \vec{0}$$

   O fato de $\{\vec{u}, \vec{v}\}$ ser LI nos faz entender que $\alpha + \gamma = 0$ e $\beta + \gamma = 0$. Essas equações nos dizem que $\alpha = \beta$ para cada valor de $\gamma \in \mathbb{R}$.

Visto que os coeficientes α, β e γ não são necessariamente todos iguais a zero, segue que $\{\vec{u}, \vec{v}, (\vec{u}+\vec{v})\}$ é LD.

3. Se $\{\vec{u}, \vec{v}, \vec{w}\}$ é LI, então o conjunto $\{(\vec{u}+\vec{v}), (\vec{u}-\vec{v}), (\vec{u}+\vec{w})\}$ é LI.

Sejam α, β e γ reais tais que $\alpha(\vec{u}+\vec{v}) + \beta(\vec{u}-\vec{v}) + \gamma(\vec{u}+\vec{w}) = \vec{0}$ e, daí, temos que:

$$(\alpha+\beta+\gamma)\vec{u} + (\alpha-\beta)\vec{v} + \gamma\vec{w} = 0$$

O fato de $\{\vec{u}, \vec{v}, \vec{w}\}$ ser LI nos faz entender que

$$\begin{cases} \alpha+\beta+\gamma = 0 \\ \alpha-\beta = 0 \\ \gamma = 0 \end{cases} \Rightarrow \alpha = 0, \quad \beta = 0 \quad \text{e} \quad \gamma = 0$$

Visto que os coeficientes α, β e γ são necessariamente iguais a zero, segue que $\{(\vec{u}+\vec{v}), (\vec{u}-\vec{v}), (\vec{u}+\vec{w})\}$ é LI.

4. Se A é um conjunto de vetores e $\vec{0} \in$ A, então A é LD.

Se $\vec{0}$ é um vetor de A, então podemos construir uma combinação linear dos vetores de A que resulte $\vec{0}$ do seguinte modo: atribuir coeficiente diferente de zero para o elemento $\vec{0}$ de A e coeficientes iguais a zero para os demais elementos (vetores) de A. Assim, nem todos os coeficientes da combinação linear dos vetores de A será zero e, dessa forma, A é LD.

5. O conjunto $\{\vec{0}\}$ é LD

Temos que $\alpha.\vec{0} = \vec{0}$, para todo $\alpha \neq 0$ real. Logo, $\{\vec{0}\}$ é LD.

6. Se A é um conjunto de vetores e B um subconjunto LD de A, então A é LD.

Prova: seja $A = \{\vec{u}_1, \vec{u}_2, \vec{u}_3, \dots, \vec{u}_{k1}, \vec{u}_{k2}, \vec{u}_{k3}, \dots, \vec{u}_{km}, \dots, \vec{u}_n\}$ um conjunto de n vetores. Suponhamos, por hipótese , que A seja LI, assim só existem escalares $a_1, a_2, a_3, \dots, a_{k1}, a_{k2}, a_{k3}, \dots, a_{km}, \dots, a_n$ todos nulos, tais que:

$$a_1\vec{u}_1 + a_2\vec{u}_2 + \dots + a_{k1}\vec{u}_{k1} + a_{k2}\vec{u}_{k2} + a_{k3}\vec{u}_{k3} + \dots + a_{km}\vec{u}_{km} + \dots + a_n\vec{u}_n = \vec{0} \quad \text{(III)}$$

Sendo $B = \{\vec{u}_{k1}, \vec{u}_{k2}, \vec{u}_{k3}, \dots, \vec{u}_{km}\} \subset A$ um conjunto com m vetores LD. Então existem escalares $b_{k1}, b_{k2}, b_{k3}, \dots b_{km}$ **não todos nulo** tais que:

$$b_{k1}\vec{u}_{k1}+b_{k2}\vec{u}_{k2}+b_{k3}\vec{u}_{k3}+\ldots+b_{km}\vec{u}_{km}=\vec{0} \qquad \text{(IV)}$$

Comparando as sentenças (III) e (IV), temos:

$$a_1\vec{u}_1+a_2\vec{u}_2+\ldots+a_{k1}\vec{u}_{k1}+a_{k2}\vec{u}_{k2}+a_{k3}\vec{u}_{k3}+\ldots+a_{km}\vec{u}_{km}+\ldots+a_n\vec{u}_n=$$

$$=b_{k1}\vec{u}_{k1}+b_{k2}\vec{u}_{k2}+b_{k3}\vec{u}_{k3}+\ldots+b_{km}\vec{u}_{km}.$$

Logo,

$$a_1\vec{u}_1+a_2\vec{u}_2+\ldots+(a_{k1}-b_{k1})\vec{u}_{k1}+(a_{k2}-b_{k2})\vec{u}_{k2}+\ldots+(a_{km}-b_{km})\vec{u}_{km}+\ldots+a_n\vec{u}_n=\vec{0}$$

O fato de A ser LI, devemos ter $a_{k1}-b_{k1}=0$, $a_{k2}-b_{k2}=0$, ... $a_{km}-b_{km}=0$

neste caso , vemos que $b_{k1}=b_{k2}=b_{k3}=\ldots=b_{km}=0$ e, pelo fato de B ser LD ,

temos que alguns dos coeficientes a_{ki} , i= 1,2,3, ... n , são diferentes de zero e este fato contradiz a hipótese de que A é LI. Portanto, A é LD.

7. Se $\{\vec{u}, \vec{v}, \vec{w}\}$ é LI, então para cada vetor $\vec{g}$ do espaço existe uma única terna de números reais α_1, α_2 e α_3 tal que $\vec{g}=\alpha_1.\vec{u}+\alpha_2.\vec{v}+\alpha_3.\vec{w}$.

   Queremos mostrar que, se $\{\vec{u}, \vec{v}, \vec{w}\}$ é LI, então cada vetor $\vec{g}$ de V_3 é escrito, de modo único, como combinação linear dos vetores $\vec{u}$, $\vec{v}$ e $\vec{w}$.

   Suponhamos, por absurdo, que $\vec{g}\in V_3$ possa ser escrito por duas combinações lineares distintas com os vetores $\vec{u}$, $\vec{v}$ e $\vec{w}$, os quais formam um conjunto LI de V_3.

   Assim, existem escalares α_1, α_2 e α_3 e β_1, β_2 e β_3 tais que:

$$\vec{g}=\alpha_1.\vec{u}+\alpha_2.\vec{v}+\alpha_3.\vec{w} \text{ e } \vec{g}=\beta_1.\vec{u}+\beta_2.\vec{v}+\beta_3.\vec{w}.$$

   Comparando as combinações, temos $\alpha_1.\vec{u}+\alpha_2.\vec{v}+\alpha_3.\vec{w}=\beta_1.\vec{u}+\beta_2.\vec{v}+\beta_3.\vec{w}$ e, daí, $(\alpha_1-\beta_1).\vec{u}+(\alpha_2-\beta_2).\vec{v}+(\alpha_3-\beta_3).\vec{w}=\vec{0}$.

   Do fato de o conjunto dos vetores $\vec{u}$, $\vec{v}$ e $\vec{w}$ ser LI, segue que $\alpha_1-\beta_1=0$, $\alpha_2-\beta_2=0$ e $\alpha_3-\beta_3=0$. Isso nos permite entender que $\alpha_1=\beta_1$, $\alpha_2=\beta_2$ e $\alpha_3=\beta_3$, portanto, o vetor $\vec{g}$ se escreve de modo único, contradizendo a hipótese de haver modos distintos de se escrever $\vec{g}$ em termos de $\vec{u}$, $\vec{v}$ e $\vec{w}$.

8. Se $\{\vec{u}, \vec{v}\}$ é LI, então $\{(\vec{u}+\vec{v}),\ (\vec{u}-\vec{v})\}$ é LI.

   Queremos mostrar que $\{\vec{u}+\vec{v}\ ,\ \vec{u}-\vec{v}\}$ é LI se $\{\vec{u}, \vec{v}\}$ for LI.

   Sejam α e β reais tais que $\alpha(\vec{u}+\vec{v})+\beta(\vec{u}-\vec{v})=0$.
   Daí, $(\alpha+\beta)\vec{u}+(\alpha-\beta)\vec{v}=0$.

   Do fato de o conjunto $\{\vec{u}, \vec{v}\}$ ser LI segue que: $\alpha+\beta=$ e $\alpha-\beta=0$. Resolvendo o sistema, tem-se: $\alpha=\beta=0$.

   Portanto, $\{\vec{u}+\vec{v}\ ,\ \vec{u}-\vec{v}\}$ é LI.

9. Se A é um conjunto LI, então todo subconjunto não vazio de vetores de A é LI.

   Se A é um conjunto LI de vetores e supondo que B fosse um subconjunto LD não vazio de A, então, pelo exercício 6 acima, A deveria ser LD. Isso contradiz o fato de que A é LI. Logo, todo subconjunto não vazio de A é LI.

CAPÍTULO 6

EXERCÍCIOS DE APLICAÇÃO 6.1

1. Suponha que existam escalares α e β reais tais que $\vec{u}=\alpha\,\vec{i}+\beta\,\vec{j}$.

   Assim, $\vec{u}=(x,y)=\alpha(1,0)+\beta(0,1)$. E, daí, $(x,y)=(\alpha,0)+(0,\beta)$. Portanto, $(x,y)=(\alpha+0,\ 0+\beta)\ \Rightarrow\ (x,y)=(\alpha,\beta)=\alpha\vec{i}+\beta\vec{j}$.

2. Suponha que existam escalares x e y reais tais que $\vec{u}=x\,\vec{a}+y\vec{b}$.

   Assim, $(3,6)=x(1,2)+y(3,4)=(x,2x)+(3y,4y)$, daí, $(3,6)=(x+3y,\ 2x+4y)$.

   Logo,

$$\begin{cases} x+3y=3 \\ 2x+4y=6 \end{cases} \Rightarrow \begin{cases} x+3y=3 \\ x+2y=3 \end{cases} \Rightarrow\ x=3 \text{ e } y=0$$

   Portanto, $\vec{u}=3\vec{a}+0\vec{b}$.

3. Suponha que existam escalares x, y e z reais tais que $\vec{u}=x\,\vec{a}+y\vec{b}+z\vec{c}$.

   Assim, $(6,25,9)=x\ (1,2,0)+y\ (3,8,4)+z\ (-1,7,1)$, daí,

$$(6,25,9)=(x+3y-z,\ 2x+8y+7z,\ 0x+4y+z)$$

   Logo,

$$\begin{cases} x+3y-z=6 \\ 2x+8y+7z=25 \\ \quad 4y+z=9 \end{cases}$$

Utilizando Cramer: $\Delta = \begin{vmatrix} 1 & 3 & -1 \\ 2 & 8 & 7 \\ 0 & 4 & 1 \end{vmatrix} = -34 \neq 0$

$\Delta x = \begin{vmatrix} 6 & 3 & -1 \\ 25 & 8 & 7 \\ 9 & 4 & 1 \end{vmatrix} = -34$, $\Delta y = \begin{vmatrix} 1 & 6 & -1 \\ 2 & 25 & 7 \\ 0 & 9 & 1 \end{vmatrix} = -68$ e $\Delta z = \begin{vmatrix} 1 & 3 & 6 \\ 2 & 8 & 25 \\ 0 & 4 & 9 \end{vmatrix} = -34$

Sistema possível e determinado.

Assim, $x = \dfrac{\Delta x}{\Delta} = \dfrac{-34}{-34} = 1$, $y = \dfrac{\Delta y}{\Delta} = \dfrac{-68}{-34} = 2$ e $z = \dfrac{\Delta z}{\Delta} = \dfrac{-34}{-34} = 1$.

Portanto, $\vec{u} = 1\vec{a} + 2\vec{b} + 1\vec{c}$.

4. Suponha que existam escalares x, y e z reais tais que $\vec{u} = x\,\vec{a} + y\vec{b} + z\vec{c}$.

Assim, $(6, 5, 3) = x\,(2, 1, 0) + y\,(2, 8, 0) + z\,(-1, 5, 0)$, daí,

$$(6, 5, 3) = (2x+2y-z,\ x+8y+5z,\ 0x+0y+0z)$$

Logo,

$$\begin{cases} 2x+2y-z=6 \\ x+8y+5z=5 \\ 0x+0y+0z=3 \end{cases}$$

Utilizando Cramer: $\Delta = \begin{vmatrix} 2 & 2 & -1 \\ 1 & 8 & 5 \\ 0 & 0 & 0 \end{vmatrix} = 0$

$\Delta x = \begin{vmatrix} 6 & 2 & -1 \\ 5 & 8 & 5 \\ 3 & 0 & 0 \end{vmatrix} = 54$, $\Delta y = \begin{vmatrix} 2 & 6 & -1 \\ 1 & 5 & 5 \\ 0 & 3 & 0 \end{vmatrix} = -33$ e $\Delta z = \begin{vmatrix} 2 & 2 & 6 \\ 1 & 8 & 5 \\ 0 & 0 & 3 \end{vmatrix} = 42$

O sistema é impossível, pois os vetores $\vec{a}$, $\vec{b}$ e $\vec{c}$ são coplanares e o vetor $\vec{u}$ não é coplanar com eles. Veja considerações correspondentes na Figura 3.8 ou no Exemplo 7 do Apêndice 1. Portanto, não é possível escrever $\vec{u}$ como CL dos vetores $\vec{a}$, $\vec{b}$ e $\vec{c}$.

5. Suponha que existam escalares x, y e z reais tais que $\vec{u} = x\,\vec{a} + y\vec{b} + z\vec{c}$.

Assim, $(6, 5, 0) = x\,(2, 1, 0) + y\,(12, 8, 0) + z\,(10, 5, 0)$, daí,

$$(6, 5, 0) = (2x + 12y + 10z,\ x + 8y + 5z,\ 0x + 0y + 0z)$$

Logo, $\begin{cases} 2x + 12y + 10z = 6 \\ x + 8y + 5z = 5 \\ 0x + 0y + 0z = 0 \end{cases}$

Utilizando Cramer: $\Delta = \begin{vmatrix} 2 & 12 & 10 \\ 1 & 8 & 5 \\ 0 & 0 & 0 \end{vmatrix} = 0$

$\Delta x = \begin{vmatrix} 6 & 12 & 10 \\ 5 & 8 & 5 \\ 0 & 0 & 0 \end{vmatrix} = 0$, $\Delta y = \begin{vmatrix} 2 & 6 & 10 \\ 1 & 5 & 5 \\ 0 & 0 & 0 \end{vmatrix} = 0$ e $\Delta z = \begin{vmatrix} 2 & 12 & 6 \\ 1 & 8 & 5 \\ 0 & 0 & 0 \end{vmatrix} = 0$

O sistema é indeterminado: portanto, existem infinitas soluções!

Por exemplo:

a) se $x = 0$, teremos $y = 1$ e $z = -3/5$ e, daí, $\vec{u} = 0.\vec{a} + 1.\vec{b} - (3/5).\vec{c}$;

b) se $z = 0$, teremos $x = -3$ e $y = 1$ e, daí, $\vec{u} = -3.\vec{a} + 1.\vec{b} + 0.\vec{c}$ etc.

Note que os vetores são coplanares, sendo $\vec{a} // \vec{c}$ e $\vec{a}$ não paralelo a $\vec{b}$. O vetor $\vec{u}$ não é paralelo aos demais vetores. Os vetores $\vec{a}$ e $\vec{b}$ ou $\vec{b}$ e $\vec{c}$ podem formar uma base do plano. Veja fato semelhante no Exemplo 3 do Apêndice 1.

6. Suponha que existam escalares x, y e z reais tais que $\vec{u} = x\,\vec{a} + y\vec{b} + z\vec{c}$.

Assim, $(6, 5, 0) = x\,(2, 1, 0) + y\,(4, 2, 0) + z\,(6, 3, 0)$, daí,

$$(6, 5, 0) = (2x + 4y + 6z,\ x + 2y + 3z,\ 0x + 0y + 0z)$$

Logo,

$$\begin{cases} 2x + 4y + 6z = 6 \\ x + 2y + 3z = 5 \\ 0x + 0y + 0z = 0 \end{cases}$$

Utilizando Cramer: $\Delta = \begin{vmatrix} 2 & 4 & 6 \\ 1 & 2 & 3 \\ 0 & 0 & 0 \end{vmatrix} = 0$

$$\Delta x = \begin{vmatrix} 6 & 4 & 6 \\ 5 & 2 & 3 \\ 0 & 0 & 0 \end{vmatrix} = 0,\ \Delta y = \begin{vmatrix} 2 & 6 & 6 \\ 1 & 5 & 3 \\ 0 & 0 & 0 \end{vmatrix} = 0 \text{ e } \Delta z = \begin{vmatrix} 2 & 4 & 6 \\ 1 & 2 & 5 \\ 0 & 0 & 0 \end{vmatrix} = 0$$

O sistema é impossível: os determinantes são todos iguais a zero, porém, o sistema apresenta duas equações com coeficientes das incógnitas, respectivamente, proporcionais e os termos independentes de variável não proporcionais a eles.

Não é possível estabelecer a CL desejada, pois, embora os vetores $\vec{u}$, $\vec{a}$, $\vec{b}$ e $\vec{c}$ sejam coplanares, o vetor $\vec{u}$ não tem a direção dos vetores $\vec{a}$, $\vec{b}$ e $\vec{c}$ que são paralelos. Veja considerações correspondentes na Figura 3.9 ou no Exemplo 5 do Apêndice 1.

7. Suponha que existam escalares x, y e z reais tais que $\vec{u} = x\,\vec{a} + y\vec{b} + z\vec{c}$.

Assim, $(12, 6, 0) = x\ (2, 1, 0) + y\ (4, 2, 0) + z\ (6, 3, 0)$, daí,

$$(12, 6, 0) = (2x + 4y + 6z,\ x + 2y + 3z,\ 0x + 0y + 0z)$$

Logo,

$$\begin{cases} 2x + 4y + 6z = 12 \\ x + 2y + 3z = 6 \\ 0x + 0y + 0z = 0 \end{cases}$$

Utilizando Cramer: $\Delta = \begin{vmatrix} 2 & 4 & 6 \\ 1 & 2 & 3 \\ 0 & 0 & 0 \end{vmatrix} = 0$

$$\Delta x = \begin{vmatrix} 12 & 4 & 6 \\ 6 & 2 & 3 \\ 0 & 0 & 0 \end{vmatrix} = 0,\ \Delta y = \begin{vmatrix} 2 & 12 & 6 \\ 1 & 6 & 3 \\ 0 & 0 & 0 \end{vmatrix} = 0 \text{ e } \Delta z = \begin{vmatrix} 2 & 4 & 12 \\ 1 & 2 & 6 \\ 0 & 0 & 0 \end{vmatrix} = 0$$

O sistema é indeterminado: os determinantes são todos iguais a zero, pois os vetores são coplanares. Vemos que os coeficientes das incógnitas de duas equações do sistema são, respectivamente, proporcionais e, também, os termos independentes o são. Veja considerações correspondentes no Exemplo 4 no Apêndice 1.

Portanto, existem infinitas soluções! Os vetores $\vec{u}$, $\vec{a}$, $\vec{b}$ e $\vec{c}$ são paralelos. Assim, $\vec{a}$ ou $\vec{b}$ ou $\vec{c}$ forma uma base de reta com direção $\vec{u}$.

Por exemplo:

a) se $x=0$, teremos $y=0$ e $z=2$ e, daí, $\vec{u}=0.\vec{a}+0.\vec{b}+2.\vec{c}$;

b) se $z=1$, teremos $x=1$ e $y=1$ e, daí, $\vec{u}=1.\vec{a}+1.\vec{b}+1.\vec{c}$ etc.

8. a) * $\vec{u}+\vec{v}=(3,2,5)+(1,2,5)=(3+1,\ 2+2,\ 5+5)=(4,4,10)$

* $\vec{u}-2\vec{v}+\vec{w}=(3,2,5)-2(1,2,5)+(5,2,5)=(3-2+5,\ 2-4+2,\ 5-10+5)$

$\vec{u}-2\vec{v}+\vec{w}=(6,0,0)$.

* $2\vec{u}-\vec{v}+3\vec{w}=2(3,2,5)-(1,2,5)+3(5,2,5)=(6-1+15,\ 4-2+6,\ 10-5+15)$

$2\vec{u}-\vec{v}+3\vec{w}=(20,8,20)$

b) $\vec{w}=x\vec{u}+y\vec{v} \Rightarrow (5,2,5)=x(3,2,5)+y(1,2,5)$

$(5,2,5)=(3x+y,\ 2x+2y,\ 5x+5y)$

Logo,

$$\begin{cases}3x+y=5\\2x+2y=2\\5x+5y=5\end{cases}$$

A segunda e a terceira equação são equivalentes. O sistema se reduz às duas primeiras equações.

$\begin{cases}3x+y=5\\2x+2y=2\end{cases}$ ou $\begin{cases}3x+y=5\\x+y=1\end{cases}$ e, resolvendo por substituição de variável, temos que $x=2$ e $y=-1$.

Portanto, $\vec{w}=2.\vec{u}-1.\vec{v}$

9. Os vetores não formam base de V_3, pois $\begin{vmatrix}1&5&2\\0&1&1\\3&13&4\end{vmatrix}=0$. Eles são coplanares.

10. a) $-\vec{w}=-(3\vec{i}-\vec{j}-2\vec{k})=-3\vec{i}+\vec{j}+2\vec{k}=(-3,1,2)$

b) $\vec{v}+\vec{w}=(2\vec{i}-3\vec{j}+\vec{k})+(3\vec{i}-\vec{j}-2\vec{k})=5\vec{i}-4\vec{j}-\vec{k}=(5,-4,-1)$

c) $\vec{w}-\vec{v}=(3\vec{i}-\vec{j}-2\vec{k})-(2\vec{i}-3\vec{j}+\vec{k})=\vec{i}+2\vec{j}-3\vec{k}=(1,2,-3)$

d) $4\vec{v}=4.(2\vec{i}-3\vec{j}+\vec{k})=8\vec{i}-12\vec{j}+4\vec{k}=(8,-12,4)$

e) $\dfrac{\vec{v}}{2} + 3\vec{w} = \dfrac{1}{2}(2\vec{i}-3\vec{j}+\vec{k}) + 3(3\vec{i}-\vec{j}-2\vec{k}) = \vec{i}-\dfrac{3}{2}\vec{j}+\dfrac{1}{2}\vec{k}+9\vec{i}-3\vec{j}-6\vec{k}$

$\dfrac{\vec{v}}{2} + 3\vec{w} = 10\vec{i} - \dfrac{9}{2}\vec{j} - \dfrac{11}{2}\vec{k} = (10, -9/2, -11/2)$

11. a) $\left|\vec{c}\right| = \sqrt{12^2 + 5^2 + 0^2} = \sqrt{144 + 25} = \sqrt{169} = 13$

b) $\left|\vec{u}\right| = \sqrt{3^2 + 4^2 + (-1)^2} = \sqrt{9 + 16 + 1} = \sqrt{26}$

12. Temos:

a) $\vec{u} = \dfrac{\vec{v}}{\left|\vec{v}\right|} = \dfrac{\vec{i}+2\vec{j}-2\vec{k}}{\sqrt{1^2+2^2+(-2)^2}} = \dfrac{\vec{i}+2\vec{j}-2\vec{k}}{\sqrt{9}} = \dfrac{1}{3}\vec{i} + \dfrac{2}{3}\vec{j} - \dfrac{2}{3}\vec{k}$

b) $\vec{u} = \dfrac{\vec{v}}{\left|\vec{v}\right|} = \dfrac{2\vec{i}-\vec{j}+\vec{k}}{\sqrt{2^2+(-1)^2+1^2}} = \dfrac{2\vec{i}-\vec{j}+\vec{k}}{\sqrt{6}} = \dfrac{2}{\sqrt{6}}\vec{i} - \dfrac{1}{\sqrt{6}}\vec{j} + \dfrac{1}{\sqrt{6}}\vec{k}$

c) $\vec{u} = \dfrac{\vec{v}}{\left|\vec{v}\right|} = \dfrac{\vec{i}+0\vec{j}+0\vec{k}}{\sqrt{1^2+0^2+0^2}} = \dfrac{\vec{i}}{\sqrt{1}} = 1.\vec{i} = (1, 0, 0)$

13. a) $\vec{u} = 2\vec{i} + \vec{j} - 4\vec{k}$ e $\vec{v} = \dfrac{1}{2}\vec{i} + \dfrac{1}{4}\vec{j} - \vec{k}$

Razão entre as coordenadas: $\dfrac{2}{1/2} = \dfrac{1}{1/4} = \dfrac{-4}{-1}$. Logo, $\vec{u} \,//\, \vec{v}$

b) $\vec{r} = (3, 0, 2)$ e $\vec{s} = (6, 0, 4)$

Razão entre as coordenadas: $\dfrac{3}{6} = \dfrac{2}{4}$. Logo, $\vec{r} \,//\, \vec{s}$

c) $\vec{a} = (\sqrt{3}, 2, 1)$ e $\vec{b} = (-3, -1, 0)$

Razão entre as coordenadas: $\dfrac{-3}{\sqrt{3}} \neq \dfrac{-1}{2} \neq \dfrac{0}{1}$. Logo, $\vec{a} \not\parallel \vec{b}$

14. a) $\vec{u} = 2\vec{i} + \vec{j} - 4\vec{k}$ e $\vec{v} = \vec{i} + 2\vec{j} + \vec{k}$.

Soma dos produtos das respectivas coordenadas: 2.1 + 1.2 + (– 4).1 = 0. Sim.

b) $\vec{u} = 2\vec{i} + 3\vec{j} - \vec{k}$ e $\vec{v} = 5\vec{i} + 2\vec{j} + \vec{k}$.

Soma dos produtos das respectivas coordenadas: 2.5 + 3.2 + (–1).1 ≠ 0. Não.

c) $\vec{u} = 6\vec{i} - 3\vec{j} + \vec{k}$ e $\vec{v} = 3\vec{i} + 7\vec{j} + 3\vec{k}$.

Soma dos produtos das respectivas coordenadas: 6.3 + (–3).7 + 1.3 = 0. Sim.

15.

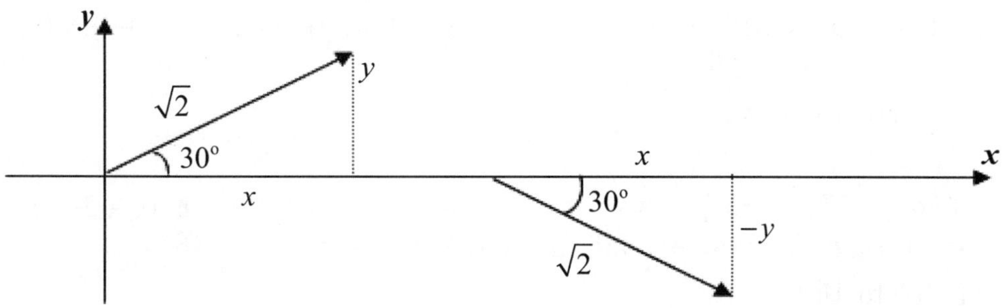

Figura R6.1

Temos que $x = \sqrt{2}\cos(30^0) = \sqrt{2}.\frac{\sqrt{3}}{2} = \frac{\sqrt{6}}{2}$ e $y = \sqrt{2}\,\text{sen}(30^0) = \sqrt{2}.\frac{1}{2} = \frac{\sqrt{2}}{2}$

Outro caso, analogamente,

$$x = \sqrt{2}\cos(30^0) = \sqrt{2}.\frac{\sqrt{3}}{2} = \frac{\sqrt{6}}{2} \text{ e } -y = -\sqrt{2}\,\text{sen}(30^0) = -\sqrt{2}.\frac{1}{2} = \frac{-\sqrt{2}}{2}$$

Logo, $\left(\frac{\sqrt{6}}{2}, \frac{\sqrt{2}}{2}\right)$ e $\left(\frac{\sqrt{6}}{2}, \frac{-\sqrt{2}}{2}\right)$

16.

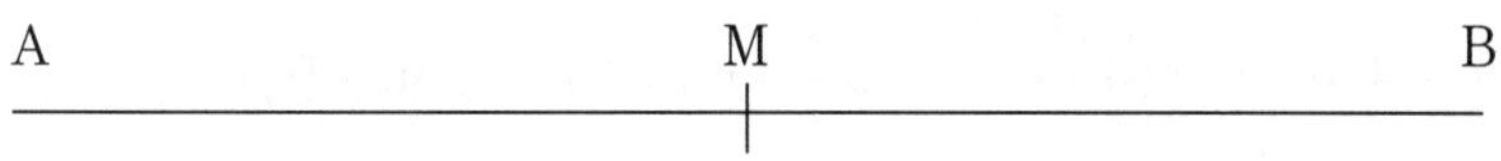

$$x_M = \frac{x_A + x_B}{2} \Rightarrow x_B = 2x_M - x_A = 2(9) - (-7) = 18 + 7 = 25$$

$$y_M = \frac{y_A + y_B}{2} \Rightarrow y_B = 2y_M - y_A = 2(5) - 2 = 10 - 2 = 8$$

Logo, B (25,8)

17.

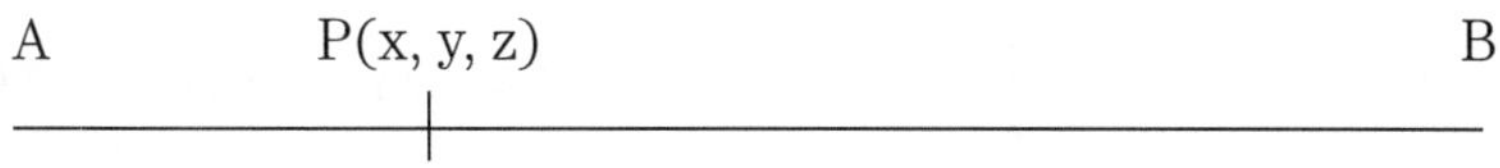

Devemos ter AP = (2/5)AB $\Rightarrow (x-3,\ y-(-1),\ z-2) = \frac{2}{5}(2-3,\ 1-(-1),\ 0-2)$

e $(x-3,\ y+1,\ z-2) = \frac{2}{5}(-1,\ 2,\ -2) \Rightarrow (x-3,\ y+1,\ z-2) = (\frac{-2}{5}, \frac{4}{5}, \frac{-4}{5})$

Assim, $\begin{cases} x-3=-2/5 \\ y+1=4/5 \\ z-2=-4/5 \end{cases} \Rightarrow \begin{cases} x=13/5 \\ y=-1/5 \\ z=6/5 \end{cases} \Rightarrow$ P(13/5, –1/5, 6/5)

18. Temos $\overrightarrow{CD} = \overrightarrow{AB} \Rightarrow (x-3,\ y-1) = (11-2,\ 0-1) \Rightarrow (x-3,\ y-1) = (9,\ -1)$ $\Rightarrow\ x = 12$ e $y = 0$

Portanto, D(12,0).

19. Temos $\overrightarrow{TU} = 4\,\overrightarrow{RS} \Rightarrow (x-0,\ y-1,\ z-2) = 4\,(2-1,\ 1-0,\ -3-2) \Rightarrow$ $(x,\ y-1,\ z-2) = (4,\ 4,\ -20) \Rightarrow x = 4$ e $y = 5$ e $z = -18$

Portanto, U(4,5,–18).

20. Suponhamos que existam escalares x e y reais tais que $\vec{w} = x\vec{u} + y\vec{v} \Rightarrow (4,3) = x(2,-1) + y(1,-2) \Rightarrow$ $(4,3) = (2x,-x) + (y,-2y) = (2x+y,\ -x-2y)$ e, daí, $\begin{cases} 2x+y=4 \\ -x-2y=3 \end{cases} \Rightarrow$ $x = 11/3$ e $y = -10/3$

Portanto, $\vec{w} = \dfrac{11}{3}\vec{u} - \dfrac{10}{3}\vec{v}$.

21. Condição de linearidade dos pontos: $\overrightarrow{AB} = \lambda.\overrightarrow{AC}$

Então, $(6-m, -1-3, 4-(-1)) = \lambda\,(3-m, -2-3, n-(-1))$

$(6-m, -4, 5) = \lambda\,(3-m, -5, n+1) = (3\lambda - \lambda m, -5\lambda, \lambda n + \lambda)$

$$\begin{cases} 6 - m = 3\lambda - \lambda m \\ -4 = -5\lambda \\ 5 = \lambda n + \lambda \end{cases} \Rightarrow \lambda = 4/5,\ m = 18 \text{ e } n = 21/4$$

22.

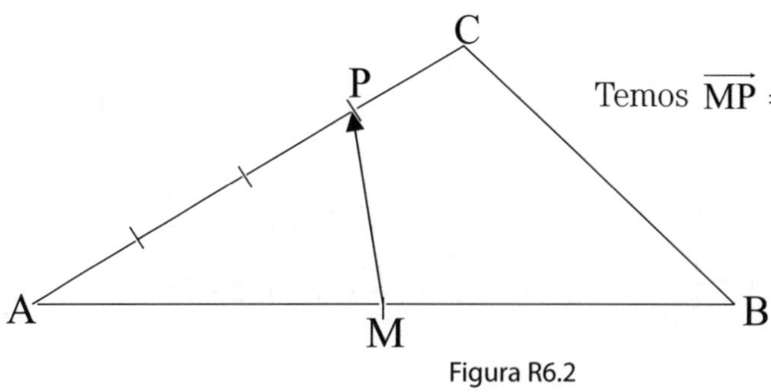

Temos $\overrightarrow{MP} = \overrightarrow{MA} + \overrightarrow{AP}$

Figura R6.2

$$\overrightarrow{MA} = \frac{1}{2}\,\overrightarrow{BA} = \frac{1}{2}(0-(-2),\,6-1) = \frac{1}{2}(2,\,5) = (1,\,\frac{5}{2})$$

$$\overrightarrow{AP} = \frac{3}{4}\,\overrightarrow{AC} = \frac{3}{4}(4-0,\,2-6) = \frac{3}{4}(4,\,-4) = (3,\,-3)$$

Logo, $\overrightarrow{MP} = \overrightarrow{MA} + \overrightarrow{AP} = (1,\,\frac{5}{2}) + (3,\,-3) = (4,\,\frac{-1}{2})$

$$\left|\overrightarrow{MP}\right| = \sqrt{4^2+(-1/2)^2} = \sqrt{65/4} = \frac{\sqrt{65}}{2}$$

23. Temos $\overrightarrow{AM} = \overrightarrow{AB} + \overrightarrow{BM}$

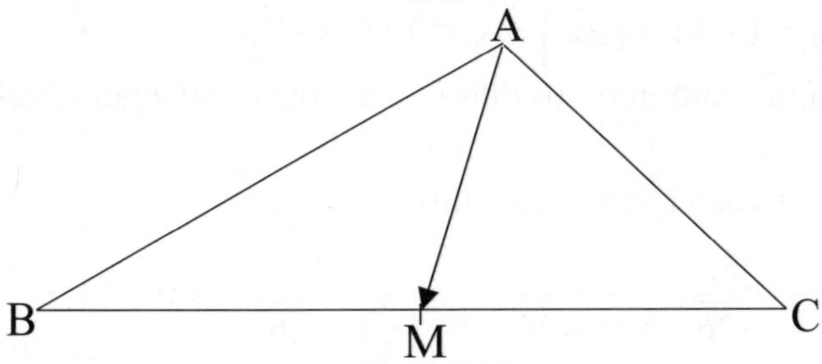

Figura R6.3

$$\overrightarrow{AB} = (0-1,\,1-2,\,1-3) = (-1,\,-1,\,-2)$$

$$\overrightarrow{BM} = \frac{1}{2}\,\overrightarrow{BC} = \frac{1}{2}(1-0,\,0-1,\,1-1) = \frac{1}{2}(1,\,-1,\,0) = (\frac{1}{2},\,\frac{-1}{2},\,0)$$

Logo, $\overrightarrow{AM} = \overrightarrow{AB} + \overrightarrow{BM} = (-1,\,-1,\,-2) + (\frac{1}{2},\,\frac{-1}{2},\,0) = (\frac{-1}{2},\,\frac{-3}{2},\,-2)$.

$$\left|\overrightarrow{AM}\right| = \sqrt{(-1/2)^2+(-3/2)^2+(-2)^2} = \sqrt{26/4} = \sqrt{26}\,/2$$

24.

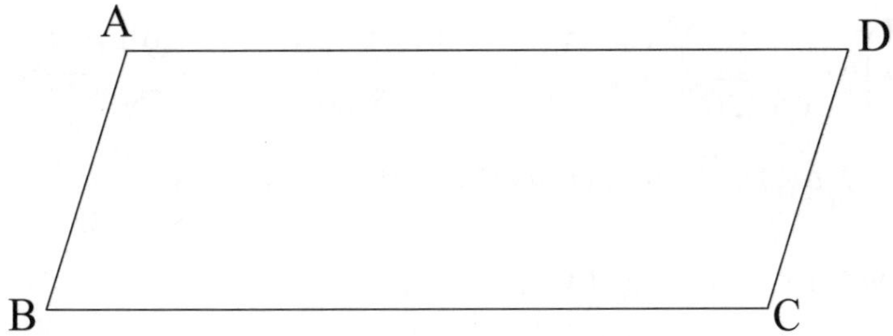

Figura R6.4

Deveremos ter $\overrightarrow{AD} = \overrightarrow{BC} \Rightarrow (x-(-1),\; y-0) = (2-3,\; 8-5) = (-1,\,3)$

Logo, $x=-2$ e $y=3$. Daí, D (–2,3).

25.

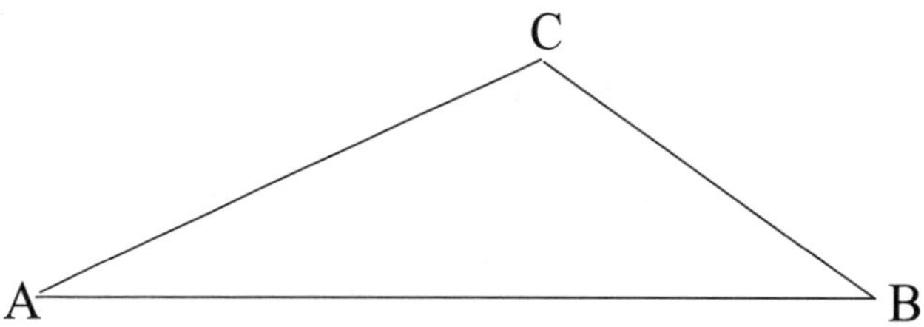

Figura R6.5

Obter $\overrightarrow{AB} = (-1-3,\ 0-5) = (-4,\ -5)$ e $\left|\overrightarrow{AB}\right| = \sqrt{(-4)^2+(-5)^2} = \sqrt{41}$

$\overrightarrow{AC} = (2-3,\ 8-5) = (-1,\ 3)$ e $\left|\overrightarrow{AC}\right| = \sqrt{(-1)^2+3^2} = \sqrt{10}$

$\overrightarrow{BC} = (2-(-1),\ 8-0) = (3,\ 8)$ e $\left|\overrightarrow{BC}\right| = \sqrt{3^2+8^2} = \sqrt{73}$

Os lados do triângulo têm comprimentos diferentes. Logo, o triângulo é escaleno.

26. 1°) Verificar se os vetores são respectivamente ortogonais

$$\overrightarrow{f_1} \perp \overrightarrow{f_2}\text{, pois } \frac{4}{\sqrt{26}}.\frac{3}{5}+\frac{3}{\sqrt{26}}.\frac{-4}{5}+\frac{-1}{\sqrt{26}}.0 = \frac{12-12+0}{5.\sqrt{26}} = 0$$

$$\overrightarrow{f_1} \perp \overrightarrow{f_3}\text{, pois } \frac{4}{\sqrt{26}}.\frac{4}{5\sqrt{26}}+\frac{3}{\sqrt{26}}.\frac{3}{5\sqrt{26}}+\frac{-1}{\sqrt{26}}.\frac{5}{\sqrt{26}} = \frac{16+9-25}{5.\sqrt{26^2}} = 0$$

$$\overrightarrow{f_2} \perp \overrightarrow{f_3}\text{, pois } \frac{3}{5}.\frac{4}{5\sqrt{26}}+\frac{-4}{5}.\frac{3}{5\sqrt{26}}+0.\frac{5}{\sqrt{26}} = \frac{12-12+0}{25.\sqrt{26}} = 0$$

2°) Os módulos dos vetores devem ser iguais a 1:

$$\left|\overrightarrow{f_1}\right|^2 = \left(\frac{4}{\sqrt{26}}\right)^2+\left(\frac{3}{\sqrt{26}}\right)^2+\left(\frac{-1}{\sqrt{26}}\right)^2 = \frac{4^2+3^2+(-1)^2}{26} = \frac{16+9+1}{26} = \frac{26}{26} = 1$$

$$\left|\overrightarrow{f_2}\right|^2 = \left(\frac{3}{5}\right)^2+\left(\frac{-4}{5}\right)^2+(0)^2 = \frac{3^2+(-4)^2+0^2}{25} = \frac{9+16}{25} = \frac{25}{25} = 1$$

$$\left|\overrightarrow{f_3}\right|^2 = \left(\frac{4}{5\sqrt{26}}\right)^2+\left(\frac{3}{5\sqrt{26}}\right)^2+\left(\frac{5}{\sqrt{26}}\right)^2 = \frac{4^2+3^2+5^4}{25.26} = \frac{16+9+625}{650} = \frac{650}{650} = 1$$

Portanto, $F = (\overrightarrow{f_1},\ \overrightarrow{f_2},\ \overrightarrow{f_3})$ formam uma base ortonormal de V_3.

27. Verificar se os vetores são respectivamente ortogonais

$$\vec{u} \perp \vec{v}\text{, pois } \frac{-4}{\sqrt{21}}.\frac{1}{\sqrt{14}}+\frac{-1}{\sqrt{21}}.\frac{2}{\sqrt{14}}+\frac{2}{\sqrt{21}}.\frac{3}{\sqrt{14}} = \frac{-4-2+6}{\sqrt{21}.\sqrt{14}} = \frac{0}{\sqrt{294}} = 0$$

$\vec{u} \perp \vec{w}$, pois $\frac{-4}{\sqrt{21}}.0+\frac{-1}{\sqrt{21}}.\frac{2}{\sqrt{5}}+\frac{2}{\sqrt{21}}.\frac{1}{\sqrt{5}} = \frac{0-2+2}{\sqrt{5}.\sqrt{21}} = \frac{0}{105}=0$

$\vec{v} \not\perp \vec{w}$, pois $\frac{1}{\sqrt{14}}.\,0+\frac{2}{\sqrt{14}}.\frac{2}{\sqrt{5}}+\frac{3}{\sqrt{14}}.\frac{1}{\sqrt{5}} = \frac{0+4+3}{\sqrt{14}.\sqrt{5}} = \frac{7}{\sqrt{70}} \neq 0$, o vetor $\vec{v}$ não é ortogonal a $\vec{w}$, logo, E não pode ser uma base ortonormal.

EXERCÍCIOS DE APLICAÇÃO 6.2

1. a) $\vec{v}=2\,\vec{f_1}-3\,\vec{f_2}+\vec{f_3}$ em relação à base E.

$$\vec{v} = 2\,\vec{f_1}-3\,\vec{f_2}+\vec{f_3} = 2(\vec{e_2}+\vec{e_3})-3(\vec{e_1}+\vec{e_3})+(\vec{e_1}+\vec{e_2})$$
$$= 2\vec{e_2}+2\vec{e_3}-3\,\vec{e_1}-3\vec{e_3}+\vec{e_1}+\vec{e_2} = -2\vec{e_1}+3\vec{e_2}-\vec{e_3}$$

b) $F=(\vec{f_1}, \vec{f_2}, \vec{f_3})$ é base de V_3?

O determinante formado pelas coordenadas dos vetores de F é

$$\Delta = \begin{vmatrix} 0 & 1 & 1 \\ 1 & 0 & 1 \\ 1 & 1 & 0 \end{vmatrix} = 2 \neq 0$$

Assim, F é uma base de V_3.

c) A matriz mudança de base de E para F é: $M_{EF} = \begin{bmatrix} 0 & 1 & 1 \\ 1 & 0 & 1 \\ 1 & 1 & 0 \end{bmatrix}$

d) Obter a matriz mudança de base de F para E: $M_{FE} = M_{EF}^{-1}$

$M = M_{EF}$	$\Delta = \det M$	$cof\,M$	$(cof\,M)^T$	$M_{EF}^{-1} = \frac{1}{\Delta}(cof\,M)^T$
$\begin{bmatrix} 0 & 1 & 1 \\ 1 & 0 & 1 \\ 1 & 1 & 0 \end{bmatrix}_{EF}$	2	$\begin{bmatrix} -1 & 1 & 1 \\ 1 & -1 & 1 \\ 1 & 1 & -1 \end{bmatrix}_{EF}$	$\begin{bmatrix} -1 & 1 & 1 \\ 1 & -1 & 1 \\ 1 & 1 & -1 \end{bmatrix}_{EF}$	$\begin{bmatrix} -1/2 & 1/2 & 1/2 \\ 1/2 & -1/2 & 1/2 \\ 1/2 & 1/2 & -1/2 \end{bmatrix}_{FE}$

e) Dado $\vec{w} = 2\,\vec{e}_1 + \vec{e}_2 - \vec{e}_3$ na base E, pede-se $\vec{w}$ na base F.

Assim, $\begin{bmatrix} x_F \\ y_F \\ z_F \end{bmatrix}_F = \begin{bmatrix} -1/2 & 1/2 & 1/2 \\ 1/2 & -1/2 & 1/2 \\ 1/2 & 1/2 & -1/2 \end{bmatrix}_{FE} \cdot \begin{bmatrix} 2 \\ 1 \\ -1 \end{bmatrix}_E = \begin{bmatrix} -1 \\ 0 \\ 2 \end{bmatrix}_F$.

Portanto, $\vec{w} = -\vec{f_1} + 2\vec{f_3}$.

2. a) $F = (\vec{f_1}, \vec{f_2}, \vec{f_3})$ é base de V_3?

O determinante formado pelas coordenadas dos vetores de F é

$$\Delta = \begin{vmatrix} 0 & 1 & 1 \\ 1 & 0 & -1 \\ 1 & -1 & 0 \end{vmatrix} = -2 \neq 0$$

Assim, F é uma base de V_3.

b) A matriz mudança de base de E para F é: $M_{EF} = \begin{bmatrix} 0 & 1 & 1 \\ 1 & 0 & -1 \\ 1 & -1 & 0 \end{bmatrix}$.

c) Obter a matriz mudança de base de F para E: $M_{FE} = M_{EF}^{-1}$.

$M = M_{EF}$	$\Delta = \det M$	$cof\,M$	$(cof\,M)^T$	$M_{EF}^{-1} = \frac{1}{\Delta}(cof\,M)^T$
$\begin{bmatrix} 0 & 1 & 1 \\ 1 & 0 & -1 \\ 1 & -1 & 0 \end{bmatrix}_{EF}$	-2	$\begin{bmatrix} -1 & -1 & -1 \\ -1 & -1 & 1 \\ -1 & 1 & -1 \end{bmatrix}_{EF}$	$\begin{bmatrix} -1 & -1 & -1 \\ -1 & -1 & 1 \\ -1 & 1 & -1 \end{bmatrix}_{EF}$	$\begin{bmatrix} 1/2 & 1/2 & 1/2 \\ 1/2 & 1/2 & -1/2 \\ 1/2 & -1/2 & 1/2 \end{bmatrix}_{FE}$

d) Dado $\vec{w} = \vec{e_1} + 5\vec{e_2}$ na base E, pede-se $\vec{w}$ na base F.

Assim, $\begin{bmatrix} x_F \\ y_F \\ z_F \end{bmatrix}_F = \begin{bmatrix} 1/2 & 1/2 & 1/2 \\ 1/2 & 1/2 & -1/2 \\ 1/2 & -1/2 & 1/2 \end{bmatrix}_{FE} \cdot \begin{bmatrix} 1 \\ 5 \\ 0 \end{bmatrix}_E = \begin{bmatrix} 3 \\ 3 \\ -2 \end{bmatrix}_F$.

Portanto, $\vec{w} = 3\vec{f_1} + 3\vec{f_2} - 2\vec{f_3}$

CAPÍTULO 7

EXERCÍCIOS DE APLICAÇÃO 7.1

1. a) $\vec{u} \bullet \vec{v} = (1,-2,1) \bullet (3,6,-1) = 1.3 - 2.6 + 1.(-1) = -10$

b) $\vec{u} \bullet \vec{v} = (\sqrt{2}, 3, -\sqrt{3}) \bullet (2\sqrt{2}, 1, \sqrt{3}) = \sqrt{2}.2\sqrt{2} + 3.1 - \sqrt{3}.\sqrt{3} = 4$

2. a) $\cos\alpha = \dfrac{\vec{u} \bullet \vec{v}}{|\vec{u}|\,|\vec{v}|} = \dfrac{(7\vec{i}+0\vec{j})\bullet(-5\vec{i}+5\sqrt{3}\vec{j})}{\sqrt{7^2}.\sqrt{(-5)^2+(5\sqrt{3})^2}} = \dfrac{7(-5)}{7.10} = -1/2$, daí, $\alpha = 120^0$

b) $\cos\alpha = \dfrac{\vec{u} \bullet \vec{v}}{|\vec{u}|\,|\vec{v}|} = \dfrac{(1.\vec{i}+0\vec{j}-\vec{k})\bullet(0.\vec{i}+0.\vec{j}-5\vec{k})}{\sqrt{1^2+(-1)^2}.\sqrt{(-5)^2}} = \dfrac{5}{5\sqrt{2}} = \dfrac{\sqrt{2}}{2}$, daí, $\alpha = 45^0$

3. a) $\text{proj}_{\vec{v}}\,\vec{u} = \dfrac{\vec{u} \bullet \vec{v}}{\vec{v} \bullet \vec{v}}\,\vec{v} = \dfrac{(2,-6,3)\bullet(1,2,-2)}{(1,2,-2)\bullet(1,2,-2)}\,(1,2,-2) = \dfrac{-16}{9}(1,2,-2) =$

$= \left(\dfrac{-16}{9}, \dfrac{-32}{9}, \dfrac{32}{9}\right).$

Portanto, $|\ \text{proj}_{\vec{v}}\,\vec{u}\ | = \sqrt{(-16/9)^2+(-32/9)^2+(32/9)^2} = \sqrt{\dfrac{2304}{81}} = \dfrac{48}{9} = \dfrac{16}{3}$

b) $\text{proj}_{\vec{v}}\,\vec{u} = \dfrac{\vec{u} \bullet \vec{v}}{\vec{v} \bullet \vec{v}}\,\vec{v} = \dfrac{(1,-1,0)\bullet(1,0,1)}{(1,0,1)\bullet(1,0,1)}\,(1,0,1) = \dfrac{1}{2}(1,0,1) = (\dfrac{1}{2}, 0, \dfrac{1}{2})$ e, daí,

$$|\ \text{proj}_{\vec{v}}\,\vec{u}\ | = \sqrt{(1/2)^2+0^2+(1/2)^2} = \sqrt{\frac{1}{4}+\frac{1}{4}} = \sqrt{\frac{1}{2}} = \frac{\sqrt{2}}{2}$$

4. a) $\vec{u}\bullet\vec{v} = (2,-4,-5)\bullet(3,1,0) = 6-4+0 = 2\ (\neq 0)$, não são ortogonais.

b) $\vec{u}\bullet\vec{v} = (1,-6,1)\bullet(0,2,12) = 0-12+12 = 0$, são ortogonais.

c) $\vec{u}\bullet\vec{v} = (0,1,1)\bullet(1,0,-1) = 0+0-1 = -1\ (\neq 0)$, não são ortogonais.

5) a) $\text{proj}_{\vec{i}}\,\vec{v} = \dfrac{\vec{i} \bullet \vec{v}}{\vec{i} \bullet \vec{i}}\,\vec{i} = \dfrac{(1,0,0)\bullet(2,-4,-3)}{(1,0,0)\bullet(1,0,0)}\,(1,0,0) = \dfrac{2}{1}(1,0,0) = (2,0,0)$

e, daí, $|\ \text{proj}_{\vec{i}}\,\vec{v}\ | = \sqrt{(2)^2+(0)^2+(0)^2} = \sqrt{4} = 2$

b) $\text{proj}_{\vec{j}}\,\vec{v} = \dfrac{\vec{j} \bullet \vec{v}}{\vec{j} \bullet \vec{j}}\,\vec{j} = \dfrac{(0,1,0) \bullet (2,-4,-3)}{(0,1,0) \bullet (0,1,0)}\,(0,1,0) = \dfrac{-4}{1}(0,1,0) = (0,-4,0)$

e, daí, $\left|\ \text{proj}_{\vec{j}}\,\vec{v}\ \right| = \sqrt{(0)^2 + (-4)^2 + (0)^2} = \sqrt{16} = 4$

c) $\text{proj}_{\vec{k}}\,\vec{v} = \dfrac{\vec{k} \bullet \vec{v}}{\vec{k} \bullet \vec{k}}\,\vec{k} = \dfrac{(0,0,1) \bullet (2,-4,-3)}{(0,0,1) \bullet (0,0,1)}\,(0,0,1) = \dfrac{-3}{1}(0,0,1) = (0,0,-3)$

e, daí, $\left|\ \text{proj}_{\vec{k}}\,\vec{v}\ \right| = \sqrt{(0)^2 + (0)^2 + (-3)^2} = \sqrt{9} = 3$

6. a) O produto escalar de $\overrightarrow{AB}$ e $\overrightarrow{AC}$:

Temos que $\overrightarrow{AB} = (1-1,\ 2-2,\ -7-2) = (0,0,-9)$ e

$\overrightarrow{AC} = (4-1,\ 6-2, -3-2) = (3,\ 4,-5)$

Logo, $\overrightarrow{AB} \bullet \overrightarrow{AC} = (0,\ 0,-9) \bullet (3,\ 4,-5) = 0.3 + 0.4 + 9.5 = 45$

b)

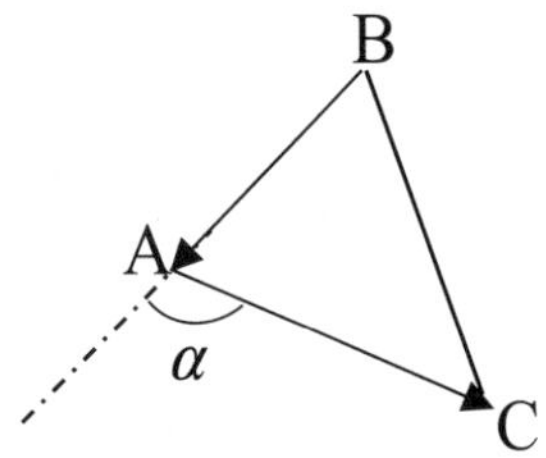

Figura R7.1

Medida do ângulo entre $\overrightarrow{BA}$ e $\overrightarrow{AC}$:

Temos que $\overrightarrow{BA} = (1-1,\ 2-2,\ 2+7) = (0,0,9)$ e

$\overrightarrow{AC} = (4-1,\ 6-2,-3-2) = (3,\ 4,-5)$

Logo, $\cos\alpha = \dfrac{\overrightarrow{BA} \bullet \overrightarrow{AC}}{\left|\overrightarrow{BA}\right|\ \left|\overrightarrow{AC}\right|} = \dfrac{(0,0,9) \bullet (3,4,-5)}{\sqrt{9^2}.\sqrt{3^2+4^2+(-5)^2}} = \dfrac{-45}{9\sqrt{50}} = \dfrac{-5}{\sqrt{50}} = \dfrac{-\sqrt{2}}{2}$

e, daí, $\alpha = 135^0$.

7. Temos: $\vec{u} \bullet \vec{v} = (2,-1,\ 3) \bullet (3,\ -1,\ m) = 7 + 3\,m = 0$, logo, $m = -\,7/3$.

8. a) Medida do ângulo interno do vértice A do triângulo ABC

Temos: $\overrightarrow{AB} = (4\sqrt{3},\ 3-(-1),\ 2-2) = (4\sqrt{3},\ 4,\ 0)$ e

$$\overrightarrow{AC} = (0-0, 1-(-1), 2-2) = (0, 2, 0)$$

$$\cos A = \frac{\overrightarrow{AB} \bullet \overrightarrow{AC}}{\left|\overrightarrow{AB}\right| \left|\overrightarrow{AC}\right|} = \frac{(4\sqrt{3},4,0)\bullet(0,2,0)}{\sqrt{(4\sqrt{3})^2+4^2}.\sqrt{0+2^2+0}} = \frac{8}{\sqrt{64.2}} = \frac{8}{16} = \frac{1}{2} \quad \Rightarrow \quad A = 60^0$$

b) Medida da projeção do lado AC sobre AB

Temos:

$$\text{proj}_{\overrightarrow{AB}}\,\overrightarrow{AC} = \frac{\overrightarrow{AC}\bullet\overrightarrow{AB}}{\overrightarrow{AB}\bullet\overrightarrow{AB}}\,\overrightarrow{AB} = \frac{8}{64}(4\sqrt{3}, 4, 0) = \frac{1}{8}(4\sqrt{3}, 4, 0) = \left(\frac{\sqrt{3}}{2}, \frac{1}{2}, 0\right)$$

$$\left|\text{proj}_{\overrightarrow{AB}}\,\overrightarrow{AC}\right| = \sqrt{(\sqrt{3}/2)^2+(1/2)^2+0^2} = \sqrt{\frac{3}{4}+\frac{1}{4}+0} = 1$$

c)

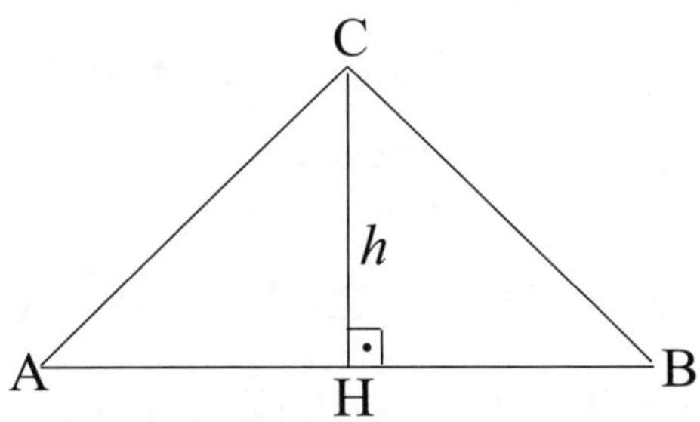

Figura R7.2

Altura do triângulo ABC relativa ao lado AB

Aplicar Pitágoras no triângulo AHC:

$$h^2 = \left|\overrightarrow{AC}\right|^2 - \left|\text{proj}_{\overrightarrow{AB}}\,\overrightarrow{AC}\right|^2$$

$$h^2 = 2^2 - 1^2 = 3$$

$$h = \sqrt{3} \text{ uc}$$

d) Área do triângulo ABC:

$$\text{Área} = \frac{\left|\overrightarrow{AB}\right|.h}{2} = \frac{\sqrt{64}.\sqrt{3}}{2} = \frac{8.\sqrt{3}}{2} = 4\sqrt{3} \text{ ua}$$

9. Temos: $\begin{cases} \vec{u}\bullet\vec{w} = 2\alpha-5\beta-1=0 \\ \vec{v}\bullet\vec{w} = 4\alpha+5\beta+2=0 \end{cases} \Rightarrow \begin{cases} 2\alpha-5\beta=1 \\ 4\alpha+5\beta=-2 \end{cases} \Rightarrow \begin{cases} \alpha=-1/6 \\ \beta=-4/15 \end{cases}$

10. Temos:

$$\overrightarrow{AB} = (3-1, 4-3, -7+5) = (2, 1, -2) \text{ e } \left|\overrightarrow{AB}\right| = \sqrt{2^2+1^2+(-2)^2} = 3$$

$$\overrightarrow{AC} = (2-1,\ 5-3, -3+5) = (1,\ 2, 2) \text{ e } \left|\overrightarrow{AC}\right| = \sqrt{1^2+2^2+2^2} = 3$$

$$\overrightarrow{BC} = (2-3,\ 5-4, -3+7) = (-1,\ 1, 4) \text{ e } \left|\overrightarrow{BC}\right| = \sqrt{(-1)^2+1^2+4^2} = \sqrt{18}$$

Logo, verifica-se que $\left|\overrightarrow{AB}\right|^2 + \left|\overrightarrow{AC}\right|^2 = \left|\overrightarrow{BC}\right|^2$.

O triângulo é retângulo e os lados perpendiculares são AB e AC. Neste caso, não é necessário utilizar o produto escalar para comprovar que o triângulo possui lados perpendiculares.

11. Temos:

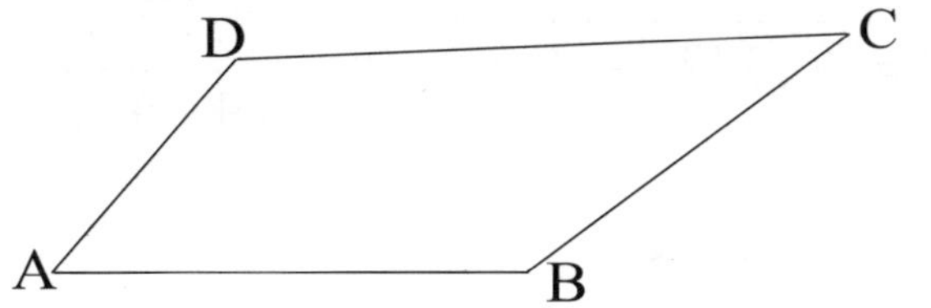

Figura R7.3

$$\overrightarrow{AB} = (3-1,\ 7-5,\ 1-2) = (2,\ 2, -1) \text{ e } \left|\overrightarrow{AB}\right| = \sqrt{2^2+2^2+(-1)^2} = 3$$

$$\overrightarrow{AD} = (2-1,\ 3-5,\ 0-2) = (1, -2, -2) \text{ e } \left|\overrightarrow{AD}\right| = \sqrt{1^2+(-2)^2+(-2)^2} = 3$$

$$\overrightarrow{BC} = (4-3,\ 5-7, -1-1) = (1, -2, -2) \text{ e } \left|\overrightarrow{BC}\right| = \sqrt{1^2+(-2)^2+(-2)^2} = 3$$

$$\overrightarrow{DC} = (4-2,\ 5-3, -1) = (2,\ 2, -1) \text{ e } \left|\overrightarrow{DC}\right| = \sqrt{2^2+2^2+(-1)^2} = 3$$

Vemos que os quatro lados têm mesmo comprimento, logo, é um quadrado ou um losango.

As diagonais AC e BD do quadrilátero têm mesmo comprimento:

$$\overrightarrow{AC} = (4-1,\ 5-5,\ -1-2) = (3,\ 0, -3) \text{ e } \left|\overrightarrow{AC}\right| = \sqrt{3^2+0^2+(-3)^2} = \sqrt{18}$$

$$\overrightarrow{BD} = (2-3,\ 3-7,\ 0-1) = (-1,\ -4, -1) \quad \text{e}$$

$$\left|\overrightarrow{AC}\right| = \sqrt{(-1)^2+(-4)^2+(-1)^2} = \sqrt{18}$$

Portanto, trata-se de um quadrado!

Observação:

Outro modo de decidir se é quadrado ou losango: basta verificar se os lados que possuem vértice comum são perpendiculares ou não:

Sendo, $\begin{cases} \overrightarrow{AB} \bullet \overrightarrow{AD} = 2.1 + 2(-2) + (-1)(-2) = 0 \\ \overrightarrow{BC} \bullet \overrightarrow{DC} = 1.2 + (-2).2 + (-2)(-1) = 0 \\ \overrightarrow{AB} \bullet \overrightarrow{BC} = 2.1 + 2(-2) + (-1)(-2) = 0 \end{cases}$, vemos que os lados de vértice comum são perpendiculares. Portanto, é mesmo um quadrado.

12. Temos:

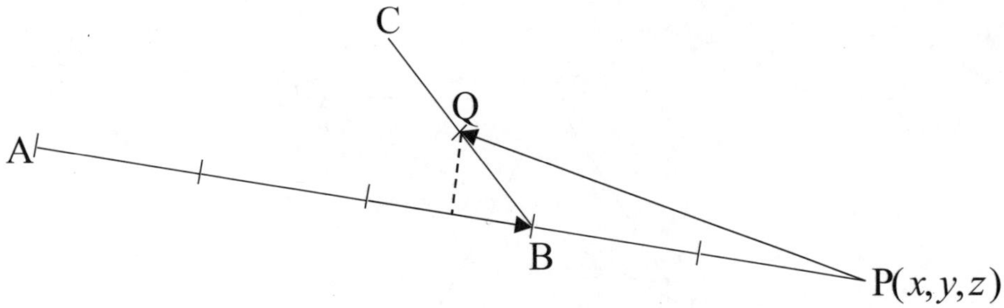

Figura R7.4

$\overrightarrow{PB} = \frac{2}{5}\overrightarrow{PA} \Rightarrow (-1-x, 3-y, -1-z) = \frac{2}{5}(2-x, 0-y, 2-z)$. Logo,

$$\begin{cases} -1-x = \frac{2}{5}(2-x) \\ 3-y = \frac{2}{5}(-y) \\ -1-z = \frac{2}{5}(2-z) \end{cases} \Rightarrow \begin{cases} x = -3 \\ y = 5 \\ z = -3 \end{cases} \Rightarrow P(-3, 5, -3)$$

O ponto Q é médio de BC. Isso significa que cada uma das coordenadas de Q é obtida pela média aritmética das respectivas coordenadas dos pontos B e C:

$$Q\left(\frac{-1+3}{2}, \frac{3+(-1)}{2}, \frac{-1+1}{2}\right) = (1, 1, 0).$$

Logo, $\overrightarrow{PQ} = (1-(-3), 1-5, 0-(-3)) = (4, -4, 3)$ e o vetor $\overrightarrow{AB}$ é dado por $\overrightarrow{AB} = (-3, 3, -3)$.

Cálculo da projeção de $\overrightarrow{PQ}$ na direção de $\overrightarrow{AB}$:

$$\text{proj}_{\overrightarrow{AB}}\overrightarrow{PQ} = \frac{\overrightarrow{PQ} \bullet \overrightarrow{AB}}{\overrightarrow{AB} \bullet \overrightarrow{AB}}\overrightarrow{AB} = \frac{-12-12-9}{9+9+9}(-3, 3, -3) = \left(\frac{11}{3}, \frac{-11}{3}, \frac{11}{3}\right).$$

Medida da projeção de $\overrightarrow{PQ}$ na direção de $\overrightarrow{AB}$:

$$|\ proj_{\overrightarrow{AB}}\overrightarrow{PQ}\ | = \sqrt{(11/3)^2 + (-11/3)^2 + (11/3)^2} = \sqrt{\frac{121}{3}} = \frac{11}{3}\sqrt{3}$$

13. Losango é um quadrilátero com os lados opostos paralelos e todos de mesmo comprimento e as diagonais perpendiculares.

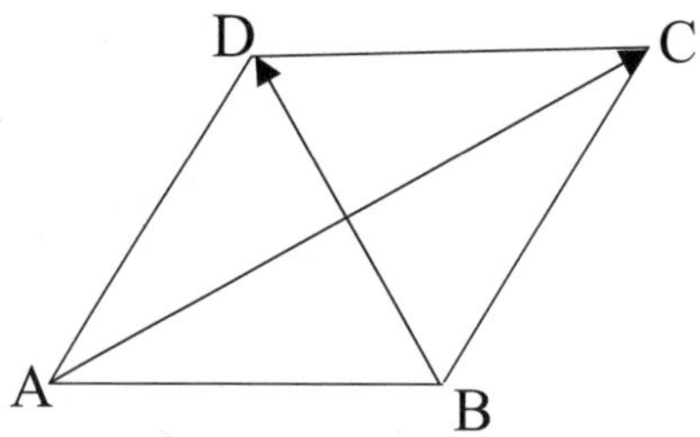

Figura R7.5

Suponhamos que $|\overrightarrow{AD}| = |\overrightarrow{BC}| = |\overrightarrow{DC}| = |\overrightarrow{AB}|$

Queremos mostrar que as diagonais AC e BD são, de fato, perpendiculares. Devemos, para isto, verificar se o produto escalar dos vetores $\overrightarrow{AC}$ e $\overrightarrow{BD}$ é zero.

Temos: $\overrightarrow{AC} = \overrightarrow{AB} + \overrightarrow{BC}$ e $\overrightarrow{BD} = \overrightarrow{AD} - \overrightarrow{AB}$

$$\overrightarrow{AC} \bullet \overrightarrow{BD} = \left(\overrightarrow{AB} + \overrightarrow{BC}\right) \bullet \left(\overrightarrow{AD} - \overrightarrow{AB}\right) = \qquad \text{ver 7.2.1(3)}$$

$$= \left(\overrightarrow{AB} + \overrightarrow{BC}\right) \bullet \overrightarrow{AD} - \left(\overrightarrow{AB} + \overrightarrow{BC}\right) \bullet \overrightarrow{AB} = \qquad \text{ver 7.2.1(3)}$$

$$= \overrightarrow{AB} \bullet \overrightarrow{AD} + \overrightarrow{BC} \bullet \overrightarrow{AD} - \overrightarrow{AB} \bullet \overrightarrow{AB} - \overrightarrow{BC} \bullet \overrightarrow{AB}$$

Considerando que $\overrightarrow{AD} = \overrightarrow{BC}$ e, substituindo $\overrightarrow{BC}$ por $\overrightarrow{AD}$ na sentença acima, segue que:

$$\overrightarrow{AC} \bullet \overrightarrow{BD} = \overrightarrow{AB} \bullet \overrightarrow{AD} + \overrightarrow{AD} \bullet \overrightarrow{AD} - \overrightarrow{AB} \bullet \overrightarrow{AB} - \overrightarrow{AD} \bullet \overrightarrow{AB}$$

$$\overrightarrow{AC} \bullet \overrightarrow{BD} = \overrightarrow{AD} \bullet \overrightarrow{AD} - \overrightarrow{AB} \bullet \overrightarrow{AB} \quad \text{(ver 7.2.1(4))}$$

$\overrightarrow{AC} \bullet \overrightarrow{BD} = |\overrightarrow{AD}|^2 - |\overrightarrow{AB}|^2$. Do fato de os lados do losango possuírem a mesma medida, segue que: $\overrightarrow{AC} \bullet \overrightarrow{BD} = 0$.

Portanto, as diagonais AC e BD são perpendiculares.

CAPÍTULO 8

EXERCÍCIOS DE APLICAÇÃO 8.1

1. a) $\vec{u} \wedge \vec{v} = \begin{vmatrix} \vec{i} & \vec{j} & \vec{k} \\ 2 & 1 & 3 \\ 3 & 2 & 1 \end{vmatrix} = \begin{vmatrix} 1 & 3 \\ 2 & 1 \end{vmatrix} \vec{i} + \begin{vmatrix} 3 & 2 \\ 1 & 3 \end{vmatrix} \vec{j} + \begin{vmatrix} 2 & 1 \\ 3 & 2 \end{vmatrix} \vec{k} = (-5, 7, 1)$

b) $\vec{v} \wedge \vec{u} = \begin{vmatrix} \vec{i} & \vec{j} & \vec{k} \\ 3 & 2 & 1 \\ 2 & 1 & 3 \end{vmatrix} = \begin{vmatrix} 2 & 1 \\ 1 & 3 \end{vmatrix} \vec{i} + \begin{vmatrix} 1 & 3 \\ 3 & 2 \end{vmatrix} \vec{j} + \begin{vmatrix} 3 & 2 \\ 2 & 1 \end{vmatrix} \vec{k} = (5, -7, -1)$

c) $(\vec{u} \wedge \vec{v}) \wedge \vec{v} = \begin{vmatrix} \vec{i} & \vec{j} & \vec{k} \\ -5 & 7 & 1 \\ 3 & 2 & 1 \end{vmatrix} = \begin{vmatrix} 7 & 1 \\ 2 & 1 \end{vmatrix} \vec{i} + \begin{vmatrix} 1 & -5 \\ 1 & 3 \end{vmatrix} \vec{j} + \begin{vmatrix} -5 & 7 \\ 3 & 2 \end{vmatrix} \vec{k} = (5, 8, -31)$

d) $\vec{v} \wedge (\vec{v} \wedge \vec{u}) = \begin{vmatrix} \vec{i} & \vec{j} & \vec{k} \\ 3 & 2 & 1 \\ 5 & -7 & -1 \end{vmatrix} = \begin{vmatrix} 2 & 1 \\ -7 & -1 \end{vmatrix} \vec{i} + \begin{vmatrix} 1 & 3 \\ -1 & 5 \end{vmatrix} \vec{j} + \begin{vmatrix} 3 & 2 \\ 5 & -7 \end{vmatrix} \vec{k} = (5, 8, -31)$

e) $(\vec{u} \wedge \vec{v}) \wedge (\vec{v} \wedge \vec{u}) = \begin{vmatrix} \vec{i} & \vec{j} & \vec{k} \\ -5 & 7 & 1 \\ 5 & -7 & -1 \end{vmatrix} = \begin{vmatrix} 7 & 1 \\ -7 & -1 \end{vmatrix} \vec{i} + \begin{vmatrix} 1 & -5 \\ -1 & 5 \end{vmatrix} \vec{j} + \begin{vmatrix} -5 & 7 \\ 5 & -7 \end{vmatrix} \vec{k} = (0, 0, 0)$

f) $\det\left(\vec{u}, \vec{v}, (\vec{u} \wedge \vec{v}) \wedge \vec{v}\right) = \begin{vmatrix} 2 & 1 & 3 \\ 3 & 2 & 1 \\ 5 & 8 & -31 \end{vmatrix} = (-124 + 5 + 72) - (30 + 16 - 93) = 0$. Sim.

g) $\det\left(\vec{u}, \vec{v}, \vec{u} \wedge (\vec{v} \wedge \vec{u})\right) = \begin{vmatrix} 2 & 1 & 3 \\ 3 & 2 & 1 \\ 20 & 17 & -19 \end{vmatrix} = (-76 + 20 + 153) - (120 + 34 - 57) = 0$. Sim.

2. a) $\vec{i} \wedge \vec{j} = \begin{vmatrix} \vec{i} & \vec{j} & \vec{k} \\ 1 & 0 & 0 \\ 0 & 1 & 0 \end{vmatrix} = \begin{vmatrix} 0 & 0 \\ 1 & 0 \end{vmatrix} \vec{i} + \begin{vmatrix} 0 & 1 \\ 0 & 0 \end{vmatrix} \vec{j} + \begin{vmatrix} 1 & 0 \\ 0 & 1 \end{vmatrix} \vec{k} = (0, 0, 1)$

b) $\vec{i} \wedge \vec{a} = \begin{vmatrix} \vec{i} & \vec{j} & \vec{k} \\ 1 & 0 & 0 \\ 1 & 1 & 0 \end{vmatrix} = \begin{vmatrix} 0 & 0 \\ 1 & 0 \end{vmatrix} \vec{i} + \begin{vmatrix} 0 & 1 \\ 0 & 1 \end{vmatrix} \vec{j} + \begin{vmatrix} 1 & 0 \\ 1 & 1 \end{vmatrix} \vec{k} = (0, 0, 1)$

c) A sentença é falsa. Não vale o cancelamento. Os vetores $\vec{j}$ e $\vec{a}$ são distintos.

3. a) $\vec{u} \wedge \vec{v} = \begin{vmatrix} \vec{i} & \vec{j} & \vec{k} \\ 2 & 3 & -5 \\ -4 & -6 & 10 \end{vmatrix} = \begin{vmatrix} 3 & -5 \\ -6 & 10 \end{vmatrix} \vec{i} + \begin{vmatrix} -5 & 2 \\ 10 & -4 \end{vmatrix} \vec{j} + \begin{vmatrix} 2 & 3 \\ -4 & -6 \end{vmatrix} \vec{k} = (0, 0, 0)$

b) Os vetores $\vec{u}$ e $\vec{v}$ são paralelos: $\vec{v} = -2\,\vec{u}$.

4. Se o produto vetorial de dois vetores não nulos for o vetor nulo, então o determinante apresenta linhas proporcionais, isto é, os vetores são paralelos.

5. Temos os vetores $\overrightarrow{AB} = (8, 6, -4)$ e $\overrightarrow{AC} = (9, 10, 4)$,

$$\overrightarrow{AB} \wedge \overrightarrow{AC} = \begin{vmatrix} \vec{i} & \vec{j} & \vec{k} \\ 8 & 6 & -4 \\ 9 & 10 & 4 \end{vmatrix} = \begin{vmatrix} 6 & -4 \\ 10 & 4 \end{vmatrix} \vec{i} + \begin{vmatrix} -4 & 8 \\ 4 & 9 \end{vmatrix} \vec{j} + \begin{vmatrix} 8 & 6 \\ 9 & 10 \end{vmatrix} \vec{k} = (64, -68, 26)$$

$$A_{ABC} = \frac{|(64, -68, 26)|}{2} = \frac{\sqrt{64^2 + (-68)^2 + 26^2}}{2} \simeq 48{,}47 \text{ ua}$$

6.

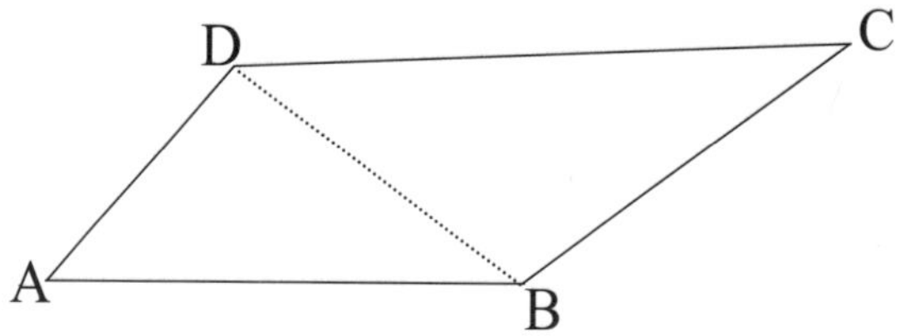

Figura R8.1

Os vetores $\overrightarrow{AB} = (-3, 0, 2)$, $\overrightarrow{AD} = (-1, 0, -1)$, $\overrightarrow{CD} = (3, 0, -1)$ e $\overrightarrow{CB} = (1, 0, 2)$ **não** são dois a dois paralelos. Logo, o quadrilátero é um trapezoide (não tem lados paralelos).

A diagonal BD separa o quadrilátero em dois triângulos. Utilizaremos o produto vetorial para encontrar a área de cada triângulo.

- Área do triângulo ABD

$$\overrightarrow{AB} \wedge \overrightarrow{AD} = \begin{vmatrix} \vec{i} & \vec{j} & \vec{k} \\ -3 & 0 & 2 \\ -1 & 0 & -1 \end{vmatrix} = \begin{vmatrix} 0 & 2 \\ 0 & -1 \end{vmatrix} \vec{i} + \begin{vmatrix} 2 & -3 \\ -1 & -1 \end{vmatrix} \vec{j} + \begin{vmatrix} -3 & 0 \\ -1 & 0 \end{vmatrix} \vec{k} = (0, -5, 0)$$

$$A_{ABD} = \frac{|(0, -5, 0)|}{2} = \frac{\sqrt{0^2 + (-5)^2 + 0^2}}{2} = \frac{5}{2}$$

- Área do triângulo BCD

$$\overrightarrow{CD} \wedge \overrightarrow{CB} = \begin{vmatrix} \vec{i} & \vec{j} & \vec{k} \\ 3 \cdot 0 & -1 \\ 1 & 0 & 2 \end{vmatrix} = \begin{vmatrix} 0 & -1 \\ 0 & 2 \end{vmatrix} \vec{i} + \begin{vmatrix} -1 & 3 \\ 2 & 1 \end{vmatrix} \vec{j} + \begin{vmatrix} 3 & 0 \\ 1 & 0 \end{vmatrix} \vec{k} = (0, -7, 0)$$

Portanto, $A_{BCD} = \dfrac{|(0, -7, 0)|}{2} = \dfrac{\sqrt{0^2 + (-7)^2 + 0^2}}{2} = \dfrac{7}{2}$

$$A_{QUADRILATERO} = A_{ABD} + A_{BCD} = \frac{5}{2} + \frac{7}{2} = 6 \text{ ua}$$

7.

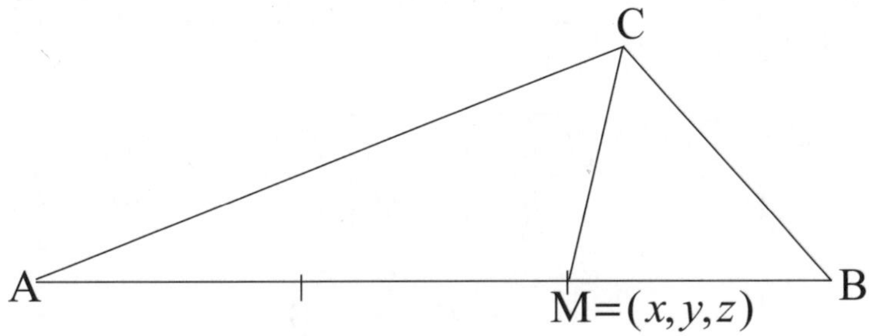

Figura R8.2

Temos que $\overrightarrow{AM} = \dfrac{2}{3}\overrightarrow{AB}$, isto é, $(x-1,\ y-2,\ z-2) = \dfrac{2}{3}(-3,3,0)$ e, daí,

$x-1=-2,\ \ y-2=2$ e $z-2=0$, logo, $M=(-1,4,2)$.

Consideremos os vetores $\overrightarrow{MB} = (-1, 1, 0)$ e $\overrightarrow{MC} = (2,3,0)$ e o produto vetorial destes vetores

$$\overrightarrow{MB} \wedge \overrightarrow{MC} = \begin{vmatrix} \vec{i} & \vec{j} & \vec{k} \\ -1 & 1 & 0 \\ 2 & 3 & 0 \end{vmatrix} = \begin{vmatrix} 1 & 0 \\ 3 & 0 \end{vmatrix} \vec{i} + \begin{vmatrix} 0 & -1 \\ 0 & 2 \end{vmatrix} \vec{j} + \begin{vmatrix} -1 & 1 \\ 2 & 3 \end{vmatrix} \vec{k} = (0, 0, -5)$$

$$A_{MBC} = \frac{|(0,0,-5)|}{2} = \frac{\sqrt{0^2 + 0^2 + (-5)^2}}{2} = \frac{5}{2} \text{ ua}$$

8.

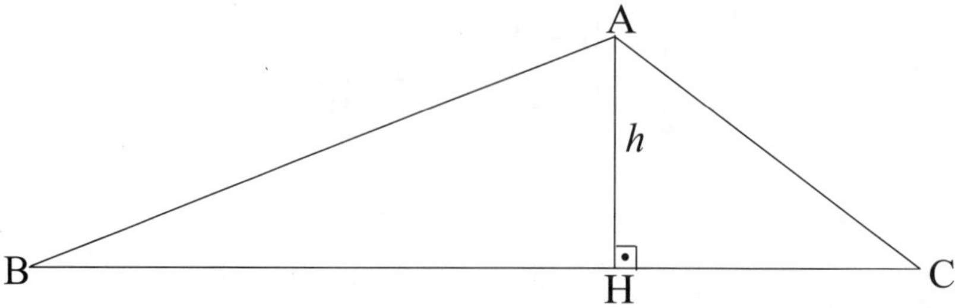

Figura R8.3

Consideremos os vetores $\overrightarrow{BA} = (-4, -2, 1)$ e $\overrightarrow{BC} = (-3, 4, 2)$ e o produto vetorial desses vetores.

$$\overrightarrow{BA} \wedge \overrightarrow{BC} = \begin{vmatrix} \vec{i} & \vec{j} & \vec{k} \\ -4 & -2 & 1 \\ -3 & 4 & 2 \end{vmatrix} = \begin{vmatrix} -2 & 1 \\ 4 & 2 \end{vmatrix} \vec{i} + \begin{vmatrix} 1 & -4 \\ 2 & -3 \end{vmatrix} \vec{j} + \begin{vmatrix} -4 & -2 \\ -3 & 4 \end{vmatrix} \vec{k} = (-8, 5, -22)$$

$$h_{BC} = \frac{\left|\overrightarrow{BA} \wedge \overrightarrow{BC}\right|}{\left|\overrightarrow{BC}\right|} = \frac{\sqrt{(-8)^2 + 5^2 + (-22)^2}}{\sqrt{(-3)^2 + 4^2 + 2^2}} = \frac{\sqrt{573}}{\sqrt{29}} = \sqrt{\frac{573}{29}} \text{ uc}$$

9.

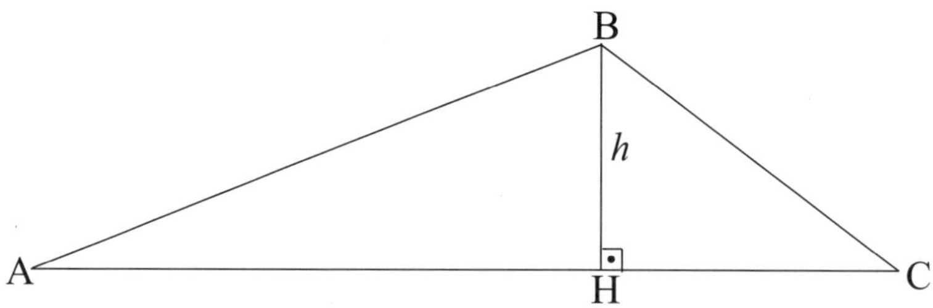

Figura R8.4

Consideremos os vetores $\overrightarrow{AB} = (0, -2, -1)$ e $\overrightarrow{AC} = (1, 0, 1)$ e o produto vetorial destes vetores

$$\overrightarrow{AB} \wedge \overrightarrow{AC} = \begin{vmatrix} \vec{i} & \vec{j} & \vec{k} \\ 0 & -2 & -1 \\ 1 & 0 & 1 \end{vmatrix} = \begin{vmatrix} -2 & -1 \\ 0 & 1 \end{vmatrix} \vec{i} + \begin{vmatrix} -1 & 0 \\ 1 & 1 \end{vmatrix} \vec{j} + \begin{vmatrix} 0 & -2 \\ 1 & 0 \end{vmatrix} \vec{k} = (-2, -1, 2)$$

$$h_{AC} = \frac{\left|\overrightarrow{AB} \wedge \overrightarrow{AC}\right|}{\left|\overrightarrow{AC}\right|} = \frac{\sqrt{(-2)^2 + (-1)^2 + 2^2}}{\sqrt{1^2 + 0^2 + 1^2}} = \frac{\sqrt{9}}{\sqrt{2}} = \frac{3\sqrt{2}}{2} \text{ uc}$$

10. Seja M o ponto médio das diagonais.

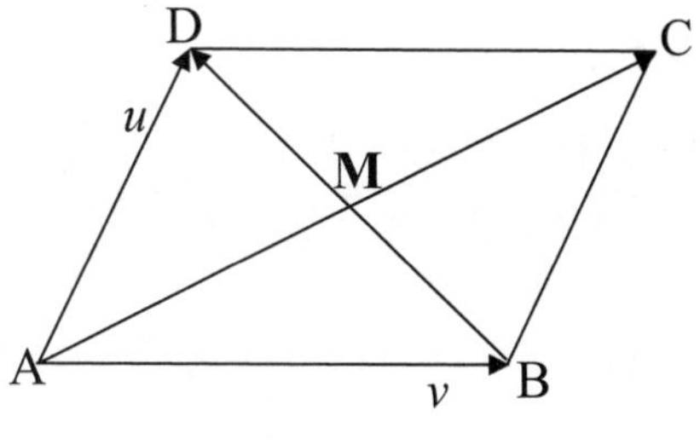

Figura R8.5

Temos que:

$$\vec{u} = \frac{\overrightarrow{AC}}{2} + \frac{\overrightarrow{BD}}{2} = (3/2, 1/2, -1) + (1/2, -3/2, 2)$$

$$\vec{u} = (2, -1, 1)$$

$$\vec{v} = \frac{\overrightarrow{AC}}{2} + \frac{\overrightarrow{DB}}{2} = (3/2, 1/2, -1) + (-1/2, 3/2, -2)$$

$$\vec{v} = (1, 2, -3)$$

Então, $\vec{u} \wedge \vec{v} = \begin{vmatrix} \vec{i} & \vec{j} & \vec{k} \\ 2 & -1 & 1 \\ 1 & 2 & -3 \end{vmatrix} = (1,7,5).$

Área do paralelogramo: $A = \left|\vec{u} \wedge \vec{v}\right| = \sqrt{1^2 + 7^2 + 5^2} = \sqrt{75} = 15\sqrt{3}$ ua.

11.

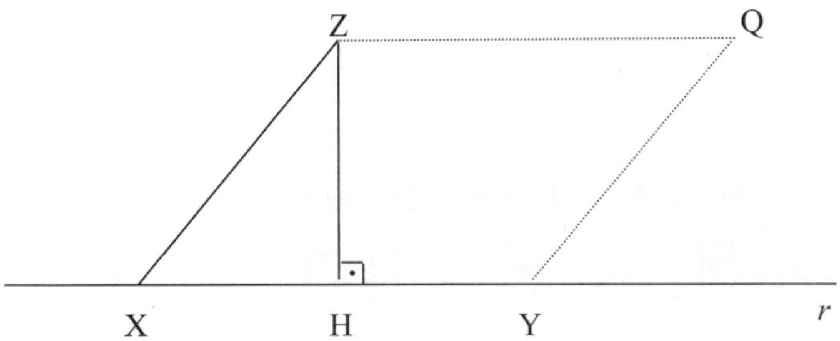

Figura R8.6

O segmento ZH é perpendicular a r e sua medida é a distância de Z a reta r.

Sabemos que a medida $\left|\overrightarrow{ZH}\right|$ é a altura do paralelogramo XYQZ acima construído.

Temos que:

$A_{XYQZ} = \left|\overrightarrow{XY} \wedge \overrightarrow{XZ}\right|$ é a área do paralelogramo de base medindo $\left|\overrightarrow{XY}\right|$.

Logo, $\left|\overrightarrow{ZH}\right| = \dfrac{A_{XYQZ}}{\left|\overrightarrow{XY}\right|} = \dfrac{\left|\overrightarrow{XY} \wedge \overrightarrow{XZ}\right|}{\left|\overrightarrow{XY}\right|}$ uc.

12. Considerando o exercício 11, temos:

$$\left|\overrightarrow{OH}\right| = \frac{\left|\overrightarrow{IJ} \wedge \overrightarrow{IO}\right|}{\left|\overrightarrow{IJ}\right|} = \frac{\left|(-1, 1, 0) \wedge (-1, 0, 0)\right|}{\left|(-1, 1, 0)\right|} = \frac{\left|(0, 0, 1)\right|}{\left|(-1,1,0)\right|} = \frac{1}{\sqrt{2}} = \frac{\sqrt{2}}{2} \text{ uc}$$

13. Considerando o exercício 11, temos:

$$\left|\overrightarrow{OH}\right| = \frac{\left|\overrightarrow{AB} \wedge \overrightarrow{AO}\right|}{\left|\overrightarrow{AB}\right|} = \frac{|(0,-2,3) \wedge (0,-2,0)|}{|(0,-2,3)|} = \frac{|(6,0,0)|}{|(0,-2,3)|} = \frac{6}{\sqrt{13}} = \frac{6\sqrt{13}}{13} \text{ uc}$$

14. Os produtos vetoriais $\pm\left(\vec{u} \wedge \vec{v}\right)$ são ortogonais aos vetores $\vec{u} = (1,1,1)$ e $\vec{v} = (1,-1,-1)$. Temos que:

$$\pm\left(\vec{u} \wedge \vec{v}\right) = \pm\begin{vmatrix} i & j & k \\ 1 & 1 & 1 \\ 1 & -1 & -1 \end{vmatrix} = (0, 2, -2)$$

Os vetores unitários procurados são:

$$\frac{\pm(\vec{u} \wedge \vec{v})}{\left|\vec{u} \wedge \vec{v}\right|} = \frac{\pm(0,2,-2)}{\sqrt{0^2 + (-2)^2 + (-2)^2}} = \frac{\pm(0,2,-2)}{2\sqrt{2}} = \pm\left(0, \frac{\sqrt{2}}{2}, \frac{\sqrt{2}}{2}\right)$$

15. Temos que

$$\vec{w} = \frac{\pm 3(\vec{u} \wedge \vec{v})}{\left|\vec{u} \wedge \vec{v}\right|} = \frac{\pm 3(-2,2,-3)}{\sqrt{(-2)^2 + 2^2 + (-3)^2}} = \frac{\pm 3(-2,2,-3)}{\sqrt{17}}$$

16.

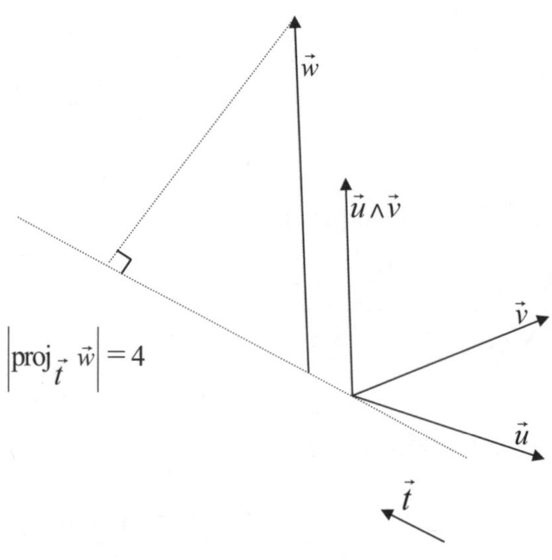

Figura R8.7

Sabemos que $\vec{u}\wedge\vec{v}$ é ortogonal a $\vec{u}$ e a $\vec{v}$. Portanto, o vetor $\vec{w}$ procurado deve ser paralelo a $\vec{u}\wedge\vec{v}$. Temos, pelo problema, que $\vec{t}=(1,0,1)$.

Se $\vec{w}$ possuir o mesmo sentido de $\vec{u}\wedge\vec{v}$, então existe λ real e positivo tal que $\vec{w}=\lambda(\vec{u}\wedge\vec{v})$, isto é,

$$\vec{w}=\lambda\,(\vec{u}\wedge\vec{v})=\lambda\begin{vmatrix} i & j & k \\ 2 & -1 & 1 \\ 3 & -6 & 2 \end{vmatrix}=\lambda\,(4,-1,-9)=(4\lambda,-\lambda,-9\lambda). \qquad \text{(I)}$$

Temos, por outro lado, que $\text{proj}_{\vec{t}}\,\vec{w}=\dfrac{\vec{w}\bullet\vec{t}}{\vec{t}\bullet\vec{t}}\,\vec{t}=\dfrac{-5\lambda}{2}(1,0,1)$ e, daí,

$$\left|\text{proj}_{\vec{t}}\,\vec{w}\right|=\sqrt{\left(\frac{-5\lambda}{2}\right)^2+0^2+\left(\frac{-5\lambda}{2}\right)^2}=\frac{5\lambda\sqrt{2}}{2}.$$

A hipótese do problema diz que $\left|\text{proj}_{\vec{t}}\,\vec{w}\right|=4$.

Logo, $\dfrac{5\lambda\sqrt{2}}{2}=4$ e $\lambda=\dfrac{4\sqrt{2}}{5}$.

Substituindo o valor de λ encontrado em (I), segue que

$$\vec{w}=\left(\frac{16\sqrt{2}}{5},\frac{-4\sqrt{2}}{5},\frac{-36\sqrt{2}}{5}\right).$$

Se $\vec{w}$ possuir o sentido oposto de $\vec{u}\wedge\vec{v}$, então, neste caso, teremos λ real e negativo tal que $\vec{w}=\lambda(\vec{u}\wedge\vec{v})$. Seguindo o mesmo raciocínio, obteremos $\lambda=\dfrac{-4\sqrt{2}}{5}$ e, daí, os vetores $\vec{w}=\left(\dfrac{-16\sqrt{2}}{5},\dfrac{4\sqrt{2}}{5},\dfrac{36\sqrt{2}}{5}\right)$. Portanto,

$$\vec{w}=\pm\left(\frac{16\sqrt{2}}{5},\frac{-4\sqrt{2}}{5},\frac{-36\sqrt{2}}{5}\right)$$

CAPÍTULO 9

EXERCÍCIOS DE APLICAÇÃO 9.1

1. a) $\vec{u}\wedge\vec{v}\bullet\vec{w}=\begin{vmatrix} 1 & -1 & 4 \\ 2 & 1 & 2 \\ 0 & -2 & 3 \end{vmatrix}=(3+0-16)-(0-4-6)=-3$

b) $\vec{u} \wedge \vec{v} \bullet \vec{w} = \begin{vmatrix} 4 & -2 & 3 \\ 5 & 0 & 1 \\ -8 & 4 & -6 \end{vmatrix} = (0+16+60)-(0+16+60) = 0$

c) $\vec{u} \wedge \vec{v} \bullet \vec{w} = \begin{vmatrix} -5 & 1 & 2 \\ 2 & 1 & 0 \\ 3 & 1 & 1 \end{vmatrix} = (-5+0+4)-(6+0+2) = -9$

2. Considerar os vetores $\overrightarrow{AB} = (-2, 1, -1)$, $\overrightarrow{AC} = (-1, 2, 1)$ e $\overrightarrow{AD} = (2, 3, 5)$.

   Temos que

$$\overrightarrow{AB} \wedge \overrightarrow{AC} \bullet \overrightarrow{AD} = \begin{vmatrix} -2 & 1 & -1 \\ -1 & 2 & 1 \\ 2 & 3 & 5 \end{vmatrix} = (-20+2+3)-(-4-6-5) = 0$$

   Logo, os vetores são coplanares e os pontos A, B, C e D também são.

3. Considerar os vetores $\overrightarrow{AB} = (-2, 2, -1)$, $\overrightarrow{AC} = (-1, 2, 1)$ e $\overrightarrow{AD} = (-1, 4, 3)$.

   Temos que

$$\overrightarrow{AB} \wedge \overrightarrow{AC} \bullet \overrightarrow{AD} = \begin{vmatrix} -2 & 2 & -1 \\ -1 & 2 & 1 \\ -1 & 4 & 3 \end{vmatrix} = (-12-2+4)-(2-8-6) = 2$$

$$V_{\text{Paralelepípedo}} = \left|\overrightarrow{AB} \wedge \overrightarrow{AC} \bullet \overrightarrow{AD}\right| = |2| = 2 \text{ uv}$$

4. Considerar os vetores $\overrightarrow{AB} = (-1, 2, 1)$, $\overrightarrow{AC} = (-1, -1, 1)$ e $\overrightarrow{AD} = (1, 0, 0)$.

   Temos que:

$$\overrightarrow{AB} \wedge \overrightarrow{AC} \bullet \overrightarrow{AD} = \begin{vmatrix} -1 & 2 & 1 \\ -1 & -1 & 1 \\ 1 & 0 & 0 \end{vmatrix} = (0+2+0)-(-1+0+0) = 3$$

$$V_{\text{Prisma}} = \frac{V_{\text{Paralelepípedo}}}{2} = \frac{\left|\overrightarrow{AB} \wedge \overrightarrow{AC} \bullet \overrightarrow{AD}\right|}{2} = \frac{|3|}{2} = \frac{3}{2} \text{ uv}$$

5. Considerar os vetores $\overrightarrow{AB} = (3,-1,1)$, $\overrightarrow{AC} = (1,1,0)$ e $\overrightarrow{AD} = (3,1,-1)$.

Temos que:

$$\overrightarrow{AB} \wedge \overrightarrow{AC} \bullet \overrightarrow{AD} = \begin{vmatrix} 3 & -1 & 1 \\ 1 & 1 & 0 \\ 3 & 1 & -1 \end{vmatrix} = (-3+0+1)-(3+0+1) = -6$$

$$V_{Tetraedro} = \frac{V_{Paralelepípedo}}{6} = \frac{\left|\overrightarrow{AB} \wedge \overrightarrow{AC} \bullet \overrightarrow{AD}\right|}{6} = \frac{|-6|}{6} = \frac{6}{6} = 1 \text{ uv}$$

6. Considerar os vetores $\overrightarrow{AB} = (1,-2,0)$, $\overrightarrow{AC} = (1,-1,1)$ e $\overrightarrow{AD} = (0,1,1)$

Temos que

$$\overrightarrow{AB} \wedge \overrightarrow{AC} \bullet \overrightarrow{AD} = \begin{vmatrix} 1 & -2 & 0 \\ 1 & -1 & 1 \\ 0 & 1 & 1 \end{vmatrix} = (-1+0+0)-(0+1-2) = 0$$

$$V_{Tetraedro} = \frac{V_{Paralelepípedo}}{6} = \frac{\left|\overrightarrow{AB} \wedge \overrightarrow{AC} \bullet \overrightarrow{AD}\right|}{6} = \frac{|0|}{6} = \frac{0}{6} = 0 \text{ uv}$$

Significa que os pontos A, B, C e D estão num mesmo plano. Não existe tetraedro.

7. a) Do paralelepípedo de arestas AB, AC e AD relativa ao vértice D

Temos que:

$$\overrightarrow{AB} = (-1,3,0), \quad \overrightarrow{AC} = (0,1,0) \text{ e } \overrightarrow{AD} = (2,1,-2)$$

$$\overrightarrow{AB} \wedge \overrightarrow{AC} \bullet \overrightarrow{AD} = \begin{vmatrix} -1 & 3 & 0 \\ 0 & 1 & 0 \\ 2 & 1 & -2 \end{vmatrix} = (2+0+0)-(0+0+0) = 2$$

$$\overrightarrow{AB} \wedge \overrightarrow{AC} = \begin{vmatrix} \vec{i} & \vec{j} & \vec{k} \\ -1 & 3 & 0 \\ 1 & 1 & 0 \end{vmatrix} = (0,0,-4)$$

Logo,

$$V_{Paralelepípedo} = \left|\overrightarrow{AB} \wedge \overrightarrow{AC} \bullet \overrightarrow{AD}\right| = |2| = 2$$

$$H = \frac{V_{\text{Paralelepípedo}}}{A_{\text{Base}}} = \frac{2}{\left|\overrightarrow{AB} \wedge \overrightarrow{AC}\right|} = \frac{2}{\sqrt{0^2 + 0^2 + (-4)^2}} = \frac{2}{4} = \frac{1}{2}\,\text{uc}$$

b) A altura do tetraedro ABCD relativa a base ABC é a mesma do paralelepípedo relativa ao vértice D (ver Fig. 9.4). Portanto, $H = \frac{V_{\text{Paralelepípedo}}}{A_{\text{Base}}} = \frac{1}{2}\,\text{uc}$.

8. a) Volume do paralelepípedo de arestas AB, AC e AD.

Vetores $\overrightarrow{AB} = (1, -2, 0)$, $\overrightarrow{AC} = (1, -1, 1)$ e $\overrightarrow{AD} = (3, 0, 0)$.

$$\overrightarrow{AB} \wedge \overrightarrow{AC} \bullet \overrightarrow{AD} = \begin{vmatrix} 1 & -2 & 0 \\ 1 & -1 & 1 \\ 3 & 0 & 0 \end{vmatrix} = (0 - 6 + 0) - (0 + 0 + 0) = -6$$

$$V_{\text{Paralelepípedo}} = \left|\overrightarrow{AB} \wedge \overrightarrow{AC} \bullet \overrightarrow{AD}\right| = \left|-6\right| = 6\,\text{uv}$$

b) Volume do prisma de base ABC e arestas AB, AC e AD.

$$V_{\text{Prisma}} = \frac{V_{\text{Paralelepípedo}}}{2} = \frac{\left|\overrightarrow{AB} \wedge \overrightarrow{AC} \bullet \overrightarrow{AD}\right|}{2} = \frac{\left|-6\right|}{2} = \frac{6}{2} = 3\,\text{uv}$$

c) Volume do tetraedro ABCD, relativa ao vértice C.

$$V_{\text{Tetraedro}} = \frac{V_{\text{Paralelepípedo}}}{6} = \frac{\left|\overrightarrow{AB} \wedge \overrightarrow{AC} \bullet \overrightarrow{AD}\right|}{6} = \frac{\left|-6\right|}{6} = \frac{6}{6} = 1\,\text{uv}$$

d) Altura do tetraedro ABCD, relativa ao vértice D.

Temos: $\overrightarrow{AB} \wedge \overrightarrow{AC} = \begin{vmatrix} \vec{i} & \vec{j} & \vec{k} \\ 1 & -2 & 0 \\ 1 & -1 & 1 \end{vmatrix} = (-2, -1, 1)$.

$$H = \frac{V_{\text{Paralelepípedo}}}{A_{\text{Base}}} = \frac{6}{\left|\overrightarrow{AB} \wedge \overrightarrow{AC}\right|} = \frac{6}{\sqrt{(-2)^2 + (-1)^2 + 1^2}} = \frac{6}{\sqrt{6}} = \sqrt{6}\,\text{uc}$$

9.

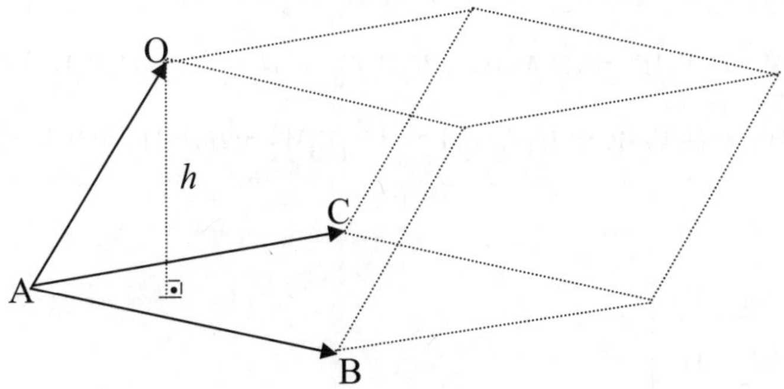

Figura R9.1

Sendo A(1,0,0) , B(0,2,0) e C(0,0,3), temos os vetores $\overrightarrow{AB}=(-1,2,0)$, $\overrightarrow{AC}=(-1,0,3)$ e $\overrightarrow{AO}=(-1,0,0)$.

$$\overrightarrow{AB}\wedge\overrightarrow{AC}\bullet\overrightarrow{AO} = \begin{vmatrix} 1 & 2 & 0 \\ -1 & 0 & 3 \\ -1 & 0 & 0 \end{vmatrix} = (0-6+0)-(0+0+0) = -6$$

$$\overrightarrow{AB}\wedge\overrightarrow{AC} = \begin{vmatrix} \vec{i} & \vec{j} & \vec{k} \\ -1 & 2 & 0 \\ -1 & 0 & 3 \end{vmatrix} = (6, 3, 2)$$

$$V_{\text{Paralelepípedo}} = \left|\overrightarrow{AB}\wedge\overrightarrow{AC}\bullet\overrightarrow{AD}\right| = |-6| = 6$$

$$H = \frac{V_{\text{Paralelepípedo}}}{\left|\overrightarrow{AB}\wedge\overrightarrow{AC}\right|} = \frac{6}{\sqrt{6^2+3^2+2^2}} = \frac{6}{7}\text{uc}$$

10. Sejam os vetores $\vec{u}=(u_1,u_2,u_3)$, $\vec{v}=(v_1,v_2,v_3)$ e $\vec{w}=(w_1,w_2,w_3)$.

Temos:

$$\vec{u}\bullet(\vec{v}\wedge\vec{w}) = (u_1,u_2,u_3)\bullet\begin{vmatrix} \vec{i} & \vec{j} & \vec{k} \\ v_1 & v_2 & v_3 \\ w_1 & w_2 & w_3 \end{vmatrix} =$$

$$= (u_1,u_2,u_3)\bullet\left(\begin{vmatrix} v_2 & v_3 \\ w_2 & w_3 \end{vmatrix}\vec{i} + \begin{vmatrix} v_3 & v_1 \\ w_3 & w_1 \end{vmatrix}\vec{j} + \begin{vmatrix} v_1 & v_2 \\ w_1 & w_2 \end{vmatrix}\vec{k}\right) =$$

$$= (u_1, u_2, u_3) \bullet (v_2w_3 - v_3w_2,\ v_3w_1 - v_1w_3,\ v_1w_2 - v_2w_1) =$$

$$= u_1v_2w_3 - u_1v_3w_2 + u_2v_3w_1 - u_2v_1w_3 + u_3v_1w_2 - u_3v_2w_1) =$$

$$= (u_1v_2w_3 + u_2v_3w_1 + u_3v_1w_2) - (u_1v_3w_2 + u_2v_1w_3 + u_3v_2w_1) =$$

$$= \begin{vmatrix} \vec{i} & \vec{j} & \vec{k} \\ v_1 & v_2 & v_3 \\ w_1 & w_2 & w_3 \end{vmatrix} \qquad \text{(I)}$$

$$(\vec{u} \wedge \vec{v}) \bullet \vec{w} = \begin{vmatrix} \vec{i} & \vec{j} & \vec{k} \\ u_1 & u_2 & u_3 \\ v_1 & v_2 & v_3 \end{vmatrix} \bullet (w_1, w_2, w_3) =$$

$$= \left(\begin{vmatrix} u_2 & u_3 \\ v_2 & v_3 \end{vmatrix} \vec{i} + \begin{vmatrix} u_3 & u_1 \\ v_3 & v_1 \end{vmatrix} \vec{j} + \begin{vmatrix} u_1 & u_2 \\ v_1 & v_2 \end{vmatrix} \vec{k} \right) \bullet (w_1, w_2, w_3) =$$

$$= (u_2v_3 - u_3v_2,\ u_3v_1 - u_1v_3,\ u_1v_2 - u_2v_1) \bullet (w_1, w_2, w_3) =$$

$$= (u_2v_3w_1 - u_3v_2w_1 + u_3v_1w_2 - u_1v_3w_2 + u_1v_2w_3 - u_2v_1w_3) =$$

$$= (u_1v_2w_3 + u_2v_3w_1 + u_3v_1w_2) - (u_3v_2w_1 + u_1v_3w_2 + u_2v_1w_3) =$$

$$= \begin{vmatrix} u_1 & u_2 & u_3 \\ v_1 & v_2 & v_3 \\ w_1 & w_2 & w_3 \end{vmatrix} \qquad \text{(II)}$$

Comparando (I) e (II), vemos que $\vec{u} \bullet (\vec{v} \wedge \vec{w}) = (\vec{u} \wedge \vec{v}) \bullet \vec{w}$.

11. a) Distância entre OI, OJ e OK:

$\overrightarrow{OI} = (1, 0, 0)$ e $|\overrightarrow{OI}| = \sqrt{1^2 + 0^2 + 0^2} = \sqrt{1} = 1$ uc

$\overrightarrow{OJ} = (0, 1, 0)$ e $|\overrightarrow{OJ}| = \sqrt{0^2 + 1^2 + 0^2} = \sqrt{1} = 1$ uc

$\overrightarrow{OK} = (0, 0, 1)$ e $|\overrightarrow{Ok}| = \sqrt{0^2 + 0^2 + 1^2} = \sqrt{1} = 1$ uc

Temos que: $\overrightarrow{KI} = (1, 0, -1)$ e $\overrightarrow{KJ} = (0, 1, -1)$.

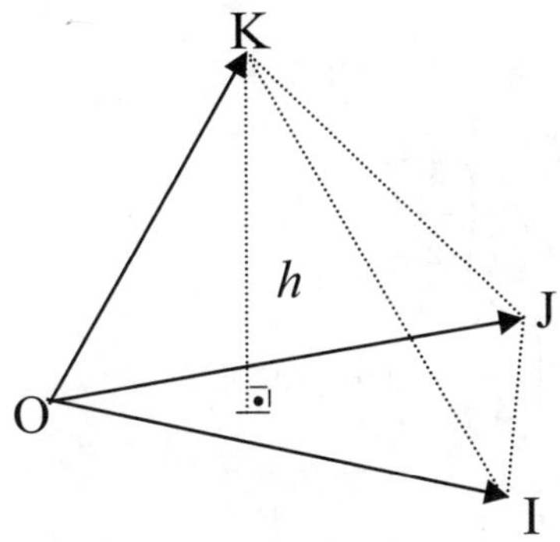

Figura R9.2

b) Área das faces do tetraedro OIJK:

Temos que: $\overrightarrow{KI}=(1,0,-1)$ e $\overrightarrow{KJ}=(0,1,-1)$

$$\overrightarrow{OI}\wedge\overrightarrow{OJ}=\begin{vmatrix}\vec{i}&\vec{j}&\vec{k}\\1&0&0\\0&1&0\end{vmatrix}=(0,0,1)\text{ e, daí, }\left|\overrightarrow{OI}\wedge\overrightarrow{OJ}\right|=1\text{ e }A_{OIJ}=\frac{\left|\overrightarrow{OI}\wedge\overrightarrow{OJ}\right|}{2}=\frac{1}{2}\text{ ua}$$

$$\overrightarrow{OI}\wedge\overrightarrow{OK}=\begin{vmatrix}\vec{i}&\vec{j}&\vec{k}\\1&0&0\\0&0&1\end{vmatrix}=(0,1,0)\text{ e, daí, }\left|\overrightarrow{OI}\wedge\overrightarrow{OK}\right|=1\text{ e }A_{OIK}=\frac{\left|\overrightarrow{OI}\wedge\overrightarrow{OK}\right|}{2}=\frac{1}{2}\text{ ua}$$

$$\overrightarrow{OJ}\wedge\overrightarrow{OK}=\begin{vmatrix}\vec{i}&\vec{j}&\vec{k}\\0&1&0\\0&0&1\end{vmatrix}=(1,0,0)\text{ e, daí, }\left|\overrightarrow{OJ}\wedge\overrightarrow{OK}\right|=1\text{ e }A_{OJK}=\frac{\left|\overrightarrow{OI}\wedge\overrightarrow{OK}\right|}{2}=\frac{1}{2}\text{ ua}$$

$$\overrightarrow{KI}\wedge\overrightarrow{KJ}=\begin{vmatrix}\vec{i}&\vec{j}&\vec{k}\\1&0&-1\\0&1&-1\end{vmatrix}=(1,1,1)\text{ e, daí, }\left|\overrightarrow{KI}\wedge\overrightarrow{KJ}\right|=\sqrt{3}\text{ e }A_{IJK}=\frac{\left|\overrightarrow{KI}\wedge\overrightarrow{KJ}\right|}{2}=\frac{\sqrt{3}}{2}\text{ ua}$$

c) Volume do tetraedro OIJK:

$$\overrightarrow{OI}\wedge\overrightarrow{OJ}\bullet\overrightarrow{OK}=\begin{vmatrix}1&0&0\\0&1&0\\0&0&1\end{vmatrix}=1\text{ e }VT_{OIJK}=\frac{\left|\overrightarrow{OI}\wedge\overrightarrow{OJ}\bullet\overrightarrow{OK}\right|}{6}=\frac{1}{6}\text{ uv}$$

d) Verifique se $A^2_{\Delta IJK}=A^2_{\Delta OIJ}+A^2_{\Delta OJK}+A^2_{\Delta OKJ}$.

Considerando os resultados acima, temos:

$$A^2_{\Delta IJK} = A^2_{\Delta OIJ} + A^2_{\Delta OJK} + A^2_{\Delta OKJ}$$

$$\left(\frac{\sqrt{3}}{2}\right)^2 = \left(\frac{1}{2}\right)^2 + \left(\frac{1}{2}\right)^2 + \left(\frac{1}{2}\right)^2$$

$$\left(\frac{3}{4}\right) = \left(\frac{1}{4}\right) + \left(\frac{1}{4}\right) + \left(\frac{1}{4}\right) \text{ Verdadeiro!}$$

CAPÍTULO 10

EXERCÍCIOS DE APLICAÇÃO 10.1

1. a) A(1, – 2, 5) e B(1, 3, 2)

Seja $\vec{u} = \overrightarrow{AB} = (0, 5, -3)$ e P(x,y,z) um ponto qualquer de r.

Equação simétrica de $r: \frac{y-(-2)}{5} = \frac{z-5}{-3}$, $x = 1$ ou $r: \frac{y+2}{5} = \frac{z-5}{-3}$, $x = 1$.

b) A(0,1,2) e B(– 1, 1, 2)

Seja $\vec{u} = \overrightarrow{AB} = (-1, 0, 0)$ e P(x,y,z) um ponto qualquer de r.

Equação simétrica de r: $y = 1$, $z = 2$.

2 a) A(1, – 2, 5) e $\vec{v} = (2, 1, -3)$

Sendo P(x,y,z) um ponto qualquer de r, uma equação paramétrica de r é dada por:

$$r: \begin{cases} x = 1 + 2\lambda \\ y = -2 + 1\lambda \\ z = 5 + (-3)\lambda \end{cases}, \quad \lambda \in \mathbb{R}.$$

b) A(0,2,0) e $\vec{v} = (1, -1, 0)$

Sendo P(x,y,z) um ponto qualquer de r, uma equação paramétrica de r é dada por:

$$r: \begin{cases} x = 0 + 1\lambda \\ y = 2 + (-1)\lambda, \quad \lambda \in \mathbb{R} \\ z = 0 + 0\lambda \end{cases} \text{ ou } r: \begin{cases} x = 1\lambda \\ y = 2 - \lambda, \quad \lambda \in \mathbb{R} \\ z = 0 \end{cases}$$

3. a) A(0,1,2) e $r: \dfrac{x-1}{2} = \dfrac{y-1}{-1} = \dfrac{z+4}{1}$.

A reta s tem a direção do vetor $\vec{v}$ de r, isto é, $\vec{v} = (2, -1, 1)$.

Se $P(x,y,z)$ é um ponto qualquer de s, então sua equação simétrica é dada por:

$$s: \frac{x-0}{2} = \frac{y-1}{-1} = \frac{z-2}{1}.$$

b) $A(-5, 4, 1)$ e $r: \dfrac{x-1}{-1} = \dfrac{z-1}{2}, \; y = -1$.

A reta s tem a direção do vetor $\vec{v}$ de r, isto é, $\vec{v} = (-1, 0, 2)$.

Se $P(x,y,z)$ é um ponto qualquer de s, então sua equação simétrica é dada por:

$$s: \frac{x-(-5)}{-1} = \frac{z-1}{2}, \; y = 4.$$

4. Se ***t*** é ortogonal as retas r e s, então seu vetor $\vec{u} = (u_1, u_2, u_3)$ é ortogonal aos vetores $\vec{v} = (2, 0, -1)$ de r e $\vec{w} = (1, 2, -2)$ de s.

Portanto, $\begin{cases} \vec{u} \perp \vec{v} \Rightarrow 2u_1 - 1u_3 = 0 \\ \vec{u} \perp \vec{w} \Rightarrow 1u_1 + 2u_2 - 2u_3 = 0 \end{cases} \Rightarrow$ escolhendo u_2 3, teremos $u_1 = 2$ e $u_3 = 4$. Assim, $\vec{u} = (2, 3, 4)$.

Se $P(x,y,z)$ é um ponto qualquer de t, então sua equação vetorial é dada por:

$$t: (x, y, z) = (-1, 0, 2) + \lambda(2, 3, 4), \; \lambda \in \mathbb{R}.$$

5. Temos que $A(1, -1, 2) \in r$ e $\vec{u} = (2, -3, 4)$ é vetor de r.

a) paramétricas $r: \begin{cases} x = 1 + 2\lambda \\ y = -1 + (-3)\lambda, \quad \lambda \in \mathbb{R}. \\ z = 2 + 4\lambda \end{cases}$

b) simétrica $r: \dfrac{x-1}{2} = \dfrac{y+1}{-3} = \dfrac{z-2}{4}$.

6. a) $r: \; x = 1, \; \dfrac{y+1}{-3} = \dfrac{z-2}{4}$.

Temos que $A(1, -1, 2) \in r$ e $\vec{u} = (0, -3, 4)$ é vetor de r. Vemos que o vetor $\vec{u}$ tem componente zero na direção de $\vec{i}$, logo, a reta r pertence ao plano $x = 1$, paralelo ao plano yz.

b) $r: \ y=2, \ \frac{x-3}{3}=\frac{z}{2}.$

Temos que $A(3, 2, 0) \in r$ e $\vec{u}=(3, 0, 2)$ é vetor de r. Vemos que o vetor $\vec{u}$ tem componente zero na direção de $\vec{j}$, logo, a reta r pertence ao plano $y = 2$, paralelo ao plano xz.

c) $r: \ z=-3, \ \frac{x}{2}=\frac{y-1}{2}.$

Temos que $A(0, 1, -3) \in r$ e $\vec{u}=(2, 2, 0)$ é vetor de r. O vetor $\vec{u}$ tem componente zero na direção de $\vec{k}$, logo, a reta r pertence ao plano $z = -3$, paralelo ao plano xy.

d) $r: \ x=-3, \ y=2.$

Temos que $A(-3, 2, k) \in r$, $k \in \mathbb{R}$, e $\vec{u}=(0, 0, u_3)$, $u_3 \in \mathbb{R}^*$, é vetor de r. O vetor $\vec{u}$ tem componente zero na direção de $\vec{i}$ e $\vec{j}$, logo, a reta r pertence aos planos $x=-3$ e $y=2$ e, daí, é paralela ao eixo z.

e) $r: \ x=0, \ z=4.$

Temos que $A(0, k, 4) \in r$, $k \in \mathbb{R}$, e $\vec{u}=(0, u_2, 0)$, $u_2 \in \mathbb{R}^*$, é vetor de r. O vetor $\vec{u}$ tem componente zero na direção de $\vec{i}$ e $\vec{k}$, logo, a reta r pertence aos planos $x=0$ e $z=4$ e, daí, é paralela ao eixo y.

f) $r: \ y=-2, \ z=2.$

Temos que $A(k, -2, 2) \in r$, $k \in \mathbb{R}$, e $\vec{u}=(u_1, 0, 0)$, $u_1 \in \mathbb{R}^*$, é vetor de r. O vetor $\vec{u}$ tem componente zero na direção de $\vec{j}$ e $\vec{k}$, logo, a reta r pertence aos planos $y=-2$ e $z=2$ e, portanto, é paralela ao eixo x.

7. O fato de a reta r ser paralela a s significa que possui o mesmo vetor direção $\vec{u}=(3, 5, 2)$ (ou outro múltiplo escalar de $\vec{u}$) e, também, que $P(1,2,0)$ pertence a r.

   Assim, $r: (x, y, z) = (1, 2, 0) + \lambda(3, 5, 2), \lambda \in \mathbb{R}$.

8. Temos que $A(a,0,0)$ e $B(0,b,0)$. A reta tem a direção do vetor $\overrightarrow{AB}=(-a, b, 0)$. Logo, uma equação vetorial dessa reta é $(x, y, z)=(a,0,0)+\lambda(-a,b,0), \lambda \in \mathbb{R}$.

9. A reta tem o ponto $O(0,0,0)$ e a direção do vetor $\overrightarrow{OA}=(1, 1/2, 1/3)$. Logo, a equação simétrica dessa reta é $\frac{x-0}{1}=\frac{y-0}{1/2}=\frac{z-0}{1/3}$.

10. A reta que coincide com o eixo x contém o ponto $O(0,0,0)$ e tem direção do vetor $\vec{i}=(1, 0, 0)$. Logo, sua equação vetorial é $(x, y, z)=(0,0,0)+\lambda(1, 0, 0), \lambda \in \mathbb{R}$.

A reta que coincide com o eixo y contém o ponto O(0,0,0) e tem direção do vetor $\vec{j}=(0,1,0)$. Logo, sua equação vetorial é $(x,y,z)=(0,0,0)+\lambda(0,1,0), \lambda \in \mathbb{R}$.

A reta que coincide com o eixo z contém o ponto O(0,0,0) e tem direção do vetor $\vec{k}=(0,0,1)$. Logo, sua equação vetorial é $(x,y,z)=(0,0,0)+\lambda(0,0,1), \lambda \in \mathbb{R}$.

11. Substituindo o ponto A na equação da reta: $\frac{(2)-2}{2}=\frac{(1)-1}{1/2}=\frac{(-3)+3}{-4}$, vemos que a proporção entre as razões é mantida. Logo, A pertence à reta.

12. Substituindo as coordenadas de B, correspondentemente, em cada uma das sentenças, veremos que o valor de t **não** é o mesmo em cada uma delas:

$$\begin{cases} 1=-2+3t \\ 8=4+t \\ 3=10-8t \end{cases} \Rightarrow \begin{cases} t=1 \\ t=4 \\ t=7/8 \end{cases}$$

O parâmetro t possui valores distintos. Portanto, B não pertence à reta.

13. Devemos ter A(–3, b, c) pertencente a r. Substituindo a abscissa (–3) na primeira razão da equação simétrica obtemos o valor 1. Se o ponto A pertence a reta, então o mesmo resultado ocorrerá nas demais razões:

$$\frac{(-3)+2}{-1}=1 \text{ e, daí, } \frac{b-1}{2}=1 \Rightarrow b=3 \text{ e } \frac{c}{3}=1 \Rightarrow c=3$$

Assim, A(–3, 3, 3).

14. Vamos colocar a equação da reta r na forma simétrica, em que os coeficientes de x, y e z são iguais a 1. Isto é, $r: \frac{x-a}{u_1}=\frac{y-b}{u_2}=\frac{z-c}{u_3}$ e, assim, A(a,b,c) é ponto de r e $\vec{u}=(u_1, u_2, u_3)$ o seu vetor direção.

Multiplicando os numeradores e os denominadores por números convenientemente escolhidos, em cada uma das razões da equação de r, teremos os coeficientes das variáveis serem iguais a 1:

$$r: \frac{(2x-1).(1/2)}{3.(1/2)}=\frac{(3y+2).(1/3)}{2.(1/3)}=\frac{(5z-2).(1/5)}{3.(1/5)}$$

(as razões não se alteram quando os seus termos forem multiplicados por um mesmo número real diferente de zero).

Assim, $r: \frac{x-1/2}{3/2}=\frac{y+2/3}{2/3}=\frac{z-2/5}{3/5}$.

Entende-se que $A(1/2, -2/3, 2/5)$ é ponto de r e que $\vec{u}=(3/2, 2/3, 3/5)$ é o seu vetor direção. Certamente, qualquer outro vetor múltiplo escalar de $\vec{u}$ também nos dará a direção da reta r.

EXERCÍCIOS DE APLICAÇÃO 10.2

1. a) $s:(x,y,z)=(-1,4,1)+\delta(4,2,6),\ \delta\in\mathbb{R}$

Consideremos o ponto $A(1,2,3)$ e o vetor $\vec{u}=(2,1,3)$ de r e, também, o ponto $B(-1,4,1)$ e o vetor $\vec{v}=(4,2,6)$ de s.

Temos que $\det(\vec{u},\vec{v},\overrightarrow{AB})=0$, pois $\vec{u}//\vec{v}$ (vê-se que $\vec{v}=2\vec{u}$) e as retas r e s são coplanares. Verifiquemos se r e s serão coincidentes ou paralelas distintas.

Substituindo $A(1,2,3)$ em s, vemos que não existe δ real tal que se tenha a igualdade $(1,2,3)=(-1,4,1)+\delta(4,2,6)$, pois ela nos oferece valores distintos para δ:

$$1=-1+4\delta \Rightarrow \delta=1/2 \quad \text{e} \quad 2=4+2\delta \Rightarrow \delta=-1 \quad \text{e} \quad 3=1+6\delta \Rightarrow \delta=1/3$$

Concluímos que as retas são paralelas distintas.

Observação: Se os vetores $\vec{\ }$, $\vec{v}$ e $\overrightarrow{AB}$ fossem dois a dois paralelos, as retas r e s seriam coincidentes. Vemos, no exercício, que $\overrightarrow{AB}=(-2, 2, -2)$, logo, não é paralelo a $\vec{u}$ ou $\vec{v}$.

b) $s:(x,y,z)=(-1,4,1)+\delta(2,0,1),\ \delta\in\mathbb{R}$

Consideremos o ponto $A(1,2,3)$ e o vetor $\vec{u}=(2,1,3)$ de r e, também, o ponto $B(-1,4,1)$ e o vetor $\vec{v}=(2,0,1)$ de s.

Temos que $\overrightarrow{AB}=(-2, 2, -2)$ e $\det(\overrightarrow{AB},\vec{u},\vec{v})=\begin{vmatrix}-2 & 2 & -2\\ 2 & 1 & 3\\ 2 & 0 & 1\end{vmatrix}=10\ (\neq 0)$ as retas não são coplanares, daí, r e s são reversas.

c) $s:(x,y,z)=(3,3,6)+\delta(2,0,1),\ \delta\in\mathbb{R}$

Consideremos o ponto $A(1,2,3)$ e o vetor $\vec{u}=(2,1,3)$ de r e, também, o ponto $B(3,3,6)$ e o vetor $\vec{v}=(2,0,1)$ de s.

Temos que $\overrightarrow{AB}=(2,1,3)$ e $\det(\overrightarrow{AB},\vec{u},\vec{v})=\begin{vmatrix}2 & 1 & 3\\ 2 & 1 & 3\\ 2 & 0 & 1\end{vmatrix}=0$ (as retas são coplanares) e os vetores $\vec{u}$ e $\vec{v}$ não são paralelos. Logo, as retas r e s são concorrentes.

d) $s: (x,y,z) = (3,3,6) + \delta(0,-3,1),\ \delta \in \mathbb{R}$

Consideremos o ponto A(1,2,3) e o vetor $\vec{u} = (2,1,3)$ de r e, também, o ponto B(3, 3,6) e o vetor $\vec{v} = (0,-3,1)$ de s.

Temos que $\overrightarrow{AB} = (2,1,3)$ e $\det(\vec{u}, \vec{v}, \overrightarrow{AB}) = \begin{vmatrix} 2 & 1 & 3 \\ 0 & -3 & 1 \\ 2 & 1 & 3 \end{vmatrix} = 0$ (as retas são coplanares) e os vetores $\vec{u}$ e $\vec{v}$ não são paralelos. Logo, as retas r e s são concorrentes.

Observe, neste caso, que os vetores $\vec{u}$ e $\vec{v}$ são ortogonais, pois $\vec{u}.\vec{v} = 0$. Logo, as retas r e s são perpendiculares.

2. Se A e B pertencem à reta r, então $\vec{u} = \overrightarrow{AB} = (2, 6, -4)$ é vetor de r. Assim, $r: (x,y,z) = (-3,-5,2) + \lambda(2,6,-4),\ \lambda \in \mathbb{R}$. Analogamente, a reta s tem direção $\vec{v} = \overrightarrow{CD} = (-5,-10,10)$ e equação $s: (x,y,z) = (9,12,3) + \delta(-5,-10,10),\ \delta \in \mathbb{R}$.

Temos que $\overrightarrow{AC} = (12,17,1)$ e $\det(\overrightarrow{AC}, \vec{u}, \vec{v}) = \begin{vmatrix} 12 & 17 & 1 \\ 2 & 6 & -4 \\ -5 & -10 & 10 \end{vmatrix} = 250$ (as retas não são coplanares). Logo, as retas r e s são reversas.

3. O ponto A de interseção das retas r e s é obtido substituindo-se $x = 1$ e $y = 0$ de s na equação de r e, assim, A(1,0,1).

A reta t deve conter os pontos A(1,0,1) e P(2,2,–3). Logo, t possui a direção do vetor $\overrightarrow{AP} = (1, 2, -4)$ e equação $t: \dfrac{x-1}{1} = \dfrac{y}{2} = \dfrac{z-1}{-4}$ ou $t: (x,y,z) = (1,0,1) + \lambda(1,2,-4),\ \lambda \in \mathbb{R}$.

4. O ponto A de interseção das retas r e s é obtido substituindo-se $z = 0$ de s na equação de r e, assim, A(1,2,0).

O vetor direção da reta r é $\vec{u} = (0,3,2)$ e o da reta s é $\vec{v} = (0,k,0),\ k \in \mathbb{R}^*$.

O vetor $\vec{u} \wedge \vec{v} = \begin{vmatrix} \vec{i} & \vec{j} & \vec{k} \\ 0 & 3 & 2 \\ 0 & k & 0 \end{vmatrix} = (-2k, 0, 0)$ é ortogonal aos vetores $\vec{u}$ e $\vec{v}$ das retas r e s. Logo, a direção da reta t é dada por $\vec{u} \wedge \vec{v}$. Assumindo $k = -1$, temos $\vec{u} \wedge \vec{v} = (2,0,0)$.

Portanto, uma equação da reta t é dada por $t: (x,y,z) = (1,2,0) + \lambda(2,0,0),\ \lambda \in \mathbb{R}$.

5. a) Verificar a posição relativa das retas r e s.

Consideremos o ponto C(1,2,0) e o vetor $\vec{u} = (-1,-1, 2)$ de r e, também, o ponto D(2,0,3) e o vetor $\vec{v} = (2,-1,-1)$ de s.

Temos que $\overrightarrow{CD} = (1,-2, 3)$ e $\det(\overrightarrow{CD},\vec{u},\vec{v}) = \begin{vmatrix} 1 & -2 & 3 \\ -1 & -1 & 2 \\ 2 & -1 & -1 \end{vmatrix} = 6\ (\neq 0)$ as retas não são coplanares, daí, r e s são reversas.

b) Obter equação da reta t, ortogonal a r e s, contendo A(1,2,0).

O vetor $\vec{u} \wedge \vec{v} = \begin{vmatrix} \vec{i} & \vec{j} & \vec{k} \\ -1 & -1 & 2 \\ 2 & -1 & -1 \end{vmatrix} = (3, 3, 3)$ é ortogonal aos vetores $\vec{u}$ e $\vec{v}$ das retas r e s. Logo, a direção da reta t é dada por $\vec{u} \wedge \vec{v}$.

Portanto, uma equação da rata t é dada por $t\colon (x,y,z) = (1,2,0)+\gamma(3,3,3),\ \gamma \in \mathbb{R}$.

6. a) $r\colon (x,y,z) = (1,2,3)+\lambda(2,1,3),\ \lambda \in \mathbb{R}$ e $s\colon (x,y,z) = (3,3,6)+\delta(2,0,1),\ \delta \in \mathbb{R}$.

Escrever as equações das retas na forma paramétrica:

$$r\colon \begin{cases} x = 1 + 2\lambda \\ y = 2 + \lambda \\ z = 3 + 3\lambda \end{cases},\ \lambda \in \mathbb{R} \text{ e } s\colon \begin{cases} x = 3 + 2\delta \\ y = 3 \\ z = 6 + \delta \end{cases},\ \delta \in \mathbb{R}$$

Identificar os valores de x, y e z das retas r e s:

$$\begin{aligned} 1 + 2\lambda &= 3 + 2\delta \\ 2 + \lambda &= 3 \\ 3 + 3\lambda &= 6 + \delta \quad \Rightarrow \quad =1 \text{ e } \delta = 0 \end{aligned}$$

Estes valores satisfazem a primeira igualdade do sistema acima. Agora, substituindo $\lambda = 1$ na equação de r (ou $\delta = 0$ na equação de s), temos o ponto de interseção das retas I (3,3,6).

b) $r\colon (x,y,z) = (1,2,3)+\lambda(2,1,3),\ \lambda \in \mathbb{R}$ e $s\colon (x,y,z) = (3,3,6)+\delta(0,-3, 1),\ \delta \in \mathbb{R}$

Escrever as equações das retas na forma paramétrica:

$$r\colon \begin{cases} x = 1 + 2\lambda \\ y = 2 + \lambda \\ z = 3 + 3\lambda \end{cases},\ \lambda \in \mathbb{R} \text{ e } s\colon \begin{cases} x = 3 \\ y = 3 - 3\delta \\ z = 6 + \delta \end{cases},\ \delta \in \mathbb{R}$$

Identificar os valores de x, y e z das retas r e s:

$$\begin{aligned} 1+2\lambda &= 3 \\ 2+\lambda &= 3-3\delta \Rightarrow \lambda=1 \text{ e } \delta=0 \\ 3+3\lambda &= 6+\delta \end{aligned}$$

Substituindo $\lambda = 1$ na equação de r (ou $\delta = 0$ na equação de s), temos o ponto de interseção das retas I (3,3,6).

c) r: $(x,y,z) = (2,1,3)+\lambda(1,3,1)$, $\lambda \in \mathbb{R}$ e s: $(x,y,z) = (3,4,4)+\delta(3,-1,0)$, $\delta \in \mathbb{R}$

Escrever as equações das retas na forma paramétrica:

$$r: \begin{cases} x = 2+\lambda \\ y = 1+3\lambda, \\ z = 3+\lambda \end{cases} \lambda \in \mathbb{R} \text{ e } r: \begin{cases} x = 3+3\delta \\ y = 4-\delta \\ z = 4 \end{cases}, \ \delta \in \mathbb{R}$$

Identificar os valores de x, y e z das retas r e s:

$$\begin{aligned} 2+\lambda &= 3+3\delta \\ 1+3\lambda &= 4-\delta \Rightarrow \lambda=1 \text{ e } \delta=0 \\ 3+\lambda &= 4 \end{aligned}$$

Substituindo $\lambda = 1$ na equação de r (ou $\delta = 0$ na equação de s), temos o ponto de interseção das retas I (3,4,4).

7. a) $r: x = 1-\lambda$, $y = 2-\lambda$ e $z = 2\lambda$ e $s: x = 2+2\delta$, $y = -\delta$ e $z = 3-\delta$, $\lambda, \delta \in \mathbb{R}$.

Consideremos $\vec{u} = (-1,-1,2)$ o vetor de r e $\vec{v} = (2,-1,-1)$ o vetor de s.

Temos que $\cos(\alpha) = \dfrac{|\vec{u}.\vec{v}|}{|\vec{u}||\vec{v}|} = \dfrac{|(-1)2+(-1)(-1)+2(-1)|}{\sqrt{(-1)^2+(-1)^2+2^2}.\sqrt{2^2+(-1)^2+(-1)^2}} = \dfrac{1}{2}$, daí, $\alpha = 60^0$.

b) r: $(x,y,z) = (1,2,3)+\lambda(2,1,3)$, $\lambda \in \mathbb{R}$ e s: $(x,y,z) = (3,3,6)+\delta(0,-3,1)$, $\delta \in \mathbb{R}$.

Consideremos $\vec{u} = (2,1,3)$ o vetor de r e $\vec{v} = (0,-3,1)$ o vetor de s.

Temos que $\cos(\alpha) = \dfrac{|\vec{u}.\vec{v}|}{|\vec{u}||\vec{v}|} = \dfrac{|2(0)+1(-3)+3(1)|}{\sqrt{2^2+1^2+3^2}.\sqrt{0^2+(-3)^2+1^2}} = 0$, daí, $\alpha = 90^0$.

c) r: $(x,y,z) = (2,1,3)+\lambda(1,3,1)$, $\lambda \in \mathbb{R}$ e s: $(x,y,z) = (3,4,4)+\delta(2,6,3)$, $\delta \in \mathbb{R}$.

Consideremos $\vec{u} = (1,3,1)$ o vetor de r e $\vec{v} = (2,6,3)$ o vetor de s.

Temos que os vetores $\vec{u}$ e $\vec{v}$ são paralelos de mesmo sentido ($\vec{v} = 2\vec{u}$), logo, o ângulo entre as retas é $\alpha = 0^0$ ou 0 rd.

d) $r: x = 1 - \sqrt{2}\lambda$, $y = \lambda$ e $z = 2 - 3\lambda$ e $s: x = 2, y = 7,\ \lambda, \delta \in \mathbb{R}$.

Consideremos $\vec{u} = (-\sqrt{2}, 1, -3)$ o vetor de r e $\vec{v} = (0, 0, k)$, $k \in \mathbb{R}$ o vetor de s.

Temos que $\cos(\alpha) = \dfrac{|\vec{u}.\vec{v}|}{|\vec{u}||\vec{v}|} = \dfrac{|(-\sqrt{2}).0 + (1).0 + (-3).k|}{\sqrt{(-\sqrt{2})^2 + 1^2 + (-3)^2}.\sqrt{0^2 + 0^2 + k^2}} = \dfrac{3|k|}{\sqrt{12}|k|} = \dfrac{3}{2\sqrt{3}}$,

logo, $\cos(\alpha) = \dfrac{\sqrt{3}}{2}$ e, daí, $\alpha = 30^0$ ou $\pi/6$ rd.

8. a) $t: \begin{cases} y = 2x - 3 & \text{(I)} \\ z = -x + 2 & \text{(II)} \end{cases}$

Temos de (I) que $x = \dfrac{y+3}{2}$ e de (II) que $x = \dfrac{z-2}{-1}$. Comparando os valores de x nas equações obtidas, segue que $t: \dfrac{x}{1} = \dfrac{y+3}{2} = \dfrac{z-2}{-1}$.

b) $t: \begin{cases} y = x & \text{(I)} \\ z = -3x + 1 & \text{(II)} \end{cases}$

Temos de (I) que $x = y$ e de (II) que $x = \dfrac{z-1}{-3}$. Comparando os valores de x nas equações obtidas, segue que $t: \dfrac{x}{1} = \dfrac{y}{1} = \dfrac{z-1}{-3}$.

c) $t: 2x = 2y - 1 = 3z - 2$

Evidenciar os coeficientes das variáveis em cada um dos termos da dupla igualdade

$$2(x+0) = 2(y - 1/2) = 3(z - 2/3)$$

Substituir os coeficientes obtidos pelos respectivos inversos de seus inversos

$$\frac{1}{1/2}(x+0) = \frac{1}{1/2}(y - 1/2) = \frac{1}{1/3}(z - 2/3)$$

Temos, agora, a equação simétrica pedida:

$$t: \frac{x}{1/2} = \frac{y - 1/2}{1/2} = \frac{z - 2/3}{1/3}$$

Outro modo de se obter a equação simétrica da reta t :

$$t: 2x = 2y - 1 = 3z - 2$$

A dupla igualdade nos permite entender que: $2x = 2y - 1$ e $2x = 3z - 2$.

Dividindo membro a membro as equações obtidas por 6, mínimo múltiplo comum dos coeficientes das variáveis, segue que:

$$\frac{x}{3}=\frac{y}{3}-\frac{1}{6} \text{ ou } \frac{x}{3}=\frac{y}{3}-\frac{1/2}{3}=\frac{y-1/2}{3} \qquad \text{(I)}$$

$$\frac{x}{3}=\frac{z}{2}-\frac{1}{3} \text{ ou } \frac{x}{3}=\frac{z}{2}-\frac{2/3}{2}=\frac{z-2/3}{2} \qquad \text{(II)}$$

Comparando (I) e (II), tem-se $t: \ \frac{x}{3}=\frac{y-1/2}{3}=\frac{z-2/3}{2}$.

9. Temos que $A(-1,0,1)\in r$ e $\vec{u}=(2,1,0)$ o vetor direção de r e $B(1,2,2)\in s$ e $\vec{v}=(1,0,2)$ o vetor direção de s.

a) As retas r e s são reversas, pois $\det(\vec{u},\vec{v},\overrightarrow{AB})=-5(\neq 0)$.

b) Se a reta **t** é perpendicular a r e a s, então **t** tem a direção do vetor $\vec{u}\wedge\vec{v}$.

$$\vec{u}\wedge\vec{v}=\begin{vmatrix} i & j & k \\ 2 & 1 & 0 \\ 1 & 0 & 2 \end{vmatrix}=(2,-4,-1)$$

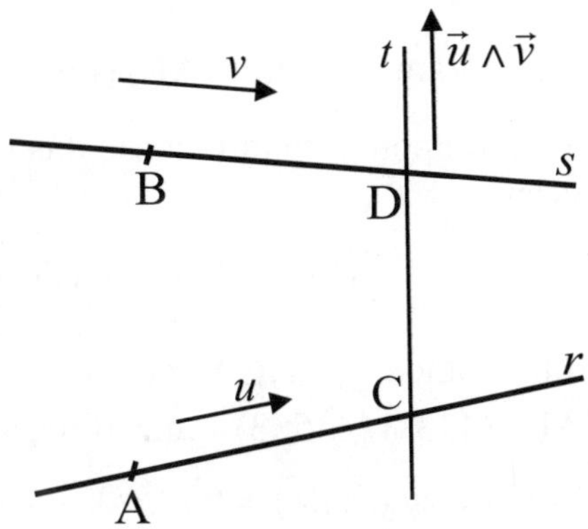

Figura R10.1

c) Sendo C e D pontos de interseção de t com r e s, respectivamente, segue que: $C(-1+2\lambda,\ \lambda,\ 1)$ e $D(1+\gamma,\ 2,\ 2+2\gamma)$ para algum λ e γ reais.

Temos que o vetor $\overrightarrow{CD}=(2+\gamma-2\lambda,\ 2-\lambda,\ 1+2\gamma)$ de **t** é paralelo a $\vec{u}\wedge\vec{v}$.

Assim, $\overrightarrow{CD}=\varphi(\vec{u}\wedge\vec{v})$, $\varphi\in\mathbb{R}$, e, daí, $(2+\gamma-2\lambda,\ 2-\lambda,\ 1+2\gamma)=(2\varphi,-4\varphi,-\varphi)$

Resolvendo o sistema, obtemos: $\lambda=\frac{22}{21}$ e $\gamma=\frac{-8}{21}$.

Substituindo os valores obtidos de λ em C e, também, λ e γ em $\overrightarrow{CD}$, temos: $C=(\frac{23}{21},\frac{22}{21},1)$ e o vetor $\overrightarrow{CD}=(\frac{-10}{21},\frac{20}{21},\frac{5}{21})$.

A reta **t** tem equação: $(x,y,z)=C+\psi\,\overrightarrow{CD}$, $\psi\in\mathbb{R}$, isto é,

$$t:\ (x,y,z)=(\frac{23}{21},\frac{22}{21},1)+\psi(\frac{-10}{21},\frac{20}{21},\frac{5}{21}),\ \psi\in\mathbb{R}.$$

10. O vetor $\vec{u}=(1,1,-1)$ tem a direção da reta **r** e $I=(1+\lambda,\ 1+\lambda,\ -\lambda)$ é um ponto qualquer de **r**.

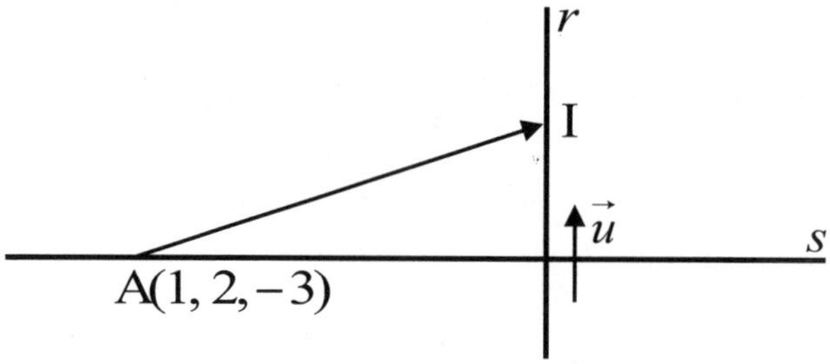

Figura R10.2

Consideramos o vetor $\overrightarrow{AI}$, isto é, $\overrightarrow{AI}=(\lambda,\ \lambda-1,\ 3-\lambda)$.

Se I for o ponto de interseção das retas r e s, então o vetor $\overrightarrow{AI}$ é ortogonal a $\vec{u}$. Assim,

$$\overrightarrow{AI}\cdot\vec{u}=\lambda+(\lambda-1)+\lambda-3=0 \text{ e, daí, } \lambda=4/3.$$

Substituindo $\lambda=4/3$ em I e $\overrightarrow{AI}$, temos $I=(7/3,\ 7/3,\ -4/3)\in s$ e $\overrightarrow{AI}=(4/3,\ 1/3,\ 5/3)$ tem a direção de s.

Portanto, s: $(x,y,z)=(7/3,7/3,-4/3)+\gamma\,(4/3,1/3,5/3),\ \gamma\in\mathbb{R}$.

Outra equação de s : $(x,y,z)=(7/3,7/3,-4/3)+\psi\,(4,1,5),\ \psi\in\mathbb{R}$.

CAPÍTULO 11

EXERCÍCIOS DE APLICAÇÃO 11.1

1. a) Plano ABC

O plano deve conter o ponto A(1,3,2) e a direção dos vetores $\overrightarrow{AB}=(1,-3,-1)$ e $\overrightarrow{AC}=(0,-4,1)$.

- Forma vetorial: $\beta: (x,y,z)=(1,3,2)+\alpha(1,-3,-1)+\delta(0,-4,1),\ \alpha,\delta\in\mathbb{R}$.
- Forma linear: $\beta: ax+by+cz+d=0$, sendo $\vec{\eta}=(a,b,c)=\overrightarrow{AB}\wedge\overrightarrow{AC}$.

Temos $\vec{\eta}=(a,b,c)=\overrightarrow{AB}\wedge\overrightarrow{AC}=\begin{vmatrix}\vec{i} & \vec{j} & \vec{k}\\ 1 & -3 & -1\\ 0 & -4 & 1\end{vmatrix}=(-7,-1,-4)$

Chamando o plano ABC de β, temos que: $\beta\colon -7x-1y-4z+d=0$.

Visto que $A(1,3,2)\in\beta$, então $\beta\colon -7(1)-1(3)-4(2)+d=0$ e, daí, $d=18$.

Portanto, $\beta\colon -7x-1y-4z+18=0$ ou $\beta\colon 7x+y+4z-18=0$.

b) Da reta normal a β por A.

A reta t normal ao plano β em A tem a direção do vetor $\vec{\eta}$.

Forma vetorial: $t\colon (x,y,z)=A+\lambda\,\vec{\eta},\ \lambda\in\mathbb{R}$.

$$t\colon (x,y,z)=(1,3,2)+\lambda(7,1,4),\ \lambda\in\mathbb{R}.$$

2. a) Do plano que contém A e tem orientação ortogonal a $\vec{\eta}$.

Temos (semelhante ao exercício 1(a) acima) que $\beta\colon 3x+y+2z+d=0$ e $A\in\beta$, daí, segue que $d=-8$. Assim, $\beta\colon 3x+y+2z-8=0$.

b) Da reta r normal a β por A(2,0,1).

Análogo ao exercício 1(b) acima. Tem-se que $r\colon (x,y,z)=(2,0,1)+\gamma(3,1,2),\gamma\in\mathbb{R}$.

3. a) $\vec{v}=2\vec{i}+3\vec{j}-5\vec{k}$ é vetor normal a β (observação: $\vec{\eta}=\vec{v}$).

Devemos ter $\beta\colon 2x+3y-5z+d=0$. Sendo $A(1,0,-2)\in\beta$, segue que $\beta\colon 2(1)+3(0)-5(-2)+d=0$ e, daí, $=-12$. Portanto, $\beta\colon 2x+3y-5z-12=0$.

b) B(−3, 4, −2) pertence ao plano que é perpendicular à reta

r: $\dfrac{x-2}{4}=\dfrac{y+3}{3}=\dfrac{z+2}{1}$

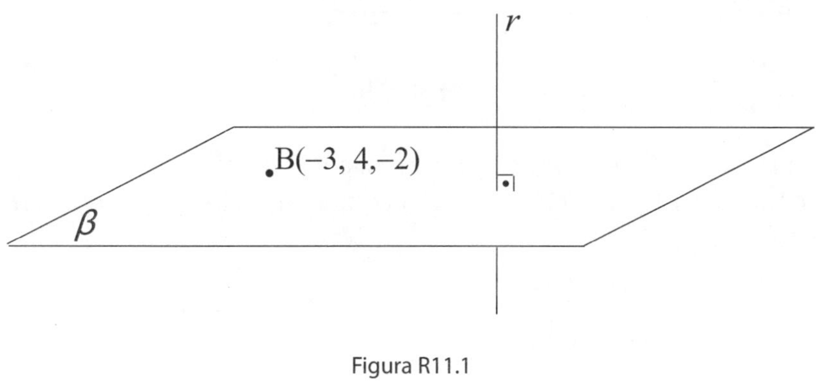

Figura R11.1

O vetor $\vec{v}=4\vec{i}+3\vec{j}+1\vec{k}$ de r é ortogonal a β e $B(-3,4,-2)\in\beta$. Logo, β: $4(-3)+3(4)+1(-2)+d=0$ e, daí, $d=2$. Portanto, β: $4x+3y+z+2=0$.

c) C(2,–1,3) pertence ao plano β que é paralelo ao plano $2x-3y+2z+7=0$.

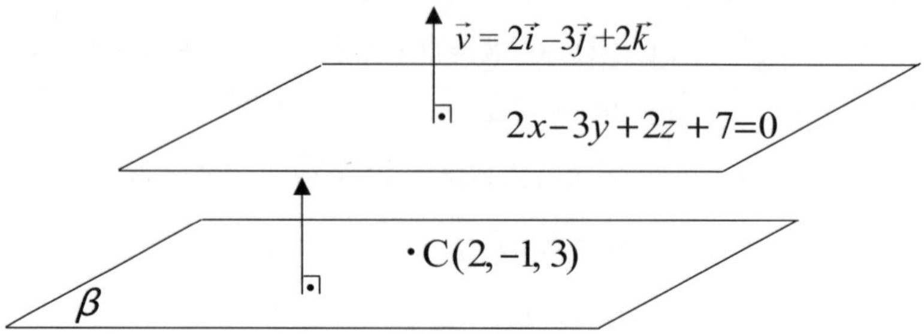

Figura R11.2

O plano β contém o ponto C e tem direção ortogonal ao vetor $\vec{v}=2\vec{i}-3\vec{j}+2\vec{k}$ do plano dado. Logo, β: $2(2)-3(-1)+2(3)+d=0$ e, daí, $d=-13$.

Portanto, β: $2x-3y+2z-13=0$.

d) Contém a reta $x=2$, $\dfrac{y-2}{-2}=\dfrac{z-3}{-1}$ e é paralelo ao plano $x+3y-6z+1=0$.

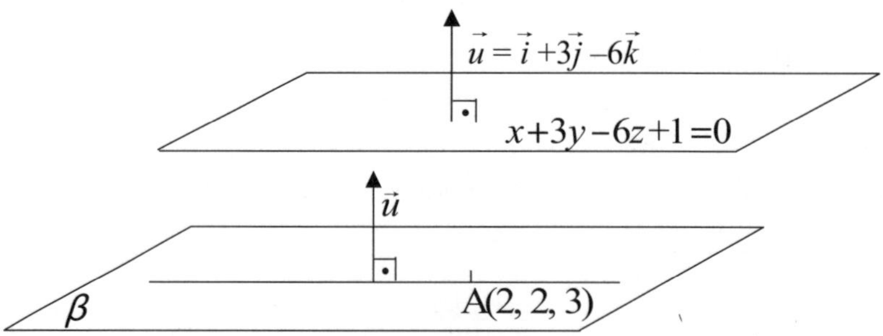

Figura R11.3

O ponto A(2,2,3) pertence à reta e ao plano β. O vetor $\vec{u}=\vec{i}+3\vec{j}-6\vec{k}$ do plano dado tem direção ortogonal a β. Segue que β: $1(2)+3(2)-6(3)+d=0$ e, daí, $d=10$.

Portanto, β: $x+3y-6z+10=0$.

e) Contém os pontos A(1,2,3), B(–2,4,–1) e C(0,1,3).

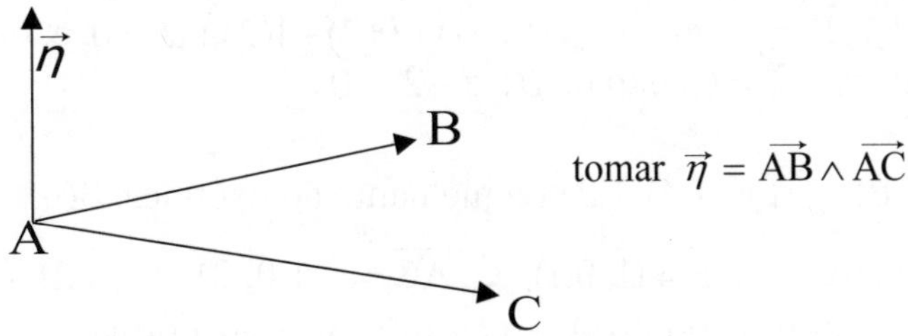

Figura R11.4

Temos que $\overrightarrow{AB} = (-3, 2, -4)$ e $\overrightarrow{AC} = (-1, -1, 0)$ e $\overrightarrow{AB} \wedge \overrightarrow{AC} = (-4, 4, 5)$. O ponto A(1,2,3) pertence ao plano β e o vetor $\vec{\eta} = (-4, 4, 5)$ é ortogonal a ele, logo, β: $-4(1)+4(2)+5(3)+d=0$ e, daí, $d=-19$. Portanto, β: $-4x+4y+5z-19=0$.

4.

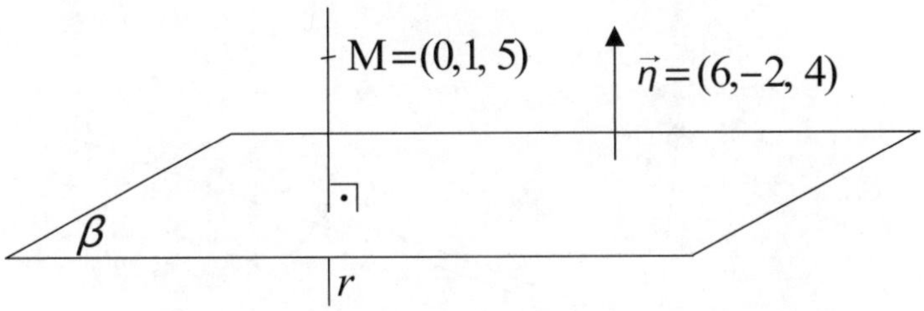

Figura R11.5

A reta r contém o ponto M e possui a direção do vetor $\vec{\eta}$.

- Forma vetorial r: $(x,y,z) = (0,1,5) + \lambda\,(6,-2,4)$, $\lambda \in \mathbb{R}$.
- Forma simétrica r: $\dfrac{x}{6} = \dfrac{y-1}{-2} = \dfrac{z-5}{4}$.
- Forma paramétrica r: $\begin{cases} x = 6\lambda \\ y = 1 - 2\lambda, \quad \lambda \in \mathbb{R}. \\ z = 5 + 4\lambda \end{cases}$

5. O ponto A(1,2,3) pertence ao plano α, que possui direção normal ao vetor $\vec{u} = 3\vec{i} + \vec{j} + 2\vec{k}$. Logo, α: $3(1)+1(2)+2(3)+d=0$ e, daí, $d=-11$. Portanto, α: $3x+y+2z-11=0$.

6. Os vetores da reta r são dados por $\vec{\eta} = (0,0,k)$, $k \in \mathbb{R}^*$. Os vetores $\vec{\eta}$ são normais ao plano β, pois o plano é normal à direção da reta. Consideremos, em particular, o vetor $\vec{\eta} = (0,0,1)$.

Sendo $A(-1,7,2) \in \beta$, então $\beta: 0(-1)+0(7)+1(2)+d=0$ e, daí, $d=-2$. Logo, $\beta: 0x+0y+z-2=0$, isto é, $\beta: z-2=0$.

7. a) A(2,1,0), B(3,1,1) e C(1,1,2) (semelhante ao exercício 3(e) acima).

Sejam os vetores $\overrightarrow{AB}=(1, 0,1)$ e $\overrightarrow{AC}=(-1,0, 2)$ e $\overrightarrow{AB} \wedge \overrightarrow{AC}=(0,-3, 0)$. O plano β contém o ponto A e possui a direção normal a $\overrightarrow{AB} \wedge \overrightarrow{AC}$. Logo, $\beta: 0(2)-3(1)+0(0)+d=0$ e, daí, $d=3$. Portanto, $\beta: -3y+3=0$ ou $: y-1=0$.

b) A(0,0,1), B(– 1,2,1) e C(1, – 1,0).

Sejam os vetores $\overrightarrow{AB}=(-1, 2,0)$ e $\overrightarrow{AC}=(1,-1,-1)$ e $\overrightarrow{AB} \wedge \overrightarrow{AC}=(-2,-1,-1)$. O plano β contém o ponto A e possui a direção normal a $\overrightarrow{AB} \wedge \overrightarrow{AC}$. Logo, $\beta: -2(0)-1(0)-1(1)+d=0$ e, daí, $d=1$. Portanto, $\beta: -2x-y-z+1=0$ ou $\beta: 2x+y+z-1=0$ (forma linear do plano).

Forma vetorial $\beta: (x,y,z)=(0,0,1)+t_1(-1,2,0)+t_2(1,-1,-1),\ t_1,t_2 \in \mathbb{R}$.

8.

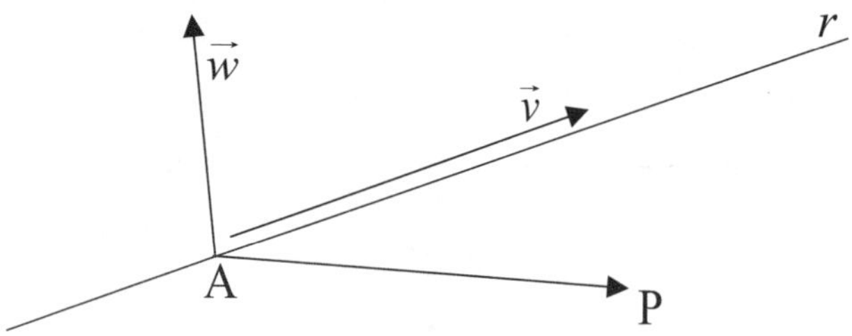

Figura R11.6

a) $r: \dfrac{x+1}{1}=\dfrac{y-2}{-1}=\dfrac{z-2}{3}$ e P(2,1,1).

O ponto P não pertence a r, pois $\dfrac{(2)+1}{1} \neq \dfrac{(1)-2}{-1} \neq \dfrac{(1)-2}{3}$.

O ponto A(–1, 2, 2) pertence a r, pois $\dfrac{(-1)+1}{1}=\dfrac{(2)-2}{-1}=\dfrac{(2)-2}{3}$.

Temos que $\vec{v}=(1,-1, 3)$ é vetor de r e também de β. Sendo A e P pontos de β, segue que $\overrightarrow{AP}=(2-(-1), 1-2,1-2)=(3,-1,-1)$ é, juntamente com $\vec{v}$, um vetor de β.

O vetor $\vec{w}=\overrightarrow{AP} \wedge \vec{v}=(-4,-10, -2)$ é ortogonal ao plano β procurado. Logo, $\beta: -4(-1)-10(2)-2(2)+d=0$ e, daí, $d=20$. Portanto, $\beta: -4x-10y-2z+20=0$ ou $\beta: 2x+5y+z-10=0$.

b) $r: x=1,\ z=-1$ e P(–3,2,2).

A reta r é paralela ao eixo y e o ponto P não pertence a ela, pois $-3 \neq 1,\ 2 \neq -1$. Os vetores $\vec{v} = (0, m, 0)$, $m \in \mathbb{R}$, têm a direção de r. Tomemos $\vec{v} = (0,1,0)$.

O ponto A(1,k,–1), $k \in \mathbb{R}^*$, é ponto de r, pois satisfaz sua equação para todo k. Assim, podemos escolher, de modo particular, A(1,2,–1) e, daí, $\overrightarrow{AP} = (-4, 0, 3)$.

O vetor $\vec{w} = \overrightarrow{AP} \wedge \vec{v} = (-3, 0, -4)$ é ortogonal ao plano β que contém r e P. Logo, $\beta\colon -3(1) + 0(2) - 4(-1) + d = 0$ e, daí, $d = -1$. Portanto, $\beta\colon -3x + 0y - 4z - 1 = 0$ ou $:\ 3x + 4z + 1 = 0$.

9.

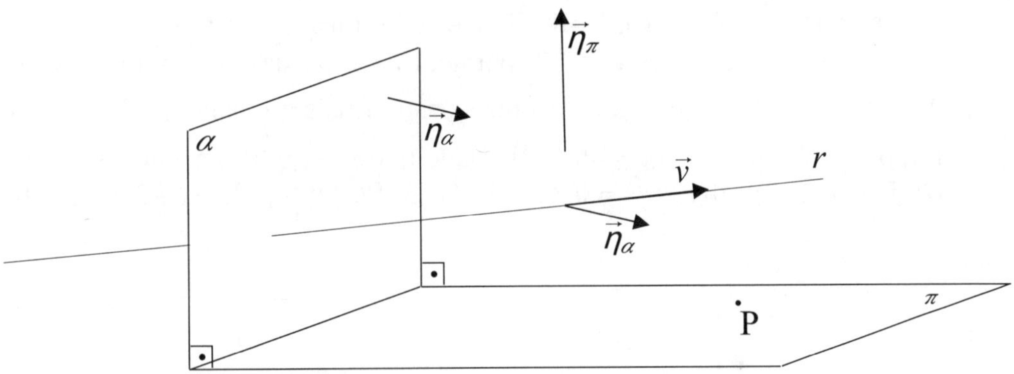

Figura R11.7

a) P(3, 2, –1), $\alpha\colon 3x - 2y = 3$ e $r\colon \dfrac{x-1}{3} = \dfrac{z+1}{-2},\ y = 5$.

O vetor $\overrightarrow{\eta_\alpha} = (3, -2, 0)$ é normal a α e o vetor $\vec{v} = (3, 0, -2)$ tem a direção de r, que é paralela ao plano π. Portanto, os vetores $\overrightarrow{\eta_\alpha}$ e $\vec{v}$ são paralelos a π que contém o ponto P(3,2,–1).

O vetor $\overrightarrow{\eta_\pi} = \overrightarrow{\eta_\alpha} \wedge \vec{v} = (4, 6, 6)$ é ortogonal ao plano π procurado. Logo, $\pi\colon 4(3) + 6(2) + 6(-1) + d = 0$ e, daí, $d = -18$. Portanto, $\pi\colon 4x + 6y + 6z - 18 = 0$ ou $\pi\colon 2x + 3y + 3z - 9 = 0$.

b) P(2,2,–1), $\alpha\colon x + y - z = 0$ e $r\colon \dfrac{x-1}{4} = \dfrac{z+1}{-1},\ y = 2$.

O vetor $\overrightarrow{\eta_\alpha} = (1, 1, -1)$ é normal a α e o vetor $\vec{v} = (4, 0, -1)$ tem a direção de r que é paralela ao plano π. Portanto, os vetores $\overrightarrow{\eta_\alpha}$ e $\vec{v}$ são paralelos a π que contém o ponto P(2,2,–1).

O vetor $\overrightarrow{\eta_\pi} = \overrightarrow{\eta_\alpha} \wedge \vec{v} = (-1, -3, -4)$ é ortogonal ao plano π procurado. Logo, $\pi\colon -1(2) - 3(2) - 4(-1) + d = 0$ e, daí, $d = 4$. Portanto, $\pi\colon -x - 3y - 4z + 4 = 0$ ou $\pi\colon x + 3y + 4z - 4 = 0$.

10. a) A(–6,0,1), r: $\frac{x}{-1}=\frac{y-1}{1}=\frac{z-1}{2}$ e s: $\frac{x-1}{1}=\frac{z-1}{1}$, $y=1$.

Temos que $\vec{u}=(-1,1,2)$ é vetor direção de r e $\vec{v}=(1,0,1)$ é vetor direção de s. Sendo β paralelo às retas r e s, então o vetor $\overrightarrow{\eta_\beta}=\vec{u}\wedge\vec{v}=(1,3,-1)$ tem direção normal ao plano β. Dado que A(–6,0,1) pertence a β, então β: $1(-6)+3(0)-1(1)+d=0$ e, daí, $d=7$. Portanto, β: $x+3y-z+7=0$.

b) A(–1,0,0), r: $x=1$, $y=2$ e s: $\frac{x-1}{2}=\frac{y+2}{-5}=\frac{z-3}{4}$.

Temos que $\vec{u}=(0,0,k)$, $k\in\mathbb{R}^*$ é vetor direção de r e $\vec{v}=(2,-5,4)$ é vetor direção de s. Sendo β paralelo às retas r e s, então os vetores $\overrightarrow{\eta_\beta}=\vec{u}\wedge\vec{v}=(5k,2k,0)$ têm suas direções normais ao plano β. Vamos assumir, particularmente, $\overrightarrow{\eta_\beta}=(5,2,0)$. Dado que A(–1,0,0) pertence a β, então β: $5(-1)+2(0)+0(0)+d=0$ e, daí, $d=5$. Portanto, β: $5x+2y+5=0$.

11.

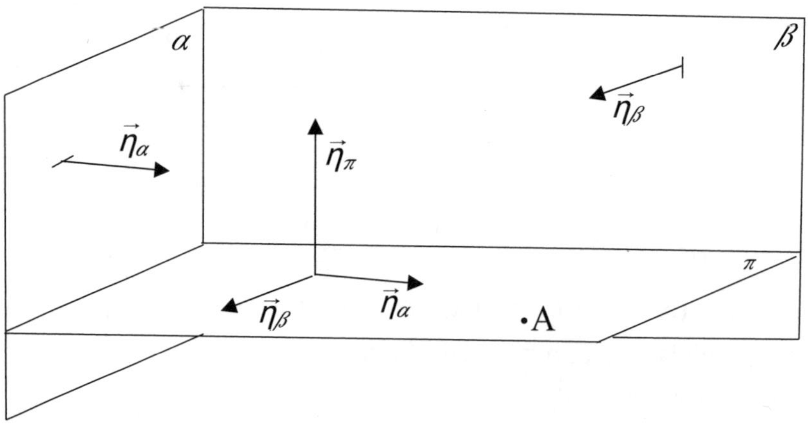

Figura R11.8

a) A(3,–1,4), $\alpha: x-y-z=0$ e $\beta: 2x-y=5$.

Temos que $\overrightarrow{\eta_\alpha}=(1,-1,-1)$ é vetor ortogonal a α e $\overrightarrow{\eta_\beta}=(2,-1,0)$ é ortogonal a β. O vetor ortogonal ao plano π é $\overrightarrow{\eta_\pi}=\overrightarrow{\eta_\alpha}\wedge\overrightarrow{\eta_\beta}=(-1,-2,1)$ e π contém A(3,–1,4). Logo, π: $-1(3)-2(-1)+1(4)+d=0$ e, daí, $d=-3$. Portanto, π: $-x-2y+z-3=0$ ou π: $x+2y-z+3=0$.

b) A(2,–1,–1), $\alpha: z=6$ e $\beta: x=4$.

Temos que $\overrightarrow{\eta_\alpha}=(0,0,1)$ é vetor ortogonal a α e $\overrightarrow{\eta_\beta}=(1,0,0)$ é ortogonal a β. O vetor ortogonal ao plano π é $\overrightarrow{\eta_\pi}=\overrightarrow{\eta_\alpha}\wedge\overrightarrow{\eta_\beta}=(0,1,0)$ e π contém A(2,–1,–1). Logo, π: $0(2)+1(-1)+0(-1)+d=0$ e, daí, $d=1$. Portanto, π: $0x+y+0z+1=0$ ou π: $y+1=0$.

12.

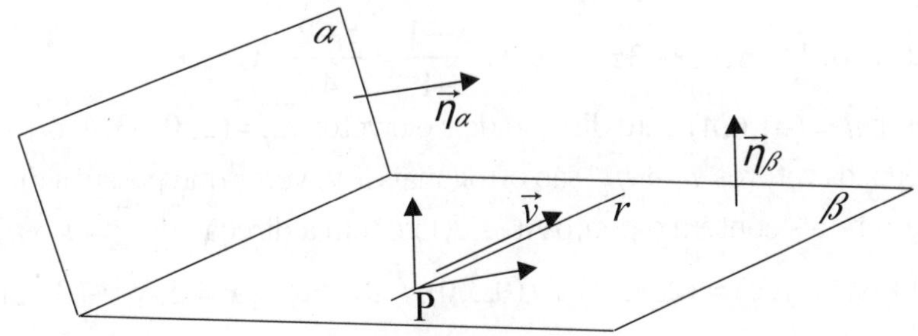

Figura R11.9

O ponto P(1,2,10) pertence ao plano β, visto que 3(1) + 0(2) – 1(10) + 7 = 0.

Temos $\overrightarrow{\eta_\alpha} = (2, 0, -6)$ e $\overrightarrow{\eta_\beta} = (3, 0, -1)$. A reta r contém P(1,2,10) e possui a direção de $\vec{v} = \overrightarrow{\eta_\alpha} \wedge \overrightarrow{\eta_\beta} = (0, -16, 0)$. Logo, r : (x, y, z) = (1,2,10) + λ (0,–16, 0), $\lambda \in \mathbb{R}$, ou r: x=1, y =2 – 16λ e z=10.

13. A reta r tem a direção de $\vec{v} = (1, -1, 1)$. Os pontos A e B não pertencem à reta r, pois não satisfazem à sua equação e o vetor $\overrightarrow{AB} = (-2, 2, -1)$ não é paralelo a $\vec{v}$, já que suas componentes não são, respectivamente, proporcionais, mas ambos nos dão a direção do plano α procurado.

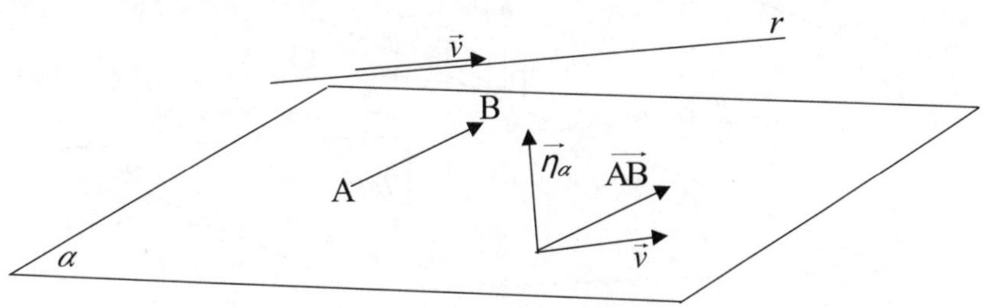

Figura R11.10

Assim, $\overrightarrow{\eta_\alpha} = \overrightarrow{AB} \wedge \vec{v} = (1,1,0)$ e o plano α: $(1)x+(1)y+(0)z+d=0$. Temos que A(2,1,–1) pertence ao plano, logo, α: $(1)(2)+(1)(1)+(0)(-1)+d=0$ e, daí, $d = -3$. Portanto, α: $x+y-3=0$.

14.

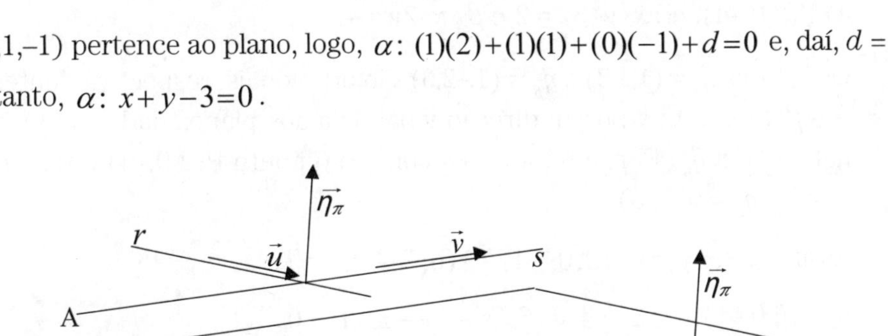

Figura R11.11

a) A(2, –3, 1), π: $2x-3z=1$ e r: $\dfrac{x-1}{-1}=\dfrac{z-2}{4}$, $y=2$.

O vetor $\vec{u}=(-1,0,4)$ tem direção de r e o vetor $\overrightarrow{\eta_\pi}=(2,0,-3)$ é ortogonal ao plano π, logo, os vetores $\vec{u}$ e $\overrightarrow{\eta_\pi}$ são ortogonais a $\vec{v}$, vetor que possui a direção de s. Portanto, a reta s contém o ponto A(2,–3,1) e tem a direção de $\vec{v}=\vec{u}\wedge\overrightarrow{\eta_\pi}=(0,5,0)$.

Assim, s: $(x,y,z)=(2,-3,1)+t(0,5,0)$, $t\in\mathbb{R}$, ou s : $x=2$, $y=-3+5t$ e $z=1$.

b) A(2,–1,1), π: $2x-y+3z=-3$ e r: $\dfrac{y+2}{3}=\dfrac{z+1}{4}$, $x=2$.

O vetor $\vec{u}=(0,3,4)$ tem direção de r e o vetor $\overrightarrow{\eta_\pi}=(2,-1,3)$ é ortogonal ao plano π, logo, os vetores $\vec{u}$ e $\overrightarrow{\eta_\pi}$ são ortogonais e, também, são ortogonais a $\vec{v}$, vetor que possui a direção de s. Portanto, a reta s contém o ponto A(2,–1,1) e tem a direção de $\vec{v}=\vec{u}\wedge\overrightarrow{\eta_\pi}=(13,8,-6)$.

Assim, s: $(x,y,z)=(2,-1,1)+t(13,8,-6)$, $t\in\mathbb{R}$.

15.

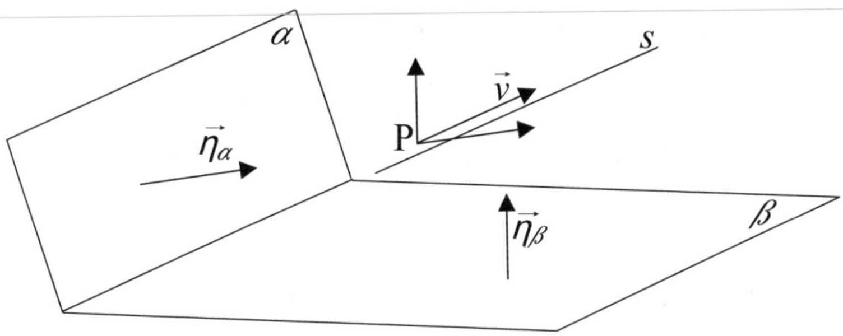

Figura R11.12

a) P(2,0,–4), α : $x+y+3z=2$ e β : $x-2y=4$.

Os vetores $\vec{\eta}_\alpha=(1,1,3)$ e $\vec{\eta}_\beta=(1,-2,0)$ são ortogonais, respectivamente, aos planos α e β. Se a reta s possui direção $\vec{v}$ paralela aos planos dados, então $\vec{v}$ é ortogonal a $\vec{\eta}_\alpha$ e a $\vec{\eta}_\beta$. Portanto, a reta s contém o ponto P(2,0,–4) e tem a direção de $\vec{v}=\vec{\eta}_\alpha\wedge\vec{\eta}_\beta=(6,3,-3)$.

Assim, s: $(x,y,z)=(2,0,-4)+t(6,3,-3)$, $t\in\mathbb{R}$.

b) P(6,0,–1), α: $z=4$ e β: $x+2y-z-1=0$.

Os vetores $\vec{\eta}_\alpha=(0,0,1)$ e $\vec{\eta}_\beta=(1,2,-1)$ são ortogonais, respectivamente, ao plano α e ao β. Se a reta s possui direção $\vec{v}$ paralela aos planos dados, então $\vec{v}$

é ortogonal a $\overrightarrow{\eta_\alpha}$ e a $\overrightarrow{\eta_\beta}$. Portanto, a reta s contém o ponto P(6,0,–1) e tem a direção de $\vec{v} = \overrightarrow{\eta_\alpha} \wedge \overrightarrow{\eta_\beta} = (-2,1,0)$.

Assim, $s: (x, y, z) = (6,0,-1) + t(-2,1,0), t \in \mathbb{R}$.

16.

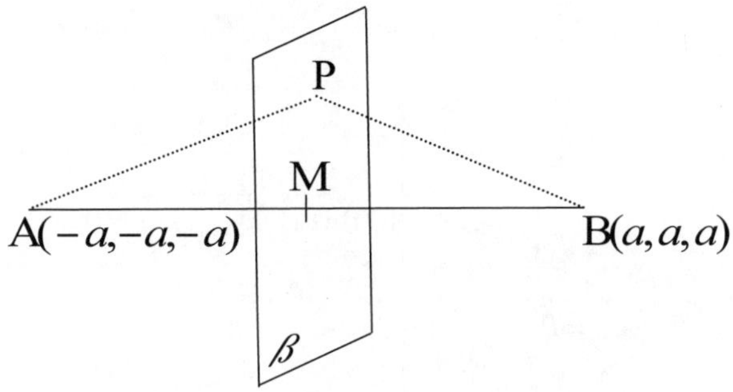

Figura R11.13

O ponto médio entre A e B é M(0,0,0). O conjunto dos pontos que distam igualmente de A e B constituem um plano, que chamaremos de . O vetor $\overrightarrow{AB} = (2a, 2a, 2a)$ (ou, simplesmente, $\overrightarrow{AB} = (1,1,1)$) tem direção ortogonal a β. Logo,

$$\beta\colon\ x + y + z + d = 0.$$

Se M(0,0,0) pertence a β, então $(0)+(0)+(0)+d = 0$ e, daí, $d=0$. Portanto, $\beta\colon\ x + y + z = 0$.

17.

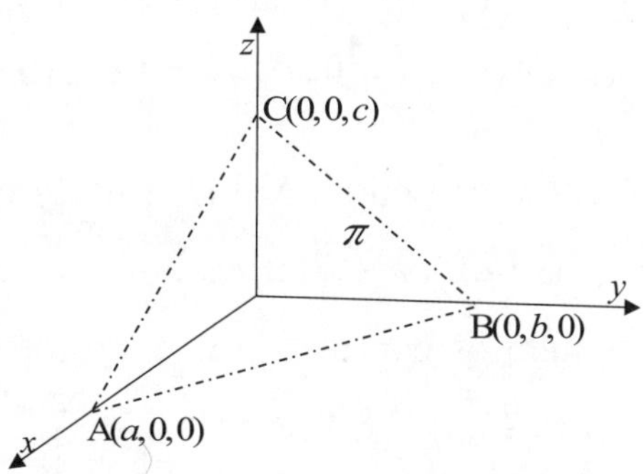

Figura R11.14

Temos os vetores $\overrightarrow{AB}=(-a,b,0)$ e $\overrightarrow{AC}=(-a,0,c)$. O produto vetorial desses vetores, $\overrightarrow{AB} \wedge \overrightarrow{AC} = (bc,ac,ab)$, tem direção ortogonal ao plano π.

Logo, π: $bcx + acy + abz + d = 0$. Visto que A$(a,0,0)$ pertence a π, segue que $bc(a) + ac(0) + ab(0) + d = 0$ e, daí, $d = -abc$.

Assim, π: $bcx + acy + abz - abc = 0$.

18.

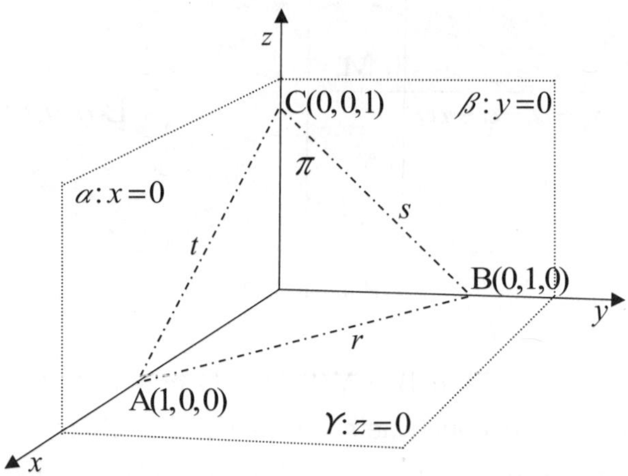

Figura R11.15

Os pontos $A(a,0,0)$, $B(0,b,0)$ e $C(0,0,c)$ devem ser as intersecções do plano π com os eixos cartesianos. Substituindo estes pontos na equação de π, teremos para:

a) $A(a,0,0)$ que $(a) + (0) + (0) - 1 = 0$, daí, $a = 1$ e $A(1,0,0)$

b) $B(0,b,0)$ que $(0) + (b) + (0) - 1 = 0$, daí, $b = 1$ e $B(0,1,0)$

c) $C(0,0,c)$ que $(0) + (0) + (c) - 1 = 0$, daí, $c = 1$ e $C(0,0,1)$

A reta $r = \gamma \cap \pi$ contém os pontos A e B e, neste caso, $\overrightarrow{AB}=(-1,1,0)$, logo, $r: (x,y,z) = (1,0,0) + \lambda(-1,1,0),\ \lambda \in \mathbb{R}$ ou $r: \dfrac{x-1}{-1} = \dfrac{y}{1},\ z = 0$.

A reta $s = \beta \cap \pi$ contém os pontos B e C e, neste caso, $\overrightarrow{BC}=(0,-1,1)$, logo, $s: (x,y,z) = (0,1,0) + \lambda(0,-1,1),\ \lambda \in \mathbb{R}$ ou $s: \dfrac{y-1}{-1} = \dfrac{z}{1},\ x = 0$.

A reta $t = \alpha \cap \pi$ contém os pontos A e C e, neste caso, $\overrightarrow{AC}=(-1,0,1)$, logo, $t: (x,y,z) = (1,0,0) + \lambda(-1,0,1),\ \lambda \in \mathbb{R}$ ou $t: \dfrac{x-1}{-1} = \dfrac{z}{1},\ y = 0$.

A partir das equações simétricas das retas, temos que: r: $x+y-1=0,\ z=0$, s: $y+z-1=0,\ x=0$ e t: $x+z-1=0,\ y=0$.

EXERCÍCIOS DE APLICAÇÃO 11.2

1. O vetor $\vec{u}=(1,-2,0)$ tem direção de r e $\vec{\eta}=(2,-4,0)$ é normal ao plano β.

   Temos que $\vec{\eta}.\vec{u}=(2,-4,0).(1,-2,0)=10\neq 0$, logo, a reta intercepta o plano.

   A equação paramétrica da reta é dada por: $x=1+\lambda$, $y=3-2\lambda$ e $z=2$. Substituindo x, y e z na equação do plano: $2(1+\lambda)-4(3-2\lambda)-2=0$, obtém-se $\lambda=6/5$.

   Substituindo esse valor na equação paramétrica de r : $x=11/5$, $y=3/5$ e $z=2$.

   Portanto, o ponto de interseção da reta com o plano é $I(11/5,\ 3/5,\ 2)$.

2. a) A posição relativa entre r e β.

   O vetor $\vec{u}=(1,-2,0)$ tem direção de r e $\vec{\eta}=(2,-4,0)$ é normal ao plano β.

   Temos que $\vec{\eta}.\vec{u}=(2,-4,0).(1,-2,0)=10\neq 0$, logo, a reta intercepta o plano. Visto que as coordenadas de $\vec{u}$ são, respectivamente, proporcionais às de $\vec{\eta}$, segue $\vec{u}//\vec{\eta}$ e, daí, a reta é ortogonal ao plano.

   b) A interseção de r e β.

   A equação de r na forma paramétrica é: $x=1+\lambda$, $y=3-2\lambda$ e = 2. Substituindo x, y e z na equação do plano: $2(1+\lambda)-4(3-2\lambda)=0$, tem-se $\lambda=1$. Substituindo esse valor na equação paramétrica de r, segue que: $x=2$, $y=1$ e $z=2$.

   Portanto, o ponto de interseção da reta com o plano é $I(2,\ 1,\ 2)$.

3. a) $r:(x,y,z)=(1,3,0)+\lambda(0,2,2), \lambda\in\mathbb{R}$ e o plano $\beta: z-3=0$.

   O vetor $\vec{u}=(0,2,2)$ tem direção de r, $\vec{\eta}=(0,0,1)$ é normal ao plano β e θ é o ângulo entre r e o plano β.

   Temos que $\text{sen}(\theta)=\dfrac{|\vec{\eta}.\vec{u}|}{|\vec{n}|.|\vec{u}|}=\dfrac{|0.0+0.2+1.2|}{\sqrt{1^2}\sqrt{0+2^2+2^2}}=\dfrac{2}{2\sqrt{2}}=\dfrac{\sqrt{2}}{2}$, daí, $\theta=45^0$.

   b) $r:(x,y,z)=(1,3,0)+\lambda(3,0,\sqrt{3}), \lambda\in\mathbb{R}$ e o plano $\beta: z=2$.

O vetor $\vec{u}=(3,0,\sqrt{3})$ tem direção de r, $\vec{\eta}=(0,0,1)$ é normal ao plano β e θ é o ângulo entre r e o plano β.

Temos que $\text{sen}(\theta) = \dfrac{|\vec{\eta}.\vec{u}|}{|\vec{n}|.|\vec{u}|} = \dfrac{|0.3+0.0+1.\sqrt{3}|}{\sqrt{1^2}\sqrt{3^2+0^2+\sqrt{3}^2}} = \dfrac{\sqrt{3}}{2\sqrt{3}} = \dfrac{1}{2}$, daí, $\theta = 30^0$.

c) $r:(x,y,z)=(2,1,3)+\lambda(2,1,2), \lambda \in \mathbb{R}$ e o plano $\beta: x-y+z+3=0$.

O vetor $\vec{u}=(2,1,2)$ tem direção de r, $\vec{\eta}=(1,-1,1)$ é normal ao plano β e θ o ângulo entre r e o plano β.

Temos que $\text{sen}(\theta) = \dfrac{|\vec{\eta}.\vec{u}|}{|\vec{n}|.|\vec{u}|} = \dfrac{|1.2-1.1+1.2|}{\sqrt{1^2+(-1)^2+1^2}\sqrt{2^2+1^2+2^2}} = \dfrac{3}{3\sqrt{3}} = \dfrac{\sqrt{3}}{3}$ e, daí, $\theta = \text{arcsen}(\sqrt{3}/3)$.

4. a) $\alpha: 2x+6y-4z+4=0$ e $\beta: -4x-12y+8z+3=0$.

O vetor $\overrightarrow{\eta_\alpha}=(2,6,-4)$ é vetor normal a α, $\overrightarrow{\eta_\beta}=(-4,-12,8)$ normal a β e θ o ângulo entre α e β. Temos que

$\cos(\theta) = \dfrac{\overrightarrow{\eta_\alpha}.\overrightarrow{\eta_\beta}}{|\overrightarrow{n_\alpha}|.|\overrightarrow{\eta_\beta}|} = \dfrac{2(-4)+6(-12)-4(8)}{\sqrt{2^2+6^2+(-4)^2}\sqrt{(-4)^2+(-12)^2+8^2}} = \dfrac{-112}{112} = -1$, daí, $\theta = 180^0$.

Porém, devemos considerar $\theta = 0^0$ que é o menor ângulo formado pelas direções dos vetores $\overrightarrow{\eta_\alpha}$ e $\overrightarrow{\eta_\beta}$.

Observação: Vemos que $\overrightarrow{\eta_\alpha}$ e $\overrightarrow{\eta_\beta}$ são paralelos e de sentidos opostos. Logo, $\alpha \,//\, \beta$.

b) $\alpha: 2\sqrt{3}x+6y-4z+4=0$ e $\beta: (12/5)y+1z+3=0$.

O vetor $\overrightarrow{\eta_\alpha}=(2\sqrt{3},6,-4)$ é vetor normal a α, $\overrightarrow{\eta_\beta}=(0,12/5,1)$ normal a β e θ o ângulo entre α e β. Temos que

$$\cos(\theta) = \frac{\left|\overrightarrow{\eta_\alpha}.\overrightarrow{\eta_\beta}\right|}{\left|\overrightarrow{n_\alpha}\right|\cdot\left|\overrightarrow{\eta_\beta}\right|} = \frac{\left|2\sqrt{3}(0)+6(12/5)-4(1)\right|}{\sqrt{(2\sqrt{3})^2+6^2+(-4)^2}\,\sqrt{0^2+(12/5)^2+1^2}} = \frac{52}{104} = \frac{1}{2}, \quad \text{daí,}$$

$\theta = 60^0$.

5. O vetor $\overrightarrow{\eta_\alpha} = (1, 1, 1)$ é vetor normal a α e $\overrightarrow{\eta_\beta} = (1,1,1)$ é normal a β. Do fato de os vetores possuírem as mesmas coordenadas segue que os planos são paralelos ou coincidentes.

   Vemos que as equações diferem apenas quanto aos termos independentes de variável, logo, os planos são paralelos (distintos).

6.

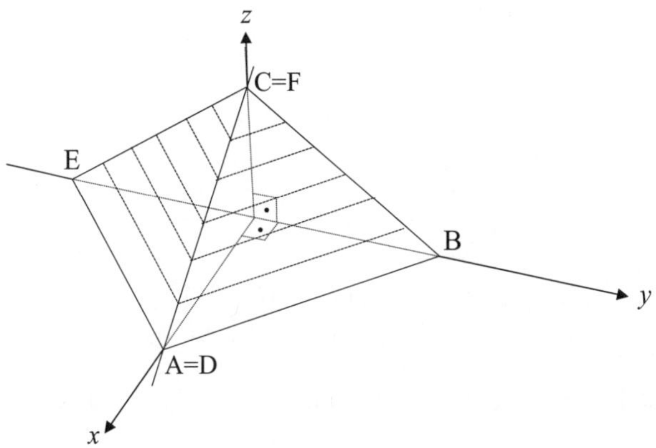

Figura R11.16

O plano que contém os pontos ABC tem a direção dos vetores $\overrightarrow{AB} = (-1,1,0)$ e $\overrightarrow{AC} = (-1,0,1)$ e origem em A(1,0,0).

Portanto, $\alpha: \begin{vmatrix} x-1 & y & z \\ -1 & 1 & 0 \\ -1 & 0 & 1 \end{vmatrix} = x+y+z-1=0$, em que $\overrightarrow{\eta_\alpha} = (1, 1, 1)$.

O plano que contém os pontos DEF tem a direção dos vetores $\overrightarrow{DE} = (-1,-1,0)$ e $\overrightarrow{DF} = (-1,0,1)$ e origem em D(1,0,0).

Portanto, $\beta: \begin{vmatrix} x-1 & y & z \\ -1 & 0 & 1 \\ -1 & -1 & 0 \end{vmatrix} = x-y+z-1=0$, em que $\overrightarrow{\quad} = (1,-1, 1)$.

Vemos que os vetores $\overrightarrow{\eta_\alpha}$ e $\overrightarrow{\eta_\beta}$ não são paralelos (suas coordenadas não são proporcionais), logo, os planos se interceptam.

A reta i de interseção possui direção ortogonal aos vetores $\overrightarrow{\eta_\alpha}$ e $\overrightarrow{\eta_\beta}$, isto é: $\overrightarrow{\eta_\alpha} \wedge \overrightarrow{\eta_\beta} = \begin{vmatrix} \vec{i} & \vec{j} & \vec{k} \\ 1 & 1 & 1 \\ 1 & -1 & 1 \end{vmatrix} = (2,0,-2)$ e contém o ponto A(1,0,0). Portanto, uma equação da reta procurada é i: $(x,y,z) = (1,0,0) + \lambda\,(2,0,-2)$, $\lambda \in \mathbb{R}$.

7.

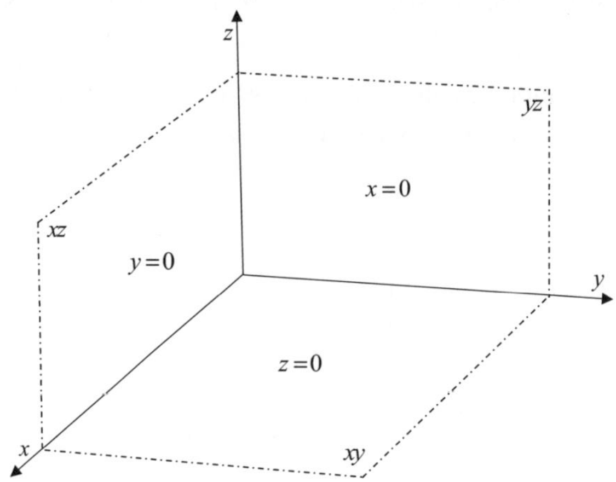

Figura R11.17

8. Temos que $\alpha: x + y + 0z = 0$ e $\beta: x - y + 0z = 0$.

O vetor $\overrightarrow{\eta_\alpha} = (1, 1, 0)$ é vetor normal a α e $\overrightarrow{\eta_\beta} = (1, -1, 0)$ é normal a β. Comparando as coordenadas, vemos que $\frac{1}{1} \neq \frac{1}{-1}$, logo, os vetores não são paralelos e, daí, os planos α e β se interceptam, sendo i a reta de interseção.

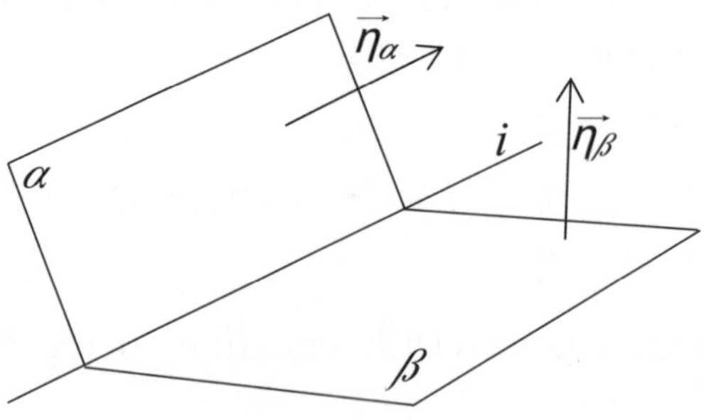

Figura R11.18

Vamos obter uma equação de i:

1º) A reta i tem a direção $\overrightarrow{\eta_\alpha} \wedge \overrightarrow{\eta_\beta}$

$$\overrightarrow{\eta_\alpha} \wedge \overrightarrow{\eta_\beta} = \begin{vmatrix} \vec{i} & \vec{j} & \vec{k} \\ 1 & 1 & 0 \\ 1 & -1 & 0 \end{vmatrix} = (0,0,-2)$$

2º) Obtenção de um ponto A da reta *i*:

Fazendo $y = 0$ nas equações dos planos: $\begin{cases} x = 0 \\ x = 0 \end{cases} \Rightarrow x = 0$, $y = 0$ e $z = k$, $k \in \mathbb{R}$.

Portanto, A(0,0,k), $k \in \mathbb{R}$. Logo, tomemos A(0,0,0).

3º) Equação vetorial da reta *i*: $(x, y, z) = (0,0,0) + \lambda(0,0,-2)$, $\lambda \in \mathbb{R}$.

Vemos, pela equação, que a reta *i* coincide com o eixo *z* do sistema cartesiano.

9. a) $\alpha: 2x + 3y - 2z + 1 = 0$ e $\beta: x - y + 2z - 4 = 0$

O vetor $\overrightarrow{\eta_\alpha} = (2, 3, -2)$ é vetor normal a α e $\overrightarrow{\eta_\beta} = (1, -1, 2)$ é normal a β. Vemos que $\frac{2}{1} \neq \frac{3}{-1} \neq \frac{-2}{2}$, logo, os vetores não são paralelos e, daí, os planos α e β se interceptam, sendo *i* a reta de interseção. Vamos obter uma equação de *i*:

A reta *i* tem a direção $\overrightarrow{\eta_\alpha} \wedge \overrightarrow{\eta_\beta}$.

$$\overrightarrow{\eta_\alpha} \wedge \overrightarrow{\eta_\beta} = \begin{vmatrix} \vec{i} & \vec{j} & \vec{k} \\ 2 & 3 & -2 \\ 1 & -1 & 2 \end{vmatrix} = (4,-6,-5)$$

Obtenção de um ponto A da reta *i*:

Fazendo $y = 0$, teremos o sistema linear: $\begin{cases} 2x - 2z + 1 = 0 \\ x + 2z - 4 = 0 \end{cases} \Rightarrow x = 1$ e $z = 3/2$.

Logo, A(1,0,3/2).

Equação vetorial da reta *i*: $(x, y, z) = (1, 0, 3/2) + \lambda(4, -6, -5)$, $\lambda \in \mathbb{R}$.

b) $\alpha: x - y + z = 3$ e $: x + y + 2z - 1 = 0$.

O vetor $\overrightarrow{\eta_\alpha} = (1, -1, 1)$ é vetor normal a α e $\overrightarrow{\eta_\beta} = (1, 1, 2)$ é normal a β. Vemos que $\frac{1}{1} \neq \frac{-1}{1} \neq \frac{1}{2}$, logo, os vetores não são paralelos e, daí, os planos α e β se interceptam, sendo *i* a reta de interseção. Vamos obter uma equação de *i*:

A reta *i* tem a direção $\overrightarrow{\eta_\alpha} \wedge \overrightarrow{\eta_\beta}$.

$$\overrightarrow{\eta_\alpha} \wedge \overrightarrow{\eta_\beta} = \begin{vmatrix} \vec{i} & \vec{j} & \vec{k} \\ 1 & -1 & 1 \\ 1 & 1 & 2 \end{vmatrix} = (-3, -1, 2)$$

Obtenção de um ponto A da reta i:

Fazendo $z = 0$, teremos o sistema linear: $\begin{cases} x - y = 3 \\ x + y - 1 = 0 \end{cases} \Rightarrow x = 2 \text{ e } y = -1$.

Logo, A(2, – 1, 0).

Equação vetorial da reta i: $(x, y, z) = (2, -1, 0) + \lambda(-3, -1, 2),\ \lambda \in \mathbb{R}$.

c) $\alpha: 2x - y + z - 5 = 0$ e $\beta: 6x - 3y + 3z - 1 = 0$.

O vetor $\overrightarrow{\eta_\alpha} = (2, -1, 1)$ é vetor normal a α e $\overrightarrow{\eta_\beta} = (6, -3, 3)$ é normal a β. Vemos que $\frac{2}{6} = \frac{-1}{-3} = \frac{1}{3}$, logo, os vetores são paralelos e, daí, os planos α e β são paralelos.

Ver a seguir se os planos coincidem:

Tomemos um ponto A de α; queremos saber se pertencerá também a β.

Atribuindo $x = 0$ e $y = 0$ na equação de α, teremos $z = 5$. Então, A(0,0,5).

Substituindo A em β, vemos que a igualdade 6(0) – 3(0)+3(5) – 1 = 0 é falsa. Portanto, os planos α e β são paralelos distintos.

10. Sejam A(1,2,–3) um ponto de s e $\vec{u} = (1, 1, -1)$ o vetor direção da reta r.

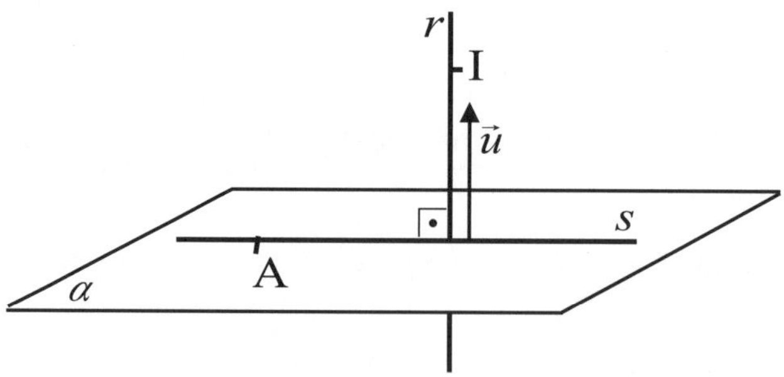

Figura R11.19

Consideremos o plano α perpendicular a r e contendo s. Assim, $\vec{u} = (1, 1, -1)$ é ortogonal a α e $A(1,2,-3) \in s$ é ponto de α.

Temos que α: $1x + 1y - 1z + d = 0$ e, do fato de A(1,2,–3) ser ponto de α, segue que: 1 (1) + 1 (2) – 1 (–3) + d = 0 e, daí, d = – 6.

Portanto, α: $1\,x + 1\,y - 1\,z - 6 = 0$.

Queremos, agora, o ponto de interseção de α com **r**.

Substituindo a equação paramétrica de r na equação linear de α, temos:

$$r : x = 1 + \lambda, y = 1 + \lambda, z = -\lambda$$

$$\alpha\text{: } 1.(1+\lambda)+1.(1+\lambda)-1.(-\lambda)-6 = 0\text{, daí, } \lambda=4/3.$$

Substituindo $\lambda=4/3$ em r, temos I (7/3, 7/3,–4/3).

Finalmente, a reta s, contendo A(1,2,–3) e com direção $\overrightarrow{AI}=(4/3,1/3,5/3)$ tem equação:

$$s : (x,y,z) = (1,2,-3) + \psi\ (4/3,1/3,5/3),\ \psi \in \mathbb{R}.$$

11. Temos que $A(-1,0,1) \in r$ e $\vec{u} = (2, 1, 0)$ é o vetor direção de r e $B(1,2,2) \in s$ e $\vec{v} = (1, 0, 2)$ é o vetor direção de s.

As retas r e s são reversas, pois o $\det(\vec{u}, \vec{v}, \overrightarrow{AB}) = -5\ (\neq 0)$.

Nota: A estratégia para obter a reta **t** é a de construir os planos α, contendo **r** e o ponto P, e o plano β, contendo **s** e o ponto P, e, depois, determinar **t** interseção de α e β.

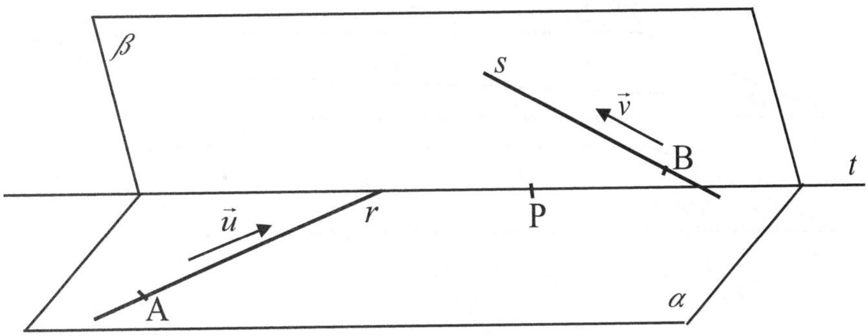

Figura R11.20

1º) Obter α contendo **r** e P (1,1,2):

Temos que $A(-1,0,1) \in \alpha$ e, também, os vetores $\vec{u} = (2,1,0)$ e $\overrightarrow{AP} = (2,1,1)$ e que dão a direção de α.

$$\alpha\text{: } \begin{vmatrix} x+1 & y & z-1 \\ 2 & 1 & 0 \\ 2 & 1 & 1 \end{vmatrix} = 0\text{, isto é, } \alpha\text{: } x - 2y + 0z + 1 = 0.$$

2º) Obter β contendo **s** e P (1,1,2):

Temos que $B(1,2,2) \in \beta$ e, também, os vetores $\vec{v} = (1,0,2)$ e $\overrightarrow{BP} = (0,-1,0)$ que dão a direção de β.

$$\alpha : \begin{vmatrix} x-1 & y-2 & z-2 \\ 1 & 0 & 2 \\ 0 & -1 & 0 \end{vmatrix} = 0 \text{ , isto é, } \beta : 2x + 0y - z = 0.$$

3º) A reta **t** procurada é a interseção de α e β.

Logo, P (1,1,2) $\in$ **t** e **t** possui a direção de $\overrightarrow{n_\alpha} \wedge \overrightarrow{n_\beta}$, sendo $\overrightarrow{n_\alpha} = (1, -2, 0)$ e $\overrightarrow{n_\beta} = (2, 0, -1)$.

$$\overrightarrow{n_\alpha} \wedge \overrightarrow{n_\beta} = \begin{vmatrix} \vec{i} & \vec{j} & \vec{k} \\ 1 & -2 & 0 \\ 2 & 0 & -1 \end{vmatrix} = (2,1,4)$$

Portanto, **t** : $(x,y,z) = (1,1,2) + \psi\,(2,1,4),\ \psi \in \mathbb{R}$.

12. Foi dado que A(5,–2,5) é ponto da reta r. Precisamos, agora, obter o seu vetor direção.

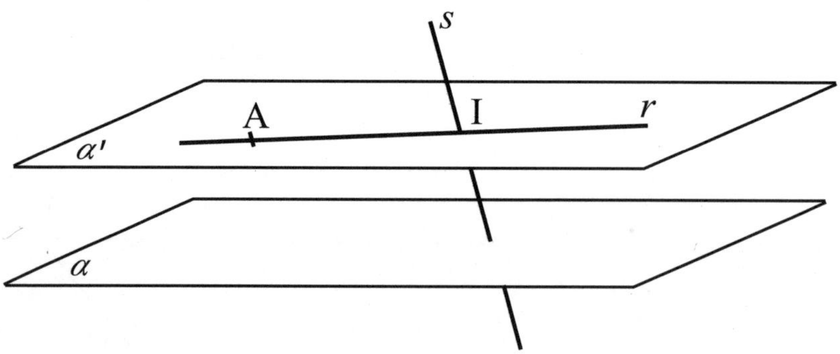

Figura R11.21

A estratégia para conseguir uma equação da reta **r** é:

1º) Construir o plano α', paralelo a α, que contém a reta **r**.

O vetor direção de α' é o mesmo de α, visto serem paralelos: $\vec{\eta}_\alpha(1,1,2)$. Assim, $\alpha' : x + y + 2z + d = 0$. Se $A(5,-2,5) \in \alpha'$, então (5) + (–2) + 2(5) + d = 0. Logo, $d = -13$. Substituindo este valor na equação de α', segue que

$$\alpha' : x + y + 2z - 13 = 0. \qquad \text{(I)}$$

2º) Escrever a equação da reta **s** na forma paramétrica.

Temos s: $x = 2y = 3z$. Dividindo as igualdades por 6 e supondo iguais a λ, temos

$$s: \frac{x}{6} = \frac{y}{3} = \frac{z}{2} = \lambda \text{ e, daí, } s: x = 6\lambda,\ y = 3\lambda,\ z = 2\lambda. \qquad \text{(II)}$$

Substituindo (II) em (I), segue que $\lambda = 1$. Substituindo este valor λ em (II), teremos o ponto I (6,3,2) interseção de **s** e α'.

Logo, r: $(x,y,z) = (5, -2,5) + \delta.\overrightarrow{AI}$, isto é, r: $(x,y,z) = (5, -2,5) + \delta.(1,5,-3)$, $\delta \in \mathbb{R}$.

CAPÍTULO 12

EXERCÍCIOS DE APLICAÇÃO 12.1

1. a) A(2,1,3) e B(5,1,4) $\Rightarrow$ $d(A,B) = \sqrt{(5-2)^2 + (1-1)^2 + (4-3)^2} = \sqrt{10}$ uc.

   b) A(–2,1,0) e B(2,–3,1) $\Rightarrow$ $d(A,B) = \sqrt{(2+2)^2 + (-3-1)^2 + (1-0)^2} = \sqrt{33}$ uc.

2. a) P(2,1,–3) e $r: (x,y,z) = (1,0,1) + \lambda(2,1,3), \lambda \in \mathbb{R}$.

$$d(P,r) = \frac{|\overrightarrow{AP} \wedge \vec{u}|}{|\vec{u}|} = \frac{|(2-1, 1-0, -3-1) \wedge (2,1,3)|}{\sqrt{2^2+1^2+3^2}} = \frac{|(7,-11,-1)|}{\sqrt{14}} = \sqrt{\frac{171}{14}} \text{ uc.}$$

   b) P(1,2,0) e $r: (x,y,z) = (2,3,1) + \lambda(5,0,-1), \lambda \in \mathbb{R}$.

$$d(P,r) = \frac{|\overrightarrow{AP} \wedge \vec{u}|}{|\vec{u}|} = \frac{|(1-2, 2-3, -1) \wedge (5,0,-1)|}{\sqrt{2^2+1^2+3^2}} = \frac{|(1,-6, 5)|}{\sqrt{14}} = \sqrt{\frac{31}{7}} \ uc.$$

   c) P(2,–1,3) e r: $\frac{x-1}{1} = \frac{y+6}{2}, z = 6$

   Temos: A(1,–6,6) e $\vec{u} = (1, 2, 0)$

$$d(P,r) = \frac{|\overrightarrow{AP} \wedge \vec{u}|}{|\vec{u}|} = \frac{|(2-1, -1+6, 3-6) \wedge (1,2,0)|}{\sqrt{1^2+2^2+0^2}} = \frac{|(6,-3,-3)|}{\sqrt{5}} = \sqrt{\frac{54}{5}} \text{ uc.}$$

   d) P(0,0,0) e r: $x = 1$ e $y = 4$.

   Temos: A(1,4,m) e $\vec{u} = (0, 0, n)$, m∈ℝ e n∈ℝ*, supor m = 0 e n = 1.

$$d(P,r)=\frac{|\overrightarrow{AP}\wedge\vec{u}|}{|\vec{u}|}=\frac{|(-1,-4,0)\wedge(0,0,1)|}{\sqrt{0^2+0^2+1^2}}=\frac{|(-4,1,0)|}{1}=\sqrt{17}\text{ uc.}$$

3. a) P(1,3,1) e β: $2x-y+z-2=0$.

$$d(P,\beta)=\frac{|2(1)-1(3)+1(1)-2|}{\sqrt{2^2+(-1)^2+1^2}}=\frac{|-2|}{\sqrt{6}}=\frac{2}{\sqrt{6}}=\frac{\sqrt{6}}{3}\text{ uc.}$$

b) P(0,1,1) e β: $3x-z=0$ $\lambda_1 \in \mathbb{R}$.

$$d(P,\beta)=\frac{|3(0)+0(1)-1(1)|}{\sqrt{3^2+0^2+(-1)^2}}=\frac{|-1|}{\sqrt{10}}=\frac{1}{\sqrt{10}}=\frac{\sqrt{10}}{10}\text{ uc.}$$

c) P(2,1,5) e β: $2x-6y+4z=1$.

$$d(P,\beta)=\frac{|2(2)-6(1)+4(5)-1|}{\sqrt{2^2+(-6)^2+4^2}}=\frac{|17|}{\sqrt{56}}=\frac{17}{2\sqrt{14}}=\frac{17\sqrt{14}}{28}\text{ uc.}$$

d) P(3,–1,4) e β: $6x-2y+2z=4$.

$$d(P,\beta)=\frac{|6(3)-2(-1)+2(4)-4|}{\sqrt{6^2+(-2)^2+2^2}}=\frac{|24|}{\sqrt{44}}=\frac{24}{2\sqrt{11}}=\frac{12}{\sqrt{11}}=\frac{12\sqrt{11}}{11}\text{ uc.}$$

4. a) $r: (x,y,z)=(1,1,0)+\lambda(3,1,1),\ \lambda\in\mathbb{R}$ e $\beta: 3x-2y+z-1=0$

Temos: P(1,1,0) e $\vec{u}=(3,1,1)$ de r e $\vec{\eta}=(3,-2,1)$ de β.

A reta não é paralela ao plano, pois $\vec{u}\cdot\vec{\eta}=3(3)+1(-2)+1(1)=8\ (\neq 0)$. Portanto, a reta r intersepta o plano β. Neste caso, temos d(r, β) = 0 uc.

b) $r: (x,y,z)=(1,2,3)+\lambda(5,0,2),\ \lambda\in\mathbb{R}$ e $\beta: -2x+3y+5z+1=0$.

Temos: P(1,2,3) e $\vec{u}=(5,0,2)$ de r e $\vec{\eta}=(-2,3,5)$ de β.

A reta é paralela ao plano, pois $\vec{u}\cdot\vec{\eta}=5(-2)+0(3)+2(5)=0$. Neste caso, temos

$$d(r,\beta)=d(P,\beta)=\frac{|-2(1)+3(2)+5(3)+1|}{\sqrt{(-2)^2+3^2+5^2}}=\frac{|20|}{\sqrt{38}}=\frac{10\sqrt{38}}{19}\text{ uc.}$$

5. a) $\alpha: 2x+3y-z+2=0$ e $\beta: 2x+3y-z+4=0$.

Temos que $\overrightarrow{\eta_\alpha}=(2,3,-1)$ e $\overrightarrow{\eta_\beta}=(2,3,-1)$.

Os planos são paralelos ou coincidentes, pois $\overrightarrow{\eta_\alpha} // \overrightarrow{\eta_\beta}$, visto que suas coordenadas são proporcionais (ou, de outro modo, $\overrightarrow{\eta_\alpha} \wedge \overrightarrow{\eta_\beta} = \vec{0}$).

Tomemos um ponto no plano α, por exemplo, P(0,0,2). Neste caso, tem-se:

$$d(\alpha,\beta) = d(P,\beta) = \frac{|2(0)+3(0)-1(2)+4|}{\sqrt{2^2+3^2+(-1)^2}} = \frac{|2|}{\sqrt{14}} = \frac{\sqrt{14}}{7} \text{ uc.}$$

Observação 1: Os planos α e β não são coincidentes, pois $d(P,\beta) \neq 0$.

b) $\alpha: x-2y+z+3=0$ e $\beta: 3x-6y+3z-2=0$

Temos que $\overrightarrow{\eta_\alpha} = (1,-2,1)$ e $\overrightarrow{\eta_\beta} = (3,-6,3)$.

Os planos são paralelos ou coincidentes, pois $\overrightarrow{\eta_\alpha} // \overrightarrow{\eta_\beta}$, visto que suas coordenadas são proporcionais (ou, de outro modo, $\overrightarrow{\eta_\alpha} \wedge \overrightarrow{\eta_\beta} = \vec{0}$).

Tomemos um ponto no plano α, por exemplo, P(0,0,–3). Neste caso, tem-se:

$$d(\alpha,\beta) = d(P,\beta) = \frac{|3(0)-6(0)+3(-3)-2|}{\sqrt{3^2+(-6)^2+3^2}} = \frac{|-11|}{\sqrt{54}} = \frac{11}{3\sqrt{6}} = \frac{11\sqrt{6}}{18} \text{ uc.}$$

Observação 2: Os planos α e β não são coincidentes, pois $d(P,\beta) \neq 0$.

c) $\alpha: x-2y-2z-14=0$ e $\beta: x-2y-2z+7=0$.

Temos que $\overrightarrow{\eta_\alpha} = (1,-2,-2)$ e $\overrightarrow{\eta_\beta} = (1,-2,-2)$.

Os planos são paralelos ou coincidentes, pois $\overrightarrow{\eta_\alpha} // \overrightarrow{\eta_\beta}$, visto que suas coordenadas são proporcionais (ou, de outro modo, $\overrightarrow{\eta_\alpha} \wedge \overrightarrow{\eta_\beta} = \vec{0}$).

Tomemos um ponto no plano α, por exemplo, P(0,0,–7). Neste caso, temos:

$$d(\alpha,\beta) = d(P,\beta) = \frac{|1(0)-2(0)-2(-7)+7|}{\sqrt{1^2+(-2)^2+(-2)^2}} = \frac{|21|}{\sqrt{9}} = \frac{21}{3} = 7 \text{ uc.}$$

Observação 3: Os planos α e β não são coincidentes, pois $d(P,\beta) \neq 0$.

6. a) r: $(x,y,z) = (1,2,1) + \lambda_1(1,1,1)$, $\lambda_1 \in \mathbb{R}$ e s: $(x,y,z) = (2,1,0) + \lambda_2(1,1,1)$, $\lambda_2 \in \mathbb{R}$.

Temos, pela equação de r, que A(1,2,1) e $\vec{u} = (1,1,1)$ e, pela sentença de s, que P(2,1,0) e $\vec{v} = (1,1,1)$.

O vetor $\overrightarrow{AP} = (1,-1,-1)$ tem representante de origem em r e extremidade em s.

Vemos que $\det(\overrightarrow{AP}, \vec{u}, \vec{v}) = \begin{vmatrix} 1 & -1 & -1 \\ 1 & 1 & 1 \\ 1 & 1 & 1 \end{vmatrix} = 0$, significando que as retas são coplanares e, pela proporcionalidade das coordenadas de $\vec{u}$ e $\vec{v}$, temos que $\vec{u} // \vec{v}$, logo, as retas r e s são paralelas ou coincidentes.

Considerando $\overrightarrow{AP} \wedge \vec{u} = \begin{vmatrix} \vec{i} & \vec{j} & \vec{k} \\ 1 & -1 & -1 \\ 1 & 1 & 1 \end{vmatrix} = (0, -2, 2)$ e

$\left|\overrightarrow{AP} \wedge \vec{u}\right| = \sqrt{0^2 + (-2)^2 + 2^2} = 2\sqrt{2}$ e $\left|\vec{u}\right| = \sqrt{1^2 + 1^2 + 1^2} = \sqrt{3}$, teremos:

$d(r,s) = d(P, r) = \dfrac{\left|\overrightarrow{AP} \wedge \vec{u}\right|}{\left|\vec{u}\right|} = \dfrac{2\sqrt{2}}{\sqrt{3}} = \dfrac{2\sqrt{6}}{3}$ uc . As retas são paralelas.

b) r: $(x, y, z) = (1, 2, -1) + \lambda_1(4, -2, 6)$, $\lambda_1 \in \mathbb{R}$ e s: $\dfrac{x-1}{2} = \dfrac{y}{-1} = \dfrac{z+2}{3}$.

Temos, pela equação de r, que A(1,2,–1) e $\vec{u} = (4, -2, 6)$ e, pela sentença de s, que P(1,0,–2) e $\vec{v} = (2, -1, 3)$.

O vetor $\overrightarrow{AP} = (0, -2, -1)$ tem representante de origem em r e extremidade em s.

Vemos que $\det(\overrightarrow{AP}, \vec{u}, \vec{v}) = \begin{vmatrix} 0 & -2 & -1 \\ 4 & -2 & 6 \\ 2 & -1 & 3 \end{vmatrix} = 0$, significando que as retas são coplanares e, pela proporcionalidade das coordenadas de $\vec{u}$ e $\vec{v}$, que $\vec{u} // \vec{v}$, logo, as retas r e s são paralelas ou coincidentes.

Sendo $\overrightarrow{AP} \wedge \vec{u} = \begin{vmatrix} \vec{i} & \vec{j} & \vec{k} \\ 0 & -2 & -1 \\ 4 & -2 & 6 \end{vmatrix} = (-14, -4, 8)$ e

$\left|\overrightarrow{AP} \wedge \vec{u}\right| = \sqrt{(-14)^2 + (-4)^2 + 8^2} = 2\sqrt{69}$ e $\left|\vec{u}\right| = \sqrt{4^2 + (-2)^2 + 6^2} = \sqrt{56} = 2\sqrt{14}$, teremos:

$$d(r,s) = d(P, r) = \frac{\left|\overrightarrow{AP} \wedge \vec{u}\right|}{\left|\vec{u}\right|} = \frac{2\sqrt{69}}{2\sqrt{14}} = \sqrt{\frac{69}{14}} \text{ uc.}$$

As retas são paralelas.

c) r: $\dfrac{x-1}{1} = \dfrac{z-3}{2}$, $y = -1$ e s: $x = 2$, $y - 1 = \dfrac{z}{4}$.

Vemos, pela equação de r, que P(1,–1,3) e $\vec{u}=(1, 0, 2)$ e, pela equação de s, que A(2,1,0) e $\vec{v}=(0, 1, 4)$.

O vetor $\overrightarrow{AP}=(-1, -2, 3)$ tem representante de origem em r e extremidade em s.

Vemos que $\det(\overrightarrow{AP}, \vec{u}, \vec{v}) = \begin{vmatrix} -1 & -2 & 3 \\ 1 & 0 & 2 \\ 0 & 1 & 4 \end{vmatrix} = 13\ (\neq 0)$, significando que as retas não são coplanares, e do fato de os vetores $\vec{u}$ e $\vec{v}$ não serem paralelos segue que r e s são **reversas**.

Consideremos a reta r' paralela a r contendo A: r': $(x, y, z) = (2, 1, 0) + \lambda(1,0,2)$, $\lambda \in \mathbb{R}$.

Consideremos o plano β contendo as retas s e r'. Assim, o plano β estará definido pelo ponto A e pelas direções dos vetores $\vec{u}$ e $\vec{v}$ (vetores direção de r' e s), isto é,

$\beta: \begin{vmatrix} x-2 & y-1 & z \\ 1 & 0 & 2 \\ 0 & 1 & 4 \end{vmatrix} = 0$ ou, na forma linear, $\beta:\ -2x-4y+z+8=0$.

Temos que: $d(r,s) = d(r,\beta) = d(P,\beta) = \dfrac{|-2(1)-4(-1)+1(3)+8|}{\sqrt{(-2)^2+(-4)^2+1^2}} = \dfrac{|13|}{\sqrt{21}} = \dfrac{13\sqrt{21}}{21}$ uc.

d) r: $(x, y, z) = (3,0,-2) + \lambda_1(0,1,4)$, $\lambda_1 \in \mathbb{R}$ e

s: $(x, y, z) = (4,-1,1) + \lambda_2(2,1,0)$, $\lambda_2 \in \mathbb{R}$.

Temos, pela equação de r, que P(3,0,–2) e $\vec{u}=(0, 1, 4)$ e, pela equação de s, que A(4,–1, 1) e $\vec{v}=(2, 1, 0)$. Os vetores $\vec{u}$ e $\vec{v}$ não são paralelos, logo, as retas também não serão.

O vetor $\overrightarrow{AP}=(-1, 1, -3)$ tem representante de origem em r e extremidade em s.

Vemos que $\det(\overrightarrow{AP}, \vec{u}, \vec{v}) = \begin{vmatrix} -1 & 1 & -3 \\ 0 & 1 & 4 \\ 2 & 1 & 0 \end{vmatrix} = 18\ (\neq 0)$, significando que as retas não são coplanares e, visto que $\vec{\ }$ e $\vec{v}$ não são paralelos, segue que r e s são **reversas**.

Consideremos a reta r' paralela a r contendo A: r': $(x,y,z) = (4,-1,1) + \lambda(0,1,4)$, $\lambda \in \mathbb{R}$.

Tomemos o plano β contendo as retas s e r'. Assim, β estará definido pelo ponto A e pelas direções dos vetores $\vec{u}$ e $\vec{v}$ (vetores direção de r' e s), isto é,

$$\beta: \begin{vmatrix} x-4 & y+1 & z-1 \\ 0 & 1 & 4 \\ 2 & 1 & 0 \end{vmatrix} = 0 \text{ ou, na forma linear, } \beta:\ -4x+8y-2z+26=0.$$

Temos que $d(r,s) = d(r,\beta) = d(P,\beta) = \dfrac{|-4(3)+8(0)-2(-2)+26|}{\sqrt{(-4)^2+8^2+(-2)^2}} = \dfrac{|18|}{\sqrt{84}} = \dfrac{9\sqrt{21}}{21}$ uc

e) r: $\dfrac{x}{1} = \dfrac{y}{2} = \dfrac{z}{2}$ e s: $\dfrac{x}{-6} = \dfrac{y-3}{1} = \dfrac{z+6}{1}$.

Temos, pela equação de r, que P(0,0,0) e $\vec{u} = (1, 2, 2)$ e, pela equação de s, que A(0, 3, – 6) e $\vec{v} = (-6, 1, 1)$. Os vetores $\vec{u}$ e $\vec{v}$ não são paralelos, logo as retas também não serão.

O vetor $\overrightarrow{AP} = (0, -3, 6)$ tem representante de origem em r e extremidade em s.

Vemos que $\det(\overrightarrow{AP}, \vec{u}, \vec{v}) = \begin{vmatrix} 0 & -3 & 6 \\ 1 & 2 & 2 \\ -6 & 1 & 1 \end{vmatrix} = 117\ (\neq 0)$, significando que as retas não são coplanares e, visto que $\vec{u}$ e $\vec{v}$ não são paralelos, segue que r e s são **reversas**.

Consideremos a reta r' paralela a r contendo A: r': $(x,y,z) = (0,3,-6) + \lambda\,(1,2,2)$, $\lambda \in \mathbb{R}$.

Tomemos o plano β contendo as retas s e r'. Assim, o plano β estará definido pelo ponto A e pelas direções dos vetores $\vec{u}$ e $\vec{v}$ (vetores direção de r' e s), isto é,

$$\beta: \begin{vmatrix} x-0 & y-3 & z+6 \\ 1 & 2 & 2 \\ -6 & 1 & 1 \end{vmatrix} = 0 \text{ ou, na forma linear, } \beta:\ y-z-9=0.$$

Temos que $d(r,s) = d(r,\beta) = d(P,\beta) = \dfrac{|0(0)+1(0)-1(0)-9|}{\sqrt{0^2+1^2+(-1)^2}} = \dfrac{|-9|}{\sqrt{2}} = \dfrac{9\sqrt{2}}{2}$ uc.

f) r: $\dfrac{x-1}{3} = \dfrac{y}{4} = \dfrac{z}{5}$ e s: $\dfrac{x-1}{2} = \dfrac{y-1}{3} = \dfrac{z-3}{-1}$.

Temos, pela equação de r, que P(1,0,0) e $\vec{u} = (3, 4, 5)$ e, pela equação de s, que A(1,1,3) e $\vec{v} = (2, 3, -1)$. Os vetores $\vec{u}$ e $\vec{v}$ não são paralelos, logo, as retas também não serão.

O vetor $\overrightarrow{AP} = (0, -1, -3)$ tem representante de origem em r e extremidade em s.

Vemos que $\det(\overrightarrow{AP}, \vec{u}, \vec{v}) = \begin{vmatrix} 0 & -1 & -3 \\ 3 & 4 & 5 \\ 2 & 3 & -1 \end{vmatrix} = -16\ (\neq 0)$, significando que as retas não são coplanares e, visto que $\vec{u}$ e $\vec{v}$ não são paralelos, segue que r e s são **reversas**.

Consideremos a reta r' paralela a r contendo A: r': $(x, y, z) = (1, 1, 3) + \lambda\,(3,4,5)$, $\lambda \in \mathbb{R}$.

Tomemos o plano β contendo as retas s e r'. Assim, o plano β estará definido pelo ponto A e pelas direções dos vetores $\vec{u}$ e $\vec{v}$ (vetores direção de r' e s), isto é,

β: $\begin{vmatrix} x-1 & y-1 & z-3 \\ 3 & 4 & 5 \\ 2 & 3 & -1 \end{vmatrix} = 0$ ou, na forma linear, $\beta\!: -19x + 13y + z + 3 = 0$.

Temos que

$$d(r,s) = d(r,\beta) = d(P,\beta) = \frac{|-19(1) + 13(0) + 1(0) + 3|}{\sqrt{(-19)^2 + 13^2 + 1^2}} = \frac{|-16|}{\sqrt{531}} = \frac{16\sqrt{531}}{531}\,\text{uc}.$$

7. Chamemos de α o plano $x + y + z = 0$. Temos que $O(0,0,0)$ pertence a α e, também, que o vetor $\vec{\eta} = (1,1,1)$ tem direção ortogonal a α.

Queremos obter uma equação do plano $\beta\!: ax + by + cz + d = 0$ que seja paralelo e diste 1 de α.

Se $\alpha \,//\, \beta$, então o vetor $\vec{\eta}$ também tem direção ortogonal a β, isto é,

$$\beta\!: x + y + z + d = 0.$$

Se a distância de α até β deve ser igual a 1, então a distância de cada ponto de α a β deve ser também igual a 1, isto é,

$$d(\alpha,\beta) = d(0,\beta) = \frac{|1(0) + 1(0) + 1(0) + d|}{\sqrt{1^2 + 1^2 + 1^2}} = \frac{|d|}{\sqrt{3}} = 1.$$

Assim, $|d| = \sqrt{3} \Rightarrow d = \pm\sqrt{3}$. Portanto, as equações procuradas são:

$$\beta_1\!: x + y + z + \sqrt{3} = 0 \text{ e } \beta_2\!: x + y + z - \sqrt{3} = 0.$$

8. A reta r contém o ponto P(0,1,2) e possui a direção $\vec{u} = (1,1,1)$. O plano β tem direção ortogonal ao vetor $\vec{\eta} = (1,-2,1)$. A reta r é paralela a β, pois $\vec{u}.\vec{\eta} = 0$.

Pretendemos obter as retas r_1 e r_2, contidas em β e paralelas a r, distantes $\sqrt{10}/2$ de r.

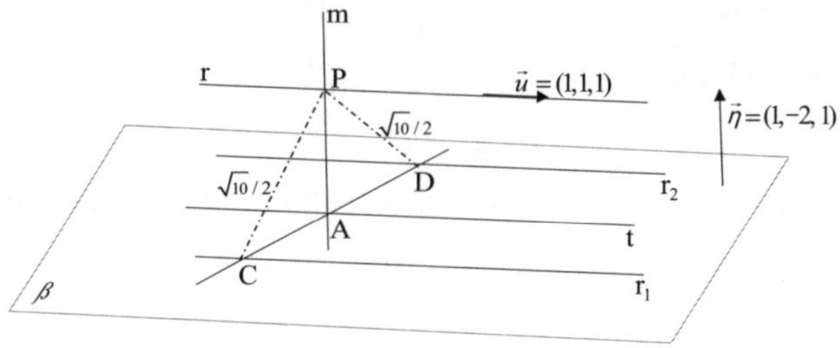

Figura R12.1

Vamos, primeiramente, obter uma equação da reta m, perpendicular ao plano β contendo o ponto P(0,1,2). O vetor direção de m é $\vec{\eta} = (1,-2,1)$.

$$m : (x,y,z) = (0,1,2) + \lambda\,(1,-2,1),\ \lambda \in \mathbb{R}.$$

A reta m intercepta o plano β no ponto A.

O ponto A de m tem a forma $(0+\lambda\ ,\ 1-2\lambda\ ,\ 2+\lambda)$ para algum λ real. Se substituirmos as coordenadas de A em β, obteremos o referido valor de λ:

$$(\lambda)-2(1-2\lambda)+(2+\lambda)-3=0 \text{, isto é, } \lambda=1/2.$$

Então, A$(0+1/2\ ,\ 1-2(1/2)\ ,\ 2+(1/2))$, ou seja, A(1/2, 0, 5/2).

A equação vetorial da reta i, que contém A e é paralela a r, é dada por

$$i : (x,y,z) = (1/2,0,5/2) + \delta\,(1,1,1),\ \delta \in \mathbb{R}.$$

Queremos obter uma equação da reta t que contém A e é perpendicular a i.

A direção da reta t é dada pelo vetor $\vec{\eta} \wedge \vec{u} = \begin{vmatrix} i & j & k \\ 1 & -2 & 1 \\ 1 & 1 & 1 \end{vmatrix} = (-3,0,3)$. Assim,

$$t : (x,y,z) = (1/2,0,5/2) + \gamma\,(-3,0,3),\ \gamma \in \mathbb{R}.$$

As retas procuradas $\mathbf{r}_1$ e $\mathbf{r}_2$ são paralelas a i e interceptam a reta t nos pontos C e D, respectivamente, de modo que d(C,P) = d(D,P) = $\sqrt{10}/2$.

Se os pontos C e D pertencem à reta t, então eles possuem a forma: $\big((1/2)-3\gamma,\ 0,\ (5/2)+3\gamma\big)$, em que valores específicos de γ real determinam C e D.

Portanto, $\overrightarrow{\mathbf{CP}}$ e $\overrightarrow{\mathbf{DP}}$ têm a forma: $\big(0-(1/2-3\gamma),\ (1-0),\ 2-(5/2+3\gamma)\big)$. E, assim, d(C,P) = d(D,P) = $\sqrt{(-1/2+3\gamma)^2+1^2+(-1/2-3\gamma)^2} = \dfrac{\sqrt{10}}{2}$. Logo, $\gamma = \pm\dfrac{\sqrt{2}}{6}$.

Substituindo os valores de γ na forma dos pontos C e D acima descritos, temos:

$$\gamma = \frac{\sqrt{2}}{6} \text{ teremos } C\left(\frac{1-\sqrt{2}}{2}, 0, \frac{5+\sqrt{2}}{2}\right)$$

$$\gamma = -\frac{\sqrt{2}}{6} \text{ teremos } D\left(\frac{1+\sqrt{2}}{2}, 0, \frac{5-\sqrt{2}}{2}\right)$$

As retas procuradas são:

$$r_1 : (x, y, z) = \left(\frac{1-\sqrt{2}}{2}, 0, \frac{5+\sqrt{2}}{2}\right) + \lambda_1(1, 1, 1), \ \lambda_1 \in \mathbb{R}$$

$$r_2 : (x, y, z) = \left(\frac{1+\sqrt{2}}{2}, 0, \frac{5-\sqrt{2}}{2}\right) + \lambda_2(1, 1, 1), \ \lambda_2 \in \mathbb{R}$$

Observação: É possível, pela resolução, que os pontos C e D sejam, na verdade, D e C, e as retas, por consequência, tenham seus nomes trocados.

CAPÍTULO 13

EXERCÍCIOS DE APLICAÇÃO 13.1

1. Sendo $y > 0$, a equação da parábola é dada por $y = \frac{1}{4p}x^2$. Logo, $y = \frac{1}{4p}x^2 = x^2$ e, daí, $\frac{1}{4p} = 1$, isto é, $p = \frac{1}{4}$. Portanto, F(0,p) = F(0, ¼) e diretriz d: $y = -1/4$.

   A distância do foco à diretriz: d(F,d) = 2 p = 2 . $\frac{1}{4} = \frac{1}{2}$ uc.

2. Sendo $y < 0$, a equação da parábola é dada por $y = \frac{-1}{4p}x^2$. Logo, $y = \frac{-1}{4p}x^2 = -x^2$ e, daí, $\frac{-1}{4p} = -1$, isto é, $p = \frac{1}{4}$. Portanto, F(0,–p) = F(0,– ¼) e diretriz d: $y = 1/4$.

   A distância do foco à diretriz: d(F,d) = 2 p = 2 . $\frac{1}{4} = \frac{1}{2}$ uc.

3. Sendo $y > 0$, a equação da parábola é dada por $y = \frac{1}{4p}x^2$. Logo, $y = \frac{1}{4p}x^2 = \frac{9}{4}x^2$ e, daí, $\frac{1}{4p} = \frac{9}{4}$, isto é, $p = \frac{1}{9}$. Portanto, F(0,p) = F(0,1/9) e diretriz d: $y = -1/9$.

   A distância do foco à diretriz: d(F,d) = 2 p = 2 . $\frac{1}{9} = \frac{2}{9}$ uc.

4. Sendo $y<0$, a equação da parábola é dada por $y=\frac{-}{p}x$. Logo, $y=\frac{-1}{4p}x^2=\frac{-9}{4}x^2$ e, daí, $\frac{1}{4p}=\frac{9}{4}$, isto é, $p=\frac{1}{9}$. Portanto, F(0, p) = F(0,–1/9) e diretriz d: $y=1/9$.

   A distância do foco à diretriz: d(F,d) = 2 p = 2 . $\frac{1}{9}$ = $\frac{2}{9}$ uc.

5. Sendo $y>0$, a equação da parábola é dada por $y=\frac{1}{4p}x^2$. Logo, $y=\frac{1}{4p}x^2=3x^2$ e, daí, $\frac{1}{4p}=3$, isto é, $p=\frac{1}{12}$. Portanto, F(0,p) = F(0,1/12) e diretriz d: $y=-1/12$.

   A distância do foco à diretriz: d(F,d) = 2 p = 2 . $\frac{1}{12}$ = $\frac{1}{6}$ uc.

EXERCÍCIOS DE APLICAÇÃO 13.2

1. A parábola de equação $x = 4y^2$ tem vértice V(0,0), concavidade voltada para o sentido positivo do eixo x e foco F(p,0).

   Pela equação (3), $x=\frac{1}{4p}y^2=4y^2$ e, daí, p = 1/16. Logo, F(1/16,0) e d: $x=-1/16$ e d(F,d) = 2 p = 2 . $\frac{1}{16}$ = $\frac{1}{8}$ uc.

2. A parábola de equação $x=-2y^2$ tem vértice V(0,0) e concavidade voltada para o sentido contrário ao positivo do eixo x e foco F(–p, 0).

   Pela equação (4), $x=\frac{-1}{4p}y^2=-2y^2$ e, daí, p = 1/8. Logo, F(–1/8,0) e d: $x=1/8$ e d(F,d) = 2 p = 2 . $\frac{1}{8}$ = $\frac{1}{4}$ uc.

3. A parábola de equação $x=\frac{1}{4}y^2$ tem vértice V(0,0) e concavidade voltada para o sentido positivo do eixo x e foco F(p,0).

   Pela equação (3), $x=\frac{1}{4p}y^2=\frac{1}{4}y^2$ e, daí, p = 1. Logo, F(1,0), d: $x=-1$ e d(F,d) = 2 p = 2 . 1 = 2 uc.

4. A parábola de equação $x=-\frac{5}{4}y^2$ tem vértice V(0,0) e concavidade voltada para o sentido contrário ao positivo do eixo x e foco F(–p, 0).

Pela equação (4), $x = \frac{-1}{4p}y^2 = \frac{-5}{4}y^2$ e, daí, p = 1/5. Logo, F(–1/5, 0) e

d: x = 1/5 e d(F,d) = $2p = 2 \cdot \frac{1}{5} = \frac{2}{5}$ uc.

5. A parábola de equação x y^2 tem vértice V(0,0) e concavidade voltada para o sentido positivo do eixo x e foco F(p,0).

Pela equação (3), $x = \frac{1}{4p}y^2 = y^2$ e, daí, $p = 1/4$. Logo, F(1/4,0) e d: $x = -1/4$

e d(F,d) = $2p = 2 \cdot \frac{1}{4} = \frac{1}{2}$ uc.

EXERCÍCIOS DE APLICAÇÃO 13.3

1.

Temos que: $p = \mathrm{d}(V, d) = 5 - 2 = 3$ e o foco $F(p,\ y_V - p) = F(3,\ 2-3)$, isto é, $F(3, -1)$.

Equação da parábola de vértice V(3,2):

$(x-3)^2 = -4p\ (y-2)$, isto é,

$(x-3)^2 = -12\ (y-2)$

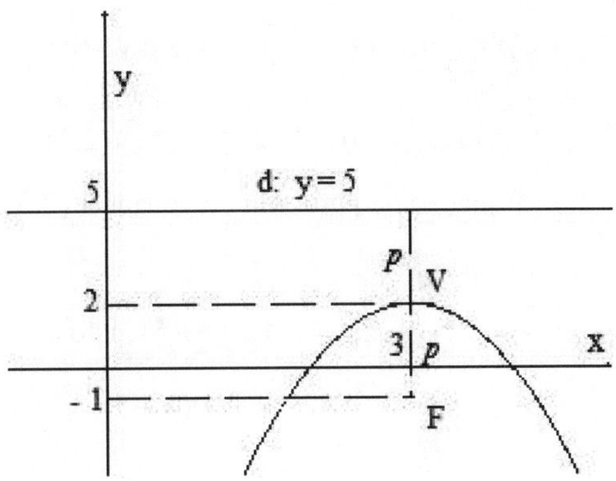

Figura R13.1

2.

Temos que: $p = d(V, F) = 7 - 5 = 2$ e

a diretriz d: $y = y_F - 2p = 7 - 4 = 3$.

Equação da parábola de vértice V(3,5):

$$(x-3)^2 = 4p\ (y-5), \text{ isto é,}$$

$$(x-3)^2 = 8\ (y-5)$$

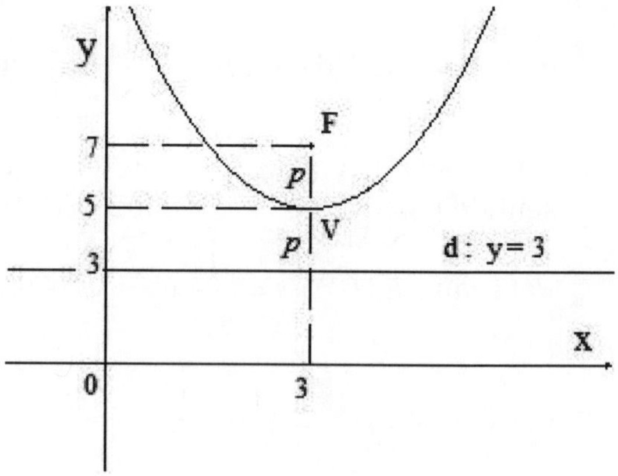

Figura R13.2

3.

Temos que:

$$p = \frac{1}{2} d(F, d) = \frac{6-4}{2} = 1 \text{ e o vértice}$$

$V(2, y_F + p) = V(2, 4+1) = V(2,5)$

Equação da parábola de vértice V(2,5):

$$(x-2)^2 = -4p\ (y-5), \text{ isto é,}$$

$$(x-2)^2 = -4\ (y-5)$$

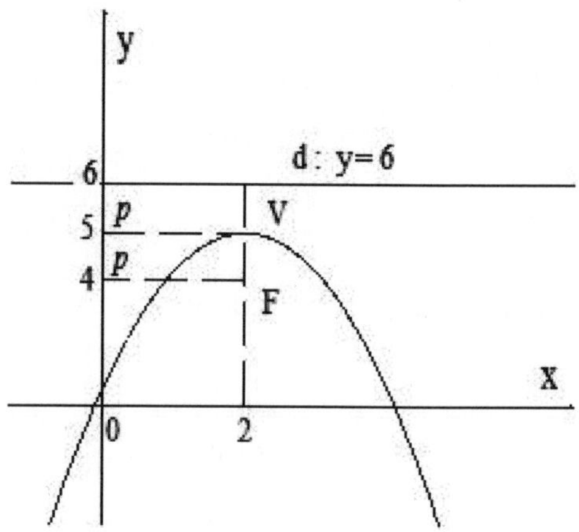

Figura R13.3

4.

Temos que: $p = \frac{1}{2} d(F, d) = \frac{1-(-2)}{2} = \frac{3}{2}$

e o vértice $V(4, 1-p) = V(4, -1/2)$.

Equação da parábola:

$$(x-4)^2 = 4p\ (y-(-1/2)), \text{ isto é,}$$

$$(x-4)^2 = 6\ (y+1/2)$$

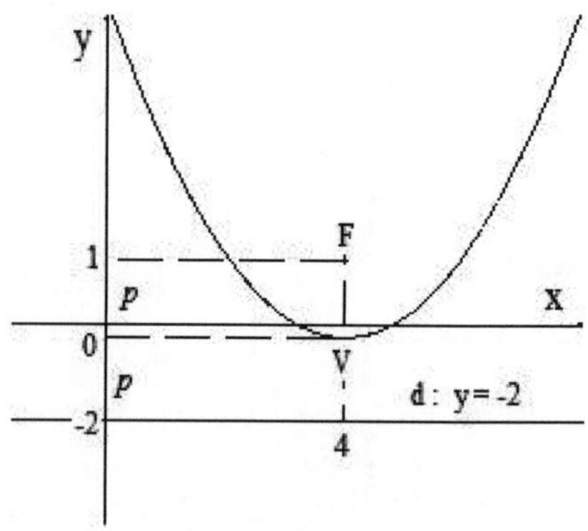

Figura R13.4

5. Utilizar o processo de completar quadrado:

$$y = 2\left[x^2 - \frac{3}{2}x + 3\right]$$

$$y = 2\left[x^2 - \frac{3}{2}x + \frac{9}{16} - \frac{9}{16} + 3\right]$$

$$y = 2\left[\left(x - \frac{3}{4}\right)^2 + \frac{39}{16}\right]$$

$$y = 2\left(x - \frac{3}{4}\right)^2 + \frac{39}{8}$$

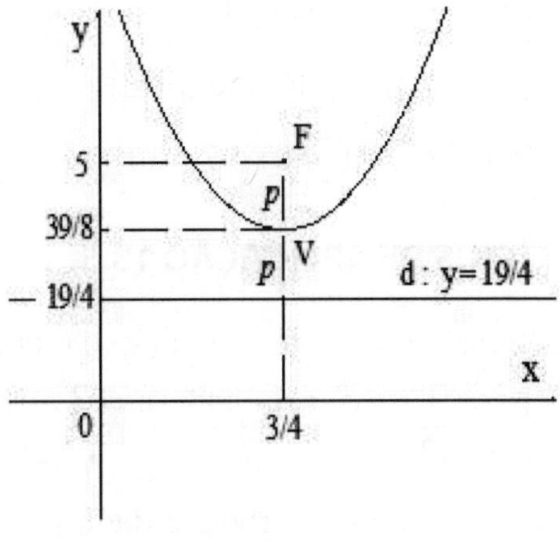

Figura R13.5

$$y - \frac{39}{8} = 2\left(x - \frac{3}{4}\right)^2 \text{ ou } \left(x - \frac{3}{4}\right)^2 = \frac{1}{2}\left(y - \frac{39}{8}\right)$$

Temos que V(3/4,39/8). Comparando a última equação da parábola com a forma $(x-m)^2 = 4p\ (y-n)$, vemos que $4p = \frac{1}{2}$ e, daí, $p = \frac{1}{8}$.

O foco da parábola é $\mathrm{F}\left(\frac{3}{4}, (y_\mathrm{V} + p)\right) = \mathrm{F}\left(\frac{3}{4}, (\frac{39}{8} + \frac{1}{8})\right) = \mathrm{F}\left(\frac{3}{4}, 5\right)$.

A diretriz é dada por $\mathrm{d}: y = (y_\mathrm{V} - p)$, isto é, $\mathrm{d}: y = \left(\frac{39}{8} - \frac{1}{8}\right) = \frac{19}{4}$.

EXERCÍCIOS DE APLICAÇÃO 13.4

1. Temos que $F_2(0,3)$ e, daí, c = 3. Por outro lado, $e = \frac{c}{a} = \frac{3}{a} = 0,6$, logo, $a = \frac{3}{0,6} = 5$.

   Sabemos que na elipse $a^2 = b^2 + c^2$, assim, $5^2 = b^2 + 3^2$, logo, b = 4.

   A equação reduzida da elipse é $\frac{x^2}{a^2} + \frac{y^2}{b^2} = 1$. Portanto, $\frac{x^2}{25} + \frac{y^2}{16} = 1$.

2. O centro da elipse é dado por (5,–3) e $a^2 = 100$, logo, a = 10. Temos que $b^2 = 64$, logo, b = 8. Sendo $a^2 = b^2 + c^2$, então, $10^2 = 8^2 + c^2$ e, daí, $c = 6$.

   Portanto, $F_1(-6,0)$ e $F_2(6,0)$, os vértices $A_1(-10,0)$ e $A_2(10,0)$ e a excentricidade $e = \frac{c}{a} = \frac{6}{10} = 0,6$

   .

3. Dividindo todos os termos da equação por 225, temos $\frac{x^2}{25}+\frac{y^2}{9}=1$ e, daí, $a=5$ e $b=3$. Sendo $a^2=b^2+c^2$, então $25=9+c^2$, isto é, $c=4$.
Portanto, $F_1(-4,0)$ e $F_2(4,0)$, $A_1(-5,0)$ e $A_2(5,0)$ e $e=\frac{c}{a}=\frac{4}{5}=0{,}8$.

EXERCÍCIOS DE APLICAÇÃO 13.5

1. Temos pela equação (21) que o eixo transverso é paralelo ao eixo *y*, sendo que $a^2=9$ e $b^2=4$, logo, $a=3$ e $b=2$. Sabendo-se que $c^2=a^2+b^2$, tem-se $c=\sqrt{13}$.

   O centro da hipérbole é dado por C(m,n) = (1,–2), os vértices A_1 (m, n–a) = =(1, –2–3) = (1, –5) e A_2 (m, n+a) = (1, –2+3) = (1, 1) e focos F_1 (m, n–c) = =(1, –2–$\sqrt{13}$) e F_2(m, n+c) = (1, –2+$\sqrt{13}$).

   b) A excentricidade é $e=c/a=\sqrt{13}/3$.

2. Temos pela equação (21) que o eixo transverso é paralelo ao eixo *x*, sendo que $a^2=9$ e $b^2=4$, logo, a = 3 e b = 2. Sabendo que $c^2=a^2+b^2$, tem-se $c=\sqrt{13}$.

   a) O centro da hipérbole é dado por C(m,n) = (–2,1), os vértices A_1 (m–a, n) = (–2–3,1) = (–5, 1) e A_2 (m+a,n) = (–2+3,1) = (1,1) e focos F_1 (m–c, n) = =(–2–$\sqrt{13}$, 1) e F_2 (m+c, n) = (–2+$\sqrt{13}$, 1).

   b) A excentricidade é $e=c/a=\sqrt{13}/3$.

3. a) Pelo fato de as ordenadas dos focos serem iguais a 3 segue que o eixo transverso da hipérbole é paralelo ao eixo *x* cartesiano.

   Neste caso, a equação reduzida da hipérbole tem a forma $\frac{(x-m)^2}{a^2}-\frac{(y-n)^2}{b^2}=1$.

   O centro C(m, n) da hipérbole é ponto médio relativo aos focos $F_1(10,3)$ e $F_2(0,3)$, logo, $m=\frac{10+0}{2}=5$ e n = 3, isto é, C(5, 3).

   Temos, também, que 2c é a distância entre os focos, logo, 2c = 10 e, daí, c = 5.

   A medida **a** do semieixo transverso é obtida pela diferença das abscissas dos pontos C(5,3) e $A_1(8,3)$, isto é, a = 8 – 5 = 3.

   A medida **b** do semieixo conjugado é dada por $b^2=c^2-a^2$ e, daí, b = 4.

   Portanto, a forma reduzida da hipérbole é $\frac{(x-5)^2}{3^2}-\frac{(y-3)^2}{4^2}=1$.

b) A excentricidade é $e = \frac{c}{a} = \frac{5}{3}$.

EXERCÍCIOS DE APLICAÇÃO 13.6

1. Temos que $(x-a)^2+(y-b)^2=r^2$ é equação de circunferência com centro $C(a,b)$.

   Substituindo os pontos na equação da circunferência, segue que:

   $$\begin{cases}(0-a)^2+(2-b)^2=r^2\\(2-a)^2+(0-b)^2=r^2\\(-2-a)^2+(0-b)^2=r^2\end{cases}$$, desenvolvendo as operações indicadas, tem-se:

   $$\begin{cases}a^2+b^2-4b+4=r^2 & \text{(I)}\\a^2+b^2-4a+4=r^2 & \text{(II)}\\a^2+b^2+4a+4=r^2 & \text{(III)}\end{cases}$$

   Fazendo (I) – (II), temos $-4b+4a=0$, isto é, $a = b$ e, fazendo (II) – (III), temos $-8a=0$, isto é, $a = 0$. Portanto, $a=b=0$.

   Logo, o centro da circunferência é C(0,0) e, de (I), $0^2 + 0^2 - 4.0 + 4 = r^2$, o raio é $r = 2$.

   Assim, a circunferência tem equação $x^2+y^2=4$.

2. Temos que $(x-a)^2+(y-b)^2=r^2$ é equação de circunferência com centro $C(a, b)$.

   Substituindo os pontos na equação da circunferência, segue que:

   $$\begin{cases}(2-a)^2+(-2-b)^2=r^2\\(2-a)^2+(6-b)^2=r^2\\(8-a)^2+(-2-b)^2=r^2\end{cases}$$, desenvolvendo as operações indicadas, tem-se:

   $$\begin{cases}a^2+b^2-4a+4b+8=r^2 & \text{(I)}\\a^2+b^2-4a-12b+40=r^2 & \text{(II)}\\a^2+b^2-16a+4b+68=r^2 & \text{(III)}\end{cases}$$

   Fazendo (II) – (I), temos $-16b+32=0$, isto é, $b = 2$ e, fazendo (III) – (II), temos $-12a+16b+28=0$. Substituindo $b = 2$, segue que $a = 5$.

Logo, o centro da circunferência é C(5,2) e, de (I), obtemos o raio $r = 5$.

Assim, a circunferência tem equação $(x-5)^2+(y-2)^2=25$.

3. Temos que $(x-a)^2+(y-b)^2=r^2$ é equação de uma circunferência de centro C(a, b) e raio r. Logo, $a = 0$, $b = 2$ e $r = 3$.

   Portanto, a equação da circunferência procurada é $(x-0)^2+(y-2)^2=3^2$ ou $x^2+y^2-4y-5=0$.

4. Comparando a equação dada $x^2+y^2-10x+12y+25=0$ com a forma geral da equação de uma circunferência $x^2+y^2-2ax-2by+(a^2+b^2-r^2)=0.$, temos que $2a=10$, $-2b=12$ e $a^2+b^2-r^2=25$.

   Daí, $a=5$, $b=-6$ e $=6.$

   Portanto, C(5,–6) e raio $r = 6$.

5. Temos da reta que $y=-x+3$. Substituindo y na equação da circunferência, segue que $x^2+(-x+3)^2=5$. Desenvolvendo as operações indicadas, obtemos:

$$x^2-3x+2=0 \text{ e, daí, } x=1 \text{ ou } x=$$

   Substituindo $x=1$ e $x=2.$ na equação da reta $y=-x+3$, obtemos, respectivamente, $y=2$ e $y=1.$

   Portanto, a reta intercepta a circunferência nos pontos A(1,2) e B(2,1).

6. Devemos resolver o sistema $\begin{cases} y-2=0 & \text{(I)} \\ x^2+y^2-4x-2y+4=0 & \text{(II)} \end{cases}$

   Temos de (I) que $y = 2$. Substituindo $y = 2$ na equação da circunferência, segue que $x^2+(2)^2-4x-2(2)+4=0$ e, daí, $x = 2$.

   Portanto, o único ponto de interseção da reta com a circunferência é A(2,2). Conclui-se que a reta é tangente à circunferência.

7. Devemos resolver o sistema $\begin{cases} x+4=0 & \text{(I)} \\ x^2+y^2+2x-4y-4=0 & \text{(II)} \end{cases}$

   Temos de (I) que $x=-4$. Substituindo $x=-4$ na equação da circunferência, segue que $(-4)^2+y^2+2(-4)-4y-4=0$ e, daí, $y = 2$.

   Portanto, a reta intercepta a circunferência no ponto A(–4,2).

8. Devemos resolver o sistema $\begin{cases} y = kx - 6 & \text{(I)} \\ x^2 + y^2 = 4 & \text{(II)} \end{cases}$

Substituindo $y = kx - 6$ na equação da circunferência, tem-se $x^2 + (kx-6)^2 = 4$.
Efetuando as operações indicadas, obtemos $(1+k^2)x^2 - 12kx + 32 = 0$ (III)

Devemos impor que a equação (III) tenha única solução para que a reta seja tangente à circunferência, isto é, $\Delta = 0$.

Assim, $(12k)^2 - 4(1+k^2)(32) = 0$ ou $16k^2 = 128$. Logo, $k = \pm 2\sqrt{2}$.

Portanto, teremos duas retas tangentes à circunferência: $y = 2\sqrt{2}\,x - 6$ e $y = -2\sqrt{2}\,x - 6$.

EXERCÍCIOS DE APLICAÇÃO 13.7

1. a) $x^2 + 9y^2 - 6x - 18y + 9 = 0$.

Temos os coeficientes A = 1 de x^2, B = 9 de y^2, D = −6 de variável x, E = −18 de variável y e F = 9 o termo independente de variável.

Pelo fato de que AB > 0, $A \neq B$, e de que $\Delta = D^2B + E^2A - 4ABF > 0$, isto é, $\Delta = 324$, segue que a equação é de uma elipse.

Agrupando os termos de mesma variável da equação e adicionando 9 aos seus membros, segue que:

$$x^2 - 6x + 9 + 9y^2 - 18y + \underline{(9)} = 0 + \underline{(9)}$$

$$(x-3)^2 + 9(y-1)^2 = 9$$

$$\frac{(x-3)^2}{9} + \frac{(y-1)^2}{1} = 1, \text{ sendo } a = 3 \text{ e } b = 1$$

Logo, a elipse tem centro C(m,n) = (3,1), semieixo maior a = 3, paralelo ao eixo x, e semieixo menor b = 1, paralelo ao eixo y.

Distância focal = $2c = 2(2\sqrt{2}) = 4\sqrt{2}$, pois $c^2 = a^2 - b^2 = 3^2 - 1^2 = 8 \Rightarrow c = 2\sqrt{2}$.

Focos: $F_1(m-c, n) = (3 - 2\sqrt{2}, 1)$ e $F_2(m+c, n) = (3 + 2\sqrt{2}, 1)$.

Vértices: $A_1(m-a, n) = (0, 1)$ e $A_2(m+a, n) = (6, 1)$.

b) $x^2 - 4y^2 - 6x + 16y - 11 = 0$.

Temos os coeficientes A = 1 de x^2, B = −4 de y^2, D = −6 de variável x, E = 16 de variável y e F = − 11 o termo independente de variável.

Pelo fato de que AB < 0 e de que $\quad = D^2B+E^2A \quad 4ABF < 0$, isto é, $\Delta = -64$, segue que a equação é de uma hipérbole, cujo eixo transverso é paralelo ao eixo x.

Agrupando os termos de mesma variável da equação e adicionando 9 e (−16) aos seus membros, segue que

$$x^2 - 6x + \underline{(9)} - 4y^2 + 16y - \underline{\underline{(16)}} = 11 + \underline{(9)} - \underline{\underline{(16)}}$$

$$(x-3)^2 - 4(y^2 - 4y + 4) = 4$$

$$(x-3)^2 - 4(y-2)^2 = 4$$

$$\frac{(x-3)^2}{4} - \frac{(y-2)^2}{1} = 1, \text{ sendo } a = 2 \text{ e } b = 1.$$

Logo, a hipérbole tem centro C(m,n) = (3,2).

Distância focal = $2c = 2\sqrt{5}$, pois $c^2 = a^2 + b^2 = 2^2 + 1^2 = 5 \Rightarrow c = \sqrt{5}$.

Focos: $F_1(m-c,\ n) = (3-\sqrt{5},\ 2)$ e $F_2(m+c,\ n) = (3+\sqrt{5},\ 2)$

Vértices: $A_1(m-a,\ n) = (3-2,\ 2)$ e $A_2(m+a,\ n) = (3+2,\ 2)$

c) $x^2 + y^2 - 6x + 2y + 6 = 0$.

Temos os coeficientes A = 1 de x^2, B = 1 de y^2, D = − 6 de variável x, E = 2 de variável y e F = 6 o termo independente de variável.

Pelo fato de que $A = B \neq 0$ e de que $D^2 + E^2 - 4AF = 16\ (> 0)$ decorre que a equação é de uma circunferência.

Agrupando os termos de mesma variável da equação e adicionando 9 e 1 aos seus membros, segue que

$$x^2 - 6x + \underline{(9)} + y^2 + 2y + \underline{\underline{(1)}} = -6 + \underline{(9)} + \underline{\underline{(1)}}$$

$$(x-3)^2 + (y+1)^2 = 4$$

Logo, a circunferência tem centro C(m,n) = (3,−1) e raio r = 2.

d) $3x^2 + y^2 - 4xy + x - y = 0$.

O fato de existir o termo de variáveis xy significa que a equação não representa circunferência, elipse, hipérbole ou parábola com eixos paralelos aos de x ou y do sistema cartesiano. Vejamos se ela pode estar representando duas retas.

Substituindo na equação $(-4xy)$ por $(-3xy - xy)$ e agrupando os termos, temos:

$$3x^2 - \underline{3xy} + y^2 - \underline{xy} + x - y = 0$$

$$3x(x-y) - y(x-y) + (x-y) = 0$$

$$(x-y)[3x - y + 1] = 0$$

Assim, $r_1 : x - y = 0$ ou $r_2 : 3x - y + 1 = 0$ são retas concorrentes no ponto $P(-1/2, -1/2)$.

e) $4x^2 - 9y^2 - 16x - 20 = 0$.

Temos os coeficientes A = 4 de x^2, B = – 9 de y^2, D = – 16 de variável x, E = 0 de variável y e F = – 20 o termo independente de variável.

Pelo fato de AB < 0 e de ocorrer que $\Delta = D^2B + E^2A - 4ABF < 0$, isto é, $\Delta = -5184$, segue que a equação é de uma hipérbole, cujo eixo transverso é paralelo ao eixo x.

Agrupando os termos de mesma variável da equação e adicionando 16 aos seus membros, segue que

$$4x^2 - 16x - 9y^2 = 20$$

$$4x^2 - 16x + (16) - 9y^2 = 20 + (16)$$

$$4(x-2)^2 - 9y^2 = 36$$

$$\frac{(x-2)^2}{9} - \frac{y^2}{4} = 1, \text{ sendo } a = 3 \text{ e } b = 2.$$

Logo, a hipérbole tem centro C(m,n) = (2,0).

Distância focal = $2c = 2\sqrt{13}$, pois $c^2 = a^2 + b^2 = 3^2 + 2^2 = 13 \Rightarrow c = \sqrt{13}$.

Focos: $F_1(m-c, n) = (2-\sqrt{13}, 0)$ e $F_2(m+c, n) = (2+\sqrt{13}, 0)$

Vértices: $A_1(m-a, n) = (2-3, 0)$ e $A_2(m+a, n) = (2+3, 0)$

2. a) $4x^2 + 9y^2 - 8x - 36y + 4 = 0$.

Comparando com a equação geral, temos: A = 4, B = 9, D = –8, E = –36 e F = 4.

Se a equação for de uma elipse, deve ocorrer:

$$AB > 0,\ A \neq B, \text{ e, também, } \Delta = D^2B + E^2A - 4ABF > 0.$$

Visto que AB = 36 > 0, $A \neq B$ e $\Delta = (-8)^2 9 + (-36)^2 4 - 4.4.9.4 = 5184\ (>0)$, segue que a equação é de uma elipse.

b) $25x^2 + 16y^2 - 150x - 128y + 181 = 0$.

Comparando com a equação geral, temos: A = 25, B = 16, D = –150, E = –128 e F = 181.

Se a equação for de uma elipse, deve ocorrer:

$$AB > 0,\ A \neq B, \text{ e, também, } \Delta = D^2B + E^2A - 4ABF > 0.$$

Visto que AB = 400 > 0, $A \neq B$ e
$\Delta = (-150)^2 16 + (-128)^2 25 - 4.25.16.181$ = 480.000 (> 0), segue que a equação é de uma elipse.

c) $x^2 + 9y^2 - 4x - 54y + 76 = 0$.

Comparando com a equação geral, temos: A = 1, B = 9, D = – 4, E = –54 e F =76.

Se a equação for de uma elipse, deve ocorrer:

$$AB > 0,\ A \neq B,\ \text{e, também, } \Delta = D^2B + E^2A - 4ABF > 0.$$

Visto que AB = 9 > 0, $A \neq B$ e $\Delta = (-4)^2 9 + (-54)^2 1 - 4.1.9.76 = 2736\ (> 0)$, segue que a equação é de uma elipse.

3. Comparando com a equação geral, temos: A = 1, B = –4, D = –10, E = 32 e F = –43.

Se a equação for de uma hipérbole, deve ocorrer:

$$AB < 0 \text{ e } \Delta = D^2 B + E^2 A - 4ABF \neq 0.$$

Visto que AB = –4 < 0 e $\Delta = (-10)^2(-4) + (32)^2 1 - 4.1.(-4).(-43) = -64 (\neq 0)$, segue que a equação é de uma hipérbole.

4. a) $y^2 - 6x - 2y + 1 = 0$.

A equação dada pode se escrita na forma $x = \frac{1}{6}(y-1)^2$. Portanto, é equação de uma parábola, cuja concavidade está voltada no sentido positivo do eixo x cartesiano.

b) $x^2 - 4x + 8y + 4 = 0$.

A equação dada pode ser escrita na forma $y = \frac{-1}{8}(x-2)^2$. Portanto, é equação de uma parábola, cuja concavidade está voltada no sentido negativo do eixo y cartesiano.

5. O fato de existir o termo de variáveis xy significa que a equação não representa circunferência, elipse, hipérbole ou parábola com eixos paralelos aos de x ou y do sistema cartesiano.

Vejamos se ela pode estar representando duas retas.

Substituindo na equação $2x^2$ por (x^2+x^2) e agrupando os termos, temos:

$$x^2+x^2-y^2+xy+x+y=0$$

$$x^2-y^2+x^2+xy+x+y=0$$

$$(x-y).(x+y)+x(x+y)+(x+y)=0$$

$$(x+y).[x-y+x+1]=0$$

$$(x+y).(2x-y+1)=0$$

Assim, $r_1: x+y=0$ ou $r_2: 2x-y+1=0$ são retas concorrente no ponto $P(-1/3, 1/3)$.